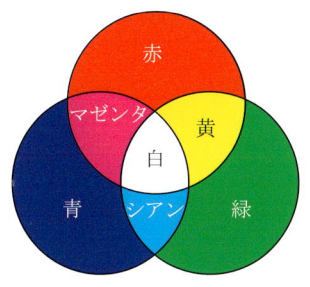

口絵 2.1 加色法と 3 原色：赤，緑，青．BOX2.3 参照．

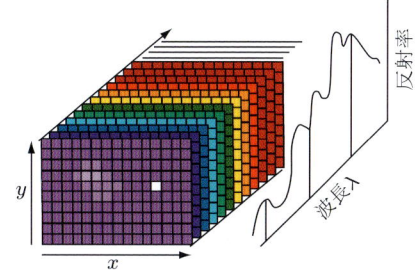

口絵 5.1 ハイパースペクトルイメージキューブは，異なる波長の画像が数百枚積層された連続体で，2 つの空間的次元 (x, y) と 1 つのスペクトル的次元 (λ) からなる．図 5.3 参照．

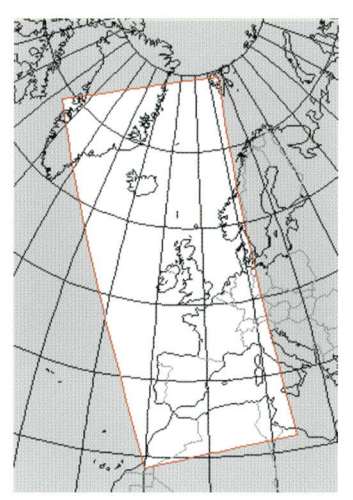
（a）衛星 Aqua の観測範囲

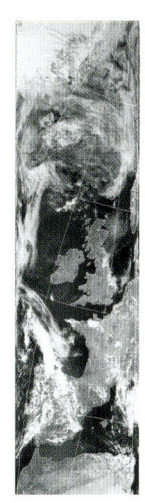
（b）幾何補正前のデータ（近赤外域 (841〜867 nm)）

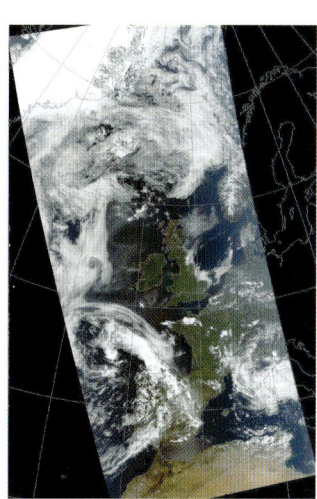
（c）幾何補正済み RGB 合成画像

口絵 6.1 2008 年 5 月 13 日イギリス上空の MODIS 画像（世界標準時間：13：15）．（NEODAAS と Dundee 大学の許可の下，複製）．図 6.1 参照．(b) 走査帯の端に幾何的圧縮が見える．

 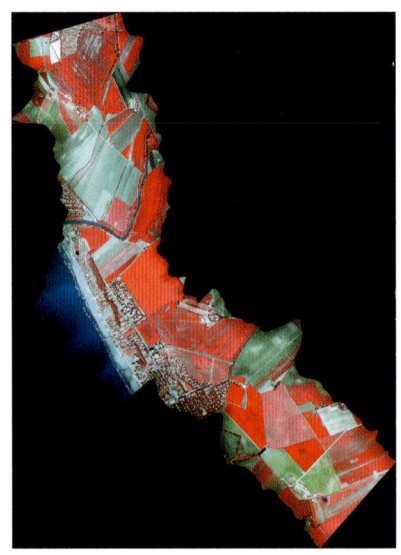

(a) 処理前のグレイスケール画像　　　　　　(b) 幾何補正後の画像

口絵 6.2　航空機の不安定性が，撮影画像に及ぼす影響．イタリア，Tarquinia の航空機 TM（ATM）で取得した画像の例．画像（b）では画像（a）の航空機の不安定性による歪みが補正されている（画像は NERC ARSF プロジェクト MC04/07 による）．図 6.4 参照．

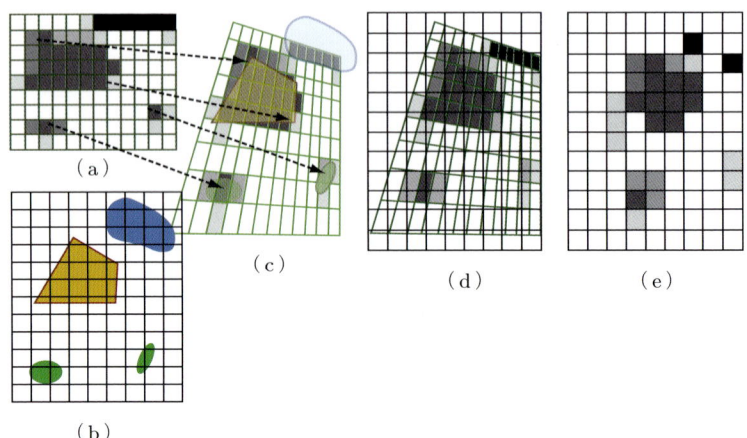

口絵 6.3　画像の再投影と再サンプリング．（a）歪んだグレイスケール原画像，（b）対応する実際の景観の地図で，青，緑，茶の対象物がある．（c）地図と重ねられるように（a）を変形している様子．これは画像と地図で対応する何組もの地上基準点（GCP）によって行う．破線は，画像と GCP との対応を示す．この変形した画像を（d）の方形格子に重ね合わせる．幾何補正済み画像（e）の新しいピクセル値は，最終的に画像（d）から最近傍法によって得られる．図 6.5 参照．

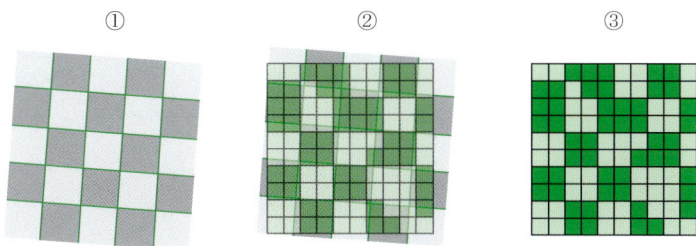

（a）高分解能への再サンプリング（最近傍法）

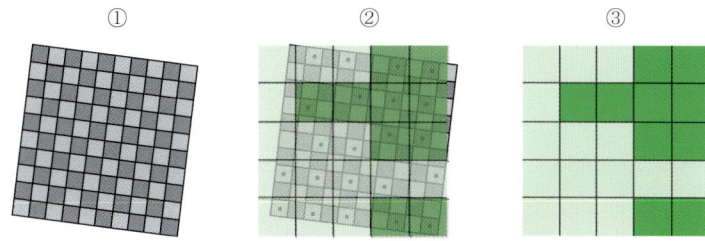

（b）低分解能への再サンプリング（最近傍法）

口絵 6.4 再サンプリングの過程（再投影を含む）．点は新しい中心にもっとも近い元のピクセルを表す．緑色は再投影された格子を示し，再サンプリングはピクセル配列をかなり変化させることがわかる．図 6.6 参照．

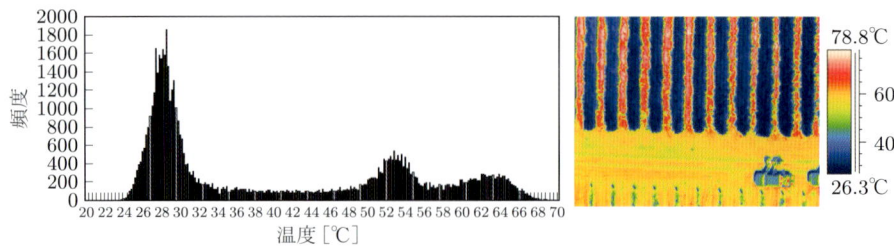

（a）南オーストラリアのブドウ園

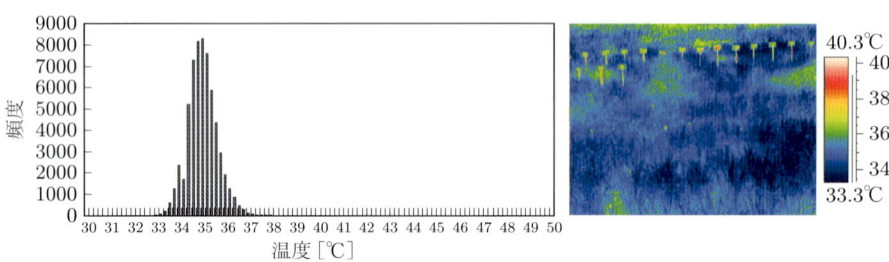

（b）武漢(中国)の水田

口絵 6.5 　（a）のブドウ園の航空熱画像では二峰性の温度分布を示し、温度が低い群落部分と温度が高い土壌部分とのコントラストが強い．（b）の水田の熱画像では，相対的に一様で狭い温度分布を示す（A. Wheaton & H. G. Jones 撮影）．図 6.7 参照．

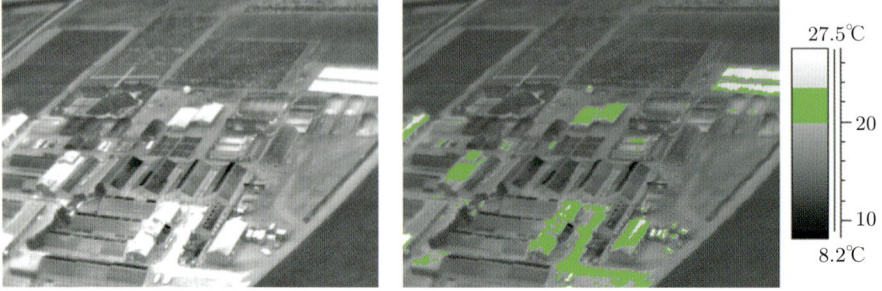

（a）スコットランド作物研究所（Scottish Crop Research Institute, Dundee）にある農舎のグレイスケール熱画像（2007年6月13日撮影）

（b）図（a）の 20〜22℃で濃度分割して緑で強調した画像

口絵 6.6 　濃度分割の説明図．図 6.11 参照．

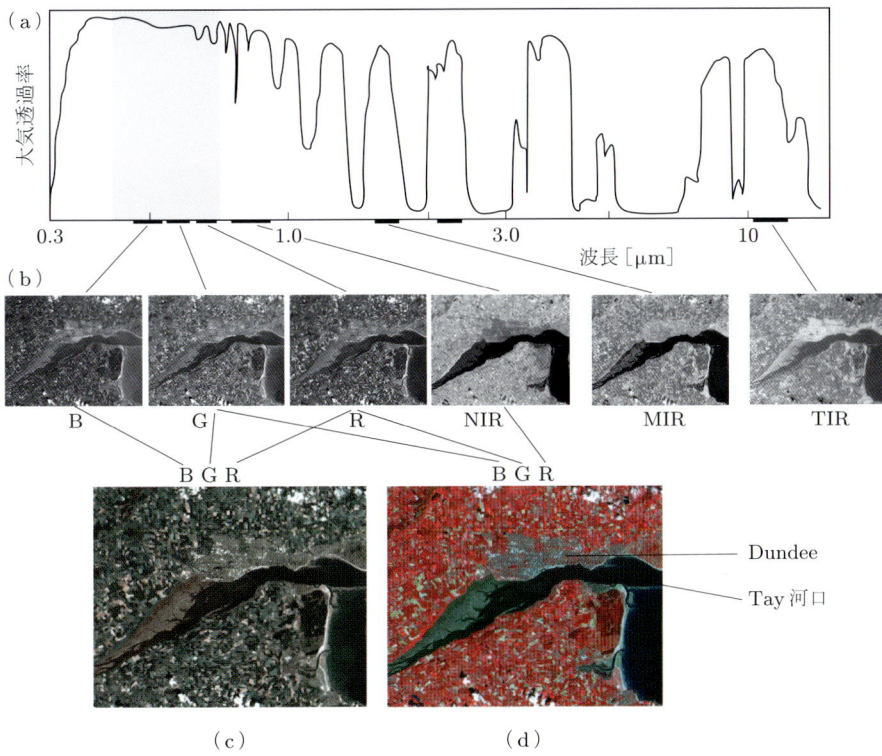

口絵 6.7 （a）大気透過スペクトル．Landsat ETM+ の7つのバンドの位置を示す．（b）（a）に対応する6つのバンドのグレイスケール画像（スコットランド西部 Dundee と Tay 河口，2000年7月撮影，path 205, row 21）．これらの画像は，現場の異なる特徴を強調するために異なる組み合わせで合成できる．もっとも明快な組み合わせは自然色合成で，（c）に示すような画面の RGB に，赤色，緑色，青色を表示する．異なる組み合わせの結合によっても着色合成画像が得られ，（d）のように R に近赤外域，G に赤色域，B に緑色域を当てはめた標準着色合成画像もそのひとつである．図 6.12 参照．

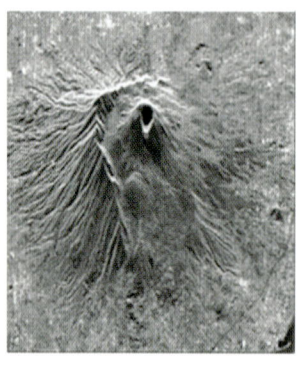  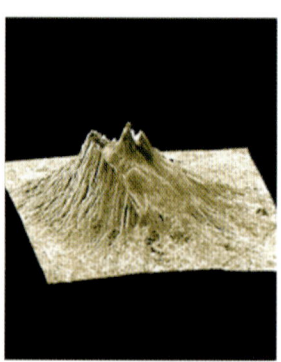

（a）ベスビオ山のSAR画像　　　（b）対応する干渉画像　　　（c）得られたデジタル標高モデルの3次元表示

口絵 6.8　（a）ERS-1からのベスビオ山（Mt. Vesuvius）のSAR画像．（b）対応する干渉画像．（c）得られたデジタル標高モデルの3D表示（ESA（欧州宇宙機関）による）．図6.20参照．

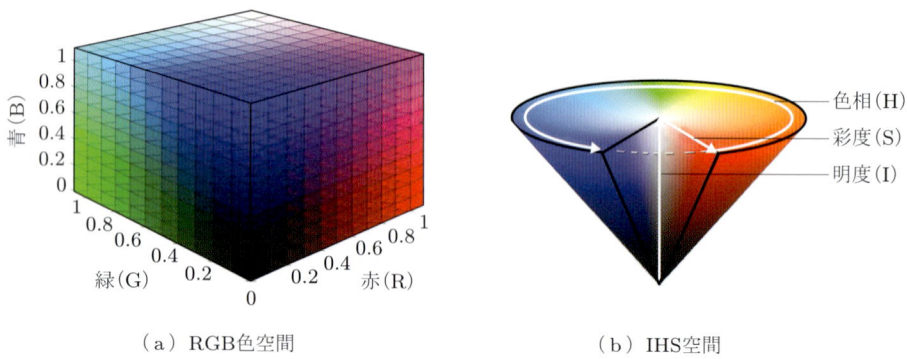

（a）RGB色空間　　　　　　　　　　　　　　（b）IHS空間

口絵 6.9　（a）カラーキューブで表したRGB色空間．（b）明度（輝度），色相，彩度で表した色空間．BOX6.2参照．

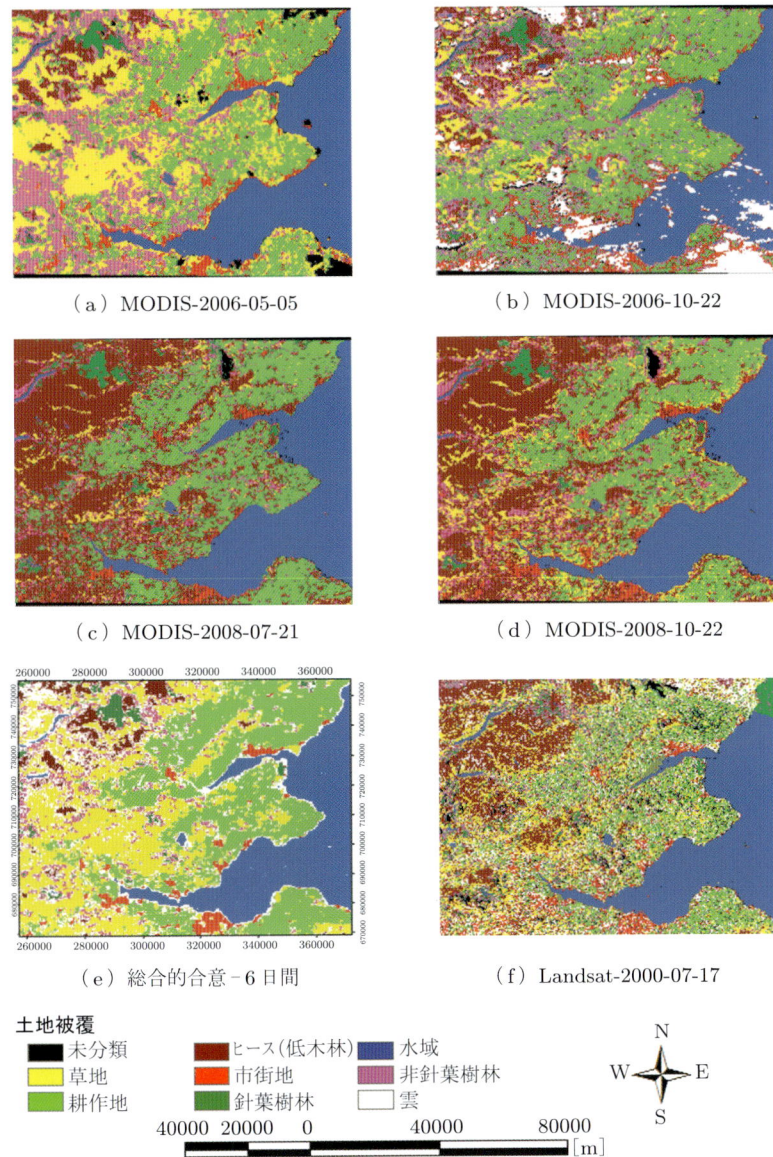

口絵 7.1 スコットランド東部を対象とした土地利用分類．一連の 4 つの MODIS の晴天時画像（a）～（d）と LANDSAT TM 画像（f）との比較．同一パラメタおよび同一訓練範囲による最尤推定アルゴリズムを使用している．さらに，一連の MODIS 画像の総合的合意手法の結果（e）を示す（2006 年と 2008 年の通日 43 日から 289 日に渡る 11 の NBAR 画像において，5 つ以上一致した分類結果の色を示す）．（MODIS データは Dundee 大学と Plymouth 大学の NEODAAS による提供．2000 年 7 月 17 日の Landsat データは USGS と Landsat.org による）．図 7.18 参照．

(a) 上空90mの気球から撮影したブドウ畑の空中写真

(b) (a) に熱画像を重ねたもの

口絵 8.1　(a) ホットスポット（カメラが搭載された気球の影の周り）から離れるにつれて画像の明るさが減少することがわかる．明るさの変化は，主にホットスポットから離れるにつれて影として見える割合が増えることよって生じる．(b) ホットスポットの近くで温度が高くなることがわかる．図 8.1 参照．

 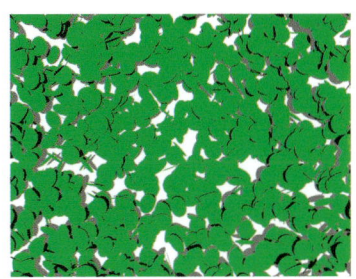

(a) 円形の葉をランダムに配向，分布させた群落モデルのイメージ

(b) +45°におけるホットスポット光景

口絵 8.2　(a) 右側より照射し，POV-Ray によって生成した．陰の部分は葉もしくは土壌背景の暗い部分として示される．図 8.16 (a) 参照．(b) ホットスポットの中心から画角が離れるにつれて陰の割合が増える（画像は R. Casa の許可による）．図 8.12 (b) 参照．

(a) バレイショの圃場を視野角 10°で撮影した着色画像

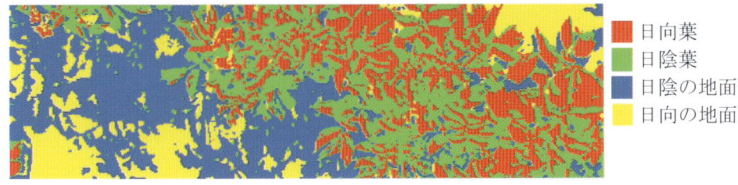

日向葉
日陰葉
日陰の地面
日向の地面

(b) 日向と日陰の，葉と地面に分類した図

口絵 8.3　(a) 2 チャンネル (R/NIR) カメラ (ADC，アメリカ Dycam 社) を用いて，バレイショの圃場を視野角 +10°で撮影した着色画像 (R = 赤，NIR = 緑) と，(b) 画像処理ソフトウェア ENVI の教師付き分類を用いて分類した図 (Casa, 2003)．図 8.21 参照．

口絵 11.1 トマトの異なる無機栄養欠乏による典型的な葉の変色パターン（Taiz & Zeiger, 2006 による Web 手引き. http://4e.plantphys.net/article.php?ch=t&id=289）. 図 11.2 参照.

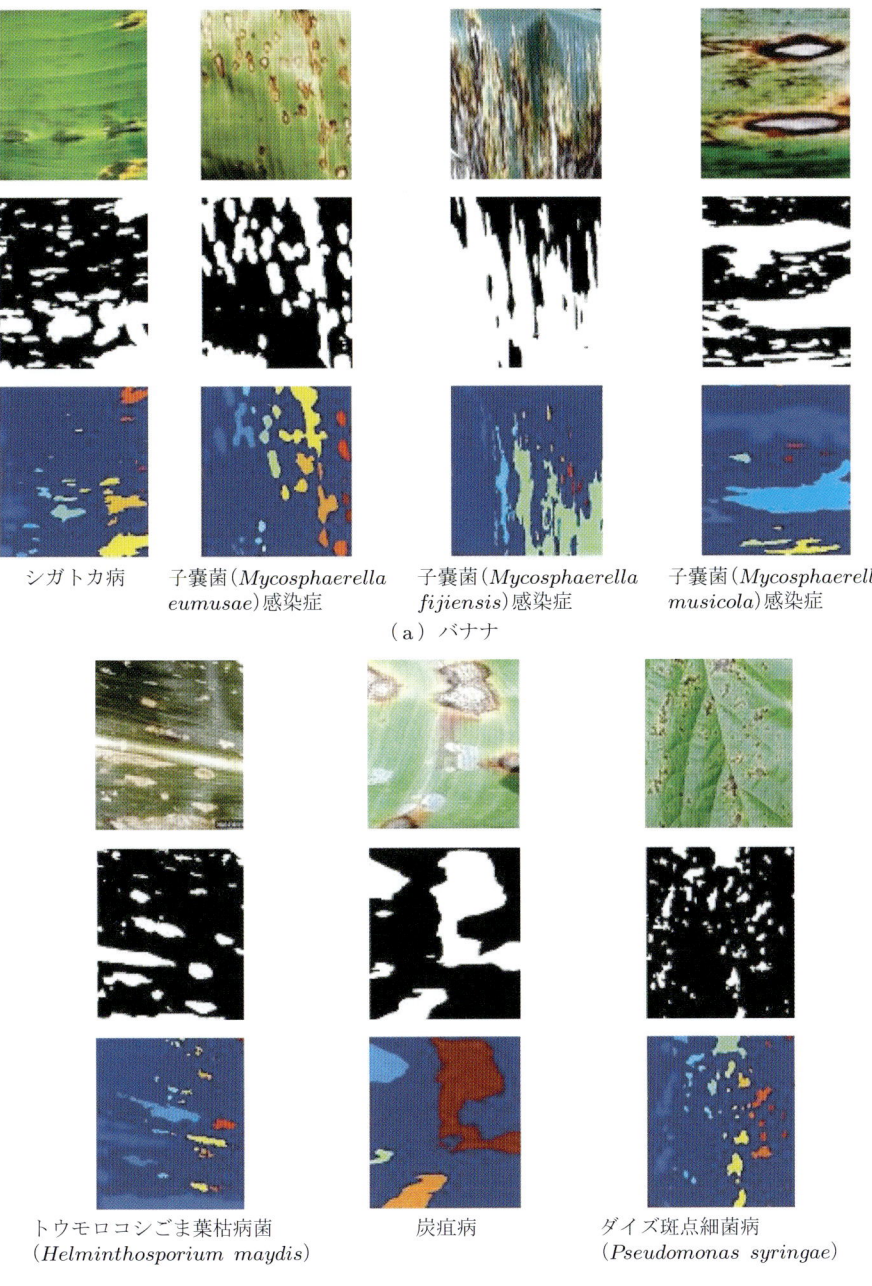

口絵 11.2 さまざまな植物葉の病気(上段)と人(中段)および自動診断システムによる区分結果(下段)(画像は Camargo & Smith, 2009 による,許諾済).図 11.3 参照.

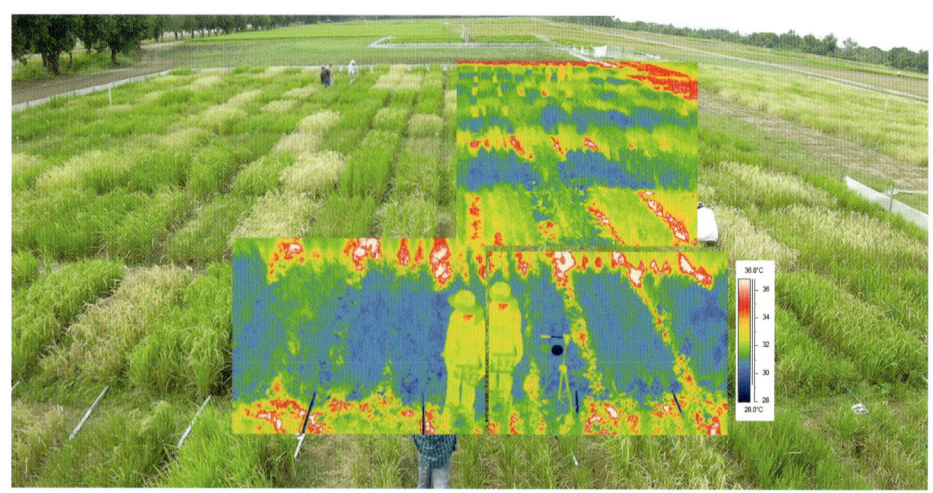

口絵 11.3 圃場における植物の表現型評価の例．可視画像に対応する何枚かの熱画像を重ねている．画像は約 5 m の高さから背景土壌の影響がもっとも小さくなる角度で撮影している．図 11.4 参照．

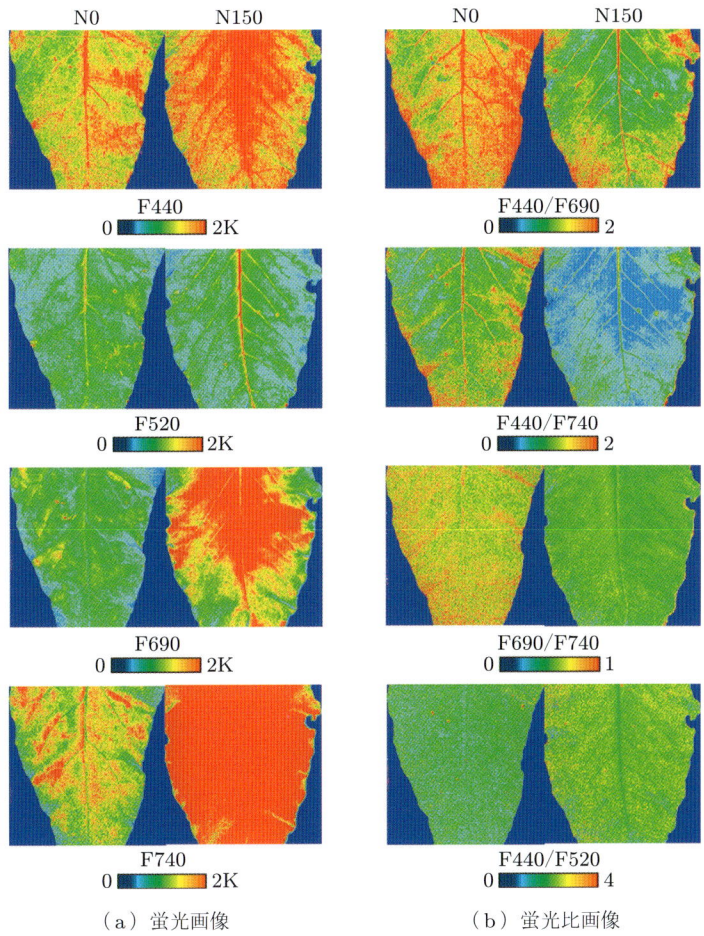

口絵 11.4 窒素施肥条件を変えて栽培したテンサイの単葉の蛍光画像．N0 は無施肥，N150 は多施肥．紫外線（UV-A）で 4 波長（440 nm，520 nm，690 nm，740 nm）を励起させ，それらの蛍光比を着色合成画像で示す．蛍光強度と共に青から赤に変化する（Langsdorf et al., 2000 の好意的な許諾による）．図 11.5 参照．

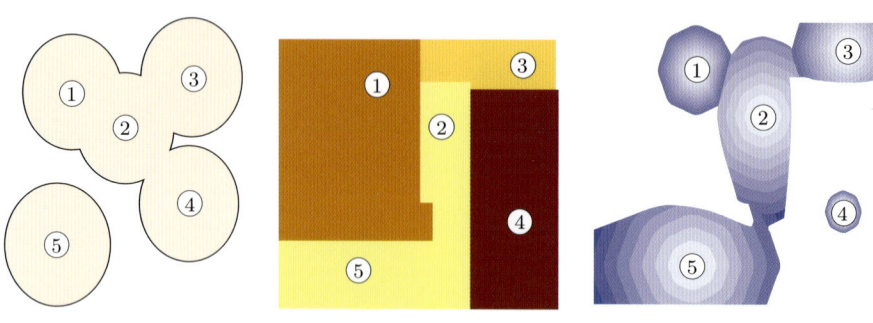

（a）ハビタットの中心域と　　（b）景観分類と浸透性　　（c）得られたハビタット
　　潜在的範囲　　　　　　　　　　　　　　　　　　　　　　　ネットワーク

口絵 11.5　ハビタットネットワークの原理．（a）ある種の推定分布範囲．（b）景観の分割と浸透性（黄色，薄茶色，茶色，レンガ色の順で増加）．（c）サイト間の計算された結合性を示す（Watts et al., 2005.Kevin Watts 氏と Forestry Commission による親切な許諾）．図 11.8 参照．

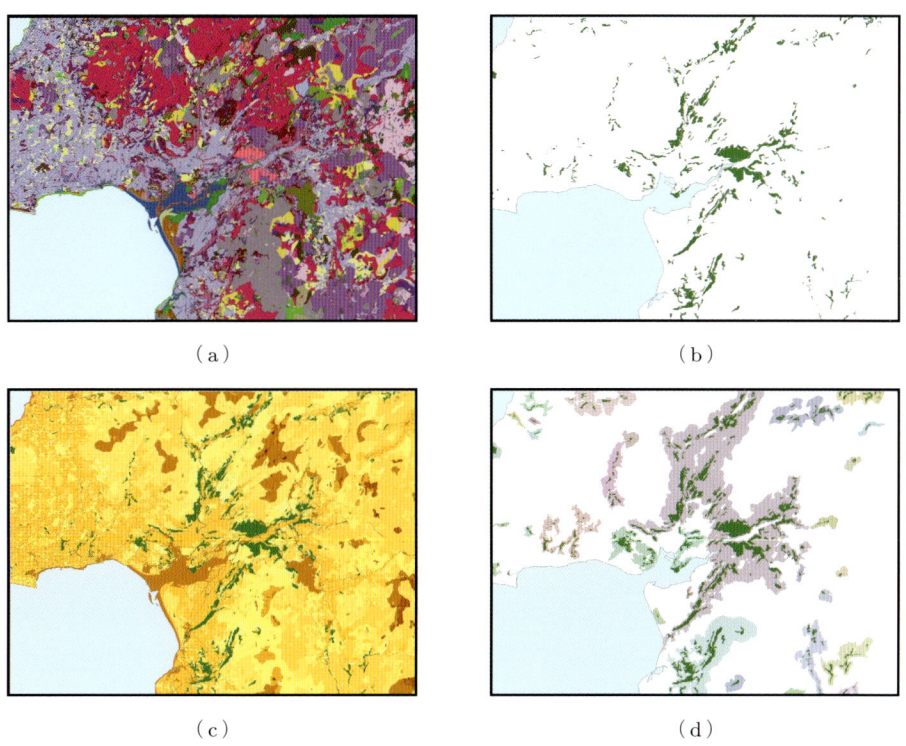

口絵 11.6　ハビタットネットワークの土地被覆図への応用例（北ウェールズ地方の一部）．（a）異なる土地分類を異なる色で示す．（b）樹林帯に固有な種のハビタットの範囲を示す．（c）浸透性の推定図を示す（明るい色は高浸透性を意味する）．（d）結果として生じているハビタットネットワークを示す．つながっていないネットワークは異なる色で示す（Watts et al., 2005. Kevin Watts 氏と Forestry Commission による親切な許諾）．図 11.9 参照．

植生のリモートセンシング

Remote sensing of vegetation

H.G.Jones・R.A.Vaughan 著

久米　篤・大政　謙次 監訳

森北出版株式会社

Copyright © Hamlyn G. Jones & Robin A. Vaughan 2010

"Remote Sensing of Vegetation: Principles, Techniques and Applications First Edition was originally published in English in 2010. This translation is published by arrangement with Oxford University Press."

● 本書の補足情報・正誤表を公開する場合があります．当社 Web サイト（下記）で本書を検索し，書籍ページをご確認ください．
https://www.morikita.co.jp/

● 本書の内容に関するご質問は下記のメールアドレスまでお願いします．なお，電話でのご質問には応じかねますので，あらかじめご了承ください．
editor@morikita.co.jp

● 本書により得られた情報の使用から生じるいかなる損害についても，当社および本書の著者は責任を負わないものとします．

|JCOPY| 〈(一社)出版者著作権管理機構 委託出版物〉
本書の無断複製は，著作権法上での例外を除き禁じられています．複製される場合は，そのつど事前に上記機構（電話 03-5244-5088, FAX 03-5244-5089, e-mail: info@jcopy.or.jp）の許諾を得てください．

序　　文

　リモートセンシングについては，すでに優れた特徴をもった多くの教科書が出版されている．そのため，新しい教科書は必要ないようにも思える．しかし，私たちは，これまでの教科書の多くが，植生のリモートセンシングに対して増え続けている関心と，それらの研究に関連した急速に発展している新しい手法について，十分に紹介できていないのではないかと感じた．リモートセンシングについては，他の多くの研究分野と同様に，多くの新しい研究が学会や会議で発表され，その後，会報や議事録として出版されている．しかし，そのほとんどは学生や研究者が簡単には入手できない情報である．主要な文献に掲載された論文でさえ，多くの異なる学術誌にばらばらに掲載されており，とくに，学部学生のレベルでは容易に理解することは難しいだろう．そのような状況において，教科書の役割は，利用できる本質的な情報を抽出し，全体の体系の中に配置し，読者にその分野に対するさらに進んだ情報源を示すことである．

　植生のリモートセンシングを理解するためには，物理的な面や生態的な面を，総合して考える必要がある．それらに関連した放射物理や画像操作・解析などの基礎を扱った多くの教科書，そして植物や生態系の機能についての専門書は数多く出版されているが，一冊の教科書で，植生のリモートセンシングに関連した情報を総合して扱う方法を示すことが重要であると感じた．本書でいうリモートセンシングについての解釈は広く，航空あるいは衛星センシングだけではなく，較正や検証のために広く行われている近距離の「圃場内」センシング（「近接」センシングとよばれることがある）やさらに小さなスケール，あるいは研究室内での「リモート」センシングを含む．可能な限り，あらゆるスケールでの結果と応用についてを扱ったが，スケールごとに分けたほうが良い話題もあった．あるスケールの測定においてのみ得られる特別な性質については，スケールの違いによって分けるべきである．たとえば，近距離の「圃場内」画像化によって葉内や葉間の葉の変動性についての情報が得られ，特別な情報が得られるが（たとえば，日陰と日向の面積からの群落構造の抽出（8.6.3項）），一方，ほとんどの衛星画像による大きな空間スケールでは，土地管理や政治的な目的のために，空間的に平均化された測定量を得ることに特別な価値がある．

　リモートセンシングは，本質的に単一の専門分野ではなく，環境科学や生物学と同様に，物理学，数学，計算機科学などを含んだ幅広い学問分野を集めたものである．本書の目標は，植生（や他の表面）の遠隔からの研究について利用可能になっている過剰ともいえる新しい技術を注意深く評価して選択するための，基礎的な物理学や植物生理学についての厳密かつきわめて単純な学問的基礎を読者に提供することである．本書では，数学よりもその意味を強調して，数学的な導出を学部後半のほとんどの学生に理解できる程度に押さえた．これは，著者が講義に取り入れている方法であり，著者の1人が，以前の教科書（Jones, 1992）である程度成功したやり方である．

　私たちの主目的は，植物や植生群落の研究におけるリモートセンシングの応用について述べることであったが，全体の補足と読者への便宜のために，かなり包括的な放射物理学，画像解析，リモートセンシング技術の基礎と，リモートセンシングで実証可能であるかもしれない植物機能の重要な見方についての生理学的な基礎の両方を含めた．これら各分野についてはそれぞれの良い入門書はあるものの，植生研究においてリモートセンシングデータを効

果的に利用するためには，それらすべてについての理解が必要不可欠であるため，一冊にまとめた．また，ある分野から多くの成果を得るためには，単に技術や方法を機械的に適用するのではなく，その分野の原理を一貫して理解していることが不可欠である．入手可能な無料の人工衛星データや利用可能な無料データの増加という圧力によって，不用意あるいはいい加減な結果の蔓延をもたらす可能性についての懸念が表明されている（Mather, 2008）．有益な情報を得てリモートセンシングデータを正しく解釈するためには，これらのデータが得られた過程と，そしてとくにそれら固有の限界についての十分な理解が必要となる．

　本書は，植生の研究やモニタリングのために使用できるリモートセンシングの方法について，学部後半の学生や新大学院生が正しく理解することを助けることを目的としている．全体を通じて，本書の話題についてさらなる情報が得られるように教科書や論文についての情報を本文中に示し，各章の終わりにはその章の話題に適した「推薦書」を示した．いくつかの章では，本文の流れを妨げないようにBOXを設け，そこに関連した定義や説明をまとめた．多くの付録や一覧表，たとえば，教科書のなかで使用された記号，略語，頭字語，最新のリモートセンシングシステムの抜粋などがある．また，必要に応じて，読者が量的な題材を適切に評価することを助けるためのいくつかの問題とその解答を含めた．

　本書の最初の部分では，リモートセンシングの基本的な原理，生物学的な特性，そして検出システムを扱っている．次に，主に分光リモートセンシングデータから，有益な情報をどのように得るかについて考えるためのいくつかの章を設けている．最後に，結果の解釈のなかに紛れ込む可能性のある誤差の影響について考慮した後で，説明してきた原理がどのように植生特性の研究に適用されるかを示すために，いくつかの応用例についてより詳しく取り上げている．最新の観測システム（たとえば，付録3）についての情報も含めているが，技術は急速に進歩しているので，網羅的ではなく，もっとも共通性の高いタイプの例を挙げている．本書で説明された原理は普遍的であるので，結果として本書が純粋な植生研究の範囲を越えたさまざまな分野でも利用されることを私たちは望んでいる．

Hamlyn Jones と Robin Vaughan
2010年4月
Dundee, Scotland

謝　　辞

本書の作成にあたり，草稿のさまざまな部分を読み，意見をいただいた方々に感謝する．多くの匿名の査読者に加えて，とくに以下の方々からは貴重な意見をいただいた：Clement Atzberger, Raffaele Casa, Graeme Horgan, John Raven, Andrew Skidmore, Meredith Williams.

また，Clement Atzberger には図7.7 を作成いただき，Claus Buschmann には図3.5 のデータ，Raffaele Casa には図8.4 のデータと図8.8（b），8.12, 8.21, そして口絵8.2, 8.3 の写真と図を提供いただいた．Jürg Schopfer には図8.8, F. C. Bosveld には図9.2 のデータ，Eyal Rotenberg には図9.2 のデータを解析いただいた．Ashley Wheaton には図6.7 と口絵6.2, 図8.1 と口絵8.1 の一部を提供いただいた．Kevin Watts, J. Humphrey, M. Griffiths, C. Quine, D. Ray, そして英国森林委員会には，図11.8, 11.9 そして口絵11.5, 11.6 を提供いただいた．

以下の機関からは図の複製や著作権資料の複製許可をいただいた：アメリカ地球物理学連合 Journal of Geophysical Research（図8.16），ケンブリッジ大学出版局（図2.10, 2.11, 3.19, 3.22, 図4.2 の一部），エルゼビア社 Agricultural and Forest Meteorology（図3.16），エルゼビア社 Remote Sensing of Environment（図8.20, 8.2），エルゼビア社 International Journal of Applied Earth Observation and Geoinformation（図7.8，エルゼビア社 Scientia Horticulturae（図11.3, 口絵11.2），エルゼビア社 Biosystems Engineering（図11.3, 口絵11.2），欧州宇宙機関（図6.20, 口絵6.5, 図8.6 の一部），Journal of Experimental Botany（図3.7），NASA (http://visibleEarth.nasa.gov/ からダウンロードした図8.6 の地球画像），NEODAAS と Dundee 大学（図6.1, 口絵6.1），NERC ARSF（MC/04/07 プロジェクトで得られた画像の使用許可，図6.4, 6.8, 6.13, 6.14, 6.15），シュプリンガー社 Oecologia（図8.14），シュプリンガー社 Photosynthetica（図11.5, 口絵11.4），USGS（Landsat 衛星による画像の使用許可，図6.12, 口絵6.4 および図7.2 のデータ）．

LOPEX（図3.3），ASTER スペクトルライブラリ（カリフォルニア工科大学ジェット推進研究所）（図3.10 と表3.2）および USGS スペクトルライブラリ（図3.12）からの分光データの提供にも感謝する．

H. G. Jones と R. A. Vaughan

日本語版への序文

　私たちの教科書の日本語版が発刊されることをたいへん嬉しく思っています．原文について注意深く翻訳を行っていただいた大政謙次教授と日本語翻訳チーム（久米篤博士，本岡毅博士，斉藤琢博士，細井文樹博士，加治佐剛博士，村上拓彦博士，太田徹志博士，小野圭介博士，清水庸博士，中路達郎博士）に感謝します．日本語への翻訳において，原文における多くの小さな間違いが翻訳者によって見いだされ，修正されたので，この新しい日本語版は原著の意図をよく再現したものになっているでしょう．市場にはすでに多くのリモートセンシングの本が出回っていますが，本書は，学生や研究者が，急速に発達しているこの分野における最近の研究について理解できるように，やさしくかつ厳密に解説しました．

　本書は，この分野の主要な発展を，一貫して正確に示し，また自然生態系や農業生態系の研究に興味のある生物研究者などが無理なく利用できるようにまとめることを目指しました．本書で学ぶことで，研究者が何らかの新しい実験計画ために適切な技術を選択し，利用できるようになるでしょう．本書がリモートセンシングの可能性と限界をよりいっそう理解し，植生のリモートセンシングの主要な原理を理解するための確かな手助けとなることを望んでいます．

訳者序文

　植生のリモートセンシング，すなわち測定対象から離れた測器によって植生情報を集める技術（遠隔探査）は，利用可能な観測機器やシステム，そして画像処理技術の発展と普及によって，陸上植物にかかわる研究者や技術者，農林業関係者にとってきわめて重要な技術となっている．しかし一般に，リモートセンシングの技術開発は物理学を基礎としており，植物についての知識はほとんど必要とされないのに対して，ことに植生にかかわる応用分野については，植物固有の分光反射特性や植物から発せられる蛍光の特性，水分布の偏りと関係しており，植物が形成する構造的要素，成長段階や日内の時間変化特性，さらには光合成や熱・水フラックスにかかわる生理機構をよく理解していなければ，目的とする結果を得ることが難しい．

　本書は，現在も急速に発展している植生分野のリモートセンシングについて，できるだけ長い期間にわたって利用されることを意図して執筆された教科書 Remote Sensing of Vegetation: Principles, Techniques, and Applications の邦訳である．著者の1人である Jones 博士の執筆した Plants and microclimate という植物生理生態学の教科書（初版 1983，第2版 1992，第3版 2013）は，初版から30年経った現在でも広く利用されており，この分野でもっとも成功した教科書の1つとなっている．その Jones 博士が満を持して出版したのが本書であり，さまざまな学問分野から構成される植生のリモートセンシングについて新しい視点からの編集がなされており，次のような3つの特徴がある．

　（1）リモートセンシングの対象を「植生」に限る一方で，農業利用の近接リモートセンシングから広域衛星リモートセンシングまで，非常に幅広いスケールの観測技術の原理とその応用について扱っている．

　（2）植生のリモートセンシングを行うことが想定される2種類の対象者，すなわちリモートセンシング技術をあまりよく理解していない植物関連の研究者・技術者と，植物の生理生態をあまりよく理解していないリモートセンシング研究者・技術者に対して，共同作業を行うための基盤となる適切な知識体系を提供しようとしている．

　（3）数式の利用を極力少なくする一方で，その本質的な意味を理解できるよう工夫されている．

　この優れた書籍は，著者らの基本的な考え方，すなわち「教科書の役割は，利用できる本質的な情報を抽出し，全体の体系の中に配置し，読者にその分野に対するさらに進んだ情報源を示すこと」に則り，時間をかけて編集した結果だろう．

　監訳者の久米は，JAXA が推進している地球環境変動観測ミッション GCOM-C のための地上観測プロジェクトにかかわるなかで，リモートセンシング技術者と植物研究者との間のコミュニケーションギャップを埋めるための共通の土台が必要であることを痛感していた．これまでに出版されてきた日本のリモートセンシングにかかわる書籍は，リモートセンシング技術そのものの解説か，リモートセンシングデータを利用するための操作手順についての解説を中心としたものであり，リモートセンシングの対象物の中でもとくに複雑な性質をもつ植生の扱いについて体系的に解説したもの，あるいは，リモートセンシングを意識した植物関係のものはほとんど見当たらなかった．そのようなときに，ちょうど原著の出版情報を得て，ただちに出版社と翻訳のための交渉を開始した．もう1人の監訳者である大政は，植

物にかかわるリモートセンシング技術開発の世界的なパイオニアで，日本のなかでは突出した実績を残しており，本書でもその成果が引用されている．旧知の仲の Jones 博士から翻訳を直接依頼されていたこともあり，共同して翻訳作業を進めることになった．

　本訳書は，監訳者およびそれぞれの関連分野で活躍する若手研究者から参加を募って，翻訳作業を進めた．用語・文体の統一のため，久米が各章担当者と相談したうえで，全面的に下訳を書き直し，それを大政が確認し，不明点については原著者に直接確認をとった．リモートセンシング分野では，これまで訳語体系がきちんと整備されずに，見かけのカタカナの置き換えによる用語の利用が多かった．そのため，カタカナ表記あるいは頭文字略記の多さが，分野外の利用者からの敷居を高くしていたとも感じられた．そこで，訳語にについてはできる限り多くの関連分野の用語を確認し，日本のリモートセンシングの専門家の目からみると違和感があることは承知のうえで，語義的にもっとも適切であると判断された訳語を選択した．このような過程を経たため，本書の文章および訳語の適否に関する責任はすべて監訳者にあることをお断りしておきたい．いずれにしても，本書のように他分野に広くまたがった領域の文章の翻訳については，すべての分野に適合した単一の訳語の選択が困難であることをご理解いただければ幸いである．

　最後に，本訳書を出版するに至った大きな動機は，監訳者の久米が筑波大学の奈佐原顕郎博士の率いる，JAXA/GCOM-C 研究プロジェクトに参加したことである．森北出版社長の森北博巳氏には，出版事情のたいへん厳しい折，本書の出版に向けて積極的にご支援いただいた．また，翻訳書の編集担当の加藤義之氏は，監訳者を叱咤激励し，数多くの校正作業や訳文の向上に対応してただいた．記して感謝する．

2013 年 7 月

久米 篤・大政 謙次

目　次

1　はじめに　　1
1.1　歴　史　1
1.2　「リモートセンシング」という用語の解釈　3
1.3　植物生理学とリモートセンシング　3
1.4　将来についての重要な考察　4
　　1.4.1　継続性　4　　　　　　　　1.4.2　入手できるデータ　5
1.5　本書の構成　6
　→ Web サイトの紹介　7

2　植生のリモートセンシングのための放射物理学の基礎　　8
2.1　はじめに　8
2.2　放射の特徴　8
　　2.2.1　電磁放射　9　　　　　　　2.2.2　電磁スペクトル　10
　　2.2.3　電磁エネルギー　11　　　　2.2.4　放射源　12
　　2.2.5　放射測定の用語と定義　14
2.3　放射と物質の相互作用　15
　　2.3.1　一般原理　15　　　　　　　2.3.2　放射伝達 – 大気との相互作用　18
　　2.3.3　目標表面との相互作用　24
2.4　熱放射　27
2.5　マイクロ波放射　29
2.6　回折と干渉　32
　　2.6.1　回　折　32　　　　　　　　2.6.2　干　渉　33
　　2.6.3　ブラッグ散乱　35
2.7　放射環境　35
　　2.7.1　短波放射　36　　　　　　　2.7.2　長波放射　39
　　2.7.3　放射と全球エネルギー収支　40　2.7.4　マイクロ波放射　42
　❓ 例　題　43
　■ 推薦書　43
　→ Web サイトの紹介　43

3　植生，土壌，水の放射特性　　45
3.1　光学的領域　46
　　3.1.1　葉の放射特性　46　　　　　3.1.2　土と水の放射特性　56
　　3.1.3　群落の放射特性　59　　　　3.1.4　葉面角度分布の測定　70
3.2　熱赤外域　71
　　3.2.1　群落構成要素の射出率　72　　3.2.2　群落の射出率　74
3.3　マイクロ波領域　76
　　3.3.1　マイクロ波の射出率　77　　　3.3.2　マイクロ波の後方散乱　78
　　3.3.3　植生のリモートセンシングにおけるマイクロ波の利点　81

3.4 他のタイプの放射　82
- ❓ 例　題　82
- 📖 推薦書　83
- ➲ Web サイトの紹介　83

4　植物の群落と機能　84
4.1 はじめに　84
4.2 植物の構造と機能　84
- 4.2.1 光合成と呼吸　85
- 4.2.2 水分生理，蒸発，水損失　90
- 4.2.3 その他の交換過程（運動量，汚染物質など）　93

4.3 植生と大気間の物質・熱輸送の原理　93
- 4.3.1 一般輸送方程式　93
- 4.3.2 拡　散　94
- 4.3.3 対流と乱流輸送　94
- 4.3.4 抵抗とコンダクタンス　96
- 4.3.5 単位および異なる輸送過程どうしの類似性　96

4.4 群落 - 大気における交換過程　98
- 4.4.1 エネルギー収支 - 定常状態　98
- 4.4.2 顕熱フラックス　99
- 4.4.3 蒸　散　99
- 4.4.4 ペンマン - モンティース結合式　101
- 4.4.5 群落モデル　102
- 4.4.6 非定常状態　103

4.5 フラックスの測定　108
- 4.5.1 キュベットおよびチャンバー法　108
- 4.5.2 微気象学的・気象学的手法　109
- ❓ 例　題　112
- 📖 推薦書　113

5　地球観測システム　114
5.1 システム設計の原理　115
- 5.1.1 ピクチャーとピクセル　115
- 5.1.2 分解能　116
- 5.1.3 測定原理　116

5.2 観測プラットフォーム　118
- 5.2.1 固定された現場のプラットフォーム　118
- 5.2.2 航空機　119
- 5.2.3 人工衛星と軌道　120
- 5.2.4 地上施設　124

5.3 検出機器　124
- 5.3.1 カメラ　125
- 5.3.2 放射計　126
- 5.3.3 ラインスキャナ　127

5.4 ピクセルにはどのような情報が含まれているのか　131
5.5 マイクロ波の利用　135
- 5.5.1 受動型マイクロ波センシング　137
- 5.5.2 能動型マイクロ波センシング　138

5.6 レーザ走査とライダー　144
5.7 観測システムの原理　148
- 5.7.1 センシングの実施条件　148
- 5.7.2 ユーザーの要求事項　148

5.7.3　データの限界　149
5.8　現在のシステム　151
　5.8.1　低分解能システム　152　　5.8.2　中分解能システム　154
　5.8.3　高分解能システム　156　　5.8.4　小型衛星　156
　5.8.5　マイクロ波システム　158　5.8.6　レーザシステム　159
　5.8.7　航空機システム　160
5.9　データ受信　162
　❓ 例　　題　163
　📖 推 薦 書　164
　➡ Web サイトの紹介　164

6　光学データの準備と取り扱い　165

6.1　はじめに　165
6.2　画像補正　166
　6.2.1　幾何補正　167　　　　　　6.2.2　放射量補正　172
　6.2.3　熱データと表面温度の推定　180
6.3　画像表示　182
　6.3.1　再サンプリングとウィンドウ処理　182
　6.3.2　濃度分割　182　　　　　　6.3.3　色合成　183
　6.3.4　その他の表示方法　185
6.4　画像強調　185
　6.4.1　コントラスト拡張　185　　6.4.2　分光指数　187
　6.4.3　空間フィルタリング技術　187　6.4.4　主成分　190
　6.4.5　明度, 色相, 彩度の変換　191　6.4.6　データ融合　191
　6.4.7　データ同化　194
6.5　画像判読　195
　6.5.1　分　類　195　　　　　　　6.5.2　空間・テクスチャ解析　196
　6.5.3　オブジェクトの検出と解析　201　6.5.4　縮尺と拡大　201
　6.5.5　複数データの利用という考え方　202
6.6　レーダ画像の解釈　204
　6.6.1　レーダ幾何　204　　　　　6.6.2　スペックル（小斑点）　205
　6.6.3　レーダ画像の種類　206　　6.6.4　干渉測定法　206
　6.6.5　レーダ画像の解釈　207
　❓ 例　　題　208
　📖 推 薦 書　209
　➡ Web サイトの紹介　209

7　植生特性の観測と画像分類のためのスペクトル情報の利用　210

7.1　マルチスペクトルやハイパースペクトルによる観測と画像化　210
7.2　分光指数　211
　7.2.1　植生指数と植生記述　213　7.2.2　狭帯域の指数　226
　7.2.3　複数波長と微分分光分析の利用　229
　7.2.4　水指数　234

7.3 植被を推定するその他の手法　236
- 7.3.1 ライダーによる植被率の推定　236
- 7.3.2 マイクロ波を用いた植生指数　236

7.4 画像分類　237
- 7.4.1 散布図　237
- 7.4.2 基本的な分類手法　240
- 7.4.3 混合ピクセル（ミクセル）　247
- ❓ 例　題　249
- ■ 推　薦　書　250
- ⤴ Webサイトの紹介　250

8 植生構造の多方向リモートセンシングと放射伝達特性のモデル化　251

8.1 多方向リモートセンシングの基礎　251
- 8.1.1 なぜ，多方向測定を行うのか　251
- 8.1.2 反射率に対する角度変化の基礎　253
- 8.1.3 2方向性反射率の定義　254
- 8.1.4 相反性の原理　257
- 8.1.5 *BRF* 情報からの群落構造の抽出　258

8.2 *BRF* の測定　259
- 8.2.1 基本的な方法　259
- 8.2.2 実際の *BRF* 測定において考慮すべきこと　261

8.3 放射伝達と群落反射モデル　262
- 8.3.1 懸濁粒子（Turbid-medium）モデル　263
- 8.3.2 幾何光学モデル　265
- 8.3.3 モンテカルロレイトレーシングとラジオシティモデル　267
- 8.3.4 カーネル駆動型モデルと経験的モデル　269
- 8.3.5 不均質な群落の扱い　270
- 8.3.6 スペクトル不変量　271

8.4 群落生成プログラム　272
- 8.4.1 POV-Ray　272
- 8.4.2 L-システム　273
- 8.4.3 Y-plant　274

8.5 モデルの逆推定　275
- 8.5.1 原　理　275
- 8.5.2 直接的あるいは数値解析的な逆推定　276
- 8.5.3 探索表（LUT）　277
- 8.5.4 機械知能　277
- 8.5.5 さらに進んだ逆推定　278
- 8.5.6 放射モデルの比較　279

8.6 野外の群落内での生物物理学的パラメタの推定　280
- 8.6.1 直接計測　281
- 8.6.2 群落内での間接法　281
- 8.6.3 群落上での間接法　285
- ❓ 例　題　288
- ■ 推　薦　書　289
- ⤴ Webサイトの紹介　289

9　群落の物質・熱交換のリモートセンシング　290
9.1　遠隔からのエネルギー収支および物質フラックスの推定　290
9.2　放射フラックスと表面温度　291
　9.2.1　短波放射　291　　　　　9.2.2　長波放射と表面温度の推定　292
　9.2.3　純放射　294
9.3　地中熱フラックス　295
9.4　顕熱フラックス　295
　9.4.1　経験的な方法　296
　9.4.2　既知の端点におけるフラックス条件　297
9.5　蒸　　発　297
　9.5.1　エネルギー収支の残差からの推定　298
　9.5.2　純放射量からの推定　300
　9.5.3　表面温度と蒸発量の関係に基づく推定　301
　9.5.4　SVATモデルを用いたデータ同化　304
　9.5.5　瞬時値から24時間そして季節的な値への変換　305
　9.5.6　蒸発量推定についての結論　305
9.6　熱赤外センシングによる水分ストレスと気孔閉鎖の検知　306
9.7　CO_2フラックスと一次生産量　311
　9.7.1　放射の遮断による光合成の推定　311
　9.7.2　キサントフィルのエポキシ化からの推定　314
　9.7.3　クロロフィル蛍光からの光合成の推定　314
9.8　結　　論　319
　❷ 例　　題　320
　■ 推　薦　書　320
　➲ Webサイトの紹介　320

10　サンプリング・誤差・スケーリング　321
10.1　はじめに　321
10.2　サンプリング理論の基礎　322
　10.2.1　データの記述と変動　323　　　10.2.2　検定と検出力　324
　10.2.3　誤差伝播　326
10.3　現地での測定と他の参照データの収集　327
　10.3.1　サンプリング　328
　10.3.2　試料採取単位とサンプリング方法の選択　329
　10.3.3　参照データや訓練データのためのサンプリング　332
10.4　空間スケールの考え方　333
　10.4.1　スケール拡張（統合）　335　　10.4.2　スケール縮小（分解）　335
　10.4.3　非線形性にかかわる問題　336
10.5　較正と検証　339
10.6　空間データの分類精度に関する不確実性　343
　10.6.1　誤差行列　343　　　　　10.6.2　ファジィ理論による分類と評価　346
　10.6.3　参照データにおける誤差の原因　347
　❷ 例　　題　347

■ 推薦書　348
⇨ Web サイトの紹介　348

11　リモートセンシングの総合的な利用　349
11.1　はじめに　349
11.2　植物のストレスの検出と診断　349
　11.2.1　分光反射率画像と分光植生指数の利用　351
　11.2.2　水欠乏ストレスの熱による検知　355
　11.2.3　蛍光と蛍光画像診断　358
　11.2.4　多方向センシング，3D 画像化，ライダー　361
　11.2.5　複数センサによる画像診断　361
11.3　精密農業と作物管理への応用　363
　11.3.1　作付け目録　365　　　11.3.2　収穫量の推定と予測　368
　11.3.3　水管理　369　　　　　11.3.4　養分管理，害虫と病気　371
　11.3.5　実用面での考慮　373
11.4　生態系管理　374
　11.4.1　土地被覆分類と地図作成　376　　11.4.2　景観生態学への応用　377
　11.4.3　生物多様性の推定　380　　　　　11.4.4　その他の生態学的な応用　382
11.5　森林管理　383
　11.5.1　地図化，モニタリングと管理　384
　11.5.2　群落高，バイオマスと 3 次元計測　385
　11.5.3　実用面での考慮　389
11.6　野火とバイオマスの燃焼　390
　11.6.1　予　測　391　　　　　11.6.2　監　視　393
　11.6.3　焼失面積の地図化　394　11.6.4　再生のモニタリング　395
　11.6.5　実用面での考慮　395
　⇨ Web サイトの紹介　396

参考文献　397
付録1　さまざまな変換係数，物理定数とその特性　425
付録2　地球観測の年表　428
付録3　植生モニタリングに適した最新のデータ　429
例題解答　434
索　　引　437

記　　号

　変数については，可能な限り一般にもっともよく使われているものを使用するように努めた．しかし，異なる科学分野においては同じ量に対して異なる記号を割り当てていることが多いため，本書のような学際的教科書においてはどの記号を使用するか選択しなければならなかった．また，同じ記号にはできるだけ異なる意味をもたせないように配慮したが，そうできなかった記号もある．場合によっては，一般に文献中で用いられている標準的ではない複数の文字の組み合わせを「記号」として利用した．このような配慮によって全体的には曖昧さが避けられていると期待している．

　以下に，本書で使用する変数，単位などの記号一欄を示す．

a	2つの光源の距離（マイクロ波）
a_i	比消散係数（$= a/$濃度（$[\mathrm{m^2\,kg^{-1}}]$，あるいは水の場合は$[\mathrm{cm^{-1}}]$も使われる）．消散係数 a は，（無限に薄い）吸収層の単位厚さあたりの $\Delta I/I$ $[\mathrm{m^{-1}}]$），吸光係数
A	アンペア（電流のSI単位）
A	アルベド
A	表面温度変化の振幅（頂点〜頂点）（この値の半分が A として使われる例がある）
A	面積 $[\mathrm{m^2}]$
AI	角度指数（例：AI_λ）
B	MVI の傾き（7.3.2項）
$\boldsymbol{B}_i$	ラジオシティー，あるいは分離した表面 i からの全フラックス密度 $[\mathrm{W\,m^{-2}}]$
$\boldsymbol{B}$	電磁波の磁場の方向
c	光速（$= 2.99792458 \times 10^8\,[\mathrm{m\,s^{-1}}]$）（NISTの較正表より）
c	体積密度（$[\mathrm{m^3\,m^{-3}}]$ または $[\%]$）
c	質量密度＝密度（$\rho = [\mathrm{kg\,m^{-3}}]$）
c	単位サンプリングあたりのコスト
$\hat{c}_i$	モル濃度（$= n_i/V$；単位体積あたりの量 i のモル数 $[\mathrm{mol\,m^{-3}}]$）
c_{ij}	畳み込みのためのカーネルの $i \times j$ 番目のセルの係数
c_p	（一定圧力下における）空気の比熱（容量）$[\mathrm{J\,kg^{-1}\,K^{-1}}]$．$c_s$：表面物質の熱容量
c_{area}	単位面積あたりの熱容量 $[\mathrm{J\,m^{-2}}]$
$\hat{c}_p$	空気のモル比熱（$= 29.3\,[\mathrm{J\,mol^{-1}\,K^{-1}}]$）
$\boldsymbol{C}$	顕熱フラックス $[\mathrm{J\,m^{-2}\,s^{-1}}]$（$H$ が広く使われている）
C	クーロン
C	（サンプリングの）総コスト
$\boldsymbol{C}_{24\mathrm{h}}$	顕熱フラックスの24時間積分値 $[\mathrm{J\,m^{-2}\,s^{-1}}]$
C_{chl}	クロロフィル濃度．C_w：含水量

$CWSI$	作物水分ストレス指数，無次元 $= (T_s - T_{wet})/(T_{dry} - T_{wet})$
d	直径
dB	デシベル（音，電流の強度を表す対数単位）
D_a	大気飽差 [kPa]．D_x：大気飽差 [mol mol^{-1}]
$\boldsymbol{D}$	拡散係数あるいは拡散率 [m^2 s^{-1}]．たとえば，熱拡散係数
D	通日（1月1日から通して数えた日数）
D	シンプソンの多様性指数（$1-D$ を使う文献もある）
D_{ab}	a と b のユークリッド距離
$\boldsymbol{D}_H$	熱拡散率（$= K/(\rho_s c_s)$）[m^2 s^{-1}]（κ を使用する文献もある）
DVI	差分植生指数
e	地球軌道の離心率（$= 0.0167$）
e	水蒸気分圧 [Pa]（葉内 $= e_{leaf}$ は e_{sat} あるいは葉温における飽和水蒸気圧に等しいと仮定する）
etr	電子伝達速度
eV	電子ボルト（$= 1.602 \times 10^{-19}$ [J]）
E	エネルギー [J]
E	ライダーからのエコー（ΣE_{veg}，ΣE_{total} はそれぞれ植生からのエコーの合計，フットプリントからのエコーの合計を示す）
$\boldsymbol{E}$	電磁波の電気ベクトル
$\boldsymbol{E}$	蒸発あるいは蒸散速度 [mol m^{-2} s^{-1}] または [kg m^{-2} s^{-1}]．E_o は基準蒸発散量を示す
EWT	等価水層厚 [m]
f	レンズの焦点距離
f	（放射の）周波数 [Hz]（周期 s^{-1}）
$f(...)$	(...) の数学的関数
f	カーネル駆動型モデルの重み付け係数（f_{iso}，f_{vol}，f_{geo}）
f	地面 (g) と群落 (c) の日向・日陰の割合（f_g，f_c，f_{g-sh}，f_{c-sh}）
$f_{veg(\theta)}$	視野天頂角 θ における見かけの植生割合
f_{veg}	天底から見た真の植生被覆割合
$\boldsymbol{F}$	放射フラックス [W]
$F(\theta)$	天頂角 θ における群落ギャップの割合
F	蛍光（F_v は可変蛍光，F_m は最大蛍光，F_o は弱光時の基底レベルの蛍光，F_m' は消光された最大蛍光，F_s は定常状態の蛍光，F_o' は消光された F_o，F_{UV} は UV 光によって誘導された蛍光，F_B は青色光，そして他の下付き数字は蛍光の波長を示す）
F	力 [N]（F_c：向心力，F_a：重力）
g	コンダクタンス [m s^{-1}]（下付き文字を含む場合—g_W：水蒸気移動コンダクタンス，g_a：境界相コンダクタンス，g_H：熱移動コンダクタンス，g_{HR}：熱と放射伝達の並列コンダクタンス）
$\hat{g}$	モルコンダクタンス [mol m^{-2} s^{-1}]（下付き文字は g と同様）
G	アンテナの指向性感度

G	系全体の総コンダクタンス [mol m^{-2} s^{-1}] または [m s^{-1}] ($= g_1 + g_2$ は連続しているコンダクタンスの場合)
$\boldsymbol{G}$	地中への熱フラックス [W m^{-2}] (ただし,一般的には貯熱されるフラックス $\boldsymbol{S}$)
G	重力定数 ($= 6.67300 \times 10^{-11}$ [m^3 kg^{-1} s^{-2}])
$G(\theta)$	g-関数によって表現した単位葉面積の θ 方向への投影
$GNDVI$	緑色正規化差植生指数 ($GNDVI = (\rho_{\text{NIR}} - \rho_{\text{G}})/(\rho_{\text{NIR}} + \rho_{\text{G}})$)
h	プランク定数 ($= 6.6261 \times 10^{-34}$ [J s])
h	セミバリオグラムでの距離
H	高度,あるいはスケール高度(大気の同等の厚さ)
H	シャノン-ウィーバーの多様性指数
H_0	帰無仮説
H_1	対立仮説
$HSAI$	半表面積指数(単位地表面積あたりの葉の表面積の 1/2)
Hz	ヘルツ ($= 1$ 周期 s^{-1})
I	電流 [A]
I	入射放射フラックス密度 [W m^{-2}]
$\boldsymbol{I}_{\text{PAR}}$	光合成有効放射の入射放射フラックス密度 [W m^{-2}] (400〜700 nm)
$\boldsymbol{I}_\text{S}$	全日射の入射放射フラックス密度 [W m^{-2}]
$\boldsymbol{I}_0$	入射放射フラックス密度(大気圏上端$= \boldsymbol{I}_{\text{toa}}$. 大気圏上端で太陽光線に垂直な面$=$太陽定数$= \boldsymbol{I}_{\text{pS}}$
$\boldsymbol{I}^0, \boldsymbol{I}^1, \boldsymbol{I}^\text{M}$	散乱されていない,1 回散乱された,数回散乱された放射照度
$\boldsymbol{I}_{\text{S}(D)}$	1 年のある日 (D) における地球大気圏外の日射 [W m^{-2}]
J	ジュール
$\boldsymbol{J}$	質量フラックス [kg m^{-2} s^{-1}]
J	放射源関数
$\hat{\boldsymbol{J}} = \boldsymbol{J}_i^\text{M}$	モルフラックス [mol m^{-2} s^{-1}]
k	ボルツマン定数 ($= 1.3807 \times 10^{-23}$ [J K^{-1}])
k	消散係数
k	放射伝達カーネル (k_{vol} と k_{geo})
$k_\text{D}, k_\text{F}, k_\text{P}$	熱散逸,蛍光,光合成光化学反応によって励起状態からエネルギーの低い状態へ遷移する反応定数
K	ケルビン(温度の SI 単位)
K	熱伝導率 [W m^{-1} K^{-1}]
K_c	蒸発量計算のための作物定数
l	表面相関長(土壌表面の粗度の係数)
L	葉面積指数(数式内での表示.項目 LAI 参照)
$\boldsymbol{L}$	放射輝度 [W m^{-1} sr^{-1}]. $\boldsymbol{L}_\lambda$: 分光放射輝度 [W m^{-2} sr^{-1} μm^{-1}]
LAI	葉面積指数または単位地表面積あたりの葉面積(投影葉面積あたりで記録 [m^2 m^{-2}])(項目 L および $HSAI$ 参照)
LUE	光利用効率(項目 ε_V 参照)

xvi　記　号

LWI	葉水分指数（もっとも一般的には，$LWI = \rho_{1300}/\rho_{1450}$）
LWC	葉含水量 $[\mathrm{kg\,m^{-2}}]$
m	大気路程あるいは光学的空気量（実際の太陽光線が通過した単位断面積あたりの大気質量の比率で定義される）
m_s	物体の質量 $[\mathrm{kg}]$
M	放射フラックス発散度 $[\mathrm{W\,m^{-2}}]$
$\boldsymbol{M}$	代謝熱放出 $[\mathrm{W\,m^{-2}}]$
M	メリット関数
M_i	分子量あるいは1モルの物質 i の質量 $[\mathrm{kg}]$
MPa	メガパスカル
$MPDT$	マイクロ波偏光変化温度
M_e	地球の質量（$= 5.9736 \times 10^{24}\,[\mathrm{kg}]$）
n_i	i のモル数；繰り返し数
n	屈折率
N	ニュートン
N	近赤外反射率（$= \rho_\mathrm{N}$）
N	層の数（葉のモデル化）
$NDTI$	正規化差温度指数
$NDVI$	正規化差植生指数
NPI	正規化差偏光指数（正規化された $MPDT$）
$NRCS$	規格化レーダ断面積（$= \sigma^\circ$）
p	比率
p_i	構成する気体の分圧 $[\mathrm{Pa}]$
p	再衝突確率
$\hat{p}$	平均再衝突確率
P	確率
Ppt	降水量から地表流去水量を差し引いたもの $[\mathrm{mm}]$
P	圧力，大気圧，全気圧 $[\mathrm{Pa}]$
P_o	海面における大気圧 $[\mathrm{Pa}]$
$\boldsymbol{P}$	熱慣性あるいは熱アドミッタンス $[\mathrm{J\,m^{-2}\,K^{-1}\,s^{-1/2}}]$
P	パワー．P_t：アンテナからの電力．P_s：対象に到達した電力．P_r：検出器に到達した電力
Pa	パスカル（$= 10^{-5}\,[\mathrm{bar}]$）
P_n, P_g	純光合成速度，総光合成速度 $[\mathrm{mol\,m^{-2}\,s^{-1}}]$
r	半径 $[\mathrm{m}]$（地球の半径など）
r	抵抗 $[\mathrm{m\,s^{-1}}]$（r_W：水蒸気移動抵抗，r_a：境界相抵抗，r_H：伝熱抵抗，r_HR：熱と放射伝達の並列抵抗を含む）
ρ_s	表面の半球反射率
$\hat{r}$	モル抵抗 $[\mathrm{m^2\,s\,mol^{-1}}]$（下付き文字は r と同様）
R	赤色光の反射率（$= \rho_\mathrm{R}$）

$R(\theta_i, \varphi_i; \theta_r, \varphi_r)$	BRF あるいは 2 方向反射係数．ここで，θ_i と φ_i は照明の天頂角と方位角，θ_r と φ_r は視野の天頂角と方位角
R	地球の太陽周回軌道の半径
R	レーダ範囲．R_r：SLAR レーダの距離分解能
R	全抵抗（たとえば，直列の場合 $= r_1 + r_2$）
R	電気抵抗 [Ω]
$\boldsymbol{R}$	放射フラックス密度 [W m^{-2}]，および次を含む．$\boldsymbol{R}_n$：群落に吸収された純放射フラックス [W m^{-2}]．$\boldsymbol{R}_{ni}$：等温純放射．$\boldsymbol{R}_L$：長波放射（$\boldsymbol{R}_{Ld}$, $\boldsymbol{R}_{Lu}$）．$\boldsymbol{R}_S$：短波（< 4 μm）放射
$\Re$	気体定数（$= 8.3143$ [J mol^{-1} K^{-1}]）
RVI	比植生指数
RWC	相対含水率．相対水量は次のように定義される．$RWC =$（新鮮質量－乾燥質量）/（吸水質量－乾燥質量）（無次元，%表示されることが多い）
s	標本標準偏差
s	温度（$(T_a - T_s)/2$）に対する飽和水蒸気圧の曲線の傾き．$\hat{s}$ 温度に対する飽和水蒸気モル分率の曲線の傾き
$\boldsymbol{S}$	蓄熱される熱フラックス [W m^{-2}]（$\boldsymbol{G}$ は特殊な場合）
t	時間
T	絶対温度 [K]（T_a：空気，T_s：表面，T_ℓ または T_{leaf}：葉温，T_e：ある特定環境（の時間 t）における平衡温度，T_{kin}：運動温度，T_B：見かけの輝度温度（$= \varepsilon^{1/4} T_{kin}$））
T	衛星や惑星の軌道周期
u	風速 [m s^{-1}]
V	体積 [m^{-3}]
V	ボルト（電圧）
VI	植生指数
VI^*	尺度化された植生指数
w_i	混合比
W	体積含水率．W_o：初期量
$\bar{x}$	x の標本平均
x_i	モル分率 [mol mol^{-1}]
x	Campbell の楕円体係数（垂直半軸 a に対する水平半軸 b の比率）
z	2 つの大きな標本間の平均の比較のための z-検定の統計量
z	深さ
Z	制動深さ [m]
α	対立仮説が真であると見なす確率レベル
α	吸収率（無次元）
α	純放射に対する $\boldsymbol{E}$ の Priestley-Taylor 定数（無次元；$\cong 1.26$）
α	木質部（片面）の面積指数と植物全体（片面）の面積指数の比
β	水平以上の光線の高度（例：太陽高度）
β	誤っている帰無仮説を棄却しない確率レベル

γ	減衰係数．γ_a：単位厚さあたりで吸収された入射放射の割合．γ_s：単位厚さあたりで後方散乱された入射放射の割合
γ	乾湿計定数（$= P_{cp}/0.622\,\lambda\;[\mathrm{Pa\,K^{-1}}]$）
$\hat{\gamma}$	熱力学的乾湿計定数（$= \hat{c}_p/\lambda\;[\mathrm{K^{-1}}]$）
$\hat{\gamma}^*$	修正された乾湿計定数（熱と水蒸気で異なるコンダクタンスの使用が可能（$= \hat{c}_p\,\hat{g}_H/(\lambda\,\hat{g}_w)$）
Γ	$G/\boldsymbol{R}_n$ - 地中に入る純放射エネルギーの割合（Γ' は土壌表面での割合，Γ'' は群落上の $\boldsymbol{R}_n$ が地表面に届く割合）
δT	温度差（$= T_s - T_a$）
ϵ	比誘電率（媒体の誘電率と真空の誘電率の比）（無次元）
ε	射出率，放射率（無次元）．ε_λ：分光射出率（無次元）
ε	s/γ
ε	効率（例：光合成効率．ε_V：吸収した全日射に対する植生の乾物変換効率 $[\mathrm{g\,MJ^{-1}}]$．$\varepsilon_V{}'$：吸収した PAR の乾物生産への変換効率．項目 LUE 参照）．$\varepsilon_V{}^*$：環境ストレスによって減少した変換効率
η	力学的粘性係数 $[\mathrm{kg\,m^{-1}\,s^{-1}}]$
θ_i	天頂角（表面の法線と入射光線との角度）．θ_v：画角
κ	偶然によらない一致率の指標（kappa 係数）
λ	波長 $[\mathrm{m}]$（ただし，便宜的に $[\mathrm{\mu m}]$ がよく使用される）
λ	蒸発潜熱 $\lambda\;[\mathrm{J\,mol^{-1}}]$（水の気化潜熱 $= 44\,172\;[\mathrm{J\,mol^{-1}}]$）
λ_m	プランク分布のピーク波長 $[\mathrm{\mu m}]$
λ_{RE}	赤色波長端（レッドエッジ）の変曲点の位置
λ_0	葉の集中指数
μ	熱アドミッタンス（項目「熱慣性」P 参照）
μ	個体群の平均
υ	波数 $[\mathrm{cm^{-1}}]$（厳密に SI 単位に従えば $[\mathrm{m^{-1}}]$ が正しいが，歴史的理由で $[\mathrm{cm^{-1}}]$ という単位が広く使われていることに注意．また，分野によっては，波数は $1/\lambda$ ではなく $2\pi/\lambda$ として定義される波長定数を意味することがある）
ρ	反射率（無次元）（ρ_λ：分光反射率．ρ_h：水平葉群からなる深い群落の反射率．ρ：反射係数）
ρ	密度 $[\mathrm{kg\,m^{-3}}]$（項目「質量密度」c 参照）
$\hat{\rho}_i$	気体 i のモル密度（$n_i/V = 44.6\;[\mathrm{mol\,m^{-3}}]$）（標準温度・気圧条件）
σ	ステファン - ボルツマン定数（$= 5.6703 \times 10^{-8}\,[\mathrm{W\,m^{-2}\,K^{-4}}]$）
σ	個体群の標準偏差
$\sigma_{M(\lambda)}$	ミー散乱
$\sigma_{R(\lambda)}$	レイリー散乱
σ^*	マイクロ波後方散乱断面積 $[\mathrm{dB}]$
σ°	後方散乱係数（$NRCS\;[\mathrm{dB}]$，規格化レーダ断面積）
τ	（レーダ）パルス長
τ	透過率（無次元）

τ'_λ	波長 λ における光学的深さあるいは光学的厚さ（$= k\lambda x$）
$\boldsymbol{\tau}$	せん断応力（＝運動量フラックス）$[\mathrm{kg\,m^{-1}\,s^{-2}}]$
ϕ	蒸発比
ϕ	位相
φ	方位角（φ_i：入射光の方位角．φ_r：観測方向の方位角）
$\varPhi_\mathrm{F}$	蛍光の量子収率（無次元）
$\varPhi_\mathrm{PSII}$	PSII の量子収率
ψ	水ポテンシャル [Mpa]（ψ_π：浸透ポテンシャル [Mpa]．ψ_p：圧ポテンシャルまたは膨圧．ψ_g：重力ポテンシャル）
ω	角振動数
Ω	立体角 [sr]
Ω	乖離係数

省略と頭文字

AATSR	advanced along track scanning radiometer（改良型軌道走査放射計，ATSRの改良型，Envisat 搭載センサ）
AgIIS	agricultural irrigation information system（農業灌水画像システム）
ALA	average leaf angle（平均葉面角度）
ALI	advanced land imager（高性能地上画像化装置，NMP/EO-1 衛星に搭載）
ALOS	Advanced Land Observation Satellite（JAXA）（陸域観測技術衛星）
ALS	airborne laser scanning（航空機搭載型レーザ走査システム）
ANN	artificial neural net（人工ニューラルネットワーク）
ANOVA	analysis of variance（分散分析）
Aqua	NASA の EOS 衛星
ARVI	atmospherically resistant vegetation index（大気効果抑制植生指数）
ASAR	advanced synthetic aperture radar（高性能合成開口レーダ，Envisat 衛星）
ASM	angular second moment texture measure（角2次モーメントテクスチャ測度）
ASTER	advancer spaceborne thermal emission and reflection radiometer（資源探査用将来型センサ）
ATCOR	atmospheric correction models（http://www.ReSE.ch）（放射伝達モデル）
ATI	apparent thermal inertia（見かけの熱慣性）
ATM	airborne thematic mapper（航空主題図用放射計）
ATP	adenosine tri-phosphate（アデノシン3リン酸）
ATSR	along track scanning radiometer（軌道走査型放射計 1.6, 3.7, 10.8, 12 mm の走査放射計）
ATOVS	advanced TIROS operational vertical sounder（改良型 TOVS）
AVHRR	advanced very high resolution radiometer（改良型高分解能放射計）
AVIRIS	airborne visible and infrared imaging spectrometer（航空機搭載型可視赤外画像分光計）
BAI	burned-area index（焼失面積指数）
BIRD	Bispectral Infrared Detection Satellite（2波長赤外放射線探知衛星）
BRDF	bidirectional reflectance distribution function（2方向性反射分布関数）
BRF	bidirectional reflectance factor（2方向性反射係数，無次元）
CART	classification and regression-tree approaches（回帰木）
CASI	compact airborne spectral imager（航空機搭載型ハイパースペクトルセンサ）
CCD	charge coupled device（電荷結合素子）
CEOS	Committee on Earth Observation Satellites（地球観測衛星委員会）
CHRIS	compact high resolution spectrometer（小型高分解能画像分光計，PROBA 衛星）
CI	confidence interval（信頼区間）
CON	contrast texture measure（コントラストテクスチャ測度）
CryoSat	European satellite for measuring ice mass balance（欧州氷層調査衛星）

CZCS	coastal zone colour scanner（沿岸域海色走査計）	
DDV	dense dark vegetation（密集植生）	
DEM	digital elevation model（高分解能数値標高モデル）	
DIFN	diffuse non-interference（散乱性不干渉）	
DMC	Disaster Monitoring Constellation（災害監視衛星群）	
DN	digital number（*DN* 値，放射輝度値．下付き文字は使用される波長）	
DOS	dark object subtraction（黒オブジェクト減算）	
DT	dark target（黒目標）	
DTM	digital terrain model（数値地形モデル）	
DVI	difference vegetation index（差分植生指数）	
EMR	electromagnetic radiation（電磁波）	
ENT	entropy texture measure（エントロピーテクスチャ測度）	
Envisat	European Space Agency's Earth observation satellite（欧州宇宙機関地球観測衛星，エンビサット）	
EO	Earth observation（地球観測）	
EOS	Earth Observing System（NASA の地球観測システム）	
ERS-1, -2	European Remote Sensing Satellite, 1 and 2（ヨーロッパリモートセンシング衛星）	
ERTS	Earth Resources Technology Satellite（地球資源探査衛星，後に Landsat）	
ESA	European Space Agency（欧州宇宙機関）	
ET	evapotranspiration（蒸発散）	
ETM	enhanced thematic mapper（高性能主題図用放射計）	
ETM+	enhanced thematic mapper plus（Landsat 7 の高性能拡張主題図用放射計）	
EVI	MODIS enhanced vegetation index（MODIS の強化型植生指数）	
EWT	equivalent water thickness（等価水層厚）	
fAPAR	fraction of absorbed photosynthetically active radiation（光合成有効放射吸収率）	
FCC	false-colour composite（着色合成画像）	
FDRI	fire danger rating index（火災危険度指数）	
FER	fluorescence emission ratio（蛍光射出比）	
FLD	Fraunhofer line depth（フラウンホーファー線深度）	
FLEX	Fluorescence Explorer（（クロロフィル）蛍光探査，ESA 計画）	
FMC	fuel moisture content（可燃物の含水率）	
FOV	field of view（視野）	
FPI	fire prediction index（火災予測指数）	
FWHM	full width at half-maximum（（ガウス分布の）半値全幅）	
GA	genetic algorithm（遺伝的アルゴリズム）	
GCP	ground control point（地上基準点）	
GEOSS	global earth observing system of systems（全球地球観測システム）	
GIFOV	ground instantaneous field of view（地上瞬時視野）	
GIR	geographic image retrieval（地理的画像検索，またはオブジェクト検索）	

GIS	geographic information system（地理情報システム）
GLAS	geoscience laser altimeter system（地球科学レーザー高度計）
GMES	Global Monitoring for Environment and Security programme（全地球的環境・安全保障監視プログラム，欧州連合）
GNDVI	green normalized difference vegetation index（緑色正規化差植生指数）
GOES	Geostationary Operational Environmental Satellite（静止実用環境衛星，NOAA）
GOMS	Geostationary Operational Meteorological Satellite（静止実用気象衛星，ロシア）
GPS	global positioning system（全地球測位システム）
GRACE	Gravity Recovery and Climate Experiment（重力・回復と気候実験，1対の重力場測定衛星）
GRD	ground resolution cell（地上分解能セル）
GSD	ground sampling distance（地上サンプリング距離）
HBW	half band width（半値幅）
HCMM	Heat Capacity Mapping Mission（熱容量観測衛星）
HOME	height of median energy（エネルギー中央値の高さ）
HRG	high-resolution geometric sensor（Spot-5の高分解能幾何センサ）
HRV	haute resolution video（Spot-1〜4の高分解能画像システム）
HSAI	hemisurface area index（半表面積指数）
HSRS	hot spot recognition sensor（ホットスポット認識センサ）
ICESat	Ice Cloud and Land Elevation Satellite（氷床，雲，標高衛星）
IFOV	instantaneous field of view（瞬時視野）
IHS	intensity hue and saturation（明度・色相・彩度，表色系）
InSAR	interferometric SAR（干渉合成開口レーダ）
IPCC	Intergovernmental Panel on Climate Change（気候変動に関する政府間パネル）
IR	infrared（赤外線）
IRS	Indian Remote Sensing satellite（インドリモートセンシング衛星）
ISS	inertial stabilizing system（慣性安定化装置）
ISCCP	International Satellite Cloud Climatology Project（国際雲気候衛星計画）
JERS	Japanese Earth Resources Satellite（日本地球資源衛星）
JPL	NASA's Jet Propulsion Laboratory（NASAのジェット推進研究所）
KOMPSAT	Korean Earth Observing Satellite（韓国地球観測衛星）
LAD	leaf-angle distribution（葉面角度分布，定義された葉面角度範囲階級に含まれる葉面積の割合）
LAI	leaf-area index（葉面積指数）
Landsat-1, 2, …	NASA/NOAAの地表観測衛星のシリーズ
LEO	low-Earth orbit（地球低軌道（衛星））
Lidar	light detection and ranging（光検出と測距，ライダー）
LIFT	laser-induced fluorescence transients（レーザ誘起蛍光励起）
LISS	linear self-scanning radiometer（リニア画像自己走査装置）

LUT	look-up table（探索表）	
LW	longwave radiation（長波放射，TIR：4〜15 μm）	
LWC	leaf water content（葉含水量）	
LWI	leaf water index（葉水分指数）	
MERIS	medium-resolution imaging spectrometer（中分解能画像分光放射計）	
Meteor	Soviet/Russian series of meteorological satellites（ソビエト/ロシアの気象衛星シリーズ，メテオ）	
Meteosat	European series of geostationary meteorological satellites（欧州静止気象衛星シリーズ）	
MIR	mid-infrared（中間赤外放射，1〜4 μm）	
MNF	minimum noise fraction transform（最少ノイズ成分変換）	
MISR	multiangle imaging spectroradiometer（多方向画像分光放射計）	
MODIS	moderate-resolution imaging spectrometer（中分解能画像分光計，TERRA/AQUA 搭載センサ）	
MODTRAN	Moderate Spectral Resolution Atmospheric Transmittance（中分解能のスペクトル大気透過率，米国空軍によって開発されている大気補正のための放射伝達コード）	
MSG	Meteosat Second Generation（第 2 世代の Meteosat）	
MSS	multispectral scanner（初期 Landsat のマルチスペクトル走査放射計）	
MW	microwave（マイクロ波）	
MVC	maximum value composite（最大値合成画像）	
NASA	National Aeronautics and Space Administration（米国航空宇宙局）	
NBAR	nadir bidirectional distribution function adjusted reflectance（天底 2 方向反射分布関数で調整された反射率）	
NBR	normalized burn ratio（正規化焼失率）	
NCE	net carbon exchange（純炭素交換量．項目 *NEP*, *NPP* など参照．[kg]，[CO_2 mol]，[Cmol]，乾重量 [m^{-2}]）	
NDVI	normalized difference vegetation index（正規化差植生指数）	
NEP	net ecosystem production（純生態系生産量）	
NERC	The UK Natural Environment Research Council（英国自然環境調査局）	
NHI	normalized heading index（正規化出穂指数）	
NIR	near-infrared（近赤外線，700 nm 〜1 μm）	
NOAA	National Oceanic and Atmospheric Administration（（米国の）海洋大気局）	
NOAA-1, 2, …	NOAA（極軌道気象衛星シリーズ）	
NPOESS	National Polar-Orbiting Operational Environmental Satellite System（米国極軌道環境衛星システム）	
NPP	net primary productivity（純一次生産量 [kg ha^{-1}]（日または年）$^{-1}$）	
NPQ	non-photochemical quenching（非光化学消光）	
NRCS	normalized radar cross-section（規格化レーダ断面積）	
OLI	operational land imager（長期利用地表画像化装置）	
PAR	photosynthetically active radiation（光合成有効放射）	
PIT	pseudo-invariant target（疑似不変目標）	

Pixel	picture element（ピクセル，画素）
POES	Polar-Orbiting Environmental Satellite（極軌道気象衛星）
PPA	Parks and Protected Areas（公園と保護地域）
PRI	photochemical reflectance index（光化学的分光反射指数）
PRI	precision radar image（精度（レーダ）画像）
PSI, PSII	photosystems 1 and 2（光化学系 I，II）
Radar	radio detection and ranging（レーダ，電波検知測距）
Radarsat	レーダサット，カナダの海氷モニタリングレーダ衛星
RAR	real aperture radar（実開口レーダ）
REP	red-edge position（$=\lambda_{RE}$）（赤色波長端，レッドエッジ）
RGB	red, green, blue（赤，緑，青，表色系）
RGI	relative greenness index（相対緑色指数）
RMSE	root mean square error（二乗平均平方根誤差）
ROS	reactive oxygen species（活性酸素種）
RS	remote sensing（リモートセンシング）
RTC	radiative transfer code（放射伝達コード）
RTE	radiative transfer equation（放射伝達方程式）
RTM	radiative transfer models（放射伝達モデル）
Rubisco	ribulose bis-phosphate carboxylaseoxygenase（リブロース-1,5-二リン酸カルボキシラーゼ/オキシゲナーゼ）
RVI	ratio vegetation index（比植生指数）
RWC	relative water content（相対含水率）
SAR	synthetic aperture radar（合成開口レーダ）
SAVI	soil-adjusted vegetation index（土壌調整植生指数）
SE	standard error（標準誤差）
SeaSat	海洋マイクロ波観測のための NASA の概念実証衛星
SDD	stress degree day（ストレスデグリデー［℃日］）
SeaWiFS	Sea-viewing wide field of view sensor（海洋観測広視野センサ）
SI	le Système International de Unités（国際単位系）
SI	stress index（ストレス指数．SI_{CWSI}, SI_{gs} など）
SIF	solar-induced fluorescence（受動的日射誘起蛍光）
SIR-A, -B, -C	Shuttle imaging radar（スペースシャトルの画像レーダ）
SLAR	side-looking airborne radar（側方監視機上レーダ）
SNR	signal-to-noise ratio（信号対雑音比 S/N）
SOM	self-ordering map（自己組織化マップ，人工ニューラルネットワークによる分類手法）
SPOT	Satellite Pour l'Observation de la Terre（フランスの地球観測衛星）
SST	sea surface temperature（海面温度）
SVM	support vector machine（サポートベクターマシン，分類手法）
SVR	support vector regression（サポートベクター回帰）
SW	shortwave または solar radiation（短波放射または日射，300 nm〜4 μm）

SWIR	shortwave infrared（短波長赤外，1〜4 μm）
Terra	NASA の EOS 衛星
TES	temperature emissivity separation method（温度射出率分離法）
TIR	thermal infrared（熱赤外，熱放射，4〜15 μm）
TM	thematic mapper on later Landsats（後期ランドサットに搭載された主題図用放射計）
TOVS	TIROS operational vertical sounder（TIROS 衛星の気温/水蒸気量の鉛直プロファイルが得られるサウンダ）
UAV	unmanned aerial vehicle（無人航空機）
UV	ultraviolet radiation（紫外線（UV-A：315〜400 nm．UV-B：280〜315 nm，UV-C：< 280 nm））
VHRR	very high resolution radiometer（超高分解能放射計）
VI	vegetation index（植生指数）
VIFIS	variable interference filter imaging spectrometer（可変干渉回折格子画像分光計）
VISSR	visible and infrared spin-scan radiometer（可視赤外スピン走査放射計）
WDRVI	wide dynamic range vegetation index（広ダイナミックレンジ植生指数）
WiFS	wide field of view sensor（広視野センサ）
X-ray	x-ray waveband（X線波長）
X-SAR	スペースシャトルの SAR
γ-ray	ガンマ線

1 はじめに

　植物の生存や成長，そして繁殖は，物理的な環境に強く依存している．植物の環境に対するさまざまな反応を理解するには，環境の定量化と，植物とその機能を同時に研究するための手段が必要である．実際，植物の環境に対する反応メカニズムについての理解は，気候変化に対する生態系応答から将来の作物収穫高の改善に至る，自然生態系のモニタリングと土地管理の改善に関する幅広い研究領域において必要である．気候変化とその影響の予測においても，大気 CO_2 濃度と陸上のエネルギー収支を調節している植生の役割についての理解が必要不可欠である．植物の機能についての解析方法は，昔から行われてきた成長解析のための植物採取や組織抽出液の生化学的分析などのように，破壊的なものが多い．非破壊的なものは，たとえば 1 枚の葉のガス交換測定のように，どちらかというと小さなスケールの測定に限られ，植物から調査地，そして地域へと解析結果のスケールを拡大することは難しい．

　リモートセンシング技術，すなわち測定対象から離れた測器によって情報を集める技術は，多くの場合，生物物理学的に重要な変数の間接的な推定値を得ることに利用されるが，植生システムとその機能の研究のための有効な手段として，重要性を増している．植生研究におけるリモートセンシング技術の特徴は，非接触，非破壊，そして小さなスケールにおける観測値をより大きなスケールに外挿しやすいことであり，これらは生態学や気候変動の研究においてとくに重要な利点となる．植物個体レベルの研究においても「離れて接触せずに」得られた画像は，植物育種において必要とされる多数の植物個体からの迅速な情報収集や，ある特定の生理学的特徴による分類などに利用できる．

■ 1.1　歴　史

　テレビ，携帯電話，衛星ナビゲーション，GPS（全地球位置把握システム），GoogleEarth など，現在の学生は衛星技術に囲まれて暮らしているが，最初の宇宙からの地球観測は 1972 年のことであり，これら多くのリモートセンシング技術の発展はごく最近のことである．リモートセンシング（RS）という用語が最初に使われたのは 1960 年のことで，当初は単に対象物体に触れることなく観測や測定を行うという意味であった．その後，この用語は，とくに地球観測（EO）に関連したより専門的な意味をもつようになった．付録 2 にリモートセンシングの発展における主要なできごとを，付録 3 に最近の人工衛星と搭載されているセンサの詳細をまとめる．

　衛星リモートセンシングの発展は比較的最近のことであるが，その 40 年前には主に地図作成のために航空写真が広く使われ始め，それが地表のモニタリングのために利用され

たことで，写真測量学と写真解析学が幅広く発達した．1950年代には，ロバート・コーウェルが，他のよりスケールの小さな植物科学の研究と同様に，赤外航空写真をコムギなどの穀類と病気の識別に利用したが（Colwell, 1956），その基本的な原理の多くはそれ以前に確立していた．同じ頃，全天空写真の利用技術が植生構造の研究のために開発された（Evans & Coombe, 1959）．航空機用熱スキャナ（遠赤外画像撮影装置）は，1970年代前半に作物の水ストレスの変化の研究に利用された（Bartholic et al., 1972）．個葉スケールの画像化技術は，カラー写真を使った病気の診断などに長年利用されてきたものの，生理学的過程の研究への利用は，たとえば葉の熱画像によるエネルギー伝達の初歩的な可視化などが1970年代になって始まったにすぎない（Clark & Wigley, 1975）．植物の機能研究のためにクロロフィル蛍光画像のような他の画像化技術が広く利用されるようになったのは，1990年代後半からである．

1957年のスプートニクの打ち上げは衛星時代の到来を告げ，電気的な放射検出器の開発によって地表のまったく新しい画像化が可能となった．その後の50年間，衛星，航空機，気球，船舶，そして地上に設置されたセンサによって，再生可能・再生不可能な資源の研究や管理，そして自然的・人為的災害の観測を目的として，データが収集されてきた．この間のコンピュータ技術の発達によって，いっそう複雑なデータセットの扱いと分析が可能となり，リモートセンシングが一般に広く利用されるようになった．

1960年代後半には，さまざまな気象機関が，地球低軌道衛星（LEO）によって得られた画像に基づいて，人工衛星データを，研究と天気予報のために利用し始めた．1960年に最初の実験用気象衛星である米国のタイロス（TIROS/NOAA）が打ち上げられ，しばらくしてソビエト連邦（ロシア）のメテオ（Meteor）が続いた．赤道上空の高度約36000 kmに位置する最初の静止衛星（ATS）は，1966年からデータを収集し始め，ゴーズ（GEOS. 1975年から）とメテオサット（Meteosat. 1977年から）に引き継がれた．どちらのタイプの人工衛星による画像も，地球の雲全景の詳細を示した．

宇宙からの地表の撮影は，1965年にマーキュリー（Mercury）衛星が最初に成功し，続いてジェミニ（Gemini）やアポロ（Apollo）によってさらに多くの画像が得られた．しかし，1972年7月23日に米国の最初の地球資源技術衛星（ERTS-1）が近極軌道上に打ち上げられてからは，観測が一変した．この人工衛星は後にランドサット（Landsat）とよばれるもので，従来のカメラではなく電気的な検出器を搭載していた．気象衛星NOAAの空間分解能がおよそ1 kmであるのに対して，空間分解能80 mというERTSは，マルチスペクトル走査の成功と合わせて，リモートセンシング分野全体に革命をもたらした．LandsatとSPOT地球観測衛星は長年にわたって多くの価値あるデータを収集し，植生とそのプロセスについての理解を深めるのに大きく貢献した．

衛星以外のリモートセンシングの利用例としては，写真，工業における品質管理，安全監視，原子炉内のような危険な環境下での観測や，気象学，大気科学，無人探査機からの惑星研究，組織を傷つけない医療診断などがある．地球観測は，地表とそこで生じる現象についての情報を収集し，幅広いリモートセンシング分野の一部とみなされる．

■ 1.2 「リモートセンシング」という用語の解釈

　リモートセンシングという分野は，今日では，人工衛星や航空機からの光学的画像の利用と解釈の技術として扱われることが多い．しかし，たとえば，光学的領域のより詳細なスペクトルと空間分解能の利用や，マイクロ波とライダー（Lidar）における最近の利用技術の進展によって，植生の特徴や機能を遠隔から精密に観測できるようになった．また，データ同化や機械学習の利用，オブジェクトに基づいた分類手順の利用によっても，リモートセンシング技術の能力が実質的に高まっていることを考えれば，植生研究における可能性ははかりしれない．

　リモートセンシングについて，本書も取り入れているもうひとつの重要な認識は，従来からの人工衛星の地球観測への利用に加えて，写真や携帯可能で静的な検出器，気球，航空機などを使用した他のさまざまなスケールの「リモートセンシング」も等しく有用であるということである．これらのタイプのリモートセンシングの中には，衛星データが利用できるようになるずっと以前から使用されてきたものもある．本書では，空からのリモートセンシングの利用が増大すると共に，とくに調査地内あるいは近接したリモートセンシングの利用が増大していること，そしてそれらが大きなスケールにおける観測のための単なる検証目的だけではなく，その技術自体が重要な観測手段であることを意識している．また，リモートセンシングという用語を，従来の衛星リモートセンシング，航空リモートセンシングから，個葉と群落における近距離リモートセンシングに至る技術までを対象とする，より広義の意味で使用する．研究室だけでしか適用できない技術については，較正や検証目的に関連する場合を除いて，取り上げない．ただし，近距離リモートセンシングについては植物のストレス診断とモニタリングにおいてとくに強力な手段であるため，11章で詳しく説明する．

　衛星リモートセンシングは，地域スケールから地球全体に至る広範囲の統合に適しているため，今後も気候や気候変化と関係した植生機能についての研究にとって重要な手段であり続けるだろう．地球規模の炭素とエネルギー収支に及ぼす異なる生態系の寄与を理解することにおいて，リモートセンシングは，異なる生態系の土地表面機能についての重要な統合的研究を可能にした主要な解析技術である（たとえば，FIFE (Strebel et al., 1998), BOREAS, ABRACOS (Gash et al., 1996)）．大きな空間スケールの画像は，気象観測用の受動型マイクロ波センサなどによって1 kmより大きなピクセルによって得られ，生態系のより大きなスケールの研究にとくに適している．このような画像は，地表の観測からは得ることが難しいデータを提供し，それによって個葉や群落スケールの測定結果から効率的なスケールアップを可能にする．

■ 1.3　植物生理学とリモートセンシング

　植物環境生理学と植生リモートセンシングで研究されている内容の多くは，基本的に類

似しており，さまざまな検出技術の基礎原理において多くの共通性があるにもかかわらず，近年，この2つの研究分野は独立して発展してきた．たとえば，群落（canopy）における放射伝達を葉面積の推定に利用する場合には，作物生理学者は群落システムを下方から眺めて群落透過に注目するが，リモートセンシングの専門家は群落を上方から眺めて群落からの反射に注目し，生理学者よりも大きなスケールで扱う場合が多い．しかし，群落の放射伝達モデルに対するどちらの方法も，1930年代の同じ研究に基づいている（Kubelka & Munk, 1931）．これらの対照的な研究手法を1つにまとめて，異なるスケールにおける群落の関連したプロセスについてすべてを同時に扱うことは有用だろう．ただし，たとえ原理が類似していたとしても，異なるスケールにおいては，スケール間の移行における重要なスケーリング問題が往々にして生じることには注意する必要がある．このことは，10章を中心に本書のさまざまな場面で繰り返し説明する．

植生と群落の研究における遠隔画像処理の利用は，植生指数の開発（7章参照）と，それらの指数が1978年以降のLandsatと初期のAVHRRのセンサのデータに利用されたことによって急速に広がった．

■ 1.4 将来についての重要な考察

■ 1.4.1 継続性

さまざまな衛星が打ち上げられ，多くの観測計画が進められたが，それらは歴史的にほとんど調整されてこなかった．すなわち，リモートセンシングは，ほとんど一貫性のない，その場限りの基準に基づいて行われてきたのである．たとえば，観測計画とセンサがしばしば大幅に重複し，お互いに競合しているようにみえることも多かった（NASA（アメリカ航空宇宙局）のICESatとESA（欧州宇宙機関）のCryoSatはともに極域の氷床の質量収支を測ることを主目的として設計された．ただし，後者は軌道に乗せられなかった）．また，多数のマルチスペクトル測器が打ち上げられているにもかかわらず，ジオポテンシャルあるいは表面温度の測定ですら重大な欠落や十分にカバーされていない領域がある．多くの人工衛星が限られた期間内の研究のためにのみ運用されている（たとえば，GRACE）ことも，不連続性を生じさせる要因である．NASAのLandsatですら連続的な運用システムとしては計画されておらず，ようやく最近になってLandsatデータ継続計画（Landsat 8）が提案され，今後の連続運用システムとしての機能に期待が集まっている．ESAのエンビサット（Envisat）は2013年まで運用され，センチネル（Sentinel）1，3，5号（ESAの全地球的環境・安全モニタリング，ESA-GMESの一部）は，十分な映像レーダ，高度測量，光学的データを提供し続けることが発表されており，これによって1991年に打ち上げられたエルス（ERS-1）からの観測継続がどうにか保証されるだろう．とはいうものの，毎年数多くの人工衛星計画が始動するが，十分なバックアップあるいは冗長性を有する長期運用システムは，依然としてかなり少ない．

以降で示すように，データの連続性は多くの生態学的な長期研究においてもっとも重要

である．頻繁なセンサの変更は，生態学的な長期傾向を見極める能力を著しく制限する．過度の重複と競合を避け，利用できる情報を利用者にとってもっとも効率的に提供するには，国家的な宇宙計画の統合が必要である．いまのところ，各国は依然として自国の目的と重要性を優先して独立した運用を続ける傾向があり，計画の統合は難しい課題のままである．しかし，国際的に連携するためのいくらかの有望な動きもある．とくに，2003年7月，ワシントンD.C.で行われた最初の地球観測サミットで，地球観測にかかわる特別なグループが設立されたことがあげられる．このグループは，全球地球観測システム（GEOSS）を設立し，環境データと意志決定支援ツールの提供者を，それらの成果品の利用者につなぐことを目的としている．このグループの特徴は，多数の国と組織が参加し，エネルギー資源の管理，気候変化への対応，生態系管理，持続的農業の推進のような，多様な活動に用いられる地球観測とEO情報の供給に関連した，さまざまな異なる活動を連携させることを目的としていることである．将来的に，このような国際的な連携がもたらす相乗効果と効率化が，植生を基盤としたあらゆる研究にとって，データ利用の可能性を高めるための強力な推進力となることが望まれる．

■ 1.4.2 入手できるデータ

　最近20年から30年の間に，使用できるリモートセンシングデータは飛躍的に増大し，必要なコストも大幅に低下した．また，そのようなデータを解析するためのコストも比較にならないほど低下した．1980年代初期では，ごく一部の大型コンピュータだけしかこのようなディジタルデータの解析を行うことができなかった．しかし，その後のコンピュータの発展は，小規模で単純な画像処理ソフトウェア開発の急増をもたらし，今日では，非常に高度な処理をノート型コンピュータ上でも行えるようになった．これらの重要な技術革新の代表例を付録2に列挙する．さらに詳しい情報については他書を参考にしてほしい（たとえば，Campbell, 2007, Lillesand et al., 2007）．

　リモートセンシングがここまで普及したのは，衛星データが自由に利用できることと，植生指数やディジタル地形モデルのような基本データプロダクト†が増加したことが要因だろう．これはとくに，LandsatやMODISのような重要なシステムからのすべての新しいデータと同様に，過去の記録データの多くを自由に利用できるように公開するというNASAの重要な決定によって促進された面が大きい．その結果，インターネットを通じた衛星画像のダウンロード件数が急増した．

　しかし，リモートセンシングの価値は，単なるデータの集まりや地図を作るためだけのものではなく，それらを有用な情報へ変換することにある（何が有用かは利用者によって異なる）．現在，44のMODIS標準プロダクトがあるが，利用可能な多くの複合したプロダクトを考慮するとこの数は大幅に増える（たとえば，LP DAAC MODIS Data）．問題は，どうやってもっとも適したものを選択するかである．衛星データは自由に利用できる

---

† （訳注）人工衛星のセンサ出力データに計算処理を行い，環境情報に加工したデータのこと．

が，むしろそのために，利用者ごとの必要性に合わせた，より高度な「付加価値」をもつプロダクトへの需要は増大していくだろう．そのような個別の需要の例として，精密農業や生態学への応用が挙げられる．たとえば，精密農業においては作物管理に必要な適時の診断を行うために，作物の成長，病気，水分状況についての迅速な情報が必要とされるだろう．また，生態学においては，政策決定者や管理者にとって，規制監視や保護区の管理などのための土地利用区分図作成の必要性はますます高まるだろう．

　残念なことに，入手できる前処理済みのデータが増加するにつれて，それらのデータを使用するときに考慮しなければならない潜在的な誤差と注意事項を，あまり理解していない利用者が増えてきた．このような現状をふまえて，本書では，リモートセンシングの利用者が $NDVI$ や EVI などの標準プロダクトを適切に利用し，いつ，どのような付加情報がそれぞれの応用事例のために必要になるかを判断できるような，リモートセンシングについてのより重要な原理を理解するための基礎を提供することを目指した．研究者や農学者，農場管理者などのリモートセンシングの潜在的な利用者の多くは，彼らが知りたい重要な疑問に対して，リモートセンシングがどれだけ役立つかに興味をもっている．今日では，膨大な範囲のデータや画像が入手できるだけではなく，利用者を困惑させるほど多数の「できあいの」植生分析についての解析法が最新のリモートセンシング用ソフトウェアによって提供されている．たとえば，本書執筆時点（2009）において ENVI（主要なソフトウェアの1つ）は，27の異なる植生指数を算出できる．そのため，利用者は，たとえ専門家に必要な解析やより高次のプロダクトを依頼する場合においても，与えられた状況においてどのプロダクトや解析機能がもっとも適当なのかを判断できるようになる必要がある．

■ 1.5　本書の構成

　リモートセンシングにかかわる多様な学問分野をまとめるにはさまざまなやり方があるが，本書の構成は次のとおりである．2章と3章で，大部分のリモートセンシング技術の基礎となる基本原理を説明する．2章では，放射物理学の基礎を取り上げ，大気との相互作用の複雑さを考慮に入れた放射源から検知器までの電磁放射の性質について解説する．対象となる植生と土壌との相互作用は3章で概説し，生物学以外の分野の専門家のために，4章で基本的な植物生理学と植物 - 環境相互作用についての必要不可欠な予備知識を説明する．5，6章では，リモートセンシング技術とデータ処理についての概略を説明する．その詳細は，どのようなリモートセンシング研究においても共通するものであるが，本書の後半における植生特有の議論においてもこれらの内容は重要である．5章では，スキャナなどの検出器と，それらが搭載されるさまざまなプラットフォーム，航空機，人工衛星などのはたらきを説明する．ここでは，より広く使われているいくつかのシステムについて取り上げるが，概してそれらの寿命は短く，類似しているとは限らない他のシステムと頻繁に置き換わる．そのため，すべてを網羅することはせず，もっとも一般的なタイプの例

を挙げる（付録3では，植生研究でよく用いられるいくつかの機器を説明した）．6章では，画像，とくに光学的な画像について，どのように欠陥が修正され，解析されるかについて説明する．画像処理の理論には触れずに，読者があるデータを解釈する立場になったときにもっとも適切な手順を選択できるように，どのような処理を行い，それをいつ，なぜ行う必要があるのかついての考え方を提示する．7章では，光学的リモートセンシング画像のスペクトル情報の使用について詳しく説明し，植生指数の考え方と画像分類の原理を紹介する．8，9章ではリモートセンシングから得られる植生特有の情報のいくつかを概説する．8章で多方向画像の可能性について説明し，9章でリモートセンシングによる植生表面における熱と物質の出入りの推定について説明する．推定された結果の正確さの評価とリモートセンシングデータの検証にかかわる重要な問題は10章で取り上げる．

　リモートセンシングのような技術の教科書においては，その実際の利用例についても示す必要がある．そこで，最後の11章では代表的な応用事例について紹介する．これらの例は，景観管理や精密農業のリモートセンシングを利用した支援によって，どのように重要な植生特性についての情報が得られるかを示す．全体を通じて，植生構造と機能に関する問題に答えるために，どのように異なるリモートセンシングの手法や補足情報をお互いに組み合わせられるかを例証する．そのため，主要な方法の基礎となっている原則を概説することに主眼をおき，いくつかの代表的な例を紹介する．例はすべてを網羅しているわけではなく，単に応用範囲を示すために選んでいる．地球規模のCO_2収支や気候変化についての研究はほぼ省略してあり，自由に利用できるようになってきた高次の衛星プロダクトの多くについてもほとんど取り上げていない．本書では，利用者がそれらの選択において合理的な決定を行えるように，利用可能なさまざまな技術的基礎を評価することに専念する．

▶ Web サイトの紹介

全球地球観測システム（GEOSS）
　　http://Earthobservations.org/
Landsat データ継続計画（Landsat 8）
　　http://ldcm.nasa.gov/
BOREAS データサイト
　　http://daac.ornl.gov/BOREAS/boreas_home_page.html
MODIS プロダクト
　　http://modis.gsfc.nasa.gov/data/dataprod/index.php
MODIS 複合プロダクト（LP DAAC MODIS Data）
　　https://lpdaac.usgs.gov/lpdaac/products/modis_products_table

2 植生のリモートセンシングのための放射物理学の基礎

■ 2.1 はじめに

　植生を観察するもっとも簡単な方法は目で見ることである．通常，太陽からの光は植物によって反射され，目に入射する．そして，網膜と相互作用して，その信号が脳に送られて分析される．このとき，見えるものは，目の感度と，どのような条件で観察しているかによって決まる．晴れか曇りか，湿潤か乾燥かという条件の違いは，目が検出する反射光のスペクトル分布，すなわち植生の見かけに影響を及ぼす．脳は，これらの情報と，何を見ているかを「知る」ために必要な経験と補助的な情報を利用して，その場の状況に応じて解釈し，それがどんな植物で，健全なのか病気なのか，それともストレス状況にあるのかを判断する．これは，リモートセンシングにも当てはまる．検出器は，人工衛星や飛行機に搭載されているか，あるいは人の手によって保持されているかにかかわらず，単にデータを記録する．一方，利用者は情報を必要としている．情報という価値を付加するのは解釈者の仕事であり，それを効果的に行うためには，データの有効性と信頼性をその目的のために理解する必要がある．

　上記の例では，目に到達する情報は電磁放射の可視光であるが，これは単に人間の目の感度と一致するからで，検出器では，紫外線（UV），赤外線（IR），マイクロ波（MW）など，可視光以外の波長の電磁波（EMR）に対する感度ももたせられる．これらの波長は，それぞれ独自に表面の物質や介在する大気と相互作用するため，異なる情報を含んでいる．

　実際，ほとんどすべてのリモートセンシングは電磁放射によるものである（とくに水中においては，音波（音）が使われる）．したがって，放射の性質とそれが関係する物質や対象物だけではなく，放射が通過する大気やそれを記録する検出器との間でどのように相互作用するのかを理解することが重要である．有意義な測定をするためにデータを完全に活用し，それらを正しく解釈するには，リモートセンシング技術の背後にある物理的な原理を理解するしかない．

　本章では，検出される放射の量と性質が，対象物自身の特性に加えて，放射源の特性や，放射が透過する媒体の特性にどのように依存するかを示す．また，放射の性質と相互作用をどのように記述し，それらをどのように数量化するかを説明する．

■ 2.2 放射の特徴

　電磁波とは，低エネルギーの電波から高エネルギーのγ線までのエネルギーの形態である．他の形態のエネルギーとしては，化学エネルギー，力学的エネルギー，音エネルギー，

原子核エネルギーなどがある．それぞれの形態間で変換可能であるが，どの系においてもエネルギーの合計は一定である（エネルギー保存則）．たとえば，化学エネルギーは電池の中で電気エネルギーに，エンジンでは力学的エネルギーに，ホタルでは光エネルギーに変換される．物質との相互作用の仕方は，放射が含んでいるエネルギーによって決まる．高エネルギーのX線は，体の組織と相互作用して分子から電子を取り除くことがよくあるのに対して，低エネルギーの電波では，何ら損傷を与えることなく通過する．ある物体の物理的あるいは化学的特性の違いによって，異なる波長の放射が吸収される．

■ 2.2.1　電磁放射

　電磁放射は，光速で波として進み，時間的に変化する電場と磁場からなっている．この記述が何を意味しているのかを検討していく．

　磁場についてはよく知られている．方位磁針の針は磁場の方向に向く磁石であり，地球には方位磁針の針に影響を与える磁場がある．2つの磁石が近づくと，お互いにより強い力を及ぼす．**磁場とは何か**ということを詳細に理解していなくても，大きさと方向の**ベクトル**†によって磁場を数量化できる．磁石よりも電荷に影響を与える電場も同様に表される．

　時間的に変化する場では，時間とともにその大きさや方向が変化する．電磁波の中では，電気ベクトルと磁気ベクトルの大きさは規則的に変化し，ある方向で最大値をとり，中点で0を通ってその反対方向で最大値をとる．

　電磁放射は，同相で互いに直角をなして振動する時間的に変化する磁場 B と時間的に変化する電場 E によって形成され，それらは2つのベクトルに垂直な方向に進む（図2.1参照）．場が前方へ進んで，大きさと方向が変化するにつれて，場を表しているベクトルの先端が正弦波状の波形を描く．**電磁波**（electromagnetic wave）がいったん生成される（**空間に射出される**）と，その発生源から進み続ける．そのとき，電磁波が伝わるための媒体

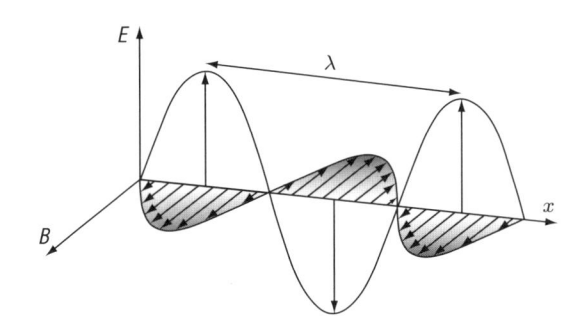

図2.1　波長 λ の電磁波のある瞬間における電場 E と磁場 B のベクトル．E と B は互いに直交し，どちらも伝播の方向 x に対して直角をなす．

---

† （訳注）vector の英語発音はベクターに近いが，数学・物理学分野ではドイツ語風のベクトルという読みが広く普及している．そのため，2章ではベクトルと表記する．

は不要である（音波は真空中を進むことはできない）．光が太陽から地球に届くのはこのためである．電磁波のもうひとつの特徴は，真空中で**光速**とよばれる固有の速度 $2.998 \times 10^8\,\mathrm{m\,s^{-1}}$ で進むことである．真空より密度の高い媒体中では電荷と電場の相互作用のために，真空中よりも遅く進む．これは，後で扱う屈折や分散のような多くの重要な特性をもたらす．また，どのような物質も光速よりも速く進むことはできない．

電磁放射を波として扱うことは物理的なモデル化の例である．これにより，物理的な現象を日常的な事柄と関連づけた既知の変数としてパラメタ化できる．あとで，電磁放射は粒子の流れとしても扱えることを示すが，このようなモデル化は，放射が物質と相互作用する場合の記述にとくに有用である．モデル化は，さまざまな科学分野において非常に一般的であり，以降，他のさまざまなモデルをとりあげる．

ここで，**波長** λ をメートル単位の隣り合った波の山から山までの距離，**周波数** f を1秒間あたりのサイクル（変動），また，ヘルツ [Hz] をある点を1秒間に通過する波の数として定義する．波長が短いとそれだけ周波数は高くなる（式(2.1)参照）．波長の逆数である**波数** $[\mathrm{cm^{-1}}]$ が使われる場合もある[1]．

図 2.1 に示した波は，実際には電場の面が y 軸に平行している**平面偏光**（plane-polarized radiation）の状態を示していることに注意しなければならない．偏光作用はどのような平面にもありうるので，優先する特定の平面がない電磁波は，**ランダム（乱）偏光**（randomly polarized radiation）あるいは**非偏光**（unpolarized radiation）である．もし，電場ベクトルが固定された面に拘束される代わりに xy 平面で回転するなら，円偏光である．

■ 2.2.2 電磁スペクトル

可視光やX線，電波などの異なる電磁波タイプは，周波数と波長の2つのパラメタによって分類される．電磁波の連続的な連なりは**電磁スペクトル**とよばれる（図 2.2 参照）．すべての電磁波の速度 c は一定であり，波長から独立しているので，周波数 f と波長 λ は次のように関係づけられる．

$$\lambda f = c \quad \text{または，} \quad \lambda = \frac{c}{f} \tag{2.1}$$

この逆の関係は図 2.2 に示されている．長波長電波（数百 m）は非常に低い周波数（数十 kHz）であり，非常に短い波長の γ 線（10^{-11} m）は非常に高い周波数（10^{20} Hz）となる．可視光はその中間であり，緑色光の波長はおよそ 500 nm で周波数は 6×10^{14} Hz である．

スペクトルは図 2.2 で示すような範囲に分けられる．人の目が反応する可視域（VIS）は非常に狭い範囲であり，光合成有効放射（PAR）にほぼ一致している．より波長が短い

---

[1] SI単位系では $[\mathrm{m^{-1}}]$ となるが一般的に $[\mathrm{cm^{-1}}]$ が用いられる．また，波数の別の定義として $2\pi/\lambda$ が使われることがある．

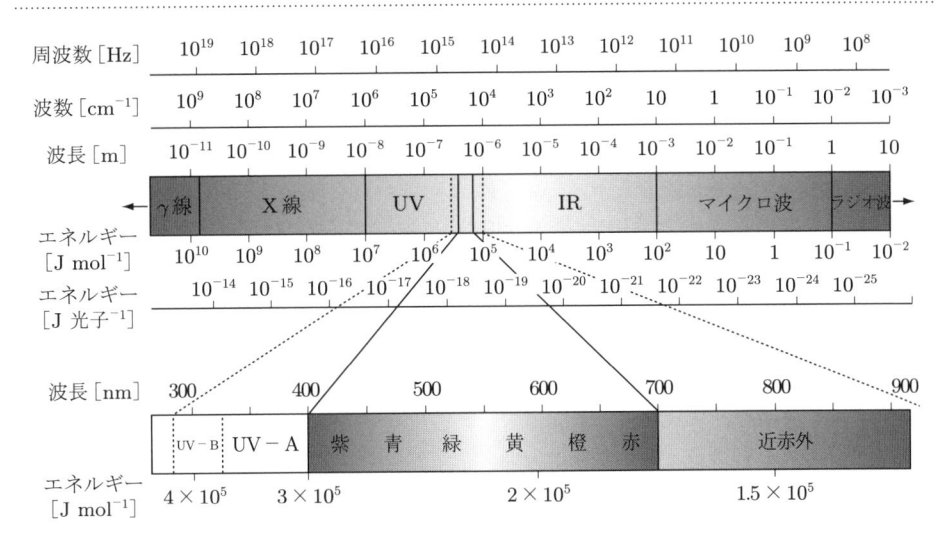

図 2.2 電磁スペクトル．エネルギーは［J mol^{-1}］で示されている．J 光子$^{-1}$ に変換するにはアボガドロ数（6.022×10^{23}）で割る．700 nm の赤色光の 1 つの光子は 2.84×10^{-19} J となる．

（周波数の高い）側には紫外線（UV），さらにエネルギーレベルの高い X 線，γ 線の範囲がある．波長が長い側には赤外線の領域（IR）があり，便宜的に近赤外（NIR，700 nm 〜 1 μm），中間赤外（MIR，1〜4 μm），熱赤外（TIR，4〜15 μm．短波熱赤外 < 8 μm と長波熱赤外 > 8 μm に分けることがある），そして遠赤外（15〜100 μm）の領域に区分される．さらにテラヘルツ域（THz，100 μm 〜 3 mm，あるいは 3〜0.1 THz），続いて電波域となり，電波域にはマイクロ波（3 mm 〜 1 m）を含むこともある．これらの任意に分けられた領域には明確な境界はなく，隣どうしの境界は融合しているが，リモートセンシングにおいてそれぞれの領域には異なる役割があり，通常異なるタイプの検出器が必要である．これ以降，光学的という用語は UV-MIR 域を，熱的という用語は TIR 域をさして用いる．紫外線と短波電波の間の領域は，環境リモートセンシングにもっとも役に立つが，環境植物生理学で主に扱う波長はおよそ 300 nm 〜 15 μm の間である．

2.2.3 電磁エネルギー

力場から成り立っている電磁波は，エネルギーを運ぶ．ある波長 λ におけるエネルギー量 $E\lambda$ は，放射の周波数と波長の逆数に比例し，次のように表される．

$$E\lambda = hf = \frac{hc}{\lambda} \tag{2.2}$$

ここで，h はプランク定数（Planck's constant）とよばれる基礎物理定数で，6.63×10^{-34} J s という値をもつ．波のエネルギーを少ない量あるいは量子として考えると，より

都合の良いことがある．これらの量子は光子とよばれ，その影響が波に沿って分布するよりかは，むしろ局所的に制限された粒子のようにふるまう．単純な換算の例として，1つのγ線光子はおよそ10^{-14} J のエネルギーをもち，電波は10^{-30} J だけを運ぶ．通常，電磁エネルギーは高エネルギー光子や低エネルギー光子[2]として表現し，放射の性質や放射がどのように物質と相互作用するかは，光子のエネルギーによって決まる．たとえば，光合成のために吸収された放射について考える場合，図2.2で示したように，1モルの光子（すなわち，アボガドロ数（Avogadro's number）個の光子 = 6.022×10^{23}）あたりのエネルギーとしてエネルギーを表すことは，より都合が良い．周波数としてエネルギーを考えることはより直感的であるかもしれない．しかし，リモートセンシングでは，短波放射は長波放射よりもエネルギーをもっているという波長による評価（式(2.2)）のほうが使いやすい．このエネルギーの違いは，異なるスペクトル域で使われる検出器の感度や，異なる波長における大気と地表との相互作用のような要因に影響を与えるので，リモートセンシングにおいては数々の重要な結果をもたらす．

■ 2.2.4 放射源

電磁エネルギーは，原子中の電子のエネルギー状態の変化（線スペクトル），放射性物質の崩壊（γ線など），アンテナからの送信のような電荷の加速，そして原子と分子の熱運動など，さまざまなメカニズムによって生み出される．絶対温度ゼロ（0 K または-273.16 ℃）以上のすべての物質は放射を射出する．これは，物質を構成している原子と分子の内部運動が，温度が上昇するにつれてより活動的になるためである．それぞれの放射源が，特有の，異なる波長と強度のスペクトルの放射を射出する．また，射出と同じ内部過程が関係するため，同じ範囲の放射を吸収できることは重要である．通常，**黒体**（black body）とよばれる理想的な放射源の性質を考慮する．黒体は放射を完全に吸収・射出する仮想的な物体あるいは材質でできた射出体で，入射するすべての放射を吸収し，その温度で可能な最大の放射を射出する．これは，いくつかの重要な法則と方程式を導くためのモデルである．その1つが，ステファン–ボルツマンの法則（Stefan–Boltzmann law）で，絶対温度Tにおける射出体が射出する時間あたり（仕事率），面積あたりの全エネルギー量Mを次式のように表す．

$$M = \sigma T^4 \tag{2.3}$$

ここで，σは**ステファン–ボルツマン定数**（Stefan–Boltzmann constant）で5.67×10^{-8} W m^{-2} K^{-4}である．したがって，Mの単位は[J m^{-2} s^{-1}]あるいは[W m^{-2}]であり，**放射フラックス密度**あるいは**放射発散度**とよばれる．実際の物体は黒体よりも少ないエネルギーしか射出しないので，一般的な場合には次式のキルヒホッフの法則

---

[2] 個々の光子のエネルギーはとても小さいため，電子ボルト[eV]（= 1.602×10^{-19} [J]）のような原子スケールの単位を使うのが便利である．この単位では，γ線はおよそ10^5 eV，電波はおよそ10^{-8} eV，また可視域の光子はおよそ 1 eV となる．

(Kirchihoff's law) を使用する.

$$M = \varepsilon \sigma T^4 \tag{2.4}$$

ここで，ε は物体の**射出率**（emissivity）とよばれ，射出効率の基準である．黒体は1であり，放射エネルギーをまったく射出・吸収しない**白色体**（white body）では0をとる．実際のほとんどの物体の射出率はこれらの両極の間の値をとる．射出率が波長から独立している範囲は**灰色体**（grey body），波長に依存している範囲は**選択射出体**（selective radiator）とよばれる．すべての射出体について，波長 λ における分光射出率 $\varepsilon\lambda$ は，その波長における放射吸収効率と等しい．

黒体（すべての波長で $\varepsilon = 1$）が射出するエネルギー分布は，次式の**プランクの分布則**（Planck's distribution law）によって与えられる．

$$M_\lambda(\mathrm{d}\lambda) = \frac{2\pi h c^2}{\lambda^5 (e^{hc/(\lambda \kappa T)} - 1)} \mathrm{d}\lambda \tag{2.5}$$

ここで，$M_\lambda(\mathrm{d}\lambda)$ は分光放射発散度（波長 $\mathrm{d}\lambda$ において単位面積あたりで射出する放射エネルギー量），h はプランク定数，c は光速，κ はボルツマン定数である．式(2.5)をすべての波長にわたって積分すると，式(2.3)が得られる．5800 K（太陽の有効温度の近似値）と 300 K（地球の温度の近似値）の黒体についてのエネルギー分布の例を図2.3に示す．気象学においては，慣例的に太陽からのすべての放射（およそ $0.25\,\mu\mathrm{m} < \lambda < 4\,\mu\mathrm{m}$）を**短波放射**（SW），地表温度の射出体からの熱放射（およそ $4\,\mu\mathrm{m} < \lambda < 15\,\mu\mathrm{m}$）を**長波放射**（LW）あるいは**熱放射**（TIR）とよぶ．実際の物体においては，射出率は波長によって変化するので，分光放射曲線は黒体のように滑らかで規則的ではない（図2.6の太陽のスペクトル曲線を参照）．

プランク分布のピーク波長 $\lambda_\mathrm{m}\,[\mu\mathrm{m}]$ は，温度 K の逆関数で，次式の**ウィーンの変位則**（Wien's displacement law）によって近似される．

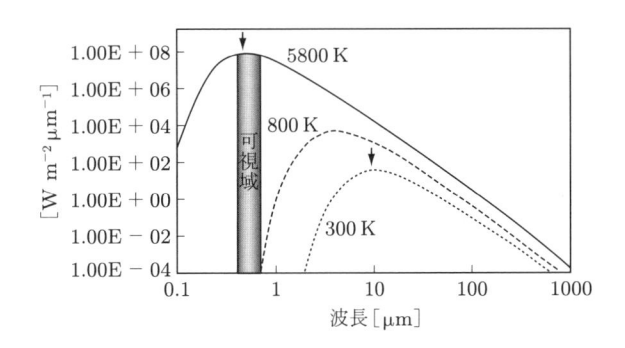

図2.3 太陽の表面温度とほぼ等しい 5800 K，800 K，地球の典型的な表面温度である 300 K における黒体からの放射のスペクトル分布と可視放射域.

$$\lambda_{\mathrm{m}} = \frac{2897.769}{T} \tag{2.6}$$

上式から，5800 K の射出体では λ_{m} は 499.5 nm となり，それは太陽からの全放射のおよそ 44％の可視光域に位置する．地球の平均温度における射出体では λ_{m} は 9.65 μm になり，それは赤外線の熱域にあたる．この単純な法則は，なぜ，太陽が可視光を射出し，地球が目に見えない熱赤外放射を射出するのかを示す（図 2.3）．なお，射出体の温度上昇（周波数の増加）に伴ってピーク波長が減少するだけではなく，全体のエネルギー量（強度）が温度の 4 乗で増加する（式(2.4)）．

■ 2.2.5　放射測定の用語と定義

本書で扱う主な放射測定の用語を表 2.1 に示す．また，SI 基本単位と単位間の変換は付録 1 にまとめる．**放射エネルギー**（radiant energy）E は電磁波に含まれるエネルギー（すなわち，仕事をする能力）で，単位はジュール [J] である．エネルギーの伝達速度，あるいは仕事が実行される速度は，仕事率（ワット，$[\mathrm{W}] = [\mathrm{J\,s^{-1}}]$）である．太陽から地球までの放射エネルギーの伝達は**放射フラックス**（radiant flux）F とよばれ，[W] を単位とする．単位面積あたりの表面上に入射あるいは射出する放射フラックスを**放射フラックス密度**（radiant flux density）R とよび，$[\mathrm{W\,m^{-2}}]$ を単位とする．放射エネルギーが水平

表 2.1 放射測定の量を示す専門用語（すべての用語が波長に依存し，そのことは「分光」という用語を加えて，各記号の後に添字 λ を入れることで示す（たとえば，Jones, 1992））

用　語	単　位	定　義
放射エネルギー (radiant energy) E	ジュール [J] ＝ニュートン m [N m]	全方向の全放射エネルギー
放射フラックス (radiant flux) F	ジュール/秒 ＝ワット $[\mathrm{W}] = [\mathrm{J\,s^{-1}}]$	時間あたりに射出・吸収される放射エネルギー
放射フラックス密度 (radiant flux density) R	ワット/平方 m $[\mathrm{W\,m^{-2}}]$	単位表面積あたりを通過する正味の放射フラックス
放射照度 (irradiance) I	ワット/平方 m $[\mathrm{W\,m^{-2}}]$	単位面積あたりに入射する放射フラックス
放射輝度 (radiance) L	ワット/平方 m/ステラジアン $[\mathrm{W\,m^{-2}\,sr^{-1}}]$	単位表面積，単位立体角あたりの放射フラックス
放射強度 (radiant intensity)	ワット/ステラジアン $[\mathrm{W\,sr^{-1}}]$	単位立体角への放射源からの放射フラックス
放射発散度 (radiant exitance) M (または radiant emittance)	ワット/平方 m $[\mathrm{W\,m^{-2}}]$	すべての方向について単位時間，面積あたりに射出される全エネルギー（等方性の放射が半球中へ射出される場合 $M = \pi L$）
分光放射照度 (spectral irradiance) I_λ	ワット/平方 m/マイクロ m $[\mathrm{W\,m^{-2}\,\mu m^{-1}}]$（付記：厳密な SI 単位では $[\mathrm{W\,m^{-2}\,m^{-1}}]$）	単位波長あたりの放射照度

面上に入射する場合は，**放射照度**（irradiance）I という別の用語がよく使われる．同様に，放射エネルギーが表面から離れる場合は，**放射発散度**（radiant exitance または emittance）M が用いられ，[Wm^{-2}] を単位とする．放射源の単位面積から単位立体角へ射出された放射フラックス密度は**放射輝度**（radiance）L で単位ステラジアンあたり1平方mあたりのワット [Wm^{-2} sr^{-1}] を単位とする．これらすべての表現は，その波長にかかわらず全体のエネルギー量を表す．実際には，すべての自然の放射源から射出されたエネルギーも波長依存なので，特定の波長において放射輝度あるいは放射照度を表す場合は**分光放射輝度**（spectral radiance）L_λ あるいは**分光放射照度**（spectral irradiance）I_λ が用いられる（単位は [Wm^{-2} sr^{-1} μm^{-1}] または [Wm^{-2} μm^{-1}]）．

□ ランバートの余弦則

ある表面の放射照度は，次式の**ランバートの余弦則**（Lambert's cosine law）に従って，表面と入射する放射光線の角度に依存する．

$$I = I_0 \cos\theta = I_0 \sin\beta \tag{2.7}$$

ここで，I_0 は光線に垂直な面に入射する放射フラックス密度，θ は光線と表面の法線との角度（＝**天頂角**（zenith angle）），β は θ の余角で光線**仰角**（elevation）である．光線と表面の角度が大きくなると，放射照度は小さくなる．それは，光線が法線から傾くにつれて，同じ光線がより広い面積に広がるからである（図 2.4）．

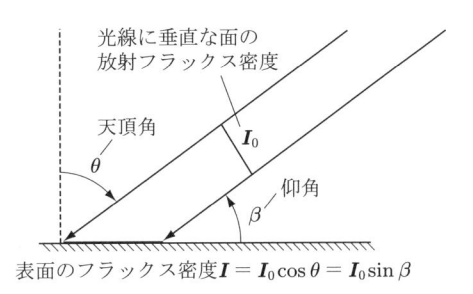

図 2.4 ランバートの余弦則について光線の仰角（あるいは天頂角）によって，ある表面の放射照度がどのように変化するかを示した模式図．

2.3 放射と物質の相互作用

2.3.1 一般原理

放射がどのように物質と相互作用するかは，放射の波長と物質の性質によってさまざまである．光学的領域中でとくに波長が短い場合には，その光子のエネルギーが電子のエネルギー状態を変化させる量と正確に等しいとき，特定波長の光子は，物質の原子や分子の電子遷移をもたらす．これらの波長は，もし原子あるいは分子が何らかの方法，たとえば加熱したり放電したりすることによって「励起」されていれば射出され，さもなければ吸

収されるが，これは同じ電子遷移が関与しているからである．したがって，どの波長 λ においても，**分光射出率** ε_λ は**分光吸収率** α_λ に等しい．このような電子遷移は原子線スペクトル（line spectra）の起源であり，原子と分子を研究し分析する分光学の基礎である．より大きな分子や密度の高い気体は広波長範囲のエネルギーと相互作用し，**帯スペクトル**（band spectra）と吸収帯をもたらすが，それらにも分子特性が関係する．固体や液体の特定の化学物質も，エネルギー遷移が可能な幅広い範囲の波長を吸収する．ある物体において知覚される色は，可視域のすべての吸収過程の組み合わせによって生じる．

熱赤外域では，固体との相互作用は主に分子振動と回転による．特定の波長において起こる電子遷移とは異なり，低エネルギー放射の吸収・射出は，連続的な幅広いスペクトル範囲において生じる．すでに述べたように，表面の射出率が相互作用（吸収と反射）の効率を決める．

光学的，熱的な波長域における相互作用は，主に物質における電子遷移や振動遷移を引き起こす電磁放射の電場ベクトルにおいて起こる．しかし，マイクロ波やより長波域では，物質における磁気双極子と磁場ベクトルが相互作用する．水は高極性の液体で，短い波長の可視光（すなわち青と緑）はほとんど減衰なく透過するが，赤はかなり減衰し，マイクロ波は表面の少数の分子によって非常に強く吸収される．マイクロ波は数波長程度の深さまで乾燥した土壌や砂の中に入り込むが，その**浸透深さ**（penetration depth）は水の存在にによって急減する．マイクロ波の相互作用の強度は，物質の**誘電率**（dielectric constant）によって決まる（2.5節参照）．

放射がある物質と相互作用するとき，全エネルギーは，反射，透過，吸収によって消散したエネルギー量の総和と，入射したエネルギー量とが等しくなるように保存される．よって，次の関係が成り立つ．

$$E_{I(\lambda)} = E_{R(\lambda)} + E_{A(\lambda)} + E_{T(\lambda)} \tag{2.8}$$

ここで，$E_{I(\lambda)}$ は入射したエネルギー，$E_{R(\lambda)}$ は反射されたエネルギー，$E_{A(\lambda)}$ は吸収されたエネルギー，$E_{T(\lambda)}$ は透過したエネルギーである．式（2.8）を $E_{I(\lambda)}$ によって割ると，

$$\frac{E_{R(\lambda)}}{E_{I(\lambda)}} + \frac{E_{A(\lambda)}}{E_{I(\lambda)}} + \frac{E_{T(\lambda)}}{E_{I(\lambda)}} = 1 \tag{2.9}$$

となり，上式は次のように表せる

$$\rho + \alpha + \tau = 1 \tag{2.10}$$

ここで，ρ は**反射率**（reflectance），α は**吸収率**（absorptance），τ は**透過率**（transmittance）と定義する．物体の反射，吸収，透過を示すとき，**反射係数**（reflection coefficient）というように，係数（coefficient）という用語を，その過程で消散した比率を記述するために使うことがある．入射するエネルギーのうち，反射される，吸収される，透過する割合は，その表面物質の性質と状態に依存する．（熱赤外を除いて）光学的リモートセンシングは反

射された成分を検出し，反射の変化の違いを検出することで異なる物質表面を区別し，とくに植生の研究で利用される．これらの3つのパラメタは波長に依存し，反射，吸収，透過するエネルギーの相対値は波長によって変化するため，**分光反射率**（spectral reflectance）ρ_λ などとして厳密に表現すべきである．BOX 2.1 に，電磁放射と，電磁放射と物質との相互作用の説明のために用いられる用語をまとめる．

BOX 2.1　電磁放射に関係する重要な用語

単語の語尾　材料あるいは物体は接尾辞が 'er' あるいは 'or' となる．例：emitter/radiator（射出/放射体），absorber（吸収体），reflector（反射体），transmitter（透過体）．これらに関係する過程は接尾辞が 'ion' になる．例：emission（射出），absorption（吸収），reflection（反射），transmission（透過）．接尾辞が 'ivity' の場合はその特性を示す．例：emissivity（射出率），absorptivity（吸収率），reflectivity（反射率），transmissivity（透過率）．接尾辞が 'ance' の場合は，その容積と形態を考慮してある条件における性質を示す．例：emittance（射出率），absorptance（吸収率），reflectance（反射率），transmittance（透過率）．

吸収（absorption）　物質あるいは物体による電磁エネルギーの保持．

コヒーレンス（coherence）　2つの波の相対的な位相差が長い時間に渡って一定のままなら，2つの波はコヒーレント（可干渉）である．干渉の観測には2つの波がコヒーレントである必要がある．レーダ画像の小斑点（speckle）は，1画素の個別の散乱体からのコヒーレントエコー間の干渉によって生じる．通常，レーザによるものを除いて，光はインコヒーレント（不可干渉）である．

分散（dispersion）　光線中の異なる波長成分が拡散すること．放射光線が屈折によって曲がる量はその波長に依存し，異なる色の光が異なる角度でプリズムから生成されるので，観測されるスペクトルの原因となる．これは，虹の生成の原因ともなる．

回折（diffraction）　何らかの種類の障害物によって波面の一部が障害された場合に生じる電磁波の方向変化．波長が障害物の大きさと同程度の場合，回折はもっともはっきりと表れる．この効果は通常，光線やマイクロ波が，波長と同程度の間隔（レンズあるいはアンテナ）を通過するときに拡散することで表れる．これは，リモートセンシング検知器の分解能の限界を決める根本的な原因である．

ドップラー効果（Doppler effect）　波動の源と観測者が相対的に運動しているときに生じる周波数の変化．この効果は，合成開口レーダ（SAR）や合成開口高度計の空間分解能の改善に利用されている．

干渉（interference）　新しい波のパターンをもたらす2つかそれ以上の波の重ね合わせ．2つの波が同相である場合には強め合う干渉が生じ，2つの波の位相がまったく一致しない場合には弱め合う干渉が生じる．干渉法は，距離的または時間的に離れた2つの観測装置を使って，反射して異なる距離を進んで返ってきた相対的な位相差をもつ2つのコヒーレント信号を結合する．干渉合成開口レーダ（InSAR）は，ステレオ写真と類似した方法によって，地形測定に利用できる．

偏光（偏波）（polarization）　空間において振動する電磁波の電気ベクトルの平面．自

然放射は普通，不偏光であるが，動的システムでは偏光化された信号を生成できる．偏光レーダは，異なるタイプの植生は，異なる偏光の波に対してそれぞれ特徴的な応答をするという事実を利用する．

反射（reflection）　ある境界にぶつかったときの放射光線の方向変換．滑らかな表面からの反射は正反射となり，入射した光線の全エネルギーが，境界面の法線に対して入射角と対称方向に向けられた入射光線と同じような光線として送り出される（たとえば，鏡の反射）．ざらざらな表面における放射の散乱は，多数のランダム方向の反射面による正反射として考えられ，これは一般に拡散反射（乱反射）とよばれる．

屈折（refraction）　異なる屈折率の2つの物質の境界における電磁放射の光線の方向の変化．プリズムによる光の屈曲や，レンズの焦点が合うのは，ガラスと大気の境界面における屈折の結果である．

散乱（scattering）　ある物体に電磁放射がぶつかったときの吸収を伴わない方向変換．散乱の量は，放射の波長に対する物体の大きさによる．大気散乱は，短波長の放射が長波長と比較してより散乱されるので，波長依存である．

■ 2.3.2　放射伝達 – 大気との相互作用

ある表面の性質を知るための情報は，その目標表面から出てくる放射（反射と射出の両方）の物理特性に含まれている．しかし，放射源と検出器の両方が目標表面から「離れている」ため，センサによって検出された放射の特性は，目標からの反射と射出によるものだけではなく，その間にある大気との相互作用による影響を含んでいる．

そのため，2つの過程を考慮する必要がある．まず，目標表面までの過程と，その反射後に検出器に到達するまでの過程における大気中の日射の減衰である．これは，仮想的な（大気がない）観測と比較して，センサによって捉えられる放射量の全体的な減少をもたらす．次に，日射の一部が地表と相互作用することなく，大気の構成要素，たとえば分子やエーロゾルによって後方に散乱され，それらの入射がセンサの視野に加わる大気の効果である．この大気による散乱，あるいは「反射」は地表面の明るさとは独立しており，完全な黒色の目標物においても測定される．

したがって，検出された信号には観察している表面だけではなく，大気についての情報も含まれている．そのため，リモートセンシングによって得られた表面の情報，とくに量的なものについて適切な判断を行うためには，これらの大気影響を補正するか，少なくとも理解しておく必要がある．大気そのものがリモートセンシングの研究対象ではあるが，地表の観測という観点からは，目標表面からの情報を取り出すためには，大気影響は取り除かなければならないノイズと見なされる．大気効果の量的評価と除去は，通常，**大気補正**（atmospheric correction）とよばれる（6.2.2項参照）．

太陽から大気に入射する短波放射（< 4 μm）は，地表に到達する前に，かなりの量がエーロゾルと気体によって吸収，散乱され，雲によって反射される．大気の放射透過は，散乱と吸収する大気中の粒子の濃度，それらの光学的性質，放射の通過する光学的距離によって決まる．吸収と散乱の過程は，大気を通過するにつれて放射を減衰させる．平行な単

色放射の無限小の路程 dx における減衰量 dI_λ は，入射する放射照度 $I_{0\lambda}$, dx, 消散係数（吸光係数）として知られている値 k_λ に，次式のように比例する．

$$dI_\lambda = -I_{0\lambda} k_\lambda dx \tag{2.11}$$

式 (2.11) は，ある有限の路程 x の全域について積分することで，次のよく知られている指数関数的減衰の式となる

$$I_\lambda = I_{0\lambda} \exp(-k_\lambda x) \tag{2.12}$$

これは，**ランバート‐ベールの法則**（Beer‐Lambert Law）あるいはベールの法則（Beer's Law）とよばれる（図2.5参照）．大気における垂直透過（すなわち，太陽天頂角＝0）において，$k_\lambda x$ は**光学的深さ**（optical depth），あるいは光学的厚さ（optical thickness, τ'_λ）とよばれる[3]．式(2.12)は，透過率（$\tau = I_\lambda / I_{0\lambda}$）を定義する次式のように表せる．

$$\tau = \exp(-k_\lambda x) = \exp(-\tau'_\lambda) \tag{2.13}$$

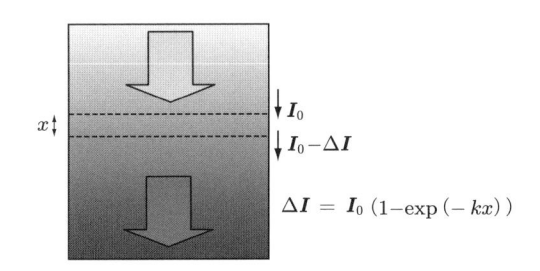

図 2.5 吸収体（気体あるいは溶液）における平行な単色放射の減衰．

放射が他の天頂角から来る場合の減衰を推定するために，**大気路程**（optical air mass）m という概念を導入する．大気路程は，天頂に太陽が位置すると仮定した場合に，海面高度まで単位断面積の太陽光線が通過した大気の量に対する，実際に太陽光線が通過した大気の量の比率として定義される[†]．この場合，式(2.13)を次のように書き直せる．

$$I_\lambda = I_{0\lambda} \exp(-\tau'_\lambda m) \tag{2.14}$$

上式の m は，標高 z が高くなると大気圧の減少に比例して減少し，太陽天頂角 θ の増加とともにランバートの余弦則の式(2.7)に従って $1/\cos\theta$ に比例して増大する．

$$m = \frac{P_z}{P_0} \frac{1}{\cos\theta} = \frac{P_z}{P_0} \sec\theta \tag{2.15}$$

---

[3] 光学的深さと大気透過率をどちらも記号 τ で示すことが多いが，透過率 I/I_0 は光学的深さの負の指数関数である．そこで，ここでは，τ' と光学的深さにプライム記号を付けて区別する．

[†] （訳注）標準状態の大気圧（標準気圧：1013 hPa）で，垂直に入射した太陽直達光が通過した路程の長さを $m = 1.0$ として，それに対する倍率と説明されることもある．

ここで，P_z は標高 z における大気圧，P_0 は海面における大気圧である（P_z/P_0 の推定については BOX 2.2 参照）．

大気路程は大気透過時の幾何学的な変動を補正し，透過率の項は，大気中のさまざまな原子，分子，微粒子，エーロゾルなどの重要な吸収体と散乱体の濃度を説明する．全体の光学的厚さは，各構成要素の光学的厚さの合計である．もっともよく晴れた日では大気透過率は 0.75 に達するので，太陽が頭上にあるとき，その 75％，およそ 1000 Wm^{-2} の短波放射が地表に到達する．

大気による放射の吸収と散乱は，地表における放射量を全体的に減少させるだけではなく，その減衰量は，放射波長とそれが通過する気体とエーロゾルの濃度，大きさ，特性の関数である．とくに，これらの吸収と散乱の過程が，透過した放射のスペクトル分布に与える影響を認識することは重要である．大気中のこれらの微粒子の濃度は一定ではない．大気中の気体（酸素と窒素）濃度は標高によって指数関数的に変化し，地表でもっとも濃度が高く，大気分子の 90％ が 10 km 以下の高さに存在する．主に大気下層に存在する水蒸気やエーロゾルなどの密度は水平方向において変化し，非常に近い距離間でも変化することがある．高さ 800 km の人工衛星において検出される反射日射は，全大気層を 2 回透過しており，地表で携帯型の測定器で放射を検出する場合も 1 回は通過している．このことは，画像解析における適切な放射補正と大気補正の重要性をはっきりと示している．画像の適切な放射補正がなされなければ，人工衛星や飛行機に搭載されたセンサから得られたデータについて量的な解釈は行えない．この問題については 6.2 節で再び取り上げる．幸いなことに，大気散乱や拡散の過程で強く減衰するのは全放射のごく一部である．スペクトルの大部分では減衰は弱く，これらは図 2.6，2.7 で透過率の高い領域，すなわち「**大気の窓**（atmospheric windows）」として示される．

晴天条件における，日射の地球表面への透過に及ぼすオゾン，水蒸気と二酸化炭素を含んだより重要な大気構成要素の影響を図 2.6 に示す．これは，オゾンによる（主に UV 域の）非常に強い吸収と同様に，CO_2 と H_2O（水蒸気）による赤外波長域における強い吸収帯を示している．米国の国立再生可能エネルギー研究所（NREL）では，日射の大気透過をモデル化するために有用なプログラム群を開発している（Bird & Riordan, 1984, Gueymard, 1995, Gueymard, 2001）．

BOX 2.2 大気組成

地球の大気は，気体と固体/液体粒子（エーロゾルと雲）の混合物で，気体の主な構成要素は O_2 と N_2 で大気の 99％ を占め，地球全体でかなり一様に分布している．水蒸気，二酸化炭素，オゾン，メタン，エーロゾルなどが，残りの 1％ を構成する．これらの微量成分の分布は，ある特定の場所における生成と破壊のメカニズムによって大きく変化する．たとえば，水蒸気は対流圏（標高 15 km 以下）と低緯度地域，そして主に海洋上に限定され，二酸化炭素は，垂直方向には均等に分布するものの，人間活動のある地域で濃度が高くなる傾向がある．乱流混合は，重い分子の濃度が地表近くで高くなることを防ぎ，地球

全体の平均密度はほぼ標高の指数関数的に減少し，標高が 5 km 増加すると濃度が半分になる．大気圧は標高 15 km の高さで地表のたった 10％にまで減少する．そして，標高 32 km より上には大気質量の 1％程度しか存在しない．

気温がほぼ一定であると考えられるなら，標高 z における気圧 P_z の簡単な推定式が得られる．

$$\frac{P_z}{P_0} = \exp\left(-\frac{z}{H}\right)$$

ここで，P_0 は海面における大気圧，H はスケール高度（scale height）とよばれ，$T = 273$ [K] において約 8 km の値となる．スケール高度は大気が一定の密度をもつと想定した場合の大気の厚さである．実際には大気の温度は一定ではないが，気温の変化が 2 倍程度であるのに対して大気圧は 6 桁程度変化するため，この近似は非常によく合う．

吸収 図 2.6，2.7 からわかるように，水蒸気，二酸化炭素，オゾンのようなある特定の分子は，とくに日射をよく吸収する．日射から吸収したエネルギーのいくらかは熱エネルギーに変換され，より長い波長の放射として再度射出される．オゾンは紫外域を強く吸収するので，皮膚がんや目の網膜損傷を引き起こす有害な放射から防ぐのに役立つ．そのため，成層圏オゾンの枯渇，いわゆるオゾンホールを引き起こすフロンが問題とされる．また，原子と分子の中には，ある特定波長の放射を選択的に吸収し，それと同じ波長の放

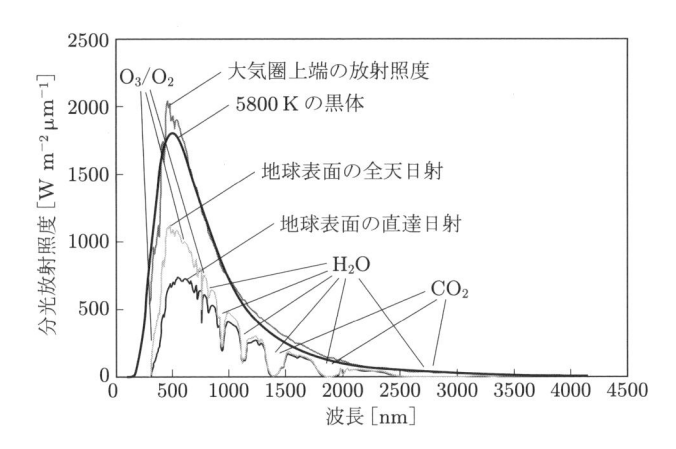

図 2.6 単位波長あたりのエネルギーで示した大気最上部の日射スペクトルと，5800 K の物体から射出されるプランク分布（黒体曲線）の比較．3 月 1 日のコロラドゴールデンにおける典型的な快晴条件下で水平面が受ける全放射と直達日射について SPCTRAL2 と SMARTS2 モデルを使用した計算値（Bird & Riordan, 1984, Gueymard, 1995）を加える．O_3，O_2，水蒸気，二酸化炭素による主な吸収バンドも示す．

日射スペクトルのはっきりした幅の狭い吸収線（このスケールでは見えない）は，太陽光球におけるナトリウム，水素，ヘリウムなどの特定元素による吸収と関係づけられた，いわゆるフラウンホーファー線（Fraunhofer line）である．

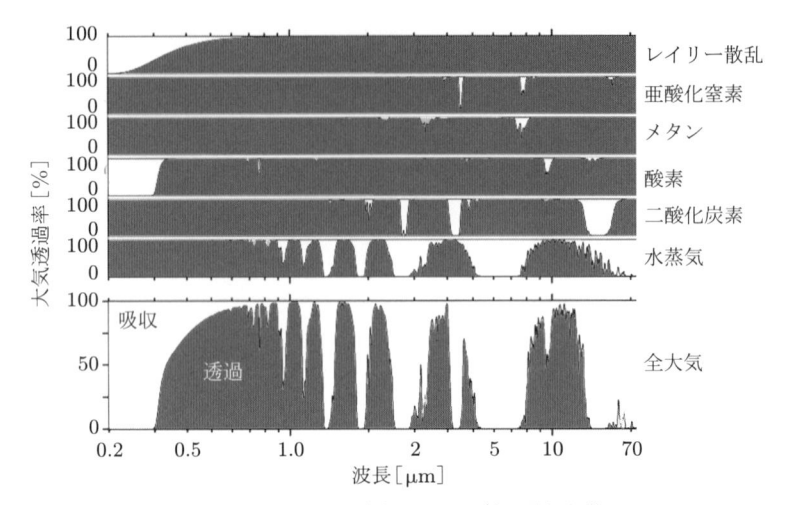

(a) 天底における大気による日射の吸収と散乱

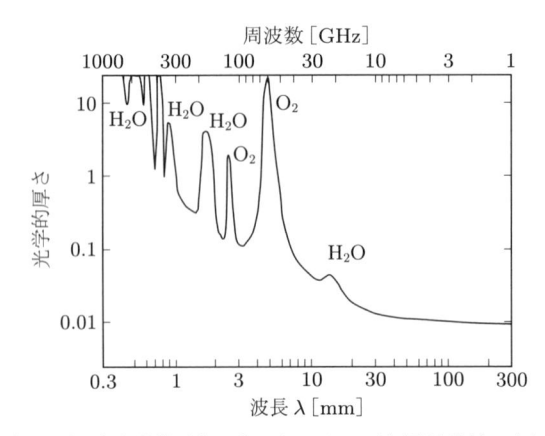

(b) 天頂の全光学的厚さで表したマイクロ波/電波帯域の大気透過

図 2.7 （a）レイリー散乱と O_3 による吸収による短波長域の除去と，とくに CO_2 と H_2O を含んださまざまな大気構成要素による赤外線の吸収の増大を示している．黒い部分は大気の窓を示す（データは http://www.globalwarmingart.com/wiki/Greenhouse-Gases-Gallery），また HITRAN データベースのウェブサイトを参照）．
（b）マイクロ波/電波帯域の大気透過（Rees 2001 を改変）．

射を全方向へ射出するものがある．そのため，直達光におけるこれらのスペクトル成分の強度はかなり低下し，地表面における日射のスペクトル分布も変化する（図 2.6 参照）．

とくに可視域（およそ 400〜700 nm）の日射は，あまり減衰することなく大気を通過する．散乱による損失は，太陽の天頂角の増大や波長の減少に伴って増加する（次節参照）．さらに，O_2 と O_3 はともに短波 UV 放射のとくに強い吸収体である．近赤外，中赤外，熱

赤外域では，水蒸気と二酸化炭素が主な吸収体である．しかし，近赤外域のおよそ 1.0 µm, 1.2 µm, 1.6 µm と中赤外域の 3.5〜4.1 µm に効果的な窓が何カ所かある．熱赤外域では，9 µm の酸素の吸収帯を除いて，8.0〜12.5 µm の間に広い窓がある．リモートセンシング用のセンサが記録する波長帯（5 章と付録 3 参照）は，大気による減衰が最少になるような範囲，すなわち大気の窓にあるように慎重に選ばれる．

散乱　　大気を通過して進む放射は，衝突する微粒子との相互作用によって散乱する．散乱量は，波長と散乱させる粒子の大きさに依存する．したがって，1 粒の水滴は，短波長の可視放射にとっては「大きく」見えるため，かなり散乱させるのに対して，長波長のマイクロ波放射にとっては無視できるほど「小さく」見えるので，そのまままっすぐ通過させる．そのため，たとえばマイクロ波によるリモートセンシングは，可視光では不可能である曇りの日でも可能である．よくある散乱の種類として次の 3 つが考えられる．1 つ目は**レイリー散乱**（Rayleigh scattering）で，散乱させる微粒子の直径が，対象とする放射の波長よりも十分小さい場合に起こる．これは，酸素や窒素のような大気中のより小さな分子による，光学的波長域の散乱である．レイリー散乱 $\sigma_{R(\lambda)}$ は波長依存性が高く，およそ λ の 4 倍に反比例するため，青色光は赤色光のおよそ 8 倍散乱され，紫外線はおよそ 16 倍散乱される（図 2.7）．

空を青く見せ，夕日を赤く見せるのはこの現象である．なぜなら，下から空を見上げると主に散乱光が目に入り，太陽が低いときは，直達日射に含まれていた青色光成分は散乱し，ほとんどなくなるからである．これはまた，画像中のコントラストを失わせる，ぼやけ（haze）の根本原因である．写真においては，このぼやけは黄色フィルタを使うことで修正され，このフィルタは散乱された青色光がカメラに入射することを防ぐ．

2 つ目は**ミー散乱**（Mie scattering）である．ミー散乱 $\sigma_{M(\lambda)}$ は粒子直径が波長と同程度であるとき，進行方向に起こる．光学的範囲では，水蒸気と煤塵がこのタイプの散乱の主な原因である．ミー散乱の波長依存性は次のように表される．

$$\sigma_{M(\lambda)} = \beta \lambda^{-\alpha} \tag{2.16}$$

ここで，β はエーロゾルの濃度に比例し，α はエーロゾル粒子の大きさに反比例する．ミー散乱は波長に依存するもののレイリー散乱ほど強くはない．非常に小さな粒子では α は 4 に近づき，レイリー散乱のような散乱をもたらす．ほとんどのエーロゾルは $\alpha = 1.3$ で特徴づけられる．

3 つ目は**非選択散乱**（non-selective scattering）である．この散乱は粒子直径が波長の数倍大きいときに起こる．その名のとおり，範囲内のすべての波長の放射はすべて散乱する．この例としては，空中を漂っている水滴による白色光の散乱が挙げられる．雲が白いことや，もやや霧によって自動車のヘッドライトが強く散乱するのはこのためである．

大気散乱から得られる主要な 2 つの結論は，第 1 に光学的リモートセンシングは曇った状態ではあまり利用できないこと，第 2 に短い波長域のスペクトル範囲を利用することは避けたほうが良いことである．その一方で，解析に使われる波長が長くなると，それだけ

■ 2.3.3　目標表面との相互作用

透過　リモートセンシングでは，すべての入射放射が吸収あるいは反射されるものとして扱えるように，透過を無視して，放射に対して地表を不透明であると見なす．しかし，より小さなスケールにおいて植物や水域を考慮すると，スペクトルに依存した透過が表層でかなり起こり，表面特性の判断に役立つ特徴的な散乱や吸収特性が生じている．透明な水は，短波長の青や緑の光を非常によく透過するが，赤外光は強く吸収して完全に不透明である．一方，植物の葉の多くは可視光についてはほとんど不透明で，赤外線はよく透過させる．これらの効果の詳細な扱いとリモートセンシングにおける利用については3章で説明する．マイクロ波はその数波長分の深さまで乾燥した土壌や砂を透過するので，理想的な条件下では，地下の現象を検出することに役立つだろう．しかし，リモートセンシングは一般的に，反射および射出する放射要素を利用して行われる．

吸収　これまでに，地球の表面が入射，放射の大部分を吸収することを説明してきた．吸収された放射は，熱に変換されて物質の温度を上昇させたり，蒸発散に利用されたりする．植物の場合，その一部（最高で5％）が光合成の代謝エネルギーに変換される（4章）．この「一次生産」は，地球のほとんどの生物の基礎となる．物質表面の性質によって，どの波長がもっとも強く吸収されるのかが決まるため，どの波長が反射されるのかも決まる．そして，吸収と反射の波長分布によって知覚色が決まる．たとえば，クロロフィルのような植物色素は赤と青を非常に良く吸収するが，緑はあまり吸収しない．したがって，植物が（白色）日射を受ければ，赤と青の波長帯を選択的に吸収する．緑の波長帯は，赤と青の波長帯よりも反射されるので，植生は緑の外観になる（BOX 2.3 参照）．すべての色は，3つの基本色（赤R，緑G，青B，RGB）の割合によって分析可能なので，それによって物体を特徴付けて識別できるかもしれない．しかし，多くのリモートセンシングでは，よく知られたRGB色彩よりも詳しく，反射放射のスペクトル分布について調べる必要がある（7章参照）．

BOX 2.3　色彩論

1660年代に，白色光がプリズムによって波長のスペクトルあるいは「色」に分けられることを示したのは，アイザック・ニュートン（Isaac Newton）である．ニュートンはまた，白色光が赤，緑，青の3原色によって分析できることを示した．どの原色も他の2原色の組み合わせで作り出すことはできないが，その他のどのようなスペクトル色も，これらの原色を適当に加えることによって作り出せる．たとえば，黄色は赤と緑を混ぜ合わせて，マゼンタ（深紅色）は同じ割合の赤と青から，灰色は3原色を同じ割合で減少させることで作り出せる．コンピュータのモニターのようなディジタルカラーディスプレイは，256段階（8-bit）の3原色から何百万という色の濃さのパレットを生成できる．

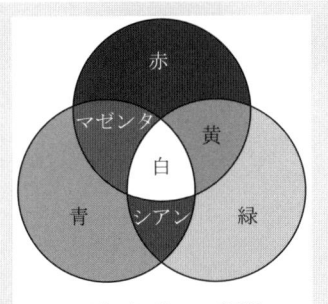

3原色（口絵2.1参照）

　ある物体の色は，それが反射する光の色によって定義される．もしある物体が赤と緑を吸収して，その残り，すなわち青を反射すると，白色光で照らされたその物体は「青い」ように見える．しかし，もしその物体が赤色光で照らされていたら，それは黒く見える．なぜなら，赤色光には青い要素が含まれていないからである．

　これらは「加色法」の例である．もし，ある物体が青色光を吸収するなら，それは赤と緑の両方の光を反射するため，目や検出器ではこれらの混色は黄色に見える．そのため，白色光から青色光を差し引くことによって黄色光が得られる，と表現できる．

　青色と黄色は補色とよばれる．他の補色の組み合わせは赤とシアン（緑がかった青），緑とマゼンタ（赤みがかった青）である．白色光は補色の対を加えることによって生成できる．黄色の写真用フィルタは**マイナスの青色**フィルタとよばれることがある．

　網膜には3つの異なるタイプの受容体があり，それぞれが原色の1つによって刺激され，脳は色という概念（色付加）を合成するためにそれらの刺激の適当量を合計するので，目は色を知覚する．写真のカラースライド（透明画）は，3原色のそれぞれに感度をもった3つの層からできており色を記録する．白色光がスライドを通過するとき，目がさまざまな量の3原色を受ける．一方，カラー写真（そして，カラーフィルタ）は，色の減法を利用する．焼き付け器は，第2の（補色）色，黄色，シアン，マゼンタの連続した層†を作り出し，それぞれが自分の補色を反射する．そして，目がそれらを統合する．もし，赤インクから青インクの連続した層が作られれば，3原色すべてが吸収されるため，光は反射されず，表面は黒く見える．

反射　　地球表面に到達した日射のうち，吸収されなかったものは反射されて空間に戻る（式(2.9)）．吸収が波長依存であるので，同じことが反射についても当てはまる．そのため，前項と同様なメカニズムについて考える必要がある．

　波長に対する表面の粗さは，反射された電磁放射の方向分布に影響を与えるもっとも重要な要因である．ある表面の凹凸が波長の8分の1よりも小さいならば，その表面はその波長にとっては滑らかと見なすことができ（**レイリーの基準**：Rayleigh's criterion），それよりも大きければ粗面である（2.5節参照）．滑らかな表面は鏡のように（図2.8（a）），入射角と等しい角度で光線を反射する（**スネルの法則**：Snell's Law）．これは**鏡面反射**

---

† （訳注）実際のカラー印画紙では，上からシアン（赤感性），マゼンタ（緑感性），イエロー（青感性）で塗られている．

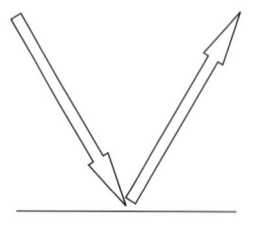

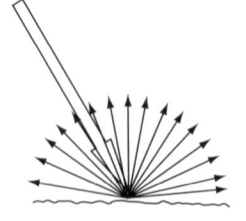

(a) 鏡面(前方)反射　　(b) 「ランバート」あるいは拡散(乱)反射　　(c) 典型的な異方性拡散

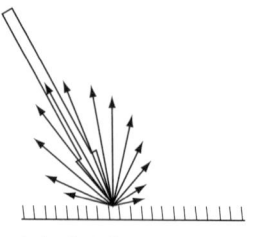

図 2.8 表面と反射の関係．(c) は「ホットスポット」の近く，すなわち観察者の真後ろの太陽によって強められた，群落からの典型的な異方性拡散を示す．

(specular reflection) とよばれる．しかし，粗い表面では，それぞれの面が入射光線に対して異なる方向を向いているため異なる方向へ反射するので，全体として反射光は円錐形の角度分布となる (**拡散反射**：diffuse reflection)．この効果は**散乱** (scattering) としても知られており，大気中の散乱効果と類似している．たとえば，雲からの反射は（入射方向に対して 90°以上の）大きな角度の散乱 (**後方散乱**：backscattering) といえる．完全拡散 (Lambertian) 反射面は，エネルギーをすべての方向に均等に拡散し，どの角度から観測しても同じ明るさに見える (**ランバート拡散**：Lambertian scattering．図 2.8 (b))．ほとんどの自然にある物の表面は，滑らかな水面といくらかの葉面を除いて，光学的波長においては粗であるが，マイクロ波波長に対しては滑らかである．このような表面の異方性（非ランバート：non-Lambertian）拡散（図 2.8 (c)）では，太陽と観測する角度によって反射率が変化する．ほとんどの散乱された信号は，進行方向のほうがずっと強いが，植生群落ではそうとは限らない．自然表面のリモートセンシングにおいて，いわゆる**2方向性効果**をどのように利用するかは 8 章で説明する．

日射の反射については，**短波放射反射率** ρ を定義できる[4]．吸収が波長依存なので，同じことが反射においても当てはまる．

反射スペクトル (reflectance spectrum) は，実験室か野外で分光計を使ってさまざまな波長や表面について測定できる．しかし，リモートセンシングで使用する検出器の多くは，少数の比較的広波長域の応答のみを測定する（ハイパースペクトルセンサは例外である．5.3.3 項参照）．広波長域のセンサでは，たとえば，緑チャンネルからの出力は，その記録波長範囲に緑が含まれた，加重され統合された放射輝度を表す．これはディジタル値 (digital number) として表され，DN_g と書く．同様に，DN_r，DN_{ir} はそれぞれ赤と赤外チャンネルの出力結果を表す．ある特定の表面や物体の**分光特徴** (spectral signature) については，これらの 3 つのディジタル値のように，任意の波長範囲の明るさおよび反射率について定義できる．厳密には，ある表面の分光特徴は時間（植生の発達・衰退），あるいは空間（土

---

[4] 反射率 ρ は方向性要素を含む．地表面からの反射についてはアルベド（albedo）という用語もよく使われる．これは，半球全体について全角度における入射放射と射出放射を考慮する．

壌条件や含水量の違いによって，観察範囲全体では植生の生育状況は異なる）と共に変化するので，**スペクトル反応パターン**を示すべきである．物体の分光特徴は有用な診断情報を提供してくれるため，ほとんどの光学的リモートセンシングにおいて重要な役割を果たす．たとえば，植生は赤色光を吸収し，近赤外光を非常に強く反射する．そのため，赤色光と近赤外光の反射率の比率あるいは差分は，植物種や植物の成長状態によって大きく変化し，それらの良い指標として用いられる．土地表面の分類や群落の生物物理学的特徴の読み取りにおける分光特徴の利用については，7章で再度扱う．

反射のそれ以外の特徴は，放射がある境界で相互作用する場合，反射量と透過量は入射角と偏光角に依存することである．電場平面が入射および反射光線と平行な場合は，平行偏光（parallel-polarized radiation．あるいはマイクロ波放射で対応する用語は**垂直偏波**（vertical polarization)），その平面に垂直な場合は，垂直偏光（perpendicularly-polarization．あるいは**平行偏波**（horizontally polarization)）として知られている．反射の角度依存関係における偏光（偏波）依存の違いのために，通常，ランダムに偏光された入射放射（自然光）は，反射においては部分的に偏光されるので，偏光度の違いは反射によって変化すると一般化できる．この効果はとくにマイクロ波リモートセンシングで有用である（5章参照）．

蛍光 ある波長の放射が吸収され，ただちに波長のより長い（よりエネルギーの少ない）放射が射出されることがよくある．この現象は**蛍光**とよばれ，いくつかの鉱物では紫外線を吸収して可視放射を射出する．植生は，植物の光合成色素の吸収に伴う蛍光を発している．この蛍光の強さは，光合成系の活動の指標として利用できる（4章参照）．

植生との相互作用 放射と植生との相互作用ついては3，7，8章で詳細に説明する．放射と植物，そして植生との相互作用は，葉と他の組織の構造，それらの化学組成，それらの空間分布と配置によって複雑化する．植生のもっとも顕著な分光特徴は，その緑に見える外観に加えて，可視域の強い吸収と近赤外域の比較的高い反射の対比である．この特徴は，ほとんどの植生リモートセンシングにとってきわめて重要である．群落における葉と枝の空間的配置と密度分布によって，反射は照射角度とセンサ角度の両方に対して強い依存性をもつようになる．この過程については8章で扱い，反射信号の角度依存性が植生群落の生物物理的特徴を同定・推定するための重要な手段となることを示す．

■ 2.4 熱放射

地球の平均温度はおよそ300 Kなので，射出する放射のピーク波長は4～50 μmの熱放射スペクトルの範囲にあり（図2.3参照)，その多くは大気の窓（およそ8～14 μm）と重なっている．この射出された放射の検出は，地表の物体の有効温度を求めるために利用できる．地質学では，射出される放射のスペクトル変動性は，岩石のタイプと鉱物の同定にも利用される．見かけの表面の放射温度はさまざまな要因に依存する．

射出率 自然の物体は黒体ではないので，ある温度でプランクの法則（式(2.5)）が

予測するよりも低い効率で放射を吸収し,射出する.これは,射出された放射を記録する検出器で測定された見かけの**輝度温度**(brightness temperature)T_B が,温度計で測定される本当の**運動温度**(kinetic temperature)T_{kin} よりも低いことを意味し,これらの温度を次式のように関係づけるキルヒホッフの法則(Kirchhoff's law,式(2.4))から理解できる.

$$T_B = \varepsilon^{1/4} T_{kin} \tag{2.17}$$

そのため,射出されている放射から本当の温度を推定するには,その物体の射出率を知る必要がある.異なる表面の射出率は波長によって変化するため,正確に測定することは難しいが,通常リモートセンシングに使われる波長範囲(8〜14 μm)ではかなり一定している.植生の射出率の範囲は 0.96〜0.99(ただし,個別の葉の射出率は 0.91〜0.92 まで低くなりうる.3.2 節参照)で,土壌では 0.89 まで低くなることがある.水の射出率は 0.98 で,この波長域全体でほぼ一定しており,温度によってもほとんど変化しない.そのため,たいてい水域の温度(たとえば海水面温度)は,広範囲にわたって射出率が均一なため,陸域よりもずっと正確に測定できる.

物質のさまざまな特性は,表面温度につねに影響する.**熱容量**(thermal capacity,あるいは,**比熱容量**(specific heat capacity))c_p(単位 [J kg^{-1} K^{-1}])は,物体の温度を 1℃ 上昇するために必要な熱エネルギーの量で,熱を貯蔵する能力である.同じ量の放射を吸収したとしても,大きな熱容量の物体は小さな熱容量の物体よりも温度が上昇しない.**熱伝導率**(thermal conductivity)K(単位 [W m^{-1} K^{-1}])は,ある素材を熱が通過できる速度である.高い熱伝導率の物体にエネルギーが入射すると,低い伝導率の物体よりも,物体中に素早く熱が輸送される.そのため,表面温度の上昇は,熱が大きな体積中に分散していくので,より緩やかになる.一般に,湿った土壌は乾いた土壌よりも,熱を下方により速く拡散させる.熱伝導率よりも**熱拡散率**(thermal diffusivity)D_H($= K/\rho c_p$,単位 [m^2 s^{-1}])を利用したほうが,物質輸送に使われる単位との比較が容易なので,いっそう都合の良いことが多い(たとえば,Jones, 1992 参照).ある表面の温度変化率の物理的な基礎は 4 章で説明する.ここでは,表面温度の変化率は,素材の熱容量と,熱がその表面から伝導され離れていく速度の両方に依存すること,そして**熱慣性**(thermal inertia)P(単位 [J m^{-2} K^{-1} s$^{-1/2}$])によって記述できることのみを示す.

$$P = (K\rho c_p)^{1/2} = \rho c_p (D_H)^{1/2} \tag{2.18}$$

これは,温度の変化に対する熱的応答あるいは慣性を評価する.高い熱慣性の物体は,低いものよりも,毎日の温度変化範囲が小さい.陸域では,通常,夜明け後に急速に温度が上昇し,日の入り後に急速に冷えるのに対して,熱慣性の高い水域の温度は昼夜でも大幅には変化しない.植生の温度は,植物自身の蒸散によって積極的に調節されていることもあり,その熱慣性は非常に複雑な挙動を示す.地表植生の有無による影響とその結果は 4 章で説明する.

2.5 マイクロ波放射

一般に，リモートセンシングで使われるマイクロ波の波長は，およそ 4 mm 〜 1 m の範囲であるが，より短い波長のマイクロ波は大気によって過度に弱められる傾向がある．マイクロ波については，波長ではなく周波数によって表されることも多い．そこで，マイクロ波の異なる帯域についての従来の用語と換算表を表 2.2 にまとめる．異なる波長範囲の境界やその略称についても，利用分野によって違う．帯域を示す文字コードは，もともと軍の安全保障のために適当に選ばれたものである．

すべての物質は，潜在的に，最大強度と波長が物体の温度に依存するプランクの分布法則（式 (2.5)）に従って，温度の関数として放射を射出する．この関数を説明する通常の図の軸目盛は常数であり，地球放射の波長上限は熱赤外域にあるよう見えるが，対数目盛では放射分布の裾がマイクロ波域に入り込んでいることが明らかである（図 2.3, 2.9）．地表が太陽から受けるマイクロ波放射の量は，地球から射出される量よりも 2 桁以上少ない．地球や大気中の分子からのマイクロ波放射は，弱いながらも，受動型リモートセンシングに利用するには十分に大きい[5]．

ある物体から射出される放射強度は表面輝度として扱われることがある．マイクロ波スペクトルの長波波長端（低周波数）で，$hc \ll \lambda kT$ である部分は**レイリー‐ジーンズ限界**（Rayleigh‐Jeans limit）とよばれ，**レイリー‐ジーンズの近似**（Rayleigh‐Jeans approximation）が成立し，式 (2.5) は次のように簡素化できる．

表 2.2 マイクロ波とテラヘルツ周波数の命名法

周波数帯	周波数 [GHz]	波　長	コメント
P バンド	0.3〜1	30〜100 cm	雲，煙霧，粉塵等を透過する．
L バンド	1〜2	15〜30 cm	群落と土壌に深く浸透．森林の木質バイオマスの情報を与える．
S バンド	2〜4	7.5〜15 cm	降雨レーダとして利用される．
C バンド	4〜8	3.75〜7.5 cm	土壌表層 2〜3 cm の水を検知できる．群落量と相互作用し，葉バイオマスの情報が得られる．
X バンド	8〜12.5	2.5〜3.75 cm	降雨に強く応答する．群落表面と相互作用し，表面の粗さについての情報が得られる．
Ku バンド	12.5〜18	1.7〜2.5 cm	同じく，群落表面を検知する．
Q バンド	35〜70	4〜8 mm	群落表層を検知するが，大気によって大幅に減衰する．
テラヘルツ	100〜3000 (0.1〜3 THz)	0.1〜3 mm	水によって強く吸収されるが無極性の物質によっては吸収されないので，植物葉中の（近距離の）水検知に有用である．

---

[5] マイクロ波で放射強度が最大になるためには，黒体温度はおよそ 1 K である必要がある．

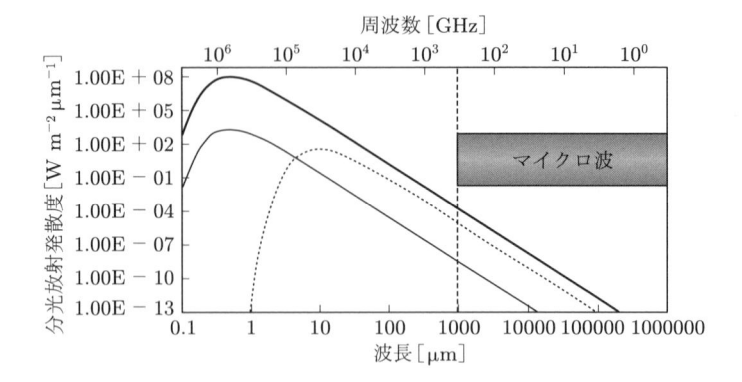

図2.9 図2.3の太陽表面における日射（太線）と，300 K（点線）における地球放射の分光放射発散度．地球から射出されるマイクロ波放射分布の長い裾が示され，非常に少ないエネルギー量（日射の500 nmにおける値よりも10 mmでは15桁以上少ない）ではあるが，受動型マイクロ波リモートセンシングに利用できる．また，大気最上部における日射の放射発散度（細線）は，10 μmより長い波長域における地球放射が地球大気に到達する日射よりも2桁以上大きいことを示している．

$$M_\lambda \approx \frac{2k}{\lambda^2} T \tag{2.19}$$

上式は，物体表面の放射発散度（もしくは放射輝度）と物理的温度が線形な関係であることを示す．$T = 280$ [K] ではレイリー-ジーンズ限界の条件は $\lambda \gg 50$ μm で満たされるので，典型的な地球上の温度における物体のマイクロ波と電波について式(2.19)が当てはまり，射出される放射強度を**マイクロ波輝度温度**（microwave brightness temperature）T_B として参照できる．これは，対象となっている波長において，同じ放射輝度を射出する黒体の温度である．ほとんどの表面は，射出率が1未満で完全な射出体ではないので，式(2.4)は T_B が通常の物体では真の熱力学的な温度よりも低いことを示す．レイリー-ジーンズの近似が成立する十分に長い波長域では $T_B = \varepsilon T$ であり，真の熱力学的あるいは運動温度は T_B/ε として得られる．

マイクロ波放射は，他のすべての帯域の電磁スペクトルと類似した性質をもっているが，光学的リモートセンシングに用いられる波長よりも長く，マイクロ波の光子あたりのエネルギー量（$2 \times 10^{-25} \sim 2 \times 10^{-22}$ J）は，熱放射（$1.4 \times 10^{-20} \sim 5 \times 10^{-20}$ J）や可視放射（$2.8 \times 10^{-19} \sim 5 \times 10^{-19}$ J）よりもかなり少ない．このような低エネルギー量とそれに応じた検知技術の違いのために，マイクロ波リモートセンシングは，光学的リモートセンシング技術とは独立して，並行して開発された（Woodhouse, 2006）．

マイクロ波放射のもうひとつの重要な特徴は，その長い波長（mm～m）に起因し，大気中の気体や微小（10 nm～10 μm）なエーロゾル成分によってほとんど散乱されないことである．霧や雲の非常に厚い層のエーロゾル（およそ50 μmまでの水滴）でさえ，波長

2 cm 以上（およそ 15 GHz 以下の周波数）の放射は散乱されにくい．しかし，降雨の水滴の直径は，より短いマイクロ波波長に近い 0.1～5 mm 程度の大きさなので，降雨はマイクロ波をかなり散乱する[6]．散乱係数は降雨強度と共に増加する傾向もあるので，雨が降っている区画からのマイクロ波の後方散乱は，降雨分布と強度の指標となる．

電磁スペクトルのマイクロ波域では，大気による吸収は主に水蒸気と酸素によるが，たとえ晴天でない場合でも，一連の利用可能な大気の窓がある（図 2.7）．さらに，マイクロ波の射出は日射による照射には依存しないので，レーダは曇天時や夜にも利用できる．このことは，一面の雲につねに覆われている熱帯地域や高緯度地域などではとくに有用である．

光学的リモートセンシングは，密集した群落において上部の最初の何層かの葉や枝による放射の反射，散乱，透過，あるいは吸収を測定することによって，葉の生化学的情報や植物の構造を測定できる．しかし，群落下の林床の情報や表層土壌の特徴についての情報は，ほとんど得られない．一方，能動型マイクロ波は，波長と入射角によって群落のさまざまな深度に入り込める．マイクロ波は数 cm 単位で植物構造の特徴に応答し，その後方散乱信号は，植生タイプやバイオマス測定と同様に，空間分布，植物構造，葉の配向，そして群落と土壌の水分含量の特定に有用である．

マイクロ波放射の波長と光学的放射の波長は非常に異なっているので，表面の特徴との相互作用も異なる．光学的範囲では，電磁放射はほとんど鏡面的な反射をせず，吸収されなかった波長は散乱する．一方，マイクロ波は物質の構造と相互作用する．ある波が鏡面的に反射するか散乱するかは，その波長に対する表面の粗さに依存する．表面が粗か滑らかを判定する実用的な基準（**レイリーの基準**）は，もし，表面の高さ変動の二乗平均平方根が，その場所の入射角の余弦で割った波長の 8 分の 1 よりも大きいならば，その表面は「粗」であり，拡散反射面として機能すると見なす[7]．礫から構成された海岸は，P バンドのマイクロ波（30～100 cm）にとっては滑らかで，X バンド（3 cm）では粗に見えるだろう．マイクロ波は平滑な水表面では鏡面的に反射しやすく，結果として散乱した信号が検出器に戻ってこない．そのため，水域はレーダ画像では「暗く」見える．表面にもっと凹凸があれば，それだけ明るく見える．植物構造の粗さと配向は，その大きさがマイクロ波の波長と同程度なので，画像の外観に影響を及ぼす．短波長域では多重散乱が生じるため，密な群落は透過しない傾向がある．

マイクロ波による検出でもうひとつの重要な要因は，マイクロ波の**偏波**（polarization），すなわち，空間で電磁波の電場ベクトルが振動する平面である．自然放射は，通常非偏波，あるいはすべての方向の偏波から構成されている．しかし，動的システムでは，特定の向きだけをもった波を生成できる．動的システムで利用されるマイクロ波のように，レーザ光は偏波されている．偏波されたマイクロ波とある表面との相互作用は，表面構造の配向

---

6 このような粒子によるマイクロ波の散乱（レイリー散乱）は，周波数の増加に伴って急激に増大する（2.3.2 項）．個々の雨粒からのエコーは d^6/λ^4 に比例する．
7 これは，表面起伏の頂上と底の両端から反射された波の間に重要な位相変化があるかどうかに関係する．

や粗さのために偏波角に依存し，また，誘電率，すなわち含水率に依存する．偏波測定では，この方向因子を，異なるタイプの目標を識別するために利用する．偏波レーダシステムは，特定の偏波（垂直偏波と水平偏波）のマイクロ波を送り出し，戻ってきた信号の水平あるいは垂直成分を検出する．連続した森林群落のような**偏波解消性**（depolarizing）の目標物に入射した偏波は，入射時とは異なる偏波成分の信号を反射する．たとえば，もし入射波が水平偏波（H）であり，反射には垂直偏波（V）成分が含まれていれば，偏波レーダで検知できる．この特定の例は HV とよばれる．他に，HH，VV あるいは VH のような組み合わせがある．このようなやり方で，植生の異なる偏波応答によって，植生のタイプを区別できる．

■ 2.6 回折と干渉

光線がある隙間を通過してスクリーンにぶつかるようにしておくと，隙間と似た形の明るい斑点が見られる．窓を透過する日射はこの例の1つである．もし，隙間が小さいなら，近くで観察すると，その光斑の境界は明確ではなく，拡散していることがわかる．同様に，物体の影をよく観察すると，その境界は明確ではなく，そして光が物体の幾何学的な影の周りに「漏れている」ように見える．この現象は電磁波の**回折**（diffraction）と**干渉**（interference）の組み合わせによって生じる．回折と干渉の両方は，すべての波の基本的な特性であり，それらの現象は丸い岩の周りにできる水の波や，島の間の間隙の波の画像でよく見られる．どちらの現象もリモートセンシングにとって重大な影響を与え，分解能の制限や画像の不要なノイズの原因となる．これらについてはとくに5，6章で取り上げる．

■ 2.6.1 回 折

開放水面の波を上から観察すると，それらの進行方向に対して直角に直列（**平面波**（plane waves））であるように見える．しかし，小さな隙間を通過すると，隙間の中央を中心とした円形の波となり，新しい放射状の波面となって進んでいく．この波面の一部が妨げられたときの方向変化はすべての波の特徴であり，**回折**とよばれる．その効果はつねに作用しているが，物体や隙間の大きさが波長に近づくほど，見かけ上明瞭になる．たとえば，人工衛星の円形のアンテナ（**パラボラ反射器**）からマイクロ波が射出された場合，それは円錐形に広がり，地上に照射される円形面積[8]（**フットプリント**（footprint），電波到達範囲）は，そのマイクロ波ビームの進行距離が大きくなるほど拡大する．ビームの拡大（円錐形の半角 θ として）は，波長 λ とアンテナ直径 d に関係し，次のように表される

---

[8] 実際には，隙間における波面のすべての点は，お互いに同相の波を射出して2次的発生源として作用する．これらの波のそれぞれの直進方向においてのみ同じ距離を進み，同期する．それ以外の方向については，それらの波には位相差があるため，波の強度は減少する．そのため，回折された光線の中央の強度が最強となり，中央から放射状に離れるにつれて減衰する．

$$\theta \approx \frac{\lambda}{2d} \tag{2.20}$$

したがって，高度 H に位置する人工衛星のフットプリントの直径 D は次式のように表せる．

$$D = 2H\theta \approx \frac{H\lambda}{d} \tag{2.21}$$

直径 1 m のアンテナで，波長 6 cm のマイクロ波を使う，およそ高度 800 km にある衛星上のマイクロ波システムでは，D はおよそ 50 km になり，高度 5 km からでも 300 m のフットプリントを作り出す．光学的波長，たとえば 5×10^{-7} m で，直径数 mm のレンズを使用して高度 1 km のプラットフォームから観測した場合は，フットプリントは 0.5 m 以下である．したがって，より細かい対象の場合は，レーダ（5.6 節）よりもむしろライダーによって観測する．どのような光学機器でも，最初のレンズにおける回折は，そのシステムの空間分解能の下限を決める．点光源は，フィルム上では拡大された点として描写されるが，2 つの隣接した点光源が写真上で識別可能かどうかは，点の大きさによる．高度 800 km の衛星上の 35 mm カメラでは，地上のおよそ 40 m 離れた 2 つの点を識別できる．70 cm の主鏡をもつイコノス（IKONOS）衛星の光学的（OSA）スキャナの回折限界分解能は 0.5 cm 以下であるが，実際の計測機器自身の空間分解能はおよそ 1 m で，その検出部の大きさによって規定される IFOV[†] の大きさによって決まる．

■ 2.6.2 干 渉

ある点に 2 つの波が来ると**重ね合わせの原理**（law of superposition）によって，その点における振幅は独立して作用する 2 つの波の振幅の代数和となる．2 つの波の山と谷が一致する同相であるなら，その振幅は 2 つの合計となる（**増加的干渉**：constructive interference）．片方の波の谷が，もう一方の波の山と一致するなら，それらは相殺され，結果として振幅は 0 となる（**相殺的干渉**：destructive interference）．それ以外の何らかの位相差があれば，結果として生じる振幅はこれら両極端の間になる．これは**干渉**の基礎である．2 つの波は**いつでも**干渉するが，それが観察可能かどうかは，2 つの波が**コヒーレント**（coherent）かどうかということと，相対的な振幅の 2 つの要因に依存する．コヒーレント波は互いにある一定の位相関係をもつが，インコヒーレント波では一定ではない[9]．もし，波がコヒーレントでなければ，ある点における振幅は 2 つの波の周波数の違いによって決まる比率で，0 から最大値の間で変化する．2 つの波の振幅が大きく異なる場合には，もっとも強烈な波が他を圧倒し，すべての変調が目立たなくなる．

---

[9] 自然の放射源は，その原子内の電子の転移による非常に短いバーストによって放射を射出するので，自然の光線は 10^{-8} 秒程度持続する多くのパルス光から成り立っている．これらのウェーブレットが互いに干渉したとしても，最大と最小がこの速度でいつも交代するので，どのようなパターンも観察されない．

[†] （訳注） instantaneous field of view（瞬時視野）．光学センサの 1 つの検出素子による一瞬の視野のこと．

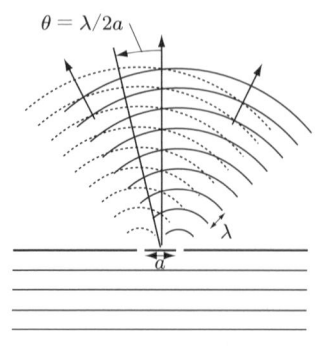

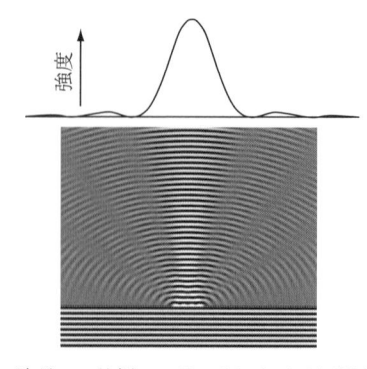

(a) 2つのスリット間で生じる干渉　　(b) 波長の4倍幅のスリットにおける回折と干渉

図2.10　(a) 矢印が増加的干渉の線，その間の範囲が相殺的干渉を示す．(b) 回折の結果，波面が広がっている．異なるスリットからの波の間の干渉によって，明瞭な最大と最小が形成されている．スリット間隔が狭くなるにつれて，中央の極大範囲は広がっていく．λ よりも狭いスリット幅になると，中央の極大範囲はすべての角度にまで広がって，外見上，明白な干渉縞はなくなる．

2つのコヒーレントな光源[10]からの光を考えた場合，ある場所で合流したときのそれらの間の位相差は，2つの波が進んできた路程の差によって決まる（図2.10）．

それらの路程が正確に等しい方向の場合，最大強度となる．路程が波長の整数倍の方向でも，最大強度となるが，脚注8（32ページ）のように，これらの最大値は最初のものほど強くはない．これらの最大値の間の0.5波長分，1.5波長分などの方向には，エネルギーが伝達されない（図2.10）．最大値の間の角距離は次式で与えられる．

$$\theta = \frac{\lambda}{a} \tag{2.22}$$

ここで，a は光源の距離である．2つの光源の場合，最小から最大の間でなだらかな階調がある．一方，2つ以上の光源がある場合にも類似の効果が起こる．**回折格子**（diffraction grating）はたくさんの非常に近接した細長い隙間（スリット）からできており，隣接したスリットからの光どうしが上記のように干渉する．しかし，すべての波の結果を考慮すると，正確な位相同一性の条件はずっと厳しくなり，最大強度から急激に減衰する．スクリーン上で見ると，非常に明るい鋭い光の線が，ほとんど光のない範囲によって分離されるような模様（**回折模様**：diffraction pattern）ができる．この現象は，スリットからの光線が散らばって，そして重なり合うのに回折が必要ではあるものの，本来，**干渉格子**（interference grating）とよばれる現象である．これはまた，光が実際にスリットを通り抜けて，

---

[10] 物理の教科書に出てくる**ヤングのスリット**（Young's slits）が代表格で，2つの細い近接したスリットで説明される．それぞれのスリットにおける回折が波を広げ，互いに重なり合うようになる．もし回折が起こらなければ，それぞれの電磁波がまっすぐに進み，スクリーン上にスリットそれ自身の幾何学的な模様を映し出す．

干渉が離れた位置で起こることから**透過型回折格子**（transmission grating）ともよばれる．**反射型回折格子**（reflection grating）では，光は表面に刻まれた多数の近接した溝から反射し，異なる角度から反射した光線の間で干渉が起こる．これは散乱の効果であり，回折の効果ではないが，その結果は似ている．電磁波が単色でない場合には，最大値の角度はそれぞれの電磁波で異なる．そして干渉縞はそれぞれのスペクトル線によって生じる（あるいは，白色光であれば連続スペクトルとなる）．

これまでの説明のように，回折と干渉はしばしばお互いに分離できないほど関連している[11]．回折は光線を曲げる．そして，もし2つの光線が集まるように曲がるのであれば，干渉が起こる．一方，2つの分離された波を考える場合には，干渉は回折を必要としない．また，回折は必ずしも干渉を引き起こさない．

■ 2.6.3 ブラッグ散乱

2.5節では，表面の粗さについてのレイリーの基準（ある表面の高さ変動が波長の8分の1よりも大きいならば粗）によって，マイクロ波が鏡面反射よりも，むしろ散乱する理由を説明した．異なる表面構造の物体から反射する波のコヒーレンスは干渉作用を引き起こし，方向によって増加的や相殺的に結合する．滑らかな表面では，エネルギーは進行方向の細い光線に再配分される．周期性のないランダムな粗さの表面では，エネルギーは広範囲な方向へ再配分される（Woodhouse, 2006）．しかし，もし粗さが規則的であれば，たとえレイリーの基準では平滑であったとしても，数mm～cm程度の海面波と相互作用するマイクロ波のように，干渉性散乱（コヒーレント散乱）が，波を多くの別々の方向へ散乱する．これは，反射型回折格子の挙動と似ており，小さな反射面が，ランダムではなく，規則的に分布している結果である．この現象は**ブラッグ散乱**（Bragg scattering）とよばれ，土壌と植生の周期的な構造とマイクロ波の相互作用を考察する場合にとくに重要である．

■ 2.7 放射環境

ここまで，電磁放射が地球表面上の物質と理想的な条件でどのように相互作用するのかを学んできたが，実際の世界では，ある表面への照射と表面からの放射の射出は，時刻や季節，波長や大気環境によって変化する．ある表面で反射した放射の分光放射輝度は入射放射，雲量と直達・散乱日射の割合，検出器が垂直方向に対して向いている方向（**観測**

---

11 干渉によって実際に回折は生じる．波面の各点（たとえば，スリット内の一部）において射出される2次波は，前方のすべての方向に進行する．方向によって増強されたり相殺されたりする．最後の波面は，それぞれの波面の最外層で，ほとんどのエネルギーは前方向へ向かっているが，その方向以外のエネルギーはより少なくなっていく．中央の極大値のどちらの側にも波が相殺してゼロとなる範囲ができる．これは，**回折縞**（diffraction fringes）を生じさせ，円形の隙間の場合には，**回析輪**（diffraction rings）を生じさせる．

角：look angle），表面の状態など，さまざまな条件に依存する．入射放射はそれ自身が太陽の向き（**太陽方位角**：solar azimuth）や（**太陽天頂角**（solar zenith angle）について測定された）太陽高度に依存している．放射気候学の基礎知識は，リモートセンシングのデータをさまざまなモデルに組み込んで，植生の成長と状態についての情報を引き出す際に必要とされる（9，11章参照）．とくに，光学的波長における衛星リモートセンシングでは，通常数少ない晴天日に得られた瞬間的な測定結果を，統合化された測定値，たとえば植物学者，農学者，生態学者の主要な関心事である光合成，蒸散，成長などの値に変換できなければならない．そこで，本節では自然環境における放射変動の基本について概説する．

■ 2.7.1 短波放射

リモートセンシングに使われる検出器が受ける短波放射には，地球表面で反射した放射成分だけでなく，大気でセンサ視野内に散乱される放射成分も含まれている．どちらの成分も，大気中の原子，分子，エーロゾルなどの構成要素との相互作用によってスペクトル的に変化する．しかし，表面で反射した成分にだけ必要な表面情報が含まれている．地球表面への照射は，表面の標高，傾斜と向きによって一様にはならないし，物や雲の影は晴天日においても画像の一部を不明瞭にする．

□ 太陽定数

大気圏の上面で受ける総日射量（大気上面の水平表面上の放射照度 I_{toa} [Wm^{-2}]）は位置，季節，時刻によって1年を通じて変化する．ランバートの余弦則によれば，I_{toa} の値は次式で与えられる．

$$I_{toa} = I_{S(D)} \cos\theta = I_{S(D)} \sin\beta \tag{2.23}$$

ここで，$I_{S(D)}$ は1年のある特定の日 D における地球大気圏外の日射に垂直な面の放射照度，θ は太陽天頂角，β は太陽高度である．太陽天頂角は緯度，時刻，通日の単純な関数であり，既存の式から容易に計算できる（たとえば，章末のWebサイト参照）．大気圏外放射照度は，本来，それ自身が太陽定数 I_{pS} に依存し，I_{pS} は地球と太陽の平均距離における太陽光線に垂直な面の大気圏外放射照度の波長にわたる積分値として定義される．したがって，$I_{S(D)}$ は季節的な地球−太陽間の距離変化によって若干変化する．地球の軌道上の変化による季節変化は，1年間の平均放射の±3%強で，次式でよく近似できる

$$I_{S(D)} = I_{pS}\left[1 + e\cdot\cos\frac{2\pi}{365}(D-3)\right] \tag{2.24}$$

ここで，$e = 0.0167$ であり，これは楕円形の地球軌道の離心率である．太陽定数の変化はリモートセンシング画像の放射測定の補正で考慮する必要がある．最近の人工衛星による測定では，太陽定数はおよそ 1366 W m^{-2}（ASTM 2000）であるが，季節によって微妙に変化する．

日射の変動性は，リモートセンシング画像の質に加えて，検出された信号の感度にも重要な結果をもたらす．実際，SeaWiFS スキャナ（海色センサ）は，54°以上の高緯度地域では，冬には水域の表面から出てくる放射が検出限界以下になるため，スイッチが切られていた．

放射源としての太陽の変動性にもっとも大きく寄与するのは，27 日間の太陽の自転周期と 11 年間の黒点周期である．前者の周期は，UV 域で数％の変動をもたらすが，波長 0.25 μm 以上では 1％以下の変動となる．後者の要因は，太陽の大気の最外域での顕著な変化によって，太陽からの射出を変調させる．短波放射の波長は，太陽大気のどの高度から射出されたかに依存している．およそ 0.3 μm よりも長い波長は太陽の光球から，0.05 μm ＜ λ ＜ 0.3 μm の波長は彩層の付け根よりも高い部分から発生している．太陽の活動がもっとも活発なときと不活発なときの日射量の差は，$\lambda = 0.16$ [μm] では 10％程度であるが，λ が 0.3 μm に近づくと 1％以下まで減少する．そのため，短波スペクトルにおける一時的な変動は短波 UV 域でもっとも顕著であるが，太陽定数への貢献はおよそ 0.1％程度しかなく，UV-C 域（＜ 0.28 μm）のすべての放射は地球大気によって効率的に取り除かれてしまうため，植生の研究にはそれほど重要ではない．太陽温度の不均一性は，日射スペクトルが黒体スペクトルと若干異なっている理由を説明する（図 2.6）．ほとんどの放射は光球から射出され，その温度は実際に 6000 K 程度であるが，彩層の温度は 4500〜5000 K 程度しかないため，スペクトルの長波域に小さな肩部を作り出すというのがその理由である．

□ 地表の日射

図 2.6 に示したように，地表に到達する短波放射のスペクトルは，およそ 0.3〜2.4 μm であり，日射スペクトル分布の両端は，散乱，オゾンによる UV の吸収，水蒸気と二酸化炭素による IR の吸収によって，それぞれ切り取られる．

大気圏上面における日射スペクトルのエネルギーの約 44％は可視放射であるが，地表における正確な値は太陽の角度，大気条件ととくに散乱放射の割合による．散乱放射では長波放射の割合が高まる傾向がある．光合成の計算のために利用できる実用的な一般則は，地表に到達する日射エネルギーの約 50％が 700 nm 以下の波長域で，50％が赤外域にあるというものである（たとえば，Monteith & Unsworth, 2008）．さらに詳細な推定と日射スペクトルの大気状態による依存性の測定情報は，NREL の Web サイト（章末参照）から入手できる．

本書では日射成分の分類を簡略化して，直達太陽光線の平行放射（**直達放射 I_{dir}**）と，空，雲，あるいは群落要素によって反射，散乱されたすべての短波放射（**散乱放射 I_{diff}**）として区別する．直達と散乱成分の合計は，一般に全天日射とよばれる．快晴日でも，散乱放射は日射合計の 10〜30％に寄与している．一面に広がった雲によって覆われる時間が 3 分の 2 までに達するような地域では，季節や時刻によって，短波放射に占める散乱放射の割合が 50〜100％に達する．より乾燥した気候帯では，日照時間は可能な最大値の 90％に達し，散乱放射の割合はそれに応じて低くなる．雲のない日には，散乱放射の大部分は，前

方散乱の結果として太陽の近くから来る．一方，非常に曇っている日には，空はどの方向でも同じような明るさに見え（**完全曇天**（uniform overcast sky）とよばれる），すべての方向の放射輝度は I_{diff}/π によって与えられる．しかし，他のほとんどの条件下では，空は天頂近く，あるいは太陽の方向の空で明るい傾向があり，**標準曇天**（standard overcast

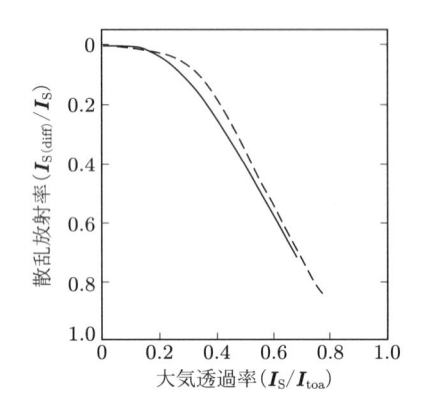

図 2.11 散乱放射と大気透過率の関係．大気透過率は大気圏上端の短波放射照度と地表における全天短波放射照度の比として示している．線は日データ，破線は毎時データを表す（Jones, 1992 による）．

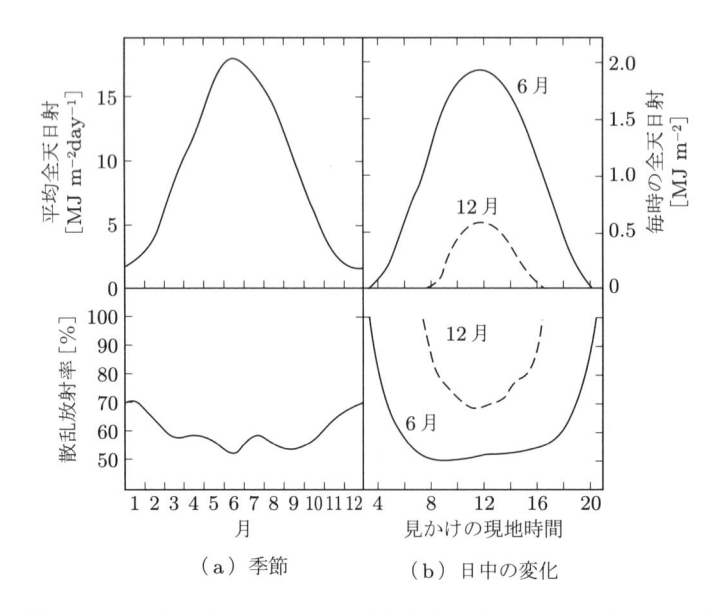

(a) 季節　　(b) 日中の変化

図 2.12 イギリス中央部（ロザムステッド農事業試験場）における，典型的な入射全天短波放射照度 I_S と散乱放射の割合［％］の変化（Jones 1992 より）．

sky）のような他の近似方法が必要とされる（Monteith & Unsworth, 2008）．散乱放射の比率と大気圏上面に対する地表の放射照度の比率との間のおよその関係を図2.11に示す．ここでは，太陽高度（よって，大気路程 m）の変化と雲による放射，吸収の効果が考慮されている．散乱放射の比率についての知識は，光合成のモデル化と，群落の放射伝達のモデル化のどちらにおいても重要である（3，8章）．地表における短波放射は，散乱放射の割合が変化しながら，時刻や季節によって変化する（図2.12）．

■ 2.7.2 長波放射

地表の長波放射環境には，2つの要素が寄与していた．すなわち，短波放射の吸収と熱波長域への再射出による空からの放射（**下向き**：downwelling）と地球自身からの放射（**上向き**：upwelling）である．どちらの要素も，時期や時刻，地域によって大きく変化する．

下向き長波放射は大気中の気体から，とくに水蒸気と二酸化炭素の温度の関数として射出される．しかし，大気は完全射出体ではなく，射出率は1未満なので，その見かけの放射温度は実際の温度よりも20℃程度低い．晴天時には，地表からみた空の見かけの温度は−40℃であるが，雲の見かけの温度はずっと高い．雲は非常に効果的な射出体であるばかりではなく，熱放射を地表に反射し，宇宙に射出されるのを妨げる．

上向き放射は，熱放射域で機能するリモートセンシングに使われる測器が検知する主構成要素である．この中には地表からの放射に加えて大気からの放射が含まれる．全球エネルギー収支の研究には，乱流輸送，すなわち下層大気の加熱による空気の対流と，土壌，水域，植生の水分からの蒸発散を考慮する必要があるものの，地上からの主な熱損失は放射によるものである．

図2.13は，地表で測定された長波放射フラックスの1日の間の典型的な変化傾向である．平均長波放射フラックスは，温度変化に伴って，若干の日内変化といくぶん大きな季

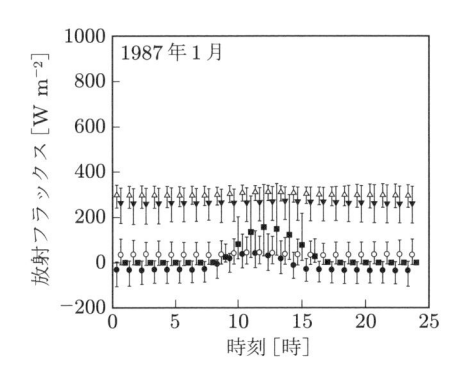

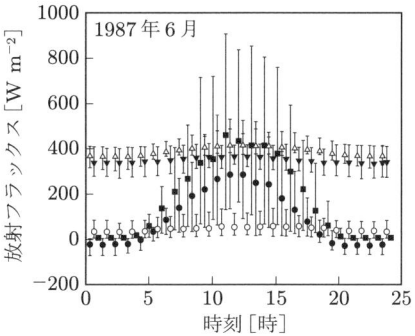

図2.13 オランダの草地における短波放射（I_S：■），純放射（R_n：●），下向き長波（RLd：▼），上向き長波（R_{Lu}：△），純長波放射（R_{Ln}：○）の日内変化（Beljaars & Bosveld, 1997によって記述されたカバウ（Cabauw，オランダ）での実験）．図は，その月のデータの平均値と範囲を示す．

節変化を示す．上向き，下向きのどちらのフラックスも顕著であるが，この観測地点では，それらの間の差（**純長波放射** R_{Ln} に等しい）はほぼ一定である．純損失は 0～100 W m^{-2} の間であるが，これは他の多くの温帯の観測地における代表的な値である．このグラフは，もっともよく晴れた日からもっとも曇った日までの長波放射のフラックス範囲も示しており，予想される変化程度がわかる．

■ 2.7.3 放射と全球エネルギー収支

地球システム（大気圏，生物圏，地圏）を動かしているエネルギーのほとんどは（非常に少量の地熱要素は別として）太陽起源である．そして，入ってくる放射と出ていく放射のバランス（地球の放射収支）は繊細であり，地表温度を決定する地球－大気システム内のエネルギー分布は，数℃ほどのプラスマイナスはあるにしても，何世紀にもわたって維持されてきた．地表と同様に，大気圏の要素は，吸収した太陽起源の短波放射をより長波の放射として再射出する．射出された放射は吸収した放射と定常状態でつり合う．そのため，大気のない地球を想定すると，平均表面反射率は 0.3 となり，入射した 342 W m^{-2} のうち 239 W m^{-2} が，地球によって吸収される（図 2.14）．これらの値を式(2.4)に代入すると，表面温度は -18 ℃となる．しかし実際には，いくらかの射出された熱放射が外宇宙に出ていくものの，ほとんどはいわゆる温室効果ガスによって外に出ていくことが妨げられ，「温室効果」によって表面に戻り，表面を暖める（図 2.14）．もっとも重要な温室効果ガス（とくに水蒸気，また二酸化炭素，メタン）全体によって，まったく大気がない場合よりも，地表温度をおよそ 33 ℃暖かい状態で維持している．

人為的，自然的起元にかかわらず，二酸化炭素やメタンの濃度上昇は，より多くの熱エネルギー捕獲をもたらし，「地球温暖化」を促進する傾向があるだろう．しかし，ある放射強制力に対して予測される実際の表面温度の変化は，連続した複雑なフィードバック過程における増加がほとんどで，このようなプロセスには植生被覆や水文循環，雲に関する変化が含まれる．たとえば，雲量の増加は入射日射の反射（冷却化）と地球からの熱放射の捕獲（温暖化）の両方を促進する．これらの効果のバランスは，雲型とその分布に依存し (Solomon et al., 2007)，これはさらに他の水文的相互作用に依存する．たとえば，表面温度の上昇は水の蒸発を増やし，そのため雲量も増やす傾向がある．気候変動と人為的影響については，気候変動に関する政府間パネル（IPCC）によって再検討されてきた (Solomon et al., 2007)．とくに，より長い時間尺度では，人為的影響以外の，地球への入射日射の量を変化させる太陽活動と太陽と地球との距離の変化が，地球の気候への重要な影響要因である．

図 2.13 は，長波放射フラックスに加えて，全天放射照度と純放射における典型的な日内変化と季節変化を示していた（$R_n = R_{Ln} + I_S$）．夜間は，地表におけるエネルギー収支がマイナス（純放射がマイナス）になる傾向があるのに対して，日中は吸収した日射によってプラスになる．冬には長波放射が R_n の重要な構成要素であるが，夏にはほんの 10～20%程度である．

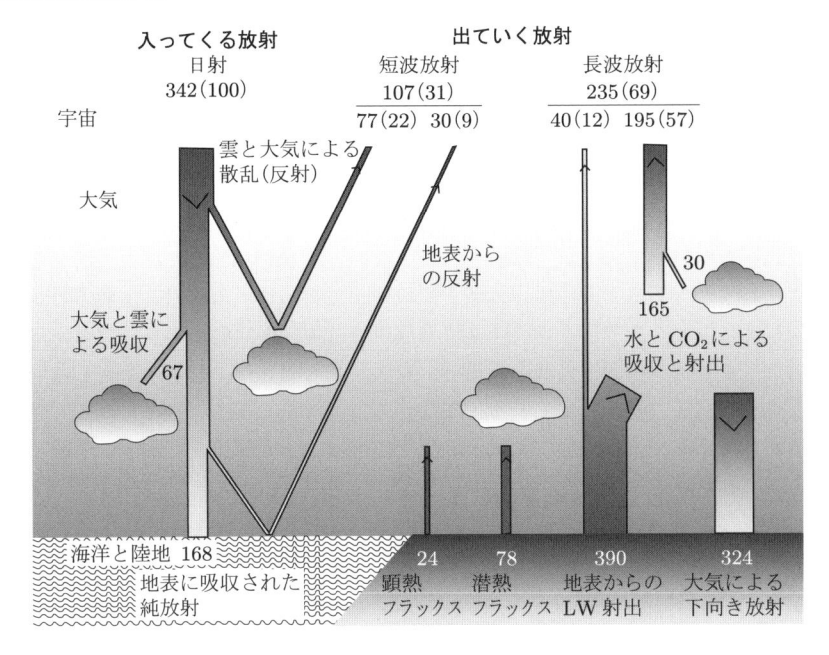

図 2.14 地球の全球年間平均エネルギー収支の推定（上段，陸域と水域の平均）と [W m^{-2}] で表した各フラックスの大きさ（括弧内の値は%）（Le Treut et al., 2007 のデータより作成）．

図 2.14 には，これらの異なる放射フラックスの全球エネルギー収支への正味の寄与も示している．顕熱の乱流輸送による大気へのエネルギー輸送や，蒸発に伴うエネルギー輸送を含めたさまざまなエネルギーフラックスが描かれている．地球の温度は長期にわたって実質的に一定なので，地球システムに入ってくる放射量は，反射されて出ていく短波放射や射出された熱放射と正確に平衡を保っている．地表と大気の間の熱放射の交換はもっとも大きなフラックスであるが，純熱フラックスは上向きフラックスと下向きフラックスがほぼつり合っているため，比較的小さいことは重要である．すでに示したように，射出された熱放射のかなりの部分が大気中の温室効果ガス，主に水蒸気と CO_2 によって吸収される．この放射吸収とそれに続く再射出のもっとも重要な影響は，エネルギーの再分配であるので，地球‐大気システムの異なる要素間の温度も再分配される．

この大気による熱放射の吸収は，熱赤外放射を利用して表面温度を測定しようとするとき，大問題となる．図 2.14 からわかるように，射出されたほとんどのエネルギーは大気に吸収され，外宇宙へ 3 分の 1，地表へ 3 分の 2 の割合で再射出される．地表から射出される熱放射の 10% 以下が大気を透過するが，リモートセンシングにとっては幸いなことに，この透過のほとんどは，およそ地球のスペクトルの中央にある大気の窓（約 8～14 μm）で起こり（図 2.7 参照），人工衛星や飛行機上のほとんどの検出器はこの窓で機能する．しかし，ほとんどの熱リモートセンシングは定量的，すなわち温度測定であるので，たとえ

大気の窓を通して得られたデータを利用する場合でも，大気効果の補正が必要となる（5.2節）．

物体から射出された放射の異なる波長の相対強度は，式(2.5)によって推定できる．300 K（地球の温度）と 6000 K（太陽の有効温度）の物体について，いくつかの例を表2.3 に示す．後者については，放射が太陽から地球まで進んだ距離を補正するために，係数 $(r/R)^2$ によって減らされている．r は地球の半径，R が太陽を回る地球の軌道の半径である．大気影響や射出率の違いも考慮されていない．これを見ると，可視放射域では地球放射はごくわずかであるが，中間赤外域では地球から射出される放射と反射された日射の割合は同程度になり，熱放射からマイクロ波放射では地球から射出される放射がほとんどとなる．このことは，中間赤外域を利用した表面温度の測定は，日射が存在しない夜に限って行うべきであることを示している．たとえ 12 µm であっても，日中には日射の混入が影響するからである．この成分は大気との相互作用によって減少するが，より低い表面射出率によっても射出される成分が減少する．このような状況であっても，日射の混入は，とくに相対温度だけが必要とされる場合には，通常無視される．

■ 2.7.4 マイクロ波放射

下層および中層の大気における熱力学的温度は 200 K を上回っており，かなりの量のマイクロ波を生み出すのに十分な温度である．10〜300 GHz の周波数において，多くの重要な大気構成要素が分子スペクトルの回転スペクトルや振動スペクトル線を示しており，水蒸気による高い頻度の吸収と射出が連続的な背景信号として作用している．大気のマイクロ波信号の測定は，さまざまな大気要素の分布と濃度の測定をするための大気探測の基盤となる．射出された放射は受動型システムで測定されるので，外部放射源は必要ない．そのため，探査測定は昼夜いつでも行うことができ，日単位で全球をカバーできる．

太陽から地表に到達しているマイクロ波のエネルギー量は，地球が射出している量と比

表2.3 地球から射出された放射と大気圏上端で受けた日射の相対強度の見積もり（単位は $8\pi hc\,\mathrm{m}^{-5}$．Cracknell & Hayes, 2007 を改変．射出された地球放射と受光した日射の比率も示す．赤外域より長波では，射出された地球放射と植生で反射された日射の比率の推定値も示す）

波 長	300 K の地球から の射出強度	6000 K の太陽から受ける地球 （大気圏上端）における日射強度	日射に対する 地球放射の比率
青：0.4 µm	7.7×10^{-20}	6.1×10^{24}	1.3×10^{-44}
赤：0.7 µm	2.4×10^{0}	5.1×10^{24}	4.7×10^{-25}
赤外：3.5 µm	1.6×10^{21}	4.7×10^{22}	3.4×10^{-2} (2.4×10^{0})[a]
熱赤外：12 µm	7.5×10^{22}	4.5×10^{20}	1.7×10^{2} (1.2×10^{4})[a]
マイクロ波：3 cm	2.6×10^{10}	1.3×10^{7}	2.0×10^{3} (1.4×10^{5})[a]

[a] 大気透過率 0.7，植生の射出率 0.98 と仮定し，植生から射出される地球放射と反射日射の比率の植生表面における推定．

較して非常にわずかで，反射日射成分は中間赤外域にあるので，マイクロ波放射計による表面温度測定は，反射日射の影響を受けることはないと考えられる．空を覆う雲やエーロゾルはおよそ 20 GHz 以下の周波数域では大きな影響を及ぼさない（Jones, 1992）ことも，表面温度の測定における熱赤外域以上の長波マイクロ波センサの利点である．地表からのマイクロ波射出が非常に弱いものであったとしても，マイクロ波は他の波長帯と比べて，表面の粗さ，塩分濃度，水分含量の変化に非常に敏感に反応する．2.5 節で示したように，受動型リモートセンシングは表面輝度温度の広域地図作成にも利用できる．

例　題

2.1　（a）山火事と（b）植生表面温度を検出するためにもっとも適当な波長範囲を推定せよ．これらの波長帯域は電磁スペクトルのどの部分にあたるか．

2.2　（a）電気ヒーターは，鈍い赤色に光る．その放射温度を求めよ．（b）電球のフィラメント放射温度は 7000 K である．λ_{max} はいくらか．

2.3　次の波長を含む波長域の電磁波の名前を答えよ．（a）350 nm，（b）3.5 μm，（c）35 mm．それぞれの波長について，周波数と電磁波の光子によって運ばれるエネルギー量を計算せよ．

2.4　地球表面からの全放射が 4 ℃ の温度上昇によってどれだけ増えるか推定せよ．また，これは，表面の射出率を 2 % 増加した効果と比較するとどの程度か．

2.5　太陽の天頂角が 30° であるとき，標高 1000 m の表面における大気路程を計算せよ．（海面に対して垂直方向の）大気透過率を 0.7 とした場合，大気圏上面に対する水平面の相対放射照度はいくらか．また，同等の光学的厚さはいくらか．

推　薦　書

　ほとんどのリモートセンシングの教科書は，何らかの形で物理的な原理について説明している．とくに推薦できる本は Cracknell & Hayes, 2007 で，Lillesand, Kiefer & Chipman, 2007 は非常に包括的であり，Barrett & Curtis, 1999，Campbell, 2007 などがある．放射物理学の基礎原理の詳細についてとくに良い本は，W. G. Rees, 2001（リモートセンシングの基礎（久世宏明ほか共訳）2005（森北出版））である．マイクロ波に関連した優れた本として Woodhouse, 2006（I. H. Woodhouse による記述）がある．放射伝達と日射についての有用な情報は以下のサイトから得られる．

Web サイトの紹介

NASA Aeronet サイトには大気特性と光学的厚さについて有用なデータがある．
　http://aeronet.gsfc.nasa.gov/
高分解能透過分子吸収線データベース（HITRAN データベース）．
　http://www.cfa.harvard.edu/HITRAN/
温室効果ガスの解説パネル．
　http://www.globalwarmingart.com/wiki/Greenhouse_Gases_Gallery

オゾン全量分光計（TOMS）による NASA のオゾン情報.
　http://jwocky.gsfc.nasa.gov/ozone/ozone_v8.html
米国立再生可能エネルギー研究所（NREL）による日射の情報.
　http://www.nrel.gov/rredc/
晴天時の日射の大気放射伝達についての多目的モデル（SMARTS）.
　http://www.nrel.gov/rredc/smarts/
Bird 博士によるシンプルなスペクトルモデル：SPCTRAL2. この Excel スプレッドシートは，与えられた時刻と場所において受光平面に入射する，晴天時の直達，半球散乱，全日射の分光放射照度を計算する.
　http://rredc.nrel.gov/solar/models/spectral/SPCTRAL2/
NREL（旧太陽エネルギー研究所）で得られる直達・散乱分光データと情報.
　http://www.nrel.gov/solar_radiation/data.html
太陽角度を求めるためのさまざまな計算機.
　http://susdesign.com/

3 植生，土壌，水の放射特性

リモートセンシングは，表面で反射したり射出されたりした放射を検出するが，反射放射のほとんどは光学的領域にある．自然表面が射出する可視光（蛍光や燐光）を利用することはまれであるが，長波赤外域やマイクロ波域において射出される放射はより広く利用されている．遠隔で検知された（反射）信号から表面の特性を推定するためには，植生や土壌，水が，入射放射とどのように相互作用して反射信号を生み出すかを理解する必要がある．なぜなら反射信号の強度や分光特性，空間・角度特性から，対象表面の性質が得られるからである．本章では，さまざまな植生に覆われた表面や，覆われていない表面において観測される放射特性の基本原理を説明する．葉，土壌，水など植生表面の個々の構成要素の放射特性から始めて，簡単な群落（canopy）まで話を広げる．

反射信号は，たいていある特定の波長域のセンサによって，放射強度と関連した濃度値（digital number）として記録され，センサにおける（分光）放射輝度 $[\mathrm{W\,m^{-2}\,sr^{-1}}]$ に変換できる（詳しくは6章参照）．この値から**対象表面**の反射率を推定するためには，太陽 – 対象表面 – センサ経路における，大気による電磁放射の吸収と散乱を補正する必要がある（図3.1, 6.2.2項）．この補正には，表面における入射光の放射照度[†]，表面とセンサ間の透過率，大気の光路輝度（path radiance．大気によって散乱され，センサに検出される放射成分）の情報が必要になる．反射率を得るためのもっとも簡単な方法は，反射率がわかっている参照標準を使うことである．現場での計測には，しばしば硫酸バリウムあるいは Spectralon®[††] などの標準反射板が利用される．この場合，対象画素について，その

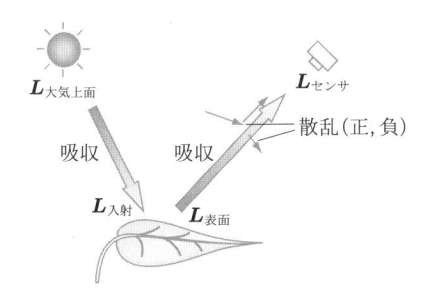

図 3.1 センサが受ける放射 $L_{センサ}$ と葉表面から反射される放射 $L_{表面}$，大気上面に入射する放射 $L_{大気上面}$，葉表面に入射する放射 $L_{入射}$ の関係．$L_{センサ}$ の値は，大気の吸収や散乱，表面の反射率に依存する．

[†] （訳注） 実際の大気補正は，「表面に入射する放射照度」ではなく「大気上面での太陽光の分光放射照度」を入力する．

[††] （訳注） スペクトラロン．焼結したポリテトラフルオロエチレン（PTFE）で，400〜1500 nm の波長域において，ほぼ完全拡散した高い反射率（> 99%）を示し，近年，広く利用されている．

画素を観測したセンサの値に，標準参照表面の既知の反射率を乗じて，参照表面を観測したセンサの値で割れば，反射率を簡単に求められる．衛星や航空機から観測された放射輝度を反射率へ較正することは難しいが，砂漠や雪原のように分光特性がよく知られている表面を基準として活用できる（6.2.2項参照）．

現段階で考慮すべき重要な点は，入射放射照度が画像全体では一定ではないため，とくに高空間分解能の画像では，画像全体で観察された放射輝度の変化が，実際の反射率の変化と対応していない可能性が高いことである．たとえば，日陰における低い反射放射は，反射率が低いこととは結び付かない．低い反射放射は，低反射率の範囲として混同されて報告されることがあるが，実際には，単にそれらの範囲に入射する放射照度が低いために生じた結果である．同様に，地形の違いも，反射表面の法線と太陽の間の角度に影響し，類似した結果をもたらす．

■ 3.1 光学的領域

歴史的に，リモートセンシングの開発のほとんどは，可視域や，より広い光学的反射域の放射の受動型反射についての研究に基づいている．これは，熱赤外域やマイクロ波域の利用が増えている今日においても変わらない．本章では，紫外 - 可視 - 近赤外 - 中間赤外の波長域すべて（およそ250〜3000 nm）を光学的領域として扱う．

▇ 3.1.1 葉の放射特性

植物群落の構造，組成，機能を推定するための高感度な技術の開発には，群落全体の放射特性と，葉，幹，土壌，水などの各構成要素の放射特性についての理解が重要である．放射と葉の相互作用，すなわち，分光反射率 ρ_λ，分光吸収率 α_λ，分光透過率 τ_λ は，波長だけでなく，葉の化学組成，葉齢，葉厚，葉の構造，葉の水分量などの構造的，化学的特性にも依存している．図3.2に，植物の葉の多様な構造を示す．多くの高等植物の葉は平らで（図3.2（a）），クロロフィルを含んだ光合成組織が最適に分布しているが，一部の植物，とくに針葉樹（図3.2（d））の葉は，針状もしくは円筒状である．ほとんどの葉は，水分の損失を防ぐための厚い細胞層や，多くの場合，ワックス状のクチクラに覆われた表皮をもち，ガス交換は主に気孔開口部を通して行われる（図3.2（b））．植物の種によっては，葉の片面もしくは両面が密集した綿毛（ビロード毛）によって覆われているものもある（図4.1参照）．蘚類や苔類のような下等植物では，ガス交換を調節する構造があまり発達していない（図3.2（c））．組織密度やワックス，毛，空隙の有無や分布，そして色素成分の違いなどの構造的特性のすべては，植物種それぞれの葉の放射特性に影響する．したがって，個々の植物種の構造的特性の固有の組み合わせによって反射放射が変化することを利用すれば，それらを識別できる可能性がある．同時に，植物の成長や発達および特定のストレスは，植物の構造的・化学的特性を変化させるので，分光特徴の記録からこうした変化を推定できる．

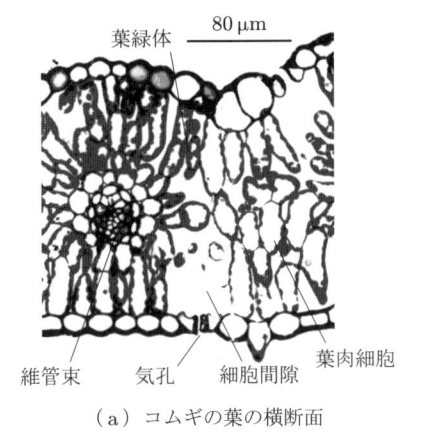

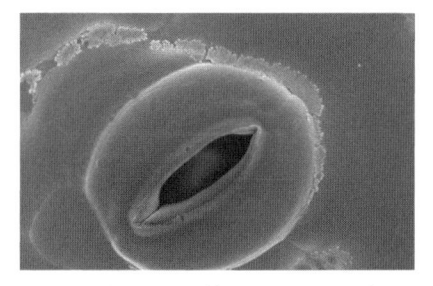

(a) コムギの葉の横断面
葉緑体／維管束／気孔／細胞間隙／葉肉細胞

(b) 走査電子顕微鏡で見たタバコの気孔

(c) 苔類（*Marchantia*）の葉の横断面
光合成細胞／表皮の開口部／仮根／柔組織

(d) 典型的なゴヨウマツの針葉の横断面
葉肉細胞／維管束／細胞間隙／気孔／表皮

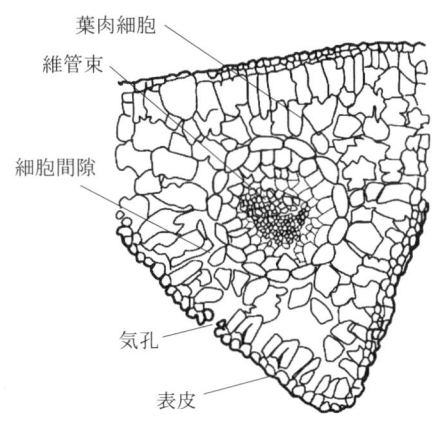

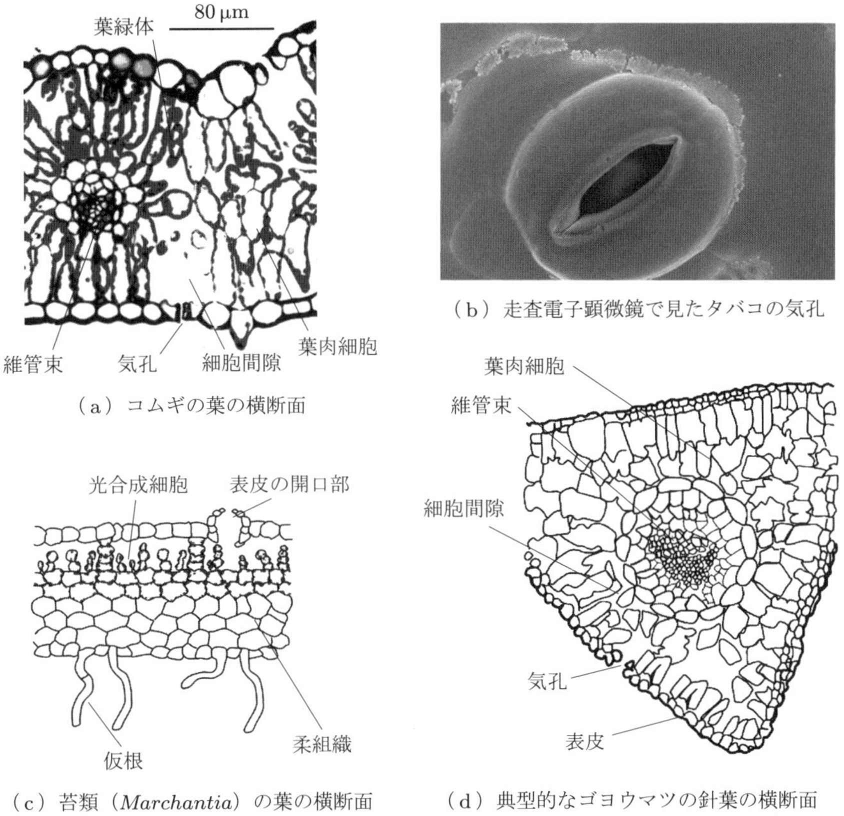

図 3.2 植物の葉の多様性．（a）光合成を行う葉肉細胞にクロロフィルを含んだ葉緑体が密集し，葉肉組織の空隙や維管束，表皮の気孔などが見られる．（c）上面近くにある光合成細胞の周囲には空隙が見られ，下面には基質から水や栄養を得るための仮根が見られる．（d）表面近くに光合成細胞が集中している．

植物葉からの反射は，個葉への放射の入射角によって変化するだけではない．群落を構成する葉群の配列によっても，群落からの反射は大幅に変化する．そのため，放射と葉の相互作用は，群落の個別の構成要素だけからの反射よりもさらに複雑な問題の影響を受ける．これは，放射の散乱や，群落内の異なる高さにある個葉どうし，そして葉群と土壌との間の2次，3次の相互作用に起因する．結果として，個葉やその他の群落構成要素の情報から，群落全体や景観レベルの特性情報にスケールアップすることは複雑なものとなる．このような方向性反射率の扱いについては8章で詳細に解説する．

植物葉の分光特性の主な特徴について，図3.3にブドウの葉の例を示す．すべての葉は入射する可視波長の放射のほとんどを吸収し（およそ700 nmよりも短い波長．ただし，緑色光のところにくぼみがある），近赤外域の放射は水の吸収帯を除いてあまり吸収しない．

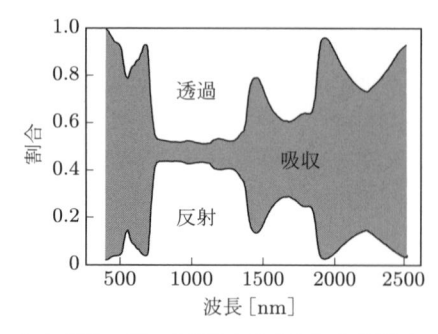

(a) 植物の葉の典型的な分光吸収率, 透過率, 反射率 (ブドウ Vitis vinifera L.)

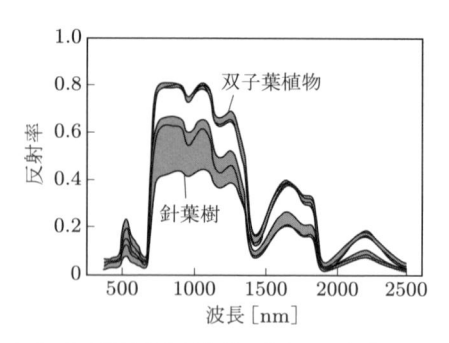

(b) 双子葉植物と針葉樹の葉を, 光学的に厚く積み重ねたものの反射率の典型的な変動幅 (双子葉植物：レタス, バレイショ, ポプラ, ブドウ, 針葉樹：ロッジポールマツ, ベイマツ, シトカトウヒ)

図 3.3 (a) データは 1 枚の葉について, 図 3.4 のように積分球を用いて計測された. (b) データは LOPEX93 experiment (Hosgood et al., 2005, 章末参照) による.

反対に, 反射率と透過率は可視域で低く, 近赤外域で高い. また, 少なくとも薄い葉では, 高い反射率を示す波長域では透過率も高くなる傾向がある. ここで示した分光特性の例は, 通常, ほとんどの葉に当てはまるが, 実際の正確な反射率や透過率は, 植物種の違いや環境ストレスの結果によって変化しうる.

☐ **葉の放射特性の測定**

室内における葉の放射特性の研究では, 図 3.4 に示すように, 積分球を取り付けた分光放射計を使って個葉を測定するのが一般的である. 反射率は, 無数の葉を積み重ねたものを使っても評価でき, 針葉樹の針葉の測定で簡便に利用できる方法はこれだけである (図 3.4 (b)). 図に示すように, 照射光に平行ビームを用いる場合, 方向性 - 半球性 (8 章参照) の透過率 τ_λ と反射率 ρ_λ を測定することになる. いずれにしても, 照射光源と検出

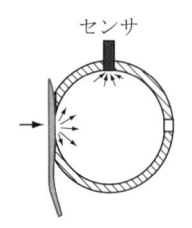

(a) 葉の方向性 - 半球性の透過率 τ_λ を測定するときの配置

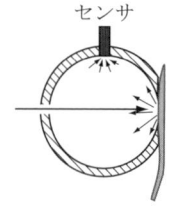

(b) 葉の方向性 - 半球性の反射率 ρ_λ を測定するときの配置

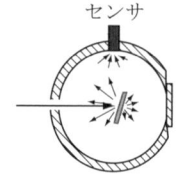

(c) 葉の方向性の吸収率 α_λ を測定するときの配置

図 3.4 積分球による葉の光学特性の測定. 積分球の内側は, 球内部の散乱光が最終的に検出器に集まるよう, 反射率の高い物質 ($BaSO_4$ など) で表面が覆われている. 透過率 α_λ は, (a) と (b) を使って, $\alpha_\lambda = 1 - \rho_\lambda - \tau_\lambda$ という関係式を用いても得られる.

器の角度特性を定義しておくことは重要である（8.1.3項参照）．
☐ 化学的/生化学的組成に対する依存性
　可視域における葉の分光特性のとくに重要な決定要因は，化学組成であり，なかでもクロロフィルのような光合成色素がもっとも影響力をもつ．他にも，黄色の色素であるカロテン，光合成に重要なキサントフィル（4章参照）などのカロテノイドや，秋の紅葉の一因となるアントシアニンを含めたフラボノイドなどの葉の構成色素がある．アセトンで抽出した葉の重要な成分の吸収スペクトルを図3.5に示す．図（a）と図（c）は，曲線の下の面積が等しくなるように正規化した各色素の吸収スペクトルで，図（b）と図（d）は，典型的な葉に含まれる実際の濃度を基準とした各色素の相対的な吸収スペクトルである．主要な色素であるクロロフィルは，赤のすべての吸収と，青のほとんどの吸収の原因となる．カロテノイド（黄色の色素であるルテインやβ-カロテンを含む）とキサントフィル（ビオラキサンチン，ネオキサンチン）は，青から緑にかけての波長帯を吸収する．リグニンや各種タンパク質などを含む葉の構造的要素も，とくに短波長赤外域で特徴的な分光特性を示し，全体の結果に影響する．図に見られるように，抽出前の損傷のない葉の全体としての吸収率と，抽出後の個々の色素の吸収率の総和には違いがある．これは，他の吸収体の存在（タンパク質など），構造的な影響（後述），葉の中にあった色素－タンパク質複合体が取り除かれ，有機溶媒中で分析されていることによる色素特性の変化などがそれぞれ部分的に影響している．

　健全な葉の可視域における分光特性は，主にクロロフィルによって決まるが，その濃度は秋に葉が老化し環境ストレスを受けることによって低下する．クロロフィルの濃度が低下すると，落葉樹の紅（黄）葉で見られるように，オレンジ色や黄色を与えるカロテンやキサントフィル，主に赤色を与えるアントシアニンなどの，主に青や緑を吸収する色素の影響が外見より明白になる．色素組成の違いは，葉色を基準にした植物種識別のための非常に有力な手段として利用できる．

　可視域とは対照的に，赤外域の放射特性を決める主要な化学的要因は水であり，ほとんどの色素は赤外線をあまり強く吸収しない．水は，1100 nmよりも長い波長だけを強く吸収し（図3.5（e）），特徴的な吸収帯が中間赤外域の1450 nm，1950 nm，2500 nmあたりにある．小さいがゼロではない吸収が近赤外域にあることは興味深く，これは，水やクロロフィルの影響ではなく，細胞壁の構造やその構成要素により強く依存していると考えられる．単位葉面積あたりの水分量は，葉の厚さの増加または面積あたりの水分量自体の増加によって増加し，水の吸収波長帯における吸収率を増加させ，対応する中間赤外域の反射率を減少させる（図3.3（a），7.2.4項も参照）．タンパク質，セルロース，リグニンはすべて，赤外域における放射吸収の要因となる（図3.5（f））．

　表3.1に，植物葉の吸収スペクトルにおけるもっとも重要な吸収帯と関係する化学的な要因をまとめる．生化学的な成分による吸収を示す場合，これらを**比消散係数**（specific absorption coefficient）a_iとして定量化できる．これは，無限小の厚さの吸収媒体の層が（与えられた波長における）単位入射放射フラックスあたりに吸収するエネルギー量として

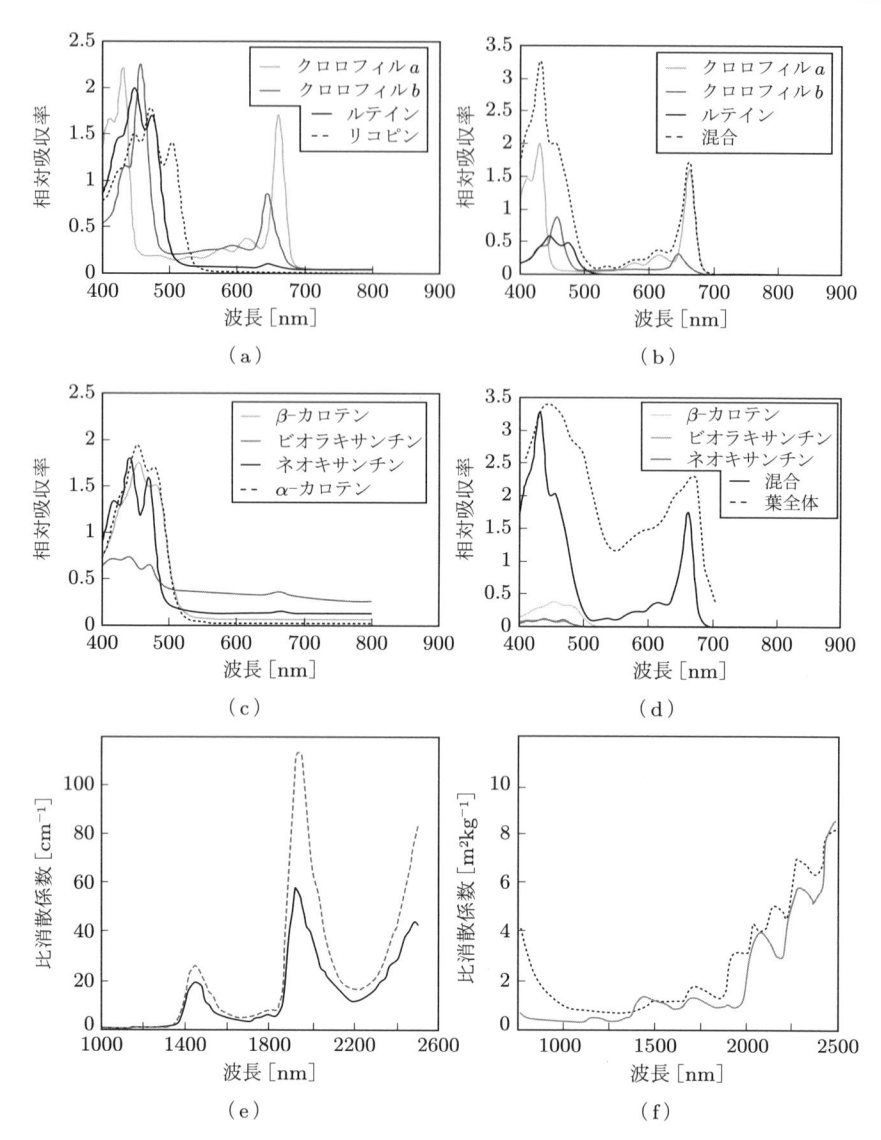

図3.5 葉の重要な色素およびその他の成分が示す吸光スペクトルの差異．(a)，(c) 重要な色素による相対吸収率（クロロフィルa，クロロフィルb，ルテイン，カロテン，キサントフィル，リコピン）．波長にわたる積分値が等しくなるよう規格化している．(b)，(d) 色素ごとの，典型的な葉内の濃度に応じて重み付けした相対吸収率．各種色素の吸収率を積算した値，葉全体での測定値も同時に表示している．(a)〜(d)はC. Buschmannによるデータ．(e) 葉内の水が示す比消散係数（Jacquemoud & Baret, 1990による）と純水が示す比消散係数（破線．Curcio & Petty, 1951による）．(f) 葉のたんぱく質が示す比消散係数（点線）とセルロース＋リグニンが示す比消散係数（Jacquemoud et al., 1996から描き直す）．

表 3.1 葉の成分に関連する可視・近赤外域における吸収特性（Curran, 1989 より．それほど顕著ではない波長帯（バンド）は括弧内に示す．主な電子遷移または振動を示す．中間赤外域の多くの吸収帯は大部分が大気によって吸収されるため，リモートセンシングでの利用は制限され，研究室内や現場での近接観測で役立つ）

波長 [μm]	化学物質	電子遷移または結合の振動
0.43, 0.46, 0.64, 0.66	クロロフィル	電子遷移
0.97, 1.20, 1.40, 1.94	水	O-H 結合の伸縮
1.51, 2.18 (0.91, 1.02, 1.69, 1.94, 1.98, 2.06, 2.13, 2.24, 2.30, 2.35)	たんぱく質，窒素	N-H 結合の伸縮・曲げ，C-H 結合の伸縮
2.31 (0.93, 1.02)	油（オイル）	C-H 結合の伸縮・曲げ
1.69 (1.12, 1.42, 1.94)	リグニン	C-H 結合の伸縮
1.78	セルロース，糖	

定義される．対象物質の濃度を [$kg\ m^{-3}$] で表現する場合，単位は [$m^2\ kg^{-1}$] となるが，水の場合は [cm^{-1}] を用いるのが一般的である．短い波長（800 nm 以下）における吸収帯は，主に電子遷移によって決定される．たとえば光合成の過程は，クロロフィルなどの色素の電子が吸収した放射によって，基底エネルギー状態からより高いエネルギーの軌道まで励起されることに依存している．この捕捉されたエネルギーが引き続く電子伝達過程で利用され，光合成を駆動する．より長い波長では光量子あたりのエネルギー含量が少なく，吸収は軽い原子（C, O, H, N）間の化学結合の伸縮や回転によるものと説明され，その結果，水，セルロース，タンパク質，リグニンによる特徴的な波長幅の広い吸収特性をもたらす（たとえば，Baret, 1995, Curran, 1989）．吸収スペクトルを 77 K の液体窒素の中などの低温条件下で測定した場合，波形が顕著に精鋭化し，検出可能な増加がバンドの構造中に表れることには注意が必要である．葉の分光反射率が 700 nm 付近で急激に変化する（**レッドエッジ，赤色波長端**：red edge）のと対照的に，土壌の反射率は同じ波長域において比較的滑らかに変化する（3.1.2 項参照）．異なる成分の葉が示す吸収と反射の特徴は，葉の生化学的情報を得るための非常に強力な手段となる．少なくともクロロフィル，タンパク質，セルロース，リグニンについて，それらの反射・透過スペクトルから含有量を推定するための波長が，回帰分析によって確認されている．この関係は，一般的に，乾燥試料や光学的に厚い試料（積み重ねられた葉など）を用いた場合にもっとも頑健であることがわかっているが（たとえば，Jacquemoud et al., 1995, Kokaly & Clark, 1999），多くのリモートセンシングの観測状況で得られたデータに対しては適用できない．

植物葉の化学組成の情報は，少なくとも実験室では ATR 分光法（attenuated total reflectance：**減衰全反射**）によって熱赤外域まで測定することによって質を高めることが可能である．これは，特定の種に特徴的なスペクトルを示す有機成分の複雑で固有な吸収特性（Ribeiro da Luz, 2006 参照）を利用する．この技術は，試料に高い屈折率をもつ結晶を密着させ，臨界角よりも大きな入射角の熱赤外ビームを用いて全反射が起こるように

するものである.試料による全反射放射の減衰には,用いた結晶の特性が表れる.

□ 葉の構造に対する依存性

葉からの反射または吸収は,見た目よりもずっと複雑な過程である.そのため,極端に単純化した均質な単層の吸収体では,実際の葉の挙動とほとんど一致しない.直感的には,反射は葉の表面で起こっていると想像できるが,実際には入射する放射の一部だけが上層のクチクラ表面で反射され,残りは葉の中へ入り,そのまま透過するか,クロロフィルやその他の色素に吸収されるか,または,とくに屈折率が不連続になる細胞表面の空気と水の界面(図 3.6)やその他の場所で散乱する.葉内の境界における散乱過程は**体積散乱** (volume scattering) として知られており,葉内の構成要素間の屈折率の違いに依存し,屈折率は波長 $1\,\mu m$ において,空気で 1,水で約 1.33,水和細胞壁で約 1.4 と変動する (Gausman et al., 1974).細胞および空気と水の界面は,葉内の空間的配置によって葉の反射に及ぼす影響が変わり,とくに赤外域の特性や反射特性の角度依存性の決定において重要である(群落反射率との関係についての詳細は 8 章参照).それにもかかわらず,当座の目的においては,葉が拡散反射あるいはランバート反射する完全散乱体であると仮定する.

屈折率の急激な変化によって作られた光学的な境界は,光を反射するだけではなく,屈折によって光の進行方向も変化させる.葉の表面や,細胞と細胞間隙の界面もこのような境界である.とくに赤外域において,反射はかなりの割合で上部のクチクラ層で生じる.上側表面に毛のある葉では空気と水の界面が付加され,PAR 域 (400〜700 nm) の反射を増

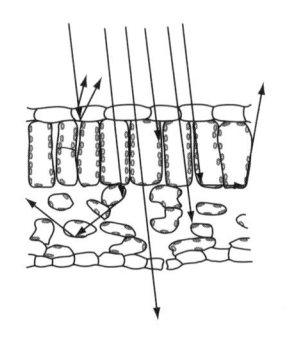

(a) 典型的な双子葉植物(ワタ)の葉の断面図

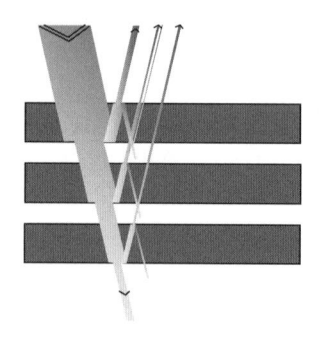

(b) 葉内の放射の相互作用を表現する平板モデル

図 3.6 (a) 矢印は,葉との相互作用による放射のさまざまな経路.入射する可視光のほとんどは葉緑体に吸収されるが,赤外光の大部分は細胞表面か細胞と細胞間隙のあいだの境界のどちらかで,反射か散乱する.光合成細胞が密に詰まった上層は柵状組織,空隙の多い下層は海綿状葉肉組織とよばれる.(b) このモデルでは,葉はクロロフィルを一様に含む N 枚の平板状の吸収体から成ると仮定している.平板は空隙によって仕切られており,空気と細胞の境界部で反射や回折が起こる(ここでは 1 回反射と 2 回反射のみ図示している).層の数を増やすことで,海綿状葉肉組織の割合を増やすシミュレーションができる.

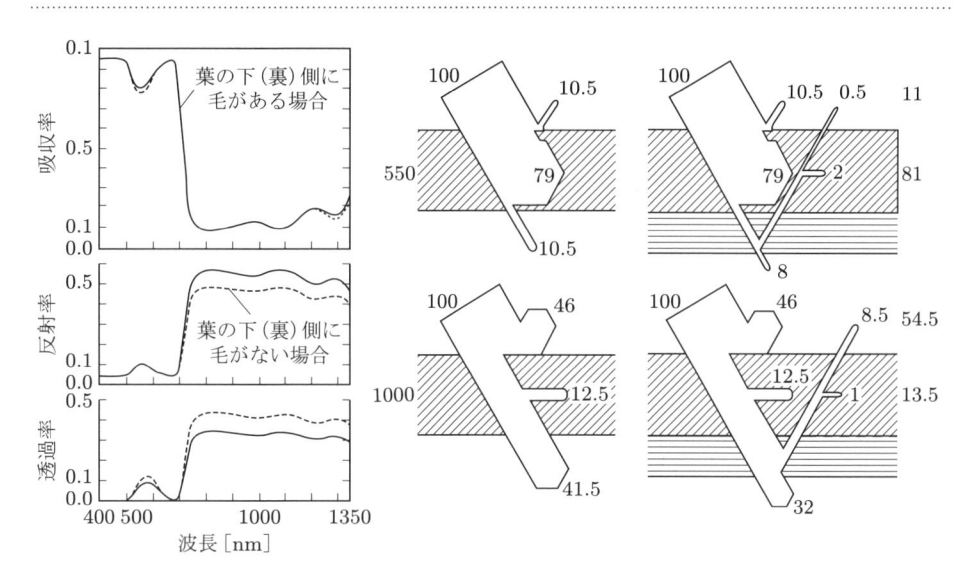

（a）フキタンポポ(*Tussilago farfara* L.)の分光特性

（b）波長 550 nm（上）と波長 1000 nm（下）における葉の下層に毛がある場合とない場合の放射フラックス

図 3.7 （a）葉の下側（裏側）に毛がある場合を実線で示し，毛がない場合を点線で示す．
（b）可視光に比べて，近赤外光のほうが毛の影響をかなり受ける（Eller, 1977）．

やし，反射率は 14％から 70％まで増加する（Ehleringer et al., 1976）．下側表面にある毛でさえ，はじめに葉を透過した光線の一部を葉の中に反射することで，図 3.7 に示すようにかなり反射率を高める．

□ **葉の光学的特性のモデル化—PROSPECT モデルと LIBERTY モデル**

葉からの反射のほとんどは，屈折率が不連続になる界面で生じるので，反射は葉内の構造に強く依存する．この全体的な反射率における「構造的」要素は，純粋溶液中における化学物質のスペクトル形状をかなり変形してしまうので，観測された反射あるいは透過スペクトルから葉の化学成分の測定を行うことは難しい．図 3.6（a）に示したように，葉内での放射伝達過程は，複数の箇所で吸収や散乱が生じるきわめて複雑なものである．したがって，たとえば光線追跡法（ray-tracing method）によって，葉の構造の詳細な記述に基づいたすべての葉内の放射経路を完全に描写することは，理論的には可能かもしれないが，それらを定義するためには，実現不可能な大量のパラメタが必要となる．そのため，リモートセンシングデータから群落についての主要な生物物理学的パラメタを抽出するための一般的な方法を得ようとすると，葉の細かい構造の記述はかなり制限されると予想される．しかし，好都合なことに，葉の本質的な特性をよく再現して実際の葉に近似し，分光特性全体における化学的な寄与と構造的な寄与を分離できる，単純な物理的過程に基礎をおいたモデルの開発が可能である（Jacquemoud & Baret, 1990）．

Allen et al., 1969 と関連した論文によって紹介された有用な近似は，空隙によって仕切られた多数の同質の吸収組織の層として，葉を表現できることを示した（図 3.6（b））．層の数 N を増やすことで，空隙の割合を増やしたことにしている．一般に，イネ科草本のような単子葉植物の葉では，空隙の少ない詰まった葉肉組織をもつ傾向があるのに対し（そのため散乱が少ない），双子葉植物（広葉植物）の葉では，柵状組織の層が上側に密集して葉緑体の大部分が存在し，どちらかというと空隙の多い海綿状葉肉組織を覆っている（図 3.6（a））．N は，実測された層の数というよりは，パラメタの1つとして見るべきであり，PROSPECT モデル（Jacquemoud & Baret, 1990）では，連続型変数として扱えるように一般化されている．この PROSPECT は，わずか3つのパラメタ（構造指数 N，色素濃度 C_{chl}，含水量 C_w）によって，葉の反射スペクトルを表現する．さまざまな葉の反射スペクトルを再現するには，これら3つのパラメタと，対象波長ごとの葉組織の屈折率と葉の色素や水の吸収係数を使用する．この手法は，通常精度が下がるものの，カロテノイド，アントシアニン，タンパク質，リグニンのような他の生化学的成分が推定できるよう拡張され（Feret et al., 2008, Jacquemoud et al., 1996），一方では，パラメタの改良や拡張による包括的な作り直しと更新が報告されている（PROSPECT-5：Feret et al., 2008）．針葉樹の針葉と群落の構造は，PROSPECT によってモデル化された平坦な葉とはかなり異なっている．そのため，その代替となる針葉用のモデル（LIBERTY）が，球状の「細胞」間での放射伝達過程をもとに開発されている（Dawson & Curran, 1998）．

平板モデルでの平均透過率や反射率は，0°（法線方向）から50°程度までの入射角にはあまり影響を受けず（Jacquemoud & Baret, 1990），実効屈折率が増加するにつれて減少する．また重要な点として，層の数を増やす，あるいは，葉を重ね合わせて積み重ねると反射率が増加し，N が8を超えたあたりから漸近線に急激に近づくが，透過率や吸収率はそれよりはゆっくりと飽和していく．実際の葉の厚さの増加に伴う挙動を図 3.8 に示す．図は，とくに信号が飽和するような厚い葉群や群落では，反射率のリモートセンシングはそれほどうまくいかない可能性を示している．

葉の生化学的な成分を推定するため，PROSPECT や LIBERTY などのモデルの逆解析が利用できる．群落スケールに適用する際は，群落内での放射伝達を考える必要がある．これは，PROSPECT のような生化学的モデルと SAIL のような群落放射伝達モデルを組み合わせることで実現できる（8.3.1項参照）．

☐ 反射率と吸収率の積分値

短波長域にわたって積分した個葉の反射率 ρ_S と吸収率 α_S，および光合成に有効なあるいは可視域の波長帯に対応する反射率 ρ_{PAR} の典型的な値を表 3.2 にまとめる．透過率は，$\tau = 1 - (\rho + \alpha)$ で得られることに注意する．群落スケールや他の土地表面に対応する値については後で論じる（3.1.3項）．いくつかの光合成に有効な波長帯だけを考えれば，放射のより多くの割合が吸収されている（ρ のほうが小さい）．また，実効アルベドは，入射放射のスペクトル分布に依存しているが，通常は日射全域についての値が報告されている．植物種間の違いのほうが，葉齢や栄養状態に対応した植物種内のサンプル間の違いなどよ

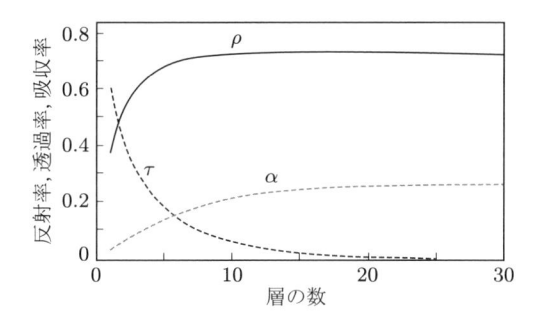

図 3.8 葉の厚さ（層の数）の増加による，葉の透過率 τ，吸収率 α，反射率 ρ への影響．反射率は，透過率や吸収率よりもかなり早く漸近線に近づくことが明らかである（Jacquemoud & Baret, 1990 を再描写）．

表 3.2 短波長（S）と光合成有効放射（PAR）の領域における広帯域の個葉反射率 ρ と吸収率 α の典型値（Jones, 1992 などより．より詳細な情報は Gates, 1980, Stanhill, 1981, さまざまなウェブサイトにある（たとえば，the ASTER Spectral Library, the LOPEX93, OTTER databases, the USGS Digital Spectral Library splib06a））

	ρ_S	ρ_{PAR}	α_S
典型的な作物の葉	0.29〜0.33	0.10	0.4〜0.6
針葉樹	0.12	0.08	0.88
落葉広葉樹	0.23〜0.29	0.10	
白い軟毛に覆われた葉	0.39	0.20	0.55

りも小さくなりがちである．

□ **蛍 光**

葉やその他の表面から射出された放射のごく一部は，厳密には反射ではなく**蛍光**（fluorescence）や熱を伴わない**発光**（**ルミネセンス**：luminescence）であるが，蛍光はその狭い射出波長帯においても，射出された全エネルギーの2〜5％以下である（Meroni et al., 2009）．通常，蛍光は，色素の特定のエネルギー遷移に対応した特有の波長帯で吸収された放射エネルギーの短時間の再放出である．この再放出は通常 10^{-9} 秒以内で起こるが，励起された分子の中には数秒オーダーの半減期をもつ**遅延蛍光**（または**ルミネセンス**）という過程を経て減衰するものもある．蛍光は，つねに励起波長よりもエネルギーの低い長波長側において生じ，そのエネルギー差は一般に熱によって失われる．光合成生物では，4章で取り上げるように，励起したクロロフィルが基底状態に戻るまでには3つの競合するプロセス，すなわち，蛍光として再放出，熱として散逸，電子伝達系の励起を通した光化学系における化学反応によるエネルギー散逸がある．健全な葉の場合，クロロフィルからの蛍光は葉緑体中の光化学系IIから生じ，その射出ピーク波長は 690〜735 nm 付近である

(図 3.9). 図はまた，クロロフィル濃度が高まるにつれて射出スペクトルがどのように長波長方向へ移るかについても示している．この変化は濃度変化よりも見かけ上明白であり，クロロフィル濃度の上昇に伴う，クロロフィルによる短波長放射の再吸収の増加によるものである．他の葉内色素の多くも特有の波長帯で蛍光を射出し，この情報は植物のストレスに関する診断情報として有用である（11 章参照）．

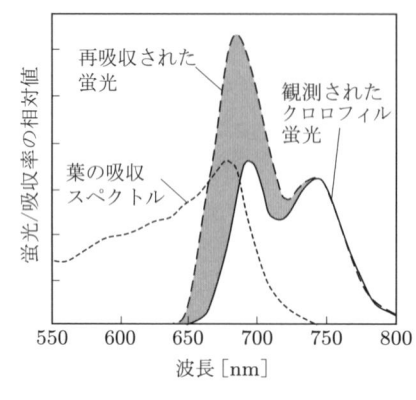

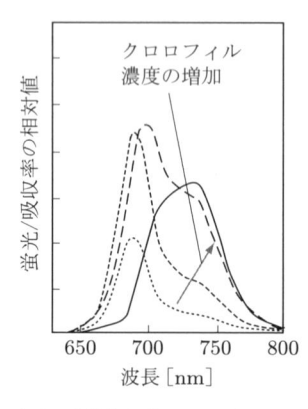

(a) 葉内色素によるクロロフィル蛍光の再吸収（影付きの部分）

(b) 単離葉緑体の懸濁液が示す蛍光放射スペクトル

図 3.9 （a）再吸収する色素は，クロロフィル蛍光よりも短い波長帯に蛍光の波長帯をもつ（Lichtenthaler & Rinderle, 1988 のニレ *Ulmus* の葉のデータに基づく）．（b）クロロフィル濃度は 3，13，51，153 µg クロロフィル/ml である．蛍光は初期増加の後に，短い蛍光波長帯の再吸収によって消光していく（Lichtenthaler & Rinderle, 1988 によるデータ）．

■ 3.1.2 土と水の放射特性

リモートセンシングにおいては，土壌に入射するすべての放射は，吸収か反射される．絶対反射率は土壌の種類によって変わるものの，それらはすべて，可視から近赤外の波長域にかけて滑らかに反射率が増加する傾向が見られる（図 3.10）．一般的に，700 nm 付近で急激な増加が見られる植生の場合とはきわめて対照的である．7 章で解説するように，この違いが多くの場合，スペクトルによるリモートセンシングの基礎となっている．図 3.11, 3.12 に示すように，土壌の分光反射率の詳細は，化学的，物理的特性の変化によって大きく変わる．とくに重要な現象を重要性の高い順に挙げると次のようになる．

（i） 土壌水分含量が増加すると，水の吸収帯域の放射が吸収されてその反射率が低下し，他の波長帯でも土壌粒子を覆う水膜内での内部反射により反射率が低下する．実際，湿った土壌は乾いた土壌よりも反射率が低く，黒っぽく見えることから容易にわかる．

（ii） 有機物の含有量が増えると，反射率の低い黒っぽい土壌になる．

（iii） 土性が粘土から砂になると反射率が上昇する．

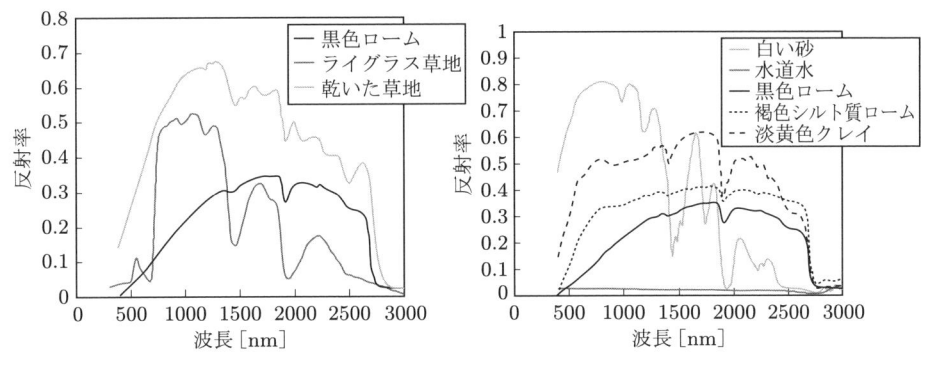

(a) 植生と比較した，土壌の典型的な分光反射特性

(b) 各種土壌や水の400〜3000 nmでの分光反射率

図 3.10 （a）黒色ローム，ライグラス草地（700 nm 付近で急増を示している），乾燥した草地（700 nm の鋭い変化が失われている）の反射スペクトル．（b）データは ASTER スペクトルライブラリによる（Baldridge et al., 2009）.

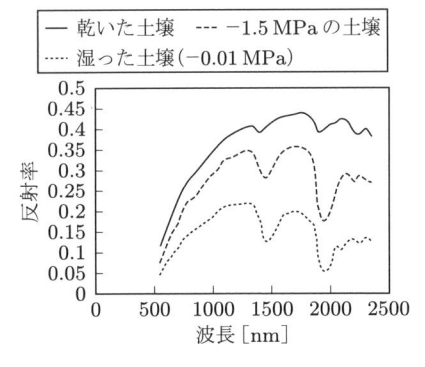

(a) 石灰質土壌における分光反射率の土壌水分への依存性

(b) 水分量の変化に伴う，各種土壌の赤色光と近赤外光の反射率の関係

図 3.11 （a）石灰質土壌（Hapludalf soil）の分光反射率と土壌水分の関係．乾燥土壌から植物の「しおれ点」にある土壌（土壌水分張力 = -1.5 [MPa]）を経て，湿った土壌（土壌水分張力 = -0.01 [MPa]）へと水分量が増えるにつれて，近赤外から中間赤外の吸収帯が増加し反射率が減少している（Baumgardner et al., 1985 を再描写）．（b）有機質土壌（泥炭）と鉱質土壌で，グラフの傾きが異なっている（土壌の反射率データは Baret et al., 1993 による）．

（iv）土壌クラスト[†]の発達（Eshel et al., 2004）などによって表面の粗さが減少すると，反射率が若干上昇する．

（v）多くの土壌で酸化鉄の含有量が増えると特有の赤れんが色を示す．これは赤の

---

† （訳注）土壌表面に形成される高密度な目詰まり層．

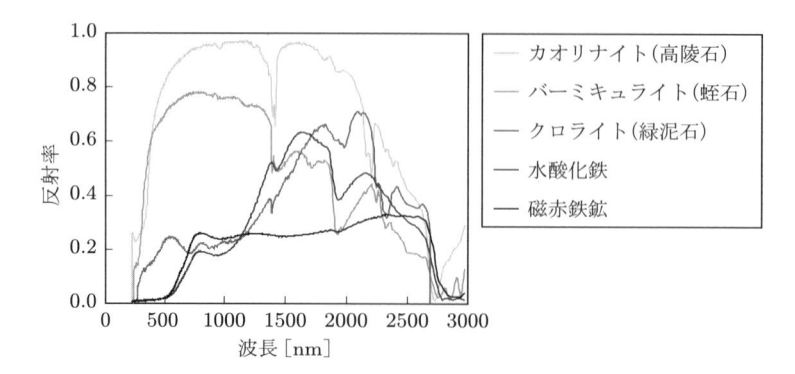

図 3.12 いくつかの土壌鉱物の分光反射率（Clark et al., 2007 による USGS スペクトルライブラリ splib06a）．

反射が増えて緑の反射が減少することを意味する（Ben-Dor, 2002）．

多くの土壌の特徴は，広範囲の鉱質土壌や土壌水分量において，赤と近赤外の反射率の間に密接な（直線的な）関係があることで，これは**ソイルライン**（soil line）として知られている．ただし，泥炭質の土壌では，どのような値の赤の反射率においても，近赤外の反射率のほうが大きくなる傾向がある（図 3.11）．土壌が乾燥している場合，特定の土壌と鉱物を，特定の鉱物や有機成分から生じる特有の分光特性によって識別できる（Adams & Gillespie, 2006）．

図 3.13 に示すように，ほとんどの土壌の反射率は強い異方性を示し，照明の入射角ごとに観測角の関数として変化し，多くの場合，照明の入射角方向にもっとも強く反射する．また，反射パターンは表面の粗さや湿り具合によっても変わり，滑らかな土壌では鏡面反射の割合が増え，そのため反射光の偏光や方向性反射率の両方に大きな影響を及ぼす（図

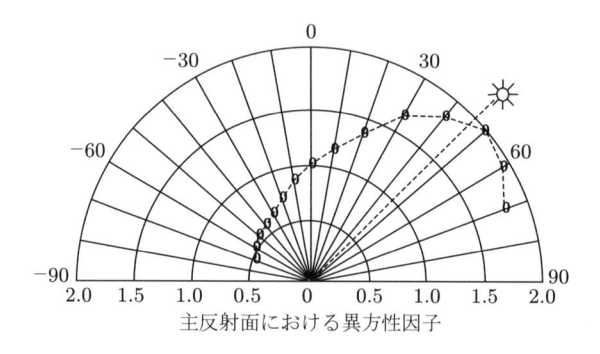

図 3.13 中程度の粗度を示すローム質細粒土壌における，太陽の主反射面（principal plane）に沿う近赤外域の方向性反射率の異方性を示す極プロット．太陽の方向（点線とシンボルで表示）でもっとも高い反射を示す，裸地の非ランバート特性が見られる（Irons et al., 1992 による）．

3.13).反射率の方向性については8章でさらに発展した説明を行う.

土壌や植生とは対照的に,純水は,入射放射の非常に小さな割合しか反射しない傾向があり(図3.10),可視放射の波長以下ではほとんど透明で,1100 nm以上の波長域においてのみ強く吸収する.一般的に,水の反射率は可視・近赤外・中間赤外の波長域で約3%以下に保たれる.しかし,水の濁度,クロロフィル含有量,表面の粗さ(これは鏡面か拡散かという反射過程の特性に大きな影響を与える),水の深さ,水体の下の基質の性質などの要素によって,この状況は複雑になる.浮遊土砂は可視光の反射率を増加させ(とくに赤色光.そのため,砂泥(silt)が浮遊する水は褐色に見える),同時に透過率を減少させるので,濁度の増加は,水の吸収や反射に著しく影響する.また,植物プランクトンのような高濃度のクロロフィルによって緑色光の反射率は高くなり,青色光の反射率は低くなる.

■ 3.1.3 群落の放射特性

植物の茂みからの反射放射は,植生の個別の構成要素(葉,幹,土壌,水など)の放射特性と,入射放射の角度分布とセンサの向きに関連した詳細な植生構造や空間的構成の両方によって決まる.すでに,これらの影響がもたらす結果のいくつかを取り上げてきたが,ここでは,植生における放射伝達の基礎原理を紹介する.なお,幹は群落の放射特性において非常に重要な影響を与える可能性はあるものの,単純化のためにその影響は無視するのが一般的である.方向依存性の挙動についての詳細な考察は8章で行う.

群落による放射の吸収や透過を決める植物のもっとも重要な特性は,**葉面積指数**(leaf-area index)LAI(式中ではLと略記する)である.一般的には,単位地表面積あたりの葉の「片側だけ」の面積と定義されるが,Campbell & Norman, 1998によって示された代わりの定義である**半表面積指数**(hemi-surface area index)$HSAI$(単位地表面積あたりの葉の実際の表面積の半分と定義される)を使ったほうが多くの場合,実用的である.$HSAI$とLAIは平坦な葉では等価であるが,針葉樹の針葉や植物の他の部分ではかなり異なる.Campbell & Norman, 1998は,複雑な形の葉をもった群落特性の記述やモデル化においては,LAIよりも$HSAI$のほうが一般により有用な葉面積の測度であるとしている.しかし,以下のほとんどの内容では,この2つの用語はほとんど同じ意味として用いる.

多くの目的,とくに光合成や群落のエネルギー収支に関する研究においては,群落によってどれだけの放射が吸収されるかを決めることが重要である.この量は,反射放射か透過放射のどちらかから得られる.この情報を得るために植物生理学や農学の研究で用いられる伝統的な方法は,群落を通って地面へ透過する放射の測定値から導くものである(市販されているLi-Cor 2000, Sunscan, Sunfleck Ceptometer, 群落下層からの全天魚眼写真など,8章で説明する計測器類を利用).これらの透過放射の測定値は,葉面積指数や葉面角度分布(leaf-angle distribution)LADなどの変数を得るために,植物群落内の適当な放射伝達モデルに基づいて逆計算される.リモートセンシングによる方法は,群落からの透過よりも反射によって同じ情報を得ることを目的としているが,その基礎となる物理

原理は同じである．

図3.14に，植物群落内における放射の散乱と透過で考えられる多くの軌跡の一部を示す．これらの過程は，葉の内部で生じる体積散乱の過程（図3.6）とかなり類似しているが，そのスケールが異なる．葉に入射する日射は，Ⓐ1枚の葉をわずかに透過して残りは空へ反射されるか，Ⓑ空へ反射されるまでに2回反射されるか，またはⒸ3回反射される．同様に，Ⓓ土壌からの反射が含まれているものもある．それぞれの散乱が起こるたびにいくらかのエネルギーが吸収されるので，相互作用が増えると放射強度は減少する．群落からの反射光のほとんどは1回以上の反射を経ているので，密集した群落全体の反射率は1枚の葉で測定された反射率よりもかなり低くなる（表3.2と表3.3を比較せよ）．しかし，葉面積指数が減少すると，群落反射率は，下にある土壌の反射率に近づく（図3.15）．厳密な定義は7章で示すが，群落やその他の表面における短波放射の広周波数域反射率は，一般に**アルベド** ρ_S，あるいは反射能とよばれる．

葉の反射率は可視域と近赤外域で異なり，これらの波長の相対減衰量は葉表面における反射回数に依存する．群落の深さや葉表面での反射回数が増加すると，赤外域の放射の割合が高くなる．

群落のアルベドは群落構造に強く依存しており，太陽角度の変化に応じた時刻の関数として変化したり，直達光と散乱光の比率の変化に応じた雲量の関数として変化したりすることは重要である．表3.3に示す値は，さまざまな表面において観測された典型的な日平均アルベドの一例である．日変化の例として，穀草群落のアルベドを図3.16に示す．正午近くの0.15から日の出や日の入り近くでは0.25かそれ以上にまで変化していることがわかる．類似した日較差の値は，オーク（ナラ類）の森林など他種についても報告されている（Rauner, 1976）．図3.16は，風向が葉の向きを変えてアルベドに影響を及ぼすため，

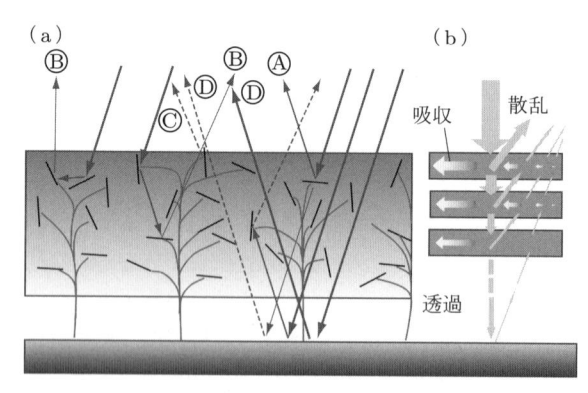

図3.14 （a）ランダムな方向を向いた葉で構成された植生群落内で起こりうる放射の相互作用．複数回の散乱が起こっている様子が示されている．（b）実際の群落の抽象的な簡略図．ここで，群落は薄い層の集合として表され，各層の厚さは無限小として扱われる．下向きの放射は各層において吸収や散乱によって減衰し，上向きに散乱した放射の和が，上向きの放射フラックスである．

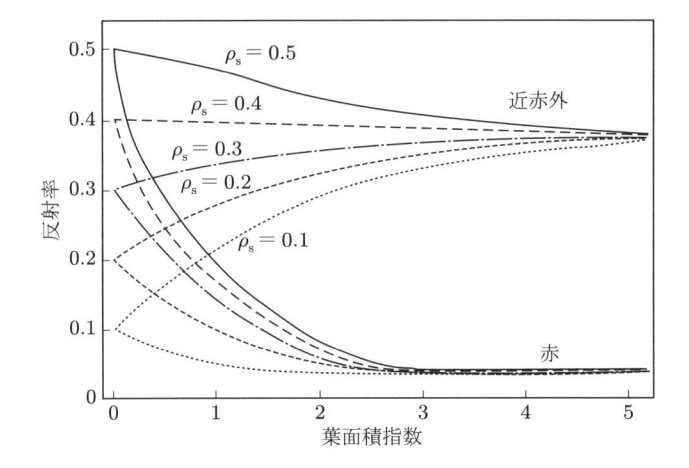

図 3.15 土壌の明るさが，群落の赤と近赤外（NIR）反射率と葉面積指数の関係に及ぼす影響のシミュレーション結果（Leblon, 1990 を修正）．シミュレーションには，放射伝達モデル SAIL（Verhoef, 1984）を用いた．ρ_S は土壌の反射率を示す．

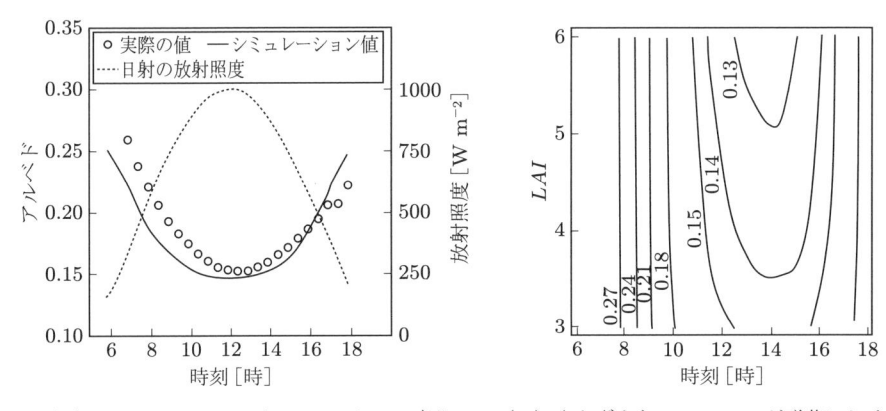

（a）$LAI=3.0$ のコムギのアルベドの日変化

（b）さきざまな LAI のコムギ群落におけるアルベド日変化のシミュレーション

図 3.16 アルベドの日変化の例（Song, 1998 を再描写）．（b）東からの風により，葉の角度は 30°西側に倒れている状況を考えている．線は等しいアルベドの範囲（等アルベド線）を示す．

もしある適当な方向から連続して風が吹いていた場合，日変化が非対称な形になることも示している．また，散乱光に対する直達光の比率の増加も，アルベドをわずかに増加させる影響がある（たとえば，Betts & Ball, 1997）．典型的なカナダの草地の夏の可視光アルベドは約 0.076（天候条件によって 0.055〜0.097 の範囲をとる）で，それに対応する近赤外光アルベドは約 0.225（0.21〜0.25）である（Wang & Davidson, 2007）．土壌が濡れることで反射率は大幅に減少し（図 3.11），疎な群落のアルベド全体に大きな影響を及ぼす．

表 3.3 各種地表面における日射の反射率やアルベドの概算値（これらの値は，植物の成長段階，照射条件，観測角，群落構造によって，大きく変化することを前提として見積もられている）

	ρ_s	注記	文献
作物		一般的に個葉の値よりも低くなる．	
コムギ	0.20（±0.08）		1, 2
ワタ	0.20（±0.08）		1
トウモロコシ	0.19（±0.04）		1, 2
オレンジ	0.16（±0.05）		1
草地	0.17〜0.26		2, 3
テンサイ	0.18		2
	0.16〜0.26		
樹木・森林			
落葉樹林	0.10〜0.20		4
ヤマナラシ Aspen (BOREAS)	0.156（落葉時 0.116）	0.214（積雪あり）	4
草原（BOREAS）	0.197	0.75（積雪あり）	4
針葉樹林	0.05〜0.15	バンクスマツ（積雪あり）	2, 4
トウヒ/ポプラ（BOREAS）	0.081	0.108（積雪あり）	4
	0.05〜0.20		
その他の自然植生			
ツンドラ	0.15〜0.20	冬の新雪時には 0.80 になる．	2
砂漠	(0.1)〜0.35〜(0.7)	水分量や鉱物含量によって変わる．	2, 5
熱帯雨林	0.10〜0.13		2, 7
その他の表面			
水	0.02〜0.05（直上に太陽）	小さい角度では，鏡面反射によって 0.90 程度まで急増，懸濁すると増加する．	6
乾いた土壌	0.13〜0.18		2
湿った土壌	0.08〜0.10		2
砂（乾燥，白色）	0.35		2
雪（新）	0.75〜0.95		2
雪（古）	0.40〜0.70		2

文献 1：Stanhill, 1981. 2：Campbell & Norman, 1998. 3：Ripley & Redman, 1976. 4：Betts & Ball, 1997. 5：Bowker, 1985. 6：Campbell, 2007. 7：Monteith & Unsworth, 2008.

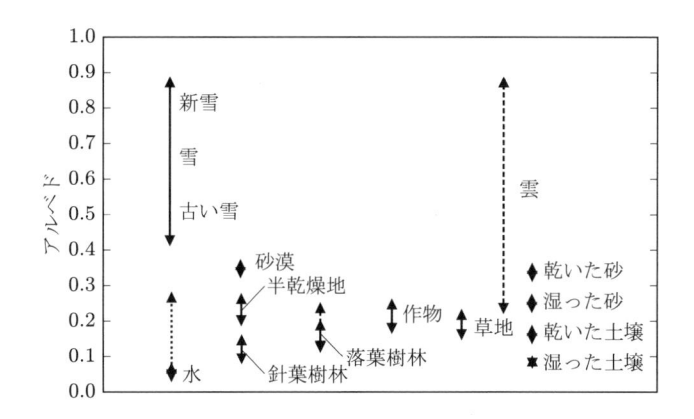

図 3.17 各種自然表面における日平均アルベドの一般的な変動幅.

図 3.17 に，いくつかの自然表面における典型的なアルベドの変動幅をまとめる．

☐ 群落における放射伝達の解析的な取り扱い

ここからは，植物群落内での放射の散乱と伝達を研究するための基礎理論を説明する．実際の植物群落の放射特性はかなり複雑であるが，群落の放射伝達の解析的な取り扱いを行うための数多くの便利な近似式がある（Campbell & Norman, 1998, Jones, 1992, Monteith & Unsworth, 2008, Ross, 1981）．

☐（ｉ）一様な群落

もっとも単純な近似は，群落が一様であるという仮定で，吸収体要素が群落の大きさに比べて小さく，均等に分布しているとする．ここで，吸収体は黒色（黒体）であり，そのために放射は散乱されずに吸収され，ベールの法則（式(2.11)）によって，次式のように深さとともに指数関数的に減衰する．

$$\boldsymbol{I}_z = \boldsymbol{I}_0 \mathrm{e}^{-kz} \tag{3.1}$$

ここで，$\boldsymbol{I}_z$ は群落内の位置 z における放射フラックス密度，$\boldsymbol{I}_0$ は群落表面における放射フラックス密度，k は減衰割合を決める**消散係数**（または**減衰係数**），z は媒体中の移動距離（たとえば，群落の深さ）である．

この関係を導くための1つの方法は，図 3.14（ｂ）に示したように，群落が無反射の完全吸収体（黒色）によって多数の無限に薄い層で構成されていると考えることである．厚さ dz の各層において，通過する放射フラックス密度の微小変化量 $d\boldsymbol{I}/\boldsymbol{I}$ は次式のように表せる．

$$\frac{\mathrm{d}\boldsymbol{I}}{\boldsymbol{I}} = -k\mathrm{d}z \tag{3.2}$$

上式右辺の負記号は，距離 z が増えるにつれて放射フラックス密度が減少することを意味

している．式(3.2)を深さ0からzまで積分すると，式(3.1)になる．この指数関係は，減衰させる粒子の有効粒径が小さい大気や水中ではよく当てはまる．しかし，植物群落では個葉のサイズが相対的に大きいため，単なる近似となってしまう．

このような完全吸収体からなる系では，散乱/吸収は1回しか起こらないので，放射は上方へ反射されない．この場合，消散係数は吸収係数γ_a（入射放射が単位厚さあたりで吸収される割合．ただし，無限に薄い層として計算される）に等しい．しかし実際の群落では，入射放射の一部が上方へ反射や散乱し，一部が下方へ散乱や透過する．これは多重散乱の可能性を生じさせ，より高度な解析が必要となる．この基礎理論は，Kubelka & Munk, 1931によって開発された．再度，無限に薄い層を考え，放射が逆方向へ散乱する割合を後方散乱係数γ_s（逆方向へ散乱された単位厚さあたりの入射放射の割合）と定義する．すると，図3.18に示すように，吸収係数と後方散乱係数の和が消散係数kに等しくなり，その一方でz方向へ透過する割合（前方散乱と透過）は$1-(\gamma_s+\gamma_a)$となる．群落内の1枚の薄い層を通過する$+z$方向へ伝わる放射I_+の純減衰量は，次式で与えられる．

$$\frac{dI_+}{dz} = -(\gamma_s + \gamma_a)I_+ + \gamma_s I_- \tag{3.3}$$

上式右辺第1項は吸収や散乱による減少を表しており，右辺第2項は後方散乱された放射が前方に散乱することによる増加を表している（たとえば，Rees, 2001）．後者の項は，1方向への放射フラックス全体を考える場合，消散係数の値を減少させる．

この方程式を解くと，群落反射率が推定できる．地上に放射が到達しないほどの無限に厚い群落という極端な場合では，この方程式は，式(3.1)の前方への放射フラックスに対する消散係数を与えるように解け，次式のように表せる．

$$k = \sqrt{\gamma_a^2 + 2\gamma_a\gamma_s} \tag{3.4}$$

反射係数ρは次式で与えられる．

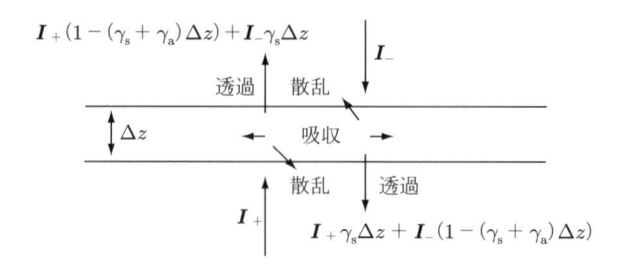

図3.18 厚さΔzの無限小の層による散乱と吸収を示す簡略図．薄い層を正方向に通過する放射は，正方向に透過する放射（$= I_+(1-(\gamma_s+\gamma_a)\Delta z)$）と負方向の放射が後方散乱した放射（$= I_-\gamma_s\Delta z$）の和である．

$$\rho = \frac{\gamma_{\mathrm{s}} + \gamma_{\mathrm{a}} - \sqrt{\gamma_{\mathrm{a}}^2 + 2\gamma_{\mathrm{a}}\gamma_{\mathrm{s}}}}{\gamma_{\mathrm{s}}} \tag{3.5}$$

群落構成要素が「黒い」場合は，$k = \gamma_{\mathrm{a}}$，$\rho = 0$ となる．

□ (ii) 水平な葉群

ランダムに配置された水平な葉から構成された群落という単純な例を用いて，群落を再び面積の等しい小さな葉が互いに重ならないように含まれている多数の水平な層 $\mathrm{d}L$ として仮想的に分割する．これは，群落内でどのように放射の遮断と減衰が関係しているかを想像するための（i）とは別の方法である．

ベールの法則の導出からの類推より，ある層 $\mathrm{d}L$ に含まれる小さく不透明な葉の面積が地表面積に比べて小さい場合，この層によって入射光線が遮断される確率は $k'\mathrm{d}L$ となる．ここで k' は**形状係数**（shape factor）であり，水平表面上の影の面積と葉の片側の面積との関係を示す．水平な葉からなる群落では，入射放射の向きにかかわらず，葉の面積と影の面積は等しくなる．したがって，この例では，$k' = 1$ となり，$k'\mathrm{d}L = \mathrm{d}L$ となる．透過する確率は，$1 - k'\mathrm{d}L$ となる．この透過光がさらに次の層で透過する確率は $(1 - k'\mathrm{d}L)^2$，N 層の下まで透過する確率は $(1 - k'\mathrm{d}L)^N$ と 2 項式で与えられる．小さな葉に限れば，N 層の下まで透過する確率は次式のように近似できる．

$$\frac{I}{I_0} = (1 - k'\mathrm{d}L)^N \approx \mathrm{e}^{(-Nk'\mathrm{d}L)} = \mathrm{e}^{-k'L} \tag{3.6}$$

ここで，水平な葉からなる群落では次式のようになる．

$$\frac{I}{I_0} = \mathrm{e}^{-L} \tag{3.6a}$$

表面的にはベールの法則と似ているが，この場合は図 3.19 に示すように，植生中のどの高さや植生下のどの位置における放射照度も，放射の減衰のない面積（陽斑：sunflecks）と完全に遮蔽された面積の平均となる．したがって，完全に不透明で水平な葉では，e^{-L} は葉面積 L より下にある太陽に照らされた水平面の面積割合を表し，反対に $1 - \mathrm{e}^{-L}$ は植生下で陰にされた面積の割合を表す．多くのリモートセンシングの応用では，入射光が群落によって遮断される割合が利用される．これはやはり $1 - \mathrm{e}^{-L}$ によって表され，また，水平葉からなる群落においては全日向葉の葉面積指数 L_{sun} と等しい．

形状係数 k' が消散係数 k と等しいことを示すことは簡単なので（たとえば，Monteith & Unsworth, 2008），今後は後者の記号 k を用いる．水平な黒い葉群の消散係数 k の値は 1 であるが，この係数は，散乱がいくらか起こるような実際の典型的な状況や，他の葉面角度で形状係数（実際の葉面積に対する影面積の割合）が 1 でないような場合を考慮して修正できる．Goudriaan, 1977 は，こうした場合，多重散乱を近似的に評価するために消散係数に $\sqrt{\alpha}$（α：吸収率）を乗じる必要があることを示している．また，水平葉からなる深い群落について，反射率 ρ_{h} が次式で近似できることも示した．

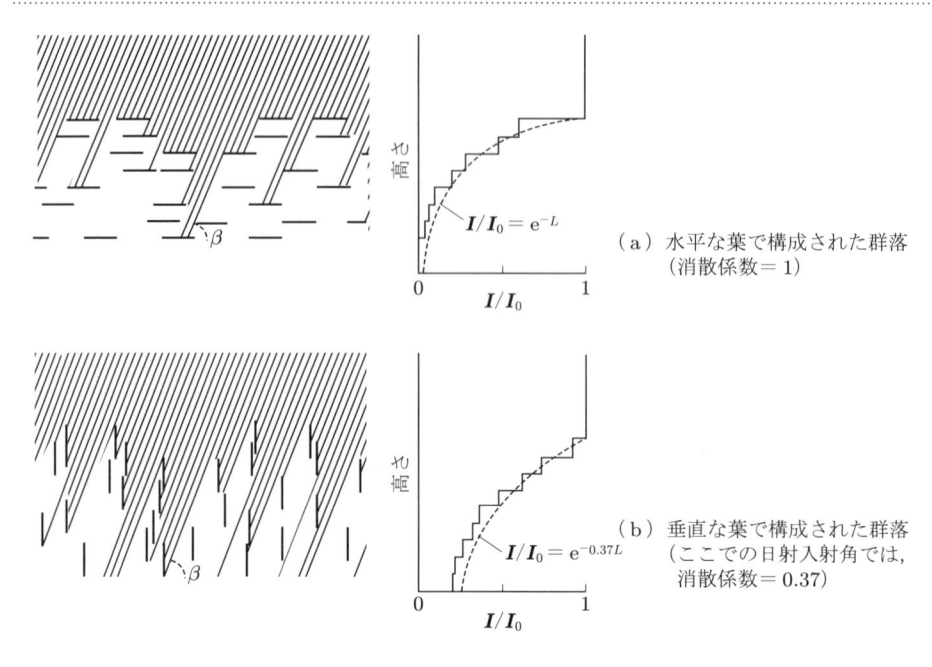

図 3.19 天頂付近からの放射の減衰（天頂角 $\theta = 30°$；入射光線の仰角 $\beta = 60°$）．(a) と (b) で，どちらも葉面積指数は等しい．右は，群落内での放射減衰の様子を示す (Jones, 1992 より)．

図中：
(a) 水平な葉で構成された群落（消散係数＝1）　　$I/I_0 = e^{-L}$
(b) 垂直な葉で構成された群落（ここでの日射入射角では，消散係数＝0.37）　　$I/I_0 = e^{-0.37L}$

$$\rho_\mathrm{h} = \frac{1 - \sqrt{\alpha}}{1 + \sqrt{\alpha}} \tag{3.7}$$

これは，式(3.5)で与えられる値の近似である．

□ (iii) その他の葉面角度分布

現実の群落の葉面角度は実際には同一ではなく，水平な葉が卓越する場合（水平葉型：planophile）から垂直な葉が卓越する場合（直立葉型：erectophile）までさまざまである．放射の浸透と反射の特性は，明らかに2つの群落型で大きく異なる．葉が水平とは限らない群落に対して，ベールの法則は消散係数の修正によって容易に拡張できる．その一般的な原理は，前述の形状係数を利用することである．つまり，葉の影を水平面に投影し，実際の葉の（半球）面積に対する投影された影の面積の割合を k と定義する．図3.19は垂直な葉の場合を示し，水平な葉の場合に比べて，垂直に近い光線の減衰率が大幅に減少している．葉の角度分布の違いが入射光の減衰に与える影響についての詳細な説明は，Ross, 1981, Monteith & Unsworth, 2008, Campbell & Norman, 1998 などの生物環境物理学の教科書にある．

□ 球状（ランダム）の葉面角度分布

一般的な群落では，葉は空間的にほぼランダムな方向に向いている．つまり，葉の向き

の確率は（方位角，仰角のどちらも）どの方向でも等しい．この場合，球の表面を均等にカバーするように葉を仮想的に再配置でき，形状係数は球を水平面状に普通に投影することで得られる．いくぶん直感に反するが，このような配置では，葉の方位（たとえば，北，東，南など）の確率は等しいが，水平な葉（球の極にだけある）よりも垂直な葉（球の赤道周囲にある）のほうがより多くなる．球状分布における k は，その定義により，半球の表面積 $2\pi r^2$ に対する水平面上に球を投影したときにできる影の面積（$= \pi r^2 / \sin\beta$）の割合で与えられる（β は入射光線の仰角）．したがって，k は $1/(2\sin\beta)(= 0.5 \operatorname{cosec}\beta)$ となる．なお，ここでは球の半表面積を，下側の照射されていない側の葉を代表する反対側の半球の面積としている．

形状係数は，群落の放射伝達モデルにとって，とても価値のあるパラメタであり，Campbell & Norman, 1998 が指摘するように，球だけではなく，垂直の葉が多い場合には縦長の（扁長な）回転楕円体，水平の葉が多い場合にはつぶれた（扁平な）回転楕円体と仮定することで，垂直や水平の葉が卓越するような角度分布に対しても一般化できる（図 3.20（a））．この方法では，葉面角度分布の違いを表すために，$x = b/a$（回転楕円体の垂直半径に対する水平半径（回転するほう）の比）という単一のパラメタを用いている．極方向からつぶされた扁平な楕円体（$x > 1$）では水平な葉の割合が高く，扁長な細長い長球（$x < 1$）では垂直な葉の割合が高い直立葉型の群落を表す（図（b））．

Campbell の葉の分布パラメタ x を変化させることによって，群落の放射伝達特性を非常によく再現できるので，広範囲の実際の植物群落の消散係数と反射率の角度依存性を再現できる．さまざまな群落における x の典型的な値は，ダイズやいくつかの草本類，穀類の群落では 0.8 かそれよりも小さく，イチゴなどの水平な葉が多い群落では 3 以上の値になる（Campbell & van Evert, 1994）．

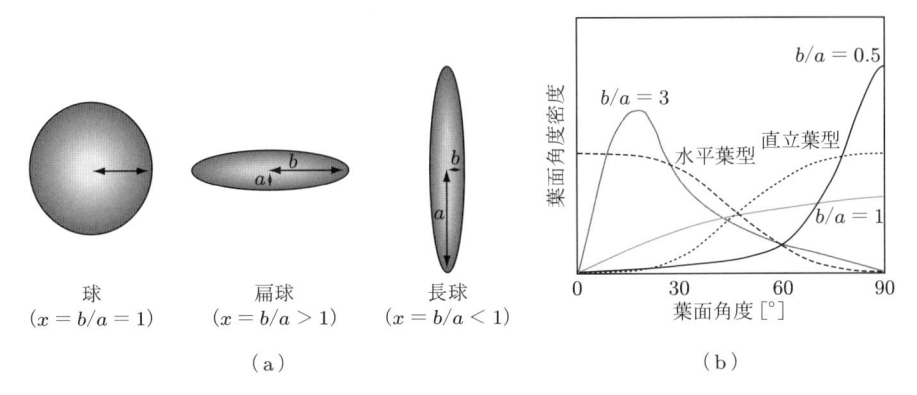

図 3.20 葉の葉面角度分布に対する球体/回転楕円体分布形状の効果．Campbell の x パラメタ（＝垂直半径 a に対する水平半径 b の割合）を，水平葉が多い群落を表す $x = 3$ から垂直葉が多い群落を表す $x = 0.5$ まで変化させた場合の効果を示す．比較のため，ベータ関数を用いて得られた水平葉型（葉が水平になりがち）と直立葉型（葉が垂直になりがち）に対応する分布も示す．

放射伝達の研究のために葉面角度分布をモデル化する方法は，他にもたくさんある．とくに旧来からのリモートセンシング研究における一般的な方法は，傾きの平均，つまり，**平均葉面角度**（average leaf angle）ALA（葉表面の上方への法線方向と鉛直方向との角度，平均葉面傾斜角）を求めることであった．たとえば，球状分布の平均角度は57.4°，$x = 2$ と $x = 0.5$ の回転楕円体分布に対する平均角度はそれぞれ 38.5° と 71.1° である（Wang & Jarvis, 1988）．平均葉面角度を用いることで円錐形分布が生まれ，これは放射伝達の計算に用いることができた（Monteith & Unsworth, 2008）．実際の葉面角度分布を近似するために使われてきた他の関数としては，2つのパラメタをもつベータ分布（Goel & Strebel, 1984）や三角分布がある．回転楕円体分布は多くの植生に適合することがわかっているが，ベータ分布が優れている場合もある（たとえば，図3.21に示す植生の例や，葉面角度が45°付近に分布する斜行した植生）．

一般的に，葉の方位角と仰角はそれぞれ独立に変化し，方位角の向きはランダムであると仮定される．後者の仮定は，普通は大きな誤差を生じさせないと考えられるが，環境ストレスに対して葉面角度が敏感に反応する場合，とくに水分欠乏と葉のしおれを引き起こすような場合には重要になる．ヒマワリとマメ類のような重要な農作物を含む多くの植物種では，葉の動きは太陽の動きと関連している．これらの種は向日性の動きを示し，土壌水分の不足に応じて変化する（Ehleringer & Forseth, 1980, Oosterhuis et al., 1985）．水が十分にあると，太陽光線と葉面が直角になるように葉が太陽を追いかける（直角向日性：diaheliotropic）が，水が不足してくると，吸収する放射エネルギーを最小限にするために葉は光線に平行な向きになる（水平向日性：paraheliotropic）．したがって，向日性の葉群では，完全な群落の放射伝達モデルには LAD の情報だけではなく，葉の方位角分布や向きについての情報も必要となる．

表3.4と図3.22に，葉のさまざまな角度分布に対する，入射光線の角度に応じた消散係数 k の値を示す．

BOX 3.1に，ある累積葉面積指数の群落下の放射照度の割合，遮られた放射照度の割合，日向葉の葉面積指数などを計算する式を示す．

BOX 3.1　群落内の放射の透過と葉面積指数の関係

消散係数 k から群落の放射特性を計算するための有用な公式をまとめる．消散係数 k は，さまざまな葉の角度分布に対応する入射光線の天頂角 θ の関数として表3.4に示したように表せる．

$$\text{葉面積 } L \text{ より下の放射照度の割合} = e^{-kL}$$
$$\text{深さ } L \text{ における日向葉の割合} = e^{-kL}$$
$$\text{遮断される放射の割合} = (1 - e^{-kL})$$
$$\text{日向葉の葉面積指数} = (1 - e^{-kL})/k$$

3.1 光学的領域　69

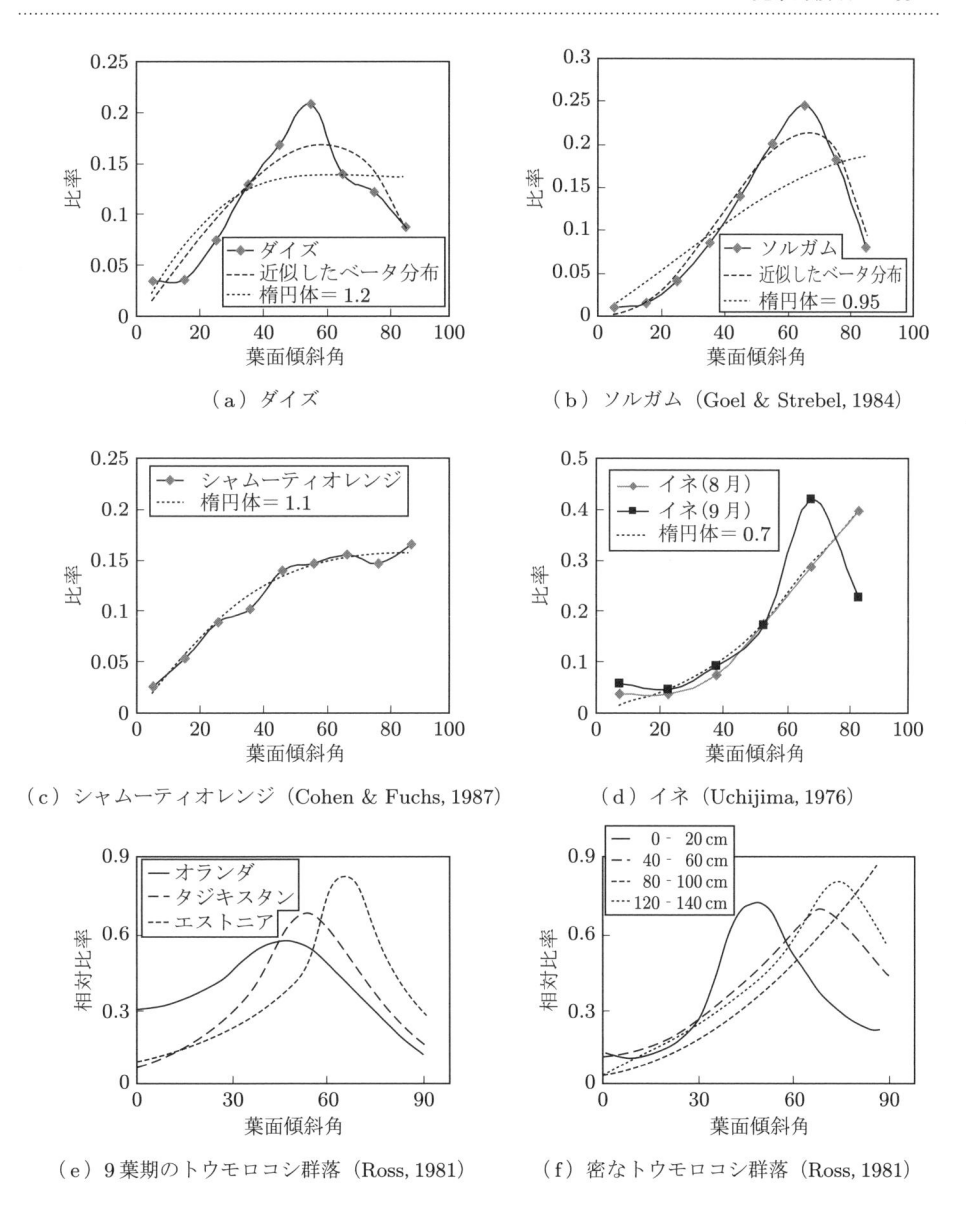

(a) ダイズ

(b) ソルガム (Goel & Strebel, 1984)

(c) シャムーティオレンジ (Cohen & Fuchs, 1987)

(d) イネ (Uchijima, 1976)

(e) 9葉期のトウモロコシ群落 (Ross, 1981)

(f) 密なトウモロコシ群落 (Ross, 1981)

図 3.21 観測による葉の角度分布と群落ごとの違い．Campbell の楕円体と2つのパラメタをもつベータ分布で近似した分布関数も同時に示す．Campbell の葉の分布関数は Campbell, 1990 の式を用いて計算した．

表 3.4 一般的に用いられる葉の角度分布における消散係数 k の入射光線の仰角 β や天頂角 θ に対する依存性（Jones, 1992 より）．これらの関係はすべて形状係数（半球面積に対する影の面積の割合．本文中でも球状分布について概要を述べた）をもとにして得られる．

葉の角度分布	β または θ の関数としての消散係数 k
水平	$k = 1$
垂直	$k = \dfrac{2 \cot \beta}{\pi} = \dfrac{2}{\pi \tan \beta} = \dfrac{2 \tan \theta}{\pi}$
球（＝ランダム）	$k = \dfrac{1}{2 \sin \beta} = \dfrac{1}{2 \cos \theta}$
楕円体 [#]	$k = \dfrac{(x^2 + \cot^2 \beta)^{1/2}}{Ax} = \dfrac{(x^2 + \tan^2 \theta)^{1/2}}{Ax}$
直角向日性	$k = \dfrac{1}{\sin \beta} = \dfrac{1}{\cos \theta}$

[#] ここで，x は楕円体の水平半径と垂直半径の比であり，$A \approx ((x + 1.774\,x^2 + 1.182)^{-0.733})/x$ である（注：x の値が 1 より大きくなることは，より水平な葉が多い角度分布になることに対応する）．

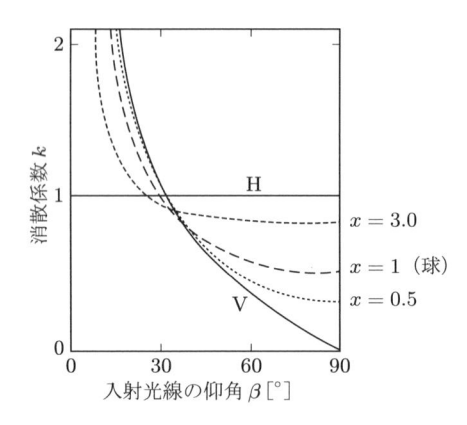

図 3.22 異なる Campbell 楕円体パラメタ x における，入射光線の仰角 β の変化による消散係数 k の変化．水平（H）と垂直（V）な葉の角度分布も示す（Jones, 1992 より）．

3.1.4　葉面角度分布の測定

さまざまな理論的な葉面角度分布の関数は，実際の葉面角度分布の近似にすぎない．葉面角度分布は，群落の放射伝達モデルに組み込む重要なパラメタであるが，その実際の測定はかなりたいへんな作業である．そのため，放射伝達モデルの逆計算によって葉の角度分布を推定するのが一般的であるが（8章参照），その場合においても，実測値によって推定値が検証できることが不可欠である．もっとも簡単で直接的な方法は，傾斜計（inclinometer）を群落内の各々の葉に添わせて角度を記録することであるが，この方法は測定に非常に時間がかかり，トウモロコシのように強く湾曲した葉では不正確である．そのため，測定精度を向上させ，記録を簡単にするため，さまざまな機器類が開発されている．このような測定に適した初期の例として，4つの部分がつながった腕の先端を使って各々の葉の位置を指す方法が提案されている（Lang, 1973）．先端部の空間的な絶対位置は，簡単な幾何学により各結合部の角度から得られる（電気的に電位差計で測定される）．それぞれの葉あるいは葉の一部分の向きは，それぞれの葉を表す三角形の頂点を決めることによって得られる．他のセンサとしては，センサの位置と向きを決めるために音響伝播や磁場内の誘導電流を用いるものがある．後者の方法（Sinoquet et al., 1998）はとくに頑健であり，どの位置の葉でも記録できる．葉面角度分布はステレオ写真からも推定できる．

厳密には，葉面角度分布は，上半球での葉の法線分布の確率密度として定義される．したがって，水平な葉では法線の天頂角がゼロとなる．ここでは，葉の解剖学的な向きに関係なく，上半球に関係のある法線のみを考える（草本類などの多くの植物の葉では，しばしば解剖学的に下側の面が上を向いている）．

図3.21には，さまざまな群落で測定された葉面角度分布の代表的ないくつかの例を，理論的な近似分布と共に示した．分布の形状は種ごとに特徴的であるが，トウモロコシとイネの例が示すように，成長段階や群落内の位置によって形状の細部が変化する．

■ 3.2 熱赤外域

ある表面から実際に**射出**されている熱放射はその表面温度に依存し，射出率はステファン‐ボルツマンの式（式(2.4)）に従うが，表面から出ていく総放射には，周囲から射出され表面で**反射**した熱放射もある程度含まれる．さらに，すでに見てきたように，介在する大気による吸収，射出，散乱は，センサに届く放射輝度をさらに変化させる．一般に，大気による影響は地上や室内での研究では無視できるが，航空機や衛星センサを使った研究では無視できない．これらの3つの放射の流れを図3.23に示す．それぞれの成分を足し合わせることで，次式のようにセンサが受け取る放射を表せる．

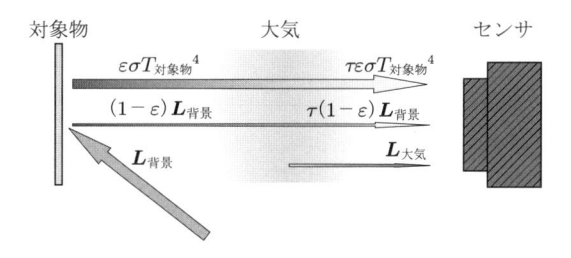

図3.23 センサが受ける全長波放射．対象物が射出する放射，対象物が反射する放射（介在する大気中を透過することによって変化する），大気が射出する放射の和である．

$$L = \tau[\varepsilon\sigma \times T_{対象物}{}^4 + (1-\varepsilon)L_{背景}] + L_{大気} \qquad (3.8)$$

ここで，大気の透過率 τ は，対象とする表面からのどちらの放射も変化させる．近接センシングでは大気の効果は無視でき，次式のように簡略化できる．

$$L = \varepsilon\sigma \times T_{対象物}{}^4 + (1-\varepsilon)L_{背景} \qquad (3.9)$$

熱放射は，通常は対象物の表面から射出されるが，水体では 100 μm くらいの深さまでの体積から射出される (Robinson, 2003)．このため，水の表面温度は，蒸発冷却と熱赤外放射の損失により，水体よりも 0.1～0.2 ℃からそれ以上の幅で低くなるので，放射温度は全体の水温よりも低めに見積もられる．この**表皮効果** (skin effect) は波によって乱されるものの，温度差は数秒の間で元に戻る (Robinson, 2003)．

表面の射出率の誤差によって引き起こされる表面温度の誤差は，射出率と同様に背景温度に依存する．式(2.4)に代入すると，大気吸収を考えない場合の 1 % の射出率の誤差によって，300 K では推定温度に約 0.75 K の誤差が生じる．ただし，図 3.23 で示したように，この単純な計算は反射される背景放射の効果を無視している．晴天条件では，空から入射する放射は実際の気温より 20 K 程度低い状況と同等であり (2.7.2 項を参照)，誤差は約 0.2 K/% まで減る．

射出された熱放射は高い異方性を示す傾向があり，温度の高い土壌がセンサの視野に入る割合が変化する結果として，多くの農作物や針葉樹林でおよそ 4 K という値から，ヒマワリ群落で 9.3 K，大きい場合は 13 K という幅で，観測方位角によって見かけの温度が変化する (Kimes et al., 1980, Lagouarde et al., 1995, McGuire et al., 1989, Paw & Meyers, 1989)．そのため，各観測角で記録された見かけの温度は，表面の構成要素の温度に異なる重みをつけている．TIR のリモートセンシングによる表面温度は，センサから実際に見えている表面の平均温度を示しているにすぎないが，地表面と大気のエネルギー交換は見えない表面，たとえば群落の低いところにある葉の温度にも依存している (この効果の詳細は 9.2.2 項参照)．そのため，Otterman et al., 1995 が，天頂から 50°の角度における観測値を使うことで，半球放射を数パーセントの範囲内で推定できることを提案しているものの，群落から全半球に射出される熱放射の総量を普通のリモートセンシングによって直接推定することは難しい．

■ 3.2.1 群落構成要素の射出率

検出器が受ける熱放射によって表面温度を精度良く決定するためには，射出率を正確に見積もることがきわめて重要である．射出率はさまざまな方法で測定できる．研究室内で分光射出率を測定する場合には，積分球内の平らな面の分光反射率を熱赤外分光計によって測定することがよく行われる (図 3.4 (b) 参照)．反射率は，キルヒホッフの法則 $\varepsilon_\lambda = (1-\rho_\lambda)$ によって，方向性 - 半球性射出率に変換できる．しかし，野外においてあらゆる表面の広波長域射出率を熱センサによって推定するもっとも簡単な方法は，背景放射と

一緒に対象表面の温度を，たとえば熱電対を使って正確に測定し，それらを式(3.9)に代入して ε を得ることである．背景放射を正確に測定することは難しいので，試料は高い反射率の箱（ε は 0 に近い）の中に隔離するのが一般的である．Rubio et al., 2003 は，この方法をより詳細に説明している．多くの赤外放射温度計や熱赤外カメラは，たいてい大気吸収のある波長帯を避けるために特定の波長帯に高い感度をもつことが多く，放射源が射出するすべての熱放射を検出するわけではない[12]．そのため，一般にこれらの機器は較正が必要であり，たいていの場合，温度が既知である内部基準表面を使って行う．

たいていの表面では，射出率は波長に若干依存する（Sutherland, 1986）．Norman et al., 1995 は表面構造が射出率に与える影響を調べた．植物群落の研究に関連した表面の広波長域射出率の典型的な値のいくつかを，表 3.5（3〜5 μm と 8〜14 μm）と図 3.24 に示

表 3.5 リモートセンシングに関連するさまざまな物質が示す，広帯域の方向性−半球性の射出率（とくに記述がない限り，すべての値は 8〜14 μm のもの．図 3.24，3.25 も参照）

物質	ε (8〜14 μm)	ε (3〜5 μm)	文献・注釈
34 の葉試料	0.975 (0.949〜0.995)		1
3 の作物群落	0.966〜0.974		2
5 の葉試料	0.964 (0.956〜0.981)	0.959 (0.925〜0.984)	3
さまざまな植物試料	0.984〜0.991	0.985〜0.989	4
26 の異なる葉試料	0.979 (0.971〜0.994)		5, 群落空間配置を模倣することが目的
砂	0.888〜0.914	0.823〜0.937	1, 3, 6
さまざまな土壌	0.947〜0.966	0.924	1, 2, 3, 6
12 の異なる土壌	0.959 (0.929〜0.979)		5
水	0.984	0.973	4
粉雪	0.994	0.989	4
	ε^a (10.8〜11.3 μm)	ε^b (11.8〜12.3 μm)	
常緑針葉樹林	0.989 (0.975〜0.992)	0.991 (0.978〜0.994)	7, 平均値
緑色の広葉樹林	0.987 (0.975〜0.995)	0.990 (0.978〜0.995)	さまざまな地域
緑色の草原サバンナ	0.987 (0.974〜0.994)	0.991 (0.977〜0.996)	群落
老化した疎な灌木	0.970 (0.924〜0.987)	0.975 (0.932〜0.993)	
乾燥地帯の裸地土壌	0.966 (0.925〜0.983)	0.972 (0.934〜0.990)	

[a] MODIS バンド 31.　[b] MODIS バンド 32.

文献 1：Idso et al., 1969. 2：Sobrino et al., 2004. 3：MODIS UCSB emissivity library (http://www.icess.ucsb.edu/modis/EMIS/html/em.html). 4：ASTER spectral library (http://speclib.jpl.nasa.gov/). 5：Rubio et al., 2003. 6：Sutherland, 1986. 7：Snyder et al., 1998.

---

[12] 多くの放射温度計は，波長選択のできないボロメータ検出器に基づいている．走査装置（スキャナ）での波長選択は，反射回折格子を用いてスペクトルの適切な位置にセンサを配置することで実現している．

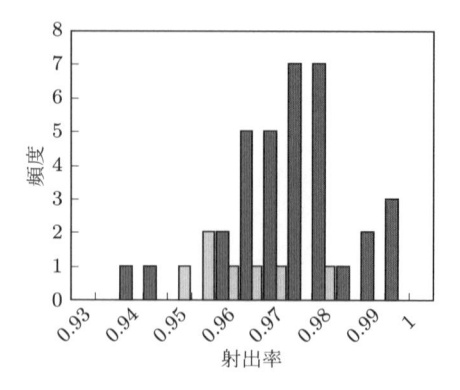

図 3.24 個葉における熱赤外広帯域射出率（8～14 μm）の各観測値の頻度．暗色の棒は 34 種の植物（Idso et al., 1969 による），淡色の棒は 7 種の植物（Ribeiro da Luz & Crowley, 2007 による）．

す．カエデの仲間（*Acer rubrum*）の葉の表側表面は，でこぼこのワックスに覆われている裏側表面よりも滑らかであり，射出率は表側のほうが少なくとも 0.02 大きい（Ribeiro da Luz & Crowley, 2007）ことなどを考えると，植物種による違いは，表面の化学組成や微小構造の違いの両方を反映しているだろう．いくつかの異なる表面における射出率スペクトルの例を図 3.25 に示す．図は，少なくとも個葉レベルでは，ε のスペクトル変化が種間で明らかに異なっていることを示している．これらの違いは，キシランやセルロースなどの細胞壁成分と関係している可能性がある．

裸地土壌の射出率は大きく変化し，典型的な値としてドロマイト（白雲石）で 0.958，花崗岩で 0.815，砂で 0.6 と報告されている（Bramson, 1968, Sabins, 1997）．NASA の射出率マップによれば，荒れ地の射出率は波長の関数として表され，0.84（8 μm < λ < 9 μm）から 0.92（λ > 16 μm）の間の値である（Gupta et al., 1999）．土壌や葉表面の射出率は，その他の要因に加えて，含水率の関数として表される（Bramson, 1968, Lagouarde et al., 1995, Salisbury & Milton, 1988, Sutherland, 1986）．

■ 3.2.2 群落の射出率

一般に，作物群落，あるいは実際にはどのような粗い表面の射出率も，滑らかな物質の射出率よりも大きくなる．その理由は，粗い/複雑な表面が射出する放射には，群落内部表面からの 2 回反射の成分が多く含まれていることから容易に理解できる．群落が深くなるほど，群落内部から生じる散乱放射は増加する．そのため，表面から射出される全放射 $\bm{L}$ は

$$\bm{L} = \varepsilon\sigma(T_{\text{leaf}})^4 + (1-\varepsilon)\sigma(T_{\text{leaf}})^4 = \sigma(T_{\text{leaf}})^4 \tag{3.10}^\dagger$$

となる傾向があり，ε の値は 1 に近づく．結果として，群落を構成する個葉の射出率が 0.93

---

† （訳注）$(1-\varepsilon)\sigma(T_{\text{leaf}})^4$ は無限等比級数の和（多重反射の項）．

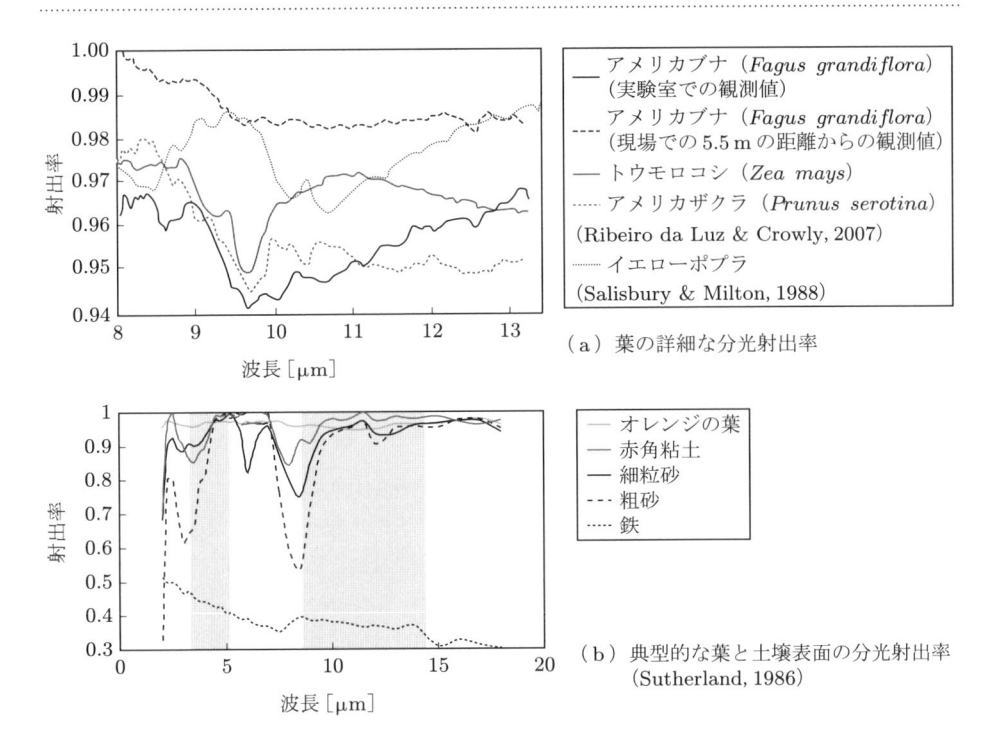

図 3.25 分光射出率の例．(b) 影付きのバンドは，「短波」や「長波」の熱画像化装置に用いられる一般的な波長帯である．反射された日射の影響により，日中の野外での観測は，通常長い波長帯に制限される．

程度と低くても，ほとんどの密な植物群落の有効射出率は 0.98 から 0.99 の間の値であることが多く，とくに針葉樹群落で高い値になる．それにもかかわらず，とくに下の土壌が露出しているような植被が薄い群落などでは，射出率が 0.94 程度まで低くなることがある．この効果は図 3.26 によく描かれており，近距離での射出率は 0.95 前後でほぼ個葉並の値を示しているが，視野内の群落面積や複雑さが増すにつれて射出率の値は急激に増加し，木々の射出率を測定する際の観測距離の増加効果を示している．この応答の感度は，群落構造に依存する．

性質のわかっている表面については，研究室で得られた特定の表面の射出率についての推定値が利用できる（たとえば，表 3.5 の値や，ASTER や MODIS の射出率ライブラリの値など）．しかし実際には，これらの情報を適用するには以下のような困難がある．

(i) 寸法効果（scale effect）と，群落と個葉での特性に違いがある．すでに説明したように個葉と群落の構造的な違いが射出率の観測値に影響を与えるが，さらに現場の較正データの多くはせいぜい数 m^2 の小さな範囲のみから取得されており，それに起因する潜在的な寸法効果もある．

(ii) 視野内の表面が，異なる温度や射出率の表面，たとえば土壌と葉の集合として

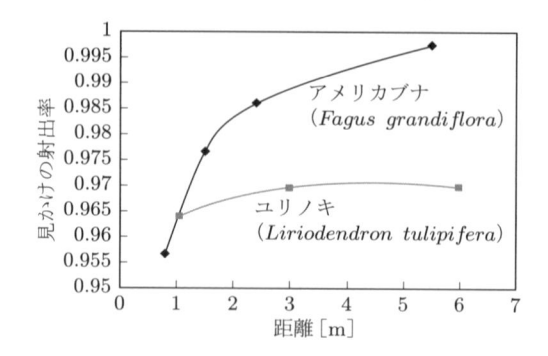

図 3.26 離れたところから群落を測定する際の，見かけの広帯域射出率（8～14 μm）の変化（Ribeiro da Luz & Crowley, 2007 による）．

構成される場合に生じる誤差がある．たとえそれぞれの射出率が1に近いとしても，集合体が射出する熱放射の波長分布は，黒体のものとは正確には対応しない．土壌と群落の間の温度差が10 K よりも大きいと，放射による表面温度の推定に1 K 程度の誤差が生じる（Norman et al., 1995a）．
（iii） リモートセンシング画像から表面組成を識別することは難しい（そのため，適切な ε の特定が難しい）．
（iv） 観測角の変化によって視野内の土壌や植生の比率が変わるために生じる放射域の角度変化の影響に加えて，均質な表面の射出率も角度によって変化する．

衛星データからの ε の推定方法については，6.2.3項で，「スプリットウィンドウ（split-window：大気の窓分割）」アルゴリズムの利用，あるいは ε と分光指数や，得られた生物物理量との関係に基づいた手法などを含めて論じ，表面の違いや観測角によって射出率がどのように変化するかをさらに考察する．

3.3 マイクロ波領域

2章ではマイクロ波放射の物理的特性とその大気中の伝達を概観し，5章ではマイクロ波を地表面特性に関する情報を得るために利用するための技術を扱う．ここでは，マイクロ波放射と，とくに土壌や植生の自然表面との相互作用や，それらがどのように研究に使われているかについてより詳細に検討する．ある表面が射出するマイクロ波は，主にその表面温度と，表面の構造や含水率の関数である射出率（2.5節参照）に依存している．たとえば，受動型マイクロ波リモートセンシングでは，熱赤外域よりも透過性の高い波長帯において，植生群落の温度を効果的に測定する．一方，能動型マイクロ波リモートセンシングでは，人工的に合成したマイクロ波信号が，散乱されて検出器に向かって戻ってくる．この散乱は，主に表面の組成だけではなく，表面の誘電率や波の偏波の影響を受ける．その場合，群落構造が非常に重要な役割を果たす．光学的領域での検出のように，放射の相

互作用にはさまざまな異なるスケールが含まれているため複雑であるが，マイクロ波の散乱は葉の化学組成や色素には影響を受けず，主に物理的な構造や含水量の影響を受けやすいということが重要である．

3.3.1 マイクロ波の射出率

マイクロ波域で射出率を決定する原理は，他の波長域のものと同じである．たとえば，射出率は表面の粗さとともに増加する．射出率は波長に強く依存するので，一桁以上変化する広い波長帯にわたって観測するマイクロ波リモートセンシングでは，そのことを考慮することがとくに重要である．マイクロ波の観測は天頂方向（法線方向）から大きく離れた角度で行うことが多いので（5 章参照），波の偏波に依存する射出率の角度変化も考慮しなくてはならない．

誘電率 ϵ は，物質の射出率のとくに重要な決定要因であり，水は土壌鉱物の誘電率（3 〜 4 程度）よりもかなり高い誘電率を示し，地上付近の温度で低周波数の場合 80 程度（ただし，300 GHz では 6 程度まで下がる）なので，表面の誘電率は含水量に強く依存する．物質の誘電率，入射角，周波数，偏波の間には強い相互作用があり，それらを一般化することが難しい．反射係数は，式(3.11)と式(3.12)に含まれるフレネル係数[†]（Fresnel coefficient）から得られる．そのため，射出率はキルヒホッフの法則から次式のように表すことができる．

$$\varepsilon_V = 1 - \left| \frac{\epsilon \cos\theta - \sqrt{\epsilon - \sin^2\theta}}{\epsilon \cos\theta + \sqrt{\epsilon - \sin^2\theta}} \right|^2 \tag{3.11}$$

$$\varepsilon_H = 1 - \left| \frac{\cos\theta - \sqrt{\epsilon - \sin^2\theta}}{\cos\theta + \sqrt{\epsilon - \sin^2\theta}} \right|^2 \tag{3.12}$$

ここで，ε_V, ε_H はそれぞれ垂直偏波，水平偏波での射出率，θ は入射天頂角，ϵ は比誘電率である．図 3.27 に射出率の天頂角と偏波に対する依存関係の例を示す．垂直偏波か水平偏波かによって，そのふるまいは大きく変わる．垂直偏波のマイクロ波では，誘電率に依存したある入射角（$\epsilon = 8$ の場合は，入射角 70°）において，非常に強い射出率のピークが見られる（吸収率が高いことに対応）．

たいていの自然表面の射出率は，リモートセンシングで用いられている波長範囲では，波長によって大きく変化するということはないが，表面の粗さと水分量の影響が組み合わさると，波長によって散乱や放射される信号に大きな違いが生じる．マイクロ波域における射出率の波長依存性の典型例を図 3.28 に示す．

□ マイクロ波の射出率の測定

マイクロ波の射出率を測定するための唯一の実用的な方法は，接触式温度計を放射計と

[†] （訳注）フレネル係数は，式中の右辺第 2 項のことである．電磁気学のマクスウェル方程式から理論的に導くことができる．

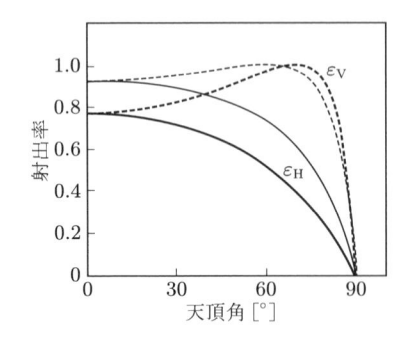

図 3.27 天頂角に対する，垂直偏波（V：破線）と水平偏波（H：実線）の射出率の依存性．誘電率が 3（鉱質土壌が取りうる範囲内：細い線）および誘電率が 8（植物取りうる範囲内：太い線）の表面について，フレネルの式（式(3.11)，(3.12)）から計算した．

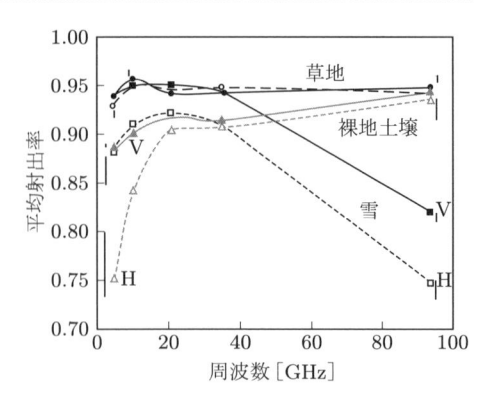

図 3.28 裸地土壌，草地，粉雪における，入射角 50°で観測された垂直偏波（V：実線）と水平偏波（H：破線）の射出率の周波数に対する依存性．複数回の観測の標準偏差（右端）も示す（Mätzler, 1994 と Weng et al., 2001 による）．

一緒に使うことである．この方法は，研究室や現場で，個葉・植物個体・小群落が対象の制御された実験系で用いられる．しかし，このような観測を実際の現場の測定に拡大することは非常に困難である．受動型リモートセンシングで使うような大面積を対象にするには，放射伝達モデル（たとえば，Weng et al., 2001）を利用したり，別の方法で推定された表面温度（たとえば，MODIS の熱バンド）に基づいて射出率を推定したりする．

■ 3.3.2 マイクロ波の後方散乱

能動型リモートセンシングでは，通常，入射方向へのマイクロ波の後方散乱（反射）を測定することに関心がある．対象物からはね返されるマイクロ波信号の特性を決めるパラメタは，**後方散乱断面積**（backscattering cross-section）σ である[13]．これは，観測位置，誘電率，表面の粗さだけではなく，使用した波長の影響を受ける．後方散乱の信号には，**表面散乱**による成分に加えて，植生のようにマイクロ波の一部が群落に浸透して吸収や散乱することで異なる層を通過する材質では，**体積散乱**による成分が一緒に含まれている．とくに，天底（nadir）†近くからや，長波長で植生を観測するとき，マイクロ波の一部は下部の土壌まで浸透し，後方に散乱する前にそれらと相互作用する．すべての放射の各種成

---

[13] 厳密には，植生観測のように散乱体が個々の物体ではなく広がりをもつ対象物への実際的な適用では，**後方散乱係数 σ^0（規格化レーダ断面積**（normalized radar cross-section：*NRCS*））を用いるべきである．これは無次元数であり，対象物の特性であり，使用した測器や観測幾何の特性ではない．

† （訳注）天頂（zenith．観測者の真上）に対する反対語（観測者の真下）．リモートセンシング分野ではナディアとそのままカタカナ化されることが多いが，実際の発音はネイディアに近い．

分は，群落中を通って戻る際にさらに多くの相互作用を受ける．そのため，検出された信号は群落の含水量や構造についての多くの情報を含んでいる．

　表面散乱についてこれまでに学んだことによれば，鏡面前方散乱が支配的な滑らかな表面からの後方散乱信号は，荒い表面からのものよりもかなり小さいことが予想される．後方散乱が強い表面の極端な例として，ある面がもうひとつの他の面に対して互いに垂直に組み合わさっているものがある．このような表面はたとえば都市域の高層建築などに見られ，入射方向にかかわらず，放射は入射方向へ強く反射される．これは，コーナーリフレクタ（corner reflector）として知られている．

　Xバンドレーダにおけるさまざまな表面の後方散乱係数の入射角依存性についての例を，図3.29に示す．多くのマイクロ波センシングの応用においては，入射信号と検出信号の間で数桁以上の非常に大きな減衰が生じるので，減衰量は**デシベル**［dB］で表すのが一般的である．係数 x（＝検出された出力/放出源の出力）が示す減少は，$10 \log_{10}(x)$ ［dB］である．図は，「滑らかな」コンクリート表面と比較して，コーナー散乱体が多数ある都市域で後方散乱が多いことを示している．体積散乱成分を多く含む植生からの後方散乱はその中間に位置している．鏡面散乱が主な散乱成分を占める場所と比較して，体積散乱が多い場所では後方散乱は入射角にあまり依存しない．

☐ 土　壌

　土壌は，緩く結合した固形粒子，水，空気からなる．一般的に，土壌が湿るにつれて散乱量は増える．また，たいていの場合，粒子の大きさは用いられる波長よりもずっと小さ

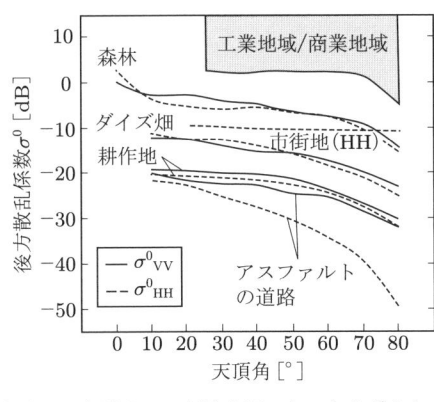

（a）VV偏波とHH偏波を用いた，さまざまな表面におけるXバンドの後方散乱係数 σ^0（平均値または中央値）の違い

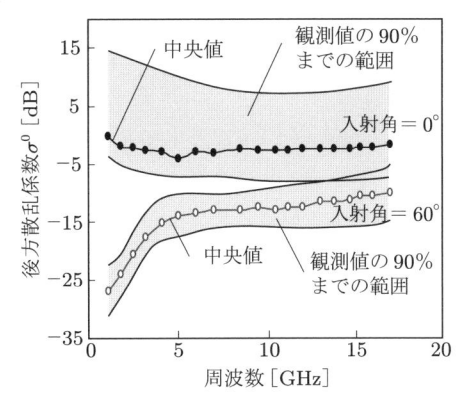

（b）入射角が0°または60°のときの，農作物の後方散乱係数 σ^0 の周波数依存性

図 3.29　（a）VV偏波（入射する放射と検出される放射がどちらもV偏波）とHH偏波（入射する放射と検出される放射がどちらもH偏波）を用いた，さまざまな表面におけるXバンドの後方散乱係数 σ^0（Long, 1983, Ulaby et al., 1982 による）．（b）実線は中央値のデータを示しており，影付きの部分は観測値の90%までの範囲を示している（Ulaby et al., 1982 による）．

いため，散乱は微細構造によるものではなく，試料全体としての誘電特性による作用である．さらに複雑な問題は，水分子の中には粒子の表面と結合して回転の自由度が妨げられているものがあるが，残りの水分子は励起された回転状態にあり，放射の減衰に寄与することである．水の濃度が低いとき，ほとんどの分子は粒子と結合しており，電磁波は土壌中に浸透できる．濃度が高くなるにつれて，より多くの分子が自由になり，**浸透深さ**（penetration depth）が減少する．したがって，土壌は体積散乱体としてふるまう．水分量は，表面のきめや粗さに影響を与えるため，散乱はその影響も受ける．長い波長は土壌のより深くまで浸透し，短い波長は表面近くの層に対してより強く反応するが，平均の水分量よりも水分の深度分布のほうがより重要である．

土壌の誘電率は，土壌含水率によって大きく変化するため，後方散乱は土壌水分に依存しており，そのため，土壌水分変化の研究に利用できる可能性がある．しかし，土壌水分の情報を取得することは，後方散乱係数への表面粗さの影響によって複雑になっている．土壌水分の情報を取得するモデルで共通して用いられる表面粗さのパラメタは，表面高の標準偏差 s，使用する相関モデル，表面相関長 l である．農耕地では，粗さ（とくにパラメタ s）は，表面の耕耘（こううん）と関係があり，一方で l の値は入射角と偏波にも関係がある．土壌の粗さのパラメタを適切に推定することが難しいので，土壌水分をマイクロ波データから直接推定することは難しい．これは現在進行中の研究領域である．土壌水分の情報を取得するための経験的アルゴリズム（Wigneron et al., 2003 参照）の有用な較正，たとえば，植生の被覆影響については，地上のマイクロ波放射計を使って行える（Laymon et al., 1999）．衛星からの受動型リモートセンシングによる土壌水分測定は，利用可能な空間分解能が低いために制限されている（たとえば，Aqua 衛星搭載の Advance Microwave Scanning Radiometer for EOS で十数 km）．

□ 植 生

植生群落は，さまざまな大きさ，形，向きの構成要素からなる複雑で不均一な空間を形成している．個々の散乱成分は，葉，茎，枝，幹による散乱に加えて，群落を突き抜けた放射の下部の土壌による散乱からなる．森林群落は通常とても密で複雑なため，平均的な挙動が仮定できるように，理想化された均一の物体をランダムに配置した空間としてモデル化することが多い（Woodhouse, 2006）．植物の構成要素の大きさと放射の波長の桁が同程度の場合，体積散乱はとくに強くなる．群落や葉による体積散乱は $\lambda \approx 2\sim6$ [cm] 程度の短い波長でより大きくなり，通常，土壌表面からの散乱よりも大きくなる．連続媒体は放射を吸収し射出するだけであるが，不連続で別々の要素からなる媒体はさらに放射を散乱させる．しかし，密生した群落のように，非常に小さい散乱体の数がとても多くなると，この対象物は連続媒体のようにふるまい，内部の散乱は吸収に比べて非常に小さくなって，散乱信号は群落頂部からのものと見なせるようになる．$\lambda \approx 10\sim30$ [cm] 程度の長い波長は群落内に非常によく浸透し，大きな枝や幹を検出するのに最適である（11 章参照）．観測角も信号に影響を与え，垂線方向となす角度が小さいほどよく浸透する（角度が大きいほど経路長が長くなる）．幹が地面と直角をなす場合，コーナー反射によって幹から

の反射が強くなり，幹に反射され，次に地面に反射され（またはその逆）というように，波は2回反射される．結果として，電波は入射方向に沿って強く後方に反射される．これらの長い波長のマイクロ波は，樹冠構造の体積に非常に敏感に反応し，後方散乱とバイオマス密度は正の相関を示す．植生の密集は偏波解消の効果ももつ．H/V のコントラストは裸地では高い値を示すが，植生量が増加すると減少する．

農業では作物が列に並んで生育しているので，列の向きも反射に大きく影響し，観測方向が列に沿う方向よりも，列に面する方向のほうが，散乱は強くなる．Lバンドでは，テンサイやヒマワリなど広葉の作物のバイオマスとそれに付随する植物の含水量や葉面積指数が増加するにつれて σ^0 が大きくなるが，コムギやアルファルファなど細葉の作物ではほぼ一定の値を維持する．葉の形や向きの違いも，偏波コントラストに影響を与える．大きな平たい葉をもつバレイショや類似した植物の H/V コントラストは，コムギの長い垂直な茎に比べて低い．2から3の異なる偏波を使ったカラー合成表示を行うと（6.3.3項参照），作物ごとに独特の色が現れ，ある種の分類ができる．同様に，異なる波長を用いたレーダ画像のカラー合成によっても，異なる植生タイプが認識できる．

□ 水－雲モデル

植生群落はランダムに配向した散乱体の集まりで構成されていると考えられるため，**水－雲モデル**（water－cloud model：もともとは，気象学者が大気中の水滴による散乱のために開発したもの）が植生群落のマイクロ波応答のモデル化のために改変されている．水－雲モデルは，群落全体が後方散乱する出力を，植生成分と下層土壌成分の（相互干渉のない）インコヒーレントな合計として表す．表層の上に構成される低い透過率 τ_V の疎な体積散乱層（植物群落）について考えると，3つの後方散乱信号の成分が考えられる．表面から散乱された信号 σ^0_s は，放射が群落を2回通過するため，二乗された係数 τ_V^2 によって修正される．第2の成分は，群落自身によって散乱された信号 σ^0_V である．第3の成分は，体積散乱された波の一部が下向きへ進み，表面によって散乱された信号である．このモデルでは，通常この「前方散乱」の成分を無視する．すべての成分は波の入射角 θ に依存し，これはレーダ観測において重要な事項である．したがって，NRCS は，以下の式で表される．

$$\begin{aligned}\sigma^0_{\text{canopy}}(\theta) &= （減衰を受けた表面の散乱成分）+（体積散乱による直接的な成分）\\ &= \sigma^0_s(\theta)\tau_V^2(\theta) + \sigma^0_V \\ &= \sigma^0_s(\theta)\tau_V^2(\theta) + AW\cos\theta(1-\tau_V^2(\theta))\end{aligned} \quad (3.13)$$

ここで，$\tau_V^2 = \exp(-2BW/\cos\theta)$，$W$ は体積含水率，A と B は定数である．

水－雲モデルは，必要な場合にはそれぞれの偏波について別々のモデルを作ることができるものの，明示的には偏波の影響を含まない．

■ 3.3.3 植生のリモートセンシングにおけるマイクロ波の利点

ここまでで示したように，異なる周波数と異なる偏波において，マイクロ波リモートセ

ンシングから得られる地表面特性に関するさまざまな情報が，従来の光学的領域や熱領域のリモートセンシングによって得られる情報を，きわめてよく補完することは明らかである．マイクロ波リモートセンシングの重要な特徴には次のようなものがある．

（ⅰ）マイクロ波は群落や土壌にある程度浸透するので，可視光では得られない対象となる系の体積に関する情報を提供できる．

（ⅱ）マイクロ波は水分含量に強い感受性があり，そのため水分状態の指標となる．

（ⅲ）マイクロ波による観測は雲で覆われていても夜間であっても続けることができる（光学的観測はそのような状況では行えない）．

さらに，マイクロ波の多方向観測は土壌や植生の研究の有力な手段となり，浅い観測角度は通常の写真とは異なる有用な視点を提供する．いくつかの周波数の同時利用も有用である．

■ 3.4 他のタイプの放射

他のタイプの放射についても簡単に触れておく．テラヘルツ波と同様に，高いエネルギーをもつ β 線（Jones, 1973）や γ 線は，どちらも植物の葉や茎を透過するときの減衰や誘電率の変化から，水分量を非破壊に近接測定することに用いられる．テラヘルツ波は，水には強く吸収されるが非分極性の葉の有機物質には強く吸収されない点，マイクロ波よりも波長が短いため高分解能が得られる点，放射能源への放射線防護対策を必要としない点から，とくに有望である（Jördens et al., 2009）．

❓ 例 題

3.1 1枚の葉が，空，周囲の葉，土壌などから受ける長波放射が平均環境温度10℃と同等で，実際の葉温が20℃（射出率は0.95）であるとした場合，（a）反射放射を無視した場合と，（b）推定される射出率の値に1％の誤差がある場合で，赤外線温度計を用いたときに推定される葉温に対する影響を計算せよ．

3.2 新雪の射出率を0.8，北方林の射出率を0.98とした場合，-5℃の降雪に被われた0℃の森林から射出される放射輝度の変化率を推定せよ．この計算では，なぜ射出された放射の変化率を過剰に推定してしまう可能性があるのか．もし，雪に覆われた森林の本当の ε が0.95であるなら，ε が0.98であると仮定した場合に計算される表面温度の誤差を推定せよ．

3.3 太陽天頂角20°における（a）葉面積指数1.2の水平な葉の群落，（b）LAI が2.6の垂直な葉の群落，（c）LAI が2.6のランダムな方向を向いた葉の群落によって遮断される入射放射の割合を計算せよ．それぞれの場合について，日向にある葉の葉面積指数はどれくらいか．

3.4 楕円体状の葉の角度分布（$x = 0.5$），葉面積指数2.5の群落における，太陽天頂角が0°，30°，60°の場合の放射の透過率を計算せよ．

■ 推 薦 書

　植物葉や植生の光学特性について，例を交えた古典的な教科書に Gates, 1980 がある．葉や群落の放射特性についての非常に明確な記述は Monteith & Unsworth, 2008 と Campbell & Norman, 1998（生物環境物理学の基礎 第 2 版（久米篤 ほか 共訳）2003（森北出版））にある．さまざまな物質についての大規模な分光特性データベースは後の Web サイトリストに含まれている．マイクロ波についてとくに読みやすい教本は，Woodhouse, 2006 があり，Rees, 2001 はより有益な情報をまとめている．

● Web サイトの紹介

　詳細で優れた分光反射率のデータセットが以下の Web サイトから利用可能である．
ASTER スペクトルライブラリ ver. 2（広範囲な自然表面の反射率データ）（Bladridge et al., 2009）
　http://speclib.jpl.nasa.gov/
USGS ディジタルスペクトルライブラリ splib06a（広範囲の土壌，植生，岩石，鉱物の反射率）（Clark et al., 2007）
　http://speclab.cr.usgs.gov/spectral.lib06
LOPEX93 experiment（葉の光学特性実験 93）
　http://ies.jrc.ec.europa.eu/index.php?page=data-portals
DAAC ORNL（OTTER と ACCP を含めて有用なスペクトルデータベースに接続できる—the Accelerated Canopy Chemistry Program）
　http://daac.ornl.gov/holdings.html
MODIS UCSB 射出率ライブラリ
　http://www.icess.ucsb.edu/modis/EMIS/html/em.html

4 植物の群落と機能

■ 4.1 はじめに

　本章では，リモートセンシングによって理解が深まると期待される植物機能の重要な側面を紹介する．植物や植生と大気環境が相互作用している主要な非放射過程に重点をおき，光合成による大気中の二酸化炭素（CO_2）の吸収や蒸発による水損失のような物質輸送，熱輸送，運動量輸送の過程などを扱う．残念ながら，これらの過程は概してリモートセンシングによっては直接的に検知できず推定されるだけなので，リモートセンシングの教科書で詳しく扱うことはめったにない．それでも，これらの交換量は植物や植生群落の機能を理解するうえで重要であり，リモートセンシングによる情報を，農作物や自然植生の診断や管理，そして気候変動における植生の役割に関する研究のために解釈して利用するためには，これら非放射過程の調節過程に関する知識が必要である．

　本章では，植生における CO_2 交換量と水損失に関与する生理学的過程の基本原理を紹介し，CO_2，水蒸気，熱の交換に関与する植生やその他表面と大気との間の熱や物質の輸送についての基礎を概説する．関係する生理学的過程のさらなる詳細については，一般的な植物生理学の教科書（たとえば，Raven et al., 2005, Salisbury & Ross, 1995, Taiz & Zeiger, 2006）や環境植物生理学の教科書（たとえば，Fitter & Hay, 2001, Jones, 1992）が参考になるだろう．これらの物質やエネルギーフラックスの情報をリモートセンシングによって得る方法については9章で解説する．

■ 4.2 植物の構造と機能

　植物の世界の多様性は非常に大きいが，本書の主要な対象である陸上植物に限ればその構造には多くの共通性がある．植物の構造と機能は，生き残って生育するために必要な水，栄養素，光の獲得と，生育している特定の物理環境への適応によって主に規定されている．陸上植物は，必要とする二酸化炭素（CO_2）や酸素（O_2）を気体との接触を通じて取り込み，必要な栄養素と水を，通常，土壌あるいは根を張った場所から取り込む．しかし，陸上で生活するうえでの問題，すなわち，水中から陸上への生物の進化的移行において解決された重要な問題として，陸上の乾燥がある．光合成による CO_2 吸収に必要な自由気体の交換は，それに応じた蒸発による水の損失を伴い，結果として乾燥化と組織の維持に必要な水の損失を伴う．陸上植物は，陸上生活を行うために，光合成を行っている間に水を獲得し，それを維持できるように幅広く適応した．

　図4.1に示すように（図3.2も参照），典型的な植物は，程度の差はあっても大規模で

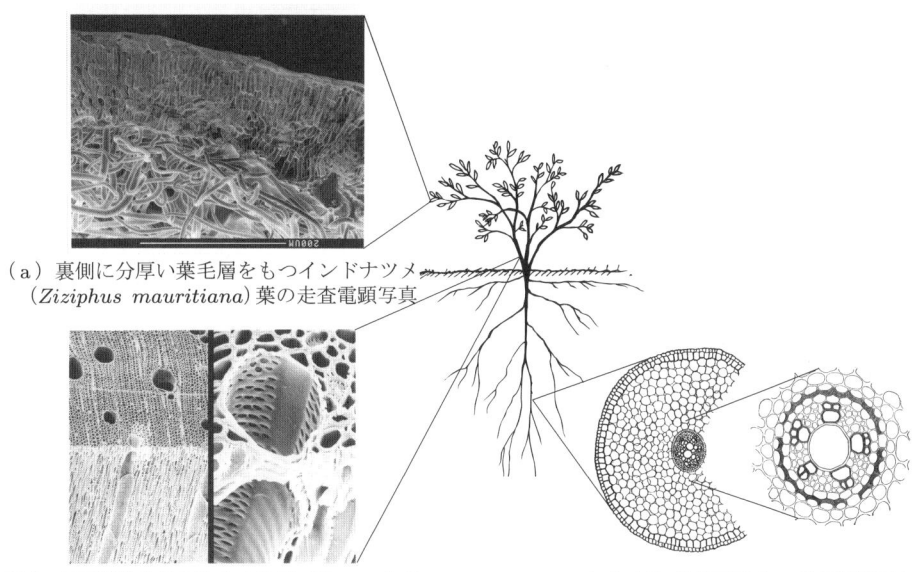

(a) 裏側に分厚い葉毛層をもつインドナツメ
(*Ziziphus mauritiana*) 葉の走査電顕写真

(b) 木部道管が見えるサクラ属（*Prunus*）の
木質化した茎の横断面の走査電顕写真

(c) 厚い外皮層をもつ根の横断面と
通導中心柱の模式図

図 4.1 高等植物の典型的な形態．広範囲に広がる根系，通導および支持を行う幹・枝構造，繁殖構造（花）を含む光合成葉からなる樹冠．

複雑な根系によって土壌から水と栄養塩を吸収し，それを維管束系が地上部の葉へ供給する．また，幹と枝の支持組織は，光合成に用いる太陽エネルギーの吸収が最適になるように，光合成組織を展開する．より湿った環境に生育する傾向のあるコケ植物のような「下等」な植物では，水を獲得する構造（コケでは単純な単細胞の仮根）と水損失を調節するための機構の発達程度は，「高等」植物よりも低い．水吸収を助ける根の発達と同様に，開閉してガス交換を調節する気孔や，水や気体の通過を妨げるクチクラの進化，そして細胞内の空隙の発達も非常に重要であった．植生としての乾燥耐性の進化も，とくに下等植物で適応に貢献した．これらの栄養器官の構造に加えて，とくに農業関係で重要視されるのは，花や果実のような繁殖器官である．これらは，一般に葉のような栄養器官とは見かけが異なり，たとえば，花は葉とはまったく異なる分光特性をもつため，遠隔から検出可能である．

■ 4.2.1 光合成と呼吸

植物の光合成による大気中の CO_2 の固定は，地球上の生命の土台となる過程であり，生態系のもっとも大切な機能である．合成される糖類は，すべての植物と最終的には動物や物質の構造的基礎となり，いっそう複雑な有機分子の合成のためのエネルギー源となる．ほとんどすべての生命体は，究極的には光合成の過程で閉じ込めた太陽エネルギーに依存

しているので，この過程は**一次生産**とよばれ，植物は**一次生産者**である．光合成ではCO_2の固定に加えてO_2を放出し，これが何十億年にもわたる好気的環境をもたらしている．過去の光合成活動によって蓄積された化石燃料の燃焼は，大気中のCO_2濃度上昇の重要な要因ではあるものの，光合成とその逆の**呼吸**過程によるCO_2の放出が，地球上の炭素収支の主要な決定要因である．大気中のCO_2は，地質年代にわたる火山性の放出や炭酸泉によって増加し，有機炭素の海底堆積とプレートの沈み込みによって減少する．

植物の光合成のほとんどは葉肉で起こる（図4.2．図3.2の異なるタイプの植物で見られる葉の構造も参照）．太陽からの入射放射は，葉緑体のチラコイド膜にある光吸収性の緑色色素，クロロフィルと他のいくつかの補助色素によって吸収される．この吸収された**光合成有効放射**（PAR，およそ400〜700 nm）は，葉緑体膜のクロロフィル分子の電子を励起する．この励起はアンテナ色素に集積され，光合成反応中心へ伝達される．光合成反応中心では，そのエネルギーによって葉緑体膜における電子伝達が引き起こされ，水を分解し，還元力（還元されたニコチンアミドアデニンジヌクレオチドリン酸，NADPH）と化学エネルギー（アデノシン三リン酸，ATP）を生成する．これらの高エネルギー分子は，大気CO_2を還元し，C3化合物（ホスホグリセリン酸，PGAとして知られるトリオースリン酸）を経て，糖の合成に利用される（図4.3）．光合成を要約した従来からの式[†]は，実際の光合成の過程が2つの弱く連携した過程を含んでいるので，少し誤解を招く．光合成有効放射の吸収とそれに続く電子伝達過程は慣習的に**光合成明反応**とよばれ，その結果生じるCO_2を固定し，糖を合成するためのATPと還元力を利用した生化学反応は**光合成暗**

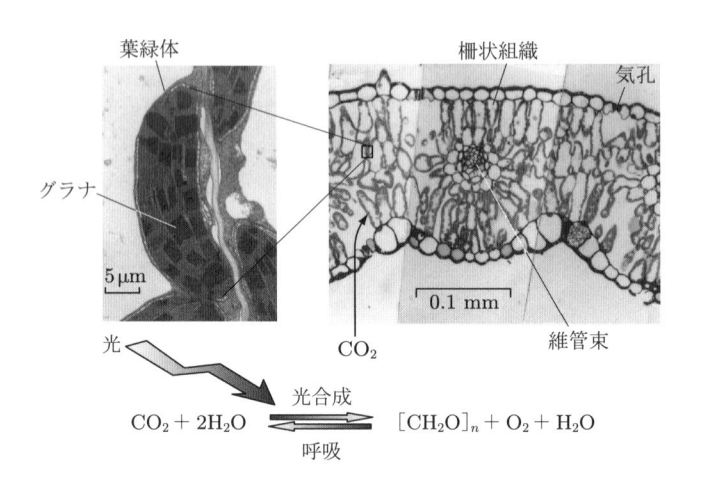

$$CO_2 + 2H_2O \underset{呼吸}{\overset{光合成}{\rightleftarrows}} [CH_2O]_n + O_2 + H_2O$$

図4.2 葉の横断面図．拡大図は，クロロフィルを含みぎっしりと積み重なったチラコイド膜の複合体（グラナ）とそれらを結ぶラメラを含んだ葉緑体の電子顕微鏡写真．さらに光合成全体の式は，大気CO_2の炭水化物（$[CH_2O]_n$）への固定を示す．呼吸は，CO_2が放出されて代謝エネルギーが生成される，光合成の逆の過程である．

[†] （訳注） $6CO_2 + 12H_2O + 688\,\text{kcal} \longrightarrow C_6H_{12}O_6 + 6O_2 + 6H_2O$

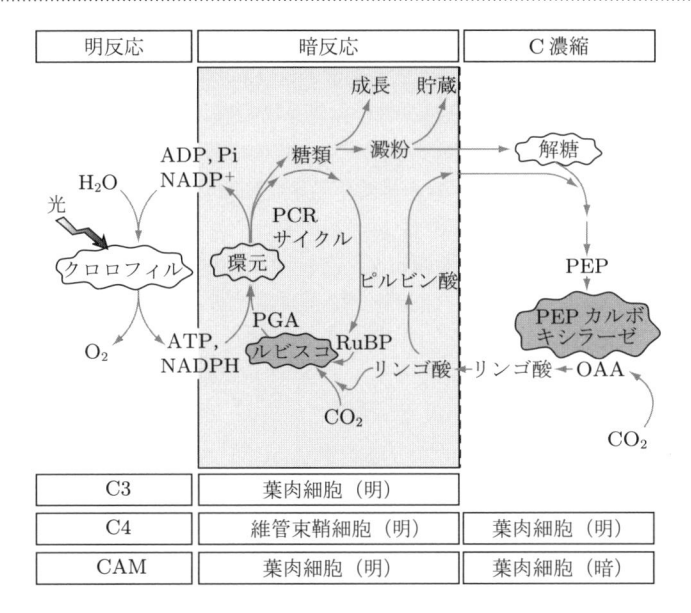

図 4.3 C3 植物の光合成過程．日射は，葉緑体のチラコイド膜内のクロロフィルと補助色素によって吸収され，還元力と ATP を生成する（明反応）．これらの高エネルギー化合物は暗反応と関連づけられ，エネルギー分子がルビスコによる大気 CO_2 の固定と糖への変換に利用される．C4 植物と CAM 植物の C 濃縮機構が右側に描かれている．

反応とよばれる（図 4.3）．明反応は，2 つの連結した光化学系（PSI, PSII と略される光化学系 I および光化学系 II）による太陽光からのエネルギー吸収を必要とする．この過程は，エネルギー変換とエネルギー含有分子の合成に必要な電子伝達を駆動する．葉緑体チラコイドにおける CO_2 の暗固定に必要とされる重要な酵素は，リブロース二リン酸カルボキシラーゼ・オキシゲナーゼまたは**ルビスコ**（rubisco）で，典型的な植物葉のタンパク質の 4 分の 1 程度はこの酵素であり，おそらく世界でもっとも多量にあるタンパク質である．CO_2 固定速度は，大気から葉面境界層，気孔，細胞間隙を通じて，最終的には液相状態にある葉緑体に達するまでの拡散速度にも依存している．同時に，生成された O_2 は逆方向に拡散されなければならない．気孔が閉じているとき，この供給経路が光合成速度の重大な制限要因となる．

□ 光合成経路

温帯地域起源の植物の大多数，すなわち大部分の木本や主要な作物植物，コムギ，イネ，バレイショ，すべてのマメ科植物は，図 4.3 に示したように，光合成の初期生産物が炭素 3 つを含む PGA で，いわゆる **C3 経路**を用いて CO_2 を固定する．一方，世界のより暑い地域では，トウモロコシやモロコシのような多くの植物が **C4 経路**とよばれる別の固定経路をもち，光合成の初期生産物は炭素 4 つを含む化合物であり，異なる酵素（ホスホエノールピルビン酸カルボキシラーゼ，PEP カルボキシラーゼ）を用いて CO_2 の初期固定を

行う．C4 経路にはさまざまな変形があるが，そのすべてが共通な独特の組織構造（クランツ構造）をもち，光合成組織は，PEP カルボキシラーセによって初期固定が起こる葉肉細胞と，普通の C3（ルビスコ）経路を含む維管束鞘細胞に分かれている．この特有の構造は CO_2 濃縮機構として働き，葉肉細胞の C4 生産物は維管束鞘細胞へ輸送され，そこで脱炭酸され CO_2 を放出し，この CO_2 が維管束鞘細胞に閉じ込められて高 CO_2 濃度環境を作り出し，その結果，通常のルビスコによる 2 次的な CO_2 固定を促進する．この 2 段階の過程は，CO_2 に対する葉の全体的な親和性を高め，水損失に対する光合成の比率（水利用効率 WUE）を高める．そのため，水節約が優先事項である高温で乾燥した環境においては価値ある適応である．

サボテンや多くの多肉植物のようなベンケイソウ型有機酸代謝（CAM）経路をもつ砂漠の植物では，WUE はさらに改善されている．この場合，C3 段階と C4 段階のような明らかな構造上の分離はないが，時間的な分離が生じ，PEP カルボキシラーセを用いて CO_2 の初期固定を行うものの，気孔が開くのは夜間である．日中は気孔が閉じており（そのため水損失は最小である），内部に放出された CO_2 を標準的な C3 経路によって固定する．CAM 植物の最大光合成速度はいくぶん低い傾向にあるが，蒸発要求がもっとも大きい時間帯に気孔が閉じているので，水利用効率は非常に高い．この場合，CO_2 の初期固定は明反応から完全に分離されている．

□ 純一次生産

光合成で生成された糖や炭水化物は，生物全体の合成に使用するためのいっそう複雑な有機分子の成分として，また，呼吸のための基質として利用される．後者の過程は CO_2 を放出するが，ATP のような活性分子の形でエネルギーの一部を保持し，合成生化学過程の推進に利用され，また生きている細胞の統合を維持するために必要なさまざまな維持反応のエネルギーを供給する．総光合成 P_g は，カルボキシ化酵素であるルビスコによる CO_2 固定速度と定義される．CO_2 以外にも多くの電子受容体があるものの，総光合成量は一般に電子伝達に比例するので，クロロフィル蛍光（次節参照）は遠隔から光合成機能を評価するための強力な手段となる．実際には，光環境中で光合成炭素固定が起こっている間にも，葉の機能や成長を維持するためのエネルギーを供給するため，葉細胞内の**ミトコンドリア**から呼吸によるいくらかの CO_2 損失が生じている．多くの植物（C3 植物）では，光呼吸として知られている過程を通じて，光環境中におけるさらなる CO_2 損失がある．純光合成量 P_n は，ある瞬間における植物葉の総光合成と呼吸損失の収支である．さらに長い期間では，日中の純光合成は，夜間の呼吸損失と非光合成器官による呼吸損失によってさらに減少し，植物による日単位の正味の炭素固定量が得られる．これは一般に，純一次生産量 NPP とよばれる．さらに生態系レベルに拡大すると，大気への呼吸によるフラックスは，土壌生物，腐植過程，動物からの呼吸を含むので，純生態系生産量 NEP は NPP よりも小さくなる．

□ クロロフィル蛍光

クロロフィルによって吸収された光エネルギーの一部だけが電子伝達や光合成の炭素同

BOX 4.1　いくつかの重要な用語/定義

総光合成 P_g　ルビスコによるある瞬間の CO_2 固定速度 [mol m^{-2} s^{-1}]．[kg m^{-2} s^{-1}] またはエネルギー等価量で表されることもある．

純光合成 P_n または**純炭素交換量** NCE　ある瞬間の葉への正味の CO_2 フラックス．総光合成から葉による呼吸損失（光照射下で生じる光呼吸とすべての「暗」呼吸の両方を含む）を差し引いた瞬間値．最大瞬間速度は 30～40 μmol m^{-2} s^{-1} 程度である．

純一次生産量 NPP　植生が集積したエネルギー（通常，バイオマスによって表される）の蓄積速度であり，少なくとも日単位より長い期間で，地表面の単位面積あたりの光合成から植物による呼吸損失を差し引いた値の時間積算値．NPP は非光合成組織による呼吸損失と夜間の呼吸損失を含むので，NPP は P_n の積算値よりも小さい．バイオマスの正味の地上部蓄積は容易に計測できるが，NPP は厳密には根の成長も含むべきである．最大 NPP はよく施肥されたサトウキビで 7500 g m^{-2} 年$^{-1}$ 程度であり，熱帯雨林の典型的な値は 2000 g m^{-2} 年$^{-1}$ 程度である．環境ストレスや生物的ストレスはこれらの値を減少させる．

純生態系生産量 NEP　生態系による正味の炭素固定速度．NEP は P_g から土壌有機物からの呼吸損失を含む系からの全呼吸損失を差し引いた値．

化を行うために利用される．大部分は熱として失われ，ほんの一部（約 1～2%）がより長波長のクロロフィル蛍光として再射出される（3.1.1 項参照）．この現象は，植物の光合成機能のリモートセンシングにおいてとくに重要である．蛍光の量子収率 Φ_F や蛍光によって散逸された入射光量子は次式で与えられる．

$$\Phi_F = \frac{k_F}{k_F + k_D + k_P} \tag{4.1}$$

k_F, k_D, k_P は，それぞれ，蛍光（脱励起），熱（熱散逸），光合成（エネルギー伝達）反応の速度定数である．光合成への電子伝達 k_P が増加した場合，蛍光を生じさせる電子が相対的に少なくなる．そのため，蛍光の量は電子伝達の（逆向きの）指標として利用でき，水の分解に利用される PSII の電子流とおよそ逆比例の関係にある光合成の指標となる．

植物の光合成電子伝達による利用可能な量を超えた，過剰な放射エネルギーが光合成系によって吸収された場合，たとえば乾燥条件下で CO_2 供給が気孔閉鎖によって制限されるような状態では，過剰な励起エネルギーを散逸するためのしくみが必要となる．これは，過剰なエネルギーが「酸化ストレス」をもたらし，潜在的に細胞に非常に損害を与える広範囲の活性酸素種（reactive oxygen species：ROS）の生成を引き起こすからである．これらは，たとえばスーパーオキシドラジカル（$O_2\cdot^-$），過酸化水素（H_2O_2），一重項酵素（$^1O_2{}^*$），そして，とくにヒドロキシラジカル（HO·）を含む．過剰なエネルギーの散逸を強化するためのもっとも重要なしくみと光合成系の光防護は，過剰なエネルギーを熱として散逸させ，蛍光信号を「消光」することである．葉緑体内のキサントフィル色素は「非光化学消光」（non-photochemical quenching：NPQ）で重要な役割を果たすが，キサン

トフィルの脱エポキシ化された形（ゼアキサンチン）は，エポキシ化された形（ビオラキサンチン）よりもより強く蛍光を消光し，脱エポキシ化が大量の熱散逸やNPQを引き起こす．キサントフィルのエポキシ化状態は，531 nm周辺の吸収および反射スペクトルの特徴的な違いによって検知することが可能である．これは7章で論じる**光化学的分光反射指数**（photochemical reflectance index：PRI）の基礎である．葉緑体のすべての光合成反応中心が「開いている」状態にあるとき，蛍光消光が最大値からどの程度低下しているかは，光合成機能の強力な診断手段となり，リモートセンシング技術による研究に適している可能性がある（9.7.3項参照）．

■ 4.2.2 水分生理，蒸発，水損失
□ 植物の水分状態

植生と大気の間で行われるもうひとつの重要な物質交換は，蒸発による水損失である．植物の水分状態は，葉と地上部組織からの水損失速度と土壌からの水取り込み速度のバランスにつねに依存している．水は，植物に必要不可欠な構成要素であり，生命活動に必要な，水環境に依存するほとんどの生化学反応の溶媒として必要とされている．水はたいてい，植物の生重量の90％程度を構成する．すべての植物や動物の組織は細胞とよばれる機能単位で構成されていて，中央部のプロトプラストは半透性の脂質2重層膜によって包まれている．植物では，この細胞膜の外側が細胞壁で，その構造はほとんどセルロース繊維から構成され，浸透（圧）によって生じた細胞内の内部圧力と組み合わさって，葉のような柔らかい構造に剛性を与えている．浸透性は，水は通すがより大きな溶質分子は通さない半透膜によって区切られた2つの区画の間を，水が移動する過程である．2つの区画がこのような半透膜によって分離されている場合，水はより高い実効含水率の区画からより低い実効含水率の区画へと移動する傾向がある．たとえば，細胞壁中の水が，一般的により溶質濃度の高い細胞内へ移動する．これは「膨圧」として知られる細胞内の圧力を発生させる．すでに紹介したように，葉緑体に加えて，膜によって区分された他の多くの細胞内区画や細胞器官がある．

葉のような植物組織の水分状態は，直感的には単位面積あたりか単位質量あたりの絶対含水率などで表すことが考えられるが，このような尺度は細胞機能とはほとんど直接的な関係がない．たとえば，穀類の薄い葉の単位面積あたりの含水量は，植物に十分に水が与えられている状態でも，サボテンのような多肉葉の値よりもずっと少ない．これは，穀類がより大きな水不足ストレスを受けやすいということを必ずしも意味しない．生理学的にはるかに有用な葉の含水量の尺度は**相対含水率**（relative water content）RWC であり（Jones, 1992参照），次式のように定義される．

$$RWC = \frac{新鮮質量 - 乾燥質量}{膨張質量 - 乾燥質量} \tag{4.2}$$

膨張質量は，葉細胞（ただし，細胞内間隙ではない）に水を十分に含ませた後の質量で，呼

吸損失を抑制するために低温の弱光下で約24時間，葉組織を水に浮かせることによって得られる．新鮮質量は切りたての葉の質量であり，乾燥質量は約80℃で質量変化が観測されなくなるまで乾燥させた後の値である．RWCを利用する明確な利点は，葉の厚さや組織の弾性に対して正規化された含水量という点である．

植物生理学の多くの文献では，植物の水状態は含水率（または，RWC）ではなく，植物組織内の水の自由エネルギーを表す葉の水ポテンシャル（ψ_l．圧力単位［MPa］で表される）として表現される．葉の水ポテンシャル勾配は，水の移動方向を決定する．すなわち，蒸散している植物では，水は土壌から幹を通じて葉へ移動し，さらに大気中へ出ていく．一方，ψの値はいつでも，植物が受ける水ストレス程度の尺度となる．RWCが1.0（100%と表現されることもある）の場合は，およそ0 MPaの葉の水ポテンシャルに相当し，これは水を自由に利用可能なストレスのない植物に期待される値である．次第に水が不足し，より「水ストレス」状態となり，萎れてくるにつれて水ポテンシャルは0よりもずっと下がり，しばしば−1.5 MPa程度になる（植物の水ストレスとその結果のより詳しい解説はJones, 1992と11章を参照）．

簡単に表現すると，どのような組織でも全水ポテンシャルは，圧力ψ_P，溶質濃度ψ_π，重力ψ_gに関連した成分に分離することが可能で，次式のように表される．

$$\psi = \psi_P + \psi_\pi + \psi_g \tag{4.3}$$

浸透成分ψ_πは，溶解した溶質と表面へのマトリック結合から生じ，水の自由エネルギーを低下させるため，つねに負である．一方，圧力成分は膨圧として知られ，生きている植物細胞では正である．ただし，蒸散流が流れている死んだ木部道管においては大気圧よりもかなり低く，負になる．ψ_gは基準面との高度差による位置エネルギーの差から生じ，植物では高木の頂部への水移動を考慮する場合に重要となる．

葉の全水ポテンシャルψ_lは，以前考えられていたほど植物の水状態の指標としては有用ではないが，依然として植物体内の水移動の研究にとって重要な値であり，さらにψ_lは一般に膨圧と密接に関係しており，これは乾燥に対する多くの生理学的応答の主な決定要因となるために重要である（Jones, 2007）．

溶液，空気，植物組織内の水ポテンシャルは，組織や溶液と平衡状態にある空気の乾湿球温度差，すなわち，大気湿度の尺度を計測するサイクロメータによって計測できる（たとえば，Jones, 1992, Nobel, 2009）．残念なことに，サイクロメータは研究室内向けの測定機器で，野外で常用するには向いていない．そのため，DixonとScholanderによって導入された**圧力容器**（pressure chamber）を利用した代替手法がより幅広く用いられている．この方法では，蒸散している植物から葉を切り取り，容器から葉柄の切断面を出した状態で圧力容器内に葉を密閉する．そして，切断面に水の表面（メニスカス）が現れるまでゆっくりと加圧する．このときの圧力は，葉が切り取られる直前の水が通導していた道管における張力の大きさと等しいと考えられる．張力がより大きいとき，植物はより大きなストレスを受けている．この手法は厳密には木部圧ポテンシャルの推定を行うが，これ

は植物水ポテンシャルの良い推定値であり，計測を夜明け前に行う場合には，土壌の水利用可能量の良い指標となる（Jones, 2007）．

□ 蒸発と水損失

蒸発による水損失速度は，植物の水分状態の重要な決定要因である．少なくとも CO_2 交換よりはリモートセンシングを適用しやすい．水が蒸発するには，蒸発潜熱 λ に相当する（熱）エネルギーが必要であり，水の λ は $20\,℃$ で $2.454\,MJ\,kg^{-1}$ である．これは，同量の水を $1\,K$ 温度上昇するために必要な熱量，すなわち比熱容量（$c_p = 1.01\,[kJ\,kg^{-1}\,K^{-1}]$）より3桁以上大きい．このため，蒸発に伴う熱交換は，表面温度への効果を介して，蒸発フラックスのリモートセンシングを行うための強力な手段となる．実際，以下に示すように蒸発に伴う熱フラックスは，対流フラックスや放射フラックスと同程度か，より大きな値となる．

葉内細胞間隙から葉外への気孔を通じた蒸発による水損失は「蒸散」とよばれ，(蒸散と濡れた葉や土壌のすべての表面からの蒸発を含む) 群落からの総水損失は「蒸発散」とよばれる．多くの文献で蒸発散を区別するために記号 ET が用いられているが，本書では起源にかかわらず記号 E を蒸発に用いる．生命にとっての水の重要性は，生命がもともと水中で進化したことを考えれば驚くべきことではない．植物が水中から陸上環境へ進出した進化過程において，植物は，環境からの水の吸収を最大にする適応（たとえば，根）や，蒸発散を最小にする適応（たとえば，気孔や不透過性のクチクラの発達）が必要であった．

光合成過程で CO_2 を内部拡散させるためには，葉の気孔を開いた状態に保たなければならず，その結果，水蒸気は葉内部の飽和表面から一般により乾燥した外気へ拡散し，潜在的に葉外への深刻な水損失をもたらすことは避けられない（図 4.4）．水よりも CO_2 を優先的に透過させるための膜や，そのような適応に関係する進化は起こらなかったようである．そのため，光合成の炭素吸収と水損失の比率の最適化は進化の主要因であり，また，乾燥環境における成長能力を選択することが植物育種家の重要な目標である．以下で概説す

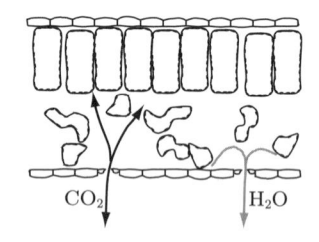

（a）植物の葉の水蒸気と CO_2 交換の経路

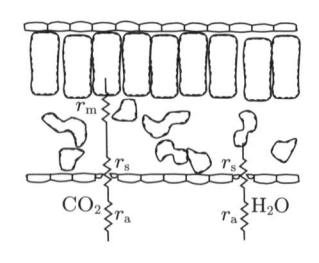

（b）葉肉抵抗 r_m（CO_2 のみ），気孔抵抗 r_s，葉付近の境界層抵抗 r_a に相当する輸送抵抗を示した抵抗回路

図 4.4　（a）水蒸気と CO_2 交換の経路は共に気孔を通るが，水蒸気はその多くが気孔近くの細胞表面で生じ，CO_2 は液相の葉緑体へ細胞壁を通り抜ける輸送構造をもつ．（b）CO_2 と H_2O の抵抗回路図．

るように，CO_2 や H_2O のフラックスは，フラックスの駆動力，すなわち葉の内外での濃度差と，その流れの経路中の抵抗に依存する．

■ 4.2.3　その他の交換過程（運動量，汚染物質など）

大気と植生間の物質輸送に加えて，風によって植物上に**運動量輸送**（momentum transfer）が生じる．風によって表面にせん断力が作用し，このせん断力の輸送効率と対応する大気の速度勾配は，空気粘性の関数である．異なる大気特性（熱，物質，運動量）の輸送係数は互いによく類似しているので，速度勾配と運動量輸送に関する理解は，とくに物質輸送の研究や大気輸送係数の導出に有用である（4.3.1項参照）．運動量輸送は遠隔から推定することが困難であり，ウインドシア（風の鉛直勾配）は海洋上のレーダ散乱から波高の影響を介して推定できるが，一般には間接的な推定が必要となる．

多くの植生がおかれている状況に関係する他の物質輸送過程は，植生群落への大気汚染物質の輸送である．多くの汚染物質は自然に発生しているが，人間活動によってもかなり増加している．潜在的に有毒なアンモニア（NH_3），二酸化硫黄（SO_2），窒素酸化物（NO_x），オゾン（O_3）のような乾性のガス状汚染物質の沈着は，CO_2 輸送の大気輸送過程と類似した過程によって生じる．重要な違いは，葉面における実際の吸収過程に関連しており，汚染物質の種類や，表面が（降雨や露で）濡れているか乾燥しているかに依存し，気孔を通じた吸収や，クチクラからの直接吸収も含まれる．場合によっては，NH_3 や硫酸塩のような汚染物質が雨水に溶けて，湿性汚染物質として沈着する．気候変動モデルに欠かせない他の重要な気体の交換は，多くの水中生態系やツンドラ生態系からのメタン（CH_4）放出である．しかし，運動量の場合と同様に，これらの交換過程の直接的な観測を現在のリモートセンシング技術で行うことはできない．

■ 4.3　植生と大気間の物質・熱輸送の原理

■ 4.3.1　一般輸送方程式

物質やその他の構成要素，たとえば熱，運動量，電流ですら，その自然な輸送は，「濃度」の高い領域から「濃度」の低い領域へと起こる．どんな状況でも，輸送速度は輸送の駆動力として作用する濃度差と，**輸送係数**（transfer coefficient）ともよばれる輸送過程の効率の指標である比例定数の関数である．この関係は，**一般輸送方程式**（general transport equation）として知られ，次式のように表される．

$$\text{フラックス密度} = \text{比例定数} \times \text{駆動力} \tag{4.4}$$

比例定数の大きさ，すなわち輸送速度は，関係している機構に依存する．分子スケールの輸送は**拡散**によって起こるため，どちらかといえば遅い過程であるが，群落スケールの輸送のほとんどは**対流**によって起こるため，はるかに速い過程である．

単位　　フラックスは，歴史的に質量フラックス表現（たとえば，[$\text{kg m}^{-2}\text{s}^{-1}$]）で表

されてきたが，モル表現（カレット（^）によってモルフラックスと濃度を区別する）によってそれらを表したほうが便利なことが多く，とくに植物生理学の文献で幅広く取り入れられてきている．本書では，状況に応じてモル単位とより慣例的な質量単位の両方を用いる．質量表現をモル質量 M で割ればモル表現に変換でき，その他の変換は付録1で概説する．

■ 4.3.2 拡　散

分子スケールの輸送は主に**拡散**，すなわち個々の分子の速い熱運動に依存した，分子の位置のランダムな再配置によって起こり，流体が一様でない場合，高濃度の場所から低濃度の場所に正味の輸送が起こる．1次元では，この拡散による輸送は濃度勾配に比例した**拡散のフィックの第1法則**（Fick's first law of diffusion）によって表される．

$$\hat{J}_i = -D_i \frac{\partial \hat{c}_i}{\partial z} \tag{4.5}$$

上式では，$\hat{J}_i$ は対象とする物質のモルフラックス密度 [mol m^{-2} s^{-1}]，$\partial \hat{c}_i / \partial z$ は濃度勾配 [mol m^{-3} m^{-1}] で駆動力を表し，D_i [m^2 s^{-1}] は輸送係数であり，ここでは**拡散係数**とよばれ，輸送がどれぐらい速く起こるかを決定する．式(4.5)は，質量単位系（J と c_i）でも表せる．拡散係数は，絶対温度の上昇に比例して分子運動の振幅が増大すると大きくなり，また，分子量が小さくなると**グレアムの法則**（Graham's law）に従って大きくなる（D は $M^{-1/2}$ に比例する．付録1参照）．

実際の多くの観測では，ある1地点における濃度勾配を得るよりも，その系の中の2地点の濃度を計測したほうが都合が良く，フィックの法則がしばしば次式のように統合されて適用される（式(4.4)と同等）．

$$\hat{J}_i = \frac{D_i}{l}(\hat{c}_{i1} - \hat{c}_{i2}) = \hat{g}\Delta \hat{c}_i \tag{4.6}$$

ここで，$\hat{c}_{i1} - \hat{c}_{i2} (= \Delta \hat{c}_i)$ は駆動力，l は地点間の距離，また，比例定数 D_i/l は一般に**コンダクタンス** $\hat{g}$ [m s^{-1}] とよばれる．

■ 4.3.3 対流と乱流輸送

前節で説明したように，静止流体，たとえば葉内の細胞間隙内の空気における物質や熱の輸送は，分子スケールのランダムな熱運動の結果，濃度勾配が拡散によって解消されるように個々の分子が移動することによって起こる．静止空気の異なる構成要素のフラックスは，その拡散係数に比例する．層流状態では，相対的なフラックスはおよそ $(D_1/D_2)^{0.67}$ に比例する（Jones, 1992 参照）．しかし，屋外の植物表面については，葉やその他の表面上の風，およびその結果生じる空気の動きが，熱や物質の輸送速度を大きく速める．この速められたフラックスは，空気流の動きが表面付近から分子を取り除き，その結果による

濃度上昇の抑制（そのために駆動力が維持される）と，空気の動きによって形成された渦によるより速い輸送との両方に依存している．都合の良いことに，乱流輸送を規定する式の形は拡散輸送の式と同じで，輸送係数だけが大きい．

実際には，下層大気の空気は，風の水平成分と数多くの小さな渦のランダムな動きのために完全に静止することはない（図4.5）．これらの渦の大きさは，少なくとも表面の不規則性の大きさと同程度になる傾向があるので，拡散を起こす分子運動よりも数桁大きくなり，物質や熱の輸送に大きく貢献する．渦の大きさとその重要性は，風速の増加に伴い大きくなり，逆に，地表面付近の風速の減衰に伴い，渦の大きさと物質と熱輸送に対する寄与は小さくなる．植生表面に非常に近い場所では，風速は非常に小さく，乱流渦はまったくなくなり，すべての流れは表面に平行になるいわゆる**層流境界層**（laminar boundary layer）を形成する．このような層流層では，層間の輸送は本質的には拡散性である．

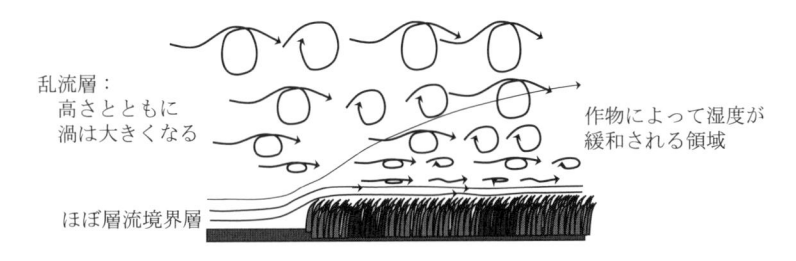

図4.5 畑地上の空気流の乱流構造の概念図．地表面付近の層流境界層付近と地表面上からの高度の増加に伴う乱流の量と渦の大きさの増加を示す．風下ほど，作物からの蒸散によって（湿度のような）空気特性が緩和される領域の厚さが大きくなる．

より大きなスケールでは，空気の移動パターンは存在している対流の状態にも依存する．空気がほとんど静止している場合，空気は温度の高い表面に接することで熱せられ膨張する．この密度の低下によって空気は上昇し，**自由対流**（free convection）によって熱と物質を輸送する．その一方で，空気の移動は外部の気圧勾配によって起こり，**強制対流**（forced convection）を誘導する．渦の大きさは表面の**粗度**（roughness）に依存し，たとえば森林では，草地のような滑らかな表面より相対的に大きな乱流が生じる．強風時には，強制対流が支配的である．表面がその上の空気よりも暖かいとき，地表面は空気を加熱し大気は**不安定**であり，自由対流が生じるので，このような状況では自由対流による輸送が支配的である．一方，地表面がその上の空気よりも冷たいとき，たとえば一般に夜間に生じる温度逆転期間中，とくに放射霜現象などでは，大気は**安定**であり，すべての輸送は強制対流による．自由対流と強制対流の違いは，屋内空間の加温との対比で説明できる．ファンヒーターは，強制対流によって発熱体上に空気を押しつけて強制的に加熱する．一方，古くからの放熱器（輻射暖房機）は，暖房装置付近の空気を加熱することによって空気を移動させて熱を輸送する（**自由対流**）．しかし，放熱器表面から空気への実際の熱の輸送は，主に，固体から近隣空気分子への**伝導**である．

■ 4.3.4 抵抗とコンダクタンス

植物の研究では，式(4.6)における比例定数（物質拡散のための D_i/l）や，乱流輸送のための輸送係数に相当する値は，慣例的にコンダクタンスとよばれ，g や $\hat{g}$ のような記号で表される．多くの場合，とくに気孔と葉に隣接した境界層を通じた拡散のように，コンダクタンスを直列的に扱う場合，コンダクタンスの逆数であり，記号 r で表現される「抵抗」を用いたほうが代数的に扱いやすい（図 4.4，4.6）．したがって，両表現ともに本書を通して互換的に使うので，どちらの表現にも慣れておくと良い．コンダクタンスと抵抗は「系の性質」であるため，単語末に -ance を用いる（BOX 2.1 参照）．これは，それらが媒体（拡散率や拡散係数）と系の大きさの次元 l との両方の性質を結合しているためである．

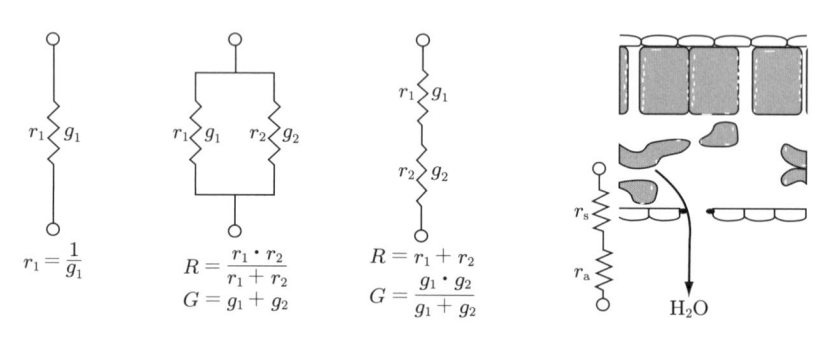

(a) 単純な1つの抵抗体
$$r_1 = \frac{1}{g_1}$$

(b) 並列な抵抗体
$$R = \frac{r_1 \cdot r_2}{r_1 + r_2}$$
$$G = g_1 + g_2$$

(c) 直列な抵抗体
$$R = r_1 + r_2$$
$$G = \frac{g_1 \cdot g_2}{g_1 + g_2}$$

(d) 葉の水蒸気損失における抵抗の直列された配置の例

図 4.6 電気回路との類似性を利用した，抵抗体の並列配置と直列配置における抵抗 r とコンダクタンス g の演算関係の概念図．R と G は該当する回路全体の総抵抗と総コンダクタンス．(a) 単純な抵抗体．(b) 各抵抗体の駆動力（電圧）は同じで，各抵抗体を流れるフラックスは流れやすさ（コンダクタンス）に比例する．(c) 各抵抗体を通るフラックス流は同量で，各抵抗器における駆動力は抵抗に依存する．(d) 水蒸気は気孔抵抗 r_s と境界層抵抗 r_a を連続的に通過する．葉が上下両面に気孔をもつ場合，これら2つの表面の抵抗は並列である．

■ 4.3.5 単位および異なる輸送過程どうしの類似性

熱，水蒸気，CO_2，電流，運動量のように異なる量の輸送でも，駆動力と比例定数を変化させるだけで，すべて類似した方法で記述できる．これらの過程の類似性とそれぞれの適切な単位を BOX 4.2 にまとめる．たとえば，CO_2 の物質輸送（光合成や呼吸）の駆動力は2地点の CO_2 濃度差（たとえば，葉内と葉外の空気中）であり，蒸発の駆動力は葉内外の空気の湿度差である．これらの「濃度」差は，従来からの濃度（単位体積あたりの質量または密度）やモル分率 x_i のようなモル濃度の基準など，いくつかの異なる方法で表現できる．BOX 4.2 に示すように，物質輸送を対象とした場合，各濃度の式は異なる比例係

数をもつ[14]. コンダクタンスにおけるモル単位と質量単位の変換は，$\hat{g} = (P/(\Re T))g$ で与えられ，$\hat{g}$ [mmol m^{-2} s^{-1}] は，25℃でおよそ $40 \times g$ [mm s^{-1}] に等しい.

BOX 4.2　さまざまな輸送方程式

異なる輸送過程の統合された輸送方程式は互いに類似している（詳細と導出は，Jones, 1992 と Campbell & Norman, 1998 参照）．質量単位とモル単位の変換は付録1に示す．

輸送過程	フラックス密度	= 駆動力	× コンダクタンス
電荷（オームの法則）	I [A]	= V [W A^{-1}]	× $1/R$ [A^2 W^{-1}]
物質輸送（フィックの法則）			
質量単位	$\boldsymbol{J}_i$ [kg m^{-2} s^{-1}]	= Δc_i [kg m^{-3}]	× $\boldsymbol{D}_i/l$ (= g) [m s^{-1}]
（モル単位　−1）	$\hat{\boldsymbol{J}}_i$ [mol m^{-2} s^{-1}]	= $\Delta \hat{c}_i$ [mol m^{-3}]	× $\boldsymbol{D}_i/l$ [m s^{-1}]
（モル単位　−2）	$\hat{\boldsymbol{J}}_i$ [mol m^{-2} s^{-1}]	= Δx_i (無次元)	× $P\boldsymbol{D}_i/(l\Re T)$ (= $\hat{g}$) [mol m^{-2} s^{-1}]
熱輸送（フーリエの法則）	C [J m^{-2} s^{-1}]	= ΔT [K]	× K/l [W m^{-2} K^{-1}]
(Campbell & Norman 単位)	C [J m^{-2} s^{-1}]	= $\hat{c}_p \Delta T$ [J mol^{-1}]	× $\boldsymbol{D}_H/l$ [W m^{-2} K^{-1}]
運動量輸送（ニュートンの粘性法則）	τ [kg m^{-1} s^{-2}]	= Δu [m s^{-1}]	× η/l [kg m^{-1} s^{-1}]

c_i : (質量) 濃度 [kg m^{-3}], $\hat{c}_i$: モル濃度 [mol m^{-3}], $\boldsymbol{D}$: 拡散係数 [m^2 s^{-1}], K : 熱拡散率 [W m^{-1} s^{-1}], η : 動的粘性率 [kg m^{-1} s^{-1}], τ : せん断応力 [kg m^{-1} s^{-2}], u : 風速 [m s^{-1}], x_i : モル分率 [mol mol^{-1}], I : 電流 [A], V : 電圧 [V], R : 抵抗 [Ω], $\Re$: 気体定数. 乱流輸送では，$\boldsymbol{D}$ は乱流の効率に依存し，より大きな**輸送係数**に置き換えられることに注意すること.

BOX 4.3　気体濃度の尺度

植生と大気の間の輸送過程における駆動力を理解するために，「濃度」が何を意味するかを考える必要がある．濃度は通常，体積分率（たとえば，%）を用いて，または，体積あたりの物質量（= 密度 ρ [kg m^{-3}]）として考えるが，概して，モル濃度 $\hat{\rho}_i$（単位体積あたりのモル量），またはより便利なモル分率 x_i で表すと扱いやすい．1モルの物質 i は，分子量が1モルの質量 M_i であり，アボガドロ数（6.02252×10^{23}）個の分子を含んでいる．都合の良いことに，すべての気体で1モルの気体の体積は同じであり，標準温度0℃，標準気圧 101.3 kPa では，対応するモル密度（= $n/V = 44.6$ [mol m^{-3}]）で，0.0224 m^3 mol^{-1}（または22.4リットル）となる．気体の体積は，絶対温度 T に比例し，圧力 P に反比例して変化する（普遍気体の状態方程式）ので，分圧 p_i に対して $p_iV = n_i \Re T$ と表せる．$\Re$ は普遍気体定数（8.3143 J mol^{-1} K^{-1}）である．このため，任意の温度，任意の圧力におけるモル密度は次式で与えられる．

$$\hat{\rho} = \frac{n_i}{V} = \frac{p_i}{\Re T} = 44.6 \left(\frac{p}{101.3}\right)\left(\frac{273.15}{T}\right) \tag{B4.3.1}$$

---

[14] コンダクタンスや抵抗におけるモル単位を使う利点は，$\hat{g}$ が空気の特性から比較的独立しており，P に依存せず，T にほぼ比例することである．一方，g は P に反比例し，T^2 に比例する（Jones, 1992）．

物質濃度または密度

$$c_i = \rho_i = \frac{m_i}{V} = \frac{n_i M_i}{V} = \frac{p_i M_i}{\Re T} \tag{B4.3.2}$$

モル濃度

$$\hat{c}_i = \frac{n_i}{V} = \frac{c_i}{M_i} = \frac{p_i}{\Re T} = \hat{\rho}_i \tag{B4.3.3}$$

$$\text{モル分率} \quad x_i = \frac{n_i}{\Sigma n} = \frac{p_i}{P} = \frac{n_i \Re T}{PV} = \frac{\hat{\rho}_i \Re T}{V} = \frac{n_i}{n_a} = \frac{c_i M_a}{c_a M_i}$$

$$\left[\text{混合比} \quad w_i = \frac{m_i}{\text{総質量} - m_i} \right]$$

水蒸気への変換　空気中の水蒸気を記述する場合，水蒸気分圧 e を用いるか，相対湿度 e/e_{sat} を用いてその濃度を表すことが普通である．e_{sat} は気温における飽和水蒸気圧である．気体の分圧は混合気体内でのその気体のモル密度に比例し，モル体積は固定されることから，その気体の分圧を総圧力で割った値は，その気体の構成部分であるモル分率 x_i に等しくなる．すなわち，$x_i = n_w/n = e/P$ である．他に，露点温度，湿球温度，水ポテンシャルのような空気中の水蒸気量を表す単位が，特定の目的のために幅広く使われている（Jones, 1992）．飽和水蒸気圧の温度依存性に関しては，付録3にまとめる．

■ 4.4　群落 – 大気における交換過程

■ 4.4.1　エネルギー収支 – 定常状態

すべての群落輸送過程の中核は群落**エネルギー収支**（energy balance）であり，これは，日射のような群落を加熱する過程と，蒸発のような熱を取り除く過程の収支である（図2.14）．エネルギー保存則により，エネルギーは通常，生成も消滅もしないので，表面におけるすべてのエネルギーフラックスの和はゼロになり，次式のように表される．

$$\boldsymbol{R}_n - \boldsymbol{C} - \lambda \boldsymbol{E} - \boldsymbol{M} - \boldsymbol{S} = 0 \tag{4.7}$$

$\boldsymbol{R}_n$ は群落が吸収した純放射フラックスで，吸収した短波放射（$= \alpha \boldsymbol{R}_S$）と吸収した純長波放射（$= \boldsymbol{R}_{L下向き} - \boldsymbol{R}_{L上向き}$）の両方を含む．$\boldsymbol{C}$ は伝導と対流を介した顕熱としての地表面からの熱損失，$\lambda \boldsymbol{E}$ は潜熱フラックスであり蒸発による熱損失，$\boldsymbol{M}$ は光合成（呼吸のような発熱反応によって熱が生成された場合，$\boldsymbol{M}$ は負の値）のような生化学的反応の化学エネルギーとして蓄積された正味の熱，$\boldsymbol{S}$ は温度を上昇させるような物理的貯留への熱フラックス（土壌への熱フラックスは通常，記号 $\boldsymbol{G}$）である[15]．これらすべてのエネルギー交

---

[15] 標準的な気象学的慣習では，下向き（吸収）フラックスが負，上向きフラックス（損失）が正であり，ここで用いた地表面をもとにした記述とは異なることに注意する．気象学的慣習は，地表面ではなく大気による取得や損失に着目している．

換量をフラックス密度の単位 [W m^{-2}] にするために，地表の単位面積あたりのフラックス，あるいは，葉の研究に対しては葉の投影面積あたりで表すと都合が良い．

一般に，生物的代謝による項は，他のフラックスよりも2桁程度小さいので，ほとんどの環境研究においては通常無視される．正味のエネルギーフラックスがゼロ，すなわち取得と損失が等しく，貯留へのフラックスの出入りがないとき，群落温度は平衡に達する．温度の値は，いつでも温度センサを用いて遠隔から検知できる重要な変数である．このため，群落から出入するエネルギーフラックス測定の重要な手段となる．

群落温度の制御は非常に複雑である．さまざまなフラックスの大きさが群落温度を規定するだけでなく，多くのフラックスの大きさが群落温度自身によって規定される．実際，このフィードバックにおいて，温度が主要な連結変数となる．群落温度は，顕熱フラックス項と，葉がある空間における水の水蒸気圧に対する影響を介して，潜熱フラックス項の両方に影響を与える．式(4.7)における放射項は，2章と3章で詳細に論じているので，ここではそれに続いて，顕熱項，潜熱項と，葉温と E に対するこの方程式の総合的な解法について説明する．

■ 4.4.2 顕熱フラックス

熱伝導のためのフーリエの法則の慣例的な形式によって，顕熱フラックス C（多くの教科書では記号 H を用いている）は群落表面温度 T_s と大気温度 T_a の温度差の関数として次式のように表せる．

$$C = \frac{K}{l}(T_s - T_a) = g_H \rho c_p (T_s - T_a) \tag{4.8a}$$

各記号は BOX 4.2 で説明した．上式は次式のようなモル単位系でも表せる（Campbell & Norman, 1998）.

$$C = \hat{c}_p \hat{g}_H (T_s - T_a) = \frac{\hat{c}_p(T_s - T_a)}{\hat{r}_H} \tag{4.8b}$$

$\hat{c}_p$ は空気のモル比熱（29.3 J mol^{-1} K^{-1}）である．境界層コンダクタンスやその逆数の境界層抵抗は，表面から気温が計測された基準面までの熱輸送に適した表現である．

■ 4.4.3 蒸散

植物群落からの蒸発速度は，(ⅰ) **環境条件**，すなわち気温，利用可能なエネルギー，群落と大気の水蒸気圧差などと大気境界層の輸送抵抗，そして (ⅱ) **植物要因**，すなわち葉面積，群落構造，とくに気孔開度によって規定される．4.2.2項で指摘したように，E はエネルギー収支に対してかなり大きな影響を与え，群落温度の制御に重要である．BOX 4.2 によれば，葉からの蒸発（蒸散 E [mol m^{-2} s^{-1}]）は，次式のように表される．

$$\boldsymbol{E} = \hat{g}_W(x_s - x_a) = \frac{x_s - x_a}{\hat{r}_W} \tag{4.9}$$

$\hat{g}_W$ は水蒸気に対する総コンダクタンス [mol m^{-2} s^{-1}] で，気孔の通過過程と葉や群落周囲の大気境界層の両経路を含み，x_s は葉内の細胞間隙における湿度（モル分率で表され，水蒸気圧 e を大気圧 P で割ったものに等しい）であり，x_a は空気中の水蒸気圧に相当する．x_s の値は，通常，ほんのわずかな誤差で葉温における水蒸気の飽和モル分率に等しいと仮定され，葉温の指数関数となる（付録1参照）．式(4.9)は，水損失への総抵抗 $\hat{r}_W$ を，植物葉内の気孔開口部を通じた水損失を表す拡散要素 $\hat{r}_s$ と，葉面境界層を通じた輸送に関連する主要な対流要素 $\hat{r}_a$ に分離して拡張することが可能であり（たとえば，図4.4），群落上の境界層へも次式のように当てはめることができる．

$$\boldsymbol{E} = \frac{x_s - x_a}{\hat{r}_W} = \frac{x_s - x_a}{\hat{r}_s + \hat{r}_a} = \frac{x_s - x_{表皮}}{\hat{r}_s} = \frac{x_{表皮} - x_a}{\hat{r}_a} \tag{4.10}$$

$x_{表皮}$ は葉の表皮面における湿度（モル分率）である．定常状態においては，連続性の原理によって直列回路の各直列抵抗を通過するフラックスは等しいので，上式の最後の2つの等号が成り立つ．水損失と直接的に関係する熱損失速度は $\lambda \boldsymbol{E}$ [W m^{-2}] によって得られる．

□ 蒸発量の単位[16]

エネルギー収支の研究では，蒸発は通常，等価のエネルギー輸送（$\lambda \boldsymbol{E}$ [W m^{-2}]）として表される．しかし，たいていの農学や生態学的な目的では，蒸発の単位として1時間あ

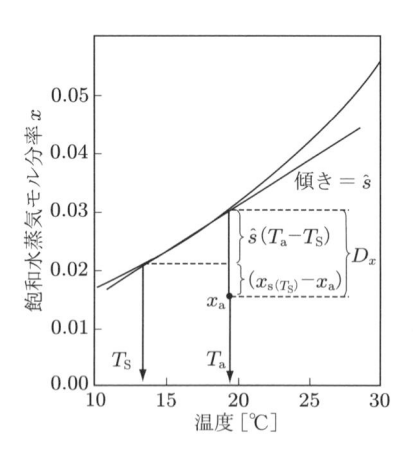

図4.7 ペンマン変換の図．曲線は飽和水蒸気モル分率と温度との関係を表し，傾斜 $\hat{s}$ の直線は，葉面温度 T_{leaf} と T_a の間の平均的な傾きを表す（Jones, 1992参照）．

---

16 20℃における蒸発量は，1 [mm] = 1000 [cm^3 m^{-2}] = 0.01 [ML ha^{-1}] = 1 [kg m^{-2}] = 55.55 [mol m^{-2}] ≅ 2.454 [MJ m^{-2}] と換算できる．

たりの水量である［mm h^{-1}］が好んで利用され，生理学的な研究における互換性のためには［mol m^{-2} s^{-1}］で表す単位が有用であることが多い．乾燥した環境では，E は通常 1 mm h^{-1} 程度であり，その値は，1 kg m^{-2} h^{-1}, 0.278 g m^{-2} s^{-1}, 気温 20℃で 682 W m^{-2}, 15.4 mmol m^{-2} s^{-1} と等しい．

■ 4.4.4 ペンマン - モンティース結合式

E の推定値を得るために，葉や植物群落の定常状態におけるエネルギー収支（式(4.7)）を解くには，放射，気温，湿度，輸送抵抗などの環境条件だけではなく，群落表面温度を知る必要がある．表面温度は潜熱 λE と顕熱 C の両方の交換量（式(4.10)と式(4.8)）を決定し，表面温度はこれらの交換量によって規定される．このエネルギー収支は Penman, 1948 によって最初に提案された線形近似を利用し，葉温と蒸発速度の両方を推定することで求められる．この手法では，葉と空気の温度差と大気飽差 $(x_{\text{sat(Ta)}} - x_{\text{a}}) = D_x$ によって，蒸発が起こる葉と空気の湿度差 $x_{\text{s}} - x_{\text{a}}$ を以下の近似式によって表す（図 4.7）．

$$x_{\text{s}} - x_{\text{a}} = x_{\text{sat(Ts)}} - x_{\text{a}} \cong (x_{\text{sat(Ta)}} - x_{\text{a}}) - \hat{s}(T_{\text{a}} - T_{\text{s}})$$
$$= D_x + \hat{s}(T_{\text{a}} - T_{\text{s}}) \tag{4.11}$$

湿度はモル分率 $x = e/P$ で表され，$\hat{s}$ は $(T_{\text{a}} - T_{\text{s}})/2$ における気温に対する飽和水蒸気モル分率曲線の傾きである．この置換は，蒸発を推定するペンマン - モンティース式を導くために頻繁に利用される．式(4.11)を式(4.9)に代入した式と，式(4.8)から $T_{\text{s}} - T_{\text{a}}$ を除去して次式が得られる．

$$\boldsymbol{E} = \hat{g}_{\text{W}} \left(D_x + \frac{\hat{s}\boldsymbol{C}}{\hat{c}_{\text{p}}\hat{g}_{\text{H}}} \right) \tag{4.12}$$

上式とエネルギー収支式（式(4.7)で貯留量へのフラックスがゼロの定常状態を仮定）から $\boldsymbol{C}$ を除去し，書き換えることで次式を得る．

$$\lambda \boldsymbol{E} = \frac{\hat{c}_{\text{p}}\hat{g}_{\text{H}} D_x + \hat{s}\boldsymbol{R}_{\text{n}}}{(\hat{c}_{\text{p}}\hat{g}_{\text{H}}/(\lambda \hat{g}_{\text{W}})) + \hat{s}} = \frac{\hat{\gamma}^* \lambda \hat{g}_{\text{W}} D_x + \hat{s}\boldsymbol{R}_{\text{n}}}{\hat{\gamma}^* + \hat{s}} \tag{4.13}$$

$\hat{\gamma}^* (= \hat{c}_{\text{p}}\hat{g}_{\text{H}}/\lambda\hat{g}_{\text{W}})$ は修正された**乾湿計定数**（psychrometer constant）であり，水蒸気と熱のコンダクタンス差を補正する．上式の特徴は，表面温度情報の必要性をなくしたことであるが，水蒸気の表面コンダクタンス $\hat{g}_{\text{W}}$ の項が存在し，これには気孔と境界層による調節が含まれている．

式(4.13)をさらに変形すると，群落温度の式が得られる．式(4.7)〜(4.9)から $\boldsymbol{E}$ を除去し，再びペンマンの近似（式(4.11)）を用い，少し書き換えると（たとえば，Jones, 1992 参照），葉温あるいは群落温度を示す次式が得られる．

$$T_{\text{leaf}} = T_a + \frac{R_n - \hat{g}_W \lambda D_x}{\hat{c}_p \hat{g}_H + \lambda \hat{s} \hat{g}_W} = T_a + \frac{R_n \hat{r}_W - \lambda D_x}{\hat{c}_p r_W / \hat{r}_{aH} + \lambda \hat{s}} \qquad (4.14)$$

慣用単位系による式(4.13), (4.14)に相当する式は付録1に示す.これらの式の導出には2つの重要な仮定がある.第一に,気温による飽和モル分率の変化比率が対象とする温度幅で一定であるという仮定である.この仮定は,多くの温度差に対して無視できる程度の誤差をもたらす.第二に,純放射は葉温によって変化しないという仮定である.しかし,実際には,純放射は葉面からの長波放射による影響を介して葉温に依存する.とくに,モデル化における正確な研究のためには,**等温純放射**(isothermal net radiation)R_{ni}の概念を用いて修正する(Jones, 1992).

□ **等温純放射**

等温純放射は,表面温度が気温と等しいと仮定した場合に,同一の表面が同一の環境下で受けるだろう純放射として定義される.純放射との違いは長波放射の射出によって生じ,これは表面温度の関数なので,次式のように表される(Jones, 1992).

$$R_{\text{ni}} = R_n + \hat{g}_R \hat{c}_p (T_s - T_a) \qquad (4.15)$$

$\hat{g}_R$は放射熱コンダクタンス($= 4\varepsilon\sigma T_a^3 / \hat{c}_p$. Jones, 1992 参照)として知られ,通常の境界層経路における熱輸送と並列的に生じる.このため,総熱輸送コンダクタンス$\hat{g}_{HR}$は2つの要素の並列結合で得られる.

$$\hat{g}_{HR} = \hat{g}_H + \hat{g}_R \qquad (4.16)$$

場合によってはコンダクタンスの逆数(抵抗,$\hat{r}_{HR} = \hat{r}_H \hat{r}_R / (\hat{r}_H + \hat{r}_R)$)もよく用いられる.式(4.14), (4.15)の$\hat{g}_R$を$\hat{g}_{HR}$,R_nをR_{ni}に置き換えると,改良版のモデルとなる.

■ **4.4.5 群落モデル**

ここまでは,水蒸気輸送の抵抗を,気孔と境界層による単純な直列抵抗からなる単純な葉面として近似し,これらを暗黙のうちに植生群落に適用してきた.実際の群落では,熱と水蒸気フラックスは個々の群落構成要素で異なる.たとえば,低い位置にある葉は空には露出していないが,下にある土壌との間でより大きな放射や物質の交換を行っている.しかし,たいていの農学やリモートセンシングの応用では,これまでのやり方によって,複雑な鉛直方向の,そしてたいていは空間的な不均一性を単純化している.もっとも単純な方法は「巨大葉(big-leaf)」近似であり(図4.8(b)),群落全体を1枚の大きな葉として扱い,「平均的な」表面において熱と物質両方のフラックス交換が行われていると仮定している.リモートセンシングでは,しばしば,各ピクセルを平均的な「巨大葉」と仮定する.しかし,とくに典型的な非一様群落においては,総群落蒸発は,強い日射を受けている群落上層の,おそらく相対的に高温な日向葉からの蒸発と,相対的に被陰された群落低層の日陰葉からの蒸発,そして土壌からの蒸発の総和である.この複雑さのほとんどは「2

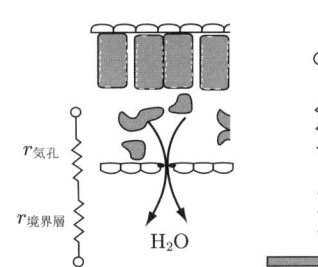

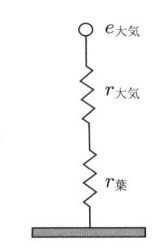

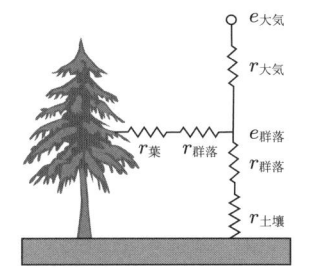

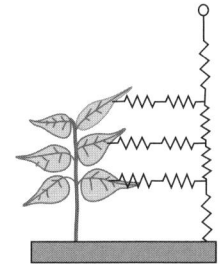

4.4 群落-大気における交換過程　103

(a) 気孔と境界層の抵抗をもつ葉における水蒸気交換の単純なモデル

(b) もっとも単純な群落(巨大葉)モデル

(c) より現実的な「2層」モデル

(d) 群落内の各層で異なるエネルギー収支，異なる輸送抵抗を考慮した多層モデル

図4.8 さまざまなスケールと複雑さのモデルの例．(a) 葉の単純なモデル．(b) 葉と土壌が混在した両者の平均的なふるまいが平均表面によって近似され，水蒸気輸送に対する抵抗は，直列な葉抵抗と境界層抵抗からなる．一方，熱輸送に対する抵抗は境界層抵抗のみからなる．(c) 群落からの蒸発とエネルギーフラックスを植生と土壌からに分けているが，すべての植生は同一に扱われる．(d) 群落の多層モデル．

層」モデル（図4.8(c)）によって十分に近似できる．このモデルでは，土壌と群落は水とエネルギー供給源の単純なネットワークとして個別に扱い，群落内外および群落上の輸送抵抗も個別に扱う．

リモートセンシングのためには，通常，単位ピクセルあたりの平均フラックスを考えるが，とくに小さなスケールでは，近隣したピクセルのフラックス間で相当量の相互作用がある．実際，群落輸送やエネルギー収支を詳細に取り扱う場合，とくに半乾燥や不均一性の高い系において，ピクセル間のエネルギー移流を考慮する必要がある．よく知られた効果として，乾燥環境にある孤立した作物の蒸発量は，移流によって近隣から移動してきた熱と乾燥空気のために，作物が得た放射エネルギー量より相当大きくなることがある．

■ 4.4.6 非定常状態

リモートセンシングによって，群落，土壌，土壌水分について有用な情報を得るためのとくに強力な手段は，熱動態の研究によって得られる．前節までのモデルでは，平衡に達して温度が一定であると簡略化してきた．しかし，実際の世界では，出入りするエネルギーフラックスがつり合うことはほとんどなく，エネルギーフラックスの貯留への出入りが存在するので，温度は変化し続けている．群落においては，植物体への熱貯留量は一般にかなり小さく，急速に実質的な平衡に達するため，主要な貯留フラックスは土壌へ流入する（しばしば G と表現される）．

□ 薄い葉

葉のような薄い物質に対しては，とくに熱伝導が高いとき，温度変化率 dT/dt は次式のように表される．

$$\frac{dT}{dt} = \frac{S}{c_{\text{area}}} \tag{4.17}$$

c_{area} [J m^{-2} K^{-1}] は葉の単位面積あたりの比熱容量（= $\rho c_\text{p} l^*$．ρ：密度，c_p：葉の比熱容量，l^*：厚さ）であり，葉温を 1 ℃変化させるために必要な熱量を示す．このような薄い物体に対しては，式(4.17)を完全なエネルギー収支式である式(4.7)と組み合わせることによって，葉の温度変化率を，葉温 T_l とその時点の環境条件における平衡温度 T_e との差によって次式のように表せる（たとえば，Jones, 1992）．

$$\frac{dT}{dt} = (T_\text{e} - T_\text{l})\frac{\rho c_\text{p}}{c_{\text{area}}} f(r) \tag{4.18}$$

$f(r)$ は境界層抵抗と表面抵抗の関数（$f(r) = 1/r_{\text{HR}} + (s/\gamma(r_{\text{aW}} + r_{\text{lW}}))$）で，$\gamma$ は乾湿計定数（$\rho c_\text{p}/0.622\lambda$），$s$ は飽和水蒸気圧曲線の傾きである．上式によって平衡温度 T_{e1} の環境条件から T_{e2} の環境条件へ変化する任意の時間において，次式のように T_l を表現できる．

$$T_\text{l} = T_{\text{e2}} - (T_{\text{e2}} - T_{\text{e1}})\exp\frac{-t}{\tau} \tag{4.19}$$

τ （$= c_{\text{area}}/(\rho c_\text{p}[1/r_{\text{HR}} + [s/\gamma(r_{\text{aW}} + r_{\text{lW}})]])$）は全変化の $(1 - (1/e))$，すなわち約 63% に達するまでの時間を示す時定数である．時定数は，表面が環境条件の変化にどの程度素早く追随して変化するかを示し，葉においては平均で 30～50 秒程度であり，c_{area} そして境界層コンダクタンスと気孔コンダクタンスの両方の増大に伴い増加する．

□ 厚い葉，土壌，その他

前節の時定数の計算は，温度変化している物体内の急速な熱輸送を想定しており，物体内部は急速に温度平衡状態に近づく．これは，薄い葉に対してはおよそ正しいが，土壌のような厚い表面やサボテンのような物体に対しては，2.4 節で紹介した熱慣性の概念のように，表面から物体内部を加熱する熱の伝導速度を考慮する必要がある．熱輸送の速度が遅いと土壌中に温度勾配が生じ，温度の日変化や季節変化が表面でもっとも大きくなり，深くなるにつれて次第に振幅が減衰する．そして，図 4.9 に示すように，振幅の減衰とともに地表面温度変化からの位相遅れが増加する．

任意の地点における実際の温度動態は，フーリエの熱伝導方程式を解くことで得られ，1 次元では次式のようになる．

$$\frac{\partial T}{\partial t} = D_\text{H} \frac{\partial^2 T}{\partial z^2} \tag{4.20}$$

D_H は土壌の熱拡散率（$= K/(\rho_\text{s} c_\text{s})$）[m^2 s^{-1}]．しばしば土壌学では κ と表記される．K は土壌の熱伝導率 [W m^{-1} ℃$^{-1}$]，ρ_s と c_s は土壌の密度と土壌の比熱）である．上式の詳細および導出は Campbell & Norman, 1998 のような教科書に説明されている．土壌に入力するエネルギーが正弦曲線的な変動で与えられると，表面温度は正弦曲線的な変動となり，

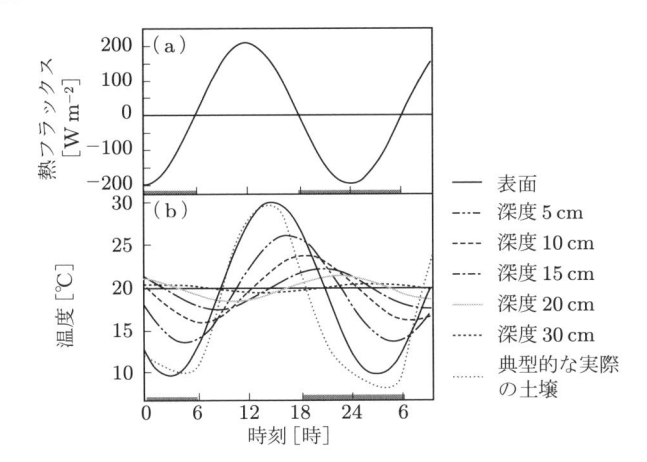

図 4.9 熱フラックスと土壌温度の日変化．（a）晴天日の太陽エネルギー入力によって生じた土壌表面の熱フラックス（正の値は，土壌への正のフラックス **G**），（b）式 (4.21) を用いて（$D = 0.102$ として）計算したさまざまな深度における土壌温度変動．

日変化や年変化を推定するような場合には，式 (4.20) を解くことで，任意の深度 z，任意の時間 t における温度が次式のように得られる．

$$T_{z,t} = T_{ave} + \frac{\Delta T}{2} \exp\left(-\frac{z}{Z}\right) \sin\left(\omega t - \frac{z}{Z}\right) \tag{4.21}$$

T_{ave} は 1 周期の平均温度，$\Delta T/2$ は 1 周期の最大振幅の半分，ω は温度変化を生じさせる入力エネルギーの角振動数（$= 2\pi/$変動周期）で，日周期では $7.3 \times 10^{-5}\,\mathrm{s^{-1}}$，年周期では $7.3 \times 10^{-5}\,\mathrm{s^{-1}}$ となる．Z は **制動深さ**（damping depth）とよばれ，地表面に吸収されるエネルギーがどの程度かと，どの程度の深さまで影響を及ぼすかを示す尺度である．このため，制動深さは，深さに伴う温度変動の減衰率や，任意の深さの温度変化の位相が地表面の温度変化からどの程度遅れるかを規定する．制動深さは次式で与えられる．

$$Z = \sqrt{\frac{2D_H}{\omega}} \tag{4.22}$$

上式のふるまいを図 4.9 に示す．制動深さが 3 倍になると，振幅は表面の 5 ％まで小さくなる．これらの結果，表面の温度変動の大きさは，エネルギーの入力とその時間変動に依存するのに加えて，比熱容量の組み合わせと物質の熱伝導率に依存することがわかる．均質な物質の表面温度の変動に対するこれらの 2 つの量の効果は，**熱アドミッタンス**（thermal admittance）μ，または 2.6 節で示した平衡条件の **熱慣性**（thermal inertia）P として表される．後者はリモートセンシングの文献でもっとも使用され，式 (2.18) は次式のように表される．

$$\mu = P = \sqrt{K\rho_s c_s} = \rho_s c_s \sqrt{D_H} \tag{4.23}$$

この表現は，ある物質が表面温度の変化に逆らう傾向についての有用な尺度となる．いくぶん直感に反するが，高伝導物質の表面は，たとえば放射入力が変化しても，表面温度の変化は小さくゆっくりしている．この効果は，熱コンダクタンスが増加すると，吸収された放射エネルギーが表面から深くまで浸透するため，より大きな体積の物質を加熱する必要があるという事実によるもので，表面におけるより小さく，より遅い温度変化をもたらす．したがって，木材のような断熱材は，金属のような高伝導物質と比較して，熱アドミッタンスが低く（低慣性），表面温度変化が速い．逆に，高い熱慣性の物質は，その深部までより大きな温度変化を示すということも重要である．地表面温度の日変化は，一般に正弦曲線に非常に近い形を示す（図4.9）．異なる表面における典型的な日変化曲線を図4.10に示す．図から明らかなように，植生よりも砂地，または他の乾燥土壌のほうが温度の日変化幅は大きく，水面ではより安定した表面温度，つまり，より高い熱慣性を示す．

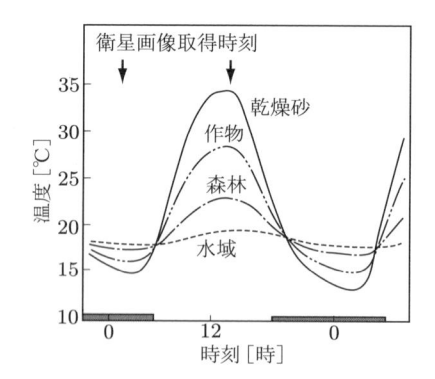

図4.10 2時と14時の2枚の衛星画像から得られると想定される，異なる表面における日温度変化の違いを示した概念図．2枚の衛星画像から得られた表面温度から式(4.24)によってATIが計算される．ATIは，土壌熱フラックスと，エネルギー収支における潜熱交換の寄与率の違いによって変化する．

1日全体の変化では，日中に地表面に蓄えられた熱の総量が夜間に失われた熱とおよそ等しく，その表面の熱慣性や熱アドミッタンスに比例する．図4.9より，表面温度はエネルギー入力から1/8周期遅れている．表面温度 ΔT の振幅，すなわち最大値と最小値の差は $2G_{max}/P\sqrt{\omega}$ で与えられ，G_{max} は日最大土壌熱フラックスである．裸地土壌面では，G_{max} の値は日最大純放射 R_{n-max} の40%程度であることが多く，残りの熱が顕熱や潜熱として失われる．植生表面では G_{max} はずっと小さい（9章参照）．

潜熱が無視できる乾燥土壌では，吸収された放射エネルギーの土壌熱フラックス G と顕熱フラックス C との間の分配は，土壌と大気輸送過程の相対的な熱アドミッタンス，すなわち $G/C = \mu_{soil}/\mu_{atm}$ （または，P_{soil}/P_{atm}）に依存する．前者は土壌タイプや断熱特性に

依存し，後者は風速や乱流に依存する．乾燥土壌では，G/R_n は静止した空気で0.98，穏やかな状況で0.33，非常に風が強い状況で0.1以下となるが，土壌表面が麦わらなどの断熱マルチで覆われた土壌では0.95から0.04以下にもなる（Campbell & Norman, 1998 の表8.1）．

典型的な土壌と土壌構成要素の熱特性と，植生表面の熱慣性 $P\,[\mathrm{J\,s^{-1/2}\,m^{-2}\,K^{-1}}]$ の値を表4.1にまとめる．P の値は，乾燥土壌の約500から水の1500，土壌鉱物の2400，金属の20000程度にまで及ぶ．

表4.1 土壌熱特性（T は [℃]（Campbell & Norman, 1998, Rees, 1999 のデータ）．さらなる情報は Hillel, 1998, Ochsner et al., 2001 および付録1参照）

物質	ρ_s [kg m^{-3}]	c_s [J kg^{-1} K^{-1}]	K [W m^{-1} K^{-1}]	$c_v\,(=c_s\rho_s)$ [J m^{-3} K^{-1}]	P [J s$^{-1/2}$ m^{-2} K^{-1}]
土壌鉱物	2.65×10^3	870	2.5	2.31×10^6	2400
花崗岩	2.64×10^3	820	3.0	2.16×10^6	2550
有機物	1.3×10^3	1920	0.25	2.50×10^6	790
水	1.0×10^3	4180	$0.56+0.0018T$	4.18×10^6	1580
空気 (101 kPa)	$1.290\times 0.0041T$	1010	$0.024+0.00007T$	$1300-4.1T$	5.57
砂土（乾燥）	1.436×10^3		$0.25\sim 0.4$	1.38×10^6	$590\sim 740$
砂土（30%水）			1.87	2.63×10^6	2220
壌土（乾燥）	1.330×10^3		$0.23\sim 0.4$	1.39×10^6	$560\sim 745$
壌土（30%水）			0.98	2.42×10^6	1540
有機質土壌（乾燥）	0.26×10^3		0.05	0.32×10^6	126
有機質土壌（30%水）			0.22	1.58×10^6	590
有機質土壌（70%水）			0.45	3.21×10^6	1200

多くのリモートセンシングの応用計測では，P の計算に必要な熱フラックスや地表面パラメタ（K, ρ_s, c_s）について，すべての情報を得られるわけではないが，熱動態のリモートセンシングによって多くの有用な情報が得られる．たとえば，正午と真夜中のような異なる時間における2枚の画像の温度差 ΔT は，しばしば**見かけの熱慣性**（apparent thermal inertia）ATI を得るために利用される．図4.10は，早朝と午後の早い時間という極端な表面温度となる時間の2枚の衛星画像から得られた温度を示し，ATI は次式により計算される．

$$ATI = 1 - \frac{A}{\Delta T} \tag{4.24}$$

A は日射アルベドである．上式には，入射放射を変化させるような修正を含められる．アルベドは，異なる表面吸収率が表面温度に及ぼす効果の説明に利用される．黒っぽい物質は白っぽい物質よりも太陽光を吸収し，日中ほど温度が上昇するので，ΔT を強調する．異なる表面の熱慣性についての情報は，表面特性について非常に有用な情報を与える．裸地砂土のような低い熱慣性の表面の1日の温度変化幅は大きく，水体や森林のような高い熱慣性の表面は，より小さな温度変化幅となる．植生表面では，潜熱フラックスも表面エネルギー収支の主要な構成要素で，これは日中の気孔による調節によって変化し，ATI が増加すると1日の温度変動をかなり減衰させるので，さらに複雑な状況となる．

1978～1980年に行われた熱容量観測衛星(Heat Capacity Mapping Mission：HCMM)は，とくに昼夜の熱画像を 600 m のピクセルサイズで記録するために計画された．赤道通過時刻は，最低と最高の表面温度時刻に対応した真夜中過ぎと昼過ぎであった．適切に記録された画像の解析によって，ATI 地図は異なる土地被覆と地質学的組成の情報を提供した．さらに複雑なアルゴリズムも存在し，1日の間の3つ以上の異なる時刻における衛星熱画像を利用するものもある (Sobrino et al., 1998, Xue & Cracknell, 1999)．

■ 4.5　フラックスの測定

フラックスを推定するためのリモートセンシング手法の詳細は9章で扱うが，それらはほとんどの場合間接的なので，より直接的な従来の方法で較正する必要がある．フラックス推定のために必要な主要な微気象学的手法については Monteith & Unsworth, 2008 で解説されている．ここでは，リモートセンシングデータの較正あるいは確認の基準となる，植生と大気間の物質とエネルギーの交換量を推定する3つの主要な方法を概説する．

(ⅰ) 小さな透明な箱（チャンバー）や小さな容器（キュベット）で囲った個別の器官の測定値を利用し，測定した器官の数や空間的な分布についての知識と組み合わせ，植生-環境モデルを利用して「スケールアップ」する (4.5.1項)．
(ⅱ) より広い群落範囲のガス交換量の測定を，透明な箱で覆う，あるいは蒸発の場合には計量ライシメータを使うことで行う (4.5.1項)．
(ⅲ) 渦相関法や気象データからの計算のような微気象学的手法を利用する (4.5.2項)．

■ 4.5.1　キュベットおよびチャンバー法

CO_2 や水蒸気のような物質交換を，葉や植物のスケールで閉鎖チャンバー内のガス交換を利用して測定することは可能であるが，これらを効果的に群落スケールまで拡張することは，代表葉や代表木の選択，葉や群落チャンバー内部の環境条件，なかでも風速の再現

が難しいため，困難である．とくに，このようなシステムで群落内部と群落上部の輸送抵抗を再現することはできない．イネ科草本のような背が低くて密な群落や，孤立した樹木に対しては，群落チャンバーが利用可能で，小面積の作物が重量測定可能な非常に大きな栽培容器の中で生育している場合には，計量ライシメータが利用できる．BOX 4.4でスケールアップの過程を説明する．広域の植生についてもっとも信頼できるフラックスの計測は，微気象学的手法によるものである．

BOX 4.4　キュベットデータのスケールアップ

（a）計測した同化速度の単純積算

　データは個葉ごとに計測し，群落全層，全種で積算する．

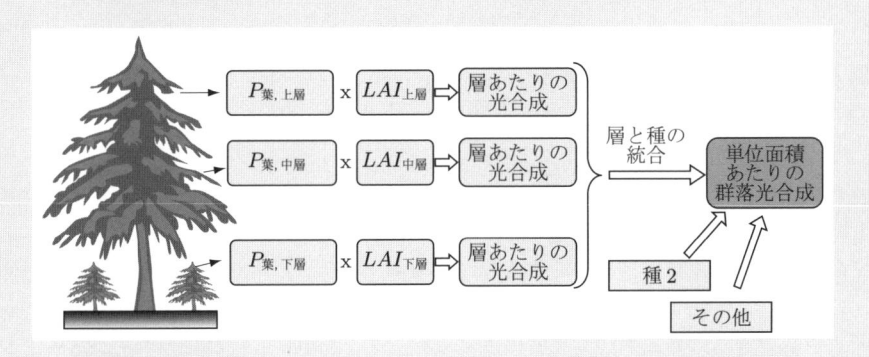

（b）モデル化による手法

　データは，環境への光合成応答，与えられた放射環境，モデル化された放射透過，群落全層全種での積算をもとに計算される．この手法は日変化や日積算をよく推定できる．

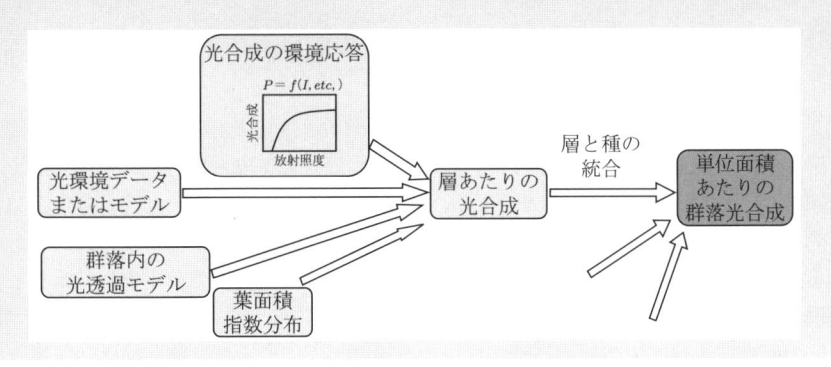

■ 4.5.2　微気象学的・気象学的手法
□ 傾度法

　傾度法は古くから利用されてきた（図4.11）．この手法は，表面を出入りする熱や物質

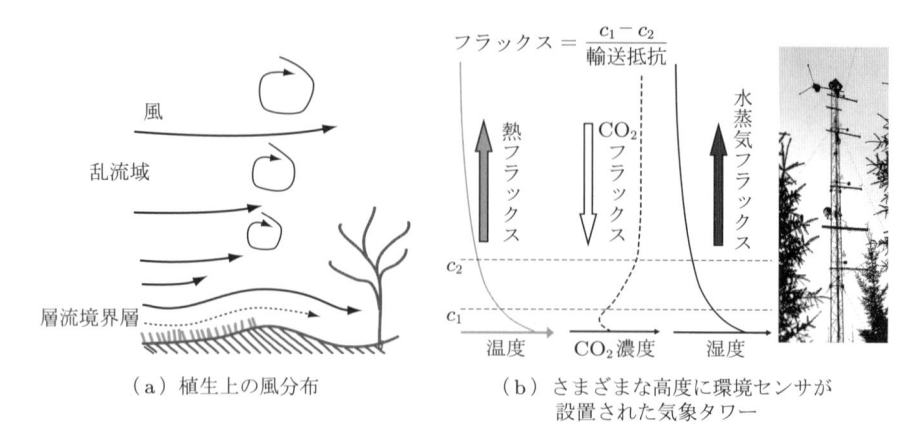

図4.11 （a）表面近くの層流から乱流層に移行している．（b）熱，CO_2，水蒸気フラックスの方向に対応する気温，CO_2濃度，大気湿度の鉛直勾配を示す．各構成要素のフラックスは，任意の2高度の濃度差とその場の輸送抵抗から得られる．

の流れは実質的に1次元であるという事実に基づいており，群落上でそれなりの高度差があれば，そこでの輸送はモル分率の鉛直勾配とフラックス密度に比例した通常の輸送方程式で表される．乱流輸送によって輸送される場合，異なる気体や熱の比例定数や輸送係数は，たいていほぼ同じと仮定される．このため，この輸送係数は風速勾配（運動量）から簡単に計算できる．複数の観測高度におけるデータを利用する代わりの手法が**ボーエン比**（Bowen-ratio）法である．この方法は，輸送係数を推定するために風速の高度分布計測を利用するのではなく，熱と水蒸気に対する輸送係数が同様なものであると仮定する．エネルギー収支式を変形すると次式のようになる．

$$\lambda E = \frac{R_n - G}{1 + \beta} = \frac{R_n - G}{1 + C/(\lambda E)} = \frac{R_n - G}{1 + \gamma \partial T/\partial e} \tag{4.25}$$

βはボーエン比（$= C/(\lambda E)$），γは乾湿計定数，$\partial T/\partial e$は植生上の境界層における温度勾配と湿度勾配の比である．この手法の詳細については，大気安定度の違いを考慮した手法がMonteith & Unsworth, 2008やThom, 1975に概説されている．大気安定度は気温の鉛直分布に依存し，高度とともに気温が低下する場合には活発な対流が引き起こされて大気は不安定な状態となり，一方，気温の逆転層が生じている場合には安定な状態となる．

□ 渦相関法

最近の超音波風速計や時間応答性の高いセンサの発達によって，渦相関法のような鉛直風速の変動成分u'と濃度の変動成分x'の積の時間平均から鉛直フラックス密度を推定する，より直接的な手法が開発された．渦相関法の基本原理を図4.12に示す．推定精度は観測測器の細かい設置状況に依存し，たとえば，十分なフェッチ，すなわちセンサの風上に均一な群落範囲が確保できているかや，観測している柱の近くや複雑な地形における流

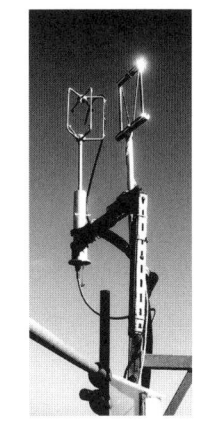

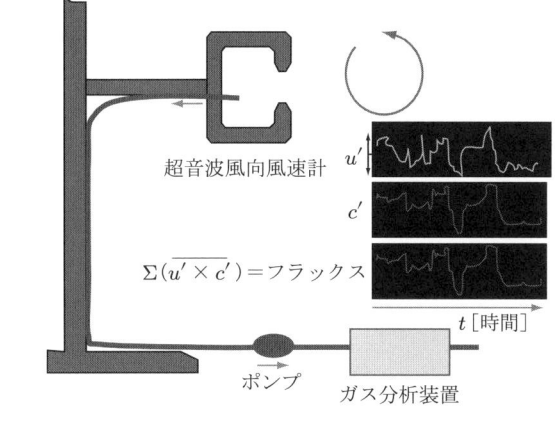

(a) 気象タワーに設置された　　(b) 渦相関法システムの基本原理
　　渦相関法システムのセンサ

図 4.12 （a）左が3次元超音波風向風速計，右がクリプトン水蒸気計．（b）超音波風向風速計はセンサを通過する空気の風向と風速の急速な変化を，赤外線ガス分析装置は水蒸気とCO_2の濃度変化に対応した変化を，サーミスターは気温の急速な変化を計測する．これらの計測から，$F = \int (u \times c) dt$ によって熱，水蒸気，CO_2のフラックスを計算できる．$u \times c$ は鉛直風速 u と輸送されている構成要素の濃度 c の瞬間値の積．

れの場の歪みの状況などによって誤差が生じる．フットプリント解析は観測された渦相関信号の起源となった群落範囲の推定を可能にする．渦相関の測定精度は，数十分かそれ以上の平均化期間やその期間の大気状態の安定性に依存する．

□ シンチロメータ

大口径シンチロメータは，渦相関法よりも衛星観測に対応した，広範囲の平均的な熱フラックスを求めるために利用できる（Hemakumara et al., 2003）．シンチロメータは地表付近の数 km に達する光路長における赤外放射の減衰（たとえば，0.94 µm）の変動を計測する．これらの変動は光路中の空気の屈折率の乱流強度の指標であり，それ自身が気温と湿度に対する乱流強度と関連している．異なる構成要素に対する輸送過程の類似性は，適切な気象データがあれば屈折率の乱流強度を顕熱フラックスの推定に利用できることを意味する．

□ 表面更新

ここまで紹介したものに加えて，E を推定するための，より簡単な観測システムを利用した単純な微気象学的な手法がいくつも提案されている．もっとも有望な手法の1つとして**表面更新**（surface renewal）がある．これは植生表面において徐々に熱が蓄積し，この熱は急激な噴出によってのみ取り除かれるという仮定をもとにしている．そのため，熱や物質の輸送速度は，一定割合で蓄積する熱による地表面近くの温度上昇率と熱噴出の頻度

□ E を推定するための気象学的手法とその他の手法

群落からの蒸発速度を推定するための，気象データを利用したさまざまな手法がある．これらは基本的に蒸発が環境，とくに水の蒸発に利用可能なエネルギー量によって決定されるという概念に基づいている．同様に，風速，温度，大気湿度も何らかの形で影響する．これらの手法は，温度（そして，しばしば日長；Thornthwaite, 1948）や放射（Makkink, 1957）との経験的な関係によるものから，Priestly & Taylor, 1972 のようなより厳密な理論的な基礎を用いた手法へと変化してきた．これらの詳細と他の手法は Brutsaert, 1982 に要約されている．しかし，農業気象学における標準的な手法は，ペンマン-モンティース法（式(4.13)に基づく）である．実践的な利用については Allen et al., 1999 に詳しい．ただし，もっとも信頼性の高いこの手法はもっとも多くのデータを必要とする．

一般的に，気象データからの E の推定は，蒸発計（evaporation pan）のような自由水面からの水損失の計測によって実際に可能な蒸発量を推定する．植物群落からの実蒸発速度 E_c は，（a）限られた地表被覆や（b）気孔閉鎖の結果として，この潜在的な速度よりもかなり小さいだろう．この可能蒸発は大気の蒸発力の尺度であり，基準蒸発散量 E_0 として表され，水分の不足していないイネ科草本表面などで起こるとされる（Allen et al., 1999 参照）．任意の表面における基準 E_0 から実際の E への変換には，主に経験的な乗数，あるいは植生表面の空気力学的特性の差異（たとえば，群落高）を考慮した「作物係数」K_c を利用し，また，有効土地被覆や葉面積指数，そして乾燥条件下の気孔閉鎖のような生理学的差異も利用する（広範囲の農作物の K_c の値が Allen et al., 1999 に示されている）．気象データが揃っていない場合，E_0 の有用な近似はより単純な手法によって得られ，あるいは，標準化された大きさの自由水面をもつ蒸発計によって，直接，基準蒸発量が推定できる．異なるタイプの蒸発パンは，E_0 への変換係数が若干異なる．

❓ 例　題

4.1 葉細胞内の浸透ポテンシャルが $-1.2\,\mathrm{MPa}$，全葉の水ポテンシャルが $-0.3\,\mathrm{MPa}$ であるとき，葉細胞内の膨圧はいくらか．弾力性のない細胞壁を仮定した場合，膨圧がゼロになり，葉が萎れるときの全水ポテンシャルはいくらか．より現実的な弾力性のある細胞壁を想定した場合，萎れ点はどのように変化するか説明せよ．

4.2 上向面，下向面の水蒸気の気孔コンダクタンスがそれぞれ $50\,\mathrm{mmol\,m^{-2}\,s^{-1}}$，$200\,\mathrm{mmol\,m^{-2}\,s^{-1}}$ で，各表面での水蒸気の境界層コンダクタンスが $500\,\mathrm{mmol\,m^{-2}\,s^{-1}}$ の葉について，（a）水蒸気の総葉コンダクタンス，（b）水蒸気の総葉抵抗，を計算せよ．（c）気温 $20\,\mathrm{℃}$ としたとき，$[\mathrm{m\,s^{-1}}]$ 単位での水蒸気の総葉コンダクタンスはいくらか．（d）熱輸送の境界層コンダクタンスを推定せよ．

4.3 （a）図 4.7 を用いて，葉内と大気の水蒸気モル分率の差を求めよ．葉温は $18\,\mathrm{℃}$，気温

は24℃，相対湿度は50%とする．（b）水蒸気飽差がゼロになる葉温は何℃か．（c）付録1のマグナスの式を用いて，気温40℃，相対湿度60%における水蒸気圧を計算せよ．

4.4 （a）気温20℃，葉温24℃で400 W m^{-2}の純放射を受ける葉の等温純放射を計算せよ．（b）蒸発損失がないとして，熱輸送の境界層コンダクタンスを計算せよ．

4.5 （a）境界層コンダクタンスが0.1 m s^{-1}，気孔コンダクタンスが0.02 m s^{-1}で，100 μmの厚さの葉の熱時定数を推定せよ．（b）蒸散していない葉と気孔が完全に開いた葉に対する制限要因は何か答えよ．

推薦書

　植物の基本的な構造と機能に関しては植物科学の入門書に詳しく説明されているが，とくに有用な教科書として，Raven et al., 2005, Salisbury & Ross, 1995, Taiz & Zeiger, 2006（テイツノガイガー植物生理学 第3版（西谷和彦 ほか 共訳）2004（培風館））がある．植物の環境との相互作用の基礎については，Fitter & Hay, 2001, Jones, 1992, Nobel, 2009のような植物環境生理学の教科書に詳しく，とくにNobel, 2009は，細胞の水分特性や光合成のような基礎生物物理学を包括した優れた教科書として推薦できる．植物と環境の相互作用の物理学的知見を得るための優良な入門書として，Monteith & Unsworth, 2008, Campbell & Norman, 1998（生物環境物理学の基礎 第2版（久米篤 ほか 共訳）2003（森北出版）），Jones, 1992が挙げられる．

5 地球観測システム

　リモートセンシングでは，電磁放射を検出する必要がある（2章参照）．多くの場合，観測した場面（シーン）を後で解析するために，検出した信号を永続的な記録として残す必要もある．このような目的のためには，初期の空中撮影カメラから，最新のハイパースペクトルスキャナまで，広範囲の装置が利用できる．ある観測に最適な装置は，観測データの用途，その利用方法に適した電磁波の波長，必要とする観測頻度，観測対象のスケールやその変化の度合いといったさまざまな要素によって決まる．

　太陽は可視放射の自然発生源であり，そのため，いわゆる**光学的リモートセンシング**[17]がリモートセンシングの原形であり，また現在でももっとも一般的である．一方，地球は主に熱エネルギーを射出し，それを航空機や人工衛星搭載の熱センサによって検出して，地表面の温度分布図の作成に利用している．これらどちらも自然界で生成される電磁放射を利用しており，そのため，**受動型リモートセンシング**とよばれる．地球は短い波長域のマイクロ波も少し射出しており，それを受動的に検知できる（2.7節）．しかし，たいていのマイクロ波域のリモートセンシングでは人為的に生成したマイクロ波を用い，下方の表面から反射や散乱してくるマイクロ波を航空機や衛星に搭載したセンサで検知する．この方法には人為的な関与が必要であるため，**能動型リモートセンシング**とよばれる．放射源としてレーザを使うことにより，可視域で能動型リモートセンシングを行うことも可能であるが（5.6節），こうした使用法はエネルギーや人体への影響と安全性に配慮して制限されている．

　観測は，携帯型や搭載型の観測装置によって，観測タワーや航空機，人工衛星など，さまざまな距離の観測プラットフォームから行われる．そのため，観測装置をどのプラットフォームに搭載するかは，得られる画像の空間的・時間的分解能や，それらがどのように利用できるかに影響し，非常に重要である．原理的には，どのような観測装置であっても，あらゆるプラットフォームに搭載可能である．たとえば，人工衛星に搭載する装置の試作品は，通常，宇宙空間で使用する前に航空機で試験するので，衛星データの解析に必要な技術はこの段階で完成される．しかし実際には，観測装置と人工衛星は結び付けて考えられることが多い．たとえば，AVHRR（advanced very high resolution radiometer：改良型高分解能放射計）はNOAAシリーズに，TM（thematic mapper：主題図用放射計）はLandsatに関連づけられる．このようなプラットフォームにセンサを加えて，異なる構成機器類が一緒に機能する一式を**センシングシステム**という．一般に，観測装置は画像の特

---

[17] 「光学的」という言葉は通常，厳密な「可視」域よりももっと広い波長域を含んでおり，紫外域から近「反射」赤外までを含んでいる．この帯域では検出器の中にレンズとミラーが使われており，写真の感光剤もこの帯域の放射に感度をもっている．

性を決定し，プラットフォームはその位置を決定する．

最初の環境観測衛星が 1960 年代に打ち上げられて以来，数百もの人工衛星が打ち上げられているが，それらはたいてい気象観測や高度測定のような特定の用途を想定して運用されている．しかし，AVHRR を使った植生モニタリングなど，システム設計者がまったく想定しなかったデータの利用法が，打ち上げ後に数多く見いだされている．本章では，植生モニタリングに関係するデータを現在提供しているもっとも一般的なシステムについて考察する．多くの利用可能なシステムは Campbell, 2007 や Lillesand et al., 2007, さらには Kramer, 2002 による衛星計画とセンサについての教科書に詳しく記載されている．しかし，このような情報は進歩の速い科学分野においては急速に時代遅れになる．

■ 5.1 システム設計の原理

◼ 5.1.1 ピクチャーとピクセル

今日，たいていのリモートセンシング画像はディジタル形式である．電子検出器の価格が低下するにつれて，いまや家庭用のカメラでさえ通常はディジタル機器となっており，写真用フィルムの使用はますますまれになっている．この技術上の変化には多くの理由がある．はじめの航空写真はフィルム上に記録されていた．航空機が地上に戻れば，現像を行うためにフィルムを回収できたので，この方式でほとんど問題が起こらなかった．初期の衛星リモートセンシングは，1960 年代に改造された観測ロケットにカメラを搭載して始められ，マーキュリー有人宇宙船からの地球表面の最初の画像はカラー写真であり，すべて物理的に回収された．しかし，定期的に地球に戻ることのない無人人工衛星の出現により，出力を無線信号として地球に送ることが可能な，いままでとは異なる電子検出器を用いた記録技術が必要となった．しかし，そうした状況にあっても，出力信号は通常アナログ形式であり，視覚的解析のためにブラウン管やレーザフィルム記録器などで映像に変換して使用された．技術の進歩により，今日では，コンピュータで容易に数学的な操作ができるようなデータを，ディジタル送信して処理する方法がほぼ完全に採用されるようになった．当初，これらのデータは磁気テープに格納されたため，かさばり，データアクセス速度も遅かったが，最近では，最新の画像を構成する莫大なデータ量を格納可能な，安価な記録装置が開発されている．

アナログ画像は，写真のように空間的にも放射測定的にも連続で，画像をほとんど無制限に拡大することが可能であり，濃淡の範囲が連続的である．「ピクチャー（picture）」という単語は通常，こうした画像に対して使われる．一方，**ディジタル画像**（digital image）[18] は，空間的にも放射測定的にも不連続である．画像の濃淡，すなわちグレイレベルは段階的に増加し，その場面は個々の画素，すなわち「ピクチャーエレメンツ」，略して**ピクセル**（pixel）の配列から構成され，そのピクセルはグレイレベルの 1 つによって表さ

---

[18] 報道メディアでしばしば「宇宙からの写真」が引用されるが，厳密には，写真と画像は同じものではない．

れる．こうしたピクセルをさらに細分することはできず，拡大しても，もともとのピクセルがもっている情報しか含まない，より大きなピクセルができるにすぎない．これは，テレビ映像やコンピュータのモニターでよく経験していることで，我々が見ている映像は配列された光の点（ピクセル）からなり，その点の密度が画像分解能を決める．

■ 5.1.2 分解能

分解能という概念は，写真との関連で長く使われてきた．分解能とは，詳細で小さな対象が写真で区別できる容易さを意味する[19]．しかし，この概念はディジタル画像においては拡張され，いくつかの異なる種類の分解能が考えられている．**空間分解能**（spatial resolution）は，現在では個々のピクセルによって表現されうる地上対象物の大きさを意味する．これは通常，データを取得するために使われるセンサの光学システム，つまり，その視野と，センサの高度によって決定される．異なるセンサの空間分解能についての詳しい説明は 5.4 節で行う．**地上サンプリング距離**（ground sampling distance：GSD）はスキャナのサンプリング頻度によって決まる，各ピクセルの中心間距離である．放射測定の分解能とは，放射信号の強度を分割する段階の数を表しており，これは**グレイレベル**（grey level）とよばれる．8 ビットの分解能ならば 256 分割，12 ビットならば 4096 分割となる．しかし，有効な放射測定の分解能は，センサのノイズに対する信号の比率，すなわち S/N 比とアナログ–ディジタル変換の電子的性能によって決まる．温度センサの場合，放射測定の分解能は，しばしば同等の温度の分解能に変換される．**分光分解能**（spectral resolution）はセンサの波長間隔の細かさを定義し，そのため，ある場面の異なる構成要素の波長を区別する検出器の性能を示し，記録される個々のスペクトル波長帯の数と幅によって決まる（図 5.1）．**時間分解能**（temporal resolution）は連続した画像の取得時間間隔を表し，たとえば，飛行機による測定の場合の飛行通過間隔や人工衛星の回帰日数などがある．

■ 5.1.3 測定原理

ディジタル画像であっても，最初の基本的な解析は視覚的な観察によって行われる．解析者は，より詳細な科学的な解析を行う前に，画像の位置や視覚的品質，地物[†]の有無などを確認するために，写真をプリントしたり，画像をスクリーンに表示したりする．そして，その後，画像のタイプと必要とする情報の種類によって特定の解析技術を選択する．**写真測量**（photogrammetry）では画像の**空間解析**を必要とし，その解析では幾何的な精度

---

[19] 分解能/解像度（resolution）とは，実際にはある画像の中で互いに近い位置に置かれた二つの物体を識別する能力のことであり，その画像に見られる最小の物体のサイズではない．あるシステムが地物を識別する能力は「分解力（resolving power）」という概念で定量化可能だが，依然として主観的である．小さな物体を識別できるかどうかは，その物体とそれを取り囲む物体のコントラストにかなり依存している．なお，日本語では，resolution, resolving power をいずれも「分解能」と訳すことが多く，明確な区別はない．また，空間分解能と解像度はほぼ同義である．

[†] （訳注）地形上に乗っている自然/人工物のことをいう．

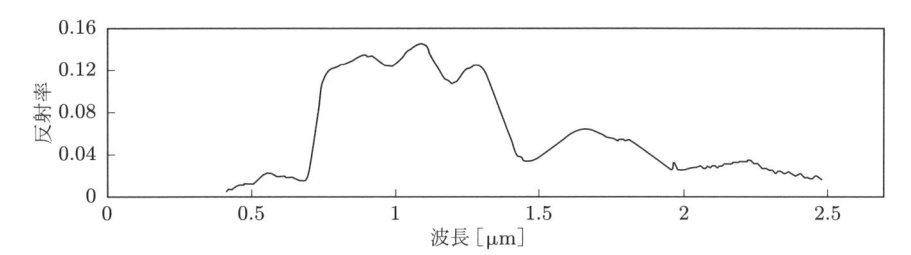

(a) ベイマツ（*Douglas fir*）群落の分光反射率（分解能 10 nm，USGS ライブラリより入手）

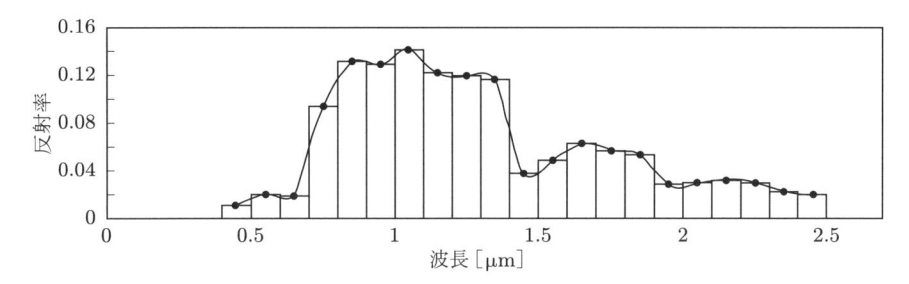

(b) 100 nm 幅のセンサチャンネルでサンプリングを行った場合の分光反射率曲線

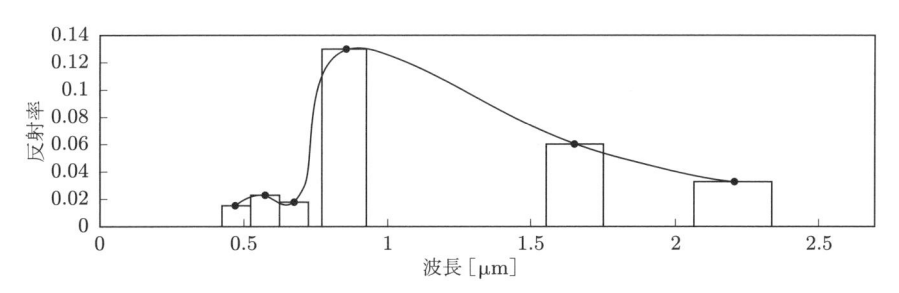

(c) Landsat TM の分光感度をもつセンサでサンプリングを行った場合の分光反射率曲線

図 5.1 分光分解能の図．異なる分光分解能のセンサが，ある物体の分光特徴をどのくらい忠実に表せるかを示す．

がもっとも重要であり，測定される要素はある地物の位置情報である．これはよく確立された技術であり，地図作成は航空写真のごく初期の頃からの用途の1つであった．一方，**写真判読**（photointerpretatoion）では目視によって地物を同定し，意味のあるものかどうかを判断する．そのような視覚的な解釈は，我々が絵画や日常のスナップ写真などを見るときに無意識のうちに行っているごく普通の行為である．この方法は長年にわたって改良され続けてきており，専門の写真判読者は，地物を捉えるためのさまざまな重要な指標，たとえば大きさや形，明暗または色，テクスチャ，周りとの関係などを利用し，判読の整合性を改善している（たとえば，Campbell, 2007, Jensen, 2005）．画像がディジタル形式の

場合，これらどちらの解析にもコンピュータが利用される．ディジタル画像処理は，リモートセンシングによって得られた画像から情報を引き出すための主要な役割を果たしている（6章参照）．

5.2 観測プラットフォーム

プラットフォームの目的は，検出器を対象範囲の上方に位置させることである．そのため，プラットフォームの種類は測定しようとする内容によって決まる．小規模で一時的なモニタリングや較正目的であれば，簡易な携帯型の測定器や固定プラットフォーム（塔や柱）に取り付けられた測定器で十分である．航空機は自由度の高いプラットフォームであり，高さや飛行方向だけでなく，飛行の時期や頻度も変えられる．軌道上の人工衛星は非常に安定したプラットフォームであり，正確に同定された位置から，定期的で規則的な観測ができる．その他にも，高所作業車，気球，ヘリコプター，軽量飛行機，無人飛行機，模型飛行機などのプラットフォームがある．それぞれのプラットフォームには，コストや利用可能性，高い空間分解能，使いやすさなど，それぞれの利点がある．その一方で，地形や放射条件の変化によって複数の画像から1枚の画像を合成するようなモザイク処理の適用が難しくなる場合もある．使用すべきプラットフォームの適切な選択は，研究プロジェクトを進めていくうえで重要である．しかし，本章では，主に航空機と人工衛星のプラットフォームとしての特徴を取り上げる．

5.2.1 固定された現場のプラットフォーム

携帯型や車載型の測定器を使えば，重要なデータを現地で収集できる．そうしたデータは，較正や現地での観測活動の一部として，また**精密農業**（11.3節）への応用目的の利用のためなどに収集される．植物の種や個体の成長特性が異なる条件や異なる視点から観測されるが，観測自体が研究目的として，あるいは航空画像や衛星画像内の対象の識別を助けるために行われる．固定されたタワーや移動可能なプラットフォームからは，より広い範囲が観測できる．こうした近接画像の重要な利点の1つは，大きなピクセルでは平均化されてしまう変動を，小さなスケールのピクセル間の変動に基づいて解析できることである．応用例としては，日向葉と日陰葉の比率から植生構造の情報を引き出す放射伝達モデルの逆解析などがある（8.6.3項）．もうひとつの**近接**（proximal）**リモートセンシング**の利点は，大気補正がほとんど必要ないことであるが，雲がかかったり，太陽の角度が変わったりするため，対象の上向きの測定と同時に，地上に到達する下向きの放射を測定することが重要である．反射率の測定時には，通常，2つのセンサをもつ検出器を使用し，（入射と反射の放射を測定するために）1つを下向き，もうひとつを上向きに設置するが，絶対反射率の推定においては反射標準を対照として用いる．

■ 5.2.2 航空機

さまざまな形式の航空機をプラットフォームとして，これまでに非常に多くのリモートセンシングがなされてきた．航空機の大きな利点の1つはその汎用性にある．天候さえ許せば，航空機は必要なときに必要な場所へすぐに飛ばすことができる．航空機の飛行高度は，写真や画像の縮尺に合わせたり，雲の下を飛ぶように調整したりできる．また，特定の目的のために飛行進路を調整して，ある特定の地域を含めたり，ある特定の角度からの観測を行ったり，立体視のための重ね合わせ画像を取得したりすることも可能である．航空機から得られる画像は，対象範囲が小さい場合にはかなり安価となる．しかし，欠点もある．航空機は広く一般に利用可能ではないし，基地から離れた場所にある観測対象地まで飛ばさなければならない．現実的な飛行時間内で網羅できる範囲はそれほど広くはなく，とくに高分解能が必要な場合や悪天候時，悪天候が予想される場合にはなおさらである．航空機はプラットフォームとしては若干不安定で，横すべりや偏揺れ，横揺れ，縦揺れにより，取得された画像にはさまざまな歪みが入り，また，位置決めは少し不正確で，その再現性もない．衛星航法（衛星測位システム）は航空機の位置精度をある程度改善し，ジャイロスコープは記録装置を安定に保つのに役立つ．

短期間の変動を測定する必要がある場合，たとえば沿岸地域や植生モニタリングにおいて，潮汐や日周変化の観測に1日に何回もの観測を必要とする場合や，超高空間分解能を必要とする場合，また一度だけの事象の研究のためには，航空機リモートセンシングは本来の利点を発揮する．

リモートセンシングにはUAV（無人飛行機）や気球，そして軽飛行機，NASAによる高高度偵察機まで，あらゆるタイプの航空機が使用可能である．ヘリコプターは，たとえばライダーによる輪郭測定（プロファイリング）のような，低空での測定に使用可能であり，近接した上空からのクロップマーク†やその他の地物についての軽飛行機，模型飛行機，気球を使った有益な研究が農学や航空考古学の分野で行われてきた．無人飛行機や無人車両は，人が留まりにくい場所に近づくために使用されてきたが，現在ではより日常的な活用ができるように開発されている．Rydberg et al., 2007 によって発表された SmartOne mini-UAV のように，飛行進路の自動制御や取得画像の自動合成が可能な装置では，より多くのことが達成できる．

航空機の使用にあたっては，必要とする高度，飛行時間，測定する角度が，テストサイトのすべてにおいて網羅されるよう，注意深い飛行計画が必要となる．航空機を連続した飛行経路で安定に保つためには，パイロットに高度な技術が要求され，たとえば，ラインスキャナを使用する場合と航空写真を撮る場合では，異なる技術が必要となる．カメラは個々の画像をほとんど即座に記録するため，飛行経路を絶えず修正して画像を記録することで，撮影された画像を後に研究室でつなぎ合わせることが可能となる．しかし，スキャナはラインを1つずつ追って連続的な画像を生成するため，ライン間の方向が急に変わら

---

† （訳注） crop mark. 埋没した遺跡などの上で植物の生育度合いの差によって作り出される模様のこと．

ないように飛行する必要がある．

■ 5.2.3 人工衛星と軌道

ドイツの天文学者ヨハネス・ケプラー（Johannes Kepler, 1571-1630）は，彼が初期に師事したティコ・ブラーエ（Tycho Brahe）の行った天体観測の結果を解析し，今日でも受け入れられている惑星の運動を支配している法則を1620年に示した．最初の2つの法則は惑星の楕円軌道の性質を述べたものであり，3つ目の法則は惑星の太陽からの距離と惑星の公転周期とを関係づけたものである．これらの式は，地球を周回する人工衛星の軌道にも当てはまり，そのため，人工衛星の進路や高度を正確に予測することが可能となった．

万有引力の法則によれば，2つの物体は，物質の質量とお互いの距離に依存した力によって互いに引き付けられる．ニュートンの法則に従えば，力を及ぼさない限り，動いている物体は直線運動を維持する．物体が円軌道を描いて移動するためには，その物体を横方向に押す力が絶えず必要となる．この力の方向はつねに円軌道の中心に向かっており，**向心力**（centripetal force）とよばれる．人工衛星と地球の間の重力がこの向心力を与えるので，人工衛星は円形の地球周回軌道を維持する．簡単な数学的解析（BOX 5.1参照）によれば，人工衛星が軌道を1周してもとの場所まで戻ってくるまでの時間，すなわち軌道周期 T は軌道半径 r と次式のように関係づけられる．

$$T^2 = \frac{4\pi^2}{GM_e} r^3 \tag{5.1}$$

重力定数 G と地球の質量 M_e を代入すると，r の単位を [km] とする場合，T [秒] は次式のように表される．

$$T = (9.952 \times 10^{-3}) r^{3/2} \tag{5.2}$$

ここで注目すべきは，式(5.1)には衛星の質量が含まれていないことである．そのため，人工衛星の重さにかかわらず適用可能である．上式に地球から月までの距離 $r = 384000$ [km] を代入すると，T は約28日となる．$r \approx 42000$ [km]，すなわち高度36000 kmの静止衛星では，T は約24時間（地球の自転周期）となり，$r = 7000$ [km]，すなわち地表面からの高度が約700 kmの軌道半径では，T は約100分となる．

実際には，衛星の軌道は円ではなく，わずかに楕円であるが，この法則は簡単に拡張して適用可能である．より重要なことは，多くの要因によって軌道が摂動していることである．主要な要因は，地球の極地域で平たく，赤道で膨らんでいる扁円した形状と，地質的不均一さによって地球の重力場が歪められていることである．衛星の正確な軌道を知るためには，その他の小さな摂動要因である月や太陽の重力，地球の電磁場における電磁相互作用，太陽風や電離粒子の影響も考慮したほうがよい．高度が低い場合には，空気抵抗も影響して人工衛星の速度低下が生じる．衛星に搭載された小さなロケットを発射して絶え

ず速度を調節しなければ，衛星はらせんを描きながらより下層の大気層へ下降し，燃え尽きてしまう．

人工衛星は，特定の目的を達成し，搭載された機器類の特性に適するように計画した軌道上に置かれる．一般に，地球観測衛星で用いられる軌道には2つの種類がある．すなわち，**静止**（geostationary）**軌道**と**低地球周回**（low earth）**軌道**あるいは**準極**（near-polar）**軌道**である．

静止軌道　　高度36000 kmにおいて，衛星の軌道周期は約24時間となる．衛星がこの

BOX 5.1　惑星運動におけるケプラーの法則の導出

質量 m_s の物体が速度 v で半径 r の円運動を行うために必要な向心力 F_c は，

$$F_c = \frac{m_s v^2}{r}$$

であり，2つの物体（質量 M_e と m_s）の間に働く重力による引力 F_a は，

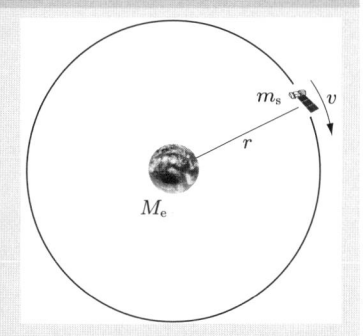

$$F_a = \frac{GM_e m_s}{r^2}$$

である．ここで，Gは重力定数である．

円運動では，向心力は重力によって与えられるので，以下の等式が成り立つ．

$$\frac{m_s v^2}{r} = \frac{GM_e m_s}{r^2}$$

ゆえに，$v^2 = GM_e/r$ であるが $T = 2\pi r/v$ である．ここで，T は質量 m_s の物体が軌道を1回転するのに要する時間である．ここから，$v^2 = 4\pi^2 r^2/T^2 = GM_e/r$ となり，よって，次式となる．

$$T^2 \propto r^3$$

Gも M_e もどちらもあまり正確には測られてこなかったが，それらの積は計測されており，その値は 398603 km^3 s^{-2} である．地球と月の距離，$r = 384000$ [km] を代入すると，T は約28日になる．高度35786 kmの静止衛星の軌道半径，$r = 42170$ [km] においては，T は23時間56分（地球の自転周期にほぼ等しい）であり，地表面から約700 [km] の軌道半径，$r = 7000$ [km] では，T は約100分になる．

実際には惑星の軌道は円でなく楕円であり，ケプラーの法則は以下のようになる．
1）それぞれの惑星は楕円軌道上を移動し，楕円の一方の焦点には太陽が存在する．
2）惑星と太陽を結ぶ線分が一定時間に掃く面積は，それぞれの惑星について一定である．
3）惑星の公転周期は軌道をなす楕円の長軸の長さの3/2乗に比例する．

法則2は角運動量保存則から簡単に理解できる．

高度で正確に赤道上空の軌道にあり，地球の回転方向と同じ方向に移動している場合，衛星の進行とその下の地球の回転速度はまったく同じになり，そのため衛星が赤道上空の1点に静止しているように見える．衛星の速度がわずかでも変化すると，地球との同期が失われ[20]，衛星は上空で東や西に移動するようにみえる．この軌道はSF作家のアーサー・C・クラークによって1945年に提案されたが，運用の技術的な複雑さのために最初の静止衛星は1963年まで打ち上げられなかった（Verger et al., 2003）．**クラーク軌道**ともよばれる静止軌道では，小さな固定アンテナが上空に留まり連続的に受信できるため[21]，通信衛星に適している．また，赤道の周りには5～6個の気象衛星（たとえば，Meteosat, GOES, GOMSなど）が位置しており，それぞれ地球表面のほぼ40%を観測可能で，地球上の天気の移り変わりをほぼ連続的に捉えている．こうした気象衛星からのデータは，より広域のモニタリングを目的とした地球観測にしばしば使われるが，その広い視野のため，これらの衛星の空間分解能は一般に低い（たとえば，GEOSやMeteosatの最下点において1～5kmのピクセル）．また，これらの衛星は低地球周回軌道衛星より約50倍地球から離れているため，衛星が受信する信号強度は弱い．

低地球周回軌道　たいていの地球観測衛星は，地上から約600～2000kmの高度の準極軌道にある．地球の半径が約6300kmであることから，式(5.2)より，こうした人工衛星が地球を1周するのに約100分かかることがわかる．そうした軌道が地球の極を通過するなら，その衛星の軌跡はつねに地表面上の同一地点を通過し，搭載された装置からはその軌跡だけが観測される．しかし，軌道が極からわずかに離れて傾いている場合，軌道は地球に対して**歳差運動**（precess）を起こし，衛星の軌道面と地球の自転軸のなす角度に依存して軌跡にずれが生じる（BOX 5.2参照）．歳差運動の程度は，衛星軌跡が再び戻ってくるまでに必要な軌道の数を決定し，これは衛星の回帰時間，すなわち地表のある特定な地点における連続した観測において，どれくらいの間隔で観測が行われるかを表す．このような衛星が地球の表面を完全に網羅するためには，赤道における隣り合う軌道と軌道の距離は，搭載された測定器の観測幅と同じか，より短くなければならない（5.3節参照）．

こうした軌道は**極軌道**（polar orbits），より正確には**準極軌道**（near-polar orbits）とよばれる．衛星の歳差運動が地球の太陽に対する歳差運動と正確に一致する極軌道の特別な例では，人工衛星はそれぞれの軌道において，まったく同じ現地太陽時間に赤道を横切る．こうした軌道は**太陽同期軌道**（sun-synchronous orbit）[22]とよばれる．このタイプの

20　この軌道では，衛星は約$3\,\mathrm{km\,s^{-1}}$で飛行している．この速度がたった0.1%変化しただけで，4分を超える軌道周期の変化が起こる．

21　2007年において約320個の静止衛星が軌道上にあり，大半は通信の目的である．それらの衛星間の距離は平均約700kmしかなく，さらに多くの運用を停止した衛星が軌道上に残っている．毎年約40個程度が打ち上げられ，そのうちのいくつかは以前に打ち上げた衛星と置き換わる．

22　太陽同期軌道は，地球から太陽方向に対して一定角度をもつ平面上に存在する軌道である．これは，軌道平面が1年間に360°または1日あたり0.986°の歳差運動をすることを意味する．この歳差は太陽の周りを地球が回る平均移動量と一致しており，そのため，ある場所を通過する時刻は一定となり，季節による変化はあるものの，ほとんど一定の日射条件でデータが取得できる．

軌道の利点は，ある地点で画像を毎回取得する際に，太陽角がほぼ同一であることで，これにより太陽照射や影の角度変化が最小化される．これはとくに植生モニタリングには好都合である．

BOX 5.2　軌道歳差運動

ある人工衛星が整数日かけて地球を整数回周回した場合，その衛星はスタートした地点の経度とまったく同じ経度に到達し，毎回同じ航跡（ground track）を繰り返す．

人工衛星が1日あたり $N + k/m$ 回周回するとき（ここで，k と m は整数），m 日ごとに $mN + k$ 回の周回を経たのち，再び同一の航跡を繰り返す．k と m が同一値をとらない限り，あらゆる m に対応する航跡が網羅されうる．

たとえば，Landsat 1，2，3 では，1日あたり $13 + 17/18$ 回周回する．

もし周期が 103.27 分であった場合，赤道における航跡の隣り合う間隔は 2874 km となる．MSS の観測幅は 185 km しかないので，1日あたりでは赤道のごくわずかな部分しか網羅されないと考えられる．しかし，地軸に対する軌道面の軸の傾きのため，歳差運動によって1日あたり $-1.43°$ の軌道面の軸の移動（160 km 西方への移動に相当）を起こす．これは，日を重ねるにつれ，観測領域の重なり合いが生じることを意味する．なぜなら，軸の移動による航跡の移動量よりも，観測幅のほうが広いためである．そのため，この衛星は 18 日で赤道上のすべての点を観測できる．

SPOT においては，1日あたり $14 + 5/26$ 回周回するため，26 日周期である．

回帰周期は軌道の長半径にきわめて敏感である．Landsat の高度がたった 19 km 低下しただけで1日あたりちょうど 14 回の周回となり，軌道の西方への漸進がなくなり，地表面の一部は観測されなくなる．

その他の軌道　ほとんどの地球観測衛星は太陽同期軌道であるが，特別な計画のためには他の軌道も使われる．米国の有人衛星（Spacelab，Skylab，Shuttle など）は，通常 200〜450 km の間の低い軌道に位置し，地軸に対して大きな角度の回転軸をもつ．こうした軌道は北緯約 50° から南緯約 50° の間の領域のみを網羅する．海洋のレーダ高度計を搭載した衛星（たとえば，TOPEX/Poseidon）の軌道は，太陽同期軌道である必要がないため，通常より高高度（約 1300 km）であり，地表のより広い範囲を網羅する．極地方の氷河の安定性を測定するためのヨーロッパの衛星 Croysat は，極の上空を通過する必要があるが，地球の表面をあまり網羅する必要はないので，歳差運動はとても小さい．

高緯度地域では，静止衛星の信号受信量は不足する．ソビエト連邦はこの問題を解決するために，高度 400 km の近地点と高度 40000 km の遠地点という極端な楕円軌道（**モルニヤ軌道**：Molniya orbits）を開発した．こうした軌道では，遠地点において衛星は 8 時間以上もの間，空中に静止しているように見えるため，その範囲を時間的に切れ目なくカバーするのに必要な衛星数は 3 つだけである．モルニヤ軌道はもともと通信の目的で考案されたものだが，ロシアは現在，光学システムやレーダシステムを搭載した 5 つの衛星を北極観測のために投入しようと計画している．

■ 5.2.4 地上施設

　地上施設はリモートセンシングシステムに不可欠な部分である．人工衛星は単に軌道に投入され，放っておかれるのではない．たいていの低地球周回軌道では，その最高高度であっても，空気抵抗による衛星の速度低下が起こり，そしてそのまま放っておくと衛星の軌道は乱れ，最終的により濃度の高い大気中で燃え尽きてしまう．また，どんなにわずかな摂動も衛星の安定性に影響し，衛星は回転し始めてしまう．そのため，地上管制は衛星の状態をつねに監視し，このような問題を修正するために，衛星に搭載されたロケットを噴射して衛星を軌道に押し戻し，さらに検出器が必要とする方向を向くよう調整を行う．地上管制はさらに衛星の軌道投入後の太陽電池パネルやアンテナの展開を制御して，搭載された測定器に命令を送る．地上管制はつねに機器類の動作状況を監視し，しばしば再プログラミングや回路の切り替え（装置にはもともとかなりの冗長性がある）など，あらゆる問題を改善するために必要な処置を行う．静止衛星の位置はその速度を適当に調整して変更することがあり，静止衛星が新しい静止軌道に移る際に，衛星は赤道の周囲を移動できる．Meteosat 5 はインド洋でのデータ取得（Indian Ocean Data Coverage：IODC）のために，現在，太平洋上空に位置している．ハッブル望遠鏡のカメラ交換時には，スペースシャトルによる任務が可能となるように，時折，この衛星の軌道を低くすることがあった．

■ 5.3　検出機器

　Robinson, 2003 は，宇宙から観測できる主要な測定量は4つ，すなわち，近赤外から中間赤外放射を含んだより広い意味での「色」，温度，粗度，高さであり，ほとんどの場合，地球のごく薄い表層にだけ関係していることを示した．あらゆる地表面下の特性，そして多くの生理学的過程（4章，9章を参照）は，さまざまな地表面の特徴から間接的に類推される．リモートセンシングの検出器は，解釈者が出力したデータから電磁放射の特定の性質，たとえば波長，偏波，異なる表面との相互作用，伝搬速度などを抽出し，利用できるように開発されてきた[23]．通常の光学的センサやマイクロ波センサに加えて，フィールド内で用いるセンサには，超音波のような他の技術に基づいたものもある（Reusch, 2009）．
　肉眼を別にすれば，最初に開発されたリモートセンシング装置は約150年前のカメラであった．ごく初期のカメラは気球に載せて飛ばされたが（Lillesand et al., 2007），航空機が利用可能になると，すぐに航空写真の技術が生まれた（歴史については付録3参照）．得られた写真は，当初は地図作成の補助として使用されたが，第一次世界大戦の間に，航空写真は偵察目的に有用であることが認められた．第二次世界大戦までに，その技術と装備はより洗練されたものとなった．たとえば，近赤外写真は偽装を発見するために使われ，熱

23　検出器はその瞬間に測定されている特定のパラメタ，たとえば，赤色光の強度などと関係のあるディジタル値を単に示すだけである．解析者の仕事は，そのディジタル値をある特定の場所に関する特定の物理量に変換することである．

赤外とマイクロ波のような不可視域の波長帯も活用され始めた．航空カラー写真フィルムとカラー赤外フィルムが入手可能になると，航空写真は植生とその病気の研究に利用されるようになった．これらの技術は 1950 年代に Colwel, 1956 によって開発され，その後，環境調査に使われるようになり，リモートセンシングの技術や科学として発展した．リモートセンシング（remote sensing：RS）というよび名は 1960 年に造られた．地球観測（earth observation：EO）という用語は，現在では環境リモートセンシング，とくに衛星からのリモートセンシングを指すものとしてよく使われている．

検出器の分類方法は何通りもある．たとえば，使用する波長，能動型か受動型か，何に適用するのか，画像化するか非画像化の測器かといった項目によって分類できる．

地球観測で使用する検出器はたいてい**画像化装置**（imaging instruments）であり，対象とする直下の光景について，見てそれとわかる空間表現を提示する．一方，**非画像化装置**（non-imaging instruments）は，それが進歩するにつれて，プラットフォームの下の，ある特定のパラメタを連続的に測定するようになってきた．この装置の例は，マイクロ波やレーザを使った高度計（垂直直下の地面からの装置の高さを測定する），あるいはマイクロ波放射計（地球や大気から射出されるマイクロ波放射を測定する）などである．

■ 5.3.1 カメラ

カメラとビデオカメラは**中心投影画像化装置**（central perspective imager）である．これは，場面の全体がカメラレンズの視点から一瞬で画像化されることを意味する．場面の中心にある物体は正常に見えるが，端に近づくにつれて物体は歪んで見える．画像の周辺になるにつれて画角は増加し，背の高い物体は中心から遠ざかる方向に傾斜するように見える．一方，リモートセンシングで使用する多くの検出器はライン走査の原理で動作し，プラットフォームの進行につれて，装置直下の地面の幅の狭い細長い領域が連続的に画像化される．その結果，少なくともプラットフォームの飛行方向については対象内のすべての地物が正常に見える．これは，視野角の範囲を最小化できるので，とくに植生モニタリングにとっては重要な利点である．また，8 章で説明するように，反射した放射が画角によって非等方的に変化することは重要である．

カメラはリモートセンシングにおける主要な役割を果たしてきており，とくに現在では対象に応じて必要な分解能のディジタルカメラを利用できるため，さらに有用になった．より高度な技術を利用する場合は別として，航空写真に使用するカメラは普通の汎用カメラと原理的に類似している．レンズがフィルムあるいは電子的な検出器へと光を集め，シャッターによって必要な露出を与える．幾何的・放射測定的に高い精度が必要とされ，高品質のレンズが使用される．実用的な写真は 35 mm フィルムかディジタルカメラで撮影されるが，リモートセンシングで通常使われるフィルムはより大きな一辺 23 cm の正方形のものであり，とくに写真測量ではこのサイズが用いられる．航空機へは，カメラを垂直にしっかりと保つよう取り付けられるようになっており，振動や突発的な動きに対して安定化されていることも多い．高い精度が必要な場合，動体ブレを減らすために，フィルム

が露光している間カメラがある1点を向くように，角度を調節できる取り付け台が使われる．必要に応じて大気中の塵や霞などの影響を取り除くヘイズフィルタや，着色されたフィルタをレンズに取り付ける．マルチスペクトル画像は，何台かのカメラを正確に同軸上に取り付け，それぞれのカメラに適切なフィルタを取り付けることで得られる．

■ 5.3.2 放射計

　放射計は，すべての電子－光学センサやマイクロ波センサの基本要素である．簡単にいえば，放射計とは，検出器に入ってくる定められた波長範囲の電磁放射の強度を測るための装置である．技術的な詳細は使用する波長域によって異なるが，すべての放射計は3つの要素，すなわち，放射の焦点を合わせ波長を選択する光学システム，電気信号を生成する検出器，出力信号を提供するための信号処理装置からなる（Rees, 1999）．

　もっとも簡単な放射計は**非画像化検出器**（non-imaging detectors）で，ある決められた視野と波長範囲内で，到達する放射を積算する能力をもつ．携帯型あるいはプラットフォーム設置型の高い分光分解能の分光放射計は，現地において，しばしばリモートセンシングデータの較正過程の一部として，特定の対象物や植生からの反射スペクトルを測るために使用する．一方，航空機や人工衛星に搭載した放射計は，航空機や衛星の軌跡に沿った地上のより広い範囲からの放射を測定する．利用可能な**画像化検出器**（imaging detectors）の種類は増加している．光学的な領域では，回析格子やフィルタによって波長を選択したフォトダイオードや，より一般的には電荷結合素子列（CCD array）を光感受性の検出器として用い，その上に放射の焦点を合わせるための標準的なレンズと鏡を利用する．熱赤外域では，ボロメータやインジウムアンチモン（InSb）のような光量子検出材料による熱検出器をセンサとして使用する．これらの波長帯は，光学的領域の波長帯よりもエネルギーが低いため，以前は熱雑音を最小にするためにセンサを冷やして使うことが一般的であった．しかし，現在では，室温における使用で 0.05 K オーダーの感度をもったマイクロボロメータを含めて，広範囲の新しい熱画像化装置が利用可能になっている．通常のガラスは熱放射に対しては不透明なので，レンズは 14 μm までを透過するゲルマニウムのような材料から作る必要があり，さもなければ分散格子を使用する．熱画像化装置は，一般に 3～5 μm（短波長赤外画像化装置）もしくは 8～14 μm（長波放射画像化装置）の大気の窓を利用するよう設計されている．日中には，太陽放射の短波長赤外域の反射が多く存在するため，短波長赤外画像化装置は使用できない．そのため，日中の測定には日射による干渉を無視できる長波放射画像化装置が必要となる（図 2.4, 2.5 参照）．この場合，放射のエネルギーが低いため，通常，頻繁な補正が必要となり，たとえば，信号を較正するためにチョッパー（回転鏡）を用いて放射を既知の温度の黒色板（黒体）に導く．これにより，測定対象からの信号と較正用ターゲットからの信号が交互に出力される．

　マイクロ波システムにおいては，信号はアンテナによって受信し，通常の電子装置によって増幅したのち，マイクロ波のエネルギーを電気信号に変えるダイオードによって検出する．受動放射計は表面の温度を効果的に測定する装置であり，何十 km にもわたる広い

瞬時視野をもっているが，これは，地球が射出するマイクロ波エネルギーの総量が非常に少ないためである（2.5 節）．

■ 5.3.3 ラインスキャナ

　航空機や衛星に搭載されるほとんどのリモートセンシング画像化装置は，瞬間的な画像を取得するのではなく，走査の原理で働く．プラットフォームの下に広がる，地面の細長い帯状の領域の 2 次元空間表現，すなわち 1 つの画像が，プラットフォームが進むにつれて逐次構築されていく．これは，図 5.2 に示すように 2 つの異なる方法で行われ，**軌道に直行した方向**（across-track）に走査する**対物面走査**（ウィスクブルーム型[†]：whiskbroom）と**軌道に沿った方向**（along-track）に走査する**像面走査**（プッシュブルーム型[††]：pushbroom）がある．

　対物面走査　　この方法では，振動あるいは回転する鏡によって，プラットフォーム進行方向の直角方向に地表面が走査される[24]．プラットフォームが進むにつれて，ラインが連続的に走査される．**瞬時視野**（instantaneous field of view：IFOV）の各点からスキャ

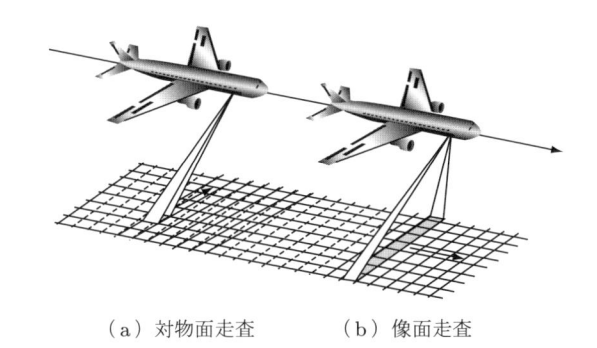

　　　　　（a）対物面走査　　　（b）像面走査

図 5.2　走査原理の模式図．対物面走査では，1 台の検出器が飛行方向と交差する方向のピクセルを順々に観測していくのに対し，像面走査では，ライン状の複数の検出器が通過する真下の地面を観測する．ハイパースペクトルセンサでは，図 5.3 の積層したピクセルが示すように，十分に密なスペクトルが各ピクセルごとに得られる．

24　多くの装置が円錐走査（conical scanning）である．とくに，ATSR/AATSR（5.8.1 項），ソビエト連邦のマルチスペクトル MSU-SK，ヘリコプター搭載のライダースキャナや航空機搭載型散乱計などがある．

[†]　（訳注）　whiskbroom, pushbroom はそれぞれ手ぼうき，押しぼうきのこと．手ぼうきは日本でも掃除道具として広く普及しているが，押しぼうきは，アメリカで利用される「フロアブラシ」ともよばれる細長いブラシに長柄を取り付けたもので，床面を押すようにして掃く．日本では一般には普及していない．走査が床掃除に喩えられている．

[††]　（訳注）　プッシュブルーム走査は，像面走査の中で 1 次元の素子を用いる場合をいう．

ナに向かうエネルギーは，単一の電子検出器によって検出される．IFOV が走査ラインに沿って素早く動くにつれて検出器からの出力が収集されるので，走査ラインの連続した部分について，不連続な値のデータ列が読み取られる．これが切れ目なく，連続する各走査ラインについて繰り返され，地上の各点から受け取ったエネルギーについての 2 次元配列データが生成される．これらの値はピクセルとして，地上の地形を表す画像の中に表示される．各走査ラインが連続的になるように，プラットフォームが地上の走査幅と等しい間隔を進む間に鏡が 1 回の動きを終えられるように，鏡の速度を注意深く調整する必要がある．もし鏡が遅すぎると，地上のある部分のデータが欠落し，鏡が速すぎると，地上のある部分が連続的なラインの中で重複して画像化されてしまう．この走査ラインの幅を**走査幅**（swath width）という．

像面走査 像面スキャナは機械的な走査機構を用いず，一直線状に並んだ多数の検出器を用いて，1 つの走査ラインの各点から来るエネルギーを同時に検出する．個々の検出器は，走査ライン上の隣接する別々の部分の入射エネルギーを測る．また，プラットフォームが前進すると，2 次元のピクセル画像が作成される．通常は，CCD を検出器として使用する．CCD はとても高感度で，非常に小型化できる．SPOT で使用されているような典型的なアレイ（センサ列）では，数 cm の長さに数千個もの CCD が搭載されている．このタイプのスキャナには多くの利点があり，光学－機械式スキャナよりもずっと軽く，省電力で悪影響を与える可動部がなく，非常に高感度になる．ただし，対物面走査型では 1 つの検出器の較正で良かったものが，像面走査型では何千もの CCD が相互に較正されている必要がある．また，CCD は可視と近赤外という限られた波長帯しか検出できない．

マルチスペクトル・ハイパースペクトル走査 マルチスペクトルスキャナは，プリズムや回折格子によって，検出する光線のスペクトル成分を分ける．個別の検出器をそれぞれ別々の波長帯を記録するために使用し，各々の検出器をその波長帯でもっとも高感度になるよう選択する．検出器の大きさと位置によって，遮られるスペクトル量，すなわち記録される波長帯の幅が決まる．Landsat に搭載された MSS のような初期のスキャナでは，連続した 4 つの広い波長帯を記録するための 4 つの検出器しか使用されなかった．その後の装置では，より多くの（たとえば，航空主題図用放射計，ATM では 12 個），より小さな検出器が，選択された狭い波長帯を記録するために使われた．マルチスペクトル像面スキャナでは，選択された波長帯ごとに検出器の列を使用し，それぞれの波長帯を記録する．初期の SPOT HRV システムでは 3 つの広い波長帯を記録していたが，近年の MERIS や MODIS では，それぞれ 15 と 36 の波長帯を記録している．MSS や TM のような装置では，検出器の滞留時間（dwell time）を増加させ，露出時間を長くするために，6 つかそれ以上の検出器を用いて多くのラインを同時に走査している．

マルチスペクトルスキャナは，少数のかなり広い波長帯域についてデータを収集する．一方，ハイパースペクトルスキャナは，200 以上の，非常に幅の狭い連続的な波長帯についてのデータを取得でき，しばしば**画像分光計**（imaging spectrometer）とよばれる．こうした検出器は，像面スキャナの拡張版のように想像するかもしれないが，ここでは少数

のライン状検出器を用いるのではなく，2次元配列された検出器を使用する．入射放射は検出器の列に分散され，それぞれの列はその上に到達する波長帯成分を検出するので，検出器の列の数と同じ数の波長帯のデータが生成される．この生成されるデータは明らかに莫大な量であるので，人工衛星からのデータ転送では重大な問題となる．このためこうした装置は，航空機に搭載して，取得したデータは転送せずに研究室に持ち帰って処理するのが普通である．しかし，このような装置の多くはプログラムによって調整することで，必要条件に適した限られた波長帯数か，空間分解能を下げてより多くの波長帯数にするかを選択できる．ハイパースペクトル装置は数百の波長帯を検出できるが，実際にすべてを活用することはまれである．CASI (compact airborne spectrographic imager, 航空機搭載型ハイパースペクトルセンサ) は 288 の波長帯を測定可能である．ただし，その場合は観測幅が非常に限定される．事前に波長帯を 19 個に限定すれば，最大分解能の画像を取得できる．イギリスの最初の小型人工衛星である PROBA (重さ 94 kg) は 2001 年に打ち上げられ，CHRIS (compact high resolution imaging spectrometer：小型高分解能画像分光計) を搭載していた．これは当時，宇宙で運用されたもっとも高分解能な装置の 1 つであり，可視から近赤外にかけての 19 の波長帯について，分解能 25 m, 観測幅 19 km の画像を提供したが，分解能 50 m で 62 の波長帯についての画像を提供するように再設定できた．

　これらのそれぞれの画像が波長帯に対応する多重画像は，イメージキューブ (図 5.3, 口絵 5.1) とよばれるものを得るために積み重ねられる．ハイパースペクトル画像はマルチスペクトル画像と比較して，より多くの情報を含んでおり，異なる表面間のごくわずかな反射スペクトルの違いの検出にも利用可能である．そのため，かなり高感度に識別できるという利点がある．専門的なソフトウェアが必要ではあるが (7 章参照)，画像分光計からの膨大な量のデータは，マルチスペクトルデータではできなかった分析手法の可能性を広げる．

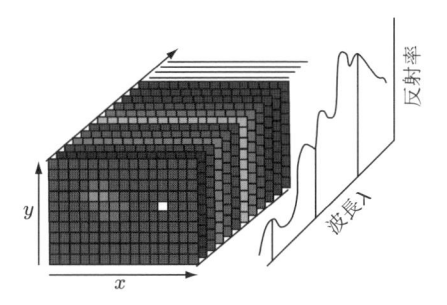

図 5.3　ハイパースペクトルイメージキューブの概念図．異なる波長の画像が数百枚積層された連続体を表しており，2 つの空間的次元 (x, y) と 1 つのスペクトル的次元 λ からなる 3 次元キューブを形作っている．右側の反射スペクトルは，ある 1 つのピクセルにおける波長に対する反射率の変化を表す (口絵 5.1 参照)．

ハイパースペクトルデータを収集するための別の方法もある．Dundee 大学で設計，制作された VIFIS（variable interference filter imaging spectrometer：可変干渉回折格子画像分光計）は，ごく普通のシャッター付きビデオカメラの光学系に可変干渉回折格子を取り付けている（Sun & Andersen, 1993）．この装置では，スペクトル成分は干渉格子によって各々のフレーム（動画における 1 コマ）の飛行方向に拡散される．したがって，1 つのフレームのそれぞれのピクセル列には，その場所に分光された波長成分が当たっており，フレームの一方の端の列が青で，その反対の端の列が赤となる．たとえば，青の波長についての 1 枚の画像を作る場合は，ソフトウェアを使って，連続するフレームから最初のピクセル列を取り出して合成する．より少ない，より広い波長帯が必要な場合には，複数のピクセル列をまとめることになる．重要な点は，VIFIS では従来のハイパースペクトルスキャナのように事前に波長帯を決めておく必要がなく，全スペクトル情報を取り込んで記録でき，後からゆっくり時間をかけて，ユーザーの異なる要求事項にあわせて必要なときに処理できることである．同様な原理は Hyspex（Norsk Elektro Optikk AS, Lorenskog, Norway）などの，より高度なカメラにも適用されている．

熱走査　熱スキャナは，電磁放射スペクトルの熱赤外域で機能するマルチスペクトルスキャナである．ときには，熱チャンネルをマルチスペクトル装置の中に組み込むこともある．熱赤外の信号は反射回折格子によって可視光の信号と分離され，別の検出システムへと導かれる．概して，熱領域の検出器の効率は光学領域の検出器よりも低く，さらに熱放射の光量子に含まれるエネルギーは光学波長域のものよりも少ないため（2.2.3 項参照），通常，熱領域のシステムにおけるピクセルサイズは十分な感度を得るために可視域のシステムのピクセルサイズよりも大きい．Landsat TM では，6 つの可視帯のピクセルの大きさは 30 m であるのに対して，熱チャンネルでは 120 m（後の型では 60 m）である．通常，熱データは，地上の地物の温度を測るために定量的に利用される．測定システムは打ち上げ前に較正されてはいるものの，時間とともに検出器の検出効率は下がっていくため，打ち上げ後も較正が必要である．たとえば AVHRR では，ある温度で維持され，熱電対によって測定された備え付けの黒体を使用している．この黒体は鏡が回転するたびに走査されるので，走査ラインごとに既知の温度が読み込まれる．相対温度のみが必要な場合は，較正はそれほど重要ではない．Landsat の熱データは，地形的地物によって生じるさまざまな熱射出の違いを研究するために定性的に使用でき，また，熱容量観測衛星（heat capacity mapping mission：HCMM）は，熱慣性の違いを検出することによって地質の種類を識別するように設計された．

その他の走査方式　ここまでに説明したすべてのラインスキャナは，プラットフォームが動くことによって 2 次元画像を取得する．そのため，この種の走査方式は静止軌道衛星では使用できない．たとえば Meteosat では，可視赤外スピン走査放射計（visible and infrared spin-scan radiometer：VISSR）において，回転走査機構を使用している．この方式では，樽のような形状の衛星全体がその軸の周りで回転する．検出器は衛星の側面から外側を向いているため，その視野は絶えず完全な円を描いて動き，地球を含むように設

計されている．したがって，検出器は1回転する間に地球表面の細長い帯状範囲を「見渡す」ことになる．新しい走査ラインはその前の走査ラインからピクセルの幅だけずれるように，各回転の間に検出器の角度を一定量変化させるチルト機構を使用している．VISSRでは地球の見えている範囲を走査するのに25分かかり，2500ラインのデータを生成する．続く5分間で衛星を安定化し，地球の端から走査するために鏡をリセットする．よって，画像は30分ごとに収集される．

5.4 ピクセルにはどのような情報が含まれているのか

　ここまでは，走査原理をごく単純化して説明してきた．しかし，実際には視野は矩形ではなく，最終画像にあるような地面の正方形の領域とは単純には一致せず，生成されたピクセルはスキャナが受け取ったデータから人為的に作られたものである．画像の内容を十分に理解するためには，走査機構に起因する数多くの複雑な要素について考慮しなければならない．重要な用語をBOX 5.3にまとめる（さらにCracknell, 2008が論じている）．個々のピクセルに関係する用語の多く，とくに瞬時視野（IFOV）という用語の使用は，スキャナの動作に由来する．CCD配列画像化装置では，地表面上のピクセルと画像上のピクセルはより近い関係にある．

　地面の領域のうち，その特性が測定され1ピクセルに割り当てられる領域は**地上瞬時視野**（ground instantaneous field of view：GIFOV）である．これは，本質的にはIFOVの地表面への投影である．図5.4に示すように，GIFOVは地上分解能を表すセルとは完

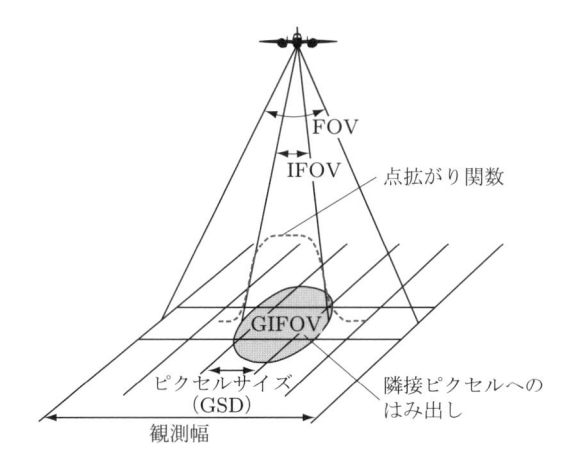

図5.4 FOVと観測幅の関係，IFOVとGIFOVとピクセルサイズとの関係を示す．GIFOVは隣接するピクセルへのはみ出しが生じるため，通常，あるピクセルの信号には隣接するピクセルからの信号が混入する．点拡がり関数は，GIFOVが名目上のピクセルサイズに必ずしも一致しないこと，あるピクセル値への地上の別の範囲からの寄与は場所によって変化することを示す．

全に等しいわけではない．図では，地上分解能セルからの情報を記録している間は，次のセルに進むまで走査機構は何らかの方法で静止した状態を保っているようにみえる．これはもちろん不可能であり，走査している間もデータは連続的に記録され，その際，検出器のゲート機構（カメラのシャッターを開けることと同様）によってデータは時間単位ごとに分割され，コンピュータによって一連のピクセルに割り当てられる．検出器の GIFOV が（天底[†]（nadir）において）円形で，検出器のゲートが開いている短時間に走査方向へ横切って移動する場合，この時間内に収集される情報は地上の楕円の形をした領域に対応するもので，その面積は最終的に割り当てられるピクセルの大きさよりもしばしば大きい．そのため，画像上の隣り合うピクセルは，地上のほぼ同一地点の情報を含んでいる．同様に，人工衛星は，あるラインのデータを収集し，次のラインのデータを取得するために移動する間も止まらない．それどころか，衛星はラインを走査している最中も前へ進み続けるため，ピクセルの列は衛星の飛行方向に対して垂直にはならない．また，GIFOV は楕円になるため，走査ライン間で重複が生じる．図 5.4 に示した点拡がり関数（Point spread function）は，あるピクセル値に対して，地上の異なる領域のそれぞれが相対的にどの程度寄与しているかの重みづけを表している．

　天底点ではスキャナの IFOV は円形であるが，ラインが走査されて走査ラインの端に向かうにつれて地表との交差角は大きくなり，IFOV はより楕円形になっていく（図 5.5）．もし，すべてのデータが同一サイズの正方形のピクセルに割り当てられたなら，走査ラインの端に近づくにつれて画像はより圧縮され，歪んでいく（図 6.2 参照）．幾何的な忠実度を維持するには，走査ラインの端ではより長い矩形のピクセルにデータを割り当てる必要がある．同様に，プラットフォームからの距離は角度と共に増加するので，GIFOV の大きさも増大し，これは隣り合う走査ラインどうしでの重複がより大きくなることを意味する．これらの影響は地球表面の湾曲によってさらに悪化し，とくに AVHRR のような広い観測幅をもつ検出器では影響が大きい．AVHRR の天底ピクセルは約 1.1 km の正方形

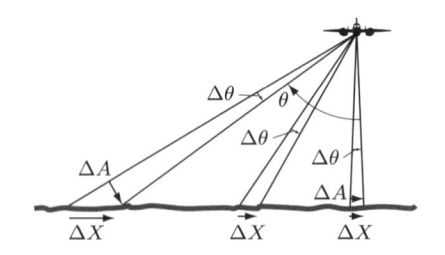

図 5.5 視野角の効果．センサの IFOV（$\Delta\theta$）が一定の場合，地上において観測される範囲（ΔX で表される GIFOV）が，角度 θ が増加するにつれて増加する（$\Delta X(\theta) = H(\tan(\theta) - \tan(\theta - \Delta\theta))$）だけでなく，大気中を通過する信号の経路長が増加するにつれ，信号として受信される垂直断面（$H(\tan(\theta)/\cos(\theta))$）も増加する．

[†] （訳注）天頂（Zenith；観測者の真上）に対する反対語（観測者の真下）（3 章）．

であるが，走査ラインの端ではおよそ 6 km の長さになる．

　これらの補正の詳細とその他多くの幾何的，放射測定にかかわる問題は，6.2 節で説明する（Cracknell, 2008 も参考になる）．地上の物体は，仮想の矩形ピクセルのように同一の大きさや形状をしていることはめったにない．また，それらの端が走査方向に対して平行や垂直に揃って並んでいるわけでもないし，それらの中心がピクセルの中心と一致することもない．視野の中に 1 つ以上の地物があったとすると，検出器の出力は，その視野に占めるそれぞれの地物の比率で重みづけされた平均値となる（**ミクセル**：mixed pixel．7.4.3 項参照）．反対に，1 つの対象物が 1 つのピクセル以上に広がっていれば，その特徴はそれらすべてのピクセルに影響する．装置のレンズにおける回折のため，点の対象物は点としては像を結ばないため，画像の中のどの点における全信号強度も，隣接した多くの点からの寄与の合計となる．光学システムの形状や位置，そして検出器の電気的な応答も，装置の点拡がり関数に影響するため，画像の放射測定的な忠実度に影響する．

　さらに，もうひとつの複雑な問題がピクセルの**再サンプリング**（resampling）において生じる（6 章参照）．ピクセルの大きさや向きは，画像を修正したり，地図上へ画像を合成したりするとき，人為的に変更される．新たなピクセルの放射測定値は，隣り合う多くのピクセルの重みづけされた比率によって生み出されて，新しい矩形グリッドへと割り当てられる．そのため，新しいピクセルは古いピクセルの混合物であり，情報内容はぼやかされ，名目上の空間分解能に対して実際の空間分解能は低下する．

　これらすべての要素が最終画像の空間分解能に影響を及ぼす．分解能はピクセルの大きさだと単純に考えるかもしれない．しかし，ピクセルが表しているものは正確には何であるかは明示的ではない．元の画像をさらに分割することによって，より小さなピクセルが新たに生成できるが，それらはより細かい空間の詳細を表しているわけではない．元のピクセルでさえ，それら自身が占めている面積よりも広い領域の情報を含んでいる．実際には，ある物体が画像の中ではっきり見えるためには，一般にその物体はピクセルの何倍かの大きさで，周囲から鮮明に対比されなければならない．

　検出器の分光感度についても考慮が必要である．フィルタや回折格子によって決まるある特定の波長間隔において，検出器の分光感度は一定ではない．分光感度の厳密な境界は定義されず，波長帯の中心部で最高となり，両端の先端部分にいくに従って低下する．そのため分光感度は，通常，**半値全幅**（full width half-maximum：FWHM）の値として定義される（図 5.6）．これは，装置の分光分解能を定義する分解可能なもっとも狭い波長間隔のことであり，実際にはこれらの範囲外の波長域にも感度があったとしても，半値全幅によって分光分解能は定義される．

　最後の複雑な問題はピクセルの放射測定値である．検出器は打ち上げ前に較正されているが，その感度は運用期間中に徐々に低下していく．AVHRR のような装置には，熱バンドに対して較正機能が備わっているものがある（5.3.2 項参照）．その他の SPOT のような装置では，たとえば砂漠のように均一な照射がなされている既知の領域を利用して，定期的に再較正を行う．しばしば，そのプロジェクトで利用している特定の画像を修正する

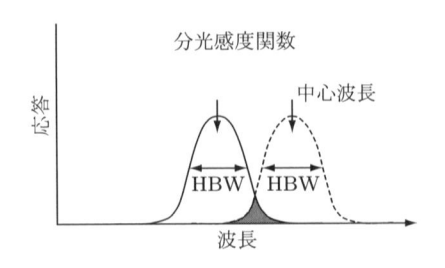

図5.6 分光感度関数を表す図．受信される波長によって2つの検出器の分光感度がどのように変化するかを示す．各々の検出器の感度は中心波長とバンドの半値全幅（しばしば半値バンド幅（half-bandwidth，またはHBW）と省略される）で定義される．波長分解能はチャンネルの絶対数ではなく，半値バンド幅によって定義される．たとえば，中心波長が1 nm間隔で並ぶチャンネルで，半値バンド幅が10 nmのセンサは，チャンネル数としては1/5になる5 nm間隔のチャンネルで，半値バンド幅が5 nmのセンサよりも波長分解能は低くなる．

ために，ユーザーによる較正のための測定が現地調査の間になされる．像面スキャナに配列された多数の検出器の相互較正はきわめて重要で，画像に縞模様が入るのを防ぐように個々の検出器の感度を最適に調整する．一連の衛星の異なる装置からのデータ間（たとえば，AVHRRの保管イメージなど）や，異なる衛星の異なる装置からのデータ間（たとえば，Landsat TMとSPOT HRVなど）における比較を意味あるものにするには，相互較正が不可欠である．異なる時刻に取得された画像を比較するときや，物理学的，生物物理学的モデルにおいて定量的にデータを使用する場合も，較正はやはり不可欠である．

BOX 5.3 ピクセルと画像化に関する用語（図5.4も参照）

地上サンプリング距離（ground sampling distance : GSD）　装置のデータサンプリング速度によって決められるピクセル間距離，つまりピクセルの幅に相当する．これはGIFOVと同じとは限らない．

フットプリント（footprint）　センサのGIFOVに相当する．通常は非画像センサの場合によく使われる．

地上分解能セル（ground resolution cell : GRC）　スキャナのデータサンプリング速度によって決まるピクセルサイズ，またはCCD検出器での素子の面積．GSDと等価．

視野（field of view : FOV）　検出器が画像幅全体を網羅するのに要する受光角度．ラインスキャナにおいては，走査ラインの幅全体をカバーする角度の地上への投影が観測幅と一致する．

瞬時視野（instantaneous field of view : IFOV）　1個のセンサが放射を検知しうる最小の面積．

地上瞬時視野（ground instantaneous field of view : GIFOV）　IFOVの地上への投影．隣接するピクセルへのはみ出しが一般的にはみられることから，GIFOVはGSDよりしばしば大きいということに注意が必要である．ある固定された瞬時視野角のとき，GIFOVは天底からより斜めの角度に観測方向が変わるにつれて増加していくことにも注

意が必要である.

点拡がり関数（point spread function：PSF）　リモートセンシングにおいて，検出器が記録した値のうち，異なる GIFOV からの寄与がその値にどのくらい含まれているかに評価するために，しばしば点拡がり関数が必要とされる．これは PSF とよばれる．光学の分野では，この用語は一般に 1 点からくるエネルギーが画像平面上にどのように分布するかを表す．

走査範囲（swath）　航空機や衛星センサの真下の地面において，データが取得される領域に相当する細長いストライプ状の範囲．Swath width，すなわち走査幅（観測幅）は検出器の走査ラインの長さによって（つまり FOV によって）決まる．

天底（nadir）　鉛直直下の点．

天頂（zenith）　鉛直上方の点．

太陽方位角（solar azimuth）　任意の観測点から太陽を視準したときの線が，水平面上で北の方向からなす水平角度．

太陽高度（solar elevation）　任意の観測点から太陽を視準したときの線が，水平面となす垂直角度．

滞留時間（dwell time）　検出器の IFOV が GRC を走引するのに要する時間．

航跡（ground track）　直下の地面に投影された衛星の航跡．

回帰時間（revisit time）　ある範囲を衛星が通過し，次にその範囲を通過するまでの時間．

■ 5.5　マイクロ波の利用

　マイクロ波リモートセンシングは，19 世紀後半の電波の送受信についての初期の研究を受け継いだものである．20 世紀初頭には，無線技術とレーダの基本概念[25]が開発されていた．第二次世界大戦後，科学者たちは新たに開発されたマイクロ波の技術と装置を使い，地球外起源の放射の研究を開始し，電波天文学における多くの重要な発見がなされた．航空機レーダの開発は，実のところマグネトロンとよばれる短波電波信号を発生させるための真空管の発展から生じている．それ以前の，より長い波長の電波ではより長いアンテナが必要で，航空機には搭載しにくかったが，現在では小さなアンテナでも敵の探知などに十分な強さの電波を発生させられる．気象学者たちは，大気や雷雨，降雨の地上測定のための技術をさらに発展させた．また，マイクロ波が航行のためと偵察のために使用されるようになり，画像レーダの発展が促進された．側方監視機上レーダ（SLAR）が 1950 年代

---

[25] レーダ（RADAR）は RAdio Detection And Ranging の頭文字を取った略語である．マイクロ波のパルスが送信機から送られ，そのパルスの後方散乱成分が受信機によって検出される．送信と受信の間の遅延時間がパルスの飛行距離を与え，それにより散乱物までの距離が与えられる．マイクロ波ビームを走査することにより，散乱の生じる点の空間分布をブラウン管上に写すことが可能となる．散乱は航空機から生じる可能性があり，その場合は空間上の航空機の位置が決定される．マイクロ波を使った能動型リモートセンシングはしばしばレーダリモートセンシングとよばれ，とくに画像化に使用されるとき，たとえば，合成開口レーダの使用の場合などの際にそのようによばれる．

に軍事目的で利用可能となり，まもなく，ドップラービーム鮮鋭化技術（Doppler beam sharpening）が開発された．これらの軍事システムが機密指定から解除されると，1960年代後半に最初の民生利用がなされ，1978年にはSeaSat（5.5.2項参照）において宇宙で初めての合成開口レーダ（synthetic aperture radar：SAR）が配置された．それ以来，たくさんの人工衛星にマイクロ波放射計と画像レーダの両方が搭載され，データの複雑さにもかかわらず，コンピュータの発展によって，多くの環境研究のためにデータを画像化できるようになった．

マイクロ波リモートセンシングの多くの概念は，おそらく他の形態のリモートセンシングの概念を把握するよりも難しく，そして，その内容の多くを理解するためにはある程度の数学や物理学を駆使する必要がある．光学的画像における地物の認識はかなり直観的であるが，レーダ画像に含まれる情報の理解に役立つマイクロ波と物質の相互作用は，日常経験から理解することは難しい．レーダ画像の幾何は不自然である．対象は直距離（slant range．装置からの物理的な距離）の関数としてマッピングされ，それは光学システムのように衛星と対象との角度に依存した画像とは異なるため，レーダ画像には目標物がどの方向にあるかを示す情報は含まれない．信号の送信から受信までの間の遅延時間と，そこで起こりうる周波数の変化（ドップラー偏移：Doppler shift）を利用して，地上と対応のつく画像（georeferenced image）を生成しなければならない．レーダ画像の解釈も容易ではない．検出される信号強度に影響を及ぼす物理的なパラメタは，含水量や粗度のようなものなので，たとえば異なる範囲の植生は，葉の茂り具合や露の存在，植物のテクスチャや構造によって識別される（3.3節参照）．

リモートセンシングにおけるマイクロ波の利用は，ここ数年で拡大してきた．2章で示したように，マイクロ波の大きな利点は，雲や小雨に影響されない「全天候型」ということである．さらに，少なくともより長い波長のマイクロ波は植生群落を透過し，その下層と土壌の情報をもたらす．このようなマイクロ波は自然には発生しないため，しばしば人工的に生成される．そのため，太陽のような自然の発生源に依存することも影響されることもなく，夜間でも日中と同じように利用できる．マイクロ波は可視放射とは異なる様式で表面と相互作用する．その波長が対象物体の大きさと同じくらいであれば，主要な相互作用のメカニズムは散乱である．異なる特徴の表面におけるマイクロ波の相互作用はその波長に依存する．散乱はまた，マイクロ波の偏波方向と土壌表面の含水量，さらには塩分濃度に依存する．可視域のマルチスペクトルデータでは，解析の助けとなるように複数波長帯の画像を1枚に合成して利用するが，マイクロ波においても異なる波長や異なる偏波，または異なる時間に取得された画像を一緒に合成することは可能である．しかし「色」という概念はもはや意味をなさず，「マルチスペクトル（複数のスペクトル）」画像というよりは，「マルチスペキュラ（複数の反射）」画像についての議論をすることになる．実際，どんなマイクロ波の波長においても，緑葉から散乱されるエネルギーの総量は，クロロフィル含有量や緑色の度合いよりはむしろ，葉の大きさや形，含水量に依存している（Woodhouse, 2006）．マイクロ波はとても強く水に吸収されるため，植生上の露の存在さ

え散乱パラメタを著しく変化させ，解析を難解なものとする．これらのすべての理由が，この種のリモートセンシングの難しい課題となっている．マイクロ波による方法には，とても大きくて高価な装置や，多量の計算，解釈を加えるための多くの経験を必要とするが，高分解能で正確な定量的情報を引き出すことができる．

■ 5.5.1 受動型マイクロ波センシング

受動型リモートセンシングでは，地表から自然に射出されたマイクロ波放射の強度，あるいは輝度を，地表面温度や地表の誘電的性質にかかわる情報の取得に利用する．2章で示したように，地球からのマイクロ波放射は，マイクロ波放射計を使って宇宙から測定できる．これらの放射は，大気からの放射が受信信号のかなり大きなノイズとなるものの，広範囲の表面輝度温度 T_B の地図化に利用できる．地球からの放射強度は非常に小さく，この波長域における検出器の感度も低いため，空間分解能が犠牲になり，マイクロ波による温度地図の分解能（典型的には 50～70 km）は，熱赤外波長を用いて作られた地図よりもずっと低い．しかし，それにもかかわらず，たとえば海氷を地図に表す場合などではマイクロ波に利点がある．熱赤外域では，海氷と海水のどちらも同じ温度で同程度の射出率をもつが，マイクロ波域では異なっており，それぞれ 0.8 と約 1 になる．そのため，マイクロ波放射測定では，同じ運動温度であっても海氷と海水を区別することができ，北極や南極地域の地図作成に広く利用される．プラットフォームに取り付けられた放射計は，現地においても，特定の植物種の研究や小面積の測定に利用できる．これまでの受動型マイクロ波センシングの主要な適用先は，海洋研究における，海洋表面の温度や塩分濃度，表面風，海氷の分布の測定であった．海洋全体にわたって射出率はほとんど一定であり，輝度温度の変化は水の物理的温度の変化と密接に対応している．一方，陸上においては射出率が著しく変化するため，陸上の温度地図を作ることは水温地図を作るほど容易ではないが，射出されたマイクロ波は土壌や雪の特徴，とくにその含水量に関する情報を含んでいる．ただし，受動型マイクロ波方式のフットプリントは数十 km 程度であるため，それらは地球規模というよりは，局地的な利用に限定される傾向がある．

受動マイクロ波方式のデータから地表近くの土壌水分の情報を獲得するために，いままでにさまざまな方法が開発されてきた．低周波数域（約 1～6 GHz）もしくは長波長域での測定が土壌水分の測定にもっとも利用価値があることがわかってきた．なぜなら，この波長帯のマイクロ波は植生の影響をそれほど受けず，そのため簡単な放射伝達モデルによって近似でき，高周波数域よりも大気干渉の影響を受けにくいためである．こうした方法においては，温度や植被，地形，土壌の粗度（3章，また Wigneron et al., 2003 参照）など，マイクロ波の射出に影響を与える数多くの要因を考慮する必要がある．マイクロ波測定によって土壌水分情報を獲得するには広範囲の方法があり，（a）近赤外温度データと共に，土地被覆地図や光学的手法で取得された植生密度や光学的厚みに関する情報のような補助的な情報を利用することや，（b）複数波長，複数偏波，そして多方向測定（たとえば，ADEOS-II）などのような，マイクロ波の多重配置測定から得られる本質的な追加情報に

関する研究がある．しかし，どれだけ追加情報を引き出したとしても，土壌水分量の推定精度の改善のための利用は，経験的な統計的関係，あるいはより良い方法として放射伝達モデルに基づいた物理的逆解法によるものとなる．多重配置マイクロ波センサでは，土壌水分量と植生深度の同時取得が可能となり，さらには有効表面温度も取得できる可能性がある．

大気探測　放射の吸収と散乱が最小になる大気の窓を利用するのではなく，放射がある程度強く吸収される波長帯を利用し，大気の深さ方向の分布についての情報を大気が射出した放射によって得ることも可能である．たとえば，大気を構成する物質が射出するマイクロ波を異なる波長で測定することによって，大気組成と大気化学についての情報が得られる．これは**マイクロ波探測**（microwave sounding）として知られ，多くの気象衛星がこの目的のためにマイクロ波放射計を搭載している．気象学的な応用とは別に，こうしたデータは，リモートセンシング画像の大気補正にも役立つ（6.2 節参照）．

■ 5.5.2　能動型マイクロ波センシング

これまでに説明した多くの理由により，マイクロ波はしばしば能動的な方法で地球研究のために使われる．マイクロ波エネルギーパルスの繰り返しが航空機や人工衛星上で生成され，そのビームが地球に向けて下方，もしくはより一般的には斜め下方向に向けられる．受信機に向けて反射され散乱する成分は，しばしばビームを送信したアンテナによって受信される．例として**レーダ高度計測**（rader altimetry）は，林分の輪郭や植生高の推定のために使用され，**散乱計測**（scatterometry）は，細かい部分は難しいものの，農業や林業のために表面のテクスチャと粗度についての情報を与え，画像レーダ（SAR）は，クロロフィル濃度（すなわちその「緑色」の程度）などではなく，大きさや形状，テクスチャ，含水量の情報を高分解能で提供する．

能動型マイクロ波方式の設計においては，とりわけ，最適なシステム配置の決定が必要となる．とくに，マイクロ波がアンテナから照射されることによって生じる回折は，ビームが円錐状に広がる原因となり（2.6 節），その広がり半角 θ は波長とアンテナの直径 d に依存し $\theta \approx \lambda/d$ の関係がある．そのため，H を地上からのプラットフォームの高さとした場合，ビームが照射する領域（**フットプリント**：foot print）の直径は，小さな値の θ では $H\theta$ あるいは $H(\lambda/d)$ 程度になる．X-バンドマイクロ波の典型的な値（$\lambda = 3 \times 10^{-2}$ [m]）を代入すると，アンテナ直径 1 m，高度 5000 m では，フットプリントの直径はおよそ 150 m になり，一方，多くの環境観測衛星の軌道高度である高度 800 km では，フットプリントはおよそ 24 km になる．航空機や人工衛星にこれよりもずっと大きな直径のアンテナを搭載することは現実的ではないため，マイクロ波装置の空間分解能は，それを人工的に改善するための特別な処置をとらない限り，きわめて低いものとなる．高度計においては，フットプリントの小さな領域のみを選び取るために，取り出す送信パルスに周波数変調をかけて，戻ってくる信号のごく小さな範囲のみを使用するという電子的な方法（pulse limiting）を利用する．ERS-1 の高度計では直径 1.2 m のアンテナを使用したが，生成さ

れたフットプリントはわずか2～3 km であった．画像レーダでは，低周波数域において，普通の直線状アンテナを航空機の機体方向に設置するが，通常，ドップラー効果を利用して人工的にずっと大きなアンテナを合成して（**合成開口レーダ**：SAR），そして単独のパラボラアンテナの代わりに多数の小さなマイクロ波送信機（**位相配列**：phased array）を使うことによって，空間分解能を改善している．

送信したエネルギーに対して対象物から検出器に戻ってくるエネルギーの比率は，そのシステムの微少信号に対する感度を決定し，それ自身が**レーダ方程式**によって決定される．**後方散乱断面積**（backscattering cross-section）σ は，最終的にレーダシステムによって測定されるパラメタであり，対象の表面と関係し，測定対象の物理的特徴やその環境と関係づけられる（3.3.2項）．レーダ方程式は4つの要素を考慮する．アンテナから放出される電力 P_t，対象物までの距離 R（これは距離が増加するにつれて信号強度が減少するため），アンテナの指向性感度 G，入射電力が検出器に向かってどれだけ再放出されるかを決定する後方散乱断面積 σ である．対象物に到達する電力 P_s は以下の式によって表され，対象物の方向に送信された電力 P_tG が，半径 R の球の表面積に対する対象の実効的な面積割合である $\sigma/4\pi R^2$ だけ減少する．

$$P_s = \frac{P_t G}{4\pi R^2} \tag{5.3}$$

この電力はあらゆる方向に散乱し，その結果，受信アンテナが捉える電力はさらに $4\pi R^2$ だけ減少する．アンテナの実効的な面積は $G\lambda^2/(4\pi)$ で与えられ，結果として検出器が受信する信号 P_r は，最終的には次のレーダ方程式によって与えられる．

$$P_r = \frac{P_t G^2 \lambda^2 \sigma}{(4\pi)^3 R^4} \tag{5.4}$$

この方程式で注目すべきもっとも重要なことは，検出信号が対象物までの距離の4乗で減少することである．たとえば，プラットフォームの高度を3倍にすると，信号は 1/81 に減少する．通常，測定システムの感度は，対象物から受け取る電力に対する，受信された信号に含まれるノイズ信号 N_0 の比率，すなわち信号対雑音比 SNR として定義される．

$$SNR = \frac{P_r}{N_0} = \frac{P_t G^2 \lambda^2 \sigma}{(4\pi)^3 R^4 N_0} \tag{5.5}$$

上式から，送信電力を2倍にすると受信信号も2倍になり，一方，アンテナの大きさや波長を2倍にすると受信信号は4倍になることがわかる．どんな特殊なシステムでも，受信される信号は散乱断面積に直接比例しており，その比例係数は純粋にシステムの設計パラメタに依存する．

□ **高度計**

高度計は高さを測定するために使用するが，プラットフォームとその下の反射（後方散

乱）物までの距離を測定するために使用される傾向がある．このことは，いつ，どこでプラットフォームが測定を行うかが正確にわかっていることが不可欠であることを意味している．これは些細な問題ではなく，これこそが人工衛星の軌道を可能な限り正確に知る必要があり，航空機に正確な GPS を搭載する理由である．放射パルスをプラットフォームの直下へ垂直に照射し，パルスが戻ってくるまでの時間を測定する．原理的には，こうしてパルスの飛行距離が計算できるが，すべての作業と同様に，これは簡単な処理ではない．マイクロ波のビームはアンテナから照射されると扇状に広がるので，人工衛星の高さからでは，その地上におけるフットプリントは何十 km にも及び，その結果，この範囲全体の単なる平均的な値だけが得られる．空間分解能は，たとえばパルス長を減らしたり，パルス周波数を変調したりすることで改善されるが，フットプリント内で表面の高さが変化する場合には問題が生じる．粗い表面の異なる部分から反射されたマイクロ波は，異なる距離を進むことになり，検出器に異なる時間で戻るので，受信信号の波形は乱れ，そのパルスがどの点を測定したかを知ることが難しくなる．大気の温度や湿度，イオン化の影響がパルス速度に及ぼす影響と，高さを測定する場所の地球のジオイド形状の影響について，さまざまな補正が必要となる．とはいうものの，海洋においては相対的な高度が数 cm 単位で測定される．陸上においては，広大な砂漠や氷床を除いて，表面の粗度が意味のある測定を妨げる．Cryosat-2 に搭載された高度計は，地球の大陸の氷床や海氷の厚さの変化を測定するために設計され，干渉技術が使われており，1 m 離れた 2 つのアンテナからの位相と振幅の情報が合成され，約 250 m × 250 m の空間分解能で，高度について cm 単位の分解能を実現している．ライダーの使用（5.6 節参照）は，植物の 3 次元構造，とくに森林の群落構造を調査するための，レーダに代わる強力な方法である．

□ **散乱計**

散乱計もまた，一連のマイクロ波パルスを発射するが，通常，地上を斜めに照らすようにプラットフォームに対してある角度をもって発射する．もし地表面がマイクロ波に対して完全な反射面であれば，これらのパルスはプラットフォームから離れるように反射される．しかし，もし粗い表面であれば，信号のいくらかは後方に散乱し，プラットフォームの受信機で検知される．受信された信号の強度は，表面の粗さの情報を与える．ビームは対象範囲の空間表現ができるように走査され，しばしば円錐走査が航空機から行われる．散乱計はもともと水域に対して使用されるように設計されたものであり，宇宙から海表面粗度や波高，波の速度や方向を地図化するために広く使われてきた．水の波はもともと水表面と風の摩擦によって生じるため，風の速度や方向がそこから推定できるので，このような測定は広範囲にわたる風向風速分布の地図化において非常に貴重である．

陸上においては，衛星搭載型散乱計の空間分解能の低さ（数十 km）のため，地域的な研究への利用は制限されるが，散乱計は放射測定上の高い精度と安定性をもち，そしてビーム入射角度が可変であるため，土壌水分動態やシベリアの凍土融解，氷床特性の研究に利用されている．航空機やヘリコプターに搭載された散乱計からは，さらに多くの有用な情報が得られている．散乱による信号は，表面粗さだけではなく，土壌水分量にも依存す

る．マイクロ波は木や植生群落を透過することができ，そのテクスチャパラメタは植生の全体的な構造，たとえば木や低木の形や大きさだけではなく，葉の形や向きといった内部構造にも依存するため（3.3.2項），植生被覆の地図化に利用されてきた．地上設置型の散乱計を用いて，散乱モデルの検証や，散乱特性に関するデータベースを作成するためのたくさんの有用な研究がなされてきている．

☐ 画像レーダ

これまでの例では，マイクロ波のビームによって作られるフットプリントは大きかった．レーダからのビームは，アンテナから照射されるときに式(2.20)に従って回折し，ビームによって照射される範囲はアンテナと地上との距離によって決まる．海洋上では，観測される風や波の場は広範囲にわたって均一であるため，この低い空間分解能は問題にはならないが，陸上においては通常，空間的な特徴の多様性はきわめて高い．そのため，マイクロ波の後方散乱の高分解能地図を作成するには，マイクロ波システムの空間分解能が，撮影装置として使用可能な程度に改善されるような方法を考える必要がある．

画像レーダの原型である**側方監視機上レーダ**（side-looking airborne radar：SLAR．**実開口レーダ**（real aperture radar：RAR）とよばれることもある．図5.7）は，航空機の側面から地上の観測域を斜めに観測する．ビームが照射された帯状の範囲における各点と機体との距離は見下ろす角度（look angle）によって変わるので，反射信号は帯状の異なる地点から異なる時間に戻ってくる．もし，受信信号を電子的にサンプリングするなら，それぞれのサンプルは帯状の範囲の異なる地点や地上分解能セルについての情報を含んでいるので，その連続した帯状の観測範囲から空間画像が形成できる．しかし，マイクロ波パルスの円錐状ビームが照射する地上の帯状の範囲は，天底から離れるにつれて広がっていき，結果として**地上分解能セル**（ground resolution cell）の大きさもセンサからの距離とともに増大していく．この変化は，適切な幾何的表現を得るために補正しなければならない．

ビーム方向の地上部に沿った分解能，距離分解能 R_r は以下の式によって得られる．

$$R_r = \frac{\tau c}{2\cos\beta} \tag{5.6}$$

ここで，τ はパルス長（たとえば，1 μs），c は光速，β は地上の特定の距離に対する俯角である．図5.7（b）からわかるように，あるパルス長のビームはプラットフォームからの距離が近い範囲ではより長い地上幅に相当し，そのため遠い範囲よりも距離分解能が低い．同様に，飛行方向の分解能はビーム幅によって決まり，2点間の区別可能な距離を決定する．図5.7（c）で明らかなように，この分解能はセンサからの距離が近いほど高くなる．

進行方向に直交した方向の分解能セルの大きさは，パルス長をより短くしたり，反射信号を検出するサンプリング時間をより短くしたりすることによって縮小できる．しかし，ビームの広がりは物理的な回折によって生じたものであり，それを抑えるには波長を短くするか，より大きなアンテナを使用するかしか方法はない．利用できるマイクロ波の波長帯

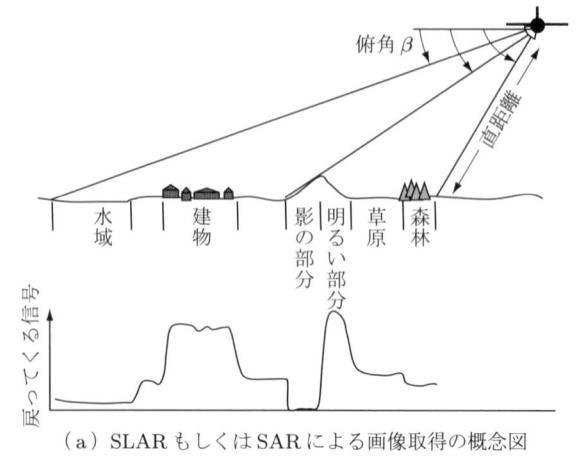

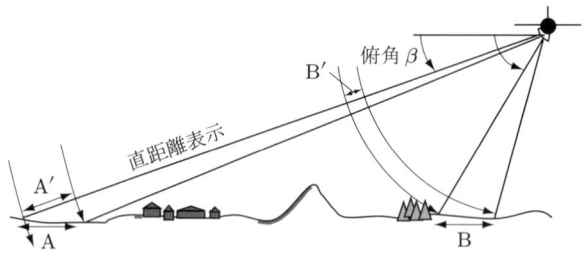

(a) SLAR もしくは SAR による画像取得の概念図

(b) 近距離にある物体のみかけ上の短縮化 (foreshortening)

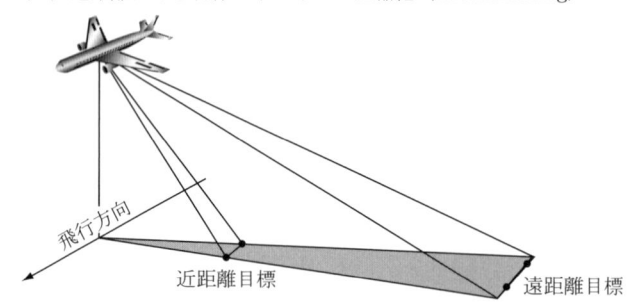

(c) アンテナからの距離に伴うビーム広がりの影響

図 5.7 (a) ある強度の信号が戻ってくる時間によって地上における距離に変換できる．それぞれのパルスによって走査ラインが形成され，プラットフォームが前進するにつれ，表面の画像が得られる．もっとも明るい信号は，たくさんのコーナーリフレクタを含む建物部分とビームに対してほぼ垂直な山の斜面であり，水面ではセンサから遠ざかるようにマイクロ波が鏡面反射して暗くみえる．山によって遮られている地上部からは，どんな信号も返ってこない．(b) 領域 A と B は地上では同じ広がりをもつが，返ってくるパルスのセンサへの到達時間が画角に依存するため，より近い範囲で短縮化が生じる．最近のすべてのレーダシステムでは，この効果を補正するために画像の再投影を行っているが，プラットフォームにより近い物体のレンジ分解能は荒くなる（悪化する）．(c) プラットフォームから離れた物体の識別能力は低下する．

は狭く，波長を変えることで改善する方法は非常に限られている．また，航空機や人工衛星に搭載可能なアンテナの物理的な大きさにも限度があり，だいたい 10 m 以下に制限される．しかし，物理的なアンテナの大きさを増やしたのと同等の効果を電子的に作り出すことが可能であり，これを「合成」アンテナという．この方法ではシステムの前進運動を必要とし，**ドップラー偏移**（Doppler shift）を利用する．ドップラー偏移とは，波の発生源や検出器が相対的に移動しているときに起こる周波数の変化であり，その大きさは，波の発生源と検出器の相対速度に依存する．視野内の対象から戻ってくる反射信号の周波数は，プラットフォームがその対象に近づいているか遠ざかっているかによって変化し，またその相対速度によっても変化する．この相対速度は，対象が視野に入ったときが最大で，対象がプラットフォームの真横に来たときに 0 になり，対象が後方の視野から外れる直前に負の最大値になる．そのため，ある地点が視野内にある間の周波数変化の履歴をたどることによって，その位置を非常に正確に同定できる．実際，このような方法で得られる分解能は，ある地点が視野に入ってから出ていくまでの間にプラットフォームが移動した距離と同じ長さのアンテナによって得られる分解能と同等であり，そのアンテナ長は数十 km に及ぶ．したがって，実際の物理的な大きさよりもはるかに大きいアンテナを「合成」したことになり，これを**合成開口レーダ**あるいは SAR とよぶ．SAR の空間分解能は RAR の分解能を大幅に改善したものであり，さらには進行方向に直角な方向（レンジ方向[†]）でも一定である．Envisat からの ASAR 画像の分解能セルは約 25 m である．

ASAR は偏波レーダの一例である．マイクロ波は垂直（V）または水平（H）のどちらかの偏波モードで装置から送り出され，そしてどちらかのモードで検出される．異なる種類の農作物は異なる偏波応答を示し，散乱は入射ビームの偏波に依存する．一方，豊かな森林群落は偏波を完全に解消する傾向がある．そのため，異なる偏波の組み合わせ，たとえば HV，これは入射信号が水平偏波で，散乱して戻ってくる信号の垂直偏波を検出する場合で，他に VH，HH，VV などを用いることで，しばしば異なる表面状態を識別できる．このような 2，3 の組み合わせをコンピュータモニター上で表示するとカラー合成画像が作られ，そこでは異なる植生タイプは異なる色で表示され，分類の助けとなる．

マイクロ波の特性はきわめて安定しているので，干渉測定法（interferometry）にも利用される．マイクロ波の位相は長い時間一定に保たれ，2 つの異なるパルスから戻ってきた信号はコヒーレントであり，それらを干渉させることができる．それらのパルスが異なった距離を経て戻って来ると，それらの位相の差によって，パルスが強められたり弱められたりする．こうした方法は，宇宙から cm の垂直精度（6.6 節参照）で，**高分解能数値標高モデル**（digital elevation model：DEM）を得るために使われる．ERS-2 が 1995 年に打ち上げられた後，数か月間 ERS-1 と協同して運用され，ERS-2 は ERS-1 と同一軌道上で ERS-1 よりも約 35 分遅れて後方を飛行し，また ERS-2 の航跡は 24 時間早い ERS-1 のものと正確に一致していた．これによって，ある地域について，異なる視点から

[†]（訳注）レーダの進行方向に平行な方向はアジマス方向．

と異なる時間における SAR 画像の対が得られた．9 か月のタンデム運用の間，総計約 110000 対の画像が得られた．実際，Envisat の ASAR からのマイクロ波の信号はとても安定しており，数か月離れて取得された画像からも干渉画像を作成することが可能である．2000 年のシャトルレーダ地形ミッション（Shuttle Radar Topography Mission）では，スペースシャトルに搭載した 2 つの受信アンテナが使用され，胴体の主アンテナと長さ 60 m のマストの先端に設置された外部アンテナによってアンテナ間の必要距離を確保し，これから，生じる位相差によって世界の多くの地域の高分解能地形地図を生成するためのデータが取得された．

数値標高モデル（DEM）を得るための干渉合成開口レーダ（InSAR）の利用は，この技術の重要な応用である．この方法で測定された標高は，地面に植生表面の高さが加わったものであり，地表そのものの標高でない点は注意すべきである．位相差の幾何的な条件を決定する散乱波の位相中心とそこから得られる DEM の高度は，実際の地表面より少し上方にあり，その程度は植生密度やマイクロ波の波長に依存する．InSAR を使った樹木や樹高の研究については 11 章で詳述する．

干渉測定法の潜在的重要性について，Woodhouse, 2006 は次のように強調している．
「将来のレーダ衛星の発展を促進するものとしては，干渉合成開口レーダから取得される高精度地形データ，そして森林バイオマスと L-，P-バンドレーダ後方散乱との間の統計的関係であり，後者は炭素蓄積量や陸域の炭素動態の地図化やモニタリングに役立つ可能性がある．」

□ 降雨レーダ

2 章で取り上げたように，雲や霧中の水蒸気や水滴は，マイクロ波をごくわずかしか散乱しないが，水滴が合体して雨滴を形成するようになると，その大きさは短波長マイクロ波の波長に近づき，散乱が重要になってくる．散乱係数は降雨強度によっても増加する傾向があるので，降雨セルからのマイクロ波の後方散乱は，降雨の分布や強度の指標として使用できる．そのため，短波長マイクロ波は，降雨状況を捉えて研究するための降雨レーダとして使用される．マイクロ波のビームは円を描くように水平線のすぐ上を走査し，その散乱信号は航空機制御の場合とほぼ同じ方法で検出される．地形の平坦さにもよるが，200 km 以上離れた降雨セルの検出が可能であり，イギリス諸島全体をカバーするのに必要なレーダの数は 10 ないし 12 個だけである[†]．これらはテレビの天気予報で示される「レーダ画像」のもとになっている．人工衛星からの光学リモートセンシングは上空から雲の存在を検出することはできるが，雨が降っている雲かそうでないかは識別できない．

■ 5.6 レーザ走査とライダー

リモートセンシングにおけるレーザの使用は近年増加している．レーザはもともと，表

[†] （訳注） 日本の気象庁は 20 箇所のレーダ観測によって日本全域をカバーしている．

面形状の測定（profiling）や水深探測に使われていたが，1990年代の正確な（差分）**全地球測位システム**（global positioning system：GPS）と**慣性安定化装置**（inertial stabilizing systems：ISS）の発展により，絶対的な高さをきわめて正確に測れるようになった．さらに，とても短いパルスの使用や，ビームをミラーによって左右に素早く走査することによって，地形や植生の立体画像を作ることが可能となった．加えて，地上から群落構造を研究するために，持ち運び可能な地上設置型レーザシステムの使用が増えている．

ライダー（光検出と測距（light detection and ranging：Lidar））システムはレーダシステムと類似した原理を利用する．レーザは，正確な周波数の，コヒーレントで非常にビーム径が狭く，非常に短いパルスの連続した光を送り出す．反射パルスの遅延時間は，センサと反射表面との距離を決めるために利用できる．最初に作られたセンサは，1パルスあたり1エコー（反射して戻ってきたパルス）のみを記録したが，植生においては，ビームのフットプリントが0.5m以下の小さな場合でも，異なる高さの葉や枝，土壌からのエコーがある（図5.8）．多重エコーセンサは，1パルスに対して複数のエコーを検知し，それらのエコーにはたいてい群落頂部から帰ってくる最初のリターンと，地表面から帰ってくる最後のリターンが含まれている．そのため，天底では最初と最後のリターンの差から群落高を見積もることができる．航空機の高さが正確にわかる場合には，測定精度は数cm程度にもなるが，その主な用途は，絶対高度についてはそれほど重要ではない，センサ下の表面輪郭の作成である．こうしたシステムは植生モニタリングに利用でき，対象森林の輪郭作成や群落高，植生の層構造に関する情報を取得できる．

戻ってくるエコー強度は対象表面を構成する物質の反射特性と関係し，その表面の特徴を調べるためにも利用できる．多くの航空機搭載ライダーシステムは，レーザビームの発散がおよそ0.1～2mradしかなく，そのため，そのフットプリントは航空機の高度に依存して20cm～5mを照らす．検出器は，反射パルスの波形を約1nsの間隔で記録可能であり，その結果，高さの精度は約15cm，水平方向の位置精度は50cmかそれ以下となる．しかし，ICESatに搭載された地球科学レーザ高度計（geoscience laser altimeter system：GLAS）のような衛星システムでは，ビーム発散が約0.12mradで直径70mの「大きな」フットプリントであり，軌道に沿って170mの間隔でビームが照射される（図5.10参照）．

航空機搭載型レーザ走査（airborne laser scanning：ALS）システムの小さなフットプリントビームを用いると，群落構成物の空間上の位置を**3次元点群データ**（3D point clouds，図5.8）として生成できる．この点群の密度が25～100点/m^{2}にものぼるシステムもある．全体的な点群密度は，飛行高度や飛行速度とパルスの繰り返し周波数によって決まる．0.5m以下の小さなレーザフットプリントでも，レーザパルスはいくつかの別々の対象（葉，枝，土壌）から反射され，ウェーブフォーム（波形）として知られる複雑な後方散乱信号を生じさせる可能性が高い．戻ってくるパルスの時間は1ns以下で測ることが可能なので，1パルスあたり5つまでの反射パルスを検知できるエコー分離検知システム（discrete-return system）もある．森林地域では，最初の反射は群落頂部からのものであるが，レーザビームの一部は枝を通過し，反射は群落下部，たとえば下層植生や低木な

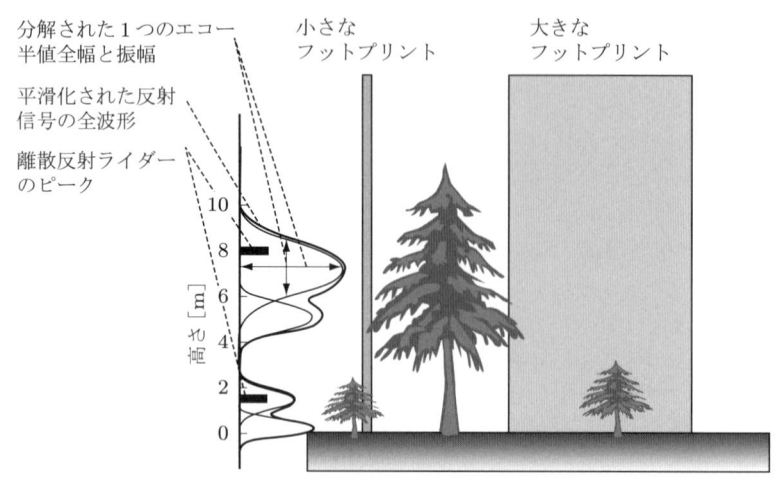

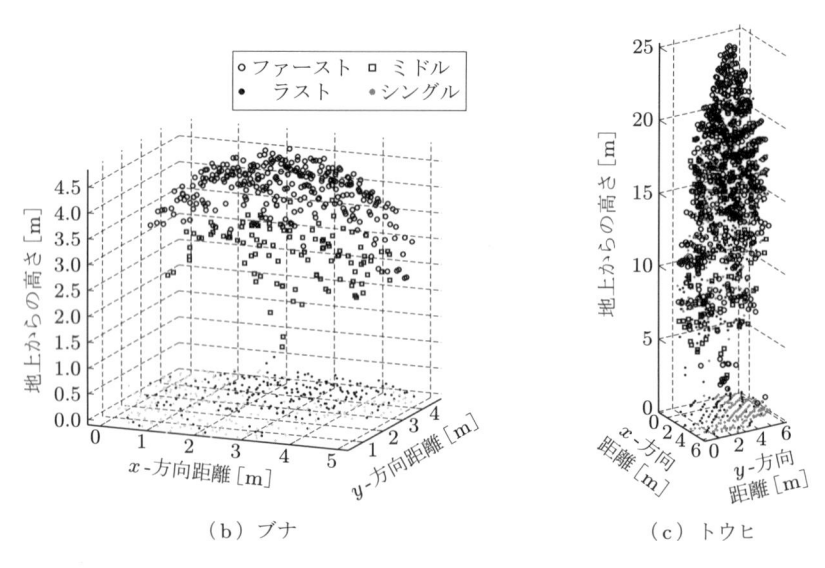

(a) 離散反射スキャナと全波形スキャナのエコーパターン

(b) ブナ

(c) トウヒ

図 5.8 レーザスキャナのフットプリント．(a) 離散反射スキャナと全波形スキャナのエコーパターンが示されており，ガウシアン分解により，樹冠と地面からなる構成物から戻ってくるエコーの高さ，強度，半値全幅の情報が得られる．(b) と (c) は小さなフットプリント全波形ライダーの点群を示し，バイエルンの森国立公園 (Bavarian Forest National Park) にある (b) ブナと (c) トウヒを表す．点群は3つのカテゴリーに分類される．ファーストとラストは，最初と最後に検出されたピークから算出されたすべての点を表し，ミドルはそれ以外の点である．シングルリターンも示す (Reitberger et al., 2008 のデータから描いた)．

どでも起こり，最後は地表面で反射される．この技術により，植生群落の2次元や3次元の画像の作成が可能となり，樹高やバイオマス，材積などの情報が得られる．地表よりも高い位置からの反射をフィルタリングして消去することで，地面からの反射は地形表面測定の手段となり，DTMや地形模型の作成を可能にする．この方法は，植生地域ではあまり良い結果が得られない写真測量よりも優れた方法である．

　最近の技術開発によって，戻ってくるパルスを数点測定する代わりに，**全波形モード**(full-waveform mode) において，エコー成分を抽出するためのガウシアン分解によって波形全体の解析が可能となった（図5.8（a））．強度の測定値から，反射物の x, y, z 座標が記録される．波形全体の解析により，群落中の散乱体の3次元座標だけではなく，散乱体表面の性質に関する有用な生物物理学的な情報も得られる（Morsdorf et al., 2006）．高さは色分けされ，点群による3次元的な透視図で表現される（図（b），（c））．小さなフットプリント全波形ALSシステムでは，分解能約0.5〜2.0 mであらゆる方向に空間サンプリングを行うことによって，そこから樹木の特性を算出し，教師なし分類を使って樹木の種類を同定し，植生を3次元的な地図に表すことが可能となる（7.4節，11.5節参照）．分離検知ライダーによる LAI の推定には，ライダーデータと結び付けるためのモデルが必要となる（Lafsky et al., 1999, Richardson et al., 2009）．小さなフットプリントの複数エコー分離検知システムは，より広く利用されるようになってきており，単一種が優占する林分や，LAI の変化が小さな林分では，LAI の推定が可能であることが示された（Morsdorf et al., 2006, Raino et al., 2004）．今後は，ICESat 上の GLAS のような衛星搭載型のレーザ高度計からのパルスの波形全体の解析によって，地球規模で植生高を求めたり，その時間的な変化を観測する技術の改善が期待される．レーザ計測のもうひとつの利用法として，地上からのレーザ走査による，森林インベントリ（森林目録）のための3次元点群データの素早く正確な取得がある．

　超音波センサ（Reusch, 2009）は，ライダーと同様の原理で機能し，信号パルス発射後のエコーの時間を測定するが，それが天底方向に向けられた場合，主要な群落構成物の水平方向の高さに関する情報や，群落の構造や密度にかかわるその他の特性に関する情報を引き出すことができる．しかし，大気中では音波が急激に減衰してしまうので，このようなセンサは，田畑などでのごく短い距離の利用に限られる．同様に，新世代の「飛行時間(time-of-flight)」光学カメラ（ToF カメラ）は，反射信号の位相差から直接3次元画像を得る．そうしたカメラでは，ライダーと同様に，対象までの距離に伴って変化する，各ピクセルにおいて受信される反射信号の時間に対応した，高速に変調されたパルス照射が必要となる．

　レーザ蛍光測定　　分子が光子を吸収してより波長の長い光子を放出するとき，蛍光が発生する．植物や多くの無機物は，紫外線が照射されたときに可視域の蛍光を発する．太陽は蛍光の励起光源になるが，レーザも光源になる．紫外線を照射した植物は，440 nm（青），525 nm（緑），685 nm（赤），740 nm（近赤外）という特有の波長の蛍光を放出する．蛍光のピーク波長強度の比率は，クロロフィル含有量の指標となる．励起と蛍光解析

の両方を行うシステムはレーザ蛍光センサとよばれる．蛍光信号の減衰時間を超高速検出器によって測定することが可能であり，これは植物のストレス計測に利用される（11章参照）．

■ 5.7 観測システムの原理

■ 5.7.1 センシングの実施条件

検出器によって生成される信号強度は，検出器（センサ素子と電子回路）の感度と，検出器に入射する電磁波のエネルギー量の関数である．そのため，装置の感度は多くの要因に依存している．

瞬時視野（IFOV） 検出器のセンサ素子の物理的な大きさと，スキャナ光学系の実効焦点距離の両方によってIFOVが決まる．小さなIFOVは高い空間分解能のために必要とされるが，検出器によって受信されるエネルギー量も制限される．

エネルギーフラックス 地球表面から反射または射出されるエネルギーの総量である．可視域の検出器では，反射フラックスは表面への日射量に依存しており，晴れた日よりも曇りの日のほうが小さくなる．熱赤外域の個々の光子エネルギーは可視光の光子エネルギーの約 1/20 である（$E = hf$）．このことは，この波長帯における検出器の低い検出効率と相まって，熱スキャナが可視光のスキャナよりも大きな IFOV をもつ理由となっている．

高度 ある地上分解能セルから検出器に到達するエネルギーの総量は，その信号が通過してきた距離の二乗に反比例して変化する．高度が高くなるほど信号強度は弱くなる．

スペクトル幅 より広いスペクトル幅に応答する検出器では，信号はより強くなる．たとえば，可視域全体に感度のある検出器は，赤のような狭いスペクトル幅にだけ感度をもつ検出器よりも多くのエネルギーを受け取る．

滞留時間 検出器のIFOVが1つの地上分解能セルを走査するのに必要な時間が滞留時間である．滞留時間が長いほど，より多くのエネルギーが検出器に入射するので，より強い信号が生成される．

■ 5.7.2 ユーザーの要求事項

最近まで，たいていの人工衛星システムは，国家機関によって，計画，開発，構築，運用されてきた．計画段階で利用する関係者が助言しているにしても，開発されたシステムは，ほぼ例外なく幅広い分野のユーザーに使用されるように設計され，特別な用途のために最適化されるようなことはなかった．このため，ユーザーは入手可能なデータでできることをしなければならなかった．一方，航空機搭載型の装置は，特定の研究プロジェクトのためにしばしば個々の研究所ごとに設計され，場合によっては製造されることもあった．このボトムアップ手法は，国家機関によるトップダウン手法とは対照的に，特定の計測に特化させることができ，明確な利点が存在する．しかし，欧州宇宙機構は，最近十年間の地球探索プログラムにおいてトップダウンを適用しようとしてきた．「中核的」ミッション

(約4億ユーロかかる大きな計画)と「機会的」ミッション(1億ユーロ以下の小さな計画)に関する提案書の募集が定期的になされ，そのうちのいくつかが選択されて専門家の委員によって選考され，さらなる実施可能性と技術的な検証のために審査された．これらの中から1つか2つの提案が選択され，プロジェクトを担当する主任研究者と共同して政府機関による製造と運用が進められている(上述したCryosatは，この方式で選択された最初の機会的ミッションであった)．

一般的に，検出器はデータを提供するが，ユーザーは情報を必要とする．ある土地所有者は将来計画のために作物の予想収量を知る必要があるだろう．この人は，データがLandsatのものかSPOTのものか，また解析に使用されたのが教師有り分類か教師なし分類かといったことは，気にしない．生産されることが期待される作物が何トンかをその予測精度とともに知りたいだけである．ユーザーのためにデータに付加価値を付けるのが分析者(リモセン屋)の役割である．ユーザーは，データが適時供給され，それが購入可能な価格で，使用可能な形式であることを要求する．

5.7.3 データの限界

直観に反するかもしれないが，高空間分解能(＝詳細な情報)がつねに望ましいわけではない．地球規模や地域の研究においては，しばしば広い地域の平均的な値が興味の対象となる．Landsat TM画像の30 mピクセル分解能は，たとえば作物モニタリングのような多くの目的には非常に有用だが，広い砂漠においては，180 km × 180 kmの画像の正確な位置出しをするための地上参照点がないなどの理由のために，それほど有益ではない．こうした状況では，約2800 kmの観測幅を網羅するAVHRR画像の1 kmピクセルのほうが，数週間ごとではなく，数時間ごとに画像を取得可能であるので，より有効であるかもしれない．実際のところ，異なる分解能(放射測定的，時間的，空間的．図5.9参照)の間にはつねにトレードオフの関係が存在する．

通常，空間分解能が高くなるとディジタルデータは多数のピクセルによって生成されるため，データ容量が増し，画像範囲は小さくなる．これは，画像取得頻度が低くなることを暗示する．なぜなら，地球全体の観測範囲を斜めになりすぎない視野角の範囲で網羅するためには，必要な軌道数がきわめて多くなるためである．同様に，多数の狭い周波数帯を計測する場合，ピクセルサイズを大きくしない限り，リアルタイムで地球に送信しなければならないデータ量は増大し[26]，検出器の放射測定感度は低下する．人工衛星搭載のハイパースペクトル装置では，通常，高分解能モードで使用される波長の数は限定されているが，これはデータを送信する必要がなく，機内に記録しておく航空機搭載型装置とは対照的である．空間分解能と時間分解能の間のトレードオフの極端な例として，衛星が軌

---

[26] 初期のLandsat衛星上のMSSは4つの波長バンドで80 mピクセルを生成した．それにとって代わったThematic Mapperは7つの波長バンドで30 mピクセルを生成した．ピクセルサイズのほぼ1/3縮小と4から7へのバンド数の増加(加えて，6ビットから8ビットへの放射分解能の増加)によりデータの容量は50倍に増加した(60 Mbpsから3000 Mbps)．

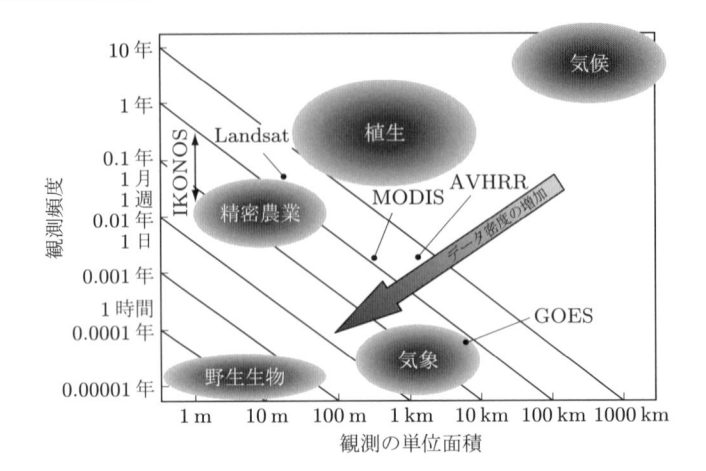

図 5.9 ある特定の用途に着目した場合の，リモートセンシングの空間スケールと時間スケールの違い．ピクセルサイズと回帰周期の範囲は典型的な人工衛星とセンサに対応させてある（GOES, NOAH-AVHRR, MODIS, Landsat TM, IKONOS. なお，IKONOSについてはセンサの向きを変えることで回帰周期を変えられるため，回帰周期に幅がある点に注意）．対角線は同じデータ量を示す線であり，同時に高頻度観測と高空間分解能の間に存在する潜在的なトレードオフを示す．左下隅にいくにつれ，トータルのデータ量は増加する．画像サイズ（網羅される対象の面積）を縮小し，かつ画像取得頻度を上げるか，またはそのどちらかを行うことで，高い空間/放射分解能が得られる．

道を進みながら高度を測定する衛星搭載型の高度計がある．たとえば，ICESat に搭載された GLAS ライダーシステムでは，衛星はほとんど地球全体を網羅しており，回帰周期は 91 日である．航跡に沿ったフットプリントは直径約 70 m で，その間隔は 170 m である．183 日の航跡回帰周期では，赤道での航跡間隔は 15 km，緯度 80°では 2.5 km 間隔となるので，地球表面のほんのわずかな部分しか網羅されない（図 5.10）．

地球全体を，毎日，1 m の空間分解能，100 の周波数帯，16 ビットデータで観測することは望ましいと思えるが，現在のデータ保存能力を超えたテラビットものデータが生成されてしまうのは問題である．誰がその膨大なデータを使うのだろうか．現在，実際に解析されるデータは収集されたもののごく一部であり，それらの多くは将来の用途のために保存される．保存されたデータを解析することによって，経年変化や変化傾向に関する価値ある情報がしばしば得られる（Dundee 大学の衛星データ受信ステーションは 1978 年までさかのぼったヨーロッパの AVHRR データを保管しており，現在も研究者に価値あるデータ資源を提供している．www.sat.dundee.ac.uk/）．現在の大きな問題点は，どのデータセットを保管し，どれを廃棄するかである．

ここまで，異なる分解能間のトレードオフのような多くの限界や問題点を述べてきた．高い空間分解能を保ったまま時間分解能を改善する方法の 1 つは，天底から 27°の範囲で両方向に向きを変えることができる SPOT の HRV 検出器に取り入れられている．これに

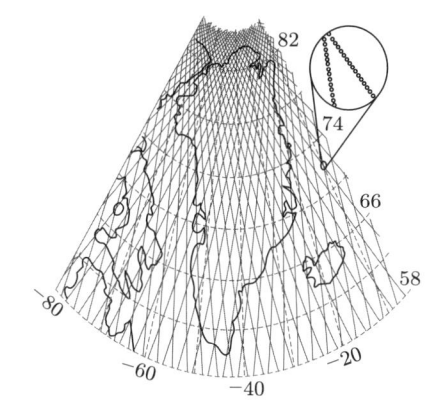

図 5.10 検証段階における ICESat のグリーンランド上空での航跡．ある小さな範囲の拡大図は，直径 70 m のフットプリントをもつビームがそれぞれ 170 m ずつ離れている様子を示す．このようなとても狭いビームによって測定される領域は，地球表面全体のごくわずかな割合しか占めない．

よって，地上の対象領域が標準的な 26 日間隔よりも頻繁に画像化できることになり，赤道で 5 日に 1 回，高緯度地域ではもっと頻繁に画像取得がなされ，さらに，ステレオ法に使用可能な画像も提供できる．この斜め視野モードは，2 方向性反射率の研究にも使われる．

宇宙船で装置を運用するうえでの深刻な問題は，十分な電力をいかにして生成するかである．とくに小さな人工衛星では，太陽電池パネルの大きさに制限がある．Envisat 上の大きな太陽電池パネルは 6500 W の電力を生成するにもかかわらず，搭載されたマイクロ波の ASAR 装置の消費電力が大きく，主に陸地や興味のある地域に対して，軌道ごとに約 30 分しか運用できない．また，韓国のレーダ小型衛星 KOMPAST は，軌道ごとに 20 分しかデータを取得できない．

5.8 現在のシステム

リモートセンシングデータを提供する装置はあまりにも多いため，それらを十分に説明することはできないし，いずれにしてもそのような情報は急速に時代遅れになる．そこで，ここでは植生モニタリングに広く使われているいくつかの典型的なシステムに注目し，ある植生モニタリングを実施するためのシステムを選択する際に基本となる原理を示す．何百という人工衛星，検出器，航空機システム，運用計画についての広範囲な情報が Kramer, 2000 に記述されている（この本はリモートセンシングシステムの「聖書」といえる）．

システムを分類するのにもっとも有用な方法は，おそらくその空間分解能と分光分解能によるものだろう．人工衛星システムは，便宜的に 3 つのカテゴリーに分けられる．主として気象観測や海洋観測のために設計された低分解能システム（Meteosat，NOAA/AVHRR，ASTR，SeaWiFS など），中分解能システム（Landsat，SPOT，MERIS，MODIS

など),そして高分解能システム (IKONOS, Quickbird など) である.スペクトルの観点からは,CHRIS や Hyperion のようなハイパースペクトルシステムとマルチスペクトルシステムは区別されるだろう.マイクロ波システムは別に分けて考察する.これらとその他のシステムは以下に手短に論じ,レーダについてはその仕様を付録3で紹介する.

■ 5.8.1 低分解能システム

大気(および海洋)の現象はきわめて大きな空間スケールで存在し,陸上の現象よりもずっと急速に変化する.そのため,1〜5 km の空間分解能はきわめて適切であり,高い時間分解能が重要である.幸いにも両方の基準は両立可能である.気象観測のためには高い分光分解能は必要なく,これらの検出器は通常,可視(雲の輝度計測用),中間赤外(水蒸気の計測用),熱赤外(雲の温度計測用)に,少数の広いスペクトル幅の観測波長帯をもっている.これらの気象衛星の空間および分光分解能は低いものの,それらが高いシステムよりも時間分解能がずっと高く,広範囲の多頻度観測や,陸上表面の大きなスケールの総合的な地図化に有益である.現在の主要な2つの気象衛星システムは,静止衛星(ヨーロッパの Meteosat や米国の GOES-E や GOES-W)と,AVHRR を搭載した極軌道衛星の NOAA シリーズである.気象衛星は継続性が非常に重要で,おそらく唯一の本当の「継続運用」システムで,あるシステムの1つが失敗しても,つねに置き換えできるように各国が長年にわたって協同してきた.これとは対照的に,残りの大部分の「科学目的の」システムは「1回限り」か,せいぜい数回続けられるだけのシステムであった(Landsat のようにかなり長い時系列のものもある).

たとえば,Meteosat に搭載された回転走査放射計の空間分解能は可視域で 2.5 m,水蒸気と熱バンドで 5 m である.しかし,その人工衛星の静止位置は赤道でグリニッジ子午線をまたぐため,画像の中央部分のみが正常に捉えられ,画面の端に近づくにつれて地球表面の湾曲のためにピクセルが徐々に引き延ばされる.実際,中心からあまりにも離れたピクセルは傾斜しているために陸上表面のモニタリングではあまり使用できず,その用途で使えるのは北緯60°から南緯60°までの間に制限される.しかし,その観測時間間隔は30分であり,雲に覆われた範囲についてより高頻度の観測が可能なので,データの利用価値は高い.2005年に打ち上げられた第2世代(Meteosat second generation:MSG)では性能が改善され,12チャンネルで1mの空間分解能,15分の時間間隔という性能であり,陸域観測により適したものとなった.GOES のマルチスペクトル画像化放射計では,2軸の走査システムを使って5チャンネルのデータを提供し,チャンネルの1つは可視バンド,あとの4つは熱バンドである.

NOAA シリーズの人工衛星はいまや18号機となっており,分解能1kmの画像を長年提供し続けてきた.これらは太陽同期極軌道であり,1960年に NOAA の最初の衛星 TIROS-1 の打ち上げ後,何年にもわたって発展してきた.現在の観測装置は改良型高分解能放射計(advanced very high resolution radiometer:AVHRR)である.これは対物面走査型の装置で,赤,近赤外,中間赤外,そして測定された温度の大気補正するための

2つの熱バンドが機能しているが，2つの中間赤外チャンネルの3aと3bは同時には動かせない．AVHRRの視野は約110°，観測幅はおよそ2400 kmであり，昼と夜で1回ずつ，1日2回地球をカバーする．軌道上にはつねに2つの衛星があり，公称周期は赤道において約6時間である．当然のことながら北半球では軌道が集中しており，1日あたり14の軌道ではほぼ1時間ごとに北ヨーロッパをカバーしている．衛星の高度（〜850 km）に比較して観測幅が広いことと地球の湾曲のために，地上分解能セルの大きさは走査ラインに沿って著しく変化し，実際，天底では1.1 kmのピクセルサイズが走査ラインの端では6 kmもの長さになる．最終画像ではこの歪みを補正する必要がある．この結果として，大気と地表面が観測される角度と距離も，観測域の中で大きく変化する．

2006年にESAによって打ち上げられたMetopは，AVHRRを搭載しており，NOAAの極軌道気象衛星（polar orbiting environmental satellite：POES）シリーズの衛星の段階的な廃止に伴って，午前中の画像を提供する予定である．米国のNPOESS計画は，POES計画を置き換えるように2006年から開始される予定であったが，計画の遅れとかなりの予算超過のため，開始は2014年以降になるだろう[†]．この遅れはこの計画の将来全体に危機をもたらし，気象と気候データ取得の継続性にも影響を及ぼす可能性がある．打ち上げ失敗の確率が40%であることを考えると，何年にも及ぶデータの欠落が生じ，従来の装置に対する新しい装置の相互較正が不可能になる可能性もある．

AVHRRは本来，気象観測目的で設計されたが，そのデータに対しては，海洋と陸域の両方で数多くの利用法が見いだされてきた．赤と近赤外波長を利用する**正規化差植生指数**（normalized difference vegetation index）*NDVI*（7章参照）は，この装置を使った植生モニタリングにとくに有用であることが示されてきた．高頻度のデータ取得は，とくに最大値合成法を用いることによって，大きなスケールでのモニタリングや地図化を可能にした．とくにレベル1Bデータプロダクトは高品質な基準と正確な位置情報を有している．

MODIS（moderate resolution imaging spectroradiometer：中分解能画像分光放射計）はTerra（午前）とAqua（午後）両方のEOSプラットフォームに搭載されて飛行している．これらの軌道も高度705 kmの太陽同期軌道である．EOSプロジェクトは地球表面を15年間，観測しモニタリングするように計画されている．MODISは観測幅2330 kmの走査画像放射計で，1〜2日周期で地球全体をカバーし，36の波長帯は，10が可視域，6がNIR，14がMIRと短波TIR，6が長波長熱赤外域である．29の波長帯の分解能は1000 mであり，5つは500 m（土地，雲，エーロゾル特性を地図化する目的），2つは250 m（陸と雲の境界を地図化する目的で）である．

EOSによって提供されるデータセットの1つは，MODIS地表面温度プロダクトである．これはスプリットウィンドウ大気補正アルゴリズムを使って作成され（6.2.2項参照），視野角が補正される．温度は11と12 μmチャンネルから求められ，射出率は分類に基づいた射出率法（classification-based emissivity method）によって推定され，その場面に含

[†]（訳注）NPOESS計画は2010年に中止された．代わりにSuomiNPP衛星が2011年に打ち上げられた．

まれている構成物の比率，表面構造，分光放射率からシミュレートされる．AVHRRデータに対するMODISデータの利点は，より細かく定義された可視域と近赤外バンドがあることと，いままでに打ち上げられたリモートセンシング装置の中でもっとも正確な較正用サブシステムの1つをもっていることである．この較正によって，輝度値の原データを真の反射率や放射輝度へ変換できる（Wan, 2008）．また，すべての波長帯の放射分解能は12ビットであり，これは他のほとんどのセンサよりも高い（AVHRRでは10ビット）．

非走査型放射計（along track scanning radiometer：ASTR）はERSとEnvisatに搭載され，AVHRRと類似した仕様をもっているが，円錐走査システムによって2つの視野角を大気補正に利用する．その他の低分解能装置としては，本来は海洋観測のために設計され，陸域モニタリングでも使えることがわかった沿岸海水色スキャナ（coastal zone color scanner）とSeaWiFSがある．これらの空間分解能は約1 kmであるが分光分解能はより良い（SeaWiFSでは8チャンネル）．SPOT衛星のVEGETATIONセンサの空間分解能は1 kmである．

■ 5.8.2 中分解能システム

低分解能と中分解能のデータ間には，扱うスケールに大きな不連続性がある．最近，MERIS（medium resolution imaging spectrometer：中分解能画像分光放射計）によって，この間隙を乗り越える試みがなされている．MERISは最高300 mの空間分解能を1軌道あたり20分まで提供し，空間分解能を1200 mまで下げると15バンドにわたる連続的なデータを提供することが可能で，主に陸域と海岸地域で利用される．

初期の中分解能システムのほとんどは，植生モニタリングを念頭に置いて設計されていた．最初のシステムはLandsatに搭載されたMSSで，18日周期で185 kmの観測幅，80 mの分解能であった．緑，赤，近赤外バンドが使用され，植生のさまざまな現象を検知し，分類し，モニタリングする方法を開発したり，植物のストレスや病気の検知，季節変化を研究するために使われた．しかし，1972年に打ち上げられたにもかかわらず，システムの考案や設計はそれよりも何年も前に行われたため，1960年代の技術を含んでいた．このデータの使用経験に基づいて，1982年までにはMSSの技術とそれに対する理解が改善され，Landsat 4に搭載されたTMでは，特定のスペクトル特性に調整された分解能30 mの6つの光学バンド（加えて分解能120 mの熱バンド）にまで向上した．Landsat 7に搭載された高性能TM（enhanced thematic mapper, ETM+）は1999年に打ち上げられ，類似した7つのバンド（熱バンドの分解能は60 mまで改善された）に，分解能15 mのパンクロマチックバンド[†]が加わった．本稿執筆時にも，Landsat 7は安定性の問題をかかえながらもデータを提供し続けている．2013年頃，ランドサットデータ継続ミッション（Landsat Data Continuity Mission, Landsat 8）において，Landsat形式の画像を提供するための長期利用地表画像化装置（operational land imager：OLI）の運用が開始され

[†] （訳注）いわゆる白黒画像，可視域全体に感度がある．

た．もしこのミッションが計画通り 10 年間続けられるなら，およそ 50 年間の互換性のある連続データが存在することになる．

MSS と TM の装置はどちらも従来の対物面走査型である．フランスの SPOT-1 衛星の高分解能ビデオシステム（haute resolution video：HRV）は 1986 年に打ち上げられ，センサアレイによる像面走査によって滞留時間を十分に増やし，20 m のピクセル（パンクロでは 10 m）が取得可能であった．衛星内に 2 つの独立した HRV スキャナが搭載され，それぞれ 60 km の観測幅をもち，天底から 27° まで向きを変えるようプログラミングできた．その結果，時間分解能が改善され，赤道において通常 26 日周期のところが名目上 5 日周期となった．これはまた，雲によるデータの欠落を減らし，ステレオ画像を提供できた．初期の HRV 検出器には 3 つの波長バンドしかなかったが，後のモデルでは，まず 4 バンドと 1 つのパンクロバンドに増えて，さらに 5 バンドと 2 つのパンクロバンドとなった．SPOT 5 は 2002 年に打ち上げられ，3 つの光学バンドの分解能は 10 m，短波近赤外バンドは 20 m，2 つのパンクロバンドは 5 m であった．これら 2 つのパンクロバンドは，2.5 m の分解能を達成するために，いわゆるスーパーモード[†]の合成に利用された．SPOT 4 以降の衛星では，VEGETATION とよばれる装置も搭載した．この装置は 4 バンド（3 バンドは HRV と同じで，緑バンドが青に置き換えられた）で広い視野角をもち，分解能 1 km で 2250 km にもわたるとても広い観測幅で毎日地球を網羅する．そのため，この装置は AVHRR と類似しているが，HRV と一緒に飛行しているため，同一地点の低分解能と高分解能の画像を相互に互換性のある波長帯で提供できるという利点がある．

その他の植生研究に関係する中分解能システムとしては，Indian remote sensing（IRS）シリーズの衛星がある．これらは広視野センサ（wide field sensor．空間分解能 188 m の 2 あるいは 3 つの植生バンド）とリニア画像自己走査装置（linear imaging self scanning：LISS）を搭載している．現在の LISS III は，分解能 23.5 m の 3 つの光学バンドと分解能 70 m の短波長赤外バンドをもっている．

最近のライン走査型装置には，天底以外の方向を向くよう特別に設計されているものがある．それらの 1 つとして，多方向画像分光放射計（multi-angle imaging spectro-radiometer：MISR）が Terra 衛星に搭載され飛行している．この装置は前方後方 4 つの異なる角度で，可視と近赤外の 4 バンドにおいて，同時に多方向のデータを取得可能で，2 方向性反射率についての研究に役立つ（8 章）．

最初の民生用衛星搭載型ハイパースペクトルセンサは，NASA EO-1 に搭載された Hyperion であり，分解能 30 m で 220 のスペクトルバンドをもっていた（またデータの継続性を保つため，ランドサットタイプの高性能地上画像化装置（advanced land imager：ALI）も搭載していた）．

[†]（訳注）同時に取得した 2 つの分解能 5 m 白黒画像から画像サンプリング処理によって 2.5 m 分解能画像を生成する．

■ 5.8.3 高分解能システム

　21世紀になり，人工衛星への高分解能（ハイパースペーシャル）センサとハイパースペクトルセンサの搭載によって，リモートセンシングは新しい時代に入った．最近，非常に限られた利用者グループのために，特別な目的のために造られた小さな衛星を使って，小さな範囲の高分解能データを提供する動きが出てきた．最初の商用高分解能衛星は1999年に打ち上げられたIKONOSであり，13 kmの観測幅でリニアアレイ技術によって分解能1 mのパンクロマチック画像と分解能4 mのマルチスペクトル画像を生成できる．回帰時間は（赤道で）11日であるが，このシステムはきわめて操作性が高く，軌道に沿った方向と直交した方向どちらにも45°から垂直まで視点を変えることができる．これはステレオ画像の取得と，回帰時間の短縮の両方を可能とする．この衛星自身によって，とくに明確な対象を定めないデータ取得も，ある特定地域のデータ取得もプログラミング可能である．

　この後間もない2001年に，IKONOSと同様な分解能2.4 mの4バンドマルチスペクトルセンサと，分解能0.6 mのパンクロマチックセンサを搭載したQuickbirdが打ち上げられた．回帰時間は緯度によって1～3.5日の間で，観測幅は16.5 kmである．2007年に打ち上げられたWorldview-1は，回帰日数1.7日で分解能0.5 mのパンクロマチック画像を提供し，Worldview-2は可視と近赤外で8つのマルチスペクトル画像を提供できる．

■ 5.8.4 小型衛星

　最初期の人工衛星は軽量，小型（Sputnikは83 kg，直径58 cm，Vanguard-1は1.6 kg，直径16 cm）であり，電波送信機だけを搭載していた．その後，衛星はより大きく，より複雑，より高価になり，最大の人工衛星となったEnvisatでは，重量8000 kgで10個の観測装置を搭載するまでになった．それぞれの衛星はゼロから特別に設計され（形，大きさ，安定化方法，電源供給，装置の搭載方法，熱制御，記録データの操作，データ通信の方法など）（Kramer & Cracknell, 2008），企画から完成までの所要時間は10年程度にまで長期化した．このようなやり方は，長い製造時間と試験行程を必要とし，計画の遅れとコスト超過をもたらした．それらの多くが複数のセンサを搭載したプラットフォームであるため，システム全体の1つの失敗が，その他多くの異なるプロジェクトの失敗となった．

　さらに最近では，既存の一般的に利用可能な技術や部品を使う技術（commercial off-the-shelf technology：COTS）によって，装置のコスト低下をはかることが注目されている．また，軽量素材や小型電子機器[27]の発達によって，より小さく，より軽く，より信頼性の高い衛星の製造が可能となってきた．現在は，かつての大きくて汎用目的を満たすための衛星よりも，小型で専用目的のための衛星を使用する傾向が強まっている．このような衛星は，新しい小型の低コスト打ち上げ機の入手と相まって，大学はもちろん，より多くの国々で入手可能となってきており，それぞれの独自のリモートセンシングシステムの開発や，多数の衛星を使用する衛星群の運用も今や実行可能である．

27　最初の衛星用マイクロプロセッサは1978年のSeaSatに搭載された．

5.8 現在のシステム

　小型で低コストな人工衛星は，実際には1960年代からアマチュア無線分野に存在してきたが，「プロフェッショナル」集団からは「おもちゃ」とみなされてきた．しかし，Surrey大学から独立したSurrey Satellite Technology株式会社（SSTL）の先駆的な活動によって，数百もの小型衛星が開発され，通信と環境モニタリングのために世界中で広く使用されている．小型衛星の現状に関するわかりやすい最新のレビューがKramer & Cracknell, 2008に書かれており，またXue et al., 2008に小型人工衛星の応用例とそれに関する文献がまとめられている．

　人工衛星は，機能，軌道の種類，コスト，大きさなどによって分類できるが，表5.1のように，標準的な科学接頭辞（mini-, micro-, nano- など）に基づいた大きさについての良い指標がある．もうひとつの分類法はコストによるもので，これは1999年に国連会議UNISPACE IIIで採択された．

表5.1 小型衛星の分類

衛星のクラス	重量	価格　US$*	コメント
大型衛星	>1000 kg	20,000,000<	天文台など
ミニ衛星	100～1000 kg	5,000,000～20,000,000	小型衛星（スモールサット）
マイクロ衛星	10～100 kg	2,000,000～5,000,000	
ナノ衛星	1～10 kg	<1,000,000	
ピコ衛星	0.1～1 kg		
フェムト衛星	1～100 g		チップ上の衛星

* 1999年価格．

　IKONOS，Quickbirdのような高分解能衛星は，OrbView，EO-1，IRSと同様に，すべて小型衛星である．これらの大部分は単一の目的のために設計されており，たとえば，火災発生を発見するための2波長赤外検出器（bispectral infrared detector：BIRD. 11.6節参照）や，多方向データ収集のためのPROBA（project for on-board autonomy. 7.2.1項参照）がある．もうひとつの関連する装置として，IRSUTE（infrared minisatellite unit for terrestrial environment：陸域環境のための近赤外小型衛星ユニット）が水収支の推定精度を改善するために設計されている．この装置は，土壌，植生，大気の水循環プロセスをフィールドスケールで計測し解析するための熱画像を取得するために開発され，この装置は，分解能50 mの5つの可視・近赤外バンドと3つの熱バンド画像を取得し，水循環プロセスを局所的なスケールから地域レベルまでスケールアップするためのデータを提供することが意図されている（Becker et al., 1996）．フラックスは，回帰時間1～3日で約50 W m^{-2}の精度で計測される．

　これらの小型衛星のコストは低いので，同一の装置を複数飛行させることが可能で，編隊を組んだ一群の衛星群を運用できる．その結果，回帰時間を約1日に短縮できる．そうした衛星群の最初の運用は，SSTLによってうまく調整された災害監視衛星群（disater monitoring constellation：DMC）であり，像面走査技術によって3か4のスペクトルバンドの中分解能（32 m）画像を地球規模で毎日提供できる．これまでのところ，イギリス，アルジェリア，中国，ナイジェリア，トルコによって運用されている5つの衛星が軌道上にあり，さらにその数を増やし，分解能を2 mにする計画もある．その他の例としては，5つのミニ衛星群からなる RapidEye があり，5バンド，空間分解能6.5 mの高分解能マルチスペクトル画像を毎日提供し，蒸発量モニタリングや収量予測，農業従事者のための耕地地図の更新を行っている．また，Pleiades（CNES）は，空間分解能2.8 mのマルチスペクトル画像と，空間分解能0.7 mのパンクロ画像を観測幅20 kmで提供できる2つの高分解能衛星から構成されており，ドイツの SAR-Lupe は，3つの軌道面にある5つのミニ衛星が X-バンドの高分解能 SAR データを提供する．

現状，商用のナノ衛星やピコ衛星は能力が大幅に限定されているが，その低コストや設計から製造までの時間の短さは，とくに衛星群として運用する際には非常に魅力的である．ナノテクノロジーの発展とともに，実験段階ではあるもののフェムト衛星が実現されつつあり，その利用は興味深い．

5.8.5 マイクロ波システム

マイクロ波の利用法を開発した初期の仕事の多くは，地上設置型と航空機搭載型マイクロ波システムを利用して行われ，とくに植生の研究を目的としたものであった．画像レーダを搭載した最初の衛星は1978年の SeaSat であった．その合成開口レーダシステムは23 cmのマイクロ波（L-バンド）を使用し，25 mの地上分解能セルをもっていた．わずか98日後に電気系統の障害が生じ，ほとんど解析されなかったにしても多くの価値あるデータが収集された．SeaSat は3つのマイクロ波放射計と可視光と赤外線の放射計も搭載していた．

1981年から1994年にかけて，SAR を搭載したスペースシャトルによる3つの計画が実施された．最初の2つ（SIR-A と SIR-B）は，分解能約40 mのLバンドの装置を搭載し，3番目の1994年の計画では，波長6 cmと23 cmで運用されるシャトル画像化レーダ（Shuttle imaging radar：SIR-C）と3 cmの波長で運用されるドイツの X-SAR システムの両方を搭載し，その分解能は10～200 mであった．2000年にはシャトルレーダ地形ミッション（Shuttle radar topographic mission）が行われ，C-バンドと X-バンドの干渉測定装置が利用され，北緯60°から南緯56°までの地球の大陸のほぼ80%を超える地形データが16 mの絶対垂直精度で取得された．「立体的な」画像を提供するために，片方の装置が60 mの長さのアームの先に取り付けられた．

SeaSat の活動停止後，次のレーダシステムが衛星に搭載されて運用されたのは12年後であった．1991年に ERS-1（ESA remote-sensing satellite 1）が欧州宇宙機関によって打ち上げられ，1995年には ERS-2 が後に続いた．これらは地上分解能30 mで，6 cmのC-バンドレーダを搭載していた．これらの SAR のデータ量は膨大であったので，搭載装置中にデータを蓄積することができず，受信ステーションで受信できる範囲内でのみデー

タ取得が可能であった．どちらの衛星も散乱計，高度計，軌道走査放射計（ATSR），それとマイクロ波および近赤外放射計を搭載していた．ERS-2 が打ち上げられた後の 1 年間，両方の衛星はタンデムで飛行し，干渉測定法のための対の SAR 画像を収集した．2 つの衛星は時間にして 35 分に相当する距離を離れて飛行し，ERS-2 の航跡がそれより 1 日早い ERS-1 の航跡と正確に一致するよう調整されていた．

　カナダのレーダサット（Radarsat）は，主にカナダ北部の海上航路における海氷モニタリングのために開発された．その理由は，その地域では 1 年の大半を通じて薄暗く，悪天候のため，1 年の大半はその他のリモートセンシング技術による観測ができないためであった．この装置の利用によって経済が好転し，ほんの数年のうちに Radarsat にかけた費用を回収できるといわれていた．それは C-バンドで運用され，空間分解能 9 m から 100 m までの多くの画像化モードで，海氷モニタリングに最適化された HH 偏波が利用された．Radarsat-2 は 2007 年 12 月に打ち上げられ，より高い空間分解能をもち，偏波モードを柔軟に選択できた．1992 年に打ち上げられた日本独自の衛星である JERS-1 は，分解能 18 m の L-バンドレーダと光学センサを搭載しており，現在の ALOS 衛星は SAR を搭載している．

　最新の ESA のレーダ衛星である Envisat は 2002 年に打ち上げられ，その運用期間が 2013 年まで延長されることになったが†，その機能の多くは GMES（global monitoring for environment and security：全地球的環境・安全保障監視プログラム）の Sentinel program に引き継がれる．Envisat は巨大な衛星であり，重さは 8 トンを超え，改良型軌道走査放射計（AATSR）や中分解能画像分光計（MERIS），マイクロ波放射計，レーダ高度計など 10 個の測定装置を搭載していた．高性能合成開口レーダ（advanced synthetic aperture radar：ASAR）は，C-バンドの 5 つの選択された偏波モードで運用された．画像化モードによって，28 m から約 1000 m までの空間分解能をもつ．マイクロ波の装置は電力を多量に消費するため，100 分の軌道のうち，約 20 分間しか稼働できない．

　2007 年にドイツの TerraSAR-X が打ち上げられた．これは X-バンド（波長 3 cm）のシステムで，分解能 1〜2 m に至るいくつかの異なるモードで，10 km × 10 km の画像を取得できる．COSMO-Skymed はイタリア宇宙機関により運営されている 4 つの民間および軍事衛星シリーズであり，最初の打ち上げは 2007 年である．それらの回帰時間は短く，3 つの異なるモードで操作可能な SAR が搭載されており，農業目的の地図作成に理想的である．

■ 5.8.6　レーザシステム

　大部分のレーザシステム（5.6 節）は，ヘリコプターか飛行機で使用されるよう設計されてきた．これは，レーザビーム自体の危険性を回避するためでもあるが，この装置の通

---

† （訳注）Envisat は 2014 年まで運用を延長する予定であったが，2012 年 4 月 8 日に通信が途絶し，5 月 9 日にミッション終了となった．

常の利用が，小規模で高精度な対象であることもその理由である．ごく小さな衛星搭載型レーザシステムの1つが上述された GLAS である．これは氷床地形や雲の高さ，エーロゾルの垂直構造を計測するために設計されたが，陸域と水域上の航跡方向の地形を提供する．GLAS は，近赤外（1064 nm）と可視光緑色（532 nm）の 4 ns 幅のパルスを毎秒 40 回発射する．2つの波長のビームの目に安全なレベルのエネルギーは，それぞれ 100 mJ と 50 mJ である．近赤外ビームは高度測定に，緑のビームは大気計測に使用される．すでに指摘したように，細いビーム（発散が 0.12 mrad）のため地球表面のごく狭い部分しか測定できず，その回帰時間は 91 日である．

■ 5.8.7 航空機システム

航空写真は，依然としてリモートセンシングデータの貴重な情報源であり，多くの航測会社がそうしたデータを日常的に取得している．前節までに，ハイパースペクトル，ライダー，そしてマイクロ波システムについて述べてきたが，これらの多くは航空機に特化されたものではない．Kramer, 2002 は，200 以上の測定装置の仕様をまとめているが，これらの装置の入手可能性は急速に変化してしまう．しかし，興味のある読者は装置に関する適当なウェブサイトで，更新された情報を見つけられるだろう．ここでは，より広く使用されているもののいくつかを紹介するにとどめ，より詳しい仕様のいくつかは付録 3 に記載する．気球やヘリコプター，UAV などで使われる他の装置については 11 章で論じる．人工衛星システムはごく最近まで，通常，政府機関によって製造され，運用されてきたのに対して，航空機システムの多くはユーザー自身の研究機関において設計され，製造されてきた．こうしたシステムやデータの使用は通常，そのシステムに関係した個人に限定されるが，数多くの商用システムも存在しており，それらは JPL や NERC（英国）のような機関によって運用されているものもある．

さまざまな精度の数多くのタイプのカメラが，特別に改造された軽飛行機に搭載されて利用されている．しかし，ここでは，いままでに使用されてきた多くの航空機走査システムのうちのいくつかについてのみ取り上げる．

実際，航空機センシングは，たとえば局地的，地域的なリモートセンシングから，衛星リモートセンシングに拡張するためなど広範囲に利用されている．それは装置の開発と較正を支援し，しばしば衛星システムのための性能試験の場を提供してきた．航空機による測定は，実地調査と同時に，また装置の較正のために飛ばされて，しばしば短期間で行われる．ほとんどの航空機搭載型システムは，どんなタイプの飛行機でも飛ばすことは可能であるが，通常は架台と窓を特別に改造した飛行機に設置しなければならない．技術的な理由で，スキャナもしくはカメラのうち，通常は可視・近赤外をカバーするものと短波長赤外から中間赤外をカバーするものは分かれている（たとえば，フィンランドの Specim Company の Eagle と Hawk センサなど）．

ライダーは，航空機センシングの装置のうちもっとも一般的なものの1つである．前節で現在利用されているレーザシステムのいくつかについて，また，マイクロ波システムに

ついても 5.8.5 項で説明した.航空機からの熱走査はとくに植生モニタリングや水収支の研究に有益であるものの,実際に使用されるスキャナの多くはマルチスペクトルラインスキャナかハイパースペクトル装置（5.8.3 項）である.その最初のものの一つは,航空機搭載型画像分光計（airborne imaging spectrometer：AIS）で,JPL によって運用された像面走査型スキャナであり,さまざまな応用測定に加えて,植生ストレスを測るために利用された.ここから,よく知られている航空機搭載型可視赤外画像分光計（airborne visible/infrared imaging spectrometer：AVIRIS）が 1986 年に開発され,最初に実用化されたハイパースペクトル装置となった.このシステムの性能は度々改善され,現在のシステムは合計 224 チャンネルの 4 つの分光計からなり,JPL によって ER2 航空機で運ばれ,高度 20 km で空間分解能 20 m の画像を提供している.

ディーダラスエンタープライズ（Daedalus Enterprises）は数多くのセンサを開発してきたが,おそらくもっともよく知られているセンサは AADS1268,航空 TM（Airborne Thematic Mapper：ATM）で,世界中の多くの機関で使用されている.これは元来,Landsat MSS センサのバンドのように 11 チャンネルの装置として作成されたが,最新版では,MSS,TM,SPOT HRV といったセンサや,それ以外のいくつかのセンサに相当するチャンネルをカバーしている.これは光学－機械式スキャナで,高度 1000 m で空間分解能 1.25 m,また ER2 上の高度 20 km では空間分解能 25 m,1 走査ラインあたり 700 ピクセル以上の画像を提供する.ディーダラスは 6 つのスペクトルバンドをもつ熱赤外線マルチスペクトルスキャナ（thermal infrared multispectral scanner：TIMS）も製造している.

その他の一般的に使われる装置として,航空機搭載型ハイパースペクトルセンサ（compact airborne spectrographic imager：CASI）がある.これは ITRES によって,彼らの蛍光線画像化装置（fluorescence line imager：FLI）から開発された.CASI は可視と近赤外で運用され,1.9 nm のサンプル間隔で,最大 288 のスペクトルバンドを提供し,1 走査ラインあたり 512 ピクセルの画像を提供する.しかし,こうしたシステムは大量のデータを生成するため,操作者があらかじめ選んだ 19 個のスペクトルバンドでマルチスペクトルスキャナとして使用される空間モードか,フルスペクトルレンジで 39 個までの選択された方向を計測する多方向分光計（スペクトルモード）のどちらかで使われる.ピクセルの大きさは高度 1200 m で 1.5 m 四方である.この装置は太陽からの下向き放射を同時に測定するので,標準的な大気補正を使って,地表面からの信号をピクセルごとの分光反射率に変換できる.最新のシステムである CASI-2 には,SPOT の VEGETATION や SeaWiFS に相当するバンドなどの組み合わせが最初から組み込まれている.

その他の商用システムには,GER によって製造されたディジタル航空画像分光計（digital airborne imaging spectrometer：DAIS）のさまざまなバージョンや,反射光学的画像分光計（reflective optics system imaging spectrometer：ROSIS）などが存在する.

これらのシステムには,マルチスペクトルセンサ,ハイパースペクトルセンサ,ライダー,レーダセンサ,さらには将来が期待される蛍光センサなどの新しいセンサが追加され

続けている.

5.9 データ受信

リモートセンシングデータの大半のユーザーにとっては，そのデータが収集され，前処理が施され，配布されるまでの過程はまったく知らされず，それらの過程は「ブラックボックス」化している．現在では，多くの異なるレベルのデータセットを，取次機関やその他の供給先からオンラインで簡単に注文でき，きわめて短時間にインターネットやときにはCD-ROMなどの光ディスクによって入手できる．しかし，人工衛星から受信した未加工のディジタル値を研究室のコンピュータで処理可能なレベルの画像に変換するまでには，数多くの処理行程が存在する．

データは，人工衛星から符号化された高周波の無線信号（しばしばマイクロ波信号）として送信され，地上の受信ステーションによって通常パラボラアンテナで受信される．データは衛星が受信機の照準上にあるときのみ受信できるため[28]，受信アンテナは衛星の方向に直接向いている必要がある．これは実質的には止まっている静止衛星では問題にならないが，極軌道衛星ではアンテナは頭上の衛星の軌道を追いかける必要がある．地上の観測者からは，そうした衛星は最初に南の水平線上に現れ，頭上を通り，北の水平線に下っていき，そこで視界から消えるように見えるだろう（これは衛星が北寄りのコースを通る場合）．低地球軌道衛星の場合は，100分の軌道のうち約20分間視界に入る．受信アンテナは通常，衛星が水平線を超えて最初に視界に現れる場所を予想して準備し，衛星が現れ，その信号を最初に受信すると衛星の自動追尾を開始できるようプログラムされている．アンテナは衛星が再び視界から消えるまで衛星を追尾し続ける．そのためには，垂直軸と水平軸の両方で回転可能な精巧なアンテナ用架台が必要とされる．NOAA衛星のAVHRRデータのような低分解能データは，低周波の信号で送信されるので，こうした場合には1～2m径のかなり小さなパラボラアンテナでデータ収集できる．ただし，たとえばLandsatからの高分解能データやレーダデータでは，直径数十mの大きなアンテナが必要であり，さらに精巧な電子追尾システムが必要となる．そういったシステムには多額の費用がかかるため，データは通常，国の機関によってのみ収集される．しかし，低分解能データ（**直接送信データ**：direct broadcast data）は，より単純で安価な市販のシステム（たとえば，Dandee大学によって製造されたものなど．Cracknell & Hayes, 2007）によって収集可能であり，いまや多くの大学や企業が自分たちでそういったアンテナを所有している．Meteosatからの1次データはEOSATのドイツにあるコントロールセンターで収集，処理され，再びMeteosatに送信される．そして，Meteosatはデータ中継衛星としてふるまう．この2次的に処理されたアナログデータは，単純なワイヤーアンテナや無線受信機によって受信可能で，現在ではいくつかの学校でさえ利用可能である．国立の大きな地上ス

28　データが別の衛星，すなわちデータ中継衛星によって受信され，送信されることもある．

テーションでは，通常，異なるサイズの受信アンテナを数多く所有し，多くの衛星が同時に視界の中にあるように，各々のアンテナが特定の衛星に割り当てられている．

データが受信されると，それらは幾何補正と放射補正のために速やかに前処理され，地上ステーションのウェブサイト上に**簡易一覧**（quick look）として掲載され，それらにはしばしば格子が描かれていたり，海岸線が重ね描きされていたりする．そして，世界中のユーザーによって閲覧され，ユーザーは購入すべき画像を選択する．その後，ユーザーはオンラインで画像を注文し，オンラインでその画像を受け取ることができるので，ユーザーはほぼリアルタイムの解析を行うことができ，自然災害やその他，オイル流出や自然火災のような急速に変化する現象を研究できる．インターネット以前の時代では，簡易一覧とその画像の両方を入手するのに不確実な郵便サービスに頼らなければならなかったので，こうした方法は不可能であった．

初期には，データを蓄積し，保管するための系統だった方針はなかった．データは地上ステーションにおいて，コンピュータの入力装置に適合した巨大な磁気テープ上に原データとして蓄積され，貴重な研究資源であるにもかかわらず，データの何がどのくらいの期間保存されるべきかという一般的な方針がなかった．現在ではより効率的なデータ記憶装置の発達と，とくにコンピュータ性能の向上によって，大部分のデータが未加工の形式のまま記録されているだけでなく，画像を補正し，幾何的に修正する際に生じた多くの異なるレベルのデータまでが保存されている．また，たとえば海と陸の表面温度やクロロフィル量，植生指数といった地球物理的諸量を地図化したような，付加価値をつけた画像としてもしばしばデータ提供がなされる．6章では，そうしたデータの情報をユーザーにとって有益なものとするために，どのような処理をデータに加えるかをみていく．

❓ 例 題

5.1 1984年11月にスペースシャトルディスカバリーは，高度360 kmの円軌道上で障害の生じた衛星を回収するために，高度315 kmの円軌道に配置された．これら2つの物体が最初は地球を挟んで反対側にあったとすると，シャトルを速やかに衛星の下に位置させるために必要な軌道の数はいくつか．

5.2 環境観測人工衛星が地表面の上空高度700 kmを準極軌道で飛行している．その軌道上での速度を計算せよ．また，地表面に対しての速度を答えよ．別の衛星が高度1700 kmで飛行する計画がなされているとする．この衛星の軌道周期の時間はどのくらいか．

5.3 回転ミラー式の対物面走査型スキャナが地表面から高度10 kmを時速720 kmで飛行しており，それぞれのピクセルは10 m × 10 mの広さをもつ地上の面積に対応している．隣接した走査ラインが重なり合うこともなく，またそのライン間に隙間が生じることもないようにするために必要なミラーの回転速度はどのくらいか．また，個々のIFOVにおける滞留時間はどのくらいか．

5.4 Landsat ETM+の視野角が0.26 radの場合，観測幅はどのくらいになるか．もしその画像がちょうど赤道を写しているとしたら，地球全体を衛星がカバーするのにいくつの軌道の数が必要か．また，赤道の任意の地点の上空を1回通過してまた通過するまでに

何日かかるか．計算をするうえで必要な仮定を述べること．

5.5 $10\,\text{m} \times 10\,\text{m}$ のピクセルサイズで観測幅 $50\,\text{km}$ のパンクロマチック画像を生成する像面走査型スキャナがある．スキャナのアレイはいくつの検出器から構成されているか．もし，個々の検出器の大きさが $10^{-5}\,\text{m}$ であるなら，アレイの物理的な大きさはどのくらいか．

5.6 ERS-2 衛星に搭載されている装置から垂直直下にマイクロ波のパルスが発射される．反射したパルスが戻るまでの時間に衛星が移動する距離を算出せよ．もしパルスが直径 $1\,\text{m}$ のアンテナから発射されるとしたら，地上に照射されたフットプリントの大きさはどのくらいになるか．

■ 推 薦 書

多くのリモートセンシングの教科書は，システムについてはある程度取り上げている．とくに有益な教科書は，Lillesand, Kiefer & Chipman, 2007 と，J. B. Campbell, 2007 である．Campbell の著書の中の本章と関係する章は素晴らしいものであり，マイクロ波システムの導入部分を理解するのが容易である．さらに詳しい情報は I. H. Woodhouse, 2006 から得られる．ミッションとセンサについての非常に包括的な調査が H. J. Kramer, 2002 によってなされている．これはほとんどすべての衛星，スキャナとリモートセンシングプログラムと航空機センサ，運用計画についての内容を含んだ百科事典である．残念なことに，最新版は 2002 年の出版のため，少し時代遅れになっている．S. Liang, 2004 は画像補正の詳細のいくつかを扱い，Barrett & Curtis, 1999 は簡潔に概観している．リモートセンシングの基本的な技術の入門解説として非常に良いシリーズとして，カナダリモートセンシングセンター（Canada Centre for Remote Sensing）から Web 上で公表されているものがある．レーダに関する部分がとくに有益である．

➥ Web サイトの紹介

Zhengming Wan による MODIS の地表面温度プロダクトの解説（2006）
　http://www.icess.ucsb.edu/modis/LstUsrGuide/usrguide.html
カナダリモートセンシングセンターのリモートセンシングの手引き
　http://www.nrcan.gc.ca/earth-sciences/geography-boundary/remote-sensing/fundamentals/1430
Dandee 大学の衛星受信サイト
　http://www.sat.dundee.ac.uk/

6 光学データの準備と取り扱い

■ 6.1 はじめに

5章では，リモートセンシングデータを生成するためのシステムについて概観した．本章では，原データを加工し，提示するために必要な手順の概要を説明し，7章以降で，得られた画像から主題情報を抽出するための判読や，植生の生物物理学的変数（たとえば，葉面積指数や群落光合成など）の空間的変動についての有効な情報を得るための方法について説明する．前処理の手順には，さまざまな画像の強調と共に，幾何補正や放射量補正が含まれる．多くの衛星や航空機のデータは，基本的な幾何誤差，ときには放射量誤差，画像取得中の収集システムによる誤差が補正されて提供されるが（たとえば，レベル1A，1B，2Aなど），多くの場合，解析者によってそれ以上の改善が必要となる．とくに，航空機リモートセンシングによる画像データでは画像の歪みが非常に深刻な場合があり，さらなる画像補正が必要となることが多い．しかし，いずれの場合でも，適用される補正の性質とデータの整合性に与える潜在的な影響を理解しておくことは有用である．ディジタルデータの取り扱いは**画像処理**とよばれ，さまざまな画像操作や解釈を容易にする統合ソフトウェアが利用できる．多くの場合，追加処理を必要としないような**付加価値製品**，たとえば，**植生指数**や表面温度，クロロフィルについての地図が購入可能であるが，これらの数値の導出過程，とくにその過程で生じる誤差や不確実性について理解しておくことが望ましい．

ほとんどの利用者は，画像解析ソフトウェアが行う実際の数学的処理を知る必要はないが，どのような再サンプリング方法を使うのか，どのような伸縮変換（幾何変換）を使うのか，どのバンドを用いるのかというような，さまざまな選択肢から適切な選択をするには，これらの処理に関連した基本原理を理解しておくことは有用である．大部分のリモートセンシングデータの利用者は，利用可能な一部の操作を行うだけで良いので，本章ではそれらの手順がなぜ必要とされ，それによって何ができるのかを簡単に説明する．ENVIやERDAS™ IMAGINEのような最新のソフトウェアは，必要とされる多くの操作を行うための洗練された方法を提供するが，使用されている専門用語や操作方法は表面的には異なっているようにみえる．そのため，それぞれのソフトウェアの入門解説や演習問題に取りかかる前に，関係しているリモートセンシング画像解析の原理を理解するために，Mather, 2004, Richards & Xia, 2005, Jensen, 2008, Russ, 2006のような，画像解析に関する多くの参考書を参照するとよい．

画像処理は日常的に行われている．たとえば，写真においては，拡大したり，コントラストを変えたり，ソフトフォーカス処理のような何らかの画像強調を施して印刷すること

ができる.テレビやパソコン画面のコントラスト,輝度,カラーバランスを調整するときには,画面の見え方を変更すればよい.これらはすべてアナログ処理[†]であるが,もし画像がディジタル形式であれば,さまざまな数学的処理によって個々のディジタル値もしくはディジタル値のまとまりに任意の色を割り当てたり,あるいはそれらを統計的に処理することができる.このような処理の大部分は,判読者が画像を認識したり,解釈したりするために行う.ただし,もともとの情報量を増やすような処理は存在しない.一方で,再サンプリングや画像圧縮のような変換では情報が失われる処理もあるため,画像操作の種類やその手順を選択する際には注意が必要である.

　本書では,幾何歪み(geometric distortion)と放射量歪み(radiometric distortion)の補正から始めて,処理過程の論理的進行を考える.具体的には,現地についての何らかの外観を反映した画像を手に入れたら,その画像を表示して,それに続いて,画像の解釈が容易になるように見た目を強調する方法を考える.7章では,その次に行われるスペクトル情報を使った植生解析における画像解釈を取り上げ,利用できるスペクトル情報が増えると,植生やその他の地表面など,画像に含まれる情報を取り出す能力も高まることを示す.ハイパースペクトル画像(200以上のスペクトルバンドをもつ)は,とくにサブピクセル情報抽出の分野で,マルチスペクトル解析の能力を向上させる.リモートセンシングデータのさらなる応用は**データ同化**(data assimilation)とよばれ,地表面エネルギーフラックスや土壌含水量のように,直接観測できない値を推定するためのもとになる生物物理学的な過程を含むモデルに,表面温度や植生被覆などのリモートセンシングによる測定値を統合する.データ同化の例は,11章で扱う実践的な応用において説明する.なお,これらの区分は主観的であり,他の著者であればこれらの過程を異なる方法で各章に割り振ることもあるだろう.

■ 6.2　画像補正

　画像処理は通常多くの段階を経て行われる.まず,衛星や航空機の撮影装置から受け取った原データは,解析者が扱えるように変換する必要があるので,ほとんどの場合,何らかの形の**前処理**が必要である.一部の前処理は,データ収集の過程で生じる既知の誤差を補正するために,地上局のデータ受信時に行われる.このような歪みは,衛星の動き,地球表面の曲率,非線形な走査,帯/縞模様(検出器の不良による),あるいは検出器の非線形応答に起因する.その他に,大気効果や,走査ラインに沿ったピクセルサイズの変化(5.4節)と地球の自転に起因する幾何歪みを補正する必要がある.もし正確な幾何的表現が必要であれば,地図座標や他の画像と正確に重ねるために,画像を**再投影して**歪ませなければならない.この補正を行うためには,ピクセルを新しい格子に投影しなければならない.すなわち,新しいピクセルは元のピクセルの重み付けした比率によって作られる.

[†] (訳注)　現在の日本のテレビは,ディジタル化されている.

■ 6.2.1 幾何補正
□ 幾何歪み

空中写真の縮尺，つまり地上での実際の距離と比較した写真上での距離との関係は，写真全体にわたって変化する．これは，天底からの角度が写真の端に向かって大きくなるので，対象とする点からカメラまでの距離が長くなるためである．同様の歪みは，地上付近で得られた画像を使うときにも生じる（たとえば，気象観測タワーからの画像）．写真測量者が隣り合う2枚の空中写真を合わせようとするとき，**反射実体鏡**を使って絶えず片方の写真の縮尺を調整する必要がある．その他にも，操縦士あるいは地上の地形の変化によって生じる飛行高度の変化，プラットフォームの不安定さ（縦揺れ（pitch），横揺れ（roll），偏揺れ（yaw））によって，歪みが生じる．

類似した歪みは走査画像で生じ，より遠い範囲まで含まれる衛星画像では，歪みはいっそうひどくなる．歪みの原因としては，系統的誤差と非系統的誤差の2つの誤差が考えられる．系統的誤差はたいてい予測可能で，ある特定のシステムによって観測されたすべての画像で生じる傾向がある．それらは通常プラットフォームの軌道パラメタやスキャナの特性に関する情報から補正でき，そのシステムで取得されたすべての画像に当てはめられる．これらの補正は通常，データが配布される前に適用される．一方，非系統的誤差は予測不可能で，特定の画像にのみ生じる．それらは利用者によって，個別の基準に基づいて補正する必要がある．

系統的な幾何歪みの主な原因としては，以下のようなものがある．

地球の自転　地球の自転により走査画像が歪み，よく見られるひし形の形状になる（図 6.1）．極軌道衛星が軌道に沿って進むにつれて，その下で地球は東向きに回転する．これは，それぞれの走査ラインの始まりが，前の走査の少し西側の点から始まり，連続的な走査ラインは少し西側に動かされる必要があることを意味する．ここで，地球の表面速度，すなわちライン間の移動量が，緯度によって変化することに注意する必要がある．

プラットフォームの運動　走査センサが連続的にピクセルを取得している間に衛星が前進するので，走査歪み（scan skew）という歪みが生じる．走査されたピクセルの列は，衛星の軌道に対して垂直にはならず，少し上側に曲がっている．この歪みは，ピクセル列1式を1度に記録する像面走査型スキャナでは生じない．回転鏡の代わりに，両方向を走査する振動鏡を使う Landsat の TM や ETM+ では，両走査方向に平行した走査ラインを作り出すことで，走査ラインの歪みを補償し，前進運動の画像への影響を軽減している．

非線形走査　走査する鏡の速度は，視野を走査している間に変化する．これは，首振り型の鏡を使用した機器ではその動きが単振動なので，回転鏡を使う機器よりもとくに深刻である．走査端に近づくと走査速度は減少し，滞留時間が長くなるので，それらのピクセルが引き伸ばされる．

パノラマ的歪み　スキャナの地上における瞬時視野（IFOV）は，天底から走査端に向かって画角が大きくなるので，大きくなる（図 6.2）．原画像の端で生じている圧縮は見かけ上明白であり（たとえば，図 6.1（b）のスカンジナビア），地表面の曲面によってさ

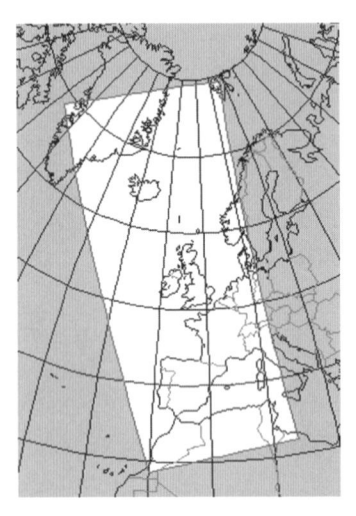

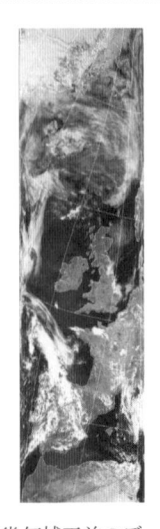

168　6　光学データの準備と取り扱い

(a) 衛星 Aqua の観測範囲　(b) 幾何補正前のデータ（近赤外域 (841〜867 nm)）　(c) 幾何補正済み RGB 合成画像

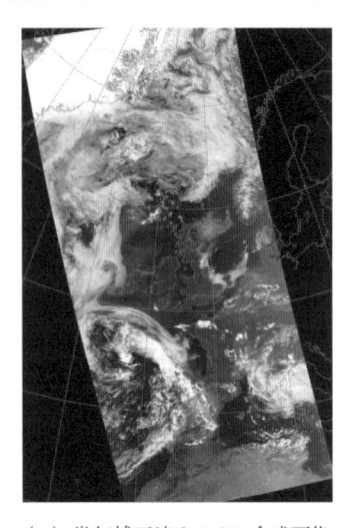

図 6.1 2008 年 5 月 13 日イギリス上空の MODIS 画像（世界標準時間：13:15）(NEODAAS と Dundee 大学の許可の下，複製)．口絵 6.1 参照．(b) 走査帯の端に幾何学的圧縮が見える．

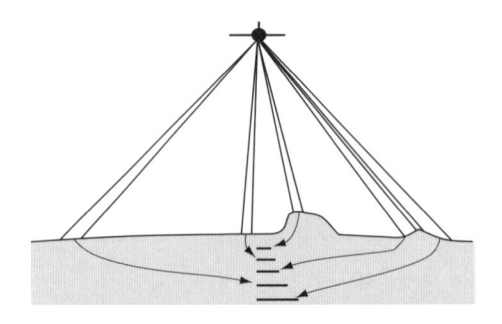

(a) 一定の IFOV センサで，地形や画角によって変化するピクセルが表す地上の範囲

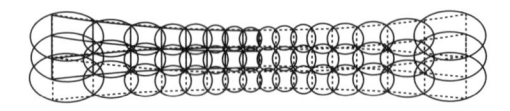

(b) 3 つの連続する走査ラインの平面視(蝶ネクタイ(bowtie)効果)

図 6.2 (a) それぞれの線は対応する 1 つのピクセルが表す地上の相対的な大きさを表す．地上高が高くなると捉える範囲は狭くなり，画像の端では大きくなる．高高度の画像では地球の曲面の影響を受ける．視野角に対する地表面の角度も大きく影響する．(b) 天底視（走査ラインの中央）から走査帯の端に動くにつれてのピクセルの表す範囲が大きくなり，端のほうでピクセル間の重なりが増加する．

らに圧縮されている．これはとくに，視界が天底から56°まであるAVHRRのような広い視野角の機器で深刻になる（5.8.1項参照）．SPOTに搭載されたHRVでさえ，視野を天底から最高27°まで回転できる．端に近いところで生じる画像圧縮の結果，直線の地物が曲がって見えるような特徴的な歪みが発生する．生じうるもうひとつの問題は，走査帯の端の近くでは視野範囲が大きくなり，ピクセル間の重なりをもたらす「蝶ネクタイ（bowtie）」効果である（とくにMODISで顕著に現れる．図6.2（b））．

縦横比　ピクセルが画像内で形成されるとき，瞬時視野からの信号は，下方の地上で対応する領域を表すピクセルに配置される（5.4節参照）．ピクセルの大きさは，縦横をそれぞれ等分した格子状になるように選択される．たとえば，Landsat MSSのピクセルサイズは軌道と垂直方向に56 m，沿った方向に79 mである．この長方形の領域は通常，正方形のピクセルとしてコンピュータ画面に表示される．そのため，表示画像は現地を幾何的に忠実に再現するように，再投影する必要がある．

走査システムによって生じる歪みとは別に，画像の幾何的な忠実性は，プラットフォームの高度と姿勢の両方におけるランダム変動によって影響を受ける．次のような非系統的誤差が考えられる．

プラットフォームの不安定性　どのような高度変化（縦揺れ，横揺れ，偏揺れ．図6.3参照）も（とくに走査システムで）画像を歪ませ，天底点を想定された地点から予想できない形でずらしてしまうため，空撮画像はとくに高度変化に敏感であり，それぞれに応じた補正が必要である．図6.4は，実際のプラットフォームの不安定性の影響例を示し，幾何補正済みの画像を得るためには多くの変換が必要であることを示している．航空機ほど深刻ではないが，衛星でも不安定性が問題となる．軌道の摂動（5.2.3項）は，高度や速度の変動，そして予想軌道からのずれを引き起こし，姿勢のわずかな変化をもたらす．

地形効果　航空機リモートセンシングよりもさらに小さな縮尺である衛星リモートセンシングでも，衛星下の地表面高の変動はその場所の画像縮尺に影響し，高低差の大きな地形では画像全体を通して著しく変化する．さらに，1つのピクセルが捉える範囲は視野

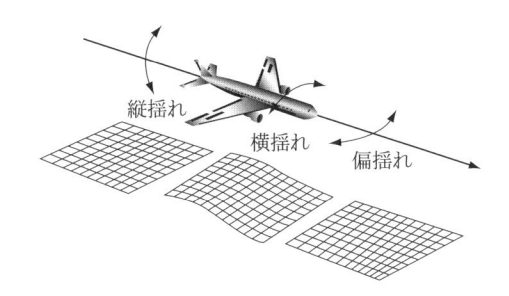

図6.3　3軸における回転を示す航空機の不安定性の幾何学的影響．縦揺れ（pitch）は飛行機進行方向に垂直な水平軸の回転で，すべての走査ラインの圧縮もしくは拡張につながる．横揺れ（roll）は進行方向の軸に対する回転で，走査帯の位置を変化させる．偏揺れ（yaw）は垂直軸に対する回転で，走査ラインを斜めにする．

(a) 処理前のグレイスケール画像　　　　　　(b) 幾何補正後の画像

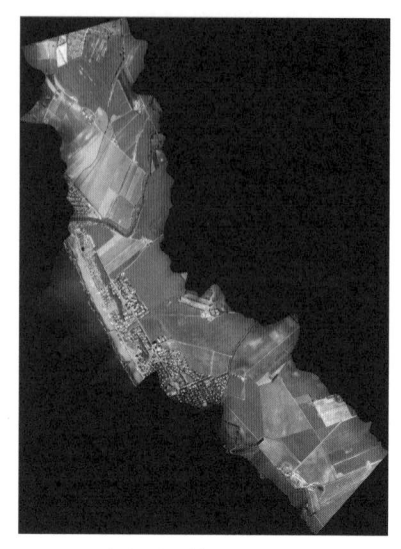

図 6.4　航空機の不安定性が，撮影画像に及ぼす影響．(a) イタリア，Tarquinia の航空機 TM (ATM) で取得した画像．(b) 航空機の不安定性による歪みを補正した (a) の幾何補正画像 (a14093a からの画像-NERC ARSF プロジェクト MC04/07) (口絵6.2 参照).

角に対する地表面の角度に依存する (図 6.2).

□ 補正方法

　幾何補正の目的は，現場空間の様相を忠実に表現する画像を生成することである．幾何補正の過程を図 6.5 に例示する．元の (歪んだ) 画像が，対象領域の地図と 1 対 1 の関係をもつように変換される．その結果，利用者はその画像を現場の地図のように扱えるようになり，物理的に地図や他の画像，画像産物の上に重ねられる (たとえば，GIS)．データを受け取った時点では，系統誤差の 1 次補正は完了していることが想定される．残りの系統誤差やすべての非系統的誤差については，それぞれの画像について補正しなければならない．補正は通常，2 段階で行われる．最初に，通常，関連する地図の格子に基づいた方形格子が選ばれ，新しいピクセルの中心を描くための点のセットが設定される．次に，これらの点に結び付けられるように元のピクセル値から新しいピクセル値が計算され，新しい画像が形成される．全体的に，これらの 2 つの手順は，地図表現に合わせるように画像を歪める効果があり，この過程は**再投影** (reprojection) とよばれる (図 6.5 参照)．一方，新しいピクセル値を計算することは**再サンプリング** (resampling) とよばれる．

　幾何変換には，しばしば経験的な方法が使われる．それは，対象画像と適切な縮尺の地図の両方において特定できる，共通の点の位置の違いを比較するものである．簡単に特定できる地物 (交差点や特有な沿岸の地物) の座標を，基準格子として，あるいは偏北距離，

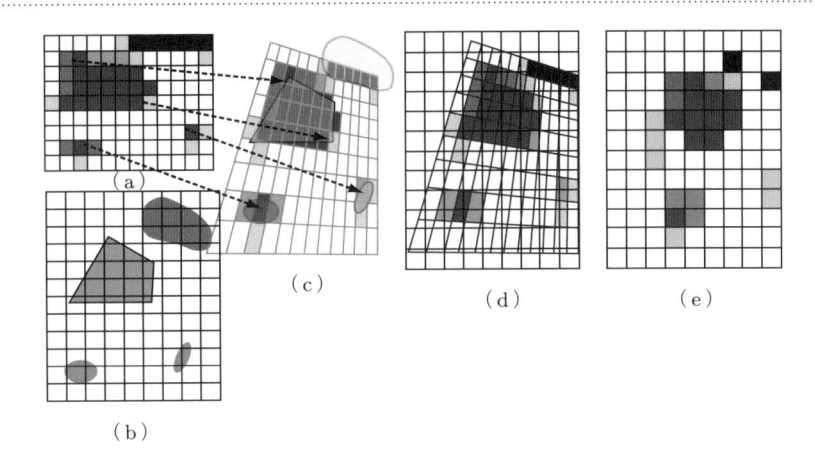

図 6.5 画像の再投影と再サンプリング．(a) いくつかの認識可能な対象物を含む，歪みを含んだグレイスケール原画像．(b) 対応する実際の景観の地図．(c) 地図と重ねられるように (a) を変形している様子．これは画像と地図で対応する何組かの地上基準点 (GCP) によって行う．破線は，画像と地図の地上基準点との対応を示す．この変形した画像を (d) の方形格子に重ね合わせる．幾何補正済み画像 (e) の新しいピクセル値は，最終的に画像 (d) の最近傍の値をとる最近傍法によって得られる（口絵 6.3 参照）．

偏東距離として，対応する画像ピクセルの位置と一緒に画像処理パッケージに入力し，画像は地図の座標に合わせて適切に変形する．これは画像の地図への位置合わせとよばれる．画像を結び付けるために使われる地物は**地上基準点**（ground control point：GCP）とよばれる．もっとも良い結果を得るためには，とくに航空機画像においては，画像全体に均等に分布する多数の GCP を使うべきである．位置合わせの精度は変換に使われる特定のアルゴリズムの精巧さに依存し，その精度は（基準点ではない）いくつかの他の点を選び，計算された位置と実際の位置の差の二乗平均平方根値を計算することで確認できる．絶対的な位置情報が必要でなければ，2つの画像を重ねられるように，ある画像と他の画像とを重ね合わせることも可能である．地上や野外の観測では一般的であるように，Photoshop（Adobe 社）のような通常の画像処理ソフトウェアは，視覚的に確認しながら変形させて位置合わせするための手軽な変換手段である．

再サンプリングには，多くの利用可能なアルゴリズムがある．もっとも単純な方法は，図 6.6 に示すように，隣接する元のピクセルの中心から新しいピクセルの中心までの距離を計算して，もっとも近いピクセルの値を置き換えるものである（最近傍法：nearest-neighbour resampling）．この方法は，元のピクセルの放射量情報を変化させることなく動かすだけなので，画像内のスペクトル分布が変化しないという長所がある．共1次内挿法（bilinear interpolation）や3次畳み込み内挿法（cubic convolution）のような他の方法は，新しいピクセルの中心から元のピクセルの中心までの距離に応じて異なる寄与比率の重み付けに基づいて，隣接するピクセルから計算された値を代入する．これらのいっそう

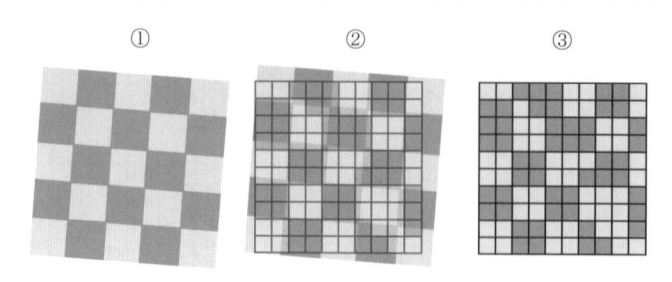

（a）高分解能への再サンプリング(最近傍法)

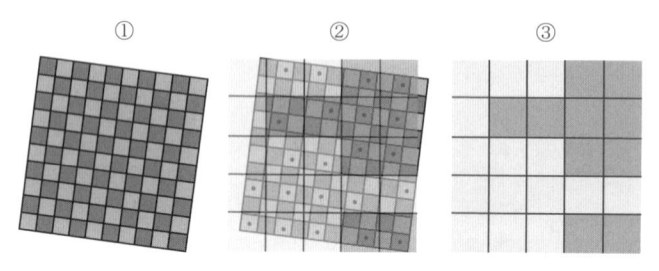

（b）低分解能への再サンプリング(最近傍法)

図6.6 高分解能への最近傍法再サンプリング（a）と低分解能への再サンプリング（b）（再投影を含む）．（b）②の点は新しい中心にもっとも近い元のピクセルを表す．再サンプリングは得られたピクセルのパターンをかなり変化させる（口絵6.4参照）．

複雑な再サンプリング手法は，新しいピクセル値のより良い推定をもたらし，とくにより詳細な分解能に内挿しようとする場合には有効である．しかし，これらの高度な再サンプリング手法はデータを大幅に変化させる可能性があるので，注意して使用する必要がある．どのような場合の再サンプリングでも，再サンプリングは元ピクセルの混合を利用して行うため，スペクトルの完全性が失われてしまうので，（分類のような）いくつかのタイプの分析は再サンプリングの前に行うべきである．

■ 6.2.2 放射量補正
□ ヒストグラム

ピクセルの位置に関係した誤差と同様に，ピクセルの放射量値でも誤差は生じる．これらは誤った値が記録されるような計器不良によるものや，対象物における入射や反射のばらつきによるもので，データから得られるすべての量的な測定精度に影響する．画像の放射量特性を研究するための有効な方法は**ヒストグラム**である（図6.7）．これは画像内のすべてのディジタル値の出現頻度を表す．画像のバンドに含まれる数値の分布は，画像内の地表面の特徴を示す．水域は陸域よりも反射率がとても低く，より小さなディジタル値となる．陸域と水域の両方が含まれる画像はピークが2つある（**2峰性**：bimodal）ヒストグラムになる．ディジタル値の分布は，現場への入射量や表面の反射率に依存する．

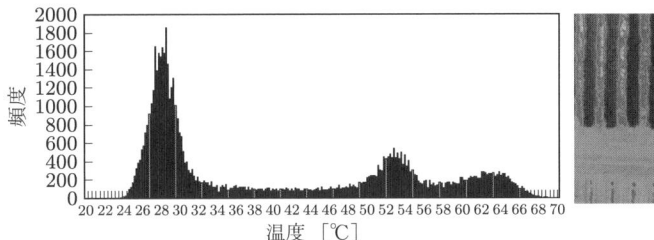

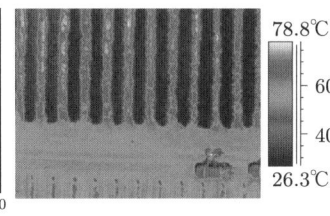

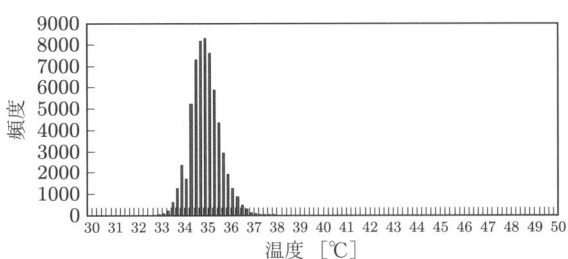

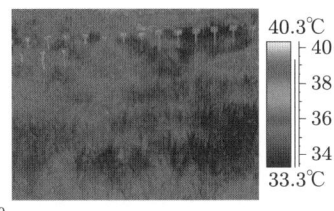

図 6.7 温度分布が対照的な 2 つのグレイスケール付きの熱画像．(a) 図 8.1 参照．温度ヒストグラムと航空熱画像は，温度が低い群落部分と温度が高い土壌部分とのコントラストを示す．(b) 温度ヒストグラムと熱画像は，相対的に一様で狭い温度分布を示す（A. Wheaton & H. G. Jones 撮影）．口絵 6.5 参照．

☐ ノイズ

　画像のノイズは，ランダムか系統的である．ランダムノイズは，電気的な干渉，走査の誤差，データの転送や記録中の一時的な途切れなどによって生じる．ノイズは画像の平滑化によって減らすことができ（後述の**フィルタ**を参照），通常，外れたピクセル値を周辺ピクセルの平均値に置き換える．しかし，強すぎるフィルタ処理は検出すべき変動まで取り除いてしまう．系統的なノイズは，検出器の機能不良に起因している．検出器間の出力バランスがとれていないと，**縞模様**（striping）や**横縞**（banding）が生じる．1 回の走査でそれぞれのバンドについて 16 列を同時に走査する TM のような対物面スキャナでは，それぞれの検出器が異なる速さで劣化することがあり，その場合，あるバンドの 1 つ以上の検出器が残りの検出器とは異なる応答をする．これは独特の水平の横縞模様，あるいは線状の規則的な明るさ変動として現れる．この影響を軽減するために縞模様を除去するアルゴリズムが利用でき，それぞれの検出器出力のヒストグラムを解析し，出力が外れた検出器からの出力が他と同様になるように適切に調整する．この不具合の極端な例は，検出器の 1 つが完全に機能を停止したときで，画像に空白の線が入る場合である．このような**空白**（line dropout）は，消失ピクセルを上下のピクセルの平均値に置き換えたり，周辺ピクセルの統計量を利用することで補正できる．ここで，こうした対策は実際には表面的で

あり，見た目の良い画像は生み出すが，失われたデータは復元できないことに注意しなければならない．補正によって画像の放射量バランスが変わってしまうことがあるので，このようなデータを解析するときには注意する必要がある．像面スキャナではこのような問題に悩まされることはないが，その代わり縦方向の模様が現れる場合がある．

ハイパースペクトルのデータでよく使われるとくに強力な手法として，**最小ノイズ成分**（minimum noise fraction：MNF）変換がある[29]．MNF 変換はデータ縮小技術であり，ノイズを特定して分離するか除去し，元のハイパースペクトルのデータの不必要な次元を減らすための2つの逐次主成分変換（6.4.4項参照）を伴う．

厳密にはノイズではないが，関連する現象として，ピクセル間隔（もしくはこの倍数）に近い規則的な間隔をもつ地物を含んだ画像で**折り返し雑音**（aliasing）が生じることがある（図6.8）．この影響によって，偽の線あるいは干渉縞が生じる．

（a）高空間分解能パンクロ画像

（b）ATM センサで撮影したより低空間分解能の画像

図 6.8 畝が規則的に並んだぶどう園一帯の画像．（b）はぶどう園のエイリアシング（aliasing：繰り返し雑音）と疑似模様の様子を示す（ピクセルはおよそ1 m）（画像a14093aの一部-NERC ARSF プロジェクト MC04/07）．

□ **太陽入射角と視野の幾何学**

センサが受信する信号の強度は，入射（そして，その角度特性）と視野角によって変化

---

29 最大ノイズ成分変換とよばれることも多いが，これは本来，ノイズの最大量を分離することを目的としているからである．

する対象物の反射率に依存している．反射の角度変化は，光学リモートセンシングによって植生構造の属性を導出するためのとくに強力な手段となるので，8章でより詳細に説明する．ここでは，いくつかの主な影響を要約する．

まず，入射放射に影響する要因を考慮する必要がある．これらの要因には大気効果（たとえば雲，煙霧，その他の散乱体．次の「**大気補正**」参照），太陽高度の時刻や季節による変化と関連した変動，地球－太陽間距離の年間変動（1月から7月の間に約6％増加する），そして最後に入射光と地表面間の角度の変動が含まれる．さまざまな太陽放射計算システム（たとえば，SunAngle のような Web サイト）によって，いつ，どこでも太陽高度は簡単に計算できる．

たとえ，ある場所における分光特性に変化がなくても，太陽高度の違いによって，日時の違いが，同じ場所を撮影した2つの画像を違ったものとして見せる．そのため，太陽同期衛星はそれぞれの軌道において同じ現地時刻に赤道を通過し，およそ照射方向が変わらないようにしている．これは，列状に並んでいたり，急傾斜地に生育している植生を研究する場合にとくに重要である．反射放射は太陽光線と関係して表面の形状にも依存しているが（図 6.9），これは，地形による陰影と微小スケールの陰影（たとえば画像内の樹木の影）の影響，そして表面と太陽光線の角度変化の結果による．

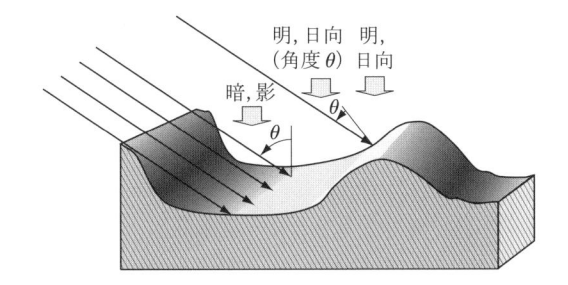

図 6.9 真の反射率が一定な表面に覆われている場面でさえ，放射輝度，すなわち見かけの反射率は，入射放射と地形効果によって変化する．たとえば，地表面の影は太陽光に対する角度に依存し，陰になっている地表面は太陽光が完全に当たっている地表面よりも暗くなる．太陽のほうに向いた斜面の放射照度は平坦地よりも大きくなり，そのため，見かけの反射率もより高くなる．

植生の本当の反射率が画像全体で変わらない場面であったとしても，地表面の傾斜と日陰効果によって反射放射輝度には大きな違いが生じる．測定された放射輝度は，通常，衛星のアルゴリズムによって「衛星における」あるいは「表面における」反射率として変換されるが，これらの得られた「反射率」は真の表面反射率の良い推定値とは限らないことに注意しなければならない．傾斜地形のピクセルは，平坦地のピクセルとは異なる量の入射放射を受ける．太陽高度と傾斜の両方の影響は，観測されたピクセル値を法線に対する入射角の余弦で割ることで部分的に補正できる．太陽天頂角の変化は大気を通過する放射の光路長にも影響し，結果として大気補正量に影響する．これらの影響は現場で生じる影

の量を変化させる.

次に，見かけの反射率にも大きく影響するので，観測角（viewing angle）および観測角と入射放射の角度との関係を考慮しなければならない．画像の全域では観測角の変動はかなり大きく，とくに AVHRR のように広い観測幅をもっていたり，SPOT HRV や最近の高空間分解能のセンサのように，天底から離れた方向にも向けられる観測機器では顕著である．これらの影響とそれらをどう利用するかについては 8 章で取り上げる.

☐ 大気補正

対象表面についての有用な情報は，表面からの放射の物理的性質に含まれているが，離れた場所から検出器によって測定した信号には，地表面と大気効果が組み合わさっていることを 3 章で学んだ．検出器が受ける放射の一部は，大気による入射放射の散乱から生じ，地表面と相互作用していない．そのため，これは地表面に関する情報を含んでおらず，除去する必要がある．同様に，目標物からの放射は，間にある大気によって散乱・吸収され減衰する．表面の反射率の計算には表面への入射放射の情報が必要であり，これ自体も入射放射の大気による減衰に依存する．BOX 6.1 にこれらの影響を要約する．

大気効果を無視することは，単一画像における教師付き分類や，きわめて小領域（たとえば，洪水や海岸侵食）について目視で大まかな変化を探す，といった研究では妥当なこともある．しかし，ほとんどの場合，適切な補正が不可欠である．たとえば，マルチスペクトルの多時期データを使う場合，異なる測定機器からのデータセットを併合する場合，上向き放射を物理モデルと関連づける場合，もしくは地表面の対象物の属性を定量的に推定しようとする場合にはとくに重要である．不適切な大気補正は，ある画像における分類を他の画像へ移行できなくする一般的な原因となり，大気補正は反射率の低い対象物の解析や物理的な放射伝達モデルを使うときにはとくに重要である（3.1.3 項や 8.3 節参照）．

大気補正の方法は多数あり，複雑さもさまざまである．それらの詳しい情報を知りたい読者はより専門的な参考書をお勧めする（たとえば，Jensen, 2005, Liang, 2004）．ここでは，利用可能な主な手法の原理を次のようにまとめて概説する．

（1） 地球物理学的パラメタの**現地測定**による較正
（2） 過去の気象データから得られたパラメタを用いた大気モデルの利用
（3） 衛星や地上観測所で同時に観測された気象データを用いた大気モデルの利用
（4） 画像から得られた情報を使ったピクセル 1 つひとつの大気効果の評価（補正もしくは除去）

これらの方法はすべて**直接法**に分類され，大気パラメタを何らかの形で入手し，個々のスペクトルバンドで大気効果を補正する．一方，大気効果を実際には定量化せず，大気効果の影響を避けたり（たとえば，7 章で紹介する**大気効果抑制植生指数**（atmospherically resistant vegetation index：$ARVI$）），最小化したりする（たとえば，**最大値合成画像**（maximum value composite：MVC））ような，間接法も利用できる．水域では，光学領域の反射率が低く，陸域に比べて信号強度が非常に小さくなるため，データ補正は水域表面上でより重要であるが，その一方で，陸域ではエーロゾルの効果が空間的にとても変化

BOX 6.1　衛星センサからの地表面反射率 ρ_s の計算

衛星のセンサが受ける放射への寄与と対象物の反射率との関係を図示する．図では，すべての用語は特定のスペクトルバンド λ の放射を表す．ここで，$I_{大気上面}$ は大気上面での分光日射放射照度（式(2.23)から計算される），I_s は地表面の直達分光日射放射照度，R_s は地表面の反射分光放射フラックス密度，R_p は光路分光放射フラックス密度（光路輝度），I_d は大気散乱による下向き日射放射照度（これはしばしば無視される），$R_{大気上面}$ はセンサが観測する分光放射フラックス密度，τ_a は単一経路の分光大気透過率，ρ_s は半球表面分光反射率，$\rho_p (= R_p/I_{大気上面})$ は有効光路反射率である．ここで留意すべきは，入射放射と反射放射の値は水平面によって吸収もしくは放射される放射フラックス密度 $[\mathrm{W\,m^{-2}\,\mu m^{-1}}]$ の単位で表され，散乱と反射フラックスが等方性だと仮定していることであり，これにより，センサでの放射フラックス密度 $R_{大気上面}$ はセンサが観測した放射輝度 $L_{大気上面}$ $[\mathrm{W\,m^{-2}\,\mu m^{-1}\,sr^{-1}}]$ から $\pi \cdot L_{大気上面}$ として推定できる．また，異なる大気の光路長を考慮してモデルを改良でき，τ_a' を入射に対する大気透過率，放射輝度をそれぞれの天頂角の関数として表せる．

黒ピクセル（たとえば，陰になったピクセルや水深の深い水域）では $\rho_s \cong 0$ つまり $\rho_p \cong \rho_{大気上面(黒ピクセル)}$ であるので，光路輝度を取り除くことができる．さらに，単一経路の大気透過率は地表の全天日射データ，もしくは大気路程や放射伝達モデルの他の推定値のどちらかから推定できる（2.3.2項）．

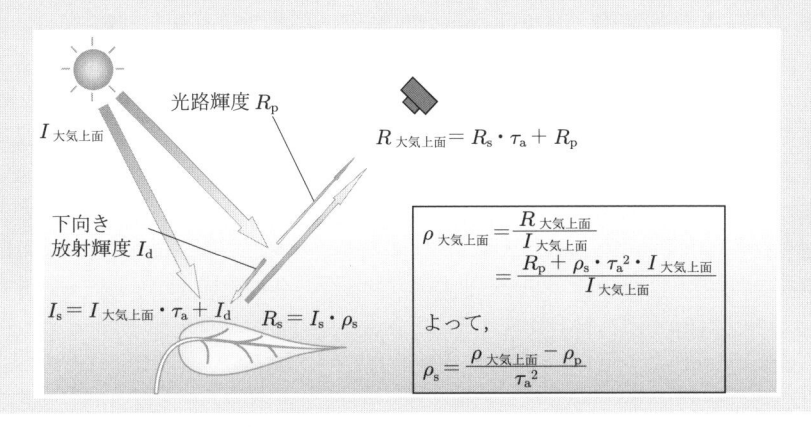

$$R_{大気上面} = R_s \cdot \tau_a + R_p$$

$$\rho_{大気上面} = \frac{R_{大気上面}}{I_{大気上面}} = \frac{R_p + \rho_s \cdot \tau_a^2 \cdot I_{大気上面}}{I_{大気上面}}$$

よって，

$$\rho_s = \frac{\rho_{大気上面} - \rho_p}{\tau_a^2}$$

$I_s = I_{大気上面} \cdot \tau_a + I_d$　　$R_s = I_s \cdot \rho_s$

しやすいため，陸域でのデータ補正はより深刻な問題となるおそれがある．

直接的な方法はもっとも効果的で，もっとも普通に使われている．これらは一般に，衛星で測定された信号への大気効果を評価するために，放射光線のエネルギーの消散と導入の両方を考慮した放射伝達モデルを使用し，光源からセンサまでの放射経路をモデル化している．電磁放射における大気効果の数学的解析によって**放射伝達方程式**（radiative transfer equation：RTE）が作られる．非常に単純化された形式の RTE であっても数学的に解くことはほとんど不可能であり，そのため単純化したモデルが適用されるか，6S (Vermote et al., 1997) や MODTRAN (Berk et al., 1998) のような**放射伝達コード**

(radiative transfer code：RTC) を使うのが一般的である．ほとんどの場合，このようなRTCは正しい入力パラメタを使用する限り，大気効果と地表−大気間の相互作用を非常に正確に見積もることができる．現地測定は，画像中の代表的な領域で行わなければならない．その際に注意すべきことは，大気の状態は画像の場所によって相当変動しているかもしれないことと，モデル大気で使われるパラメタは，その地理的な場所と関連していなければならないことである．このような方法は，低空間分解能データを使った広域での利用の場合や，補正量が地表面の信号と比べて小さいときによりうまくいく．汎用的なパラメタの表が利用でき，たとえば，MODTRAN パッケージの中で，地理的な位置と時期を特定できる（たとえば，「海洋熱帯地域，夏 (maritime tropical areas, summer)」，「温帯大陸地域，冬 (temperate continental areas, winter)」）．これらは気圧，気温，オゾン層，水蒸気の垂直分布から構成されているが，可能なら，画像として同じ衛星から同時に取得したり，あるいはより一般的なセンサの特定のスペクトルバンドから得られる気象データを使うほうが良い．

とくに強力な方法は，画像から得られた情報を大気効果の除去に使うことで，しばしばマルチルックかマルチスペクトルのデータが使われる．これらの方法は，次節で説明する地表面温度を導き出すための熱データの補正にとくに有効である．マルチスペクトル法は光学リモートセンシングで広く使われており，たとえば，**最黒ピクセル** (darkest pixel) 法がある．これは**黒目標** (dark target：DT) や，**黒オブジェクト減算** (dark object subtraction：DOS) 法などともよばれる．この方法や派生した方法 (Chavez 1996, Moran et al., 1992, Wu et al., 2005) では，画像内には完全に影になっているピクセルがあり，それらのピクセルで測定されたすべての放射輝度は大気由来であるという仮定に依っている (BOX 6.1)．あるいは，水は非常に強く近赤外放射 (NIR) を吸収するので，実質的にこれらの波長域の水域からの反射はない．水域，もしくは影が大部分を占めるピクセルで受信されたすべての信号は大気から生じたものと仮定でき，この信号は他のピクセルで必要とされる補正の度合いを示し，ある程度までは他の波長域においても適用できる．十分な広さの水域が画像の中に存在することは少ないので，この方法の変形として**密生植生法** (dense dark vegetation：DDV) が使われる．これは，密生した緑の森林のような植生は赤色光を非常に強く吸収し，そのため，そのスペクトルバンドでは黒く見える（入射光に対してわずか1〜2％の反射しかしない）という事実を利用する．これはそれほど正確な方法ではないが，適用するのが迅速かつ容易で，まったく他の補正方法を適応しないよりかは良い．もうひとつのよく使われる方法は，短波長域の放射が大気エーロゾルによって選択的に散乱されるという事実に基づくもので，青の波長域の反射率を放射伝達モデルに組み込んでエーロゾル濃度の推定に利用する．

多時点における研究のためには，経時的にほとんど変化しない地上対象物（**疑似不変目標** (pseudo-invariant targets：PIT)）における補正を基準とするのが有効である．使用されるPITは，しばしばアスファルトやコンクリートのような人工的な表面である．PITにおけるすべての観測値の差は大気干渉によって引き起こされ，すべてのピクセルに当て

はまると仮定され，同じ場所の一連の画像は，もっとも大気干渉が少ない画像によって標準化できる．この差分がすべての他のピクセルの観測値から補正値を得るために差し引かれる．参照画像においても若干の大気干渉を受けている可能性が高いので，これは単に「相対的な」補正を行うものである．より良い方法は，PITにふさわしい表面で得られた分光反射率を用い，図6.10のような経験的ライン法を使って，「衛星で」観測した放射輝度を回帰することだろう．PITは，「衛星で」観測した放射輝度と地表面の反射率の関係が線形で，大気効果が画像全体を通して一様であるという仮定に基づいている．

画像に基づいた方法の利点は，放射伝達モデルに基づく補正法では不可欠な，データ取得時の大気状態に関連する情報を必要としない点である．欠点は，黒ピクセルの値の選択が主観的になり，そして大気吸収の効果を無視することである．表面パラメタの定量的な補正を必要とする応用では，放射伝達モデルもしくは他のモデルを使わなければならない．そのようなモデルは，測定された信号の性質を説明でき，観測された地表面の物理特性に関連づけることができる必要がある．

大気効果は，個別の吸収帯がいくつかの波長帯に非常に強く影響するハイパースペクトルデータを使う場合に，おそらくより重要である．これらの変動は，広帯域マルチスペクトル画像においては平滑化される傾向がある．

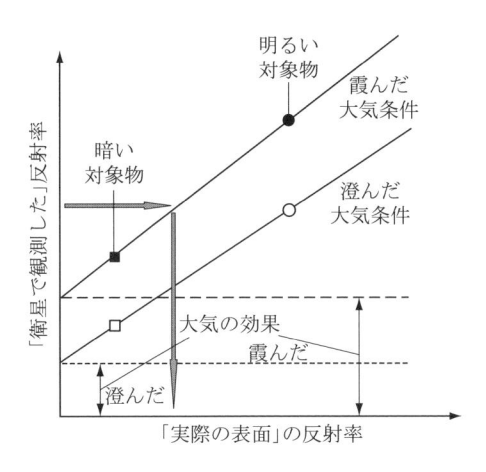

図6.10 経験的ライン法による大気補正方法の原理．「衛星で観測した」反射率をどのように「実際の表面」の反射率に変換するかを示す．既知の，対照的な暗い（黒い）対象物と明るい対象物の「実際の表面」の反射率を利用し，「衛星で観測した」反射率と表面の反射率が線形関係にあることと，大気効果が一定であることを仮定して，表面反射率ゼロにおける外挿値を得る．太い矢印は，煙霧がある状態で，ある不明なピクセルについて「衛星で観測した」反射率から地上における（真の）反射率を推定するための方法を示す．明るい対象物と暗い対象物は，補正するそれぞれの波長ごとにできるだけ異なる反射率である必要がある．

6.2.3 熱データと表面温度の推定

表面温度は，衛星において複数の熱波長帯で受信された放射から推定される．図 3.23 で示したように，「衛星で観測された」熱放射は，対象物から直接射出される温度に応じて変化する放射だけではなく，対象物に反射されセンサに向かう環境からの放射，大気によって散乱されセンサに向かう熱放射，そして大気の吸収によるあらゆる減衰によって構成されている．そのため，観測した輝度温度から目標表面の温度推定を行うには，これらさまざまな交絡効果の除去や補正が必要である．表面温度の推定には波長によって変化する表面射出率 (3.2 節) を同時に推定しなければならないため，この状況はさらに複雑になる．残念ながら，n 個の熱波長帯において輝度温度を測定したとしても，観測した数よりも多く不明な部分 (n 個の放射率＋地表面温度) が残り，そのため衛星画像から表面温度を計算するすべての方法で，何らかの独立した情報 (通常は射出率であるが，大気の状況が含まれることもある) が必要となる (Norman et al., 1995a, Qin & Karnieli, 1999)．主な推定方法には，単チャンネル法，スプリットウィンドウ法 (split-window algorithm)，多方向観測法 (multiangle technique)，そして複合法がある．

陸域で空間的に変動が大きい陸面温度の測定に特有の問題として，通常スケールの衛星画像 (たとえば，MODIS の熱データでは 1 km) から得られる推定値の検証がある．ピクセル内部の均一性が高くない限り，1 km 分解能のピクセルにおける地表面温度の代表値を推定する容易な方法はない．さらに，目に見える表面の見かけの温度が運動温度とは等しくないことに加えて，海表面などにおいても，表面数 mm だけの温度を検出するリモートセンシング観測によるものと水体の温度は異なる (**表皮効果**：skin effect)．

熱データの大気補正

(i) 単チャンネル法　　これは，熱チャンネルが 1 つしかない多くのセンサに利用可能な唯一の方法である．この方法には，大気中の水蒸気と温度の分布情報が必要であり，その他の気体による大気効果は一定と仮定する．この情報は衛星に搭載されている鉛直観測機器か気象予測モデルから得られる．MODTRAN のような放射伝達モデルを，必要とする大気補正の推定に使用する．正確な表面温度の推定は射出率の推定精度に依存し，典型的な中緯度の条件の場合，かなり小さな射出率誤差 (± 0.025) によって ± 2℃ の温度誤差が生じる．

(ii) マルチルック法　　離れた場所から表面温度を推定するためのもうひとつの大気補正方法は，異なる角度からのほぼ同時測定，つまり大気中の異なる光路長を通った測定値を利用する方法である．異なる複数の衛星からや，ERS や Envisat に搭載された円錐走査する軌道走査放射計 (along track scanning radiometer：ATSR) のように，天底に近い角度 (0～22°) と順方向 (55°まで) の両方から地物をほぼ同時に観測する単一の衛星から測定できる．表面射出率の角度変化を考慮する必要があるものの，「真の」表面温度を推定するために，2 つの異なる大気の光路長を通過した，2 つの異なる有効温度を経験式で利用できる．

(iii) マルチスペクトル法　　温度測定はスプリットウィンドウ法を使い，大気中の

異なる波長における熱放射吸収の差を利用しても行える．一般的な方法は，大気効果を補正するために経験的な係数を使って，異なるチャンネルで測定された輝度温度の線形結合から地表面温度を求める．たとえば，AVHRR はスプリットウィンドウ法に適した2つの長波熱チャンネル（チャンネル4：10.3～11.3 μm とチャンネル5：11.5～12.5 μm）をもっている．難しい部分は，経験的な係数をどのように得るかである．もっとも単純な形として（求め方と参考文献については Dash et al., 2002, Qin & Karnieli, 1999 などを参照），AVHRR のスプリットウィンドウ式は次のようになる．

$$T_s = T_4 + a(T_4 - T_5) + b \tag{6.1}$$

ここで，T_4 と T_5 はチャンネル4と5の輝度温度，a と b は大気条件と表面射出率に関連したパラメタである．

□ 射出率の推定

ここまで説明してきたすべての地表面温度推定の方法は，対象表面に適した正確な射出率 ε の推定を必要とする．射出率の推定には，異なる仮定に基づいたさまざまな手法が利用でき，ほとんどは補助的に可視データを利用する．おそらく ε を推定するためのもっとも単純な方法は，NDVI と射出率の間の高い相関関係を利用して，密生した植生ではたいてい 0.994 程度の高い射出率，乾燥した裸地土壌では 0.925 程度の低い射出率（3.2.2 項参照）とすることだろう．Van de Griend & Owe, 1993 は，ε と NDVI の対数の間に次式で表されるような高い相関があることを発見した．

$$\varepsilon = a + b \ln(NDVI) \tag{6.2}$$

ボツワナの半乾燥地では $a = 1.0094$, $b = 0.047$ であった．正確な定数は地域によって変化する（Valor & Caselles, 1996）．別の方法では，（マルチスペクトルデータを使うことで作成した）他に依存しない土地被覆分類と，それと関連した射出率の知識ベースもしくは探索表（Snyder et al., 1998）によって射出率を推定する．この方法は，MODIS の地表面温度アルゴリズムのとても重要な要素であり，ε は 14 の土地被覆クラスについて，季節変化（秋の落葉など）や画角（より詳しくは 3.2.2 項）による補正も含めて表にまとめられている．チャンネル独自の射出率やバンド比の推定を行うその他の方法については，他で概説されている（Dash et al., 2002）．

射出率と地表面温度の両方を同時に推定しようとする方法もまた興味深い．もっともよく知られた複合法は Gillespie et al., 1998 によって提案された，大気効果を反復して補正する温度射出率分離法（temperature emissivity separation method：TES）だろう．MODIS アルゴリズムもまた，表面温度検索アルゴリズム（Wan, 1999）のパラメタ化に必要な情報を得るために，地表面射出率が変化しないと仮定できる場所の昼間と夜間の画像を利用する．

6.3 画像表示

地上の地物について，放射に忠実なそれなりに正確な幾何的表現を得るには，解析自体は自動的に行われるとしても，判読者が地物を特定して確認するために，画面上もしくは紙に印刷して画像を見る必要があることが多い．視覚的な見栄えを向上させ，操作者の画像解釈を助けるための多くの処理がある．このような処理は，本節で概観するデータの最適表示のための技術と，6.4節で説明するコントラストを操作するような，画像の見え方を強調するためのデータ変換とに区別される．ここで注意すべきなのは，それらの処理は単に表面的なものであって，機械による解釈には必要がないことである．実際，見栄えを向上させるデータ変換は，以降の定量的な解析の妨げになることもある．

6.3.1 再サンプリングとウィンドウ処理

完全な衛星画像は膨大な数のピクセルから構成されており，TM画像の場合およそ4千万ピクセルを含んでいる．このようなデータを扱う場合，とくに多数のバンドを使う場合には，コンピュータの膨大な計算能力を必要とする．簡易一覧や画像を概観するために，ピクセルのグループを集合化して（たとえば，5×5ブロックのピクセルの平均化）分解能を下げることが一般的である．必要な処理量を減らすもうひとつの方法は，画像の一部分を取り出し，その画面枠内のピクセルだけを処理して，必要のない残りの画像部分を捨てることである．実際，とくに元画像がとても大きい場合には，通常，利用者は必要とする画像の一部分だけを購入する．

6.3.2 濃度分割

人の目と脳のシステムは，定量的な解析を行うにはそれほど効率的ではない．周辺が変化している場合，特定の濃淡や色合いを認識することは難しい．数多くの「錯視」の例からわかるように，背景によって濃淡の程度や色合いが変化しているように見えてしまうことがある．白黒写真について検討するとき，正確な濃淡の記憶をある場所から別の場所へ移すことはできないが，これは画像の全域で類似した地物を識別することを難しくする．もし1つのバンドだけを使うのであれば，特定の濃淡レベルやレベルの範囲は，とくに特有の色彩であれば，該当するディジタル値を示すことで識別でき，それは画像のどの位置であっても解釈者によって容易に認識できる．異なる色調は，連続的なディジタル値の異なるグループに割り当てることができる．それぞれの数値の集まりは「スライス」とよばれ，その過程は**濃度分割**（density slicing）や**画像分割**（image segmentation）とよばれる（図6.11）．その目的は，画像を視覚的に解釈しやすくすることであるが，代償としてスペクトルの詳細も失われる．望ましい画像分割が得られるまで，対話的に，分割する境界を上下させて色調を選択することが多い．濃度分割には，アプリケーションの中で選択できる，広範囲なできあいの色傾斜（color ramp）が利用可能である．熱画像では，低い温度を表す「寒色」（青か緑）から黄色を通って「暖色」である赤や白へ変わる色階級を使うことが

(a) スコットランド作物研究所（Scottish-Crop Research-Institute, Dundee）にある農舎のグレイスケール熱画像（2007年6月13日撮影）　(b) 図(a)を20～22℃で濃度分割して黒で強調した画像

図 6.11 濃度分割の説明図（写真 H. G. Jones. 口絵 6.6 参照）.

一般的である．分割の極端な例は**閾値処理**（thresholding）である．この方法では，ある値より下（もしくは上）のすべてのディジタル値には特有の色が与えられる．たとえば，水域（低い DN 値）は黒で表示され，それによって他のすべての「陸域」ピクセルを明瞭に識別して解析できる．可視チャンネルでは，陸地と水域の境界をはっきりと認識することが難しいときがある．たとえば，湿った砂や泥は実際の境界をぼやけさせる．水域は近赤外域の反射率がほとんどゼロなので，そのようなバンドのゼロに近い値をすべて特定し，可視バンドでそれらのピクセルを覆い隠すこと（**マスク処理**：masking）は有用だろう．濃度分割は視覚的表示の1つの形式にすぎないが，およその**分類**の表示形式として利用できることもある（6.5節参照）．

6.3.3　色合成

マルチスペクトル画像（たとえば，図6.12）は，通常，色合成画像（colour composite）の形で表示される．標準的な3色表示システムでは，3つのチャンネルからの情報だけが同時に表示できる．そのため，3つの画像バンドが選択され，モニターの3色それぞれに表示される．バンドの選び方や色の割り振り方は幾通りもある．たとえば，青色域，緑色域，赤色域をそれぞれ青，緑，赤で表示すると，**自然色合成画像**（natural colour composite）となり，もともとの光景と似たように見える．ただし，表示される結果は，それぞれのバンドに特有の分光感度特性に依存するため，正確には実際のカラー写真のようには見えないこともある．バンドの異なる組み合わせが，対象領域の特定の地物を強調したり識別したりするために使われる．たとえば，近赤外域の植生の反射率は高いので（3.1節），緑色域，赤色域，近赤外域をそれぞれ青，緑，赤で表示することによって，土壌域から植生域を容易に識別できる．これは，赤の色調の違いによって植生をはっきり見えるようにする標準的な**着色合成画像**（false colour composite：FCC）を作り出し，植生タイプとその状態を調査するうえでとくに有効である．他のFCCは，非可視バンドを含めた異

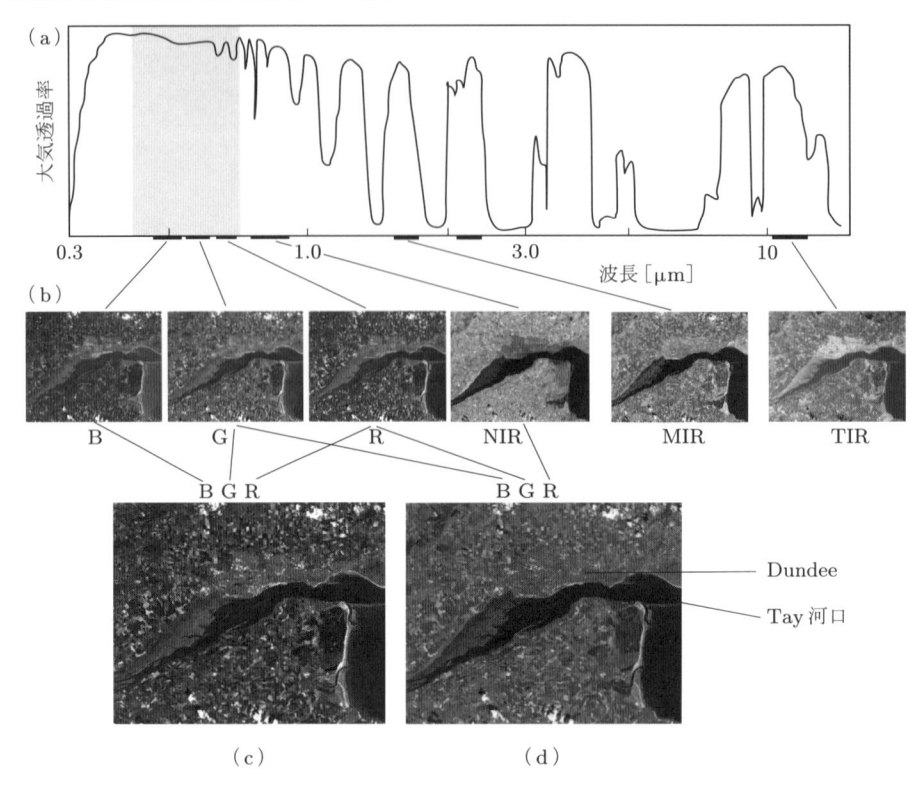

図 6.12 （a）大気透過スペクトル．Landsat ETM+ の7つのバンドの位置を示す．（b）スコットランド西部 Dundee と Tay 河口の（a）に対応する6つのバンドのグレイスケール画像（2000年7月撮影，path 205, row 21）．これらの画像は，現場の異なる特徴を強調するために異なる組み合わせで合成できる．もっとも明快な組み合わせは自然色合成で，（c）に示すような画面のRGBに，赤色，緑色，青色を表示する．異なる組み合わせの結合によって別の着色合成画像が得られ，RにNIR，GにR，BにGを当てはめた（d）のような標準着色合成画像もその1つである（口絵 6.7 参照）．

なる組み合わせで作られ[30]，しばしば，地理学的な解析には中間赤外域が有効である．特定の波長帯を選ぶ物理学的な良い理由があるのかもしれないが，バンドの組み合わせの選択はしばしば経験的で，たとえば，統計解析によってお互いに相関の低い，異なる情報を含むバンドの組み合わせを選択して行う．相関の高いバンドを使用した場合には，それぞれのピクセルに出力される信号強度が類似してくるので，彩度が低くパステル色調の画像が得られるが，一方で，無相関のバンドを使用すると，高いコントラストと強い色調の画像が作られる．着色合成画像を含めて，色合成画像は単チャンネル画像にさまざまな色を

---

[30] 3色の表示システムに3つのバンドを割り当てるには，6つの異なる方法がある．TMデータの6つのバンドでは120通りの組み合わせがあり，熱バンドを含めれば210通りになる．

適用した**疑似色画像**（pseudocolour image）とは区別すべきである.

■ 6.3.4 その他の表示方法

もし，**数値地形モデル**（digital terrain model：DTM）が利用できれば，いくつかの画像処理ソフトウェアによってDTMに画像を覆い被せて，疑似3次元効果を作り出すことができる．現場を仮想的に「鳥瞰」して，異なる視点からの画像を見ることもできるだろう．たとえば，ステレオ画像は昔からの赤/緑立体画像（anaglyph）技術や，偏光させたコンピュータ画面を専用めがねで見ることで表示できる．

■ 6.4 画像強調

画像の見かけを強調するための方法としては，さまざまなデータ変換がある．人の目は，明度や彩度の小さな違いを区別することはできないが，コンピュータは簡単に2つの隣接したディジタル値を識別できる（上記の濃度分割を参照）．強調技術は，隣り合うディジタル値間の違いを大きくしたり，場合によっては不必要なノイズを除去したりするためにその差を小さくすることもあるが，どちらも対象の地物を見やすくする．幾何補正や他の画像強調の適用順序は非常に重要な意味をもつ可能性がある．たとえば，どのようなスペクトル強調もスペクトルの忠実度やバンド間のバランスを崩すので，後述する分類のような過程を適用した後で行う必要がある．

■ 6.4.1 コントラスト拡張

未処理のバンドデータを使って表示した画像は，コントラストが低かったり解釈するのが難しいことが多いので，解釈を助けるために，画像を強調するための多くの処理を行う．ここで注意すべき点は，これらの処理は画像に含まれる情報を実際に変えるわけではなく，本質的には見かけだけを変化させることである．もしコンピュータが画像の解析に使われるならば（たとえば，分類技術や温度計算），そのような強調は不要で，実際，相対的な中間帯の値を入れ替えるので，多くの場合，強調処理は行わないほうが良い．そのような強調技術の1つが**コントラスト拡張**（contrast stretching）である．どのような画像や範囲のなかででも，たいてい，ディジタル値の範囲が限定され，コントラストが非常に低い画像を生成する．コンピュータの画面表示のために利用できるディジタル値の範囲をもっとも有効に使うには，画像で使われる実際のディジタル値の範囲を利用可能な全範囲に広げることで，コントラストのより高い画像を生成できる．それぞれのバンドの統計量は異なっているので，もっとも効果的な結果を得るためには，画像のそれぞれのバンドを独立して拡張する．そのような拡張を行うために使われる，いくつかの数学的アルゴリズムがある．もっとも単純なのは，画像内のもっとも低いピクセル値を0，高い値を255（標準的な8ビット表示を想定）に設定し，単純に線形に拡張するものである．すべての他の中間値は比率をもとに計算する．別のやり方では，もともとの範囲のごく一部を拡張して，他

のすべての値を最大に（または最小に）圧縮することもある．これは通常，画像が陸域と水域の両方を含み，それらの片方だけが重要であるときに使われる．水域は陸域に比べて反射率がとても低いので，そのような画像は2峰性分布を示す（図6.13のヒストグラムを参照）．線形拡張は別として，一般的に使われるのはヒストグラム平坦化（histogram equalization）や正規拡張（Gaussian stretch）である．拡張の効果を図6.13に示す．

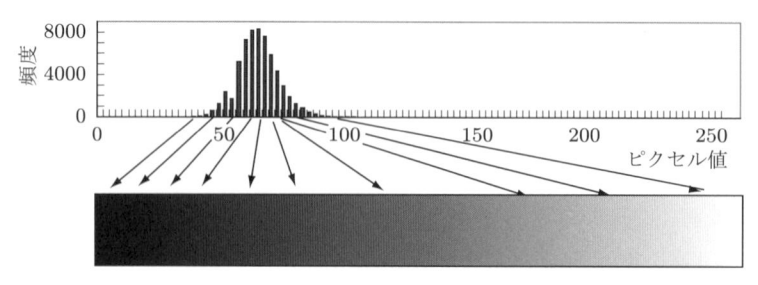

(a) コントラスト拡張過程

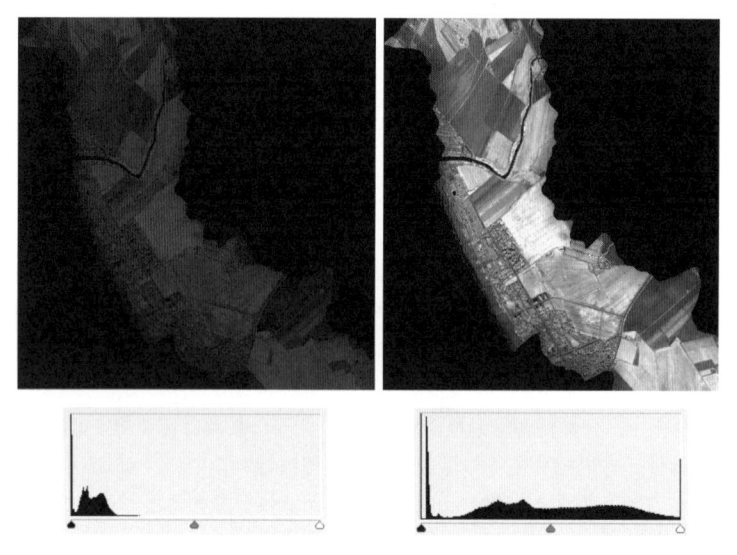

(b) 処理前のATM画像とその輝度ヒストグラム

(c) コントラスト拡張して，ピクセル輝度が輝度範囲全体に分布するようにした結果

図6.13 (a) ある画像のあるバンドの輝度値の頻度分布を示す元のヒストグラムを，輝度のすべての範囲が利用できるように引き延ばす．(b), (c) イタリア，TarquiniaのATM画像（Image a140113a-NERC ARSF project MC04/07）.

■ 6.4.2 分光指数

　1つの画像や同じ地理的範囲で相互に位置を合わせられた複数画像の異なるスペクトルバンドにおいて，さまざまなタイプの数学的な操作（加法，減法，乗法など）は，ピクセルごとのディジタル値で行える．この過程で，新しい画像レイヤーとして表示できる新たな変数あるいは**分光指数**（spectral index）が生成される．これは異なって見えるだけでなく，より巧妙もしくは有益な方法で情報を表示する．得られた数値は非整数値であったりシステムの表示可能範囲外であったりするので，たいてい換算（scaling）が必要となる．バンド加算は，平均化によってノイズ成分を軽減する以外にほとんど有益ではないが，バンド減算やバンド除算はいろいろと利用される．分光指数のもっとも一般的な応用は，群落の生物物理学的特性の測定値としての**植生指数**（vegetation indices）の導出である（詳細は 7.2 節参照）．植生指数は，主に植生が近赤外域と可視域で大きな反射率の差を示し，一方で土壌のような地表面ではそれらの波長帯で反射率の差が比較的小さいという事実を利用している．分光指数の利用は，画像の視覚的強調にはとくに強力な手法であるが，主な応用は植生の構造や機能の有用な情報の抽出である．提案されているさまざまな分光指数についての詳細は 7 章で扱う．

■ 6.4.3 空間フィルタリング技術

　画像を平滑化したり，境界やエッジのような地物を識別して強調するために多くのフィルタが使われる．フィルタは数字の正則行列（**カーネル**：kernel）で，それによって画像全体のピクセルを次々に操作し，新しいピクセル値の生成，すなわち修正画像を作り出す．カーネルは原画像の1つのピクセルを中心として，その周辺に含まれるすべてのピクセルに対してカーネルに対応する値を乗算し，そして一緒に加算する．この総和をカーネル要素の和によって除算し，そして整数値化して中央のピクセル値として置き換える．カーネルは画像のそれぞれの行ピクセルに沿って進み，順に操作して新しい画像を作る．

　平滑化フィルタは，あるブロックのピクセルのディジタル値を平均化し，この平均値をグループの中央の値に置き換える（図 6.14 参照）．もしこの処理が画像のすべてのピクセルで実行されれば，画像の値の範囲を減少させる効果があり，とくに表面の不均質性やノイズによって生じる不規則な変動は軽減されるだろう．また，これは画像をぼやけさせるので，それによって細かい部分を除去する効果をもつ．フィルタが大きいほど，平均値が互いにより近くなり，ぼやけがより大きくなる．そのため，必要とする詳細な情報は保持し，不要なノイズを軽減するよう，最適な大きさのフィルタを選択することが重要である．平滑化フィルタは，徐々に変化する部分，すなわち低い周波数の背景成分を残し，隣接したピクセル間の高い周波数変動を抑制するので，**ローパスフィルタ**（low-pass filter，低域通過フィルタ）としても知られている．このタイプのフィルタの問題点は，画像のある地点に含まれるテクスチャ情報量にかかわらず，すべてのピクセルに同じ量の平滑化を適用してしまうことである．この問題を克服するために考案されたフィルタの1つが**適応フィルタ**（adaptive filter）である．この方法では，画像を移動するにつれて，ある地点の濃

(a)

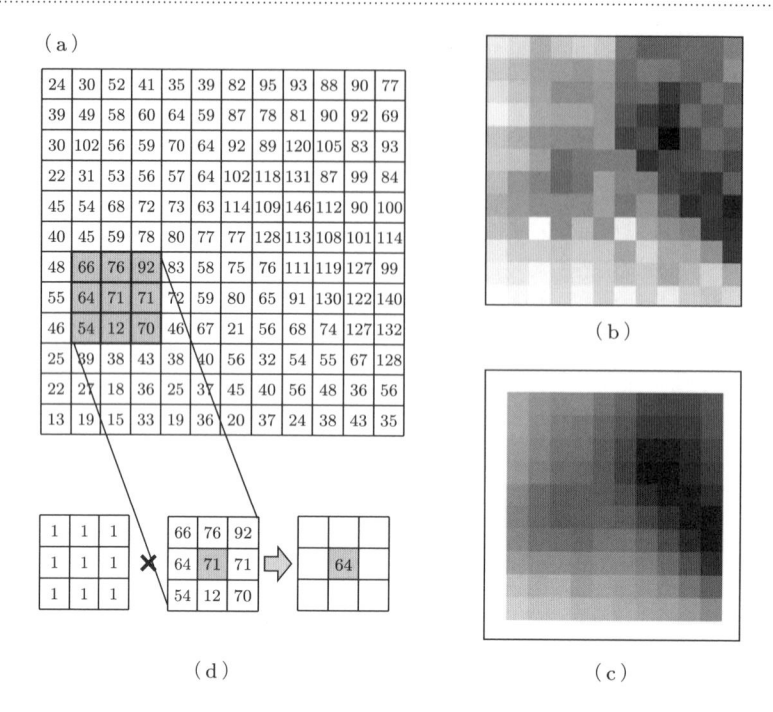

24	30	52	41	35	39	82	95	93	88	90	77
39	49	58	60	64	59	87	78	81	90	92	69
30	102	56	59	70	64	92	89	120	105	83	93
22	31	53	56	57	64	102	118	131	87	99	84
45	54	68	72	73	63	114	109	146	112	90	100
40	45	59	78	80	77	77	128	113	108	101	114
48	66	76	92	83	58	75	76	111	119	127	99
55	64	71	71	72	59	80	65	91	130	122	140
46	54	12	70	46	67	21	56	68	74	127	132
25	39	38	43	38	40	56	32	54	55	67	128
22	27	18	36	25	37	45	40	56	48	36	56
13	19	15	33	19	36	20	37	24	38	43	35

1	1	1		66	76	92				
1	1	1	×	64	71	71	⇒		64	
1	1	1		54	12	70				

(d)　　　　　　　　　　　　　　　(c)

図 6.14　図 6.13 のある範囲における単純な平滑化フィルタの操作．（a）は画像のある範囲のピクセル値を表す．（b）は対応する場所の画像を示す．（c）は（d）に示される 3×3 の平滑化フィルタを適用した後の平滑化画像．（d）では上から 8 番目左から 3 番目のピクセルに平滑化フィルタを適用している．強調表示された領域の中央のピクセルの新しい値（64）は，9 つのピクセルが左に示されたカーネルを使って式(6.3)により平均化した値である．2 つの非常に明るいピクセルがこのフィルタによって平滑化され，端の値は計算されずゼロに置き換えられている．

淡レベルの変動に応じて，フィルタの重み付けが変化する．SAR 画像のスペックル（小斑点）を，空間分解能をあまり低下させずに隠すために使われる**ガンマフィルタ**（gamma filter）は 1 つの例である．

この種の空間フィルタリングはしばしば**畳み込み**（convolution）とよばれ，カーネルがそれぞれのピクセルに連続的に適用される．一般に，中央のピクセル値 V は次式で与えられる．

$$V = \frac{\left[\sum_{i=1}^{n}\left(\sum_{j=1}^{n} d_{ij} c_{ij}\right)\right]}{N} \tag{6.3}$$

ここで，d_{ij} はカーネル内のそれぞれのピクセル値，c_{ij} は係数の値，そして N はカーネル内のピクセル数である（$N=1$ とするゼロ和フィルタ（zero-sum filter）を除く）．図 6.14 に単純な平滑化フィルタ（$N=3$）の演算過程を示す．ここで，エッジのピクセルが無視

され(操作するウィンドウ内に9つのピクセルがないので),最終的な画像(図6.14(d))ではゼロに置き換えられる.もし5×5のカーネルが使われた場合には,外側2列が空白になる.

平滑化フィルタとは対照的に,エッジ抽出やエッジ強調のフィルタは,近接ピクセル間の値の違いを増加させ,値の差分をより増やすことで,高周波の変動を強調する.そのため,これらは**ハイパスフィルタ**(high-pass filter.高域通過フィルタ)とよばれる.エッジ強調は,道路や対象物の境界,対象領域の範囲(たとえば,田畑)のような,線形の対象物の位置が関係するリモートセンシング研究においてとくに有用である.ハイパスフィルタやそれらの効果のいくつかの例を図6.15に示す.エッジを抽出するために使われる勾配フィルタ(gradient filter)はとくに有効である.これらのエッジは田畑の境界,生垣,道路,河川などだろう.地質学では,そのようなフィルタはしばしばリニアメント(線状構造線)や構造詳細を検出するために使われる.勾配フィルタには本質的に方向性を示すものがあり,特定の方向の線形な地物を検出するために使われる.一般に,水平方向に非対称なカーネルは水平方向の地物を抽出し,斜め方向に非対称なカーネルは,斜め方向の地物を抽出する.ある画像のエッジを(検出することとは違って)強調するフィルタは**平均値差**(mean difference)フィルタである.これは単位フィルタ(中心の1要素以外はす

(a)原画像

(b)斜め方向のエッジを抽出するSobelフィルタの効果

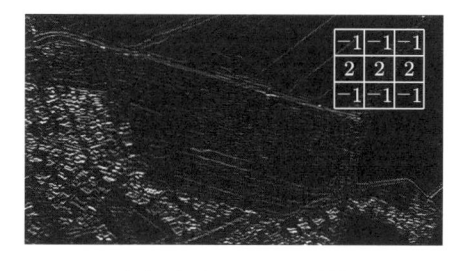

(c)水平フィルタの効果

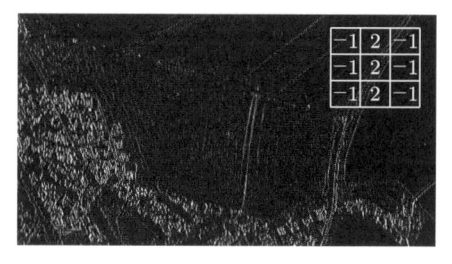

(d)垂直フィルタの効果

図6.15 3×3のエッジ抽出法と対応するカーネル.(c)はよりはっきりと水平方向のエッジを抽出するために2倍に拡張した画像,(d)は同様に2倍に拡張した画像である(Image a140113a-NERC ARSF project MC04/07).

べてゼロに設定され，基礎単位になる）から重み付け平均値（平滑化）フィルタを差し引くことで作られる．これにより，エッジや境界がよりはっきりしていることを除いて，元の画像とほとんど変わらない画像を作り出すことができる．

その他に利用できるハイパスフィルタには，**ラプラシアンフィルタ**（Laplacian filter）や**プルウィットフィルタ**（Prewitt filter）がある．さまざまなハイパスフィルタは一般的な画像処理ソフトウェアで利用可能であり，線形・非線形の両方のアルゴリズムを含み，それぞれ特徴的な効果を生み出す．ハイパスフィルタとその効果の例を図6.15に示すが，どのような研究においても，もっとも適切なフィルタは通常試行錯誤によって選択される．

■ 6.4.4 主成分

マルチスペクトル画像の情報は，異なるバンド間でも多くの場合かなり一様に分布している．隣接する狭帯域のバンド間にはたいてい高い相関があり，多くの冗長な情報を含んでいる．**主成分**（principal component）の主な利用方法は，情報内容を集約してバンド数を減らすことで，相関の低い新しいバンド群のセットを作り出すことである．実際，第1主成分は全情報量のおよそ92〜98％を含み，たいてい99％以上の情報量が第3主成分までに含まれる．主成分とは，成分間が互いに無相関になるように選択したバンド群の線形結合である（図6.16）．図は，2つのバンドの例を示し，サンプルデータのほとんどが主軸と平行していない線上にある．この直線が第1主成分（PC1）として定義される．PC2はPC1に対して垂直をなして，分散の大きさが2番目になる方向に引かれる．

もし，3つのスペクトルバンドを使用した場合には，3番目の特徴の軸（チャンネル3の明るさ）は，始めの2つの主軸に対して垂直に引かれるだろう．ここで，PC1は元の主軸によって形成された平面上にあるとは限らず，PC2はPC1に垂直に描かれ，2番目に分散の大きな方向になる．そしてPC3は，最初の2つの主成分に対して垂直方向に向く．視覚化することはできないが，この手順は3つのバンドに制限されることはなく，より多くのバンドを利用できる．たとえば，6つの光学TMバンドすべてで6つの主成分を作成できる．より低次元の成分には，より高次元の成分には含まれていない情報が含まれているが，その情報量は非常に少ない．そのため，その特徴が示しているものがはっきりしないことが多いものの，特定の特徴が低次元の軸の1つに現れることがある．

マルチスペクトルデータのある1つのバンドで行う線形のコントラスト拡張（6.4.1項）は，ある主要な色調軸に添った分布を拡張し，そして3つのマルチスペクトルバンドはお互いにかなり強い相関があるので，そのようなデータから作られた色合成画像は，彩度がほとんどなく，特有な色調も示さない．しかし，もし拡張が特徴空間で主成分軸に沿って行われ，そして，標準的なRGB色空間に変換するためにデータが逆変換されたならば，変換された色合成画像は，地物の詳細がよりはっきりわかるようなより明るい色で構成される．バンド群は拡張が行われる前に相関を除去されるので，このような手順は**非相関拡張**（decorrelation stretching）とよばれる．

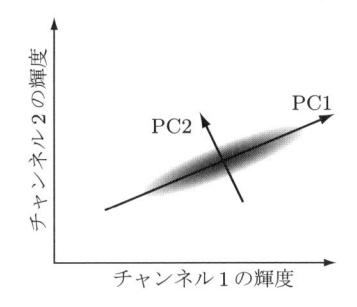

図 6.16 2つのスペクトルバンドから新しい主成分軸への変換を示す2次元図．元のスペクトルバンド1と2を特徴空間に2次元で描くと，およそこれらのサンプルデータが斜めに細長い楕円に含まれていることがわかる．すなわち，元の2つのバンド間にはかなり高い相関がある．主成分変換は，元データのばらつきが楕円の長半径に沿った第1主成分の軸（PC1）に包含されるように，座標を（PC1, PC2と示す）新しい軸に回転する．第2軸，PC2は新しい軸間が無相関になるように第1軸に対して垂直をなす．

■ 6.4.5 明度，色相，彩度の変換

マルチスペクトル画像のいずれか3つのバンドが標準的なカラーモニターの3色（RGB）に表示されると，異なるスペクトルバンド間にはたいてい高い相関があるので，それらはたいてい彩度が不足し，やや「色あせた」パステル調になりやすい．**明度**（intensity），**色相**（hue），**彩度**（saturation）（IHS）変換（BOX 6.2参照）は，視覚的な画像表示の目的のための色彩強調の有効な手段となる．色相変化は，緑の植生の特定のためには，もともとのRGB画像よりも良いだろう．IHS変換はデータ融合にも使われる（6.4.6項）．この変換を利用するためには次のような手順を行う．
 （ⅰ） RGB色空間からIHS系に3つのバンドを変換する．
 （ⅱ） 明度（I）や彩度（S）の成分にコントラスト拡張（6.4.1項）を適用する（色相の拡張はただ色調を変えるだけなので意味がない）．
 （ⅲ） より鮮明な画像を作るためにRGBに再変換する．

■ 6.4.6 データ融合

ある空間スケール範囲の，異なるタイプのデータを利用できるようにすることはしばしば有用である．異なるセンサなどによって得られたさまざまなデータセットを組み合わせることは，通常，**データ融合**（data fusion）（あるいは，**データ併合**（data merging））とよばれる．この方法はとくに有用で，ほとんどの場合，一部の情報が低空間分解能でしか利用できず，その他に高空間分解能のデータもある場合に，実効空間分解能を高めるために利用される．たとえば，多くの衛星センサは他のチャンネルよりも高空間分解のチャンネルをもっており，高分解能チャンネルの情報は低分解能チャンネルを高分解能に再サン

BOX 6.2　色空間

適切な量の3原色（赤，緑，青）を加算すること（加法原色）で，どんなスペクトル色でも表現できる．これらの3色は色空間の軸として用いることができ，その色空間では3原色の座標の値によって定義される3次元空間の位置によって色が指定される．白はこの立方体の後方上部つまり3色すべてがもっとも明るい場所に見られ，そして黒は前方下部に見られる．よって，それぞれのスペクトルの色は一意的に数量化される．

他の3つの特質，すなわち，明度（I, intensity・value・brightness），色相（H, hue），彩度（S, saturation・chroma）を単位として色を規定することもできる．明度は全体の明るさや暗さ，色相は主色，彩度は色の純度に関連する．スペクトル色は円の周囲で表すことができ，円周は純色で飽和色とよばれる．円の中心が白を表し，すべての色の混ぜ合わせで形成され，もっとも不飽和な色を表す．円の内側の色の彩度は，周囲から中心までの距離によって決定される．中心線がその中央を通って円に対して垂直に引かれるなら，これは円の中央で最大（白），円錐の基点で0（黒）となる明度を規定できる．したがって，円錐の表面は異なる明度の飽和色を表す．円錐の中の点はIHS空間で一意的に色を定義する．円錐の中心線に沿った点（$S=0$）は灰色の色調を表し，他方，軸から異なる明度の飽和色を表す円錐の表面に向かうにつれて色の純度（飽和度）は増加する（口絵6.9参照）．

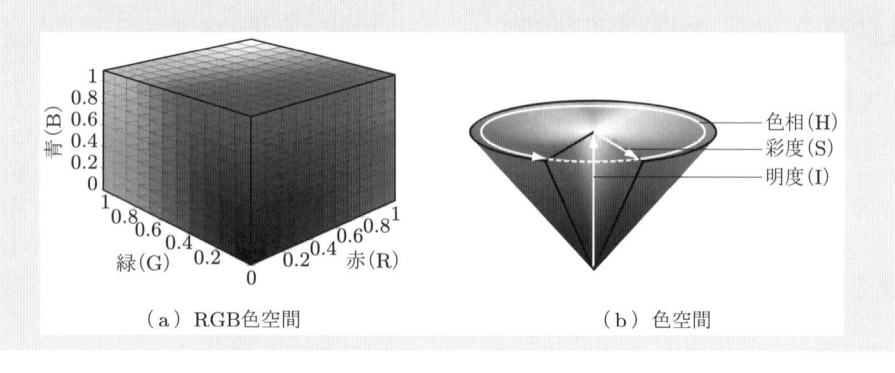

（a）RGB色空間　　　　　　　　　　（b）色空間

プリングするために利用できる．このようなデータ融合では，低分解能マルチスペクトル画像の分光情報は，高分解能のマルチスペクトル画像と「統合（synthesize）」するために，高分解能の空間構造（たいていパンクロマティック）と組み合わされる．

データ融合が有用になる例は，精密農業のように興味の対象の特徴がピクセルサイズよりも小さくなるような場合である．1ピクセル1m以下の高空間分解能画像も一般に出回り始めているが，かなり高価であり，また画像範囲は通常限られている．研究者は，広域の高空間分解能画像を手頃なコストで世界中から得るために，画像の空間分解能を改善するための手法を見いだそうと努力してきた．この目的を達成しようとして開発された数多くの方法があるが，もともとの画像で撮影された情報以上に真の情報を手に入れることは不可能であることは心得ておく必要がある．

もっとも簡単なデータ融合の方法は，単に画像を重ねることで，たとえばSPOTの

HRV のマルチスペクトル画像（20 m）にパンクロマティック（パン）画像（10 m）を重ねることである．これは，コンピュータのモニターの 1 色にパンバンドを表示し，そして他の色で 2 つのマルチスペクトルバンドを表示する．マルチスペクトルピクセルのそれぞれの象限の色調は，分解能がより小さいパンのピクセルの明度によってわずかに変更され，マルチスペクトルピクセルが細かく分割されたように表示できる．

より高度な方法は，2 つの画像を単に重ねるのではなく，2 つの画像からのデータを結び付けるためのアルゴリズムを含む．この目的には上述の IHS 変換がとくに有用である．このタイプのデータ融合（**パンシャープン化**：pan sharpening）に使われる手順は，上述した単画像の色強調の方法と類似しているが，はじめに低空間分解能の画像（この場合，マルチスペクトル画像）を注意深く位置合わせしながら，より分解能の高いパン画像と同じピクセルサイズに再サンプリングすることが必要になる．そして，それぞれの画像が（明度と彩度で）同じ範囲と分散をもつようにコントラスト拡張が行われる（**ヒストグラム照合**：histogram matching）．融合された画像は，ピクセルごとに対応するパン画像のピクセル値によって変換されたマルチスペクトル画像の明度成分によって作成され，そしてRGB 画像に再構成される．最終的に，マルチスペクトル画像のそれぞれのバンドは，小さなピクセルごとにパンクロの明度によって修正され，単純に重ねる方法よりもはるかに優れた高分解能マルチスペクトル画像の近似値が得られる．第 1 主成分を使って，明度成分を置き換えるためのピクセルの平均値を大ざっぱに概算することも可能である．エッジ強調画像は，建物や道路のような小さい幾何学的な地物をより簡単に識別するために，マルチスペクトルデータと融合することがある．**ブローピー**（Brovey）**融合法**は IHS 変換よりも簡単で，これは，オリジナルの明度とパン画像のピクセルの明度を線形結合することによってピクセルの新しい明度を作り出す．バンド 1 での例は次のようになる．

$$DN_\mathrm{fl} = \frac{DN_1}{DN_1 + DN_2 + DN_3} DN_\mathrm{pan} \tag{6.4}$$

ここで，DN_fl, DN_1, DN_2, DN_3 はそれぞれ，融合したバンド 1 のディジタル値と融合前のバンド 1 から 3 の値で，DN_pan はパンクロ画像の値を表す．ブローピー変換や IHS 変換のような融合技術の不利な点は，1 度に 3 つのバンドにしか適用できないことである．

画像を単純に視覚的に見やすくするためであれば，標準的な画像融合の方法で生じるような色情報の歪みは受け入れることができる．別の融合方法として，とくに**ウェーブレット変換**（wavelet transform）に基礎をおいた方法は，スペクトル歪みが小さく，データ融合に非常に効果がある（たとえば，Amolins et al., 2007）．ウェーブレット変換は本質的にハイパスフィルタ概念の拡張であり，局所的な空間情報を維持しながら，空間領域の高周波（短距離）変動を強調する．これは，画像全体に等しく適用されるフーリエ変換とは異なる（6.5.2 項参照）．

他の変数（たとえば，温度）のサブピクセルにおける挙動を推定するために，連結モデル（この場合は放射と蒸発）によって，他の種類の情報から得られる，より高分解能な詳

細情報を定量的に使うこともまた可能である（たとえば，植生分布の高分解能データ）．これらの方法やその他の融合技術は，多くの商用ソフトウェアに実装されている．異なる空間分解能の画像の融合については Wald, 2002 に非常に包括的に概説されている．

■ 6.4.7 データ同化

データ融合手法の拡張は，遠隔で直接観測できない地表面のエネルギーフラックスや土壌水分量のような値を推定するために，リモートセンシングから得られた地表面温度や植生被覆のような変数を，**データ同化**（data assimilation）として知られる過程のなかで，生物物理学的な過程を基礎としたモデルと結合することである．したがって，データ同化技術は CO_2 や水蒸気フラックスを含めた植生機能の研究でとくに有用である．一般に，機能的モデルへの観測値の統合は，どのような研究においても，関連した時間的・空間的スケールへの，観測値の内挿や外挿を可能にする．応用例としては，土壌水分の推定の空間分解度を改善するために低分解能衛星画像と蒸発モデルを統合したり，Landsat データによる不定期な葉面積推定と作物成長モデルを統合することで，すべての時期における作物の成長や収穫を予測可能にするものが含まれる．

単純な決定論的モデルの利用から，確率論的変動を組み込む方法やモデルと観測値の両方の誤差を扱う方法まで，データ同化には多くの手法がある．過去の状態からモデルの外挿によってシステムの現状 m を予測するモデルがあり，衛星データから推定された観測値 o がある場合に，データ同化における誤差を扱う基本的な方法を図 6.17 に示す．なお，通常は対象となる変数値を取り出すためのモデルも適用する．これらから，システムの真値 $\bar{x}$ の最良推定値 $\hat{x}$ を得たい．o と m の両方が，それらの誤差や不確かさ（σ_c^2 と σ_m^2）を含んでいるとすると，真値 $\bar{x}$ は o と m の間のどこかにありそうである（不確かさについてのより詳しい説明と，分散に関する用語 σ^2 の意味については 10 章参照）．実際，それは誤差が最小になる値により近くなるはずであり，最良推定値は次式で得られる．

$$\hat{x} = (1 - K)m + K o \tag{6.5}$$

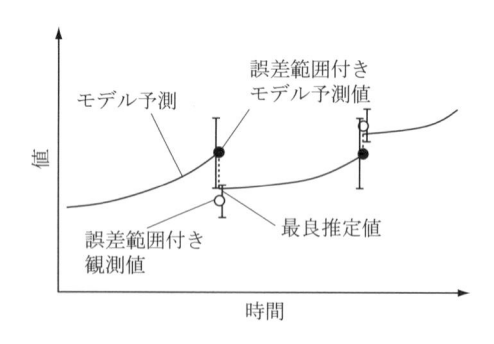

図 6.17 モデルの将来予測に基づいて変数を予測するデータ同化．曲線は観測の周期ごとに，モデル値と観測値の相対的な信頼区間に基づいた量だけ修正される．

ここで，$K\ (=\sigma_\mathrm{m}^2/(\sigma_\mathrm{m}^2+\sigma_\mathrm{c}^2))$ は**カルマンゲイン**（Kalman gain）で，最良推定値がモデル予測値と観測値にどのように関連しているかを決定する重み係数である．$\sigma_\mathrm{m}^2 \gg \sigma_\mathrm{c}^2$ のときに1に近い値になり，これは x の最良推定値が観測値に近いときである．複雑なシステムでは，モデルで得られたデータと観測データを統合するための，より高度なアルゴリズムを含むように手法を拡張でき，拡張カルマンフィルタやとくにアンサンブルカルマンフィルタのような手法の利用が含まれる（Bouttier & Courtier, 2002, Evenson, 2002参照）．後者の方法は，とくに，システムがカオスかつ非線形な動態を表す複雑な気象や生態系モデルで要求される大規模なパラメタ推定に適している．例としては，地域的な作物生産予測を改良する土壌水分作物モデル（たとえば，De Wit & van Diepen, 2007）や生態系モデルを使った CO_2 フラックスの推定（Quaife et al., 2008）における，低分解能の受動型衛星マイクロ波データの同化が含まれる．

■ 6.5 画像判読

特定の地物やその性質の認識と同定の際は，リモートセンシング画像を解釈するためのさまざまな技術が利用できる．アナログ写真では，画像中の主要な地物やパターンを視覚的に判読する（**写真判読**：photointerpretation）．熟練した判読者は，しばしば影の配置から地形などの地物を推測して，道路と河川を区別し，作物畑を見分け，砂漠地帯や市街地域を識別する．現代のディジタル画像では，画像解析を自動化するために，**パターン認識**（pattern recognition）やスペクトルあるいはテクスチャ分類手法などのさまざまな手法を利用できる．ここでは，撮影された範囲の主題情報を抽出するためのもっとも簡単な方法を紹介し，分類方法のより詳細な説明は7章で行う．もっとも高度な技術は，人工知能手法の利用，もしくは特定の画像特徴か画像領域を認識する人工ニューラルネットワーク（ANN）のような訓練（training）技術の使用を含む．

■ 6.5.1 分類

従来の分類方法の大部分は，判読者が画像から必要とする情報をより簡単に抽出するために行われてきた．地物の中には，パンクロ画像や単一バンドの画像で識別できる程度に十分明瞭なものもあるが，詳細な識別のためには，異なる表面が異なる波長帯において示す異なる反射率による微妙な変化を検知することが有効である．すでに見てきたように，植生が緑色光をかなり強く反射し，赤色光をほとんど反射せず，近赤外域をきわめて強く反射するので，これら3つのバンドの疑似色合成画像は，必ずしも明瞭ではないものの，植生全体の特徴を識別できる．小さな範囲において3つのバンドを別々に詳しく解析することで同様の識別を行うことは可能かもしれないが，それは単調な作業である．必要とされているものは，ある画像内の異なる表面タイプを識別して，利用者がほとんど，あるいはまったく手をかけることなく主題図を作り出す自動化技術である．この過程は**分類**（classification）とよばれ，たいていピクセル単位の分光情報の分析に基づいている．他の

情報を利用することもできるが，通常の方法のコンピュータアルゴリズムは，特徴的な分光反射率に基づいて，それぞれのピクセルを，ある範囲の考えられる土地被覆タイプの1つに分類しようとする．分光分類は，異なる表面が，すべての周波数バンドにおいて同じように反射することはほとんどないという事実に基づいており，多くの異なるアルゴリズムが分光反射率（**分光特徴**：spectral signature）の違いを通して，土地被覆の異なるクラスを区別するよう開発されている．多くの分類手順は分光情報に基づいているので，詳細な説明は7章で行う．

■ 6.5.2 空間・テクスチャ解析

解析を改善し有用な情報量を増やすための別の方法は，あるピクセルの近くのオブジェクトや地物との関係，すなわち**空間的状況**（context）や，隣接するピクセルの同質性の測度である**テクスチャ**（texture）のような空間情報を考慮することである．

空間的状況　　画像を見るときには，その中の1か所だけを見ることはなく，その周辺状況も含めて観察する．ジグソーパズルの1つのピースだけで識別することは難しいが，正しい場所にはめ込まれれば「より大きな画像」を見ることができる．状況解析（contextual analysis）は，画像のピクセルとそれらが割り当てられるクラスの空間的な関係を考慮する．通常，標準的な分類が行われるが，その後，ピクセルのある場所やその周辺にあるものに基づいて，そのピクセルを再び割り当てることができる．たとえば，キャベツ畑のパッチは水域の中心部にはない．視覚的に行われる解析もあるが，移動ウィンドウアルゴリズム（movingwindow algorithm．フィルタと類似している．6.4.3項参照）を，ある特定のピクセルが割り当てられたクラスとその周辺ピクセルのクラスとの比較のために使うこともできる．たとえば，3×3のウィンドウの中央のピクセルのクラスは，他の8ピクセルのクラスと比較される．もしそのピクセルが過半数のクラス（この場合は5つ以上のピクセルが割り当てられているクラス）の要素でなければ，そのクラスに再割り当てされる．これは，ノイズやスペックルのような分光特徴のばらつきによる異常なピクセルを除去することによって，分類を整える．このような平滑化は，とくに不均質性の高い画像では注意して適用する必要がある．

テクスチャ　　古典的な統計学では，データは独立していると仮定している．しかし，ある程度の空間的依存性が含まれるリモートセンシング画像のような規則的な格子のピクセルにおいては，隣接したピクセルは離れたピクセルよりも類似している可能性は高い．写真の色調パターンの変動は，ある範囲の粗さや滑らかさ，あるいは地物の分布についての何らかの指標となる．キャベツ畑はたとえ色が似通っていても草地とは違って「見える」．画像テクスチャは，構成要素の空間的な配置や構造についての重要な情報を含み，濃淡レベルの違い（コントラスト），変化の大きさ，そして変化の方向性を定量化する．一般にテクスチャの測定は，使われるテクスチャ測度の局所値を得るためにピクセルごとに計算されるので，画像分類を補助するための追加バンドとして利用できるような新しい画像として表される．観測されたテクスチャは，その基礎となる変化のスケール，すなわち実世界

（たとえば，数 km スケールの森林タイプのパターン，10 m スケールの個々の樹木のパターン，そして数 cm スケールの個葉のパターン）と画像の空間分解能（標準 250 m の MODIS 画像では，個葉スケールはもとより単木スケールの変動すら検出できない）の両方に依存することは重要である．よって，画像の空間分解能は，対象となるテクスチャ抽出に適したスケールである必要がある．

空間領域で計算されるテクスチャの測度は，しばしば**1 次統計量**（生起統計：occurrence）と**2 次統計量**（共起統計：co-occurrence）にグループ化される（表 6.1 参照）．1 次統計量は，移動ウィンドウによって定義される，近接ピクセルの明度のヒストグラムから抽出され，空間的な関係は考慮されない．これらは平均値，範囲，分散，歪度，標準偏差，エントロピーのような値が含まれる．一方，2 次統計量は特定の方向や距離にあるピクセルの濃淡レベル間の関係を示す**グレイレベル共起行列**（grey level co-occurrence matrix：GLCM）（Haralick et al., 1973）とされているものから計算される．GLCM のそれぞれの要素は，ある定められた方向，あるいは定められた間隔で離れた，2 つの濃淡値が生起する確率である．もし 8 ビット画像の 256 グレイレベルをすべて使うならば，生じうるすべての組み合わせを表す 256 × 256 の行列が得られ，計算量が非常に多くなるだけではなく，存在していない組み合わせを表す多くのゼロも含まれるので，この手法の統計的な妥当性は制限される．そのため，使用するグレイレベルの数を減らすことが普通である．たとえば，8 ビット（256 レベル）から 5 ビット（32 レベル）さらには 4 ビットに減らす．

この推定はつねに順方向と逆方向の両方向で行われ，得られた行列はそれぞれのセルの値が確率 P を示すように標準化されるので，この方法の実用的応用には対称行列が必要である．実際，4 方向（水平方向（0°），対角右方向（45°），垂直方向（90°），対角左方向（135°））のそれぞれで隣接ピクセルの共起を表すためには，4 つの別々の GLCM を得る必要がある．さまざまな 2 次統計量を得ることができるが，そのうちのほんの少数だけがよく使われ，ある特定の研究に適したテクスチャ，ウィンドウサイズ，入力チャンネル（これは，しばしば NDVI のような計算された値）や空間的隔離を選択するには，かなりの熟練が必要とされる．2 次統計量の例には，角 2 次モーメント，コントラスト，相関が含まれる．一般的にどのピクセルのテクスチャの値も，4 方向それぞれで計算したテクスチャの値の平均として得られる．これらのテクスチャ測定とその性質を表 6.1 に要約する．高次の統計量は，ピクセル間の空間的依存性についての情報を提供するため，とくに有用である．

異なる植生表面のテクスチャの特徴の例を図 6.18 に示す．図はニューメキシコの北チワワ砂漠の異なる植物群落の空間的特徴が，視覚的にはっきりと識別可能なことを表している．この場合，新しいテクスチャ画像を計算しなくても，ある特定のテクスチャのそれぞれの植生タイプごとの平均と範囲の箱ひげ図として，結果を簡単に表現できる．

少なくとも原理的には，ある画像のテクスチャ解析を行って，得られた値をスペクトルバンドと同じように追加バンドとして使い，この追加情報を分類能力の強化に利用できる．

表6.1 いくつかの画像テクスチャ測度（たとえば，Jensen, 2005, St. Louis et al., 2006，または http://www.fp.ucalgary.ca/mhallbey/tutorial.htm 参照）．これらは対象となるピクセルを中心とした移動ウィンドウ（3×3, 5×5 あるいはより大きい可能性もある）で計算される．

	計算式	注釈
1次統計量[1]		
算術平均 $\bar{x}$	$\bar{x} = \dfrac{1}{w}\sum_{i=1}^{w} x_i$	w はウィンドウ内のピクセル数である（平滑化フィルタの役割を果たす）．
標準偏差 s	$s = \sqrt{\dfrac{1}{w}\sum_{i=1}^{w}(x_i - \bar{x})^2}$	ウィンドウ内の変動性を示す．
範囲 r	$r = \max(x_i) - \min(x_i)$	
2次統計量[2]		
角2次モーメント ASM	$ASM = \sum_i \sum_j (p_{i,j})^2$	同質性や秩序性の指標となる．
コントラスト CON	$CON = \sum_i \sum_j p_{i,j}(i-j)^2$	対角方向からセルを強調する．行列の対角方向の大部分のセルはコントラストが低い．
エントロピー ENT	$H = -\sum_i \sum_j p_{i,j}\log(p_{i,j})$	秩序性の別な指標である．1次統計量に区分されることもある．

[1] 1次統計量はピクセル間の位置関係を考慮しない．これらでは，x_i は移動ウィンドウ内の i 番目のピクセルのグレイレベルであり，合計はウィンドウ内の w ピクセル全体で行われる．

[2] 2次統計量は，$P_{i,j}$ が (i, j) の標準化 GLCM を表し，そのセルの確率（表のすべての値の和で割ったそのセルの発生回数として定義される）を示す，GLCM 共起行列で計算される（合計は i と j を通して行われる）．ある画像を8ビットに減らすと，i や j は0から7の間で変化する．

これは効果的な状況解析の1つの形として考えられる．**空間統計**（あるいは環境に適用されるので**地理空間統計**）の利用は，画像の空間的変動の解析のための強力な手段を提供する（Foody et al., 2004）．テクスチャについては，これまでに概観した1次統計量，2次統計量に加えて，次のような評価方法がある．

1. **セミバリオグラム**（semi-variogram. 単に**バリオグラム**とよばれることもある）
   地上の距離に対する変動性を効果的に図化する評価方法である．半分散量（semi-variance）は，与えられた距離（lag, h）によって分割されたピクセル値の差の二乗平均の2分の1として定義され，対数 h の関数としてプロットしたとき，異なるテクスチャ範囲，たとえば，都市域や農業地域のような違いにおいて特有の形状を示す．いくつかのバンド，たとえば，赤色域，緑色域，赤外域と NDVI について行える．画像解析を補助するためにモデル化された曲線を近似できる．大きなピクセルでは変動が平滑化される傾向があるので，空間分解能によって異なる曲線が得られる．そのため，特定の目的に最適な空間分解能を選択するために，このような曲線を使うこともできるだろう．セミバリオグラムについての詳細は，適切な地理統計学の教科書を参考にしてほしい（たとえば，Foody et al., 2004）．

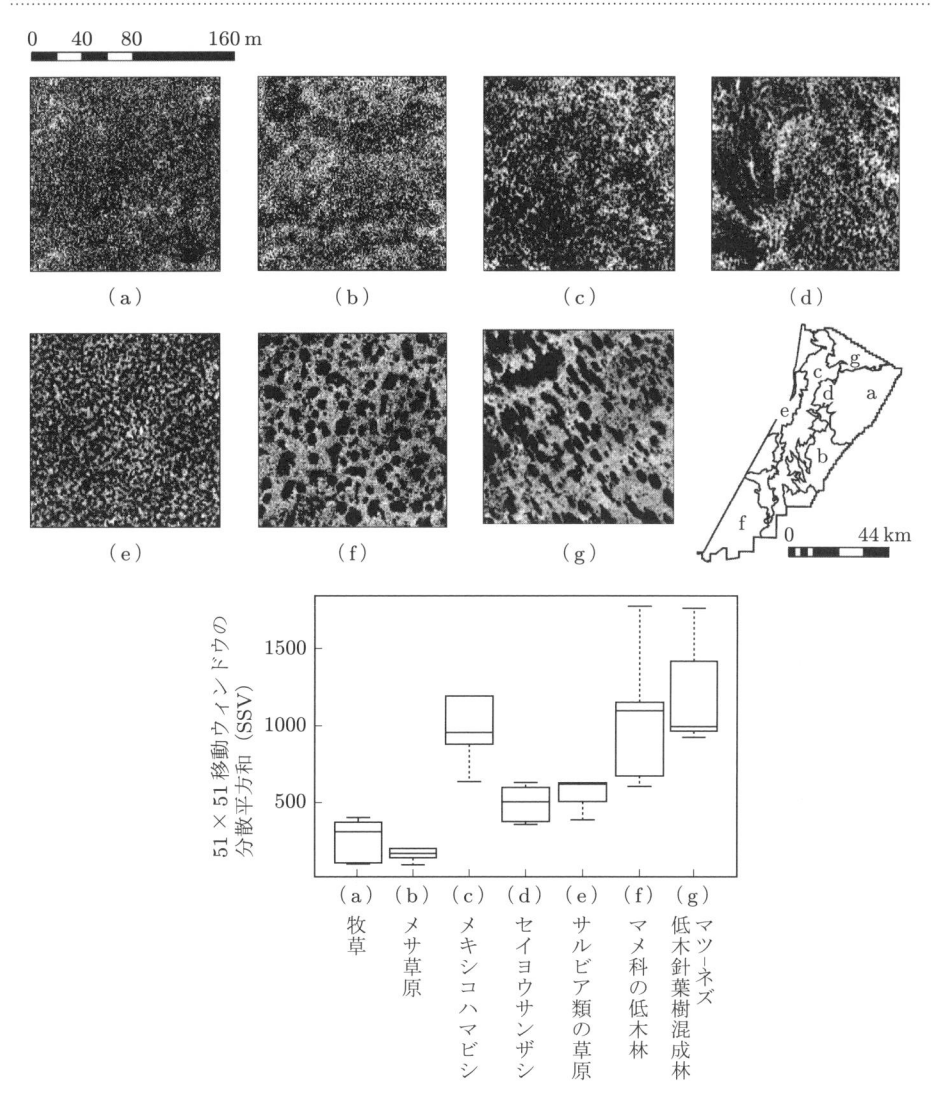

(h) 特徴的な空間パターン(テクスチャ)

図 6.18　(a)〜(g) ニューメキシコのチワワ砂漠 (Northern Chihuahuan Desert) の 7 つの主要な植生タイプのそれぞれの特徴的な空間パターン（テクスチャ）．(a) 牧草 (black grama)，(b) メサ (mesa) 草原，(c) メキシコハマビシ (creosote)，(d) セイヨウサンザシ (whitethorn)，(e) サルビア類の草原 (sand sage)，(f) マメ科の低木林 (mesquite)，(g) 低木針葉樹混成林マツ-ネズ (pinyon-juniper)．(h)，(a)〜(g) に示した異なる植生タイプのテクスチャの平均的な性質の例（51×51 移動ウィンドウの分散平方和 (SSV)）(St. Louis et al., 2006 より許諾).

2. **フラクタル解析**　自然界では，大きなスケールの地物はしばしば幾何学的形態や複雑度について小さなスケールの地物とある程度の類似性を示す．したがって，自然表面は本質的に**フラクタル**（fractal）であると考えられ，その研究にはフラクタル解析が有用である．ユークリッド幾何学では，2次元の図は平面で，3次元の図は立体であるが，フラクタル幾何学では非整数次元が含まれる．フラクタル次元は，ある対象の不規則性や複雑性の程度を測り，2次元から3次元の間の小数部分は，対象の空間充填の度合いを示す．したがって，フラクタル次元は異なるテクスチャの表面を特徴付けるために使える．最近の多くの研究は，画像分類でフラクタルの計測を行っている．実際，方向によってスケールが異なるマルチフラクタル（multifractal）は，環境に関するテクスチャの良い測度である（Parrinello & Vaughan, 2002, Parrinello & Vaughan, 2006）．フラクタルは画像圧縮にも利用できる．

3. **フーリエ解析**　時間によって変化する量のフーリエ変換は，その量を構成する周波数成分の関数であり，通常，異なる振幅をもつサイン（正弦）とコサイン（余弦）成分の和として表される．画像内の空間的変動は，周波数を単位としても考えることができる．短距離の変動（そのため，より高周波）は，長距離の変動よりも距離に対してより急速に現れる．そのため，ある画像のフーリエスペクトルは，画像の空間スケールの構成要素や地表面のテクスチャの特徴を示す．周波数領域フィルタリングは，単バンドの画像全体もしくは限られた対象領域のどちらでも，**高速フーリエ変換**を使って実行できる．この概念は，空間周波数の分布を調べることで画像解析を行うために使えるが，特別な目的のためにフィルタを設計する場合にも使える．

4. **ウェーブレット解析**　リモートセンシングにおけるフーリエ解析の利用は限定されている．なぜなら，この手法は，画像がすべての方向に無限に繰り返されており，ピクセル値の平均や分散が画像全体を通して一定であり，同じ周波数混合が画像のすべての部分で現れることを想定しているからである．ウェーブレットは，フーリエ変換の周波数成分に概念が似ているが，離散ウェーブレット変換は，空間とスケールに関して同時に入力信号を分解する．大きな範囲設定は低周波の情報がある部分で使われ，より小さな範囲設定は高周波の情報がある部分で使われる．これは，大きな画像の局所的な解析を可能にする．そのため，ウェーブレット解析は，広範囲の周波数成分を含んだ複雑な画像の研究において，さまざまな点からフーリエ解析よりも適している．ウェーブレットのスペクトルは，異なるスケールのテクスチャを解析するためにも使える．ウェーブレットはデータ圧縮やノイズフィルタとしても使われる．

■ 6.5.3　オブジェクトの検出と解析

　従来の分光植生指数やスペクトルを基礎とした分類では，本質的にはピクセルを基準とした解析を行うが，それに代わるものとして，スペクトルの類似性と同様に，全体の形状やテクスチャを含んだ性質に基づいて，別々のオブジェクトを構成するピクセルのグループを識別しようとする方法がある．**地理的画像検索**（geographic image retrieval：GIR）とよばれたり，**オブジェクト検索**（object retrieval）とよばれる方法は，既知の対象物と類似した画像内容をもつ画像領域を探索する（Purves & Jones, 2006）．この方法は教師付き分類法（7.4.2項）に似ているが，同類のピクセルグループに関連した情報のパターンを利用する．探索された特徴には，分光情報に加えて，あるいはその代わりとして，形状や配置，テクスチャ情報も含められる．この手法はごく小さな範囲だけを占める通常反復的な対象物，たとえば，果樹園の個々の樹木などを識別しようとする場合にとくに有効である．この手法では，ある特定の構成要素のみに興味がある場合には，画像全体を完全に分類する必要がない．

　オブジェクトを利用する特別な利点は，オブジェクトの解析において，テクスチャとスペクトルの両方の情報を使えることで，そのため，ピクセルごとのスペクトル単独での解析よりもはるかに多くの有効情報を利用できることである．このような手法には，すべてのクラスの区画間や区画内の空間的な関係についての調査も含まれる（たとえば，均質な区画の典型的な大きさや形状そしてそれらの間の距離）．この解析は**断片化統計**（fragmentation statistics）を使うことで実行できる．これらは景観解析でとくに有効である（11章参照）．オブジェクト同定と解析についての詳しい情報は，画像解析と機械学習についての適当な教科書で得られる（たとえば，Soille, 2002）．

■ 6.5.4　縮尺と拡大

　これまでに考察したテクスチャや地理統計と関連して，**縮尺－スケール**（scale）の問題がある．縮尺によって示されるものは自明のことと考えられがちであるが，この用語の意味するところは分野間，あるいは分野内ですら，明示的ではない．「大縮尺（Large scale）」は，たとえば地図作成者にとっては詳細なことを，地理学者にとっては広い範囲（したがって，詳細は粗い）ということを意味する．ある時点で使われている語義は，通常その文脈から明らかであり，ここでは意味論には立ち入らない．リモートセンシングでは，縮尺は分解能の考え方に含まれている．通常，大きなスケールの現象は長い時間スケールを通して起こり（その理由の一部は，空間と時間は輸送機構を通して結び付いていることによる），そして同様の共分散性は空間分解能と時間分解能のトレードオフを説明した5.7.3項でも見られた．

　縮尺は，GISで異なるデータセットを関連づけるときにはとても重要な問題であり，大きさと詳細さの程度の両方に関連している．地図は基本的に1つの縮尺で作成されているが，GISは多段階の縮尺を操作することができ，**マルチスケール**のデータを調整しなければならない．自然現象のほとんどはいつも複数のプロセスを含むので，マルチスケールの

観測が必要である．縮尺は大きさと詳細さの程度の両方に影響する．研究対象の地球のプロセスや現象に特有なスケールを，空間と時間の両方で考えなければならない．異なるレベルの情報は，異なるスケールと関連しているので，採用すべきもっとも良い縮尺と，異なる縮尺のデータや情報を関連づける方法について決めなければならない．地理統計学は，最適な縮尺の決定に役立つことがある．バリオグラムの形状やフラクタル次元（自然景観は広範囲の縮尺を通しては本当のフラクタルではないので，縮尺によって変化する）の変化は，環境における特定のプロセスの縮尺を示すことに使える．ある画像内のテクスチャは，3×3の移動ウィンドウ内の標準偏差を集計することで定量化できる．これは，画像データの空間的な変動性を効果的に測るための指数となる．このように，異なる縮尺や分解能における画像のテクスチャの違いによって，その領域の異質性を示すことができる．

　2番目の問題，つまり異なる縮尺におけるデータの関係性は，群落反射率のモデル値とリモートセンシングの観測値を関連づけるといったような**スケールアップ**（scaling up）もしくは**スケール拡張**（up-scaling）を考えるうえで重要である．この問題は，GISあるいは統合型GIS（IGIS）のように，異なるタイプのデータを統合する場合にとくに重要である．統合時にどのように点データ（たとえば，フィールド測定や雨量計による測定）を空間データ（たとえば，衛星画像や気候状態）と統合したり，DEMからある地点の標高を得たりするかは，長年にわたっていろいろと試みられてきた．たとえば，内挿や周辺情報から予測するクリギングなどである．

　3章の内容ととくに関連することとして，より粗いスケールへのモデルの拡張がある．たとえば，個葉の反射率モデルは，単木の反射率，森林の反射率，そして地球上の植生の応答と関連していなければならない．あるスケールにおけるスペクトルと生物物理学的変数との関係は，別のスケールでは当てはまらない．たとえば，$NDVI$や被覆タイプのようなものと標高との関係はスケールに依存している．細かいスケールのデータはより粗いデータを得るために統合されるだろう．たとえば，SPOT画像の$n \times n$ピクセルの平均化は，より少ない分散量のより低い分解能の画像をもたらす（この過程は細かい部分を平滑化する）．反対に，より小さなスケールの情報の入手については，スペクトル混合ピクセルの分離（7.4.3項）の検討で説明する（また，すでにデータ融合の項で述べた）．スケールについてのより詳細な説明，とくに異なる観測スケール間での移行に関連する問題は10章で再び扱う．

6.5.5　複数データの利用という考え方

　ここまで，マルチスペクトルのデータセットを組み合わせることで，データ抽出の結果を改善するようないくつかの方法を考察してきた．これは，データセットの個別の解析結果の合計よりも，いくつかのデータを組み合わせて使うことで得られる結果のほうが良いという**相乗効果**（synergy）の一例である．他にもデータセットを組み合わせる方法がある．

　マルチスペクトル　　マルチスペクトルデータの使用は，本章の前半で簡単に説明して

おり，詳細については7章で扱う．植生タイプ，植生健全度，植生変化の測定とモニタリングのための主要な方法の1つである．

多時点（multitemporal）　多時点のデータセット（ある地点で異なる時間に得られたデータ）は，減算するか色合成することで，観察の間に起こったであろう変化を解析するために使われる．両方の画像で同じような値を示すピクセルでは変化量はほとんどゼロであるし，値が変化したピクセルの変化量は大きい．これらのデータは，適当に拡大縮小され，対象期間に生じた変化の場所を視覚的に表示するために使われる．同様に，時系列画像のそれぞれから，ある1つのバンドをそれぞれのブラウン管モニターのカラー電子銃で表示した色合成画像は，変化領域を特有の色で示し，一方で変化していない領域では，それぞれの電子銃が同じ明度をもつため，パステル調の色合いに見える．このような時系列画像は動きを検出するためにも使われる．連続した画像における特徴箇所の移動は，雲の動きや海面温度特性の動きの視覚化を可能にする．連続した画像における移動を計測し，画像間の時間間隔を知ることで，速度を定量的に推定できる．パターン認識法には，ニューラルネットワークなども使われることがあり，特徴箇所の直線的な動きだけではなく，方向の変化，たとえば，回転も追跡できるので，自動的に特徴移動の定量化を行うために使われている．

時系列画像の別の利用法として，最大値合成画像の生成がある．たとえば，ヨーロッパや英国に限った場合でも，ある1枚のAVHRR画像において雲に覆われている範囲がない，ということはまずない．しかし，1週間から10日の期間においては，ほとんどの範囲で，少なくとも1枚は雲のかかっていない画像が存在する．合成画像（**最大値合成画像**，maximum value composite：MVC）は，ピクセルごとに，その期間に取得されたすべての画像からもっとも良い値を選択することによって作られる．

多時点画像のもうひとつの特徴は，フェノロジー（生物季節）の異なる種を識別する能力である（11章参照）．たとえば，冬穀物と春穀物は冬季の土地被覆の違いによって区別でき，季節的な生活史の違いによって異なる樹種が識別できる．

マルチルック　マルチルック（multilook）データあるいは多方向（multiangular）データ，すなわち，ある範囲について異なる視点から取得された画像は，長年，立体視で使われてきたが，大気補正にも使うことができる．このようなデータの例として，NOAA AVHRRのような同じ衛星で異なる軌道から取得されたデータ，CZCSとAVHRRの組み合わせのように異なる衛星から取得されたデータ，もしくはERSのATSRとEnvisatの組み合わせのように円錐形に走査されたデータがある（6.2節参照）．干渉合成開口レーダ（6.6.4項参照）も，標高データや変化範囲を検出するための干渉画像（interferogram）を構築するために，画像間で受信アンテナの物理的移動が必要である．植生特性の調査のための多方向データの利用については，8章でさらに発展させる．

マルチデータセット　最後に，異なるデータセットの統合，すなわち異なる測器からの画像の利用がある．これらの画像はそれぞれの画像間でピクセルを対応させるために同じ空間分解能をもたなければならず，そのため再サンプリングや位置合わせ（coregister）

をしなければならない(6.2節).これらは色合成などによって統合でき,分類やデータ融合で使われる(6.4.5項).より一般的なマルチデータセットの合成手法は地理情報システム(GIS)に含まれており,多くの異なるタイプの空間データ,地図,社会経済,社会基盤,土地利用,分類画像などを解析のために表示できる.

6.6 レーダ画像の解釈

マイクロ波の特性は2章で,それらの土壌や植生との相互関係は3章で論じた.本節では,どのようにレーダ画像を補正し,解釈するかをみていく(詳細については,Woodhouse, 2006やLillesand et al., 2007参照).SARデータはきわめて複雑で,人が解釈できるような画像を描写するためには多くの処理を必要とし,コンピュータによる膨大な計算を伴う.多くの利用者がSAR「画像」を受け取る前に,この前処理の大部分は取扱機関によって行われている.元のSARデータは,方向,周波数,遅延時間の関数として強度値で構成されている.パルスの遅延時間によって,反射する対象物まで進んだ距離がわかり,周波数のドップラー偏移は軌道に沿った方向の目的物の位置情報を与え,観測角(見下ろし角)は軌道と交差する方向の位置に関しての情報を与える.これによってデータ点を**地上分解能セル**(ground resolution cell. ピクセルに相当)の中に置くことができる.しかし,画像の傾斜角が大きいため,撮影された範囲の垂直図を作るためには追加の幾何補正が必要となる.また,画像強度にレーダ後方散乱係数を関連づけ,地上の観測角度が大きくなる遠い場所の後方散乱信号の減衰を考慮するためには,放射量補正(radiometric correction)が必要となる(対象物までの距離の増大だけでなく,後方散乱は視野角にも強く依存する).最終画像は従来のディジタル画像のように扱われ,解釈を助け拡張するためにさまざまに処理される.

6.6.1 レーダ幾何

レーダ画像は,一見すると太陽高度が低い状態で撮られた,ひどく傾斜した空中写真のように見える.起伏の高まった場所では,構造の詳細を目立たせる明瞭な影が現れるように見えるが,これは錯覚である.とくに起伏の大きな地形や高層ビルを撮影した場合には,その画像には側方視に起因する幾何的な特有の歪みがある.これらの性質は画像を解釈する前に理解しておく必要がある(図6.19).地上高の高い対象物のすぐ後ろの地面は受信機に信号を反射しない.これは**レーダ影**(radar shadow)とよばれる.光学画像における「影」では,照度は低いものの情報は存在しているが,レーダ影はそうではない.レーダの場合,マイクロ波はこの範囲には入射せず,そのため散乱されないので,画像にはこの範囲の情報はない.また,丘の先端付近は**短縮化**(foreshortening)によって実際よりも短く見え,周囲の斜面は引き延ばされたように見える.これは,視野が傾くにつれて,衛星から丘の麓と頂上までの斜距離の差がより小さくなるからである.もし丘が非常に険しければ,頂上までの距離は,麓までの距離よりも短くなる可能性があり,頂上からの反射は

麓からの反射よりも先に受信される．その結果，丘がレーダに向かって曲がっているように見える[31]．この現象は「レイオーバ（layover）」とよばれる．別の奇妙な効果は，動いている物体が含まれている画像で生じる．レーダからの画像合成は，プラットフォームと地上の被写体との相対運動に基づいている．ここでは，地上のすべての点は固定されたものと仮定している．もし，船や列車のような動く被写体を撮影すると，その対象物と地上の相対運動はシステムを混乱させ，間違った場所で撮影されるだろう．この例としては，航跡から離れたところに現れる船や，鉄道線路と隣り合った場所に沿って走行しているように見える列車がある．

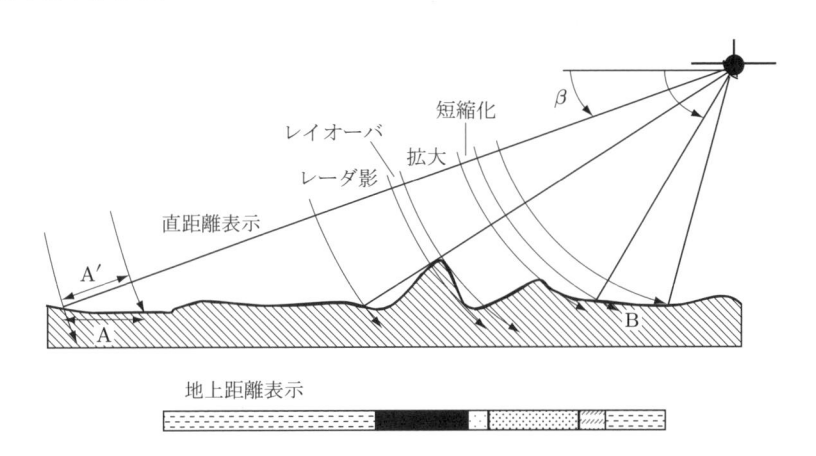

図 6.19 直距離表示で表示したとき，SLAR でいくつかの幾何学的歪みが生じる．直距離表示に対応する地上距離表示も示す．

6.6.2 スペックル（小斑点）

マイクロ波のコヒーレンスによって，1つの分解能セル内の異なる散乱体から戻ってくる信号間で干渉効果が生じる．これは，構成する波が異なる距離を伝播するためで，輝度の不規則な変動，すなわちノイズが生成される．画像のノイズを除去する通常の方法は，平滑化フィルタ（6.4.3項）を使うことだが，これは空間分解能を低下させる．スペックル（speckle）低減のために，通常，移動ウィンドウ内の重み付けがノイズの程度に依存して調整される適応的フィルタが使われる．標準的な非適応的フィルタは，画像全体を通して同じ重み付けを使うため，ノイズだけではなく高周波情報も取り除いてしまう．重み付けはウィンドウのグレイレベルの平均と分散に基づいて，それぞれのウィンドウ位置で新たに計算するか，あるいは離散ウェーブレット変換を使って計算する．そのため，平滑化の度合いは画像の局所的な統計量に依存し，したがって，適応的フィルタはエッジや密度の

---

[31] 航空写真では遠近法の効果によって，高いビルが写真の端に向かって傾いているように見えるという逆の現象が生じる．

高いテクスチャ部分の微妙な細部をより保存できる可能性が高い．スペックルを低減するもうひとつの方法は，マルチルック処理を使うことである．これは，平滑化した画像を得るために，合成開口の異なる部分から同じ範囲についてのいくつかの独立した画像（**ルック**）を生成し，平均化する．それぞれのルックは合成開口の一部だけによって生成されるので，画像の空間分解能はルック数に応じて減少する．

■ 6.6.3　レーダ画像の種類

レーダ画像は，それらが受ける処理量に応じてさまざまな異なる形式で入手できる．

シングルルック合成（single-look complex：SLC）　合成開口のすべての長さを使って作られ，そのため，もっとも分解能が高いが，スペックル量も最大である形式である．SLCは，実数成分（信号の振幅を表現する）と虚数成分（干渉測定法のために必要とされる位相を表す）の両方で構成されるので複雑である．これはたいていの利用者が手にする原データにもっとも近い．参照する地表面に位置合わせされておらず，直距離座標のままであり，地上分解能セルは長方形なので，正方形の画像ピクセルで画面に表示すると歪んで見える．

マルチルックデータ（multilook detected：MLD）　これはすでに説明したマルチルック処理によって加工されている形式である．通常，空間分解能とスペックルの関係をうまく調整する3から6ルックが使われる．画像は平均化によって生成されるので，位相情報はもはや存在しない．データは提供される較正データを使って補正した σ^o 値に変換された実数のディジタル値形式である．地上距離と直距離座標のどちらにもできるが，完全には幾何補正されていない．

精度画像（precision image：PRI[32]）　これは方形ピクセルに再サンプリングされ，検出器の視野方向を考慮して回転され，いくつかの地理参照システム（geographical reference system）に適切に地図投影（georeference）するために歪められたマルチルック画像である．これらは地図投影（geocoded）されておらず，そのため，まだ地形に歪みがある．地図投影された画像データ（geocoded data）は，数値標高モデルに使われる（場合によっては，レーダシステム自身によって作り出される，以下参照）．

■ 6.6.4　干渉測定法

レーダシステムのコヒーレンスや極度の電子的安定性は，距離を非常に正確に計測するために，異なる信号間の干渉を可能にする（2.6節参照）．これには時間と空間のいずれか（もしくは両方）で，分離された2つの測定を必要とする．航空機からの場合，2台の受信機が受信する信号が異なる距離を伝わり，相対的な位相差をもつように，2つ目の受信機は送信アンテナからできる限り離れた場所，たとえば，航空機のもう一方の端や，張り出

---

[32] PRIは，photochemical reflectance indexや電子工学でのpulse repetition intervalにも使われるが，通常，どれをさしているかは文脈からわかる．

した棒，に置かれる．宇宙からの場合，システムは非常に安定しているので，異なる軌道からのデータが，数時間，あるいは数週間離れていても，干渉図 (interferogram) を生成するために必要な基線分離効果を提供できる．ERS-1 と ERS-2（5.8.4 項参照）のタンデムミッションはおよそ 1 km の基線分離効果を提供したが，一般にはおよそ 200〜300 m の基線が最適である．周波数の高度な安定性が求められると同時に，2 つの受信機の位置も正確にわかっている必要がある．さらなる問題として，とくに宇宙からの場合に深刻な問題は，干渉画像は 1 つの波長ごとに等高線 (contour) を生成するが，波が進んだ絶対距離が未知であることである．高さ情報を得るためには，**位相接続処理** (phase unwrapping) が必要となる．このなかで，基線としてある点をとり，それぞれの干渉縞は 1 波長，すなわち 2π の位相差によって分離されるので，2 点間の縞を数えることによって高さの違いが得られる（図 6.20）．絶対標高を得るために，画像の少なくともある 1 地点の非常に正確な標高を知る必要がある．また，2 つのレーダ画像を「干渉」させる前に，10 分の 1 ピクセル以内の精度で重ね合わせなければならない．これらはいくぶん極端に単純化した説明であり，さらなる情報は Woodhouse, 2006 で得られる．

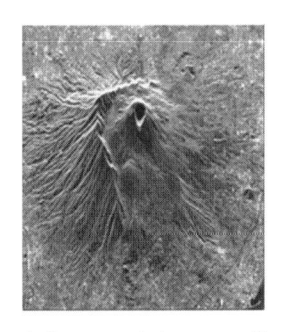

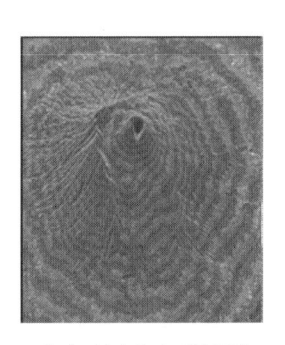

(a) ベスビオ山のSAR画像　　(b) 対応する干渉画像　　(c) 得られたデジタル標高モデルの3次元表示

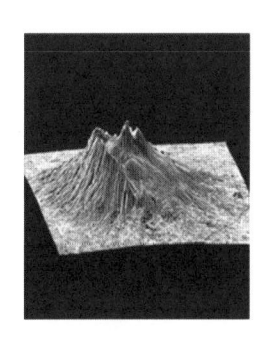

図 6.20　ERS-1 からのベスビオ山 (Mt. Vesuvius) の SAR 画像と処理された画像（ESA（欧州宇宙機関）による）（口絵 6.8 参照）．

6.6.5　レーダ画像の解釈

対象物がどのようにマイクロ波を反射するかを表現するために，さまざまな理論的なモデルが開発されてきたが，モデル開発に必要な多くの情報がいまだに経験的な観察によって得られている．画像内のさまざまな対象物からの後方散乱を考慮すると，対象物（テクスチャ，電気的特性，水分）と観測系（波長，偏波，入射角）の両方の特性を考慮する必要がある．特殊な幾何配置や情報内容は，レーダ像の解釈を従来の光学画像よりもいっそう難しくする．マルチスペクトル分類はもはや不可能であり，それぞれの画像は厳密に，ある 1 波長によって作られるモノクロである．しかし，モニターのそれぞれのカラー電子銃

で異なる波長，たとえば，Cバンド，Sバンド，Pバンドの画像を表示することで，色合成画像が生成できる．その結果，異なる波長の異なる散乱特性によって異なる表面間を区別できる可能性がある．異なる偏波のマイクロ波による異なる反応も，同じように研究できる．同じ波長と偏波で，異なる時期に取得された画像は，変化の方向を独特の色調で目立たせることで，その間に生じた変化（洪水，海岸線，森林伐採）を示す．これらすべての方法では，組み合わせる画像を慎重に重ね合わせ，そして可能であれば，放射量を合わせなければならない．色合成画像は，1つのレーダ画像と2つのマルチスペクトル画像を使って形成でき，そしてレーダ画像はバンドの1つとして従来の分類に含まれる．

レーダ画像のもっとも明白な情報は，構造に関するものである．河川，山，道路や線路は，市街地などと同様に，はっきりと現れる．フィールド境界の幾何的な形状は非常に特徴的で，異なる土地被覆タイプ（森林，牧草地，低木地帯）のテクスチャの違いは，通常，非常に明白である．干渉合成開口レーダ（InSAR）の主な利用の1つは，数値標高モデルの作成である．2000年の特別なスペースシャトルのミッション（Shuttle Radar Topography Mission：SRTM）では，世界の陸地面積のおよそ80%を含むおよそ北緯60°～南緯60°の範囲の単一パス[33]のレーダ干渉測定データを収集した．このシステムは，11日間のミッションの間に12テラバイトのデータを集め，ほとんどの範囲で絶対精度が水平方向で20m，垂直方向で16mのDEM（数値標高モデル）を生成した．DEMの上には光学衛星画像を被せることが可能で，その範囲の透視図を作成し，フライスルーを生成できる．DEMを作るのと同様に，InSARデータはNEXTMap®のような3D地図作成プログラムに入力できる．干渉測定データは，海岸線の変化，後退あるいは火山活動による地形の変化の研究にも使われる（火山が噴火する直前の隆起が，火山の側面で見られることがある）．

レーダ画像は**レーダ測量法**（radargrammetry）とよばれる過程で地図製作（cartography）に使われ，2つの画像間の視差は，地物の高さ計算に必要な立体視（**ステレオレーダ測量**）を提供するために使われる．

❓ 例　題

6.1 TMの6つの光学バンドから異なる2つのバンド比はいくつ作れるか．TMの7つのバンドを使うといくつの疑似色合成画像が得られるか．

6.2 以下の表は，異なる照射条件下の落葉樹と針葉樹の土地被覆におけるTM画像の3つのバンドのディジタル値を示す．2つの樹木タイプを一意的に区別するバンド比（もしくは標準化指数）を求めよ．

---

[33] 単一パスの干渉測定は異なる軌道から得られたデータを使うのではなく，同じプラットフォームで2つの受信機を使う．SRTMの場合は，シャトルが軌道上にあったとき，2つ目の受信アンテナは，伸縮可能な60mの長い腕の端に設置してあった．

土地被覆/照射条件	バンド2	バンド3	バンド4
落葉樹			
日向	48	50	90
日陰	18	19	23
針葉樹			
日向	31	45	54
日陰	11	16	24

6.3 以下の数列は，ある画像内で観測されたピクセル値の一部を取り出したものである．影をつけた55や221は誤りだと思われる．他の2つの影をつけた値，164や90はエッジにまたがっている．誤った値を補正する3×3フィルタを適用せよ．ただし，エッジに起因する本物の変位部分は残すこと．

169	157	162	140	140	139
159	158	55	156	144	157
146	157	155	148	164	86
150	221	143	255	88	90
145	153	152	82	90	95
158	164	93	101	92	99

■ 推薦書

詳細に画像処理を説明しているのにたいへん読みやすいのは，Paul Mather, 2004 である．著者は「数学的な素養，統計的な熟練やコンピュータについての才能の欠如を超越すると思われるような，比較的易しい入門書」と紹介している．そのため，数理的というよりむしろ記述的であるが，それにもかかわらず，決して表面的ではない．簡潔だが役立つ解説は Lillesand et al., 2007 や Jensen, 2005 によってなされている．全体的なより詳しい数学的な概念については，Rechards & Xia, 2005, Russ, 2006 や Tso & Mather, 2001 のような専門書でなされている．

➔ Web サイトの紹介

NEXTMap® 3次元地図作成プログラム
　http://www.intermap.com/en-us/nextmap.aspx
太陽高度と日射量計算（SunAngle 日射電卓）
　http://susdesign.com/sunangle/

7 植生特性の観測と画像分類のための スペクトル情報の利用

■ 7.1 マルチスペクトルやハイパースペクトルによる観測と画像化

　異なる波長の電磁放射が自然表面とどのように相互作用するか，そして，その結果生じる植生表面のさまざまな構成要素の放射分光特性については，2章と3章で説明した．また，スペクトル画像の前処理におけるさまざまな段階と，それらの可視化については6章で概説した．ここでは，とくに光学的領域（可視と近赤外域）において，分光特性をどのように解釈すると，植生の物理学的・生物学的特性に関する有用な情報を引き出すことができるかについてより詳細に論じる．分光反射率を観測角の変化と結び付けて生物物理学的パラメタを抽出するための手法については8章で，今後開発される可能性のある具体的な応用例については11章で紹介する．

　異なる表面の分光反射特性を得るためのもっとも単純なセンサは，ある範囲の表面から反射された平均的な放射を測定する固定視野の放射計で，比較的広いスペクトルバンド（たとえば，赤色域とか緑色域など）を扱うこともあれば，場合によっては分光放射計（それぞれのチャンネルが数nmのバンド幅のセンサ）のように高い分光分解能をもつこともある．広い範囲の平均的な値を取得できる利点があり，リモートセンシング画像の地上較正用に広く使用されている．

　しかし，ほとんどのリモートセンシングの応用場面では，空間的な変動に関する情報が必要とされ，ある特定の場面の平均値ではなく，画像が取得される．使用する画像用センサは，バンド幅の広い単純なもの（可視域が撮影できる3バンド型のカメラや，LANDSATのTMセンサなど）から，より詳細な多数の波長分解チャンネルをもつ，いわゆるハイパースペクトルセンサまでさまざまである．マルチスペクトル，スーパースペクトル，ハイパースペクトルという各種センサ間には一般的な区別はないが，慣習的にはスーパースペクトルはおよそ10バンド以上，ハイパースペクトルはおよそ50バンド以上のものを指す用語として使われている．

　それぞれの波長帯が1枚の層に対応して積み重ねられた多重画像は，「イメージ・キューブ」とよばれることがある（図5.3参照）．より多くの情報を含むことがマルチスペクトル画像に対するハイパースペクトル画像の利点であり，そのため，異なる表面間で，狭い波長域における吸収ピークの差異や，微妙な分光反射率の差異の検出に利用できる．これらの差異は，異なる表面どうしをある程度敏感に識別するために使用できる．一方，隣接したバンド間の分光応答にはかなりの相関があり，これはバンド数ほどには情報量は増えないことを意味し，また，バンド幅が狭められた結果，ハイパースペクトルデータのS/N比は低下する．

マルチスペクトル解析では，使用できる波長帯は少数に制限される．ハイパースペクトルセンサから少数のより波長幅の狭いバンドを選び，マルチスペクトル画像と同じような方法で解析を行うことも可能であるものの，ハイパースペクトル画像ではより幅広い分析手法が適用できる．たとえば，十分な数の波長帯についてのデータが使用できれば，各ピクセルに対する分光応答（つまり波長の関数としての応答）を作ることができる．そして，これらの分光応答は，標準的な実験室用の分光計によって得られたスペクトルライブラリと比較できる．この技術は，地質学において鉱物の識別に広く使用されており，植生解析の強力な技術にもなる．

単純な視覚的解析（たとえば，色もしくは疑似色を使用したもの）については6章で紹介した．ここでは，スペクトルデータを対象表面の生物物理学的特性に関する情報の抽出に使うため，次のような主要な方法を紹介する．

(ⅰ) 少数のスペクトルバンドのみを用いた単純な経験的な植生指数
(ⅱ) より高い波長分解能のスペクトルデータを使い，特定の生化学的もしくは生物物理学的特性を定量化するための分光特徴量の抽出（これらには，経験的な統計的アプローチと物理学的アプローチの両方が利用できる）
(ⅲ) 異なる表面を識別するための画像分割や分類方法の適用
(ⅳ) 隣接したピクセル，あるいは近くのピクセルの変動パターンを考慮したテクスチャ解析やオブジェクトに基づいた画像解析の適用

放射伝達モデルの逆変換と，多角観測データの使用に基づいた情報検索（information retrieval）を目的とした機械論的な方法については8章で詳しく説明する．

■ 7.2　分光指数

3章で紹介したように，異なる物質はそれぞれ固有の分光特性をもち，たいてい特定の波長において特有の吸収最大値や最小値を示す．このようなスペクトルの複雑さは，植生の重要な生物物理学的パラメタの決定に利用できる，単純化された方法を導き出す必要があることを意味している．分光指数とは，2つ以上のスペクトルバンドを適切に選択し，数学的に組み合わせることによって生成される新しい変数で，群落の葉面積指数のような重要な生物物理学的なパラメタに対して個別のバンドデータよりも強い関係をもつ．一般的な分光指数の方法は，含水量の推定を用いて例証できる．土壌と葉のいくつかの典型的なスペクトルを図7.1に示す．これによると，どちらの表面の分光反射率も，およそ1450 nmと1940 nmでかなり落ち込んでいる．これらは水が強く電磁波を吸収する波長である．ここで観測される反射率低下の程度は観測対象の含水量に依存するため，これらの波長は物質の含水量推定の指標の1つとして使える．したがって，特有の波長（たとえば，水に対する1450 nm）の絶対反射率の測定は，原理的には，対象表面中の含水量を評価するために使える．しかし，他の構成要素や構造的な特徴も，観察されるすべての波長の信号に寄与している．たとえば，3章で指摘したように，葉に葉毛が存在すると，観察され

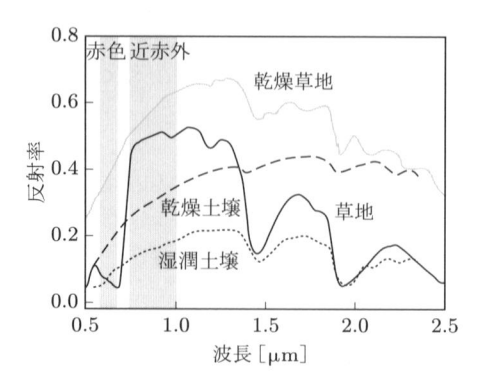

図 7.1 対照的な分光反射特性の比較（Baumgardner et al., 1985）．草地の 700 nm から見られる反射率の急激な立ち上がりは「red-edge」（赤色波長端，土壌では見られない）である．また，1450 nm と 1940 nm の落ち込みは水による吸収を示し，水分量の組織や土壌中における増加にともなって大きくなる．色付き部分は AVHRR センサの赤色域バンドと近赤外域バンドを示す．

る広範囲の波長の反射率にかなり影響を与え，一方，群落では，葉面積指数 LAI や葉面角度分布 LAD の変動を含む構造的特徴による干渉が，観察される分光特徴をかなり変化させる．

そのような結果を乱す構成要素に対して補正を試みる場合，測定したい対象では反射率に著しい差異がみられ，潜在的に干渉する他の構成要素では反射率がほとんど異ならない，互いに接近した2つの波長域を比較するのが一般的である．これは，関心のある構成要素の変動を，それとは無関係な他の特徴におけるデータの変動によって標準化するだけではなく，2つの測定値間の比や差分をとることによって，測定感度を高める可能性がある．以降で紹介するが，水については，水バンド（1450 nm）と，水がほとんど電磁波を吸収しない対照バンド（たとえば，1300 nm）の反射率を比較することが一般的である．これらの2つの反射率の比をとることによって，葉の相対含水率との間でほぼ線形の関係が得られ，それと同時に葉毛の有無のような他の要因を補正できる．

2つ，あるいはそれ以上の波長の測定値から分光指数を得るこの原理は，リモートセンシングでは広く採用されており，とくに植被の研究では**植生指数 VI** として利用されている．その理由は，たった2つの波長帯を使用するだけで，単独の波長帯ではやや複雑なスペクトルの解釈が非常に単純化できるからである．これらの指数は，元来，どちらかというと Landsat や NOAA AVHRR のような衛星で利用可能な，やや幅の広いスペクトルチャンネルに適用する広周波数域の指標とみなされてきた．しかし，ハイパースペクトル機器の利用が増大するなかで，その原理は植被だけでなく，色素やタンパク質，葉内含水率のような幅広い意味での葉の構成要素の検出や定量化に利用できる，より特定された狭い帯域を用いた指数の開発に拡張されている．

■ 7.2.1 植生指数と植生記述

　植生指数とは，放射分析データから得られる一般に無次元の測定値で，主に視野に存在している緑の植生量を示すために使用される．ほとんどの植生指数は，およそ 700 nm (**赤色波長端**：red-edge) で生じる植生の急激な反射率の増加に基づいており，この波長域では，その他のほとんどの自然表面では比較的緩やかな変化しか示さないため，この変化が緑色植生の特徴となる (図 7.1 でイネ科草本と土壌の反射スペクトルを比較せよ)．多くの植生指数がこの現象を利用して開発された．ここではもっともよく利用されている指標のいくつかを概観し，植生指数を選択するための基本原則に注目する (BOX 7.1 参照)．利用可能なこのような指数の範囲とそれらの応用については，多数のより詳細な総説がある (Baret & Guyot, 1991, Jensen, 2005, Lucas & Carter, 2008, Myneni et al., 1995, Smith et al., 2004, Steven, 1998, Tucker, 1979)．

　典型的な画像で，すべてのピクセルを用いて異なる表面の赤色域の反射率に対する赤外域の反射率を座標に示すと，図 7.2 に示した影部分のうちのいずれか，あるいは全域にわたって密集して分布する点群が得られる．このとき，異なる表面の点群が異なる領域に分かれる．密度の濃い植生の点群は，強い近赤外域の反射率と弱い赤色域の反射率を反映してグラフの左上に位置し，一方，露出した土壌の点群は，右下の斜線に沿って分布する．実際，どのような土壌においても，通常 ρ_{NIR} と ρ_R にはほぼ線形な関係が存在し，それは**ソイルライン** (soil line) とよばれ，乾燥した土壌は IR と R の両方において反射率が高く，湿った土壌では両方の波長帯の反射率は低くなる (図 7.1．また，Baret et al., 1993, Richardson & Wiegand, 1977 参照)．

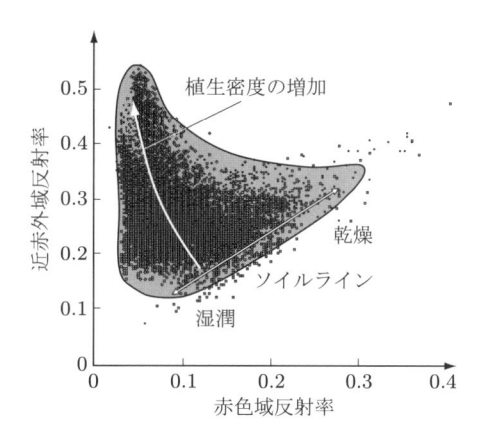

図 7.2　さまざまな土地被覆が混合した領域 (灰色の範囲) の赤色域と近赤外域の反射率の典型的な関係．ポルトガルのエボラ Evora 近郊で観測した Landsat ETM＋ 画像 (2003 年 6 月 25 日) の個々のピクセルを表した点 (path 204, row 33, USGS と Eurimage による)．左上角のピクセルは密度の高い植生を表し，右下側の対角線に沿ったピクセルは土壌を表している．$\rho_N = a\rho_R + b$ (ρ_N は近赤外域の反射率，ρ_R は赤色域の反射率) は「ソイルライン」であり，裸地土壌の湿潤，乾燥に応じて値が変化する．

BOX 7.1　さまざまな植生指数

式の N, R, G, B は ρ_{NIR}, ρ_{Red}, ρ_{Green}, ρ_{Blue} を意味する．VI は植生指数，L, a, b, β はそれぞれ定数を表す．以下に，特徴とともに植生指数をまとめる．より充実した説明はそれぞれの参考文献にあたってほしい（たとえば，Broge & Leblanc, 2001, Jensen, 2007, Lucas et al., 2008, Pontius et al., 2008)）

	式	長所／短所	参考文献
単純指数			
DVI (差分 VI)	$N - R$	照射条件や斜面傾斜角などの影響を受けやすい．	Tucker, 1979
RVI (比 VI)	$\dfrac{N}{R}$	反射率や照射条件の変動を部分的に補正する．とくに，反射率を使用する場合に有効である．	Birth & McVey, 1968
CI_{590} (クロロフィル指数)	$\left(\dfrac{N_{880}}{VIS_{590}}\right) - 1$	見かけ上，$NDVI$ よりも群落の窒素状態に対し感度が高い（現在は元々の ρ_{540} よりも ρ_{590} の使用が選好されている）．	Gitelson & Merzlyak, 1997
正規化指数			
NDVI (正規化差 VI)	$\dfrac{N - R}{N + R}$	LAI の推定に好適．雲，水域，雪の場合，負の値を示す傾向にある（$R > NIR$ のとき）．	Rouse et al., 1974
GNDVI (緑色正規化差 VI)	$\dfrac{N - G}{N + G}$	見かけ上，LAI が高い場合に適す．使用する波長は 470 nm から琥珀色 (580 nm) まで変動するが，$NDVI$ よりもずっと広い範囲のクロロフィル濃度検出に対応する．	Gitelson et al., 1996
SAVI (土壌調整 VI)	$\dfrac{(1 + L)(N - R)}{N + R + L}$	土壌の反射率による変動を補正する．L は補正係数で LAI が高い場合は 0，低い場合は 1 となる（しばしば $L = 0.5$ とされる）．	Huete, 1988. 改良版の例として Steven, 1998 による TSAVI/OSAVI
TSAVI[1] (変換 $SAVI$)	$\dfrac{a(N - aR + b)}{aN + R - ab + X(1 + a^2)}$	LAI とよく一致する．	Baret et al., 1989
TVI (変換 VI)	$100 \times \left(\dfrac{N - R}{N + R} + 0.5\right)^{0.5}$	負の値をとらない．平方根がばらつきを安定化させる．	Deering et al., 1975
PVI (垂直 VI)	$(N - aR - b) / \sqrt{(a^2 + 1)}$	LAI が低い場合の土壌影響を除去するのにもっとも効果的である．	Richardson & Wiegand, 1977
ARVI (大気効果抑制 VI)	$\dfrac{N - RB}{N + RB}$ ここで，$RB = R - \beta(B - R)$	大気の影響を受けにくい．大気通過における変化を補正する（R と B の差から β が R を補正する）．	Kaufmann & Tanré, 1992 (Huete et al., 1997 参照)
SARVI (土壌大気効果抑制 VI)	$\dfrac{(N - RB)(1 + L)}{N + RB + L}$ ここで，$RB = R - \beta(B - R)$	$ARVI$ に $SAVI$ を結合させた指数である（定数 β は通常 1 であるが，エーロゾル補正のために変えられる．たとえば，サヘルの塵に対する 0.5 など）．	Kaufmann & Tanré, 1992 (Huete et al., 1997 参照)
EVI (強化型 VI)	$\dfrac{2.5(N - R)}{1 + N + 6R - 7.5/B}$	$SARVI$ に基づき，MODIS プロダクトの運用上の指数として適用され，大気上面の反射率を大気補正する．	Huete et al., 2002
AFVI (エーロゾル補正 VI)	$\dfrac{N - 0.5\rho_{2.1}}{N + 0.5\rho_{2.1}}$	中間赤外域（たとえば，2.1 μm）は塵以外のほとんどのエーロゾルを透過し，エーロゾルに対し無感応であるが，地表面では可視域と類似の反射特性を有する（係数	Karnieli et al., 2001

指数	式	備考	文献
		0.5 は 0.645 μm と 2.1 μm における ρ の差を補正する).	
$WDRVI$ (広ダイナミックレンジ VI)	$\dfrac{\alpha N - R}{\alpha N + R}$ ここで，$0.1 < \alpha < 0.2$	高い LAI に対して，標準 $NDVI$ よりも感度が高いことが報告されている（本文参照）.	Gitelson, 2004

マルチチャンネル指数

指数	式	備考	文献
Kauth-Thomas 変換	LANDSAT7 用の係数[2]	「明度」「緑度」「湿り度」に関連する合成チャンネルを得られる.	Kauth & Thomas, 1976, Crist & Cicone, 1984
CAI (セルロース吸収指数)	$\dfrac{0.5\,\rho_{2000} - \rho_{2200}}{\rho_{2100}}$	とくに植生の乾物量に応答することが報告されている.	Daughtry et al., 2000
$MTCI$ (MERIS 陸域クロロフィル指数)	$\dfrac{\rho_{753.75} - \rho_{708.75}}{\rho_{708.75} + \rho_{661.25}}$	これらの波長帯は，MERIS のバンド 10，9，8 の中心波長である.	Curran & Dash, 2005
$PPSG$ (主成分変換分光緑度指数)	$\tan^{-1}\left(\dfrac{PC_2 - SF_2}{PC_1 - SF_1}\right)$	PC_1, PC_2 は第 1，第 2 主成分軸の値，SF_1, SF_2 は等植被線が重なる点である.	Moffiet et al., 2010

ハイパースペクトル指数

指数	式	備考	文献
REP (赤色波長端)		クロロフィル含有量に対し感度が高い.	Jago et al., 1999 参照
PRI (光化学的分光反射指数)	$\dfrac{\rho_{570} - \rho_{531}}{\rho_{531} + \rho_{570}}$	光合成活性の測定法としてキサントフィルのエポキシ化を検出する（注：試料 λ から対照値を引くことがある）.	Gamon et al., 1992
$PSSRa$ (色素特異比指数-chla)	$\dfrac{\rho_{800}}{\rho_{680}}$	個葉のクロロフィル a 含有量を推定するのに適している.	Blackburn, 1998b
$PSNDa$ (色素特異正規化差指数-chla)	$\dfrac{\rho_{800} - \rho_{680}}{\rho_{800} + \rho_{680}}$	個葉のクロロフィル a 含有量を推定するのに適している.	Blackburn, 1998b
725 nm と 702 nm における微分比	$\dfrac{d\rho/d\lambda_{(725)}}{d\rho/d\lambda_{(702)}}$	土壌の天然ガス汚染に応答する.	Smith et al., 2004

水指数

指数	式	備考	文献
WBI (970 nm 水バンド指数)	$\dfrac{\rho_{900}}{\rho_{970}}$	サンプル間でやや変動する.	Van Gaalen et al., 2007
$NDWI_{1240}$ (正規化差水指数)	$\dfrac{\rho_{980} - \rho_{1240}}{\rho_{980} + \rho_{1240}}$	大気による吸収を受けにくい短い波長側の中間赤外域を利用する.	Gao, 1996
$NDWI_{1640}$	$\dfrac{\rho_{858} - \rho_{1640}}{\rho_{858} + \rho_{1640}}$	$NDWI_{1240}$ より飽和しにくい (2130 nm を使うときも同様).	Chen et al., 2005
LWI (葉水分指数)	$\dfrac{\rho_{1300}}{\rho_{1450}}$	単純な比水指数である.	Seelig et al., 2008a
NHI (正規化出穂指数)	$\dfrac{\rho_{1100} - \rho_{1200}}{\rho_{1100} + \rho_{1200}}$	0.18 以上はコムギの出穂を示す.	Pimstein et al., 2009

[1] a と b はソイルライン式の定数 ($N = aR + b$)
[2] Huang et al., 2002 による Landsat7/ETM+ 用の係数

指数	バンド 1	バンド 2	バンド 3	バンド 4	バンド 5	バンド 7
明度 brightness	0.3561	0.3972	0.3904	0.6966	0.2286	0.1596
緑度 greenness	−0.3344	−0.3544	−0.4556	0.6966	−0.0242	−0.2630
湿り度 wetness	0.2626	0.2141	0.0926	0.0656	−0.7629	−0.5388

□ 基本的な植生指数

赤色域と近赤外域における植生と土壌の反射応答の差を利用した，定量的な植生指数を導き出すための，多くの方法がある．適切に定式化することで，放射照度の違いや大気透過に伴う変動のような，他の要因に対する感受性を最小化できる．

(ⅰ) 700 nm 付近の植生の反射率の急激な上昇を利用するもっとも単純な方法は，近赤外域（NIR）と可視赤色域（R）で反射された放射量，すなわちセンサによって取得された放射輝度またはディジタルナンバー DN の差分をとることである．これらの波長間における植生反射の急激な変化のために，この差分値は，植生が大部分を占める表面では大きくなり，裸地土壌の表面では小さくなる．また，反射率を使用すれば，未補正の放射輝度や DN によって生じる，日照条件による感受性の違いを軽減できる．反射率を使用する場合，もっとも単純な植生指数は，近赤外域反射率 ρ_{NIR} と赤色域反射率 ρ_{R} の差分として定義でき，**差分植生指数** DVI（$= \rho_{\mathrm{NIR}} - \rho_{\mathrm{R}}$）が得られる．

(ⅱ) 2つの波長域で観測された放射輝度の比，あるいはより良い方法として反射率の比をとることによって単純な**比植生指数**（$RVI = \rho_{\mathrm{NIR}}/\rho_{\mathrm{R}}$）が得られる．この場合，放射輝度を使用する場合でも，日照条件の違いについてある程度まで自動的に補正される．図 7.3（a）の破線は RVI が等しい値の線を示したものであり，LAI とまったく平行というわけではないが，LAI の変化と関係していることがわかる．

(ⅲ) より強力に正規化し，最新の指数の基礎となっている，反射率と放射輝度の両方に適用できる3つ目の指数として，**正規化差植生指数** $NDVI$ がある．この指数は，近赤外域と赤色域の差分をそれらの合計で割ったものとして次式のように与えられる．

$$NDVI = \frac{\rho_{\mathrm{NIR}} - \rho_{\mathrm{R}}}{\rho_{\mathrm{NIR}} + \rho_{\mathrm{R}}} \tag{7.1}$$

ここで，合計（$\rho_{\mathrm{NIR}} + \rho_{\mathrm{R}}$）がこの波長範囲における平均反射率（の2倍）を表すことに注意してほしい．この因子で割ることで，方位に依存するような照射条件の差異の影響を軽減し，植生指数を画像全体でより良い条件で比較できるようにする．この指数は NIR/R のスペクトル空間において RVI と同じ原点を通る直線を与えるが（図 7.3），$NDVI$ は一般的に「行儀良く」0 から 1 までの間の数値をとるという特別な長所をもつ．ただし，雲，雪面，水面では $\rho_{\mathrm{R}} > \rho_{\mathrm{NIR}}$ となり，負の値を示すので除かれる．なお，しばしば検出部が受けた放射輝度 DN が反射率の代わりとして上式に代入されるが，入射放射の違いや大気による散乱・吸収の影響の補正を改善するために，ここでも反射率の使用が強く望まれる．

(ⅳ) ほとんどの植生指数は，大きな LAI，もしくはゼロとしての裸地土壌において一貫性がみられないので，$NDVI$ やその他の植生指数を尺度化（scaling）することがしばしば有用で，尺度化された植生指数 VI^* は次式で得られる．

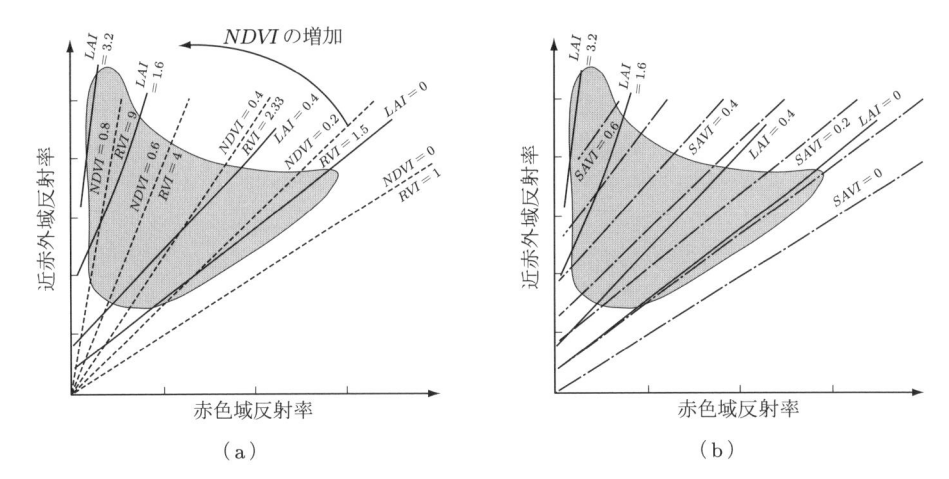

図7.3 （a）赤色域と近赤外域の分光反射率空間（図7.2による）におけるピクセルの典型的な分布状況（色の部分）．破線は等 $NDVI$ 線（もしくは等 RVI 線），実線は Baret & Guyot, 1991 の SAIL 放射伝達モデルを用いて天底視観測に対して計算した等 LAI 線．（b）同様に，等 $SAVI$ 線（BOX 7.1）を示した散布図．

$$VI^* = \frac{VI - VI_{\min}}{VI_{\max} + VI_{\min}} \tag{7.2}$$

ここで，下添字の max と min はそれぞれ密生した植生と裸地土壌に対応しており，画像内に存在する最大と最小の正の値として見積もられる．これらの両端の実際の値は，使用した指数，R や NIR として用いた波長帯の違い，群落タイプと照射条件などに応じて変化する．

□ **入力データ（DN，放射輝度，反射率）**

ここまでの説明から明らかなように，衛星によって得られた VI をその表面の本当の代表値とするためには，つねに補正済みの「表面における」反射率に基づいて計算することが望ましい．残念ながら，多くの研究者が論文で報告している値は単に「センサにおける」反射率であり，さらには単なる放射輝度もしくは DN という場合さえある．これらの異なる基礎によって計算された値は，たとえ同じ場所であっても異なる日に観測されたものは同等ではないし，一般的に，こうした数値は VI と作物の群落被度や LAI のような変数との関係について異なる結果を導き出す．反射率を使用することで，原理的には日射量の変化の影響を受けにくい VI が得られるものの，観測角や太陽入射角の変動で生じる見かけの反射率の差異は残ったままである．これらの影響については8章でより詳細に説明する．

□ **放射照度の局所的な変異**

反射率を計算するうえで，明白でありながらあまり認識されていない難しさは，反射する放射量は入射した放射量に依存するという点である．入射放射は，雲の影や斜面勾配と

太陽入射光との関係で，1つの場面で局所的に変動する．ただし，「表面における」反射率の計算では，入力放射輝度における局所的変動を十分には考慮していないので，実際には個々のピクセルの真の反射率を得ることはつねに可能ではない．たとえば，空間分解能の高い画像において，センサの観測角とは異なる角度から太陽光が照射されている場合，視野内には日陰の領域が生じ（図 7.4），その日陰の（入射放射と反射放射の比で定義された）反射率が日向と同じであったとしても，日陰の範囲の反射放射は日向よりも弱く，暗く見えるので，日陰の見かけの反射率は日向よりも低くなる．このことは，ピクセル全体の結果に影響するだけでなく，空間分解能の低い衛星画像では一般的であるように，それらが混じったピクセルにおける誤差ももたらす．図 7.4 に示すように，これは真の反射率の過小評価をもたらす．この，入射放射の角度と観測角に依存する「高空間分解能」効果の影響については，8 章でより詳しく分析する．

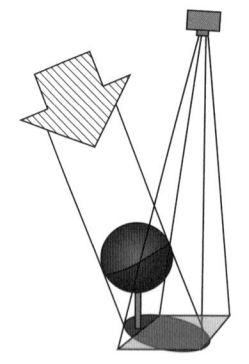

（a）樹木，日陰の土壌，日向の土壌を含んだ混合ピクセルの概略図

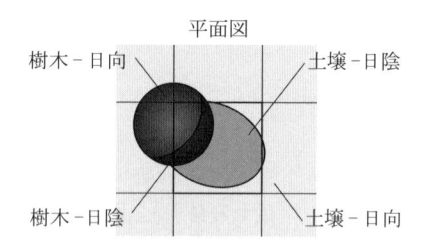

（b）図(a)に対応した平面図

（c）上の画像における異なった範囲の反射放射輝度の計算値

	地表の割合	真の反射率	I_0 [W m^{-2}]	反射輝度 [W m^{-2}]	面積あたりの反射輝度	見かけの反射率
樹木 - 日向	0.12	0.06	500	30	3.6	0.06
樹木 - 日陰	0.13	0.06	50	3	0.4	0.006
土壌 - 日向	0.2	0.27	500	135	27.0	0.27
土壌 - 日陰	0.55	0.27	50	13.5	7.4	0.027
重み付けされた反射率		**0.22**				**0.077**

図 7.4 混合ピクセルの概略図とその解析．ピクセルに占める割合は，日向の土壌 20%，日陰の土壌 55%，植生 25%（日陰 13%，日向 12%）．（c）樹冠上面における放射照度を 500 W m^{-2} と仮定した場合の，上の画像における異なる範囲の反射放射輝度の計算値．ピクセル全体の最終的な見かけの反射率が，反射率に与える入射放射の変動の影響を示す．

□ さらなる植生指数の開発

基本的な $NDVI$ の特定の弱点を補正するために,多くの代替式が提案されている.それらの拡張された一般的な指数と相対的な長所と短所を,BOX 7.1 にまとめた.たとえば,やや高い葉面積指数を示す高密度な植生における感度の改善を目的として,緑色域バンドを赤色域バンドの代わりに用いた**緑色正規化差植生指数** $GNDVI$ $(= (\rho_{NIR} - \rho_G)/(\rho_{NIR} + \rho_G))$ がある.

その他には,下層土壌からの反射の変動や大気の吸収によって生じるノイズを最小化しようとするものもある.たとえば,低密度の植生群落では,葉による R の吸収が NIR よりも大きいので,土壌に達する放射には NIR が次第に増加する.この結果,植生が存在しなかった場合に観測される比率と比較すると,土壌から反射される放射には R よりも NIR が相対的に多くなる.この 2 次信号は群落密度が高まると増加する.この効果と植生が存在しない場合の「ソイルライン」の正の切片を補正するために,**土壌調整植生指数**(soil-adjusted vegetation index)$SAVI$ が開発された(Huete, 1988.詳細は BOX 7.1 参照).この指数には経験的な補正率 L が含まれており,その値はおおむね 0.5 が用いられる.$SAVI$ は,群落密度が増すことによって土壌へ到達する NIR の割合が増加し,その結果,見かけの ρ_R に対する見かけの ρ_{NIR} が相対的に増加するという事実を説明しようとした指数である.図 7.3(b)で確認できるように,$SAVI$ は土壌の反射率範囲を超えて $NDVI$ よりもいっそう密接に葉面積指数と関連するが,その関係はまだ完全でなく,さらなる改良が必要である(Baret & Guyot, 1991).ソイルラインに対する代わりの補正方法として,ソイルラインから測定点までの垂直距離である**垂直植生指数**(perpendicular vegetation index)PVI がある(Richardson & Wiegand, 1977).しかし,図 7.3 からわかるように,ソイルラインから求められる R/NIR 測定値の垂直距離は,LAI とは線形関係にならない.

衛星から植生指数を決定する際の特有の問題として,R と NIR の減衰の差を生じさせる大気による効果の変動性,たとえば,エーロゾルや観測角の変化がある.適切に大気補正されていない衛星データから計算した $NDVI$ は,地上で測定した値の 70% 程度まで低くなる(たとえば,Cracknell, 1997).基本的な $NDVI$ に対する他の多数の修正方法が利用可能で,大気条件の変化に伴う異なる波長における透過率の変化を考慮した**大気効果抑制植生指数**(atmospherically resistant vegetation index)$ARVI$(BOX 7.1 参照)のような指数がある.大気エーロゾルを補正するためによく知られた戦略に,赤色光や近赤外光に比べて青色光がエーロゾルによってより散乱するという事実を利用するものがある.青色域の反射率測定の付加は,**土壌大気効果抑制植生指数**(soil and atmospherically resistant vegetation index)$SARVI$ や,MODIS に対して適用される**強化型植生指数**(enhanced vegetation index)EVI などで利用される.代替戦略としては,中間赤外の大部分が大気のエーロゾルを透過する一方で,中間赤外の反射率は一般に可視域の反射率に比例するという事実を利用することがある(Karnieli et al., 2001).植生指数が 2 つのバンドの組み合わせに必ずしも制限されないことは注意すべきである.より洗練された例を以降(7.2.

2項）で概説する.

□ **クロロフィル，LAI，植被率，fAPAR と植生指数の関係**

　VI，とくに NDVI がよく使われるのは，群落密度やその活性と正の関係があるためである．確かに，これらの指数は機能的に有用な広範囲の変数と正の相関を示す．その変数としては，クロロフィル含有量，葉内窒素，バイオマス，光合成，生産力，葉面積指数 LAI，植被率 f_{veg}，光合成有効放射吸収率 fAPAR などが含まれる．なお，fAPAR は吸収された PAR として定義されるが，時折，遮断された PAR の割合を意味するように間違って用いられていることに注意する必要がある．完全に閉じた群落は，遮断された PAR 全体の約94％を吸収する．広範囲な生物学的変数についての情報が植生指数の幅広い使用によって引き出されていることからすると，これらの関係のいくつかはもう少し詳細に調べる価値がある．

　具体的な関係について考慮する前に，NDVI やその他の VI に変動を生じさせる3つのやや異なる，しかし相互に影響するメカニズムを指摘しておく．最初に，そしてもっとも重要なことは，植生と土壌との直接的な区別であり，これは，NDVI の変動が少なくともリモートセンシングのスケールでは主に1つのピクセル中の葉あるいは植生の割合と関係するためである．しかし，この効果にさらに上乗せされる第2の効果として，たとえ植生によって完全に覆われていても，あるいは分光放射計で測定される単離された葉であっても，クロロフィルやその他の生化学的成分の濃度や，分光反射率に影響する構造的な要因によって，計算された NDVI が変動するというものがある（図3.2参照）．3番目の効果は，一般的には影響は小さいが，R 放射と NIR 放射の反射率が，観測角と放射の入射角の変化，そして影として見える範囲の割合の変化の関数として変化することと関係している（詳しくは図8.4と8.1.3項を見よ）．

□ **（ⅰ）植被率と fAPAR**

　基本的な仮定は，分光放射計によって観測されるすべての領域，あるいは画像中の単一のピクセルにおいても，どの波長の分光反射率も背景土壌と植生の値の線形和であるということである．純粋な土壌や植生の反射率が「端成分（end-member）†」である場合，これはしばしば線形混合モデルとよばれる．この極端に単純化した仮定に基づいて，各 VI と植被率 f_{veg} との関係を導き出せる[34]．たとえば，全赤色域の反射率 ρ_{R} は次のように与えられる．

$$\rho_{\mathrm{R}} = f_{\mathrm{veg}} \rho_{\mathrm{R_{veg}}} + (1 - f_{\mathrm{veg}}) \rho_{\mathrm{R_{soil}}} \tag{7.3}$$

ここで，$\rho_{\mathrm{R_{veg}}}$ と $\rho_{\mathrm{R_{soil}}}$ は純粋な植生および土壌の端成分における赤色域の反射率である．表7.1は純粋なイネ科草原から裸地土壌といった異なる地表面における ρ_{NIR} と ρ_{R} の代表的

---

[34] ここでの仮定は広域スケールで植生が密に存在する場合でのみ合理的であり，群落を通過する間の放射輝度のスペクトル特性の変化はとくに仮定していない．

† （訳注）プロットした場合，もっとも端に位置する値．エンドメンバー．ここでは，土壌と植生の反射率が，プロットの端と端に位置する場合の値．

表 7.1 図7.1のデータを用いて計算した植生指数の例（AVHRRセンサのバンドを仮定したもので，他のセンサでは異なる値となる．混合地表面に対する反射率の値は，式(7.3)による各要素の値の線形結合によって得られる）

	ρ_R	ρ_{NIR}	DVI	RVI	NDVI	SAVI
均一な表面						
乾燥土壌	0.18	0.28	0.10	1.556	0.217	0.156
草原	0.08	0.49	0.41	6.125	0.719	0.575
乾燥草原	0.36	0.56	0.20	1.556	0.217	0.211
混合表面						
50%土壌：50%草原	0.13	0.38	0.25	2.92	0.490	0.371
25%土壌：75%草原	0.105	0.438	0.333	4.17	0.613	0.478

な値のいくつかを示し，さらに上式で計算した混在した表面についての値や，植生指数も示している．たとえば，NDVI の値は裸地土壌（乾燥草原）の 0.217 から完全に植生に覆われたピクセル（草原）の 0.719 にまで及ぶことがわかる．したがって，植生指数の中間の値は，部分的に植生に覆われたピクセルを表すことになる．

図 7.5 は，緑の植生の割合がゼロから完全に覆う状態まで増加した場合に，基本的な植生指数の計算値がどのように変化するかを示したものである．図から DVI だけが植被率と直線的な関係をもつことが明らかである．植被率と植生指数の関係は，SAVI と NDVI，さらに RVI でますます非線形となっている．屈曲の方向と非線形性の程度は，純粋な構成要素表面の反射率の実測値に依存する．図 7.5 において植生割合に対する NDVI の応答の条件は，$(\rho_{NIR_{veg}} - \rho_{NIR_{soil}}) > (\rho_{R_{soil}} - \rho_{R_{veg}})$ のときには凸型，$(\rho_{NIR_{veg}} - \rho_{NIR_{soil}}) < (\rho_{R_{soil}} - \rho_{R_{veg}})$ のときは凹型となる．そのため，VI と植被率の関係の形状は図 7.5 (b) の NDVI のように，端成分の反射率の値に依存する．そして，背景土壌と植生の分光特性と同様に，使用した正確な波長帯にも依存する．凸型（飽和タイプ）曲線がもっとも一般的であるが，多くの場合，リモートセンシングデータから植被率を推定するには，線形関係で十分である．飽和タイプの曲線を近似するには，2 次関数や指数関数がしばしば使用される（たとえば，Zhou et al., 2009 参照）．

残念なことに，ここまでに使用してきた混合モデルは過度に単純化しすぎている．なぜなら，日射が斜めから照射され，天底方向を観測した場合，群落内の土壌の影が，反射放射の絶対放射輝度に影響を与えるためである．これは，線形混合モデルの中で仮定した土壌の端成分の見かけの反射率が，植被の増加とそれに伴う被陰される土壌割合の増加に際して一定ではないことを意味する．この効果も，群落内の葉の被陰と共に，VI と植生割合の関係を示す曲線の形状を変化させる．図 7.5 (b) は，被陰されて見える土壌の割合が f_{veg} に比例すると仮定してモデル化した場合の，潜在的な被陰効果の大きさを示している．群落中では R と比較して NIR のほうが選択的に透過することを含め，これらの複雑な効果をより詳細にモデル化するには，SAIL（8 章参照．Baret et al., 1995）のようなより

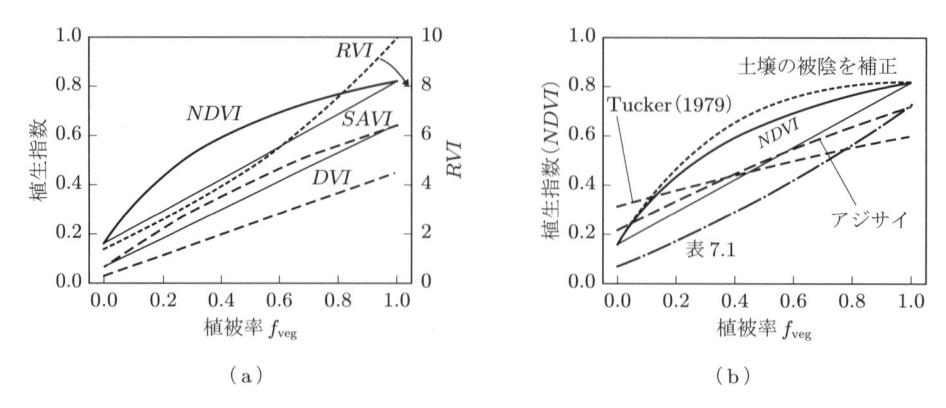

図 7.5 （a）植被率 f_{veg} の関数としたさまざまな植生指数（NDVI, DVI, SAVI, RVI）の計算値．式（7.3）を使用し，Carlson & Ripley, 1997 の代表的な構成要素の反射率（植生：$\rho_R = 0.05$, $\rho_N = 0.5$, 土壌：$\rho_R = 0.08$, $\rho_N = 0.11$）を仮定し，影の影響は無視している．DVI は植被率と線形関係にあるものの，SAVI や NDVI と RVI の増加部分では f_{veg} と非線形な関係にある．（b）NDVI と f_{veg} の関係における反射率の違いと土壌被陰の影響．実線は（a）の等 NDVI 線．破線は土壌の被陰（日陰の土壌として放射輝度 90% 減を仮定）を考慮したもの．早い段階で飽和が生じている．他の線は表 7.1（点破線）からのデータ，また 650 nm と 800 nm の狭帯域データについては Tucker, 1979 や乾燥したローム土壌に生育するアジサイ Hydrangea 葉群（長破線）である．

洗練された群落の放射伝達モデルの使用が必要となる．

植生指数が，植被率と直線的（あるいは，ほぼ直線的）に関係する場合，尺度化した植生指数 VI^*（Choudhury et al., 1994）を用いて，観測した VI から植被率（遮られた放射割合とほぼ同等）をおおまかに推定することは可能である．VI^*（ここで，*は尺度化した指数であることを意味する）は次式のように求める．

$$f_{veg} \cong \frac{VI - VI_{soil}}{VI_{veg} - VI_{soil}} = VI^* \tag{7.4}$$

ここで，VI_{veg}（$= VI_{max}$）は純粋な植生から得た指数，VI_{soil}（$= VI_{min}$）は純粋な背景土壌からの指数である．地上観測データでは，両極端の反射率を得ることは通常容易であるが，リモートセンシング画像では，良いデータが利用できなければ，これらの後の極値は画像の適当な範囲内の極値として推定されるだろう．しかし，この関係は，いくつかの事例では線形というよりはむしろ $f_{veg} = (VI^*)^2$ が妥当であることが見いだされており（Carlson & Ripley, 1997），弱いべき乗関数（Baret et al., 1995）がよく適合していることもある（Jiang et al., 2006）．

センサから見える植被率は観測角によって変化するので，特定の観測角のセンサから得た観測値を，対応する天底方向の値によって補正することがたいへん有用で，これは真の植被率 f_{veg} として定義される．残念なことに，この変換も群落構造や葉面角度分布に依存

するが，たいていランダムな（＝球状の）葉面角度分布を仮定することで合理的な近似が得られる（詳しくは 8 章参照）．この場合，3.1.3 項で得られた形状係数を，f_{veg} を $f_{veg}(\theta)/\cos(\theta)$ として近似するために利用できる．ここで，$f_{veg}(\theta)$ は観測天頂角 θ からの見かけの植被率である．MODIS で提供される NBAR（天底 2 方向反射分布関数で調整された反射率）データは，天底視反射率を近似し，よって VI や植被を推定するための良い出発点となる．

　生態学的な目的の多くでは，群落の機能とより直接的に関係のある変数は，光合成有効放射吸収率 $fAPAR$ である．これは植被率に PAR 放射（400～700 nm）の群落吸収率 α_{veg} を掛けた値とほぼ比例するが，より正確には，土壌から反射された放射の吸収と入射放射の角度分布を考慮する必要がある．どのような群落でも f_{veg} に対する固有の値を（天底視測定を基準として）定義できるが，実際に遮られた放射の割合，そしてその結果実際に吸収された割合は，入射放射の角度に応じて変動するし（図 7.6 参照），晴天と曇天で変化する天空における放射分布に応じても変動する．LAI 増加に伴う飽和への到達は，水平な葉が卓越する水平葉型群落のほうが，葉の角度分布がランダム（球状分布）で消散係数が小さい群落よりも，いっそう早くなる傾向がある．その結果，$fAPAR$ として得られた値は，必然的に周囲環境条件に依存する．さらに，純粋な背景土壌 VI_{min} の指数は実際には定数ではなく，土壌水分量と粗度に応じて変化する．

　これまで，生態系機能における $fAPAR$ の重要性のために，観測角，エーロゾル，背景土壌による変動を補正して，衛星データから $fAPAR$ の抽出を直接的に最適化するための機器固有の指数の一般化された導出に多くの努力が割かれてきた（たとえば，Gobron et al., 2000）．たとえば，すでに見たように，大気散乱の影響を受けやすい青色域の反射率測定を加えることで，従来からの赤色域と近赤外域の反射率に，大気影響の経験的な補正を

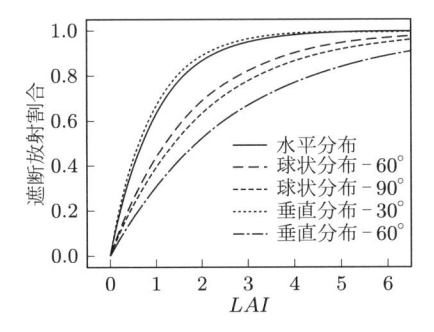

図 7.6　さまざまな光源高度（太陽高度として表現）と葉面角度分布（水平方向が光源高度角 $30°$ における球状分布（＝ランダム）と等しいとする）に対する LAI の関数としてモデル化した遮断放射の割合．遮断された入射放射の割合は LAI の増加につれて明瞭に増大する．同じ計算が異なる観測角に対して見かけの地上被覆割合を与えることに注意すること．$90°$ の観測角/光源角の曲線が真の f_{veg} を与える．水平の葉面角度分布の結果は，観測角もしくは光源角に依存しないことに注意すること．

行うことが可能となった．最適な指数を与える一連の多項式係数は，指数を使用する範囲にわたった数値最適化によって導き出せる．最適な指数を得るには，最大15ほどの多項式係数が必要とされる（たとえば，Gobron et al., 2000. 異なるセンサに関しては，Liang, 2004）．

□（ⅱ）植生指数と *LAI* の関係

植生指数は植被率，あるいは *fAPAR* ともっとも直接的に関係するが，それらは一般に葉面積指数 *LAI*（地面に投影される単位面積あたりの片側の葉面積）の推定量として使用される．3章で概説し，図7.6からも明らかなように，群落によって遮られた放射の割合と，その結果としての見かけの植被率は，*LAI* だけではなく葉面角度分布，そして重要なことに放射の入射角に依存する．植被率あるいは光の遮断と *LAI* との関係は，3.1.3項で紹介した統合化されたベールの法則の式から与えられる．

$$f_{\text{veg}} \cong (1 - e^{-kL}) \tag{7.5}$$

ここで，k は消散係数，L は葉面積指数である．葉面角度分布と太陽高度角に対する k の依存性については，葉面角度分布別に表3.4にまとめた．図7.6より，*LAI* の変化が放射の遮断に与える影響は，群落密度の増加とともに小さくなっていき，この関係が *NDVI* と f_{veg} の関係よりもさらに線形でないことが明らかである．図からは，リモートセンシングによる疎な群落間の識別と比較して，葉面積指数の大きな群落間の識別はあまり有効ではないことが明らかである．群落による見かけの放射遮断に対する観測角の影響は，次章でさらに説明する．

式(7.4)を式(7.5)へ代入して整理すると，次式の L と VI^* の近似的関係が得られる．

$$L \cong -\ln\frac{(1 - VI^*)}{k} \tag{7.6}$$

上式の応答の結論として，*LAI* は，図7.7の3つの対照的な *VI*（*NDVI*, *TSAVI*, *PVI*）のグラフに示されるように，ほとんどの植生指数とかなり非線形な関係にある．

□（ⅲ）植生指数と *LAI*，*fAPAR*，その他の生物物理学的変数との関係についての結論

ここまでの説明から明らかなように，ほとんどの尺度化された植生指数は *fAPAR* と関係があるものの，通常その関係は線形ではない．そして，通常，*LAI* との関係では非常に非線形性が強い．さらに，実際問題，どんな現実の状況下でも，どんな *VI* とどんな群落の生物物理学的パラメタとの関係にも，かなり大きな変動性があることが予想される．ある *VI* はある特定環境条件におけるある1種類の特徴に対して非常に密接な関係を示すかもしれないが，すべての *VI* にかかわる根本的な問題は，群落特性と日射条件の変動の結果として，*VI* と生物物理学的パラメタとの関係はかなりの変動性を示すことである．図7.7に，代表的な群落における，単位葉面積あたりのクロロフィル量 Cab，平均葉面角度 *ALA*，土壌の輝度 ρ_{soil}，葉の集中度（leaf clumping）FracV の典型的な変動に対する，*LAI* と3つの *VI* との間の関係におけるモデル化した変動の例を示す．それぞれの例で，グ

7.2 分光指数 225

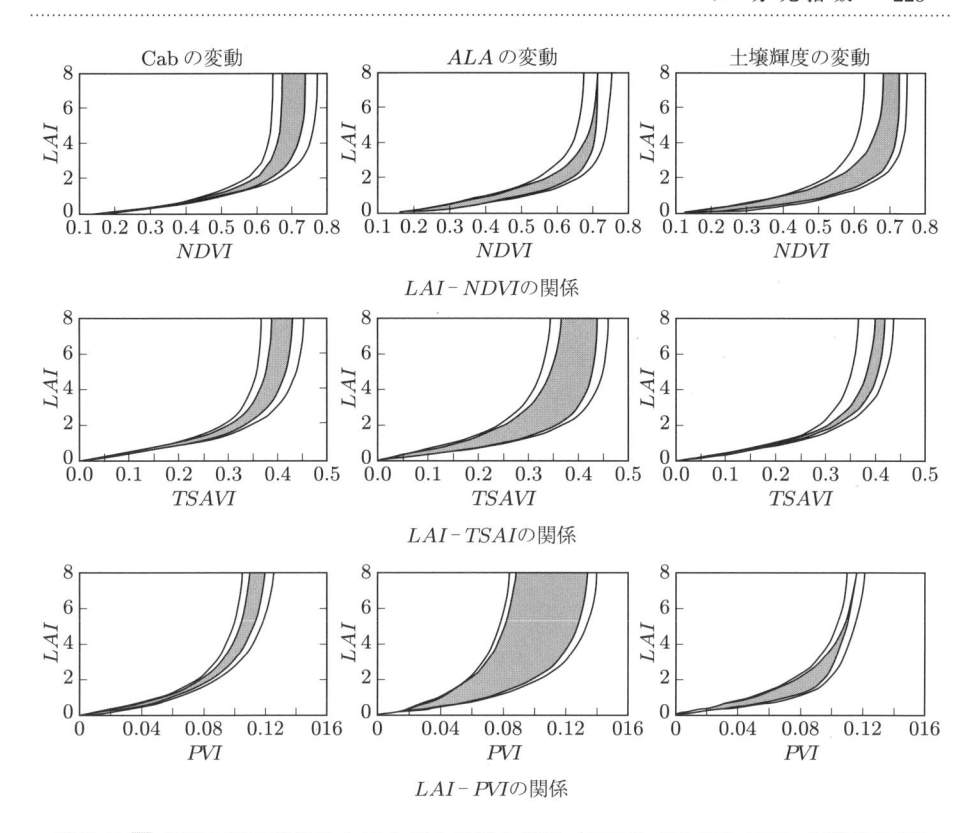

図 7.7 群落の葉面積指数 LAI と異なる植生指数（$NDVI$, $TSAVI$, PVI. 定義は BOX 7.1 参照）の関係に対する外部因子の感受性シミュレーション．色の部分は Cab （左），ALA（中間），土壌輝度（右）における変動への感度を示す．外側の線は，群落レベルの葉の集中度（FracV）によってもたらされる付加的な変動を示す．シミュレーションは Clement Atzberger の厚意により提供され，物理学ベースの PROSAIL モデル（8 章参照．パラメタの意味については Richter et al., 2009 参照）を以下の条件で実施した．Cab：45, Cm：0.055, N：1.5, ALA：55, HotS：0.5, RSOILred：0.2, FracV：0.95. 感度分析のために ALA は 35～55, RSOILred は 0.1～0.3, Cab は 35～55 で変動させた．葉の集中度の群落レベルでの付加的な影響を評価するために，FracV を 0.9～1.0 で変動させた．シミュレーションはすべて，天底視において太陽天頂角 30°で実行した．近赤外域（RSOILnir）の土壌反射率は，赤色域（RSOILred）の土壌反射率に関連付け，次のソイルラインを仮定した．RSOILnir $= 0.04 + 1.2$ RSOILred.

ラフ縦列の最上部に書かれたパラメタを変化させた結果の変動は色の部分で示されており，色の外側の線は，葉の集中度を典型的な範囲で変化させたことによる付加的な変動を示している．多くの実際の状況ではこれらすべての因子は一緒に変化し，植生指数から生物物理学的特性を推定する際，潜在的に非常に大きな不確実性を引き起こす．ここで分析したさまざまな VI が Cab, ALA および土壌輝度の変動に対して異なる感受性を示すことは注

目に値する．たとえば，PVI は土壌輝度の変動にはうまく対処するが，ALA の変動には非常に敏感で，一方，$NDVI$ は ALA の変動にはそれほど敏感ではない．

さらに進んで，植生指数をバイオマス量や群落のクロロフィル含有量の代わりとして使用することは一般的である．しかし，これらの応用は葉面積指数の推定の場合よりもさらに多くの仮定を含んでいる．異なる群落の現存バイオマス量が，LAI によって一律に比較できないことは明らかである．たとえば，森林，とくに落葉樹林では，草地と比較して LAI あたりのバイオマス量が非常に大きいだろう．したがって，そのような使用を行う場合には，必ず対象としている植生タイプに合った変換係数を適用しなければならない．

$SARVI$ のような指数は群落密度が高くなっても飽和しにくいため，**広ダイナミックレンジ植生指数**（wide dynamic range vegetation index）$WDRVI$（Gitelson, 2004）と同様に，群落構造により敏感なことが報告されている（Huete et al., 1997）．$GNDVI$ が $NDVI$ よりクロロフィル濃度に敏感であるらしいことも報告されている（Gitelson et al., 1996）．しかし，一見 LAI が高いときの感受性を増加させるこうした多くの類似した変換は，実際には曲線の形状をただ変化させるだけで，そこから多くの情報が得られるわけではない．確かに，それらは応答の重要な部分を強調するかもしれないが，重要な範囲における反射率測定の小さな誤差やノイズに対してより敏感になる傾向を示すため，実際の性能における実質的な改善をもたらさない．生物物理学的パラメタと植生指数の関係に影響する多くの要因からの結論は，衛星データからそうした変数を導き出すには，必然的にかなりの不確実性があるということである．

□ 植生指数の長期的な継続性

反射率の絶対値，そして，そこから得られる VI の絶対値は，センサや測定日によって異なる．それは異なるセンサによって使われる特定の波長帯が，波長位置や波長幅において厳密には同一ではなく，センサ感度も異なるためであり，さらに，較正範囲やその方法，大気補正の処理方法も異なるだろう．これが，たとえば Landsat 画像から得られた $NDVI$ を AVHRR からのものと，比較すべきでない理由である．VI や LAI のような導出された変数における入力した反射率データに対する感度は，MODIS の地表面反射率プロダクトの解析によってよく例証されており（Yi et al., 2008），大気補正アルゴリズムの変化によって異なる日における青色域の反射率の計算値に違いが生じ，コムギの LAI の計算結果にかなり大きな差をもたらした．長期変動モニタリング研究では，理想的には，特定の検出器による互換性を有した長い時系列の連続した画像を必要としている．部分的にこのような問題を避ける方法としてスペクトル不変量を使用するものがある（たとえば，Ganguly et al., 2008, Lewis & Disney, 2007, 8 章参照）．

■ 7.2.2 狭帯域の指数

ハイパースペクトルデータや，2 nm 以下のかなり狭い波長帯の反射率の差を検出できる分光放射計の利用が容易になるにつれて，狭帯域の分光指数を，葉の色素やその他の植生特徴の研究に利用しようという関心が強まっている．適切な波長を選択して指数に組み

入れることによって，単純な比演算や正規化差指数を基本として，特定の色素に対応した指数を開発できる（たとえば，Blackburn, 1998a, BOX 7.1 参照）．おそらく，適切な波長を選択するためのもっとも満足のいく手法は，特定の色素の吸収スペクトルに関する知識に基づいて，合理的な手法を通して適切な波長を選ぶことだろう．さもなければ，そのような波長を，色素組成が既知の広範囲の植物試料によって経験的な選択手段を用いて選び，各波長で連続的な色素含有量に対する反射率を回帰させて相関曲線（correlogram）を作成し，決定係数 R^2 を表すことによって最適な波長の組み合わせを判断することになる．後者の手法では，他の色素とは独立した，対象色素の含有率の十分な幅をもった試料群を必要とする．しかし，異なる色素の含有率は同時に変化する傾向があるため，このような基準を満たすことはしばしば難しい．このような手法によって，植物のストレスを検出するための経験的に選択された広範囲の波長の組み合わせ（ρ_{695}/ρ_{420} あるいは ρ_{695}/ρ_{760} のような比）が見いだされてきた（Carter, 1994．詳細は 11 章参照）．実際，この手法を拡張することで，与えられた指数のタイプ（たとえば，正規化された差分）におけるあらゆる 2 バンド組み合わせを評価することができ，対象となる因子を地図化するための最適なバンドの組み合わせを見出すために 2 次元相関図を作成できる．たとえば，図 7.8 の例では，他の多くの例と同様に，理想的な波長の組み合わせは，植物種，選んだ VI，背景土壌に応じて変化している．この手法を地中海性気候の牧草地へ応用した例では，LAI，バイオマス，窒素含有量をもっともよく推定できたのは近赤外域（770〜930 nm）と赤色波長端（720〜740 nm）の波長帯の組み合わせであることが確認されたが（Fava et al., 2009），他の研究では他の波長の組み合わせのほうが良い結果を示している．

原則として，吸収が低い波長は色素濃度が高い部分を識別するのに適しており，一方，吸収が高いスペクトル領域は，色素濃度が低い部分に対して適している．このような色素

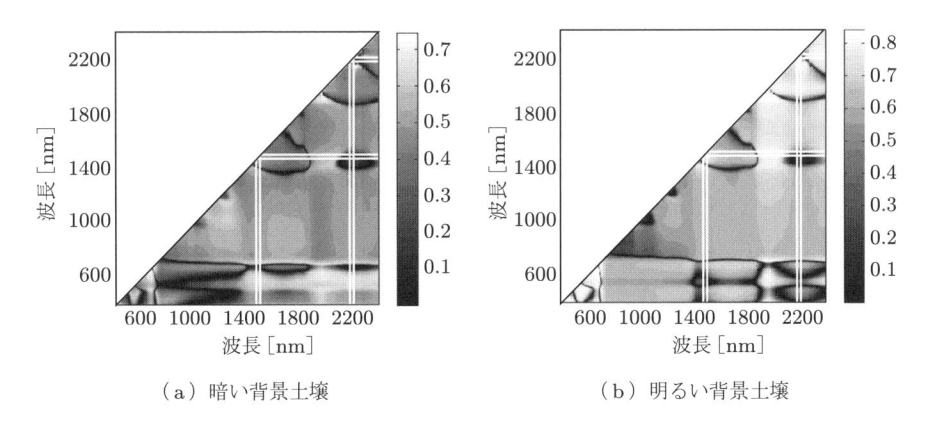

（a）暗い背景土壌　　　　　　　　（b）明るい背景土壌

図 7.8 LAI とあらゆる組み合わせの狭帯域 $NDVI$ との間の決定係数 R^2 を示した，背景土壌の違いによる相関図．明るく見える領域は，LAI との相関がもっとも高い波長の組み合わせを示す．白線はデータなしの範囲を示す（Darvishzadeh et al., 2008 から許可）．

固有の指数は幅広く開発されているが，それらがうまくいくかどうかは対象となる植物や周囲環境条件にやや依存する傾向があり，一般的に種やスケールを超えた適用可能性はいくぶん限定されている．さまざまな研究で，クロロフィル指数に特化した3つさらには4つのスペクトルバンドを使用する狭帯域の分光指数が導出されてきた（Blackburn 2007参照）．これらの手法は，限定された実験的な設定では従来の VI よりも精度は改善されるが，その他の生物系に外挿された場合にはそれほど有用ではなくなるだろう．実際，Landsat TM のような広帯域データに基づいた古典的 VI は，LAI やクロロフィル含有量の指標として使用された場合，類似の狭帯域指数よりも，植生構造や照射条件，大気条件などの外部因子による影響を受けにくい傾向がある．この効果は，広帯域指数の S/N 比が高いためだろう．クロロフィルによる吸収が極大となる 670 nm を中心とした波長帯とクロロフィルによる吸収が極小となる 550 nm と 700 nm のような波長帯を組み合わせて，クロロフィル量の推定がさまざまに試みられているが，これらは，植生の被覆や活性を評価するための従来の広帯域指数よりも実質的にはそれほど良くなっていない．

なお，葉の生化学的成分の情報は，11.2 節で説明する蛍光の研究によっても得られる．

□ **光化学的分光反射指数 PRI**

いわゆる**光化学的分光反射指数**（$PRI = (\rho_{570} - \rho_{531})/(\rho_{570} + \rho_{531})$）は，531 nm と 570 nm における狭帯域の反射率測定を必要とする，狭帯域指数の特別な例である（Gamon et al., 1992）．この指数は，葉のキサントフィル色素のエポキシ化状態の変化を検出することを目的としており，光合成の明反応の効率の変化と関係していることが知られている．

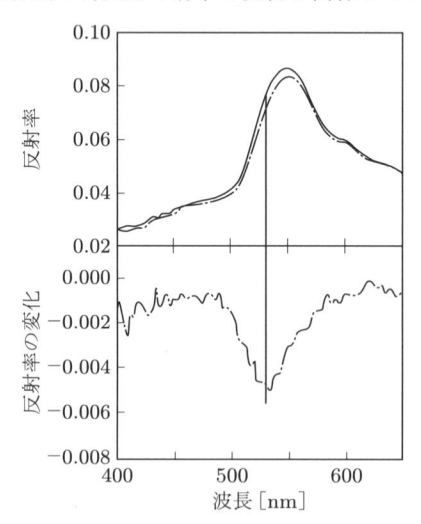

図 7.9 被陰されたヒマワリ群落が明るい日光に曝されたときの 531 nm の反射率変化．実線は被陰時の分光反射率を示し，破線は 40 分後（キサントフィルの多くがゼアキサンシンに変換される）の状態を示す．2本の曲線間の差異を下に示す（Gamon et al., 1990 のデータ）．Gamon らは，この差がキサントフィルのエポキシ化（ここでは図示せず）の変化と光合成の差と関係があることを実証した．

この指数は，エポキシ化したキサントフィル（ビオラキサンチン）と脱エポキシ化したキサントフィル（ゼアキサンチン）の吸収スペクトルが，531 nm を中心としてわずかに異なることに基づいている（図 7.9 参照）．570 nm の測定は，両方の色素が同様の反射率を示す対照領域として用いられる．キサントフィルの脱エポキシ化に注目する理由は，葉緑体中のこれらの色素が，光合成システムに障害を与える可能性のある過剰な光エネルギーを消散させる重要な役割を果たすというところにある．強光下での光合成光化学系システムの効率の低下に伴ってゼアキサンチンの割合が増加するので，9.7.2 項で詳しく説明するように，エポキシ化の比は光合成放射の利用効率，そしてその結果として，光合成速度の有用な間接的推定を与える．残念ながら，キサントフィルのエポキシ化に関連したスペクトル変化の解釈は，光によって引き起こされる葉緑体の運動や膜の変化に関連した（535 nm を中心とした）光散乱の変化によって，葉の吸収，散乱，反射が変化するため，複雑なものとなる．興味深いことに，反射率を対照とした場合の吸収率のキサントフィル関連の変化は，実際には 505 nm でもっとも大きい（Bilger et al., 1989）．葉や群落スケールにおける PRI や光合成の光利用効率の関係の例を図 7.10 に示す（光合成の光利用効率に関するさらなる説明は 9.7 節を参照）．

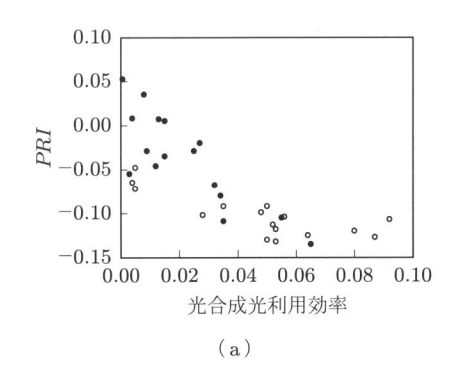

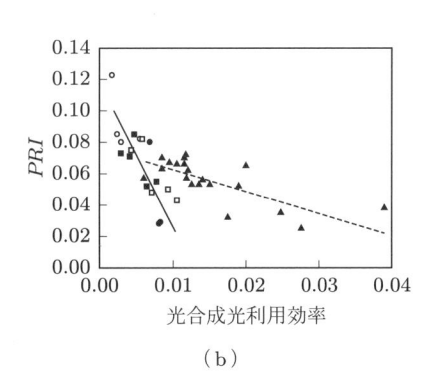

図 7.10 PRI（$(\rho_{570} - \rho_{531})/(\rho_{531} + \rho_{570})$ で計算）と光合成光利用効率 LUE との関係．(a) さまざまな放射照度下で，現場で観測されたバラ科硬葉樹 *Heteromeles arbutifolia*（○）とインゲンマメ *Phaseolus vulgaris*（●）の個葉（Penuelas et al., 1995 を再描）．(b) 木本群落の例（ヘリコプターから観測された 529 nm と 569 nm の反射率を使用）．LUE は亜寒帯林群落で渦相関法によって推定された．湿地帯（○），ハコヤナギ老齢林（●），バンクスマツ（jack pine）老齢林（■），クロトウヒ林（□），モーパン（mopane）林（熱帯アフリカ産のマメ科の乾燥に強い木本）（▲）．Nichol et al., 2000 と Grace et al., 2007 のデータ．

7.2.3 複数波長と微分分光分析の利用

複数の波長やハイパースペクトルデータを使用する場合，増加した利用可能な情報を使用した，数多くのより複雑な植生指数がある．すでに説明した SARVI のように，基本的な NDVI の補正は，大気の効果を分離するために追加的な波長を使用することでも行える．

別の手法として，マルチスペクトルやハイパースペクトルのデータを，主成分分析や**タソッドキャップ** (tasselled cap) **変換**†あるいは **Kauth‐Thomas 変換**とよばれる最適化手法 (Kauth & Thomas, 1976) を通して，情報の大部分を含むような少数の変数に変換するものがある．この変換や，その後に改変された手法では，マルチバンドセンサ（たとえば，4 バンドの Landsat MSS，6 つの可視・近赤バンドの Landsat TM など）から 2 つの主要な変数を抽出する．1 つは「輝度 (brightness)」とよばれ，主に土壌の反射率と関係し，もうひとつは「緑度 (greenness)」とよばれ，他も影響するが，主に植被と関係する．3 番目の独立した変数は「黄度 (yellowness)」(MSS の場合) あるいは「湿り度 (wetness)」(TM の場合) と関係する (Crist & Cicone, 1984)．この変換はどのようなセンサに対しても最適化可能で，ほとんどのデータ点がその名前の由来でもある「タソッドキャップ（三角の房飾りの付いた帽子）」に類似した形状内に入る（図 7.11）．関連した手法として，少数の主成分の抽出は，ハイパースペクトルデータの単純化に容易に適用できる．植被率のような特性が，単一の主成分軸と平行にならないといった問題を克服するために，主成分の極座標変換を用いるようなさまざまな高次元の指数が開発されている（たとえば，*PPSB*. Moffiet et al., 2010）．これは，比植生指数を用いることといくぶん似ている．

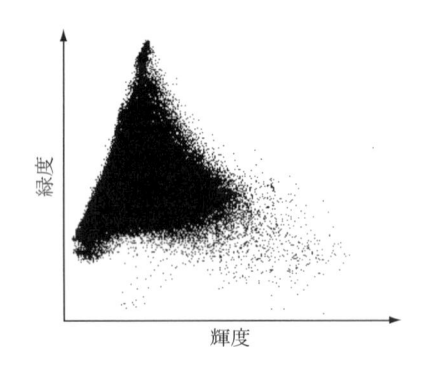

図 7.11 Kauth-Thomas 変換の最初の 2 つの軸．ポルトガルの Porto Alto 近郊で 2001 年 6 月 28 日に観測された Landsat TM データ（USGS によるデータ）．

マルチスペクトルバンドあるいは本当の連続スペクトルの反射率から，色素組成やその他の植生特性を定量化するために，広範囲の統計学的手法が利用できる (Blackburn, 2007)．これらには，主成分分析 (PCA)，因子分析，人工ニューラルネットワーク (ANN)，PLS 回帰分析 (PLSR)，サポートベクターマシン回帰 (SVM)，遺伝的アルゴリズム，ステップワイズ線形重回帰 (SLMR) などがある．2 バンドの指数における最適化の場合と同様に，対象となる変数についての広範囲の濃度に加えて，可能な限り広範囲の背景物質を含んだ，スペクトルの訓練 (training) セットが必要である．これらすべて

---

† （訳注）タッセルドと表記されることが多いが，本書では英語の発音に近い表記とした．

の手法の有用性は,つねに利用可能な訓練セットの範囲と質に依存し,さらに重要なことは,群落構造のような撹乱因子における変動の大きさにも依存する.

幾何学的手法(geometry-based approaches)あるいは**角度指数**(angle indices)AIというようなものも,ある特定波長における反射スペクトルの一般的な形状を特徴付けるために開発されている.これらは3つの隣接するバンドを基準として3連の反射率を使用し,図7.12に示すような連続のバンド(λ_1, λ_2, λ_3)の反射率の頂点が形成する角度を測定するもの(たとえば,Khanna et al., 2007),あるいは基線と頂点の垂直距離を測定するもの(Borel, 1996)である.この手法は,MODISやいくつかの隣接するバンドをもつ他のマルチスペクトル画像に広く適用できる.

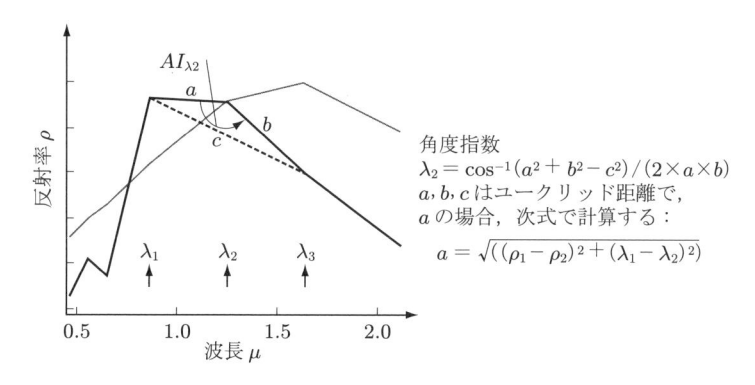

角度指数
$\lambda_2 = \cos^{-1}(a^2 + b^2 - c^2)/(2 \times a \times b)$
a, b, c はユークリッド距離で,a の場合,次式で計算する:
$a = \sqrt{((\rho_1 - \rho_2)^2 + (\lambda_1 - \lambda_2)^2)}$

図7.12 3つの連続したバンド λ_1, λ_2, λ_3 の反射率 ρ に基づいた角度指数 AI_λ の計算.太線は植生,細線は乾燥土壌のスペクトル(λ_2 に対して標準化)(Khanna et al., 2007を変更)を示す.

▢ 微分分光分析と赤色波長端

複数の波長における分光学的情報がある場合は,葉の色素やその他の群落特性に関する情報を得るための代わりの手法が利用できる.710〜720 nm における反射率の急激な変化は**赤色波長端**の位置として知られており(λ_{RE}.赤色波長端の変曲点として REP(red-edge position)あるいは $REIP$(red-edge inflection point)としばしば略記される),古くから葉のクロロフィル含有量にとりわけ敏感な指標として知られていた(たとえば,Dawson & Curran, 1998, Jago et al., 1999, Miller et al., 1990 参照).λ_{RE} における反射率の急激な増加は,クロロフィルによる赤色光の強い吸収と近赤外域における散乱の境界を示す.クロロフィル濃度が増加すると,クロロフィルによる吸収ピークの幅が広がり,赤色波長端が長波長側に移動し,一方,老化などでクロロフィルが減少すると,赤色波長端が短波長側へ移動する.赤色波長端は,反射スペクトルの変曲点となる波長,あるいは最大の傾斜を示す波長としてハイパースペクトルセンサを使って検出できる.赤色波長端の変曲点の位置は,実際には710〜720 nm 付近の赤色波長端周辺の反射率データに対して,多項式か逆ガウス曲線に当てはめることで識別でき,あるいは,反射スペクトルの1次導関数に

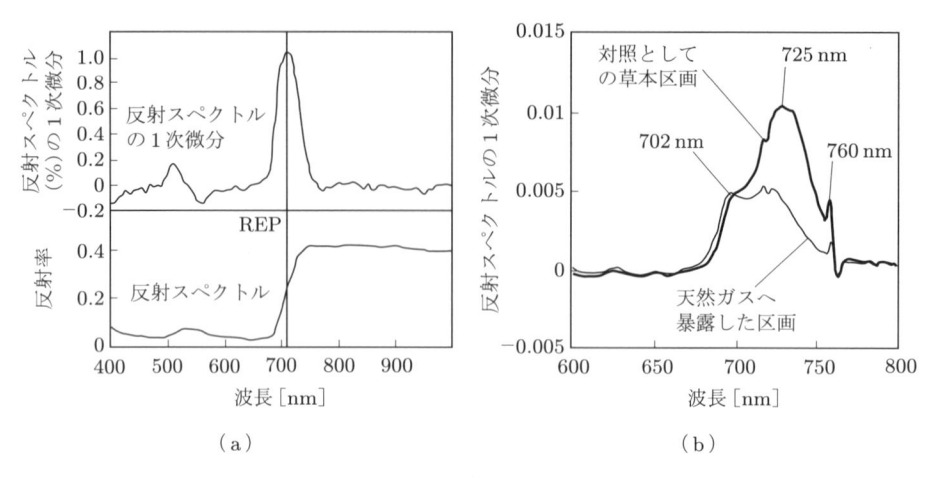

図7.13 （a）緑葉の反射スペクトルの1次微分（反射スペクトルの傾き，上）とそれに対応する反射スペクトル（下，Blackburn, 2007a のデータ）．（b）対照としての草本（太線）と天然ガスへ暴露したもの（細線）の反射スペクトルの1次微分の変動．702 nm の肩（そこから差異が見られる点）と 725 nm のピークが確認できる（Smith et al., 2004 のデータ）．

当てはめた曲線の最高点の波長として識別される（図7.13参照）．困ったことに，スペクトル観測は粗い波長間隔で行うことが多く（たとえば，AVIRIS のチャンネルは 10 nm 間隔），このような場合には λ_{RE} を正確に推定するのが困難である．そのような状況に対しては，3点のラグランジュ法や他の高次の曲線をあてはめる手法がとくに有用だろう（Dawson & Curran, 1998）．

微分分光分析法には，反射率曲線の2次微分，つまり1次微分の傾きが背景土壌の影響を非常に受けにくいという利点がある（たとえば，Demetriades-Shah et al., 1990, Broge & Leblanc, 2001）．しかし，1次微分スペクトルには2つ以上のピークがみられることが多く，とくに分光分解能が高い分光放射計によって観測されたデータにおいて顕著である．これにより，しばしば λ_{RE} は見かけ上，大幅に移動するので，他の当てはめ法が適切かもしれない（Cho & Skidmore, 2006, Cho et al., 2008）．一方，反射スペクトルの1次微分中の多数のピーク（たとえば，図7.13）は，それ自身が植物に対する環境ストレスの影響を敏感に検出するような情報を含んでいる．Smith et al., 2004 は，725 nm と 702 nm で観察された微分スペクトルのピークの比率が，そのような変動の定量化に対してとくに有用な手法であることを論じている．他の研究では，その他の波長における1次微分中の明瞭なピークと差異を示している（Darvishzadeh et al., 2008）．スペクトルやその他の指数を用いた植物ストレスの検出については11章でさらに議論する．

ハイパースペクトルの微分（1次微分と2次微分の両方）はクロロフィルa含有量とも密接に関係しているが（Blackburn, 1998a），クロロフィルの種類（Chl a と Chl b）を識別するための方法はない．似たような微分による手法は，植物ストレス応答を遠隔から識

別するために急速に普及している（11章参照）．

　近赤外分光法（NIRS）のように，化学分析のために食品産業で広く使用されている実験室的な方法は，組織中の特定の化学成分を同定するための手段として潜在的な可能性がある．1200～2400 nm の範囲における反射スペクトルは，有機物質中の C-H，N-H，O-H 結合の含有量の差異に依存しており，特定の有機物質，もしくは全炭素，全窒素の含有量の推定にも使用でき，生態学的に重要な同位体濃度の定量化に関する成功例も報告されている（^{13}C，^{15}N．Kleinebecker et al., 2009）．ただし，未知のサンプルにおける組成の予測のためには，較正用試料を用いた多変量統計解析が必要である（Workman, 2008）．現在，こうした方法はリモートセンシング技術としては十分に適用されていないが，野外の群落における重要な生化学的情報を得るために，近赤外域から中間赤外域におけるハイパースペクトル的方法を開発することに多くの関心が寄せられている．

□ スペクトル分解とウェーブレット解析

　スペクトル分解によって，反射率スペクトルから広範囲な葉の色素を定量化できる可能性がある．ウェーブレット解析（6.5.2項参照）はとくに強力な手法で，すべての反射率スペクトルを異なる周波成分に分解することによって，混合状態での成分濃度を定量化できる．これは，同じように関数の重ね合わせを基本とするフーリエ解析にやや似ているが，ウェーブレット解析では，分解によってスペクトルの局所的な特徴を表せる．その結果，葉の反射率に干渉する効果をもった要因（たとえば，化学物質の含有量，構造，厚さ，含水率など）や，群落の反射率に干渉する要因（群落構造，観測条件，日射条件）を除去して，関心のある化学物質によるスペクトル成分を分離できる．もちろん，個々のウェーブレット係数と関心のある生化学物質の濃度との関係を経験的に確立することが必要である（詳細については，Blackburn & Ferwerda, 2008 参照）．

□ スペクトルライブラリの使用

　スペクトルライブラリは，地質学分野では異なる岩石タイプを識別するために長年使用されてきている．鉱物と岩石についての広範囲のライブラリがあるが（たとえば，Clark, 1999 によって言及されている Hunt と Salisbury および協力者による膨大な一連の出版物），一方，同様な植生用ライブラリはあまり充実していない（Rao, 2008）．これは主に植生固有の変異性のためであり，そのため研究者は，多くの場合，各々の研究対象地で自らの対照スペクトルを得なければならない．しかし，それらは色素の定量化というよりは，後で説明するように，主に分類研究のために使用される．

□ 放射伝達モデルと植生の生物物理学的特性の推定

　クロロフィル含有量や葉面積指数のような群落の生物物理学的特性を，分光指数を用いずにスペクトルデータから求めるもうひとつの重要な手法は，物理学的な放射伝達モデルからの逆解析に基づくものである．3.1.1項で概説したように，PROSPECT や LIBERTY と結合した SAIL のような，個葉と群落を連結した放射伝達モデルの逆解析は，葉の生化学的組成を推定するための強力な手法で，分光指数を用いた単純な相関モデルよりも機械論的なモデルとなっている．こうしたモデルは，広範囲の生化学的，生物物理学的な特性

における反射スペクトルを生成するための「順方向」モデル化において使用される．生成された反射スペクトルは，新たな植生指数を開発するために使われる．あるいは放射伝達モデル（RTM）を，観測した群落反射率からクロロフィル含有量のような生化学的パラメタを決定するために，「逆方向」モデル化においても使用できる．ハイパースペクトルデータの逆変換は，植物の色素や植生に関する特徴を推定するための一般的な手段となるが，8章でさらに説明するように，放射伝達モデルの逆変換には群落の放射伝達の良いモデルが必要となるため，実質的には不確実なものとなっている（Houborg et al., 2007, Zhang et al., 2008）．

■ 7.2.4 水指数

長年にわたって，水欠乏ストレスを測定するために組織内の水分量を遠隔から推定するための試みが行われてきている．植物 - 水関係の基本とその調節についてはすでに4章において紹介したが，ここでは，光学リモートセンシングの信号と組織水分量との関係について取り上げる．マイクロ波指数については7.3.2項で取り上げる．一般に，植生含水量に関する研究に採用されている手法は，近赤外域から中間赤外域にかけた水の強い吸収特性がみられるスペクトルバンドの存在に基づいている．理論上は，水の吸収バンドである970 nm, 1200 nm, 1450 nm, 1930 nm, 2500 nm（図7.14）のいずれも使用できるが，ほとんどのセンサの精度は，吸収バンドの深さがもっとも大きくなる，より波長の長い近赤

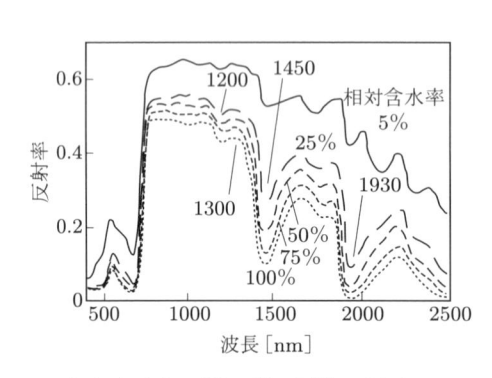

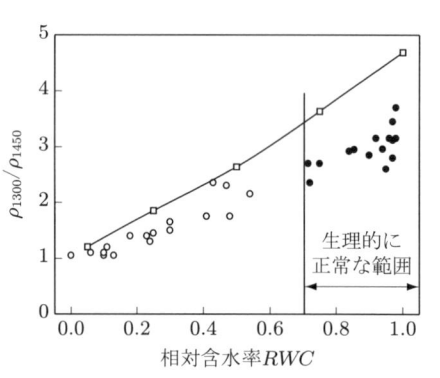

（a）タイサンボクの葉の反射スペクトル　　（b）葉の相対含水率と水指数との関係

図7.14　（a）相対含水率5％（実線）から25％, 50％, 75％, 100％（短い破線）までのモクレン科タイサンボク *Magnolia grandiflora* の葉の反射スペクトル．含水率が増加するにつれ1200 nm, 1450 nm, 1930 nm付近で反射率が落ち込む．*LWI*の参照用波長である1300 nmも示す（Carter, 1991のデータ）．（b）葉の相対含水率に対する水指数（$LWI = \rho_{1300}/\rho_{1450}$）の応答．*Magnolia*（実線，□）とサトイモ科スパティフィラム属 *Spathyphyllum lynise* の葉（Seelig et al., 2008bを再描）．後者については，植物が機能すると考えられる含水率の範囲（●）と含水率の全範囲（○）を示す．

外域で減少する．大気水蒸気による，より長い波長の吸収谷における吸収は，上向き，下向き日射量も制限する．したがって，1450 nm の吸収バンドの使用は，一般には吸収バンドのセンサ精度と吸収バンドの深さとの間でつりあいがとれているとされているが (Seelig et al., 2008b)，これは実験室での測定でのみ確かめられていることである．他の分光指数を用いる場合と同じように，感度の大幅な改善は，水の吸収がかなり弱いか，まったくない近隣の波長における値によって正規化することで達成できる．たとえば，1450 nm のバンドにとって適切な参照先は 1300 nm となる．単純な比による正規化によって**葉水分指数** (leaf water index) LWI は，$LWI = \rho_{1300}/\rho_{1450}$ として与えられる．より複雑な問題 (Carter, 1991) は，乾燥による葉の構造変化も LWI の計算値に影響することである．大気水蒸気による放射吸収によって生じる問題のために，正規化差水指数 $(\rho_{980} - \rho_{1240})/(\rho_{980} + \rho_{1240})$ のように，吸収がそれほど強くない水バンドが使用されている．BOX 7.1 には水指数のいくつかの例をまとめた．

実験室では，透過率の測定からも，反射率測定と同じ波長比率を使って，葉内水分量を定量化できる．原理的には，放射が葉を通過する際にベールの法則によって，とくに水吸収バンドにおいて指数関数的に減衰するので (Seelig et al., 2008a)，葉含水量と透過指数が指数関数的に関係することが予想される．透過率の測定によって，まず単位葉面積あたりの水分量や (新鮮質量 − 乾燥質量)/A によって与えられる葉含水量 LWC [kg m^{-2}] が検出される (A は面積)．これを水の密度で割ると，**等価水層厚** (equivalent leaf water thickness) EWT [m] として表現できる．すなわち，$EWT =$ (新鮮質量 − 乾燥質量)/$(\rho_\text{w} \cdot A)$，ここで ρ_w は水の密度である．

しかし，これらの葉の絶対含水量の測定値は，4.2 節で指摘したように，乾燥応答の生理学的指標としてとくに有用なものではなく，より有用な相対含水率 RWC のほうが一般に推奨されている．LAI の大きな範囲では $NDVI$ が飽和する傾向が見られるのと同様に，反射率による水指数の応答は，水の量が増加すると飽和する傾向にある．図 7.14 (b) では，高い含水量においてばらつきの増大が見られる．図中の水指数は，RWC の全領域をとると葉相対含水量と十分な関係を示しているが，生理学的に意味のある含水量範囲においてはかなりの大きなばらつきがみられるため，実際の予測能力は低い．

他にも数多くの水指数が提案されており，たとえば，NIR：MIR 散布図におけるピクセルの位置に基づいたものなどがある (Ghulam et al., 2008)．葉含水量のリモートセンシング指数は主として葉や群落の含水量を測定するので，群落機能に関するほとんどの研究では RWC への変換が必要となり，それには通常，対象とする植生に対する較正が必要である．さらに，植物の水欠乏は，植生の成長やバイオマスの減少という結果から間接的に捉えられるものであり，それらは植生成長に必要な水分利用可能量の長期間の履歴によって決定されるものなので，遠隔から感知できる EWT は植生群落中の水分量と関連性があるものの，植物の水欠乏についての信頼できる指標ではありそうにない．ただし，一定の群落バイオマスや LAI のもとで EWT が変動する場合に限って，意味のある関係として使える可能性がある．一般的に，植生の水欠乏ストレスの指標としてより有効なのは，熱赤

外センシングだろう（8.5節ならびに11章を参照）．興味深いことに，1200 nm の水分吸収ピークにおける反射率の変動は，穀物の栄養成長から出穂までの成長変化とも相関している（Pimstein et al., 2009）．

7.3 植被を推定するその他の手法

7.3.1 ライダーによる植被率の推定

　小さなフットプリントの航空機搭載型レーザ走査システム（ALS）は，植被率を推定するための強力な手段である（詳細に関しては5.6節参照）．最初と最後のエコーしか記録できないシステムであっても，3種類のエコー（ファースト，ラスト，シングル）を取得できる．植生では，ほとんどのエコーが地表から返ってくる．森林の植被率 f_{veg} は $\Sigma E_{veg}/\Sigma E_{total}$ として見積もることができ，植生からのエコー E_{veg} は，森林の場合ではある基準地上高以上（たとえば，1.25 m）のものとして定義される．この方法で計算された f_{veg} は，ファーストエコーを使用する場合のほうが，2番目のエコーや単独エコーを使用する場合よりもずっと高くなることが知られており，f_{veg} の真値を決定するための近似式が必要となる（たとえば，Morsdorf et al., 2006）．植被の研究におけるライダーの使用については，11章でさらに発展的に紹介する．近接リモートセンシング（数m以内）において，安価な近接センサを使用した超音波反射も，被覆と関係する植生密度の推定に使用できる可能性がある．

7.3.2 マイクロ波を用いた植生指数

　従来の光学的植生指数では，群落表面だけの観測しかできず，バイオマスや総木質バイオマスに関する情報を直接取得することはできない．そのため，従来の NDVI を補足する受動型マイクロ波センシングの利用に関心が寄せられており，これは長波長が比較的厚い群落層に応答し，木質系バイオマスや総植物系バイオマスの別の指標となる．マイクロ波を使用する利点は，夜間や曇天条件下であっても宇宙から観測可能という点にあるが，数十km程度という低い空間分解能が，多くの植生研究にとって厳しい制約条件となっている．マイクロ波射出の使用について可能性のある多数の手法が提案されており，これらは，マイクロ波偏光変化温度（passive microwave polarization difference temperatures）MPDTや，次式で与えられる正規化差偏光指数（corresponding normalized difference）NPI（Paloscia & Pampaloni, 1992 参照）を含む．

$$NPI = C \frac{T_{bv} - T_{bh}}{T_{bv} + T_{bh}} \qquad (7.7)$$

ここで，C はスケーリングファクター，T_{bv}，T_{bh} はそれぞれ垂直偏波と水平偏波のマイクロ波輝度温度である．この種の指数は，とくに半乾燥地帯における NDVI や単位面積 [m^2] あたりの植物内含水量とかなり相関がある．マイクロ波は大気透過率にはそれほど

敏感ではないが，土壌からの背景放射についてはより敏感である．Shi et al., 2008 は，この土壌効果を補正するために，マイクロ波放射がちょうど浸透できる背の低い群落に適用可能な代わりの手法を提案した．彼らは隣接した周波数の輝度温度の関係から切片 A と傾き B を導き，マイクロ波植生指数 MVI として定義し，その指数が下方にある土壌からの信号とは独立していることを示した．MVI-A は $NDVI$ と正の相関を示し，MVI-B は負の相関を示す傾向があり，後者は表面温度に影響されないより頑強な性質を示した．

■ 7.4　画像分類

　画像分類は多くのリモートセンシング利用における基本的な手法であり，リモートセンシング画像の複雑さを，たとえば植生や土地被覆の違いを表す，限られた数のほぼ均質なクラスに減少させる．ピクセルの特定クラスへの分類は，それらに固有の**分光特徴**の認識に基づくのがもっとも一般的である．このような分類過程では，土壌や作付けタイプのような特定事象の空間分布を表す**主題図**（thematic map）を作成する．任意のピクセルや識別する範囲の放射測定の情報を，植生タイプのような主題情報へ変換するためには，較正が必要である．一般に，リモートセンシングソフトウェアには，マルチスペクトルやハイパースペクトルの画像をいくつかのクラスに分類する機能がある．もっとも単純かつ一般的に用いられている分類手法（**点分類**：point classifier）は，各ピクセルを独立に，それ自身の分光特性のみに基づいてクラスを割り当てる．これとは対照的に，隣接したピクセル群における明るさの**パターン**，あるいは**画像テクスチャ**を考慮した，もっと複雑な分類手法もある．そのようなパターン認識あるいは画像の単純化に利用できる多くの手法を表 7.2 にまとめる．このうちのいくつかは，後の節でさらに説明する．リモートセンシングの画像分類やパターン認識の原理や応用例についてさらに完全に網羅したものは，Tso & Mather, 2001, Mather, 2004, Jensen, 2005, Richards & Xia, 2005, Russ, 2006 など，数多くの書籍がある．加えて，もっとも人気のあるソフトウェアパッケージである ENVI や ERDAS Imagine では，どちらも利用可能な機能について非常に広範囲に説明されている．そのため，ここでは，それぞれの異なる手法によってできることとできないことを明らかにするための要点となる情報を提供し，個別の応用に対応した適切な方法を選択するための手引きを提供するに留める．

　通常，うまく識別できる別個のクラス数は，相互に相関の見られないスペクトルチャンネル数にとりわけ依存しているので，ハイパースペクトル画像はマルチスペクトル画像よりも有用である．

■ 7.4.1　散布図

　マルチスペクトル分類は，ディジタル画像が空間的かつスペクトル的に不連続であるという 5.4.1 項で取り上げた事実に基づいている．それぞれのピクセルは 1 組の放射輝度値（DN 値）によって表され，波長別に測定されている．ここでは，あるピクセル中に見られ

表7.2 ■ パターン認識および画像分類手法（Lu & Weng, 2007 による）

	説明	例
1. 空間的状況		
空間的状況なし	単一のピクセルかフィールドデータの平均値のみを使用する．	大多数の手法はこのカテゴリーに入る．
状況解析的手法	隣接領域を考慮する．	
2. 補助データの使用		
補助情報なし	単一画像からの情報のみ．	大多数の手法はこのカテゴリーに入る．
追加の情報使用	多時点観測データ，DEM，光学とレーダの組み合わせ，データ融合とデータ同化手法．	通常ノンパラメトリックな手法を必要とする．
3. 訓練データ		
教師なし	画像内のスペクトル情報のみを基本とする．解析者には出力されたクラスのラベル付けと統合が要求される．	ISODATA法，k平均クラスタリング，自己組織化マップ（SOM）など．
教師付き	訓練データセットを基本とする．分光特徴を抽出し，主題クラスを得る．	最尤法．
4. 空間的要求		
点もしくはピクセル単位	個々のピクセルは独立して分類される．均一でない場合は優占する構成要素によって効果的に分類される．	
フィールドもしくはオブジェクト単位	周囲の隣接したピクセル区画情報の平均値を使用する．	
混合ピクセル（ミクセル）	ピクセル内の比率に応じていずれかのクラスに割り当てられる．ピクセルの分光情報は構成要素の分光反射特性の組み合わせ（通常は線形結合）として仮定する．	ファジィメンバーシップ法，スペクトル分解，集団学習．
5. 統計的仮定		
パラメトリック	統計的データを基礎とする．	最尤法，最短距離法，判別分析など．
ノンパラメトリック	データ構造について前提を必要としない．さまざまなタイプのデータを容易に組み込むことができる．	ANN，SOM，SVM，エキスパートシステム，k近傍法，集団学習，決定木法．

る地表被覆物を一意的に同定する1組のディジタル値は存在するかということに答える必要がある．画像中にある2つの異なる地物のディジタル値がすべての波長において非常に類似していて，それらを分離することができないということは，とくにいくつもの波長を使用する場合にはほとんどない．たとえ2つのバンドで同様の応答を示したとしても，多くの場合，第3のバンドにおける応答がそれらを区別させるほどに十分に異なっている．

　2つのバンドだけを考慮した2次元の例によって，ほとんどの分類アルゴリズムの基礎

を説明できる（図7.15，また図7.2，7.3も参照）．この場合，それぞれのピクセルについて，1つのバンドの値が1つの軸に，もうひとつのバンドの値が別の軸で表された**散布図**（scatter diagram）を作る．これが画像中のすべてのピクセルに対して行われると，描かれた点はすべてのピクセルの値の対を表すことになる．なお，それらの点に関連したピクセルの空間的位置関係は，ここでは失われていることに注意する．点は物理的空間ではなく，**特徴空間**（feature space）[35]の中に描かれている．類似した分光応答のピクセルに対応した点は**クラスタ**（cluster：点群）を形成する傾向があり，そのため**クラスタ図**ともよばれる．特定のクラスタを1つの土地被覆タイプに関連づけることは可能である．たとえば，水域はすべてのバンドで低い反射率を示すため，すべての水域ピクセルは原点近くでクラスタを形成するが，植生は赤色域で低く，近赤外域で高い反射率を示すため，特徴的な固有のクラスタを形成する．他方，土壌ではこれら2つのバンドの反射率が大きく異ならないので，クラスタは対角線に沿う（図7.15（a））．相関の高い波長バンドどうしの組み合わせでは，点は原点を通る直線に沿って分布する傾向がある．分類の目的は，異なる土地被覆タイプ（class：**クラス**）に関連したクラスタを識別することである．高さ，方位，土壌型などの他の特徴量は，1つ以上の軸を使って描くことができ，そのため**特徴量プロット**（feature plot）ともよばれる．3次元以上の図を視覚化するのは容易ではないが，そのような解析はコンピュータを使えば，マルチスペクトルやハイパースペクトル画像のすべてのバンドに対して，容易に行える．

分類の計算コストは，ピクセルを記述するために使用するバンド（特徴量）数に応じて

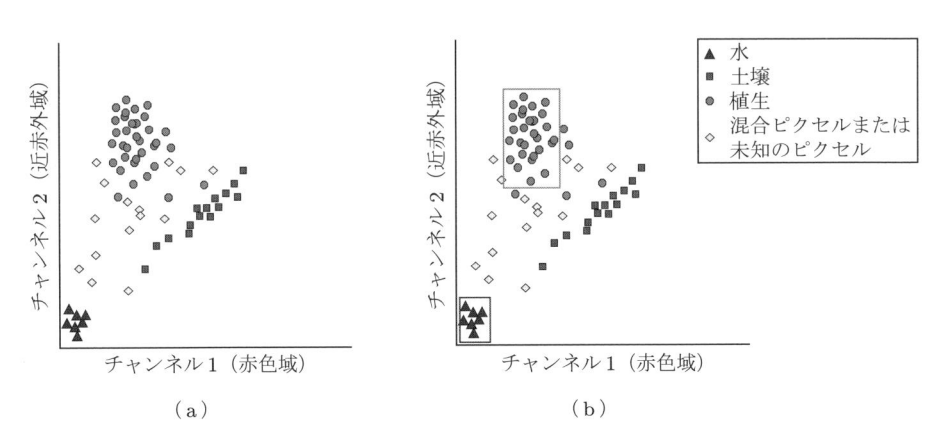

図7.15 （a）ある画像の各ピクセルについて，赤色域の各ピクセル値に対応した近赤外域の値をプロットした2スペクトル次元の散布図．（b）同じデータで，水域と植生が優占するピクセルの周辺に長方形（□）を図示し，これらのクラスの範囲を定義する．

---

[35] スペクトルバンド（ETM+の7バンドなど）は，空間状況やテクスチャのような他からも得られる特性とともに，特定のピクセルの特徴を表すものとして特徴量（feature）とよばれる．

増加する．いくつかの分類法では，コストは特徴量の数に応じて直線的に増加するだけであるが，後で取り上げる最尤分類法のような手法では，特徴量に伴うコストは2次関数的に増加する．したがって，とくにハイパースペクトル画像を用いる場合，相関の高いバンド間の冗長性を減少させるため，分類に使用するバンドの選択を最適化することは多くの場合に有用である．使用する特徴量を減らすための一般的な手法は，すべてのバンドの分光統計量を解析して，とくにお互いにほとんど相関しないバンドを選択するために，異なるバンド間の関係を解析することである．分類で使用するバンド選択に関するもうひとつの手法として，主成分変換によって完全に独立した（相関しない）一連のバンドを新たに生成することがある（6.4.4項）．

クラスタの識別については数多くの手法があり，これらの概要は次節でより詳細に説明する．もっとも単純な方法は，特定のクラスに属するピクセルの各バンドの最大値と最小値を指定することである．これは，2次元のグラフ上にあるクラスタを囲む長方形（3次元以上であれば「直方体」）を描くことと同じなので，**ボックス分類法**とよばれることがあるが，より厳密には**平行六面体分類法**（parallelepiped classifier）または**レベルスライス法**という（図7.15（b））．実際の多くのクラスタ内の点はばらついているため，異なるボックスどうしが重複する．このような場合は，確率を基準とした方法が有用である．

どのような分類においても，その最終段階では結果を示すことになる．これは，多くの場合，異なるクラスが色分けされている主題図（**分類地図**：classification map）によってなされ，場合によってはその結果がGISへ読み込まれる．また，すべてのピクセルを，指定されたクラスタのうちの1つに強制的に割り当てるか，もしくはいくつかのピクセルについては未分類としておくかを決定しなければならない．一方，その代わりにファジィ分類を適用することは有用かもしれない．通常，最終結果の精度を評価することが必要であるが，これについては10章で扱う．得られた最終結果は，使用した画像特有の傾向をもつので，「最善」の方法を指定することはできず，特定の事例について最適な方法だけを指定できる．

■ 7.4.2 基本的な分類手法
□ 教師なし分類

教師なし分類（unsupervised classification）とよばれる手法では，ソフトウェアによって，ピクセルを分光統計量のみに基づいて，分光的に類似したグループに分類する．たいてい，分類するグループの数は事前に決められており，ソフトウェアは，多次元空間を分割することによって必要な数のクラスタへ個々の点をグループ化する．相互に近接した1群の点は，1つのクラスに割り当てられる．2次元か3次元ならば，多次元リモートセンシングデータは容易に視覚化できる．単純な立体図を利用した多次元の特徴空間におけるポイント間の距離概念を図7.16に示す．**ユークリッド距離**（Euclidean distance）D_{ab}は，2つのピクセルの分光的類似度の一般的な基準で，2つのピクセル（aとb）が与えられた場合，nチャンネル分の2点の輝度の差分の二乗を合計してそれの平方根を求めると，ピ

7.4 画像分類

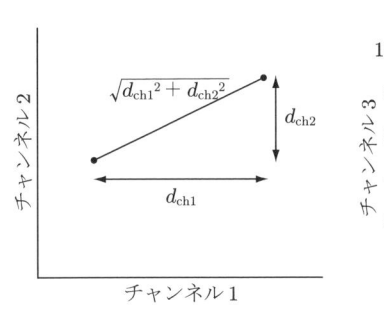

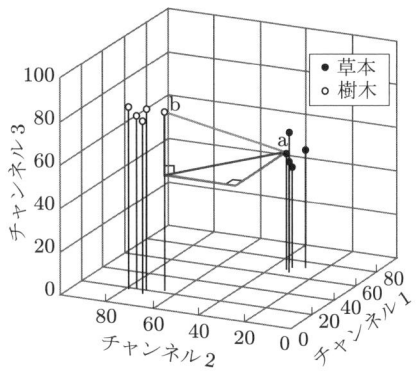

(a) 2チャンネルの2点間の
ユークリッド距離の計算

(b) 3次元の散布図

図 7.16 （a）ピタゴラスの定理を用いた2つのチャンネルの2点間（aとb）のユークリッド距離の計算．距離Dは各チャンネルの差分の平方和の平方根から得られる．（b）多次元へのピタゴラスの定理の一般化を例証するために3次元の散布図を図示したもの．

タゴラスの定理のように次式によって求められる．

$$D_{ab} = \sqrt{\sum_{i=1}^{n}(a_i - b_i)^2} \tag{7.8}$$

ここで，a_iとb_iはピクセルa，bのi番目のチャンネルの値である．図7.16（b）で，もっとも接近している2つの点の3チャンネルのデータをまとめたのが表7.3である．データ点は，そこからもっとも近いクラスへそれぞれ割り付けられる．

ユークリッド距離は，距離を定義する多くの方法のうちの1つにすぎない．しかし，すべての教師なし分類の原理は，解析者がクラスへのピクセル割り当てのためのクラス数や**決定ルール**を決めて，もっとも明瞭なグループ化が達成されるまでグループへのピクセル割り付けを反復的に進めるアルゴリズムであるという点で類似している．各反復ごとに平均が計算し直され，使用される閾値ルールに基づいて各段階でクラスが分割されたり統合されたりする．与えられた基準を満たさない場合，いくらかのピクセルは未分類のままと

表 7.3 2つのピクセル間のユークリッド距離の計算（図7.16のaとbは，仮想的な3つのチャンネルにおいて以下の反射率DNをもっている）

	チャンネル1	チャンネル2	チャンネル3	$\sum(a-b)^2$	D_{ab}
a	65	32	50		
b	22	66	60		
$a-b$	43	-34	-10		
$(a-b)^2$	1849	1156	100	3105	55.7

なることもある．広く利用可能な教師なし分類アルゴリズムの代表例には，ISODATA 法と k 平均法がある（その他の利用可能な教師なし分類の詳細に関しては他の文献を参照）．教師なし分類には，ニューラルネットに基づいた手法である**自己組織化マップ**（self-organizing map：SOM）を使用することもできる（de Smith et al., 2009）．教師なし分類手法における大きな問題は，このような自動的な手法で出力されたクラスが地表面の土地被覆クラスと密接に関係するとは限らないということである．それにもかかわらず，多くの状況で，得られたクラスを解析者が生理学的に意味のある特徴（土壌，草，水域など）に割り当てることができる．

☐ 教師付き分類

教師なし分類とは対照的に，教師付き分類では，個々の研究において関心のある特定の植生タイプやその他の地表面タイプを構成していることが（たとえば，現地調査などによって）あらかじめわかっている画像中の一定領域かピクセル群を，最初に識別するところから始まる．この場合，**訓練ピクセル**（training pixel）の分光特性を最初に測定し，「型どおりの」方法では，各訓練クラスの平均値を計算する．そして，ソフトウェアは，残りのピクセルを，もっとも類似した（もっとも近い）訓練クラスに割り当てようとする．選ばれた訓練ピクセルが可能な限り均質で，クラスがそれぞれ明白に分離可能である（つまり，分光的に別個である）ことを確かめることは重要である．一見均質そうに見える土地被覆タイプであっても，通常かなりの分光的なばらつきが存在するので，生じうる観測角や何らかの偏り，空間的自己相関を最小化するために，各タイプの十分な数のサンプルを画像中に満遍なく散らばらせるように選択するのが普通である．後述する統計学的分類法を用いる場合，必要な訓練セットは厳密には $n+1$ 個以上のピクセル（ここで，n はバンド数）であるが，各クラスの分散，共分散の良い推定値を得るためには，実際には十分に多く（およそ $10n$ 程度）のサンプルを準備するのが望ましい．訓練範囲の最適な選択に関する情報は，他のリモートセンシング関連の教科書で見つけられるだろうし，10 章でもさらに論じる．

画像中のピクセルを，それぞれ異なる訓練クラスに帰属させるための多くの方法がある．それぞれの訓練クラスは，その中心（あるいは重心）がその平均値によって定義される多次元空間の点群のクラスタによって構成されることが想定されており，未分類のピクセルは**その分類群の平均から最小距離**になるように，単純にもっとも近い訓練クラスの重心に帰属させられる．解析者が距離の閾値をどのように設定しているかによって，すべてのピクセルがあるクラスに割り当てられたり，いくらかは未分類のままになったりする．実際にはこのような単純な最短距離法では，クラス内の変動性や潜在的に存在するクラス間の重複領域も，細長いクラスによって生じるかもしれない特徴量間の共分散も考慮されていない．リモートセンシングでもっとも幅広く使用されているより頑強な分類は，単なる距離情報によるものではなく，あるピクセルがいずれかのクラスに所属している確率を考慮した方法によって達成される．こうした分類法の一例が**最尤分類法**（maximum-likelihood classification）で，異なるクラスの平均と分散を推定するためと，任意のピクセルが，対

象となるクラスに割り当てられる確率を計算するために訓練データを利用する（2次元での単純な例については図7.17（a）参照）．最尤分類法に必要な計算量は，単純な距離によるものよりずっと多くなり，さらに使用する特徴量の数が増えるにつれて急速に増大する．一般的にはこのタイプの分類法が望ましいが，パラメトリックな仮定と共分散情報が必要であるため，訓練データが限られていたり，均質でなかったりした場合には十分な能力を発揮できないので，そのような場合には，単に位置情報を要求するだけの最短距離法のような分類法を使用するほうが良いだろう．もうひとつのよく使われている分類法として，多次元空間における2つのスペクトルデータの間で計算された「角度」をもとにして，2つのスペクトル間の類似点を決定する**スペクトル角マッパー**（spectral angle mapper）がある．この手法の長所は，日射の変動に比較的鈍感なことである．

分類結果は，大気条件，使用センサ，画像撮影の時期などの違いに対して，手に負えないほど敏感である．こうした影響の例は図7.18でも示すが，この例では，独立に分類した一連の分類結果からもっとも共通したクラスをピクセル単位で割り当てる「総合的合意（consensus）」手法についても例示している．

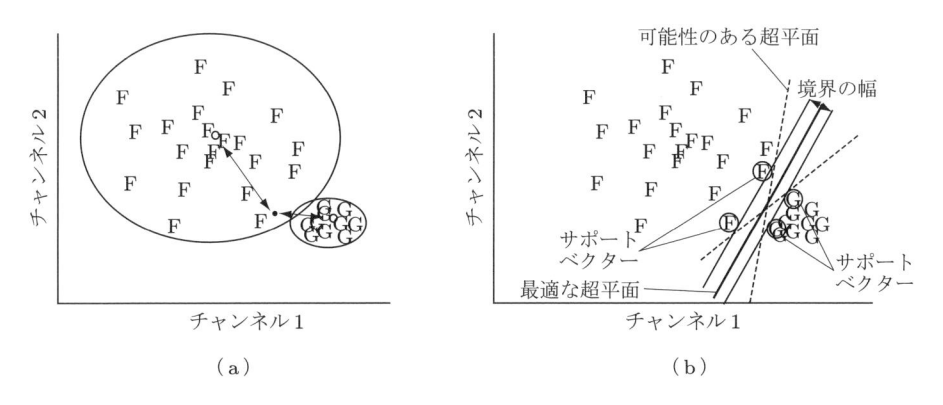

図7.17 （a）最短距離分類法と比較した最尤分類法（2次元に単純化）．記号（F：森林，G：草地）は，訓練ピクセルの2スペクトル次元における位置を表す．各グループの重心（○）が一緒に示され，森林ピクセルがより大きな変動性を示している．未知のピクセル（●）が草地の近くにあり，最短距離分類法であれば草地に分類されることになるが，明らかに森林ピクセルである確率が高く，最尤分類法であれば森林ピクセルに分類されるだろう．（b）同じデータセットでサポートベクターマシンの方法を図示したもの．2つのグループを分離する最適な超平面，サポートベクター（円で囲まれたポイント）ならびにサポートベクターの位置によって決定された「境界の幅（margin）」を示す．破線は他の最適ではない超平面を示す．

□ **ノンパラメトリックな方法**

多くの植生関連の研究では，分類（種構成や土地被覆タイプ）によって得られるであろうカテゴリー的な変数と，バイオマスや立木密度のような連続的変数の両方を扱う．原則として，そのような属性変数の地図化は多変量統計モデルによって達成されるが，その手法は属性変数が非ガウス分布である場合（正規分布に従わない場合）は，無効になる．そ

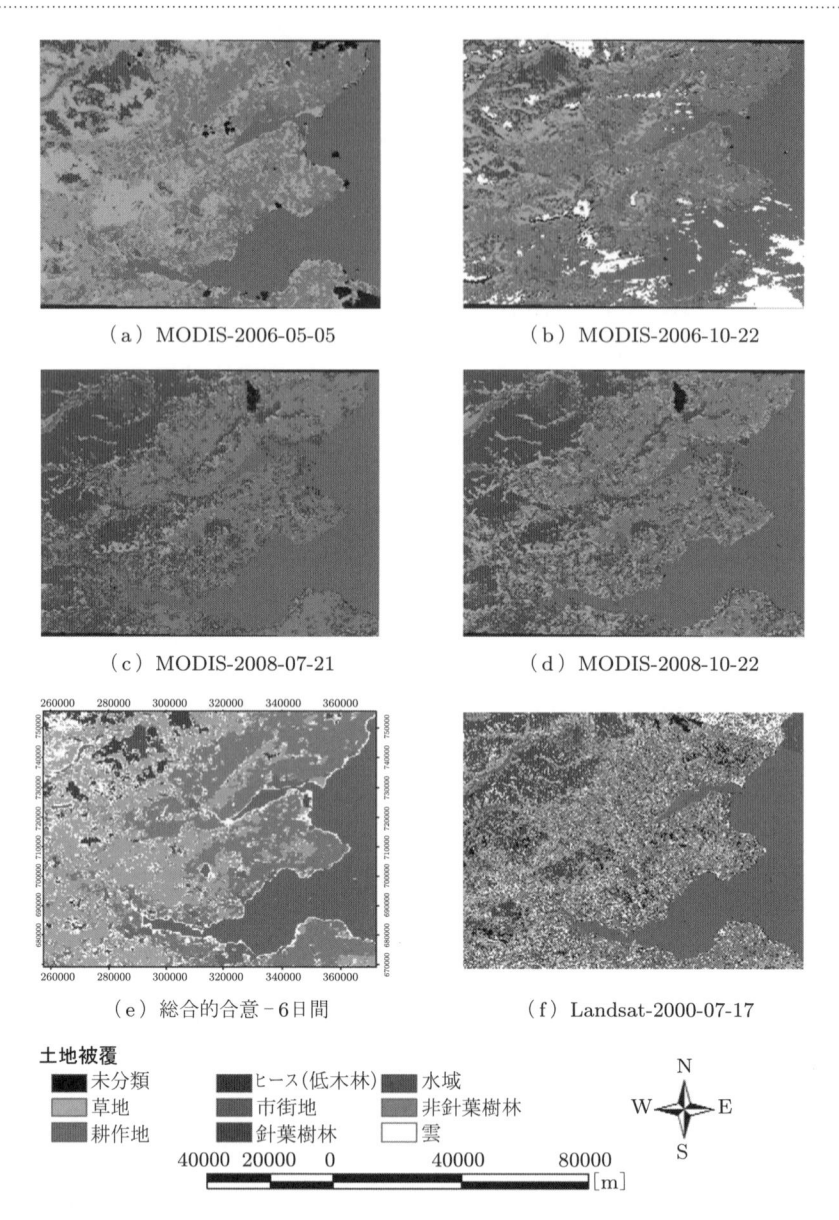

244　7　植生特性の観測と画像分類のためのスペクトル情報の利用

(a) MODIS-2006-05-05

(b) MODIS-2006-10-22

(c) MODIS-2008-07-21

(d) MODIS-2008-10-22

(e) 総合的合意 – 6日間

(f) Landsat-2000-07-17

土地被覆
- 未分類
- ヒース(低木林)
- 水域
- 草地
- 市街地
- 非針葉樹林
- 耕作地
- 針葉樹林
- 雲

図7.18 スコットランド東部を対象とした土地利用分類．一連の4つのMODISの晴天時画像 (a)〜(d) と，Landsat TM画像 (f) との比較．同一パラメタおよび同一訓練範囲による最尤推定アルゴリズムを使用している．さらに，一連のMODIS画像の総合的合意手法の結果 (e) を示す (2006年と2008年の通日43日から289日に渡る11のNBAR画像において，5つ以上一致した分類結果の色を示す) (MODISデータはDundee大学とPlymouth大学のNEODAASによる提供．2000年7月17日のLandsatデータはUSGSとLandsat.orgによる) (口絵7.1参照).

のため，そのような場合には，データの正規分布を仮定しないノンパラメトリックな手法が望ましい．とくに，**k 近傍法**（k-nearest-neighbour algorithm：k-NN）のような最近傍手法が有用である．この手法は，上述した平均値に対する最短距離による分類法のように，訓練クラスのもっとも近くの平均値へ各ピクセルを関連づけるのではなく，訓練ピクセルをすべて利用し，各ピクセルを特徴空間においてもっとも近い k 個の訓練ピクセルのもっとも多いものによって分類する（k は単一の分類結果になるように通常奇数が設定される）．この手法は，林業分野での使用が増えている（たとえば，Tomppo et al., 2009，また 11 章参照）．

もうひとつの教師付き分類における別の強力な分類ツールは，**人工ニューラルネットワーク**（artificial neural network：ANN）である．この手法や**サポートベクターマシン**（support vector machine：SVM）のような他のノンパラメトリック法は，データ構造に関する仮定を必要とせず，異なるタイプのデータを容易に組み込むことができる（たとえば，Foody, 2008 参照）．ANN は，入出力データ間のつながりを確立し，繰り返し学習によって強化するという，人間の学習プロセスを模倣するように設計されたコンピュータプログラムである．ANN への入力は何日分かのマルチスペクトル画像であり（大量のデータを扱うことができる），出力は（適当な数の）クラスになる．そして，ネットワーク内のつながりを構築するための訓練データが必要であり，しばしば，予測と実際の結果の差を，分析に関係している重み付けの調節に利用できるように，プロセスは 2 方向である．SVM は統計学的学習理論に基づいており，最適にクラスを分離する多次元特徴空間における最適な超平面（hyperplane）を探索することを目的としている（図 7.17（b））．境界の幅（margin）を制限する点は，サポートベクターとして知られている．分光的なクラス間の境界だけにしか注目しないこの手法は，異なるクラスの重心をもとにした一般的な近傍法や最尤法などの手法とは根本的に異なっている．

それぞれの分類手法には一長一短がある．教師なし分類の長所は，主として予備知識が必要とされないことと，解析者による入力がほとんど必要とされないため，主観的あるいは人為的誤差の余地がほとんどなく，自然なグループ分けが実現できることである．こうした分類法では，コンピュータは定義された最大クラス数の 1 つにピクセルを割り付け，外れ値を受け入れるためにクラスを拡張し，混合ピクセルを考慮しないため，誤分類が起こるにちがいない．さらに，分光的に均質と識別されたクラスが，関心のあるクラスと必ずしも一致するわけではなく，また重要なこととして，時間的に異なる画像に同じ方法で処理しても，識別されたクラスは一貫していないだろう．一方，教師付き分類では，使用されるアルゴリズムによって決まる，事前に定義されたグループ内の値のピクセルだけが分類され，それ以外はすべて「未分類」のままとなる．したがって，この分類精度は，代表的範囲の訓練ピクセルを選択する解析者の熟練度に依存する．

マルチスペクトル分類では，純粋に個々のピクセルの分光特徴に基づいてクラスを割り当てるが，地形的ならびに環境的な影響によって変動が生じる．標高，傾斜，斜面の向き，土壌，地質図などは，どれもピクセルの特定の分光特徴に影響している可能性があり，こ

のような付加的特徴量を解析に組み入れることで，しばしば精度が改善される．その他の特徴量として，テクスチャ，農地や森林の境界，池や湖，建物などを GIS から取り込むこともあるだろう．

決定木と集団学習　分類を改善するための有用な手法として，複数の分類法を組み合わせた集団学習手法（ensemble approach）がある（たとえば，Doan & Foody, 2007 参照）．さらに，もうひとつの手法として，付随的な情報を解析に組み込む決定木の使用がある．**決定木分類法**（decision-tree classifier）は，どんなピクセルの分類にも到達するような一連の 2 分岐の決定を含んでいる（Hansen et al., 1996）．非常に単純な決定木による手法の例を図 7.19 に示す．これらの結合型手法の特別な長所は，それらがどのようなパラメトリックな仮定にも依存しないことであり，とくにこれらが混合ピクセルと関係する場合，非常に柔軟なやり方で広範囲な問題に適用できることである．

オブジェクトに基づいた分類　端成分があまり明瞭でないか，スペクトル的な空間で重なり合っている場合，通常の**ピクセル単位**（per pixel）の分類とは対照的な，**区画単位**（per parcel）もしくは**フィールド単位**（per field）の分類とよばれる異なる技術を用いて分類することも可能である．この方法では，画像中の各ピクセルを独立して分類する代わりに，均質な土地被覆範囲の境界線を引き，その範囲内のピクセルをすべて同一のクラスへ強制的に割り当てる．

事前にオブジェクトが定義された単純な区画ごとの分類は，ソフトウェア自身がオブジェクトを決定する，より洗練されたオブジェクトベース画像解析法（OBIA）の開発によ

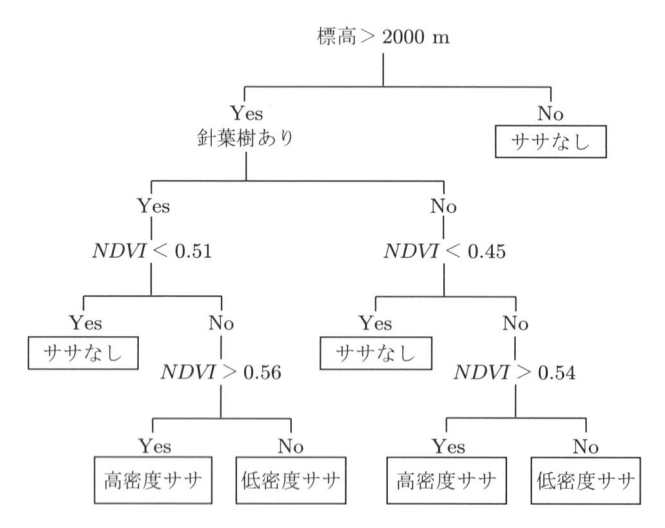

図 7.19　単純な決定木分類法の例（Wang et al., 2009）．連続した決定によって下層のササの密度を 3 つのクラスのうちの 1 つに分類する．最初に標高の閾値（DEM から得られた），次に土地被覆の基準の応用（土地被覆図あるいは画像分類から），3 番目に一連の特定の $NDVI$ の閾値を適用する．

って質が高められた (Blascke, 2010 参照)．これは，リモートセンシング画像分類の可能性を本質的に向上させる発展途上の分野である（たとえば，章末の GEOBIA の Web サイト）．ピクセル周囲の状況をよく調べて評価する，多くの商用ソフトウェアが利用可能となってきている．その一例は Definiens eCognition Suite (Definiens 社，ミュンヘン，ドイツ) で，ピクセルの 1 群をオブジェクトとして認識し，オブジェクトの色調，形状，テクスチャ，大きさ，周囲との関係などを利用して，分類図を逐次的に構築しようとするものである．これは，単一ピクセルの分光的な特性だけしか使用することができないピクセルベースの技術とは対照的である．標準的なピクセルベース分類は，より高い空間分解能画像では，特定の植生タイプのすべての構成要素（たとえば，土壌，樹木，草，影）が 1 つのピクセルに含まれているような低分解能画像の場合と比較して，本質的にデータのばらつきが大きくなり，分類精度が低下する傾向がある．そのため，オブジェクトベース分類は，より高い空間分解能画像ではとくに価値がある．データ融合 (6.4.6 項) もサブピクセル情報を得るための手法である．

■ 7.4.3 混合ピクセル（ミクセル）

　ここまでの分類に関する説明では，個々のピクセルによって表現される地上の領域は単一のクラスしか含まないと仮定しており，「ハード」な分類として知られているものを提供する．しかし，一般に，それぞれのピクセルがたった 1 つのクラスだけを表すことは，とくに空間分解能が低い場合の土地被覆の変動性において正確ではない．このようなピクセルは混合ピクセル (mixed pixel：ミクセル) とよばれ，多くの場合誤分類の原因となり，あるいは少なくとも標準アルゴリズムを使用した分類における障害である．分類結果に対する混合ピクセルの影響は，使用する手法に依存する．教師付き分類では，このピクセルはたまたま訓練サンプルとして使用されるクラスのうちの 1 つと同じ分光特徴をしていて，そのため誤って分類されるかもしれない．あるいは，その特徴が異なれば，それはまったく分類されない．しかし，教師なし分類では，それぞれのミクセルはそれ自身のクラスを形成するだろう．

　ミクセルでは，ピクセルのどんなバンドにおいても，検出器が受け取る信号強度は，純粋なクラス（**端成分**）がそれぞれ占有した面積割合に応じて重み付けられた平均としての応答になる．したがって，そのスペクトルは，実際にシーン内で生じているいずれのクラスも表していないかもしれない．そのようなミクセルは領域の端や周縁，いわゆるフィールドの境界で生じることが多く，別のクラスがピクセル内に含まれているかもしれない（たとえば，草原の中の孤立した樹木）．

　ミクセルを扱うためのさまざまな手法がある．不均質な範囲への手法の 1 つは，すでに紹介したハード分類ではなく，**ファジィ** (fuzzy) もしくは「ソフト」な分類法を使用することである．ハードな分類では，個々のピクセルが純粋な状態，つまり，地上のある範囲が単一の情報クラスによって占有されていて，ピクセルは 1 つのグループだけに属せると仮定する．そこでの選択は「イエス」か「ノー」だけであり，占有率は 1 か 0 である．フ

ァジィ分類は，主観的な要素「多分」を含んだ人間の意思決定を模倣したものであり，すべてを足すと1になる条件で，複数クラスによる0から1の間の値をとる部分的な占有率が可能であるとする．たとえば，表示が0.4（水域）と0.6（森林）の場合，その範囲が森林である確率は60％であることを意味する．このようなソフトな分類による典型的な出力は，各ピクセル内の特定の土地被覆クラスの割合について記述したある1組の割合画像になる．最尤法やISODATA法のような標準的「ハードな」アルゴリズムに対しても，ファジィ集合理論を導入することは可能である．

別のハードな手法として，多数の純粋な構成要素クラスの分光特徴を使用するものがある．各ピクセルはn個のピュアな構成要素（いわゆる，**端成分** (end member)）の混合物であると考えられる．この場合，**線形分光ミクセル分解**（linear spectral unmixing）として知られている方法によって，ピクセル内に存在する個々の端成分クラスの割合を推定できる．識別できる構成要素のクラス数，すなわち端成分の最大数は，利用可能なスペクトルバンド数によって制限されるので，この手法はハイパースペクトルデータでうまくいくことが多い．図7.20に，2つのスペクトルバンドによる単純化された事例についての，線形分光ミクセル分解過程を示す．線形スペクトル分解の第1段階は，画像から取得した純粋な訓練ピクセルに基づいて，あるいは標準スペクトルから，n個の構成要素の分光的な特性を決定することである．

この手法の能力や分解できる構成要素の数は，画像の情報量やスペクトル端成分の明確さに依存する．完全なデータが与えられたとして，この手法は独立したクラスの数（つまり，総クラス数－1）がバンド数より多くならないことが必要である．これは，x個の未知数を解くためにはx個の連立方程式（1つの式が各バンドに対応）が必要だからである．しかし，1つのクラス内にスペクトル変動が含まれる場合にはつねに問題が生じる．これは検出器の空間分解能が，土地被覆の中でみられる変動性のスケールより細かい場合，とくに問題になりやすい．たとえば，特定の作物における分光応答は，成長段階やストレスの程度に応じて変動し，どちらかというと不確定な端成分をもたらす．線形分解では端成分ができる限り異なっている必要もあるのに対して，1つの画像内にみられる異なる植生タイプはスペクトル的にいくぶん類似した傾向を示すので，それらを識別するのは多くの場合困難か不可能である．計算上さらに頑強な別の手法として**サブピクセル分類法**（subpixel classifier approach）があり，各ピクセル内にみられる要素の割合を示す平面を得るために，対象となる特定の構成要素の分光特性だけを指定する．この手法によって，関心のある端成分を特定することで，分光的に類似した要素の分離がはるかにうまくいく可能性がある．

ミクセルの割合が高く，ソフトな分類法を使う場合，集団学習法の適用がとくに有用である．さまざまな分類法の組み合わせは実質的な精度を高める．

$$\rho_{Z1} = f_a \cdot \rho_{a1} + f_b \cdot \rho_{b1} + f_c \cdot \rho_{c1}$$
$$= f_a \cdot \rho_{a1} + f_b \cdot \rho_{b1} + \rho_{c1}(1 - f_a - f_b)$$
$$\rho_{Z2} = f_a \cdot \rho_{a2} + f_b \cdot \rho_{b2} + f_c \cdot \rho_{c2}$$
$$= f_a \cdot \rho_{a2} + f_b \cdot \rho_{b2} + \rho_{c2}(1 - f_a - f_b)$$

よって，
$$f_a = [\rho_{Z1} - \rho_{c1} - f_b(\rho_{b1} - \rho_{c1})]/(\rho_{a1} - \rho_{c1})$$

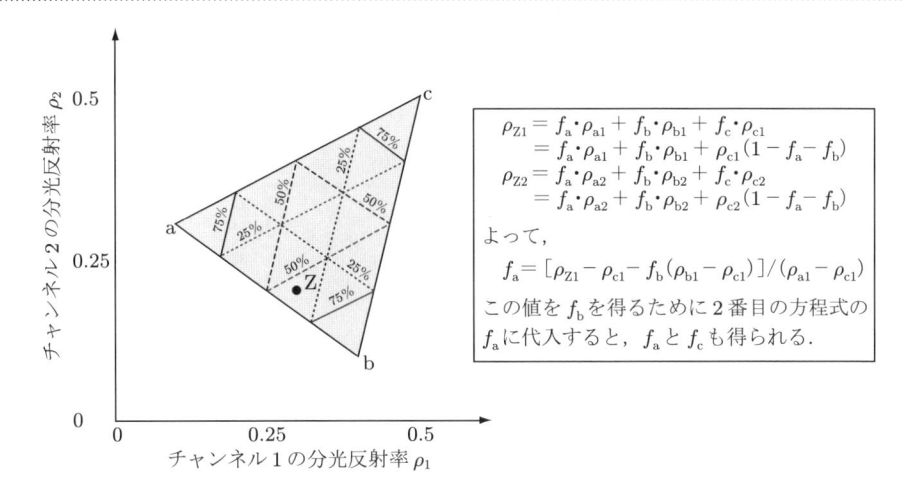

この値を f_b を得るために2番目の方程式の f_a に代入すると，f_a と f_c も得られる．

図 7.20 混合ピクセル Z の反射率から均一な端成分 a, b, c の割合 f_a, f_b, f_c を求めた2次元の線形スペクトル分解の例．a, b, c のあらゆる混合状態は a, b, c によって規定された三角形の内部にある．線は各構成要素の一定の比率を意味する．上に示した2つの連立方程式から点 Z における端成分 a, b, c の割合を推定できる．$f_a + f_b + f_c = 1$ であるので，独立した割合は f_a と f_b の2つだけである．チャンネル1の分光反射率は ρ_{a1}, ρ_{b1}, ρ_{c1}, ρ_{Z1} で，チャンネル2は ρ_{a2}, ρ_{b2}, ρ_{c2}, ρ_{Z2} で与えられる．

❓ 例　題

7.1 表7.1のデータを用いて，乾燥土壌40%，緑の草地20%，乾燥草地40%が均一に混合した対象地の $NDVI$，$SAVI$，DVI，RVI と，それに対応した尺度化された値（$NDVI^*$，$SAVI^*$）を計算せよ．すべての乾燥草地が再び緑の草地になった場合，指数の計算値はどのような影響を受けるか．

7.2 表7.1のデータを用いて，R と NIR の両方の入射放射エネルギーが（a）$100\,\mathrm{Wm^{-2}}$，（b）$350\,\mathrm{Wm^{-2}}$ の場合について，3つの地表面の R と NIR の放射輝度を求めよ．各地表面の反射率ではなく，これらの放射輝度を使用して，DVI と $NDVI$ の値を求めよ．これらの結果と表に示されている値のすべての差について述べよ．

7.3 A，B，C という3つのクラスの統計値を用いて，あるピクセル $X = 85$，$Y = 124$ が，最短距離分類法でどのクラスに分類されるか決定せよ．

クラス	バンド X 平均	バンド Y 平均
A	81	100
B	103	95
C	95	144

7.4 水平な葉面分布で均質な群落を想定して，葉面積指数に対する植被率 f_veg の従属関係を描け．この群落に表7.1の反射率を想定した場合，LAI に応じて $NDVI$ がどのように

変化すると予想されるか.

7.5 次に示す数値は,リモートセンシング画像内で観測された可視域と近赤外域のピクセル値の抽出値である.

可視域			近赤外域		
169	157	162	90	99	82
159	158	90	90	88	158
101	92	99	101	169	157

これらの抽出値は,A,Bの2つの被覆タイプから得られた.どのピクセルがいずれの被覆タイプに相当するか決定するためのアルゴリズムを適用し,これらの地表面が何であるのか述べよ.

7.6 衛星センサが,地形起伏のために日射条件が一定でない地上範囲を観測している.表は,2つの典型的なピクセルにおける3つのバンドのディジタル値を示している.(a)日射条件の影響をもっとも軽減するバンド比,(b)日射条件に依存しない正規化差植生指数 $NDVI$,を計算せよ.

日射条件	バンド1(赤色域)	バンド2(近赤外域)	バンド3(中間赤外域)
日向	60	140	160
日陰	28	55	75

■ 推 薦 書

主要な植生指数に関してうまくまとめたものとして Jensen, 2005, Jensen, 2007 があり,画像分類法の紹介については Mather, 2004 が良い.

● Web サイトの紹介

GEOBIA の Web サイト
　http://wiki.ucalgary.ca/page/GEOBIA/
de Smith 博士と Longley 教授の地理空間解析の Web 教科書(SOM の説明など)
　http://www.spatialanalysisonline.com/

8 植生構造の多方向リモートセンシングと放射伝達特性のモデル化

■ 8.1 多方向リモートセンシングの基礎

　これまでの章では，リモートセンシングに携わる科学者が利用できる日射スペクトル領域の情報について扱ってきたが，その際，どのような表面からの反射スペクトル信号も，照射方向と視野方向に依存することを指摘してきた．本章では，スペクトル情報に加えて，さらに多くの情報をリモートセンシングから得る手段として，異方性反射の扱いについて説明する．放射の異方性や多方向リモートセンシング研究の発展についての有用な入門書として Verstraete & Pinty, 2001 がある．角度効果の理解と定量化のためには，異なる植物群落とその構成要素における放射伝達特性の角度変化をうまくモデル化する必要がある．そのため，あまり一般的ではないが，角度効果の測定と分析についてと，放射環境下で明示的に異方性を扱う放射伝達モデルの開発についてを組み合わせて説明する．これは，これらのモデルが従来の天底視リモートセンシングに適用できないことを意味するわけではない．実際，天底視リモートセンシングの一般的仮定は，角度情報が特別で限定された条件と考えることができる．角度効果を明示的に扱うことで得られる利点は（ⅰ）単純なモデルと比べて，より高い精度が得られる可能性があること，（ⅱ）多方向観測を適切に行うことで，対象構造物からの追加情報が得られる可能性があること，である．

　そこで，本章の最初では，多方向リモートセンシングの基本原理と専門用語を紹介し，多方向データを収集するためのいくつかの方法について概要を説明する．そして，角度効果を明示的にモデルに組み込むために，3章で紹介した放射伝達モデルの扱いを拡張し，群落の生物物理学的パラメタを取得するために放射伝達モデルを逆推定する方法について概説する．

■ 8.1.1 なぜ，多方向測定を行うのか

　標準的な受動型リモートセンシングでは，通常は垂直上方の1つの視野角から（天底視による）地表面の反射を計測することが基本となる．しかし，実際には，大半のセンサの視野角には限りがあり，多くの状況において，画像の場所によって異なる角度で表面を見ることになり，そのため，画像内の輝度が漸次的に変化する（図8.1，口絵8.1）．実際，植物群落のような複雑な3次元表面の反射率は，画角と光源の角度，およびこれら2つのなす角の影響を受けてきわめて大きく変動する．この角度によって反射率が変動する現象は，長年の間，リモートセンシング解析を混乱させる効果として扱われ，補正すべき現象として扱われてきた．しかし最近では，この角度による反射率の変化は，生物物理学的特性を得るための価値ある情報源として認められつつある．これまでに，群落の反射率（3

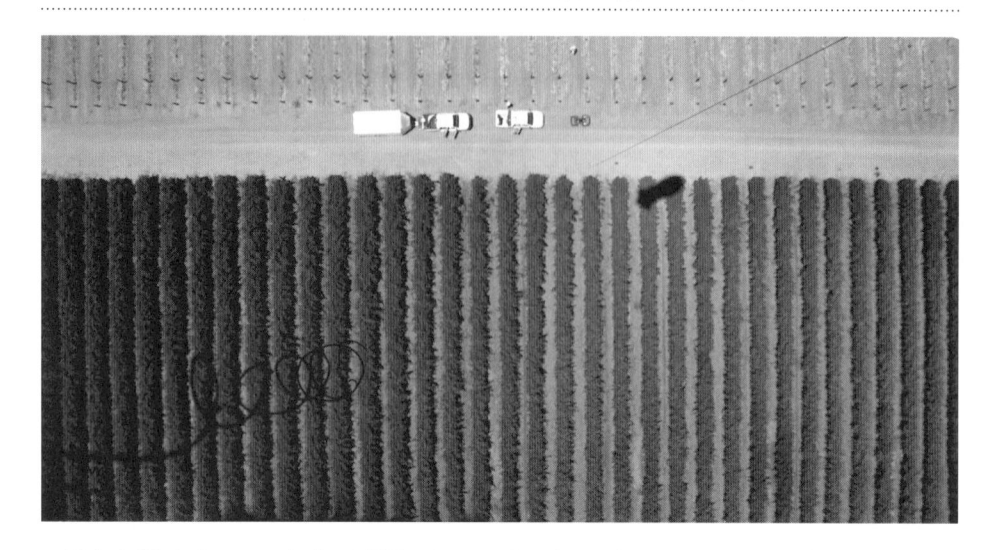

図 8.1 上空 90 m の気球から撮影したブドウ畑の空中写真．ホットスポット（カメラを搭載した気球の影の周り）から離れるにつれて画像の明るさが減少することがわかる．明るさの変化は，主にホットスポットから離れるにつれて影として見える割合が増えることよって生じる（口絵 8.1 参照）．

章）や，分光植生指数（7 章）についての説明においても，このような角度変化の結果について簡単に触れた．本章では，群落構造や群落構造に関連する生物物理学的特徴を推測するための手段として，群落の反射率の異方性を計測，利用するための基本原理について説明する．

観測角の影響はよく知られていたが，Hapke et al., 1993 や Liang, 2004 などの専門的な限られた文献を除いてあまり取り上げられていない．これまでの研究対象は，角度補正や観測角の違いによる影響を補正するための正規化（たとえば，Roujean et al., 1992）などが中心であり，観測角の違いによる反射率の違いは，情報源というよりも誤差要因という扱いであった．従来からの観測手法では，観測角の変化が反射率に与える影響を最小化するための戦略がとられており，たとえば，ラインスキャナを用いた航空撮影時においては，主反射面（太陽方位を含む平面 = 太陽平面（solar plane））に沿って飛行機を航行させることで，画像全体の光源の角度を一定にできる（それでも，走査ラインに沿って観測角度は変わってしまう）．代表的な教科書のなかで，角度が反射率に与える影響についての研究を取り上げているものは少ないが，これは現代のリモートセンシング研究の中核領域であり，ここ 20 年，この複雑で次第に重要になりつつある研究領域に対して，多くの研究が進められている．最近では，計算機の能力の向上により，より複雑な群落反射モデルを素早く計算できるようになったが，このようなモデルをリモートセンシングに最適化して使用するには，それらの限界と適用範囲についてよく理解しておく必要がある．

歴史的にみて，個々の葉のスペクトル特性についての研究で重要視されていたことと，

多くのリモートセンシング分野で利用されていたことは異なっていた．葉の光学特性の研究は，多くの場合，積分球に入れた葉に対して分光器を使用するものであり，つまり拡散反射と透過率を測定していることになる（3章参照）．こういった研究は，たとえば，光合成の研究と関係の深い葉のスペクトル吸収の推定には役立つが，より洗練された群落の放射伝達モデルに組み込むためには，方向性反射特性の知識が重要になる．

太陽と相対して池などの滑らかな水面を見たとき，日光の（前方への，主に鏡面反射による）正反射によって，水面が明るく輝いて見えることはよく経験する．しかし，太陽の方向から目を逸らすと，水面で反射した光が観測者にほとんど届かないため，水面はあまり明るく見えない．この例とは対照的な図8.1に示した「ホットスポット（hotspot）」現象についてもよく知られている．ホットスポットは，たとえば，ゴルフのグリーンのように短く刈り揃えられた芝生を見たときや，飛行機の窓から外を覗いたときなどに目にする．このような表面は，太陽側を見るのと比較して，観察者の影の近く，すなわち，太陽が背面にあり，太陽から目を逸らした方向を見ている場合には，より明るく見える．これは見かけ上，後方散乱のために高い反射率を示すためである．

■ 8.1.2 反射率に対する角度変化の基礎

2章で概説したように，表面からの反射は観測角の関数であり，鏡面反射と拡散反射の割合に依存する（図2.8参照）．表面からの反射は，鏡面反射から拡散反射までの間で変化し，鏡面反射では表面の不均一性（粗度）が入射波長よりも小さく，完全散乱反射では反射した光は表面上で半球状に均一に拡散される（ランバート拡散）．

植物群落からの反射の異方性パターンは（図8.1），リモートセンシングによる植生構造

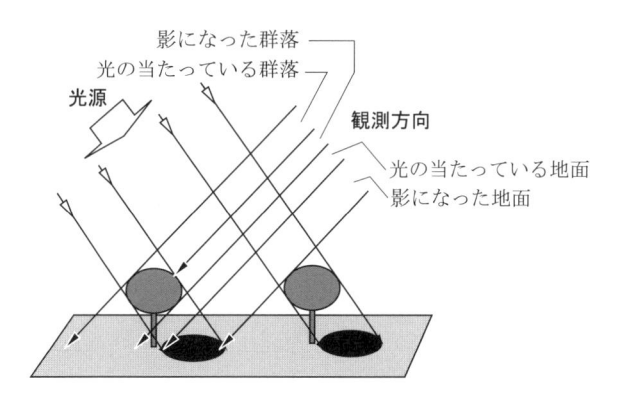

図 8.2 ホットスポットの概念図．観測角度の変化によって，どのように影となる表面の割合が変化するかを示す．図に示すような疎な群落を観測方向から見た場合，かなりの割合で影になって見える葉や地面が存在する．しかし，光源方向から見ると，光が当たっている（明るい）表面だけが見える．そのため，光源方向にもっとも近い方向から見たとき，小さな範囲でとくに明るい画像を見ることになる．これはホットスポット，またはブライトスポットとよばれる．図8.1と比較せよ．

の研究に直接関連した，より興味深い理由で生じる．図8.2に，もっとも単純な形で異方性の原理を示す．図のように，列状に植えられた植物が太陽からの直達光を受けると，その下の地面のある部分は直達光を受け，一部は影となる．当然，日向の部分は日陰の部分よりも多くの光を受けて反射するので明るく見えるが，どのような場合でも日向と日陰に見える割合は観測角によって変化する．観測者が太陽に背を向けて表面を見た場合，群落のほとんどは太陽に照らされて見える．そのため，この方向からの観察した場合，見かけ上は明るく反射して見える．しかし，太陽に向いていた場合，ほとんどの表面は影となるので，暗く見える（低反射率）．この例から，観測者の真後ろに太陽が位置している場合の見かけ上のホットスポットを説明できる（たとえば，図8.1で示したブドウ畑の群落）．実際，この図から明らかなように，土壌表面が日向か日陰かというだけではなく，群落の個々の葉についても同様の効果が拡張されるので，群落内の枝の周りで葉群がどのように密集し，どのような葉面角度分布をもつかを含めた，個々の植物の形や配置についての正確な情報が必要となる．

したがって，植生からの反射の角度依存性を包括的に扱うためには，植物群落内における放射伝達過程を十分に理解する必要がある．植物葉と群落の基本的な放射特性については，3章で均一な群落について扱った．ここではより詳細な反射の角度依存性に拡張し，群落の組成や構造がどのように影響するのか，どのようにモデル化できるのか，その違いをどのように群落構造の推定に利用するのかについて考察する．とくに，透過か反射の多方向測定から，群落構造についての重要な情報を得るための方法を概説する．

■ 8.1.3 2方向性反射率の定義

表面から反射された放射量を測定する場合，実際に測定しているのは分光放射輝度（表面から放出される放射フラックス密度 [$W\,m^{-2}\,sr^{-1}\,nm^{-1}$]）である．反射率とは，入射放射量と反射放射量の比である．反射率は，照射角と観測角，そして（ある特定の角度範囲に制限された）方向性か（半球上方全体を統合した）半球性かによってさまざまに定義される．BOX 8.1に反射についての専門用語をまとめる．

表面の反射特性を完全に記述するには，すべての可能な照射角度と観測角度について定義される2方向性反射分布関数（bidirectional reflectance distribution function）$BRDF = f(\theta_i, \varphi_i; \theta_r, \varphi_r)$ を用いる．

$$f(\theta_i, \varphi_i; \theta_r, \varphi_r) = \frac{dL_r(\theta_r, \varphi_r)}{dI_i(\theta_i, \varphi_i)} \quad [sr^{-1}] \tag{8.1}$$

ここで，θ_i と φ_i は照射方向の天頂角と方位角，θ_r と φ_r は観測方向の天頂角と方位角である．また，微少な観測角度，入射角度について，dL_r は反射分光放射輝度，dI_r は入射方向性分光放射照度を示す．これは通常，同じく波長の関数である．したがって，その表面のその他の範囲の方向性反射分布や半球性反射分布は，適当な角度範囲について積分することで得られる．センサの受光角度は有限なので，代替手段として2方向性反射係数

(bidirectional reflectance factor) $BRF = R(\theta_i, \varphi_i; \theta_r, \varphi_r)$ を推定することが便利である. BRF は, ある表面によってある方向へ反射された放射輝度に対する, 反射光線の幾何的な条件が等しく, 理想的な参照反射表面（ランバート反射面）を対象表面とまったく同じように照射して反射された放射輝度の比率として定義される (Nicodemus et al., 1977). 理想的なランバート反射面は, 入射した全放射を全方向に等しく反射するので, このときの $BRDF$ は $1/\pi$ となり, そのため測定する表面に対しては $BRF = \pi BRDF$ となる. 野外測定においては, 光は太陽からだけではなく, 空の半球面全体からくるので, より正確には半球性 - 方向性反射係数 (hemispherical directional reflectance factor) $H(D)RF$ を測定する. その結果として, 実際の $HDRF$ は単に表面の特性だけでなく, 照射状態にも依存する.

これらの反射率用語のいくつかは, よく使われているその他の用語と関連していることに注目すべきである. たとえば, 群落からの短波長広帯域２半球性反射率はしばしばアルベド (albedo) と称される (Rees, 2001) が, 当然のこととして, 3 章でみたように, ある群落の実際のアルベドの値は, 日射の角度と入射放射の散乱割合の両方に依存する.「無散乱アルベド (black sky albedo)」とは, 散乱日射成分を含まない澄み渡った晴天下での, 太陽からの短波放射の（総）半球性反射率を示すが, 実際にはこのような条件は起こらない.「散乱アルベド (white sky albedo)」については, 直達日射がなく, 照射条件が等方性に近い, 空全体が雲に覆われている条件で近似できる.

植物群落についての代表的な BRF の例を図 8.3 に示す. 図から, 観察方向と太陽の方

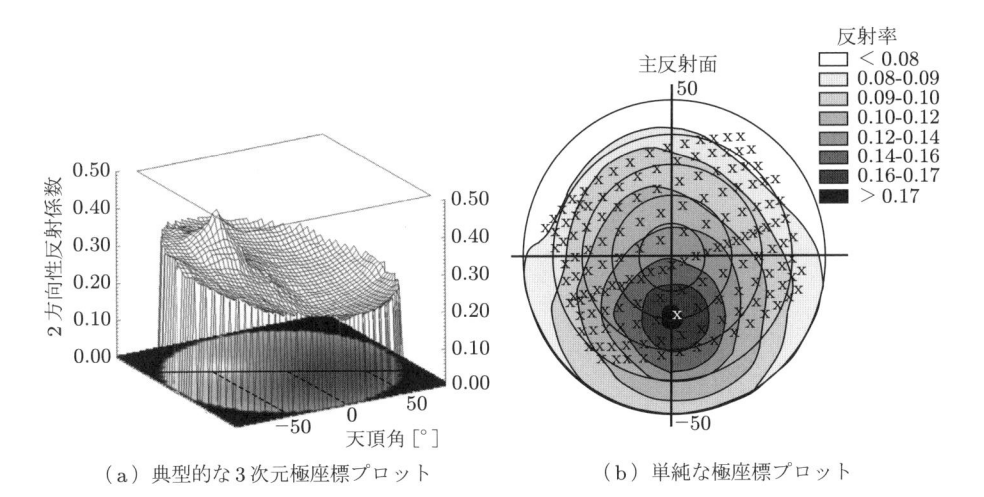

(a) 典型的な3次元極座標プロット　　　(b) 単純な極座標プロット

図 8.3　$BRDF$ の例.（a）太陽の角度において高い反射率のホットスポットを示す（故 M. Barnsley による図）.（b）POLDER-3/PARASOL データベースより作成した低木群落の赤の反射率（北緯 28.92, 東経 116.75）で, 目印 x の位置の衛星データから得られた反射率分布を示す（データは LSCE によって精緻化し, POSTEL サービスセンターからの提供；POLDER-3/PARASOL のデータは CNES より）.

向とが一致する地点で反射率が高い範囲，すなわちホットスポットが生じることがわかる．また，BRFが主反射面にわたって一般に対称であることにも注意しなければならない．BRFの形状，とくにホットスポットの強度は，LAIや葉の大きさ（あるいは群落高），葉面角度分布（LAD）などの要素によって，大きく変化する．測定したBRFは，重要な生物物理学的な群落パラメタの逆推定に用いることができる．情報量は主反射面に沿って最大となるので，主反射面に沿うようにデータ測定を制限するのが普通である．

ここで留意すべきは，明るく晴れた野外測定下において測定されたBRFは，直達成分が放射の大半を占めるため，しばしば真のBRFの近似値とみなされることである．それにもかかわらず，散乱天空放射（diffuse sky irradiance）の影響のために，この仮定には

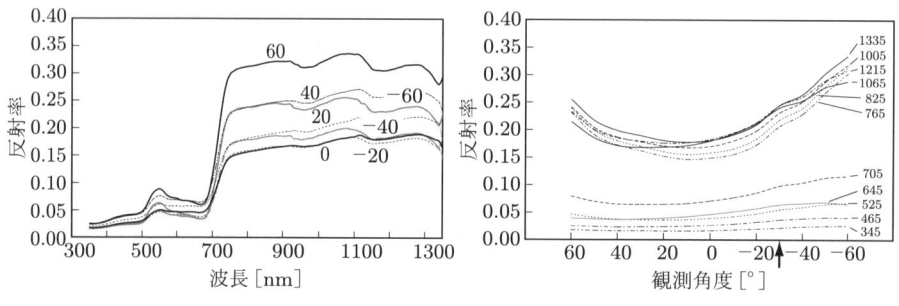

（a）観測角度が$-60°$から$60°$に変化したときの分光反射率（負の角度は後方反射率）

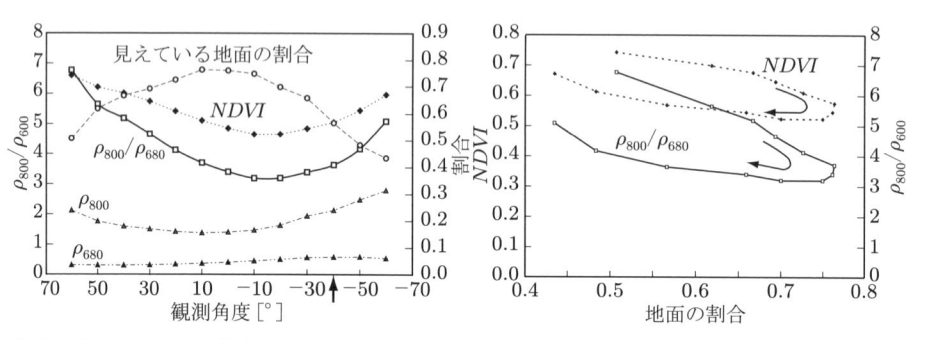

（b）波長による反射率の角度依存性の違い（約30 nm以上の間隔）

（c）見えている地面の割合，NDVI，ρ_{800}/ρ_{680}，赤（ρ_{680}，400～700 nm），近赤外（ρ_{800}，701～1000 nm）の平均反射率の観測角度に応じた変動

（d）見えている地面の割合に対するNDVIとρ_{800}/ρ_{680}の反応（矢印は$-60°$から$60°$への変化）

図8.4 マッカレーゼ（Maccarese, イタリア）におけるトウモロコシ群落の分光反射率の角度依存性．分光反射率のデータは2008年5月14日にADCフィールドスペックを用いて1 nmの幅で測定した．地面の割合は画像分析によって推定した．矢印は太陽天頂角を示す．$LAI = 0.69$．R. Casaからのデータ提供による．(c)からは，見えている地面の割合がどのような場合でも，NDVIとρ_{800}/ρ_{680}比は，後方視よりも（太陽に向かった）前方視のときのほうが大きい．

必ずいくらかの誤差が含まれることに留意すべきである．BRFは波長に応じても変化する（図8.4）が，これは被陰された範囲でもっとも顕著な赤外放射の大きな散乱と透過，そして観測角の変化に伴う観察範囲の土壌と葉の比率の変化による．図8.4（b）は，可視域と比較して赤外域の反射率が観測角に大きく依存することを示している．分光反射率に対する観測角の絶対的な影響はきわめて小さいが，ρ_{800}/ρ_{860}には相当な影響があり，よってNDVIにも影響がある（図（c））．見えている土壌の割合といくらかの変化が関係しているが，図から明らかなように，これは光質の変化に伴う付加的な影響である．図（d）は，計算されるNDVIが，土壌が見える割合によらず，太陽に照らされた側からの測定に比べて，太陽と向き合って測定したときに高くなることを示している．これは，太陽と向き合って測定したときには影の割合が多くなり，そして影の部分では赤外線の割合が高くなるという事実と一致する（7章）．

BOX 8.1　2方向性反射率の用語

　方向性反射率は，通常，まず光源の平行性の程度，次に検出部の平行性の程度を定義する（Schaepman-Strb et al., 2006）．
　（ⅰ）2方向性（directional-directional, bidirectional）反射率．照射角と視野（観測）角が無限小のとき．
　（ⅱ）方向性−半球性（directional-hemispherical）反射率．照射角は無限小で，視野角が非常に大きいため，表面上の全半球を積分したもの．群落に対して，これは「無散乱アルベド（black sky albedo）」ともよばれ，直達日射の散乱を示すために使われる．
　（ⅲ）半球性−方向性（hemispherical-directional）反射率．半球から照射され，センサの視野角が無限小のとき．群落に対しては，天空放射の拡散成分のセンサへの散乱として近似される．もちろん，この値は，入射照度の方向性分布に依存する．
　（ⅳ）半球性−半球性（hemispherical-hemispherical）反射率．空全体から照射され，測定では全半球を積分する．これはしばしばアルベドとよばれるが，アルベドとして（ⅱ）を用いる研究も多い．直達成分が存在しない条件で，拡散成分が等方性であると考えたとき（空が均一に雲で覆われている場合），「散乱アルベド（white sky albedo）」とよぶ．
　これらすべての反射は，重要な波長について，さらに規定することができる．センサや，太陽のような照射体は，一般に有限の拡がり角をもつので，厳密にいえば「方向性」という用語を「円錐形」に置き換えるべきである（たとえば，2円錐形反射．Schaepman-Strb et al., 2006参照）．しかし，方向性という表現が一般的なので，今後も方向性という表現を用いる．

■ 8.1.4　相反性の原理

　ヘルムホルツの相反性ともよばれる**相反性の原理**（principle of reciprocity）が広く適用可能であり，これは「すべての線形な物理システムにおいて，ある地点の原因が別の地

点に影響を及ぼす経路では，この方向を逆にしても同様の結果が得られる」と定義される．このことは，均質なシステムのリモートセンシングでも有効であることは厳密に示されており，そのため，ある方向からの入射放射によって生じる別方向への放射は，その方向が反転した場合にも成立する（Leroy, 2001 参照）．この性質は群落の放射伝達モデルを作成するときや，とくにラジオシティ（radiosity）を用いる際に役立つ（8.3.3 項）．しかし，不均質な群落では，相反性は完全には当てはまらない（Leroy, 2001）．不均質なシステムにおいて相反性から逸脱してしまうのは，見えている群落の体積と，照射されている群落の体積が一致しないためで（図 8.5），均質なシステムでは，普通に見えている範囲外の影響は相殺される傾向がある．相反性からの逸脱は，不均質性の増大，照射角と観測角の差の増大，ピクセルサイズの減少に伴って大きくなる．

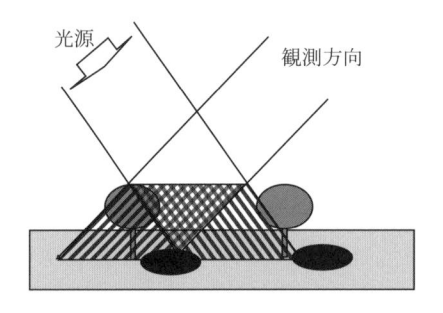

図 8.5 相反性からの逸脱．不均質なシステムにおいては，観測される群落体積（▨▨▨）は，照射された同一表面積の群落の体積（▧▧▧）と，正確には一致しない．

■ 8.1.5 BRF 情報からの群落構造の抽出

植生リモートセンシングの主要な目的には，LAI，LAD，放射遮断量，クロロフィル量といった，群落の生物物理学的なパラメタの推定が含まれる．7 章では，リモートセンシングによる分光植生指数の統計的関係から群落パラメタを推定する，経験的な統計的手法について概説した．このような方法では，一般に反射率の角度変化を利用しない．しかし，多方向情報を使用することで，群落の重要な生物物理学的パラメタについての情報を得るための手段が大幅に拡張される．この情報は，リモートセンシング画像の解釈に役立つと同時に，さらに重要なこととして，光合成や水文学的フィードバックの予測のような，植生と大気の相互作用のモデルに組み込む際に役立つ（9 章参照）．群落の生物物理学的パラメタや群落構造の分析のための多方向リモートセンシングの利用は，一般に群落の放射伝達モデルの逆推定に基づいている．このような逆推定には，植生の放射伝達についての良いモデルが必要であり，とくにこの分野ではここ数十年にわたって集中的に研究が行われ，広範囲のさまざまな複雑さの放射伝達モデルが開発されてきた．モデルや逆推定について有用でより先進的な総論として，Ross, 1981, Myneni et al., 1989, Myneni & Ross, 1991, Liang, 2004 などがある．

植物群落の放射伝達のモデル化，とくに太陽光の反射の空間パターンについての課題は，照射角と観測角の関数として BRF のすべての特徴を正確にシミュレーションすることである．LAI や LAD だけでなく，群落要素（たとえば葉や茎）の大きさ，間隔，配置といった付加的な特徴や，生化学的組成も BRF の形状に影響を与える．そして，それらはすべて波長によっても変化する．対象群落の放射特性を予測するためのモデルの使用では，しばしば「直行（direct）モード」とよばれるモデルの実行を含む．しかし，リモートセンシング分野で一般的なこととして，もし観測した反射特性を群落構造のパラメタの推測に使いたいなら，モデルの逆転，すなわち「逆（inverse）モード」で実行する必要がある．そこで，次に主要な放射伝達モデルを紹介し，その後に群落反射率モデルの逆解法の詳細について説明する（8.5 節）．

■ 8.2 *BRF* の測定
◧ 8.2.1 基本的な方法

モデル化を行うには，群落の 2 方向性反射特性を測定するための有効な手段が不可欠である．モデルによる逆推定は，BRF を測定できるか，少なくとも広範囲の観測角度から反射率を測定することで BRF 全体の近似値を得ることを前提としている．実際の表面における BRF の測定は，数 cm から数 km のスケールまでを対象に試みられてきた．より大きなスケールでは，方向性反射率特性は衛星や空中からの多方向分光放射計によって取得できる．視野角の広いセンサは，結果として多方向測定ができる場合もあるが（図 8.6），BRF については限られた情報しか提供できない．これは，とくに対象地点の測定回数が限られるためである．多方向反射率のデータの有効性が認識されるにつれて，必要な多方向データを取得するために，より多くのミッションが行われるようになった．たとえば，人工衛星 Terra の多方向画像分光放射計（multiangle imaging spectroradiometer：MISR）には 0°の天底視と，後方視，前方視についてそれぞれ 26.1°，45.6°，60°，70.5°の合計 9 つの固定角カメラがある．別の方法として，ESA の小型衛星 PROBA に搭載された小型高分解能ハイパースペクトルセンサ（compact high-resolution imaging spectrometers：CHRIS）は，撮影箇所の上方を通過する際，一連の撮影によって 1 つの目標を異なる角度で撮影でき，軌道横断機能もある．他の例としては ADEOS 衛星の地上反射・偏光観測装置（polarization and directionality of the earth's reflectance：POLDER）や，改良型走査放射計（advanced along-track scanning radiometer：AATSR）がある．多方向航空データは，対象地の頭上を複数回，観測幅を重複するように飛行することで，それぞれの撮影ごとに異なる角度から対象地を撮影したり（図 8.6（b）），センサ角度を変えて撮影することで取得する．

圃場実験や実験室での較正を目的とする場合，さまざまな方法で多方向反射率データが得られる（図 8.7）．これらには，センサの軸を中心にセンサを回転させる方法があり（図 (a)），そのため，対象範囲の異なる区域を観測することになるので，対象が広く均質であ

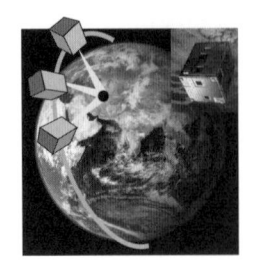

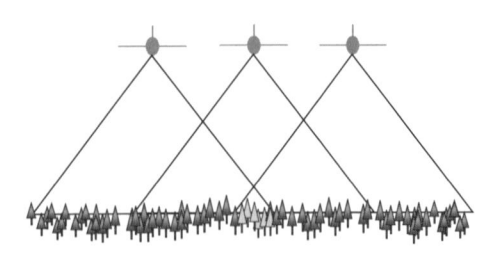

(a) 多方向観測のイメージ　　(b) 観測範囲を重なり合わせた一連の飛行経路

図 8.6 （a）PROBA 小型衛星に搭載された CHRIS のような観測方向変更可能な衛星観測装置や，軌道の間の目標の画像を複数方向から取得できる複数の観測角度を有する多角画像分光放射計（たとえば，MISR）を搭載した衛星からの多方向観測．こういった衛星は準極軌道を飛ぶ傾向があるため，昼間の画像は主反射面に沿った反射率の変動についての情報を集めるが，軌道に直角方向の（異なる俯角における）情報を得ることもできる．（b）軌道に直交したデータを取得するために，広視野角航空センサを利用し，観測範囲を重なり合わせた一連の飛行経路（もしくは衛星軌道）による植生の多方向撮影．白っぽく強調した部分は，連続的な飛行経路の間隔によって複数の方向から見ることができる．地球の画像は NASA の許可の下で http://visibleEarth.nasa.gov/ よりダウンロード．

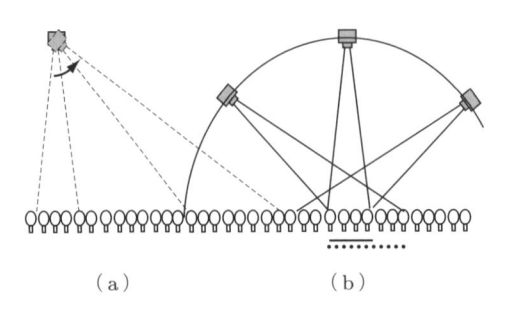

(a)　　(b)

図 8.7 （a）BRDF 測定のためにセンサが自身の軸を自転する例．それぞれの画像は植生の異なる場所を撮影する．（b）目標の周りをセンサが回転する例．それぞれの画像は同じ場所を撮影する（しかし，実際の撮影範囲は実線と点線で示したように，観測角度によって変化する）．

ることが必要とされる．あるいはゴニオメータ（goniometer）のように対象範囲のある区域の周りで，センサを回転させる方法もある（図（b））．対象範囲でセンサの高さを一定に保ったままセンサを動かすという方法もあるが，これは，上記の衛星による基本的なデータ取得方法と同じである．多くの有効な計器類が開発されており，小規模な例を図 8.8 に示す．これらの小規模な機器は，PARABOLA3（Abedou et al., 2000）やイタリアのイスパラにある European Goniometer Facility（Meister et al., 2000）のゴニオメータに代表される，より大きな施設で得られるデータを補完する．原理的には，どの機器でも，す

(a) 小規模な3次元野外システム　　(b) 主反射面における *BRF* の研究
のための2次元2脚式システム

図 8.8　ゴニオメータ．(a) 小規模な野外システム（FIGOS-Schopfer et al., 2008 の許可を得て掲載）．(b) 2次元2脚式システム．上部に渡された横棒の中ほどに撮影装置が下向きに搭載されている（写真：R. Casa）．

べての可能な角度から，対象となる特定の範囲が反射した放射を測定できるが，実際には半球上を通常 5°から 10°の間隔で測定する．主反射面上の測定においてもっとも多くの情報を得られるので，多くの場合，完全な角度分布を網羅したデータは不要である．そのため，多くの場合，図 8.8(b) のような単純な「2脚の機器」で十分である（Casa & Jones, 2005）．

図 8.7 で重要なことは，天頂角に応じて観測範囲が変化し，天頂角が大きくなると観測範囲が広くなることである．天頂角に伴う観測範囲の増大は，ゴニオメータを用いた場合と比較して，すべての観測が同じ高さで行われる状況ではより著しい．この効果によって，天底方向を観測した場合には，角度のある方向から観測した場合と比較して，より狭い範囲の植生を観測することになり，結果として反復の効果が低下するので，サンプリングにおいて重要な意味をもつ．これは，理想的には何らかのサンプリング戦略によって補償されるべきである．

BRDF や *BRF* の測定において，任意の照射角度に対して反射放射を直接測定できる実験室で測定するのと，太陽からの直達放射の反射と空からの散乱放射の反射を含んだ放射を現場で測定するのとでは大きな違いがある．現場においては，*HRDF*（周囲の放射状況が等しい条件で，完全ランバート拡散面から反射された放射量と特定の方向に反射された放射量の比）を得ることはより容易である．*HRDF* は，表面特性のみの関数ではなく，入射放射の分布にも影響を受けるが，入射放射に対して散乱放射の割合が 10% より小さいようなよく晴れた状況では，*HRDF* は表面 *BRF* の良い近似値である．観測された *HRDF* を *BRF* に変換する方法は，Abdou et al., 2000 で説明されている．

8.2.2　実際の *BRF* 測定において考慮すべきこと

参照表面　　広範囲のスペクトル領域で 100% 反射したり，完璧なランバート反射角度

応答を示すような参照表面を作成することは難しい．長い間，標準的な参照表面は $BaSO_4$ によって作られてきたが，残念なことに，このような表面の品質はいくぶん不安定で，変化しやすい．現在では，太陽スペクトル全体にわたってほぼ99％以上反射する，焼結したPTFEパネル（たとえば，Labsphere社のSpectralon®パネル）を用いることで，より一定の結果を得ることができるが，このパネルを用いたとしても，低角度においてはランバート反射とは有意に異なる挙動を示す．

2光路測定系による同時測定と対象と参照の順次測定　フィールドでの測定では，入射放射は連続的に変化するので，照射条件が異ならないように隣接させた2つのセンサを用いて入射放射と反射放射の両方を同時に測定するのがもっとも正確である．しかし，1つのセンサしか利用できない場合は，対象面（たとえば，群落）で分光特性を測定した後，参照面（たとえば，Spectralon®パネル）で分光特性を測定する．この方法は，測定間の照射条件が変わらない場合に限って有効である．

スケールと画像の成分比　表面について取得可能な情報は，測定器と測定のスケールに依存する．たとえば，単純な放射計は，観測範囲もしくはピクセルのスケールで，表面からの放射フラックスの平均値だけを与える．しかし，平均値では，観測した場所を構成している異なる表面による反射の変動を隠してしまう．画像分光計によって得られる，より小さなスケールでの異なる放射輝度の確率分布は，群落の生物物理学特性について，その範囲の平均値のみから得られる情報を超えた，多くの情報を提供する．

個々の表面の構成要素は，衛星画像はもとより航空画像を用いたとしても，見かけ上すぐに判別がつくものではないが，群落直上からの測定は，画像のさまざまな構成要素を区分できる可能性がある．これは，異なる観測角から見える日向と日陰の土壌や葉のような，ある画像内の構成要素の一部の反射率の角度依存性の解析についての代わりの方法となる可能性がある．この情報の LAI や LAD のような群落変数の推定への利用（Casa & Jones, 2005, Hall et al., 1995, Peddle et al., 1999）については8.6.3項で説明する．

■ 8.3　放射伝達と群落反射モデル

微気象学でよくある問題として，水平面の単位面積あたりで放射フラックスを受けたか失ったかの判断がある．このような場合，個々のフラックス要素の実際の方向にかかわらず（たとえば，直達日射と大気散乱放射），それらは鉛直方向のフラックスとして扱われる．これらのフラックスのより正確なモデルは，植生群落内の放射領域の角度依存性を明示的に扱うことで得られる．さらに，群落光合成のモデル化のような目的のためには，実際に葉や群落を構成するその他の要素によって遮られた放射や，それらのフラックス強度の分布について知ることはいっそう有用である．3章で概説したように，植生によって実際に遮断される放射は，「水平面の」放射照度に，光線の方向特性と表面形状によって決まる「形状係数」を乗じることで求められる．

しかし，リモートセンシングにおいては，表面の反射率を求めて，群落や表面の生物物

理学的特性を推測することが通常求められる．2方向性反射率のデータを適切な放射伝達のモデル化において組み合わせると，引き出せる群落の生物物理学的情報が大幅に拡大される．利用できるさまざまな放射伝達モデルは，群落の放射場の異方性についての細かな扱いが異なる．このようなモデル化では，放射場を多数の要素の合計として扱うと都合がよいことが多い．これらの要素には，散乱していない放射照度 I^0，単散乱の放射照度 I^1，数回散乱された多重散乱の放射照度 I^M（図3.14参照）がある．より単純なモデルでは，高次の散乱を無視するか，大幅に簡略化している．これはとくに8.6節で示す LAI や LAD のような群落の生物物理学的パラメタの推定に群落の透過放射との関係を利用する場合に当てはまり，ギャップ比率による方法では非散乱放射しか扱わない．しかし，群落反射率のモデル化には，より洗練された技術が必要である．一般に，主要な放射伝達モデルのタイプは，以下に示す4つの概念的なクラスに分類できるが，2つ以上のクラスを組み合わせた複合モデルも増えつつある．群落の放射伝達に関する古典的な教科書にはRoss, 1981 があるが，より進んだ最新の研究は Liang, 2004 によって紹介されている．

■ 8.3.1 懸濁粒子（Turbid-medium）モデル

3章で概説したように，もっとも単純な放射伝達モデルは，気体中における1次元の放射伝播を表現するために開発された，Kubelka & Munk, 1931 による理論に基づいている．これらの放射伝達モデルは，気体中で使用するために開発されたモデルと同じ理論が植生群落にも適用できると想定している．通常，群落が無限の水平な平板で表されると想定し，その個々の構成要素（個葉）は無限に小さく（すなわち点散乱体），一様な層中に均等に分布しているとする．一般に，個々の構成要素の位置は確率的な分布としてのみ表現され，ランダム分布を適用するのが一般的であるが，より複雑な分布を用いることで集中分布のような非ランダム分布も適用可能である．これらのモデルは，均質な農作物群落にもっとも適しており，また，3章で紹介した透過に関する単純なベールの法則はこのクラスに含まれる．単純な手法であるため，横方向の不均一性は考慮されず，そのため，このモデルは1次元伝達問題として扱われるが，以下で説明するように，類似した原理をより複雑な状況に適用できる．

古典的なクベルカ－ムンク（Kubelka-Munk：KM）式は，「点」粒子が互いに離れた状態で存在する疎な媒体に当てはまり，比率的に大きな葉の植物群落を説明するためには若干の修正を必要とする．深さに応じた放射照度の変化率を表す基本的な1次元の放射伝達方程式（式(3.3)）は，次式のように表される．

$$\frac{dI(z)}{dz} = -k(I - J) \tag{8.2}$$

ここで，I は水平表面に対する放射照度（（下向き）入射フラックス密度），z は高さ，k は葉面角度分布と放射方向に依存した消散係数である．J は放射の散乱に起因するすべての他方向からのフラックス増加を表す放射源関数（source function）である．これは，垂直

方向の平均的なフラックスについて，群落を通過する放射の減衰を表現するのに適用される．他の方向からの放射は水平面によって吸収される同等の量に変換される．消散係数は吸収と反射による放射の消失に依存する．

　基本的な KM 理論は，2方向モデルとして知られる上向きと下向きのフラックスを表現するために2つの微分方程式を用いるが，本質的には統合された垂直フラックスと関係しているため，直接的な方向性反射率の導出には適していない．それにもかかわらず，方程式の係数は太陽角と観測角に関連させることができ，基本的な方程式は，任意の方向における放射照度の変化を説明するように一般化できる（たとえば，Liang, 2004）．群落の方向性反射特性を導くために開発された異なるモデルの間では，1次反射と2次反射の扱い方や，鏡面反射と拡散反射の比の考え方について，細かな部分が異なっている．Suits, 1972は，2方向モデルを進展させ，方向性太陽放射フラックスと観測角方向のフラックスに関連する方程式を加えて，4方向モデルとした．このモデルでは，ランダムに分布する葉を想定して，入射角の変化に伴う傾いた葉表面からの透過と反射を近似するために，有限な群落の構成要素（たとえば，葉）を水平面と垂直面上に投影し，群落の角放射特性を扱う．この手法は SAIL モデル（任意に傾いた葉による散乱（scattering by arbitrarily inclined leaves）．Verhoef, 1984）や，近年の葉面角度分布の定義がより柔軟なモデル（たとえば，Goel & Thompson, 1984）において，特定の葉面角度分布を扱えるように拡張されている．このようなモデルで必要とされる基本的なパラメタには，個々の葉の反射率と透過率，背景（土壌）の反射率が含まれるが，他方，群落構造は葉面角度分布を定義するために必要なパラメタ（しばしば，実際に使われる関数に対応して2つ），LAI，そして群落高によって定義される．群落に入射する散乱光の割合も定義する必要があり，合計7つのパラメタとなる．

　このタイプのモデルによって2方向性反射率を求めることはできるが，影を生じない点散乱体に基づいているので，ホットスポット現象の直接的なシミュレーションはできない．このような効果を含めるためにはさまざまな方法がある．たとえば，Suits, 1972は群落内のある特定の深さにおいて，日向の範囲を観察する確率は，照射方向と観察方向のなす角度と独立ではないことから，計算に経験的な補正を加えた．より最近のモデルでは，懸濁粒子モデルから，明示的に群落内の有限な大きさの葉の統計的分布を説明するモデルへと転換されている（Gobron et al., 1997, Nilson & Kuusk, 1989, Verstraete et al., 1990）．これにより，ホットスポット効果が直接計算できるようになった．ホットスポットのシミュレーションにはパラメタの追加が必要である．一般に，これらのモデルでは，明示的に1次散乱を扱い，より高次の散乱については標準的な懸濁粒子モデルを用いる．ホットスポット周辺の BRF の形状に関する情報は，群落の重要な生物物理学的パラメタを引き出すために用いることができる．この逆推定の過程は8.5節で説明する．

　相補的な進歩としては，波長の関数として，群落要素による放射の反射と透過の変化を考慮に入れられるサブモデルの融合がある．PROSPECT モデル（3.1.1項．Feret et al., 2008, Jacquemoud & Baret, 1990）は，400 nm から 2500 nm までの波長帯における分

光反射率と分光透過率のシミュレーションを行い，SAIL モデル（Jacquemoud, 1993）や他のモデル（Kuusk, 1995）と組み合わせられる（PROSPECT と SAIL を組み合わせたモデルは PROSAIL として利用可能．Vapnik, 1995）．同様に，より最近の SAIL の拡張版に組み込むために，基底にある土壌の分光－方向性特性を模倣するためのサブモデルが作成されている（たとえば，Verhoef & Bach, 2007）．

■ 8.3.2　幾何光学モデル

懸濁粒子モデルとは対照的に，幾何光学（Geometrical-optical）モデルは，とくに森林や他の不連続な群落を表現するために開発された．幾何光学モデルは，形状と光学特性が定義された幾何的な物体を，何らかの統計分布に基づいて空間内にずらりと並べて表現することで群落が表現できると仮定している（図 8.9）．光の遮断と反射は，これらの物体による光の被陰や遮断を幾何的に考慮することによって，解析的に計算できる．任意の角度における全体の反射率は，反射率が割り当てられたそれぞれの状態にある物体（たとえば，日向・日陰の土壌や葉）の，その角度から見える面積割合の加重平均として計算する．このタイプのモデルの例には Otterman & Weiss, 1984 によって開発されたものや，円錐状の拡散反射面によって森林群落をモデル化した Li & Strahler, 1985 のものがある．この方法は，さまざまな樹形を組み込み（たとえば，棒の上に楕円体，円柱と円錐を組み合わせたもの），そして懸濁粒子の仮定に従う葉群による幾何的形状や，Chen & Leblanc, 1997 の 4 スケールモデル[†]のように，枝からなる大きな物体（樹木）の集団に対応するように拡張された（Li & Strahler, 1992）．

全体の反射率は次式のようになる．

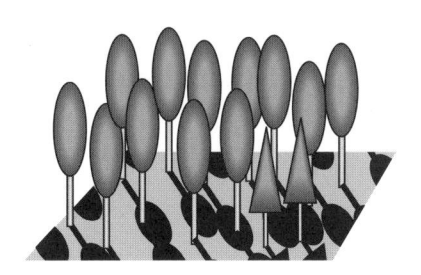

図 8.9　群落を幾何光学モデルによって描いた図．別々の植物（あるいは植物の器官）の組み合わせによって構成され，それぞれ体積は均質な吸収体として扱われる．日向の群落あるいは土壌の割合がどのような観測角においても得られ，全体の反射率の推定に利用できる．

---

† （訳注）　4 スケールモデル（'four-scale' model）では，森林群落構造を次の 4 階級に分けて扱う．
　　　　　1 - スケール：全体が懸濁状態．
　　　　　2 - スケール：懸濁体でできた不連続な物体がランダムに分布．
　　　　　3 - スケール：懸濁体でできた不連続な物体が非ランダムに分布．
　　　　　4 - スケール：枝やシュートなど内部構造をもった，不連続な物体が非ランダムに分布．

$$\rho = \rho_{\text{g}} \cdot f_{\text{g}} + \rho_{\text{c}} \cdot f_{\text{c}} + \rho_{\text{c-sh}} \cdot f_{\text{c-sh}} + \rho_{\text{g-sh}} \cdot f_{\text{g-sh}} \tag{8.3}$$

ここで，ρ は反射率，f は面積比で，下付文字は日向の地面（g），日陰の地面（g-sh），日向の群落（c），日陰の群落（c-sh）を示す．f_{g} や f_{c} などの割合は，単純な幾何的考察から得られる．単純な扱いでは，影を完全な黒とみなして後の2項を消去し，日向の群落と地面の明るさは等しいものとする．それぞれの状態の部分が観測される確率は幾何的な問題として扱うが，現実の群落に対して計算を行うのはきわめて複雑である．たとえば，日向の地面が観測される確率は，地面に到達する太陽方向からの光線と地面から反射する観測方向への光線との同時確率で表す．これら2つの方向が離れている場合には，通常，両者に相関がないと考えられるが，2つの角が互いに近くなるにつれて，日向の地面が観測される確率は太陽光線と観測角がなす角の関数になり，そのなす角が小さく，同じ群落のギャップを双方の光線が通過する確率が高い場合には，ホットスポットが生じる．

　隣り合った「樹木」間の干渉がごく小さい疎な群落に対しては，楕円体の水平面方向の半径 r と鉛直面方向の半径 b，中心への高さ h に基づいて，比較的単純な式が得られる．これらの式は，群落が密集して，異なる楕円体の影の間で干渉が生じる場合には，調整が必要となる（BOX 8.2 参照）．幾何光学モデルは，とくに森林群落を表現するのに適している．

BOX 8.2　日向と日陰の群落と地面の割合の計算

楕円体によって構成される疎な群落に対して（図 8.9），h を棒の高さ，r を水平面における半径，b を垂直面における半径とする．どのような光源角度 θ_{i} で天底視した場合でも，日向の樹冠 f_{c}，日陰の樹冠 $f_{\text{c-sh}}$，日向の背景 f_{g}，日陰の背景 $f_{\text{g-sh}}$ の比率を計算できる（Li & Strahler, 1992, Liang, 2004 参照）．観測範囲における群落の割合は，$N\pi r^2$ で与えられ，N は単位面積あたりの木の平均本数である．これは，幾何的因子 B を用いて，日向の群落と日陰の群落に分けられる．

$$f_{\text{c}} \cong \frac{N\pi r^2(1+B)}{2} \quad \text{そして，} \quad f_{\text{c-sh}} \cong \frac{N\pi r^2(1-B)}{2}$$

ここで，$B = \cos\left(\tan^{-1}\left(-\frac{1}{4KL^2}\right)\right)\sqrt{\frac{1+16K^2L^4}{4L^2+16K^2L^4}}$ であり，$L = \frac{r}{(2b)}$，

$k = \tan\left(\frac{\pi}{2+\theta_{\text{i}}}\right)$ である．

日陰の地面の割合は，$N\pi r^2/\cos(\theta_{\text{i}}')$ で，コサインは天頂角の増加に伴う面積の増加を補正し，$\theta_{\text{i}}'(=\tan^{-1}((b/r)\tan\theta_{\text{i}}))$ は，球体に対して等しい影面積を生じさせる天頂角である．視界に入る影の割合は以下で定義される修正項 A_0 を使って得られる．もし，$(b+h)\tan\theta_{\text{i}} < r(1+1/\cos\theta_{\text{i}}')$ ならば，

$$A_0 = \left(\beta - \frac{\sin 2\beta}{2}\right)\left(\frac{1 + \frac{1}{\cos \theta_i'}}{\pi}\right) \quad \text{で,それ以外は} \quad A_0 = 0$$

である.ここで,βは次式で与えられる.

$$\beta = \cos^{-1}\left[\left(1 + \frac{h}{b}\right)\left(\frac{1 - \cos(\theta_i')}{\sin(\theta_i')}\right)\right]$$

これらの修正を用いると視界に入る,日向と日陰の地面の割合は次のようになる.

$$f_{\text{g-sh}} \cong Nr^2\pi\left(\frac{1}{\cos(\theta_i')} - A_0\right)$$

$$f_{\text{g}} \cong 1 - (f_{\text{c}} + f_{\text{c-sh}} + f_{\text{g-sh}})$$

天底視以外の観測角の場合,群落が密で,相互被陰がみられる場合,光源の角度が低い場合,そして斜面の場合には,さらなる修正が必要になる (Liang, 2004).Wanner et al., 1995 は,対応する幾何的カーネルと,$BRDF$モデルのための定数の導出について解説している.

■ 8.3.3 モンテカルロレイトレーシングとラジオシティモデル

レイトレーシング（ray-tracing）　レイトレーシング（光線追跡）は,現実世界における光の進行経路のシミュレーションをすることによって,ある場面の画像を計算する表現（rendering）手法である.概念的に,多数の「光線」を光源から群落にランダムに射出し,それらの光線が群落でどのように吸収,透過,反射され,反射角がいくらになるかを定義するための,群落要素と生じるそれぞれの相互作用の確率密度関数を特定する（たとえば,Govaerts et al., 1996, Govaerts & Verstraete, 1998）.それぞれの光線は群落上部から抜け出るか,そのエネルギーが最小閾値以下に低下するまで,群落内で反射を繰り返す.ある特定のセンサに到達した光線と,群落に対して射出された光線との比較が,反射率の尺度となる.大多数の光線は観測者まで到達しないので,ある場面を追跡するには莫大な時間が必要となる.そこで,しばしば逆方向に経路追跡を行う.つまり,センサから光線を射出し,後ろ向きに光源まで追跡する.処理速度向上のために幅広い計算技法が使用でき,前向き追跡にも適用できる.最終出力画像の個々のピクセルに対して,1つ以上の「観測光線（viewing rays）」をカメラからその場面に向かって射出し,場面内の物体のいずれとぶつかるかを確認する.これらの観測光線は観測窓（最終出力画像に相当する）を通過する.視線光線が物体にぶつかるたびに,ぶつかった地点における表面の色を計算する.この目的のために,光線をそれぞれの光源方向に対して逆向きに送り,それぞれの光源からの光の量を決定する.これらの「影光線（shadow rays）」は,その表面の点が影になっているかどうかを確かめるためにテストする.もし表面が,反射するか透過するなら,そこ

から新しい光線を設定し，反射光や屈折光が最終的な表面の色に与える影響を求めるためにさらに追跡する．光線追跡には膨大な計算が必要であり，直達光の反射のシミュレーションをするのにもっとも適しており，散乱光の計算では時間がかかりすぎる．

光線追跡の際だった利点は，群落の放射伝達モデルを解析的に解く必要がない点であり，放射伝達モデルでは，比較的単純な群落モデルであっても非常に複雑であり，解けないことも多い．光線追跡を行う良質のフリーソフトウェアとしては POV-Ray（8.4.1 項）がある．POV-Ray は，研究される場面や群落の 3D 表示を生成するためのプログラミング言語も含んでいる．この使用については 8.3.6 項で例示する．

ラジオシティ（radiosity）　コンピュータグラフィックス分野で広く用いられているラジオシティ法（Borel et al., 1991, Goel et al., 1991）といくらか関係があり，とくに群落における長波放射交換の研究に有効である（Rotenberg et al., 1998）．図 8.10 に示すように，表面 i におけるラジオシティ B_i は，表面から出ていく単位時間・単位面積あたりの総エネルギー量と定義される（よって，フラックス密度 [W m^{-2}] となる）．この放射は，射出（ただし，一般的には光学波長域では関係ない），透過，反射にかかわらず，すべての出ていく放射を含み，3 次元の群落における n 個の表面それぞれから生じているすべての寄与を合計したものである．ラジオシティ法では，すべての表面が拡散反射または透過すると想定することに注意しなければならない．

ラジオシティ法は，放射体からの受光面の見え方を表現する形態係数（view factor）（図 8.10）を用いて 2 つの表面間の放射交換を計算し，それによって群落のすべての要素間におけるすべての光のやりとりを計算するための一般的な方法を提供する．形態係数は，表面 dA_i に到達する微少表面 dA_j から生じた放射エネルギーの割合を示す．2 つの物体の間

$$B_i dA_i = E_i dA_i + \sum_j^n \rho B_j F_{dA_j \to dA_i} dA_j + \sum_j^n \tau B_j F_{dA_j \to dA_i} dA_j$$

表面から出ていく全フラックス　［射出］　反射　透過

上面からの入射

表面 dA_i

下面からの入射

(a)

A_i から A_j への形態係数
$$F_{dA_i \to dA_j} = \frac{\cos\theta_i dA_j \cos\theta_j}{\pi r^2}$$

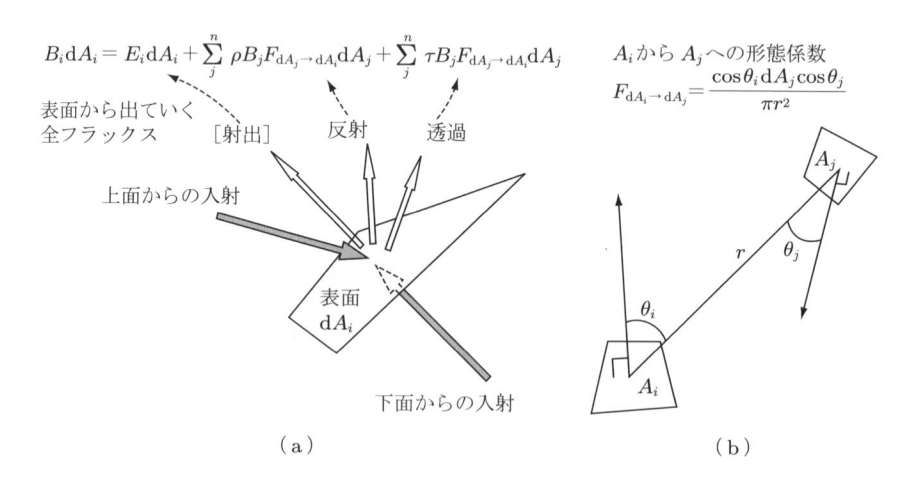

(b)

図 8.10　(a) 表面 A_i からのラジオシティ B_i は，射出，反射，透過した放射の合計で，それぞれの値は，群落内の他のすべての見えている表面からの入射放射の寄与を合計したものである．(b) 表面 A_i と A_j 間の形態係数の計算．

が遮られていない表面の対だけが扱われる．群落要素間のそれぞれの間のすべての個別の放射相互作用を，空間的に明確な形で扱うことは，群落体積で平均した特性を用いる従来の放射伝達モデルの手法とは対照的である．ラジオシティの計算は，全方向からの放射を効率的に扱うので，拡散放射においてより効果的である．後ろ向き光線追跡法とは対照的に，未知要素の特定は観測位置とは独立しており，そのため，ほとんどの計算は観測位置のパラメタを設定する前に行われる．

表面 i から表面 j への形態係数 $F_{dA_i \to dA_j}$ は，要素の大きさ，距離，視程（visibility），方向だけに依存した，要素の光学的な特性に依存しない，純粋に幾何的な関数であり，次式のように定義される．

$$F_{dA_i \to dA_j} = \frac{\cos\theta_i dA_j \cos\theta_j}{\pi r^2} \tag{8.4}$$

ここで，θ_i と θ_j は2つの表面 A_i，A_j を結ぶ直線と，2表面それぞれの垂線とがなす角で，r は2表面間の距離を示す（図8.10（b））．

ラジオシティ法の主な制約は，すべての起こりうる形態係数を記述した形態係数行列を設定し，放射伝達のシミュレーションのためにこの行列を事前に解かなければならないことである．この初期設定に必要とされる労力は膨大になることがあり，多数の散乱体を含む複雑な場面に対しては，結果として得られる行列は非常に大きくなる．しかし，いったん設定されれば，どの観測角からの群落反射率であろうと容易にシミュレーションできる．Chelle et al., 1998 や他の研究者は，近くに存在する散乱体由来の放射照度と，群落から離れた部分に由来する放射照度の2つの要素の合計として，場面内の任意のポリゴンの放射照度を扱う入れ子（nested）になったラジオシティ法を用いて，ラジオシティ法をいくらか単純化した．これは，近接領域の相互作用はラジオシティ法の完全な行列によって扱い，遠隔領域における相互作用は SAIL モデルに代表される体積散乱モデルとして扱う．

■ 8.3.4　カーネル駆動型モデルと経験的モデル

幾何光学モデルとラジオシティ法は，どちらかというと複雑になりがちなので，より高速で，逆演算しやすく，それでも植生や土壌の方向性反射を十分に再現できる，より単純で，ほぼ経験的なモデルの開発が試みられてきた（たとえば，Nilson & Kuusk, 1989, Roujean et al., 1992, Walthall et al., 1985）．これらの半経験的モデルの基礎は，反射率を3つの主な散乱タイプを表す3つの「カーネル」の合計としたモデル化である．すなわち，**等方散乱**，均質な群落からの**体積散乱**，影を生じさせ，角度が変わることで互いに覆い隠される3次元物体による散乱を表す**幾何的な項**の3つである．これらのモデルには，より詳細な機構的モデルに比べて，より高速に逆演算して群落の生物物理学的パラメタを推定できるという利点があり，次式のように表せる．

$$BRDF = f_\text{iso} + f_\text{vol} k_\text{vol}(\theta_\text{i}, \theta_\text{v}, \varphi) + f_\text{geo} k_\text{geo}(\theta_\text{i}, \theta_\text{v}, \varphi) \tag{8.5}$$

ここで，k_vol と k_geo は，観測天頂角 θ_v，光源天頂角 θ_i，そして相対方位角 φ からなる半経験的な関数で，k_vol は体積散乱，k_geo は表面散乱の特性を表す．f_iso, f_vol, f_geo は重み付け係数で，最初の f_iso は等方散乱にかかわる定数，次の体積散乱の項は，ランダムな（球形の）葉面角度分布の植生（多くの場合，ホットスポットは考慮していない）を対象とした，単散乱の解に基づく2方向性散乱関数を示し，3つ目の幾何的なカーネルの項が樹冠どうしの間で生じる影の影響を取り入れることで，ホットスポット関数を評価する．

k_vol や k_geo 関数の適切な式は Roujean et al., 1992 と Wanner et al., 1992 によって与えられ，「RossThick」カーネルは，日射入射角 θ_s，観測角，光源方位と観測方位のなす角の関数として，次式のように k_vol を適切に表現できる．

$$k_\text{vol} = \frac{(0.5\pi - \xi)\cos\xi + \sin\xi}{(\cos\theta_\text{s} + \cos\theta_\text{v})} - \frac{\pi}{4} \tag{8.6}$$

ここで，位相角 ξ は以下の式で与えられる．

$$\cos\xi = \cos\theta_\text{s}\cos\theta_\text{v} + \sin\theta_\text{s}\sin\theta_\text{v}\cos\varphi \tag{8.7}$$

k_geo カーネルにはさまざまな選択肢が存在し，BOX 8.2 の Li & Strahler の影付けモデルに基づいたものがもっとも一般的である．

さらに経験主義的なモデルが Rahman-Pinty-Verstraete モデル（Rahman et al., 1993）によって導入されており，これは直接的には物理学的な放射伝達には基づかず，限られた数のパラメタ（普通は4つ）を用いて BRF の形とその異方性を近似する．これらのパラメタは，全体的な反射率のスカラー，反射率の半球状の「鉢」形に関するパラメタ，前方散乱と後方散乱の程度，そしてホットスポットの強度を含む．このタイプのモデルは非線形であるが，素早く効率的に逆推定できる（Lavergne et al., 2007）．

■ 8.3.5 不均質な群落の扱い

より複雑で不均一な景観における2方向性の分光反射率をうまくシミュレーションするには，より複雑なモデルが必要である．そのための1つの方法は，離散的異方性放射伝達モデル（discrete anisotropic radiation-transfer model：DART 法．Gastellu-Etchegorry et al., 2004）のような3次元モデルを適用することで，放射カーネルと，樹木や灌木，土壌，水などを含んだ平行6面体セルによって表現された自然風景との組み合わせによって，景観による反射率と放射吸収のシミュレーションをする（図 8.11）．それぞれのセルは，主にセル中の LAI や LAD によって定義された散乱，吸収，透過特性をもつ．このモデルは，単純化したラジオシティ法のように，太陽や空を起源として群落を通過する，離散数の可能な放射ベクトルの伝達が続くことで機能する．

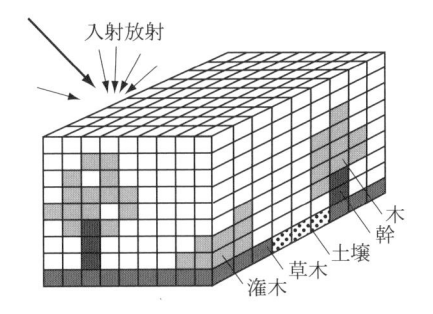

図 8.11 群落の2方向性反射率のシミュレーションをするための DART 3 次元モデル (Gastellu-Etchegorry et al., 2004 参照) における景観構造．それぞれのセルは LAI, LAD, 反射率などの，適当な特性が定義され，それぞれの入射放射ベクトルに対して，散乱，反射，透過がそれぞれのセルで計算される．

8.3.6 スペクトル不変量

群落研究を行ううえで重要な手法として，スペクトル不変量 (spectral invariant) の利用があり，これは Knyazikin et al., 1998 によって導入され，Lewis & Disney, 2007 などによってさらなる発展を遂げた．反射と透過のような一般的な群落特性は，観測角と放射の波長に応じて変化する．散乱が生じる確率は波長の関数であるが，物体が波長に比べて大きい状況（たとえば，葉群）では，光子が散乱した後，再度物体に接触するまでの自由行程は波長とは無関係であるため，スペクトル的に不変となる．そのため，植生中で光子が接触する確率は，波長ではなくむしろ群落構造によって決定される．再衝突確率 p は，一度散乱した光子が他の葉と再接触する確率を示し，スペクトル的には不変であるが，群落構造の関数である．興味深いことに平均の再衝突確率 p は，衝突せずに透過する割合から計算可能なことが示されており (Sternberg, 2007)，異なる観測角における群落のギャップ比率 $F(\theta)$（3.1.3 項参照）を用いて，以下の関係式で示される．

$$\hat{p} = 1 - \frac{1 - DIFN}{L} \tag{8.8}$$

ここで，L は片面の葉面積指数，$DIFN$ はいわゆる「散乱性不干渉 (diffuse non-interference)」で，群落のギャップ比率を天頂角で積分したもので（コサイン補正を含む），すなわち，以下の式で示される．

$$DIFN = 2\int_0^{\pi/2} F(\theta) \cos(\theta) \sin(\theta) \, d\theta \tag{8.9}$$

都合の良いことに，どのような群落の $DIFN$ も LAI-2000 タイプの単純な群落測定器によって容易に測定できる（8.6.2 節参照）．ここで，$DIFN$ と L はどちらも式(8.8)において独立のパラメタであるので，あらゆる葉の集中度 (clumping) を補正することに注意する．土壌や群落の日向と日陰の比率も Casa & Jones, 2005 で利用されたように，スペク

トル不変量である（Smolander & Stenberg, 2005 参照）．

■ 8.4 群落生成プログラム

　ラジオシティ法と効率的な光線追跡手法の開発によって，すべての構成要素の分布と方向が明示的にわかっている規定の群落と仮想の群落の両方を正確に特徴付けることが新たな研究対象となった．光線追跡モデルで使うための群落モデル（仮想群落：virtual canopies）を生成するにはさまざまな方法がある．もっとも直接的な方法は，群落のすべての構成要素の空間分布を，ステレオ画像撮影装置や 3D ディジタル化システム（Moulia & Sinoquet, 1993）によって，実際に 3 次元計測した群落データから複製することである．しかし，より一般的には，このような測定は，構成要素のモジュールから単純なルールによって群落を生成する，群落生成プログラムに必要とされるパラメタの入力値を得るために利用される．群落生成プログラムには大きく 2 つのタイプがある．1 つは，単純な統計分布をもとにして葉や植物の集団を生み出すもの（たとえば，POV-Ray におけるシーン生成プログラム），もうひとつは，特定のモジュール，たとえば葉，幹，頂端間の関係性に基づいた，発生的，もしくは植物学的に適切な関係を含むものである（たとえば，L-システムや Y-プラント）．以下に，これら 2 つのモデルについて説明する．

■ 8.4.1　POV-Ray

　残像光線追跡プログラム（persitence of vision raytracer：POV-Ray）は，対象場面の物体の形と分布，観測角と照射角とを定義する強力なシーン記述言語を含んだパッケージである．規則的かランダムに分布した構成要素によって，均質な群落を作り出すことはとくに容易であるが，列状に配置された作物や孤立木，あるいはより複雑な構造を生成するように拡張することも容易である．群落は，群落空間として定義された内部に葉を繰り返し挿入することで形成できる．POV-Ray のシーン記述言語やその他の群落をモデル化するソフトウェアを用いて，一度，群落を作ってしまえば，その場面を描写して反射率を記述するために，光線追跡プログラムを実行できる（図 8.12）．

　葉面角度分布の簡単な記述は，POV-Ray のシーン生成プログラムや，簡易な生物物理学的パラメタを用いて実際の群落のシミュレーションをする際に必要となる．さまざまな可能性があるが，おそらくもっとも一般的な方法では，楕円体モデル（Cambell's ellipsoidal model, 1986）を用いることで，ランダムな向きか，大部分が水平あるいは垂直かといった葉の配向の程度を，1 つのパラメタ（Cambell の x パラメタ）によって計算する．とくに，葉の形や大きさの平均についての情報が含まれている場合，POV-Ray のアルゴリズム中に含まれる葉群の位置を計算する x の値を変えることで，大きく異なる群落でも効果的に似せることができる．

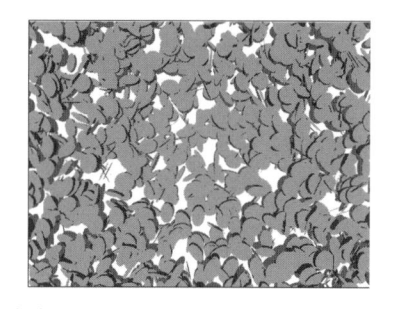

(a) 円形の葉をランダムに配向，分布させた群落モデルのイメージ　　（b）+45°におけるホットスポットの光景

図 8.12 （a）右側より照射，POV-Ray によって生成した．陰の部分は葉もしくは土壌背景の暗い部分として示す．（b）ホットスポットの中心から画角が離れるにつれて陰の割合が増える（画像は R. Casa の許可による）．口絵 8.2 参照．

8.4.2 L-システム

L-システム（リンデンマイヤーシステム：Lindenmayer system. Lindenmayer, 1968）は，「仮想植物」を生成するための効果的なモデリング手法である（Prusinkiewicz, 2004）．この方法では，植物は半自立的なモジュールの集まりと見なされる．あるタイプ（たとえば，葉）のすべてのモジュールは，植物体におけるモジュール位置とは無関係に，与えられたルールに従ってふるまう．単純なルールを繰り返し適用することで，簡潔なモデルによって複雑でなおかつ現実的な構造の記述が可能となる．

発生は，フラクタルのように，ある置き換えルールに従って，親モジュールが子モジュールによって置き換えられる連続過程として扱われる．ある L-システムは，ある植物で見られる全種類のモジュールと，それらのモジュールの生産量と，発生が始まるモジュールの初期状態（the axiom）を単に記述したものである．複葉の生成過程の例を図 8.13 に示す．これまでに L-システムを実行するためのさまざまな言語が開発されており，そのなかでもっとも植物の研究に有用なものは，おそらく L-studio かその改良版である

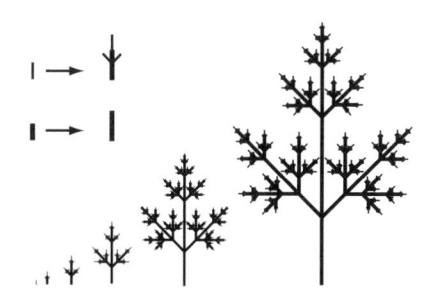

図 8.13 複葉の生成．再帰命令によって，頂端（細線）と節間（太線）の連続として葉をモデル化している．左上は，この発達を生じさせる生産ルールを示す．先端で分岐構造が生成され，それぞれの期間において節間が拡大する（Prusinkiewicz, 1998 参照）．

(Prusinkiewicz, 2004).

この方法を用いたシステムの例としては，Lewis, 1999によって開発された植物学的植物モデル化システム（Botanical Plant Modelling System）があり，限られた数の植物構造の実測値から，L-システムによって群落にまで一般化できる．組み込まれている光線追跡プログラムによって群落放射をシミュレーションできるので，反射分布も求められる．

■ 8.4.3 Y-plant

Y-plantは，樹冠の幾何構造と自己被陰が重要な，植物の光獲得と炭素固定の分析のための3次元樹冠構造モデルの例である．これも，群落の基本要素から群落を構築するモデルの1つの例である（図8.14）．このモデルはある下層草本の樹冠構造における最適配分の検証で解説され（Pearcy & Yang, 1996），構造的な可塑性が，低木硬葉樹林（chaparral）の灌木種における光獲得と光阻害の回避とのトレードオフに与える影響についての研究などに用いられてきた（Valladares & Pearcy, 1996, Valladares & Pugnaire, 1999）．

Y-plantの基本単位は節（node）で，植物や群落はいくつかのルールに従った一連の節によって構成される．節は，（a）葉（葉柄つき），（b）幹，（c）枝の3つのオブジェクトを接続できる．ここで，任意の節で定義された幹や枝の分節は，その節から伸長したものを示し，その根本の母節における接続を示すものではないことに注意する．特定の分節

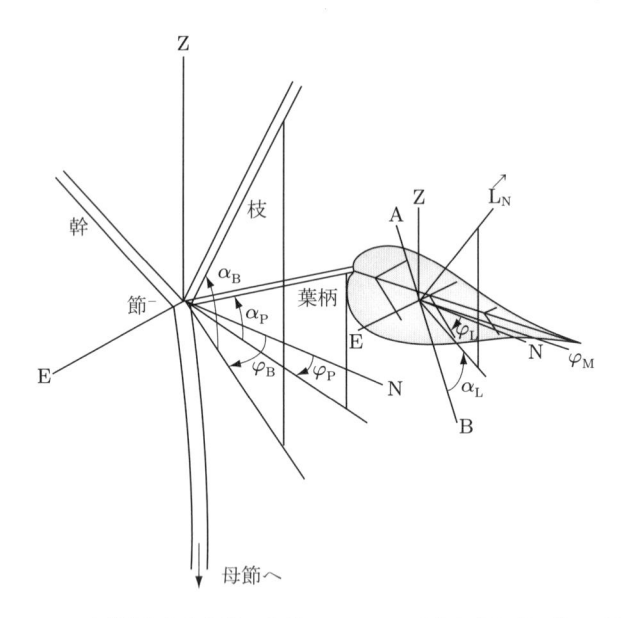

図8.14 Y-plantで必要となる角度の定義．E, N, Zはそれぞれ東，北，天頂方向，αは水平面からの角度，φは方位角である（0〜360°）．下付き文字B, P, L, Mは，枝，葉柄，葉，主脈をそれぞれ示す．L_Nは葉の表面に対する法線である．葉の傾きは線A-Bに沿って計測する．φ_Mは葉の方向，φ_Lは葉の方位である（Pearcy & Yang, 1996から許諾のもと掲載）．

を「幹」や「枝」として名づけるのは任意である．これは，ある節がどの分節によって母節と接続しているかを示すのに役立つだけである．そのため，ある節における「枝」は次の節における「幹」になる．

8.5 モデルの逆推定

8.5.1 原理

群落表面の特徴をリモートセンシングによって取得するための方法には，どちらかというと単純な，群落特性がわかっている試験範囲で行う経験的な較正によるものから，いくぶん複雑な，群落構造の関数として反射特性を予測する放射伝達モデルの逆推定によるものまである．ある特定の群落における反射率の測定値や BRF の推定値が与えられたとき，逆問題は，観察された BRF にモデルがもっともよく適合するためのパラメタセット（LAI，LAD など）を求めることである（図8.15）．この逆（推定）問題を解くためのもっとも適切な方法は，群落の放射伝達特性を記述するために用いられるモデルの原理によって異なる．ただし，逆問題を解析的に解くことができるのはごく一部の単純なモデルに限られており，一般に，こういったモデルは現実の群落のシミュレーションにはあまり適していない．そのため，ほとんどの現実的な解を得るには数値解析や近似法が必要となる．とくに難しいのは，逆問題が必ずしも唯一の解をもたず，データに対して同程度によく当てはまる複数の解を持ちうる「非適切（ill-posed）問題」(Baret & Buis, 2008, Combal et al., 2003) であることである．潜在的に有効なこれら複数の解は，パラメタ空間上で必

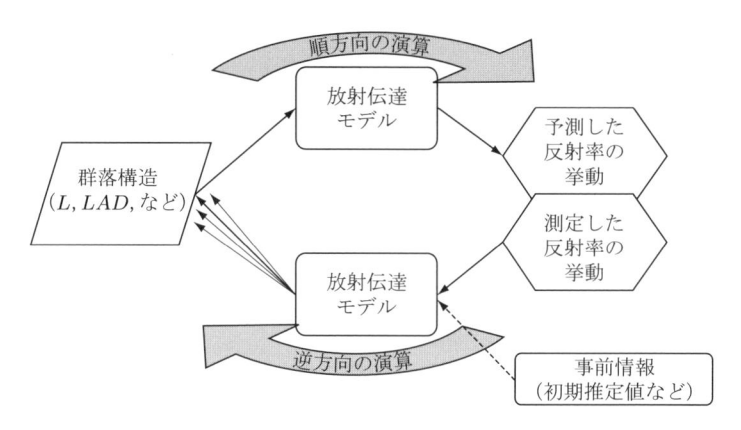

図 8.15 リモートセンシングにおける群落構造の情報検索に関する，順方向，逆方向モデル化の操作．順方向の演算では，放射伝達モデルが反射率のふるまいを予測するために用いられ，逆方向の演算においては測定された反射率が群落構造に関するパラメタ推定のために用いられる．逆方向で演算を実行した場合の余分な出力は，等しい確率で起こりうる構造パラメタの異なる組み合わせを示す．作物やその葉面角度分布についての情報や，LAI 値の初期推定といった事前情報を用いることができる．

ずしも互いに近い値をとらず，互いに飛び離れた値をとることもありうる．解の非適切性は，測定誤差やモデルの不確かさによっていっそう増幅される．モデルの不確かさとは，たとえば，群落構造に対する正しくない仮定を意味する（たとえば，ランダムでない葉の方位角分布や，葉による非ランバート散乱など）．これらは総じて，不安定で不正確な逆推定結果を導く．植物群落を観測したとき，主な混乱は LAI と LAD の間に生じる（Atzberger, 2004）．実際，疎な水平葉型群落の分光反射率は，密な直立葉型群落の分光反射率と非常に近い値を示すだろう．逆問題における非適切性は，7 章で扱った植生指数から求めた生物物理学的変数が不確定のように見える原因となる．

実際には，モデルによる当てはめが完全である可能性は低いので，多くの場合，もっとも良い当てはまりを得るために最適化された「メリット関数」を定義する必要がある．簡単なメリット関数 M は，観測値とモデル値の差の二乗和を最小にする．しかし，観測角度（もしくは観測波長）が異なると，反射率の値が数倍の範囲で変わる可能性があるので，$w_j = 1/\rho_j$ のような重み付け係数 w_j を用いて観測値に加重するのが実用的である．これは以下の式で示される．

$$M = \sum (w_j(\rho_{oj} - \rho_{mj})^2) \tag{8.10}$$

観測数 n に対して，ρ_{oj} と ρ_{mj} はそれぞれ j 番目の観測における反射率の観測値とモデルによる推定値を示す．最適化において何らかの「ペナルティ関数」を用いて，物理的に不可能な値を取り除くことが必要な場合もある．生物物理学的パラメタについて適切と予想される範囲の値についての事前情報は，逆推定の過程を制限して，より頑強な推定をもたらす．このような補助的な情報には，群落タイプについての事前情報，つまりは予想される構造的な特徴（たとえば，作付地図から）や，成長段階（たとえば，一連の観測値と成長モデルから）といったものが含まれる．このような事前予測は，たとえば，逆推定の反復アルゴリズムの初期値として用いて，可能性の高そうな真の値に集中させて，物理的にありそうもない結果を避けるために使われる．代わりに，事前情報は修正コスト関数（ペナルティ関数に似ている）で用いられることもあり，ここでは，観測値とモデル値の差の二乗和を最小化するだけでなく，同時に推定値と事前予測値との差も最小化する（Combal et al., 2003）．

■ 8.5.2 直接的あるいは数値解析的な逆推定

ほとんど群落の放射伝達モデルは複雑で非線形であるため，通常，数値最適化を行うことが必要となる．そのため，標準的な Nelder & Mead の滑降シンプレックス法やその他のより複雑なアルゴリズムを用いる．モデルの逆推定手法についての詳細は，他の文献から得られる（Liang, 2004, Myneni et al., 1995）．観測データに対して 1 組以上のパラメタセットが等しく当てはまる場合，すなわち，2 つ以上の異なる最小値が存在するとき，正しい解を得るためには補助情報か事前情報が必要となる（詳細は後述）．たとえば，Li et al., 2001 は，ベイズ推定がどのように逆推定アルゴリズムの改善に利用できるかを示し，逆推定の効率を上げるために，推定されるパラメタの事前確率分布を利用した．その他，逆推定の実際的な場面で注意すべき点には，パラメタ間の不可避の相関関係を考慮する必要があること，初期値の設定を慎重に行うこと，使用する角度の数（何段階か）の最適化が必要なこと，実験誤差が及ぼす結果を認識すること，そして極小値が局所的であり大域的最小点とは異なる可能性を認識する必要があること，が挙げられる．たとえば，SAIL モデルを逆推定するとき，たった1％の誤差の混入が，最大73％の LAI 推定誤差を引き起こす可能性がある（Goel, 1989）．

■ 8.5.3　探索表（LUT）

　探索表（look-up-table：LUT）法（Casa & Jones, 2005, Combal et al., 2003, Weiss et al., 2000）は，主にその単純さからモデルの逆推定で広く用いられるようになった．この方法は，パラメタが取りうるすべての値の範囲を含むように，何度も順方向でモデルを実行し，多次元の表（LUT）を得る．そして，この事前に計算された一連の結果は，どのような BRF のデータセットに対しても，もっともよく当てはまるパラメタを見つけるために素早く検索できる．これは，逆推定を，LUT から測定データにもっともよく当てはまるパラメタを検索することに置き換えることを意味し，通常，当てはめは何らかの重み付き最小二乗法によって行う．逆推定の精度は，地球統計学のソフトウェアを用いて最適なパラメタをより正確に推定して，表中の値の間に内挿することで，さらに高められることがある．

■ 8.5.4　機械知能

　モデルの逆推定にはニューラルネットワーク（artificial neural network：ANN）や遺伝的アルゴリズム（genetic algorithm：GA），サポートベクターマシン（support vector machine：SVM）などの人工知能的な手法によるさまざまな方法も利用できる．LUT 法と同様に，ANN は順方向でモデルを多数回実行して訓練する必要がある．この事前に計算された結果は，群落の分光‐方向的な特徴と，対象となるパラメタとの関係を学習するために用いられる．そのため，その特徴空間（signature space）は直接パラメタ空間上に描かれる．

　LUT と ANN が本質的に不利な点は，既知のデータセットが必要データ全体からするとまばらで，しばしば不均一のため，両者が基礎とする順方向でのモデル実行が必然的に不完全であることである．その結果として，これらの点を満たす可能性のある関数が無数に生じることになる．これは，逆問題の非適切性の一例である．このような場合，安定して信頼性のある解を得るために問題の「正則化（regularize）」を試みることができる．正則化には，関数の平滑性のために，データへの当てはまりの精度を犠牲にする平滑条件の適用を伴う．SVM とそれに関連したサポートベクター回帰（support vector regression：SVR）は，統計的学習理論を基礎とし（Vanpik, 1995），モデルの逆推定にとくに効率的

な方法を提供する（Durbha et al., 2007）．

多くの独立したピクセルを有する大画像に対してもっとも有効な逆推定手法は，従来の数値解析的手法や解析的手法の要素をニューラルネットワークと組み合わせたものだろう（たとえば，Sedano et al., 2008）．この方法では，限られた数の訓練ピクセルで放射伝達モデル（この場合，Rahman-Pinty-Verstraete モデル，Lavergne et al., 2007 参照）の完全な逆推定が行われ，残りは ANN によって推定される．

■ 8.5.5 さらに進んだ逆推定

分光情報の組み込み　　BRDF の逆推定手法の能力は，分光情報を組み込むことで向上する．これは，BRDF がとくに可視と NIR の間で波長に応じて大きく変化することを利用するもので，そのため，土壌の見える範囲が異なる群落をうまく区別できる．このような手法の例には PROSPECT（3 章参照）と SAIL モデルを組み合わせたものを含む（Jacquemoud, 1993, Jacquemoud et al, 2009）．これらの手法は，7 章で用いられた方法に，角度に応じた反応を組み合わせる．

逆推定を制約する先験的な情報の使用　　これまでに指摘してきたように，生物物理学的なパラメタを得るために群落の放射伝達モデルの逆問題を解くことは，困難ないしは非適切な問題であり，モデルや BRDF の測定に含まれる誤差によって，必要とされるパラメタ推定の不安定さが増大する．このノイズは逆推定にかなりの誤差を生じさせ，大域的な最小値ではなく，間違った局所的な極小値や，誤った解を生じさせる可能性すらある．解の範囲の正則化に利用できる事前知識のタイプは，土地被覆やパラメタの物理的な制限についての大局的な知識（たとえば，負の LAI は存在しない）から，耕作物の種類とかその成長段階といった目標特有の知識にまで及ぶ．場合によっては，特定のパラメタに対して取りうる範囲を厳しく制限することもできるし，パラメタに対して良い情報をもっていたり，そのパラメタがシステムに対して無反応で，値を固定しても良いことを知っている場合もありうるが，一方で，1 組のパラメタに対して同時確率密度関数を設定できる可能性もある．ベイズ推定を用いることで，事前知識を逆推定プロセスに組み込むことができる（Li et al., 2001）．

成長モデルの使用は，群落の成長モデル（とくに均質な農作物の場合）と，一連のリモートセンシング画像や，農作物の季節的な成長に関する一般的な知識によるデータを組み合わせることによって得られる事前知識によって，逆推定が制限できる例の 1 つである．

オブジェクトに基づいた生物物理学的変数の探索　　1 ピクセルの分光特徴だけではなく，近接した複数ピクセルの分光特徴を用いたオブジェクトに基づいた解析を行うことで，逆推定の精度が向上することが示唆されている（Atzberger, 2004）．画像分割や分類（6 章），もしくはディジタル化した土地境界を利用するといった処理によって，適切なピクセルどうしを結合させることで，近接ピクセルをオブジェクトにグループ化できる．この方法では，よく管理された景観においてスペクトル的に関連した植生特徴の空間的自己相関を利用する．オブジェクト特徴を表現するさまざまな追加的な統計値（たとえば，分散や

スペクトルバンド間の共分散など）が得られるので，モデルの逆推定を導いたり制限したりするための追加情報を利用できる．こういったオブジェクトに基づいた手法を利用する際のいくぶん複雑な情報は，ANN の使用によってもっとも容易に逆推定できる．

時系列データの活用　一般に植物の成長は，何らかの曲線で表現される滑らかなパターンに従う．たとえば，作物の LAI は 2 重ロジスティック関数で容易に表現できる．同一の観測対象を生育期間中に複数回観測するとき，逆問題の正則化においてこの滑らかな成長を利用できる可能性がある（Baret & Buis, 2008）．モデルの最初の実行時に，個々の場面からデータを何らかの標準的な方法によって逆推定する．推定した LAI 値を，LAI が滑らかに成長するように，何らかの曲線へ当てはめる．これらの連続的な値は，次のモデル逆推定のための事前情報となる．この過程を，値が収束するまで繰り返す．

■ 8.5.6　放射モデルの比較

植物群落の放射伝達のモデル化と，とくに $BRDF$ のシミュレーションで利用される手法における相対的な利点について，逆推定のしやすさによって検討することには価値がある．放射伝達のモデル化と，レイトレーシングやラジオシティ法との主要な違いは，前者はセルもしくはレイヤー内の平均的な（体積）特性を基礎とするのに対して，ラジオシティ法は個々の空間的，方向的に明示された物体による実際の反射と透過を基礎としていることである．後者の手法は，空間相関や群落ギャップ，密集度を直接シミュレーションできるが，ずっと多くの情報を必要とする．

土地被覆の異方性シミュレーションでは，使われるモデルによって仮定はさまざまであり，その逆推定に使用される仮定も異なるので，モデルによって大きく異なる結果となることは驚くことではない（図 8.16 と図 8.17 は代表的なモデルによる結果を比較している）．もっとも大きな問題は不均一なシステムのシミュレーションの際に生じるが，均質な群落の比較的単純な場合においても，モデルの違いによって予測値に驚くほど大きなばらつきがみられ，平均の局所角偏差[†]（local angular deviation）は 5〜10% 程度となる．こ

(a) 均質　　　　　　　　　(b) 不均質

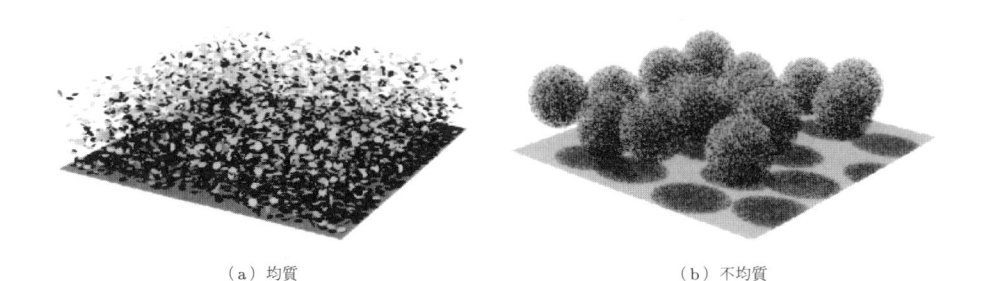

図 8.16　RAMI 1 において異なる放射伝達モデルの性能を比較するための（a）均質，（b）不均質な場面（Pinty et al., 2001 から許諾のもと掲載）．口絵 8.2（a）参照．

[†]（訳注）局所角偏差とは，ある射出角における BRF のずれのこと．

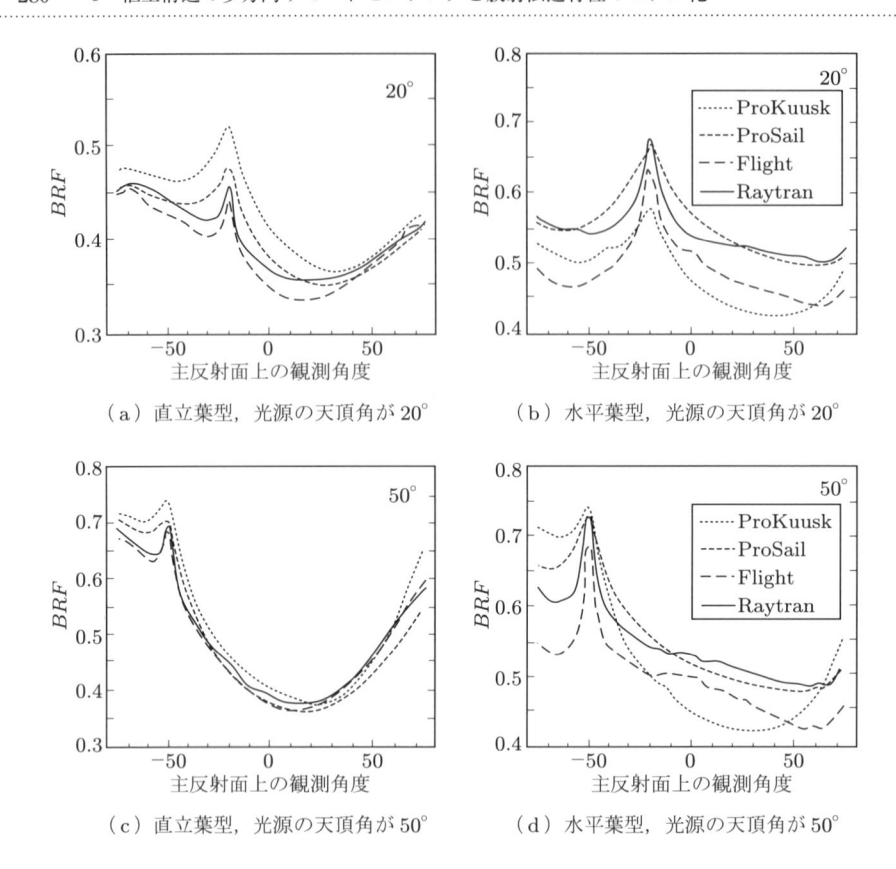

図 8.17 RAMI 1 において検証されたいくつかの放射伝達モデルの性能比較（図 8.16 参照）．検証用群落に対する，近赤外域の主反射面における BRF のシミュレーション結果を示す（モデルや検証内容の詳細については Pinty et al., 2001 参照）．

のことが，群落構造に関するパラメタを得るためのモデルの逆推定を行う場合に重要であることは明らかである．

　異なるモデル間の品質管理を実施するために，長年，任意のモデルの性能を標準と比較してテストできるシステムの開発に労力が費やされてきた（たとえば，Pinty et al., 2001, Pinth et al., 2004, Widlowski et al., 2009）．放射伝達モデル相互比較（radiation-transfer model intercomparison（RAMI）exercise）の結果として，現在，オンライン上で利用可能なモデルチェッカーが開発されている（Widlowski et al., 2008, 章末の Web サイト）．

■ 8.6　野外の群落内での生物物理学的パラメタの推定

　放射伝達モデルの評価や，リモートセンシングによる群落の生物物理学的特性の抽出には，葉面積指数や葉面角度分布，また，しばしばそれらの群落内の高さ分布のような，群

落特性についての独立した計測値が必要である．このような特性値を得るには，厳密には直接測定しなければならないが，通常，多大な労力を要するので，群落の放射伝達特性の測定に基づく，間接的な推定法に大きく依存しがちである．

■ 8.6.1　直接計測

　群落の生物物理学的特性の推定を目的とした，放射伝達に基づくすべての方法の基本的な基準は，直接計測である．LAI（通常は緑の葉の面積のみを対象とする）は，地面の既知の面積上に存在する植物体のすべてを刈り取ることで容易に推定できるが，多くの場合，草本群落や農作物に対してのみ実行可能である．対象範囲を刈り取った後，必要に応じて混生群落の構成種別に分けて，茎と枝，もしくは花など，その他の構成要素と葉をより分ける．サンプルの全葉面積は，直接計測（たとえば，方眼紙に葉の輪郭を描いて，マス目の数を数える）や，識別しやすい背景（たとえば，白）の上に葉を載せて写真に撮り，Adobe Photoshop の「なげなわツール」のような画像処理ソフトウェアの機能を用いて，画像中の比率から葉面積を推定することによって求める．さもなければ，自動葉面積計に葉を入れることで測定できる．より洗練された葉面積計（たとえば，アメリカ Li-Cor 社の LI-3000 C や 3100 C，イギリス Delta-T device 社の Delta-T WinDIAS）では，複数の葉が，2枚の透明なベルトに挟まれた状態でセンサヘッドに運ばれ，カメラかスキャナに投影されて，自動的に葉面積が積算できる．自動計測システムは，群落を真に代表する推定値を得るために必要とされる大量サンプルを計測するには望ましいが，自動システムが利用できない場合には，対象範囲の葉の何枚かをサブサンプリングして，その重量とすべての葉の重量との比から全サンプル量を推定することもできる．層別サンプリングによって，群落内の高さによる葉面積分布についての情報が得られる．群落内の葉面角度分布（leaf-angle distribution）LAD を直接計測で取得するのは，より難しく，たいへん手間のかかる作業となる．これについて利用可能な機器や方法は 3.1.4 項で概説した．

　木本群落においては，全刈り取りは草本群落に比べてよりいっそう困難であり，現実的ではないので，サブサンプリングから拡張する手法が一般に用いられている．たとえば，個々の枝に付いている葉の枚数を数え，代表的な葉の面積を基準として 1 本の枝あたりの葉面積を推定し，1 本の木あたりの枝数を基準として，群落の全葉面積に拡張する（たとえば，Cermak et al., 2007）．しかし，LAI と LAD の直接測定は困難かつ破壊的であることから，多くの研究で，放射伝達モデルの逆推定に基づいて，群落の放射特性から間接的に見積もられた葉面積が用いられている．これらについては次節以降で概説する．

■ 8.6.2　群落内での間接法

　群落の生物物理学的のパラメタの間接推定は，リモートセンシングに用いられているのと同様の方法で，類似した放射伝達理論によって行われるが，群落下における放射減衰の測定をもとにしている点に違いがある（群落上での測定については 8.6.3 項を参照）．群落下の方法は，通常ギャップ比率の理論（3 章参照）に基づいているので，散乱していない

光線だけが必要である．この方法には，植物群落における放射減衰のいくつかの側面を推定するさまざまな技術が含まれる．

多配列センサ　もっとも単純なものとして，単純な多配列センサ（multisensor arrays．たとえば，アメリカの Dacagon Devices 社 AccuPar80 やイギリスの Delta T Devices 社 SunScan SS1）や携帯型センサによる，群落下の多地点における放射照度の測定があり，群落上の放射照度と比較することで消散係数が求められて LAI が推定される（図8.18）．実際の群落はかなり不均質であるため，サンプリング誤差が生じ，それを見込んで多地点で透過率を測定する必要がある．この方法は，異なる太陽天頂角による放射透過の変化を考慮することで，群落 LAI だけでなく葉面角度分布も推定できるように改良できる．群落下において，密接に関連しているが異なる2つの放射測定の方法がある．1つは**放射測定法**（radiation measurement approach）であり，群落の深さによる平均的な放射照度の減衰を測定する．もうひとつは**ギャップ比率法**（gap-fraction approach）であり，群落下の光斑による明るい部分の面積比，もしくはギャップ比率を測定する．放射照度を用いる方法は，原理的には放射減衰式（式(3.6)）を L について解く必要があり，$L = \ln(I/I_0)/k$ で与えられ，k は群落の適切な消散係数，I/I_0 は群落上の放射照度に対する群落下の放射照度の比である．3章で示したように，k の値は葉面角度分布と光の入射角に応じて変化し，葉が水平な群落では $k = 1$ であるが，他の群落では異なる値をとる（表3.4）．対象となる群落についての既知の Campbell の楕円体パラメタ x を代入するか，葉身角度が45°より小さな葉の枚数に対する45°より大きな葉の枚数の比率を1.6倍して，そのパラメタを推定することで，少なくとも，ある程度均質な群落においては，それなりの精度で L を推定できる．実際に用いられるアルゴリズムは，直達光と間接光の比や太陽天頂角について考慮するので，群落の透過率は，異なる方向からの放射による透過率の変動を補正している．

特定の角度におけるギャップ比率を利用した別の方法は，散乱していない直達放射のみを扱うためより単純で，Nilson, 1971 の理論を用いて以下のような方法で行う．この角度情報は全天空写真（Anderson, 1981, Evans & Coombe, 1959, Leblanc et al, 2005）や，

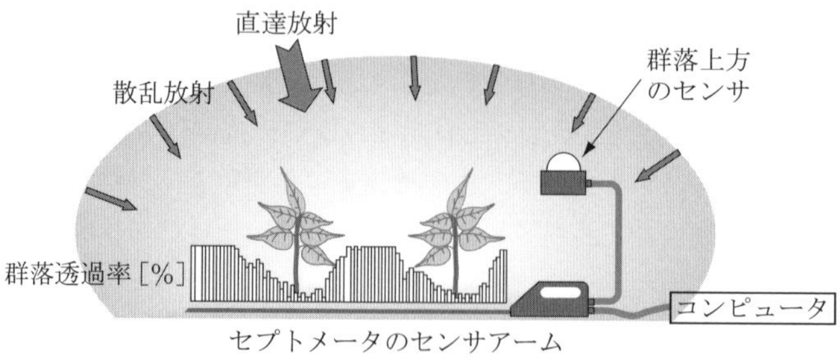

図8.18　簡易多配列センサ透過率計（SunScan SS1）を利用した LAI と LAD の推定．群落上方のセンサは，入射放射と直達放射の割合を評価するために使う．この測器は，群落を通過してセンサの高さまで透過した放射の平均割合の推定と同様に，直達成分を評価するために光斑の割合を測定するためにも設置できる．

角度別測定ができるセンサ（次節で説明）などを用いて得られる．放射の透過率と消散係数は，太陽高度が約 33°のとき，とくに葉面角度分布の仮定について反応しないことが（表 3.4 の式に値を代入することで）わかる．両方の方法が，異なる太陽角度（すなわち，1 日の異なる時間）の測定によって，天頂角による放射透過の変化についての情報を得るために適用できる．このような情報を解析するためのソフトウェアが利用できる（たとえば，ter Steeg, 1993）．

多配列センサは，明示的な角度情報なしで群落の全透過率を測定するが，晴天下において太陽の角度が既知である場合，光斑中にあるセンサの割合からギャップ比率を求めることで，角度情報が得られる．さまざまな太陽角度のデータを集めることで，すでに概説した逆推定の手法を適用して，L だけでなく LAD も推定できる．

角度別測定のできるセンサ　　放射伝達から群落パラメタを推定するための 1 つの方法として，半球（全天）写真に基づくものがあり，図 8.19（b）に示すトウモロコシ群落を下から撮影したような魚眼像を得るために，魚眼レンズ付きカメラを群落の下に設置する．このような画像を，群落から葉の部分を分離し，角度クラス別に空が見えている割合（＝ギャップ比率）F を定量化するために処理する．群落の放射透過の角度分布についての情報は，角度クラス別に群落の透過率を測定するよう設定した特別なセンサによっても得られる（たとえば，Li-Cor 社 LAI-2000，図 8.19（a））．どちらの場合も，通常その目的は

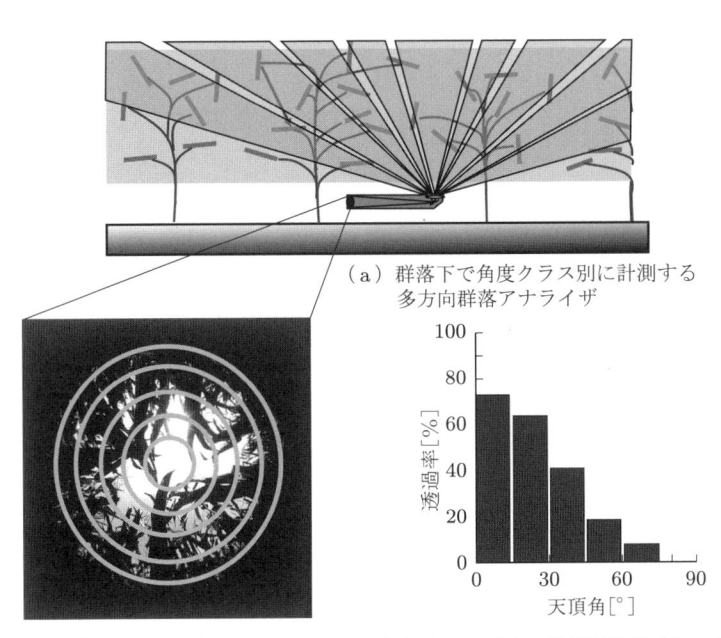

(a) 群落下で角度クラス別に計測する多方向群落アナライザ

(b) 角度クラスに対応した半球写真

(c) クラスごとの放射透過率（もしくはギャップ率）を示したヒストグラム

図 8.19　群落下からの群落の透過率の計測．

群落ギャップの角度分布を決定し，その情報を逆推定して LAI や LAD を導出することである．ギャップ比率の方法では，方位角対称であると仮定し，天頂角 θ における F を次式で表される空が見える確率 $P(\theta)$ と考える (Nilson, 1971)．

$$P(\theta) = \exp\left(-\frac{G(\theta) L_{\text{eff}}}{\cos\theta}\right) = \exp\left(-k(\theta) L_{\text{eff}}\right) \tag{8.11}$$

ここで，$G(\theta)$ は θ 方向における単位葉面積の平均射影，θ は天頂角，$k(\theta)$ は角度 θ における消散係数（$= G(\theta)/\cos\theta$），L_{eff} は実効（見かけの）葉面積指数である．$\cos\theta$ の項は天頂角が大きくなるにつれて長くなる群落内の路程を補正する．3章で説明したように，消散係数は群落の投影面積に対する実際の面積の比として求められ，一方，実効葉面積指数は，実際の葉群がランダムに分布していないことを補正する．

すべての放射伝達モデルに基づく方法で不利な点は，葉によって遮断された放射と，幹や枝のような木質組織によって遮断された放射を区別することが難しいことである．Kucharik et al., 1998, 1997 は，多バンド植生画像撮影装置（multiband vegetation imager：MVI）を用いて，この問題に対処する方法を提案している．基本的に MVI は，広角カメラを群落下に設置するが，NIR と R の画像を取得するので，木質部と葉の2つの波長帯における反射率の違い（7章参照）を利用して，両者を分離する．

しかし，どのような方法を採用しようと，ほとんどすべての自然群落における空間的な不均質性のために，有効なデータを得るためには，多数の繰り返しサンプルによるできるだけ多くの群落データの平均値を求める検出技術が必要となる．葉のランダム分布モデルの逆推定に基づいた放射透過手法における2つ目の重大な問題は，放射減衰が葉の集中度の影響をかなり受ける点である．これにより，集中度が高まるにつれて LAI あたりの放射透過量が増える．L の観測値 L_{eff} は，真の値 L と補正因子，すなわち葉の集中指数（clumping index）λ_0（通常，1.0 より小さいと集中分布した群落，1.0 より大きいと非常に規則的な群落を示す）によって関連づけられ，次式で表される．

$$L = \frac{L_{\text{eff}}}{\lambda_0} \tag{8.12}$$

集中指数をギャップの大きさの頻度分布から推定する方法がいくつか提案されている（たとえば，Leblanc et al., 2005）．集中による誤差を補正していない場合には，真の LAI 値を 50% くらい過小評価する可能性がある (van Gardingen et al., 1999)．補正は，真の群葉の面積指数を推定するため，群落の葉ではない部分を考慮するように次のように拡張できる．

$$L = L_{\text{eff}} \frac{1-\alpha}{\lambda_0} \tag{8.13}$$

ここで，α は木質部（片面）の面積指数と植物全体（片面）の面積指数の比である (Chen,

1996). 式(8.13)を式(8.11)に代入すると，次式が得られる．

$$P(\theta) = \exp \frac{-k(\theta) L \lambda_0}{1-\alpha} \tag{8.14}$$

詳細な式や適用方法は，機器のメーカーの手引き書に，群落のサンプリングを適切に行ううえで不可欠な注意点とともに掲載されているだろう．群落の下からの放射測定に基づいて群落のパラメタを得るための方法に関しては，多くの有用な総説があり (Breda, 2003, Garrigues et al., 2008, Hyer & Goetz, 2004, Jonckheere et al., 2004, Leblanc et al., 2005, Weiss et al., 2004), Espana et al., 2008 は，全天空写真の利用を斜面上の群落の解析に拡張している．

■ 8.6.3 群落上での間接法

フィールド内で，たとえばゴニオメータを用いてなされた測定において，通常の2方向性反射率のモデル化と逆推定を行うのと同様に，群落上からの半球写真を用いることも，とくに穀物や草原など丈の短い群落において可能である．群落上からの写真における放射伝達理論は，群落下からの場合と同じである．群落下からの半球写真は，空を背景としたとき，葉と背景が非常に容易に区分できるという利点があるが，群落上からのRとNIRチャンネルのデータを利用したNDVIに基づく方法を利用することで，群落と背景土壌との区別が容易になる．

□ 構成比率の使用

群落近傍の画像からモデルの逆推定を行うための別の方法では，群落全体の反射率を用いるのではなく，日向と日陰の葉や地面のような画像の構成要素の比率を用いる (Casa & Jones, 2005)．

Compbell & Norman, 1998 によると，天底視という単純な場合において，視野内における土壌の割合 $f_{s,v}$ は $e^{-k(0)L}$ で表すことができ（BOX 3.1 参照），そのため，視野内の植生の割合 $f_{veg,v}$ は $1 - e^{-k(0)L}$ となり，$k(0)$ は天頂角が0°のときの消散係数である．任意の深さ L において，天頂角 θ から入射する光が当たっている日向葉の割合は $e^{-k(\theta)L}$ であるので，視野内における日向葉の割合は，葉面積指数 L より下にある場合に葉に直達光が当たっている確率 $e^{-k(\theta)L}$ と，天底視センサから見える確率 $e^{-k(0)L}$ との同時確率，すなわち，これら2つの指数関数の積である．可視域の日向葉の葉面積指数 $L_V{}^*$ は群落全体について積分することで，次式のように求められる．

$$L_V{}^* = \frac{1 - e^{-(k(0)+k(\theta))L}}{k(0)+k(\theta)} \tag{8.15}$$

これは，適切な形態係数 $k(\theta)$ を乗じることで，そのセンサ視野における日向葉の割合 $f_{sl,v}$ を示す次式に変換できる．

$$f_{\text{sl.v}} = k(\theta) L_V{}^* \tag{8.16}$$

そのため，視野内の日陰葉の割合 $f_{\text{shl.v}}$ は次式のようになる．

$$f_{\text{shl.v}} = 1 - e^{-k(0)L} - k(\theta) L_V{}^* \tag{8.17}$$

日向と日陰の地面の比率も同様に求められる．この方法は，直達光の最初の遮断のみを使って，散乱の導入による複雑化を避けているが，通常，散乱が反射放射に及ぼす影響は小さい．図 8.20 は POV-Ray を使って，視点角度や葉面積指数 L に応じてこれらの比率がどのように変化するかを予測したものである．

この方法は，フィールド内での較正実験のような，空間分解能の高い画像に対してのみ適用できる．図 8.21 はバレイショ耕作地の群落近傍における画像に対してこの方法を適用した結果で，日向と日陰の葉と地表の区別には一般的な教師付き分類が用いられている．

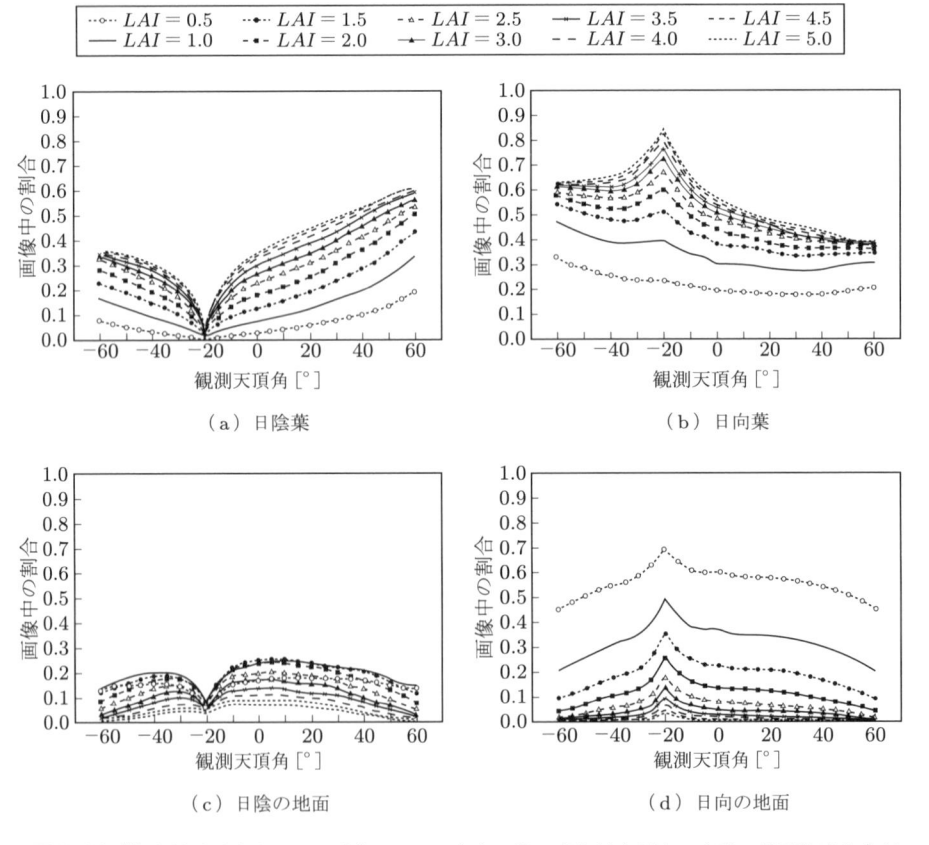

図 8.20 光線追跡法を用いて計算した，日向と日陰の葉と地表割合の変動．葉面角度分布が球形である群落について主反射面上の複数の角度から見た場合を計算している．負の天頂角は後方散乱の方向に対応する（Casa & Jones, 2005 より）．

(a) バレイショの圃場を視野角 10° で撮影した着色画像

■ 日向葉
■ 日陰葉
■ 日陰の地面
■ 日向の地面

(b) 日向と日陰の，葉と地面に分類した図

図 8.21 2 チャンネル（R/NIR）カメラ（Agricultural Digital Camera：ADC，アメリカ Dycam 社）を用いたバレイショの圃場の撮影画像と，画像処理ソフトウェア ENVI の教師付き分類を用いて分類した図（Casa, 2003）．口絵 8.3 参照．

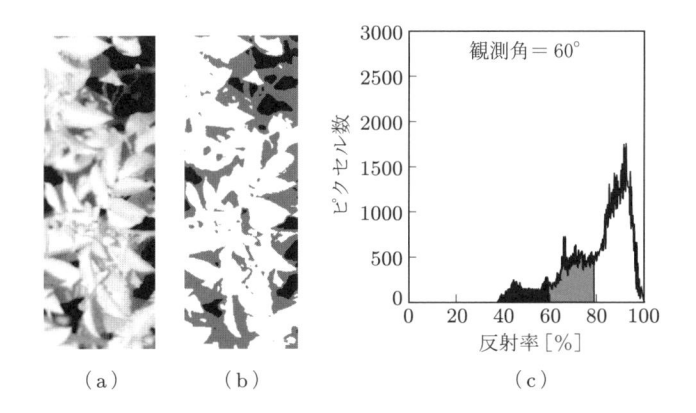

(a)　(b)　(c)

図 8.22 (a) 天頂角 60°（ホットスポット付近）で撮影したバレイショ群落のグレイスケール画像．(b) は (c) に示すように，明るさの閾値に従って，日向葉（白）と日陰葉（灰色），日陰の地面（黒）に分類した図（Casa, 2003）．

より単純な代わりの方法として，明るさの閾値のみを分類に用いたのが図 8.22 であり，密集した群落に適用したとき，もっとも明るいピクセルを日向葉とみなし，それほど明るくないピクセルを日陰葉もしくは地面であるとみなすという原理を例示している．図 8.23 は，図 8.21 のような分類結果を（図 8.21 で示した方法を使って，10°間隔の一連の測定からの結果），もっとも当てはまりの良かった画像内の構成要素比率の曲線と共に示している（Casa & Jones, 2005）．LUT の導出は，この場合には Casa & Jones, 2005 が用いた作物シミュレーションの光線追跡分析か，ここまでに取り上げてきた日陰と日向の比率に関する情報が得られるいずれかの放射伝達モデルの，どちらによっても行える．また，こ

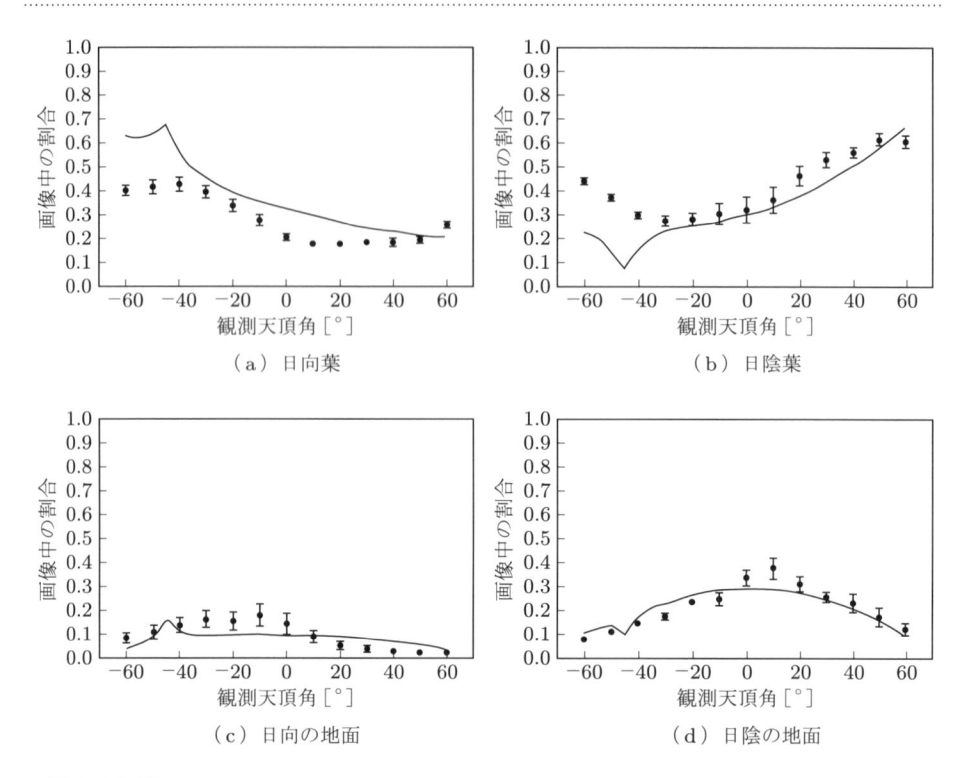

288　8　植生構造の多方向リモートセンシングと放射伝達特性のモデル化

(a) 日向葉

(b) 日陰葉

(c) 日向の地面

(d) 日陰の地面

図 8.23 LAI が 1.9 であるバレイショの圃場において，2003 年に取得された ADC データの分類から得られた多方向画像における要素の構成比率．● は同一圃場で連続して取得された 4 つのデータの平均値で，誤差バーは標準偏差を表す．実線は POV-Ray によってシミュレーションした群落を用い，LUT の検索によってもっとも適合したモデルの出力値を示す (Casa & Jones, 2005)．このデータは，とくに観測範囲が小さくなりやすい天頂付近において，しばしば限定されたフィールドでの観測反復数の結果として，実際のデータで生じる可能性のある誤差の種類を示している．

れらは 1 次散乱だけを考慮すれば良い．

❓ 例　題

8.1　視野角が 8° のセンサが，背の低いイネ科草原の 2 m 上にあったとして，表面を天底視 (0°)，30°，60° の角度で観察した場合の長さ寸法を計算せよ．また，もしセンサがゴニオメータのように観測範囲の周りを回転したなら，対応する長さはどうなるか．

8.2　仰角 30°，45°，60°，75° で空が見える確率を計算せよ．(a) 群落の LAI が 3.2 で，水平な葉群で構成される場合，(b) 群落の LAI が 2.2 で葉面角度分布がランダムな場合，(c) 群落の LAI が 1.5 で葉群が垂直な場合．また，葉の集中指数が 0.5 であった場合，結果にどのような影響を与えるか．

8.3　簡易多配列センサ透過率計 (SunScan) を，2 つの対照的な群落の LAI 推定のために，

グリニッジ子午線上，海抜 0 m 地点において用いた．それぞれの場合で，一連の測定は 7 月 1 日の 8：00，10：00，12：00（グリニッジ標準時）に行い，影となったセンサの平均百分率を記録した．作物（a）では，影となった部分はそれぞれ，79％，64％，60％ であったが，作物（b）では，60％，58％，59％であった．2 つの群落の LAI と LAD について，どのようなことがいえるか．

■ 推 薦 書

本章の内容を扱った教科書はほとんどなく，Liang, 2004 は有用であるが，かなり進んだ内容を扱っている．植物の群落の放射伝達に関する有用な入門書としては，Campbell & Norman, 1998，Jones, 1992，Monteith & Unsworth, 2008 などがある．

Web サイトの紹介

POLDER-3/PARASOL データベース
  http://toyo.mediasfrance.org/?-BRDF-
RAMI オンラインモデルチェッカー
  http://rami-benchmark.jrc.ec.europa.eu/
Labsphere 社（参照表面製造）
  http://www.labsphere.com
SAIL と PROSPECT ソフトウェアのダウンロード
  http://teledetection.ipgp.jussieu.fr/prosail/
POV-Ray^{TM} の Web ページ
  http://www/povray.org

9 群落の物質・熱交換のリモートセンシング

■ 9.1 遠隔からのエネルギー収支および物質フラックスの推定

　4章で示したように，植生に関連した機能過程やフラックスの研究にとって，一般的にはリモートセンシングは最適な手段ではない．リモートセンシングは，植生タイプの分布やその特性（たとえば，葉面積指数，クロロフィル含有量，さらにはバイオマス量）のように，ゆっくりと変化する構造的な特徴を扱うことにより適している．とくに問題となるのは，群落と大気間の熱と物質のフラックスのいずれについても，リモートセンシングでは直接的には測定できないことである．もっとも，大気の下向き長波放射などは比較的困難であるものの，少なくとも表面のエネルギー収支の放射項については意味のある情報を抽出できる．リモートセンシングによって大気湿度（ただし，大気全体の水分含量は，必ずしも地表付近の湿度とよく対応しない），大気透過度，雲量（これは大気透過度とともに，入射放射量を経時的にモデリングするために必要），そしてもっとも重要な表面放射温度についての情報を得ることもできる[36]．実際，温度は地表面エネルギー収支において鍵となる変量である．地表面近くの風速は，群落の輸送特性を推定するうえで有用であるが，陸域のリモートセンシングから得ることは容易ではない（ただし，海面上のウインドシアは，マイクロ波高度計と散乱計を用いて測定した波の構造から指定が可能である．4.2.3項参照）．これらの測定可能な変量を併せて用いると，地表面のエネルギー収支における放射，顕熱，潜熱の割合を間接的に推定できる．

　もうひとつ，ほとんどのリモートセンシング研究にとって重大な欠点が，得られる画像が断片的なことである．画像間隔は通常1日かそれより長い．そのため，空間分解能が非常に低い静止軌道の気象観測衛星を除いて，連続的な測定を行うことがほとんどできない．もちろん，現場における近接モニタリングでは，動的な応答を連続的に記録できる．さらに，良質な光学データの取得率は，空を覆う雲によって制限される．また，観測データを補間し，フラックスの積算値を求める手法の開発はモデルの利用に大きく依存しており，補間も変数推定のどちらも，遠隔から測定できるような変数や，群落の生物物理学的パラメタからは直接的には得られない．したがって，元のリモートセンシングデータからの予測値を改善するために，地表-植生-大気輸送（SVAT）モデルや大気モデルが多用される．また，成長モデルを利用して過去の情報から良い初期推定値を組み込むことは，リモートセンシングデータによるパラメタ推定に役立つ．

36　ある表面の放射温度が4章で述べた物質・熱輸送の式に用いられる空気力学的表面温度と必ずしも一致しないことは重要である．

耕作地など狭い範囲でフラックスのリモートセンシング測定を行うことは，精密農業などの用途では重要になるだろう．しかし，リモートセンシングの大きな強みの1つは，地域レベルまでを含んだ大面積にわたる広域推定を切れ目なく行えることであり，そのため，全球規模の気候や気候変動モデルの情報源となる．主要なフラックスを導出するために用いるモデルは，単純な放射収支と「巨大葉（big leaf）」による近似から，より複雑な多層モデルにまで及ぶ（図9.1）．以降では，最初に各タイプのエネルギーフラックスを順番に説明し，蒸発量の推定まで行う．そして，CO_2フラックスの推定について述べる．

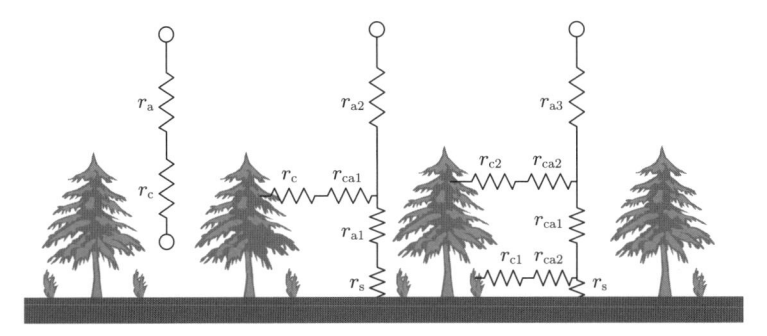

（a）単層モデル　　（b）2層モデル　　（c）複雑なモデル

図9.1　植物群落－大気間の熱・物質フラックスについての抵抗ネットワーク型モデル．（a）土壌－植生システム全体をひとまとめにしている．（b）土壌と群落を分けて扱う．（c）フラックス源を3層以上に分けた，より複雑なモデル．群落r_c，境界層r_a，土壌面r_sの各抵抗を含んださまざまな抵抗が含まれる．

■ 9.2　放射フラックスと表面温度

　リモートセンシングによって得られた短波・長波放射データによって，地表からの放射フラックスを推定する手法についてはすでに説明した．これらの放射フラックスに関する情報は，地表面エネルギー収支を推定するうえで欠くことができない．これらのフラックスを導出するには，センサにおいて計測された放射輝度の値を，対応する地表面の値に補正する必要がある．図3.1で示したように，この補正には，大気圏に入射する日射が大気中で減衰・散乱する影響と，センサに向かってくる経路上で生じる損失（と増加）の影響の両方を考慮する必要がある．大気補正の方法については6章ですでに簡単に説明した．より詳細な内容については本書の範囲を超えるので，適切な教科書や総説を参照してほしい（Bisht et al., 2005, Jensen, 2005, Liang, 2004, Norman et al., 1995a, Sellers et al., 1990, Whitlock et al., 1993）．

■ 9.2.1　短波放射
　大気上面に入射する短波放射フラックスは，太陽との位置関係と太陽定数から得られる

(2.7.1 項参照).晴天条件では,6.2 節で概説した大気補正の標準的な方法を用いて,大気中における日射の減衰と散乱を推定できるので,地表の放射照度を推定できる.しかし,雲がある場合の地表の放射照度は,大気上面における放射照度 I_{toa} の情報と併せて,放射の透過と雲のタイプや被覆状態との間の,主に経験的な関係から推定しなければならない.地表の日射照度推定の主な手順は次のようになる.

（ⅰ）大気上面での短波放射照度を算出する.

（ⅱ）雲のタイプや密度を,気象観測衛星のような高頻度データを利用して求める.たとえば,Meteosat-8（付録3参照）の MSG-SEVIRI センサは 1 km の空間分解能で 15 分ごとにデータを提供する.

（ⅲ）雲と大気特性および光学的厚さを考慮した大気の放射伝達モデルによって大気透過度に変換する.たとえば,ATOVS サウンダ（sounder）と MODIS によって,可降水量と地表面アルベドについての適切な情報を得て,補足的に用いる.

地表の日射量の推定手法の詳細は,たとえば,Daneke et al., 2008 が説明している.地表面放射輝度の推定には,一般に MODTRAN や ATCOR のような放射伝達モデルが利用される.Sellers et al., 1990 は,人工衛星によって地表面フラックスを推定するための基礎的なアルゴリズムについての良い総説である.地表面エネルギー収支の放射項についてのより高度な推定手法の開発については Whitlock et al., 1993 が概説しており,ここでは Pinker の放射伝達モデルによる計算と,ISCCP の放射輝度と TOVS の気象データでパラメタ化された Staylor のアルゴリズムを用いる.

観測時の瞬時値を求めることに注目が集まりやすいが,光合成や蒸発のような過程では,一般にこれらの日変化や長時間にわたる積算値を把握することのほうがはるかに重要である.そのため,機能的な研究において鍵となる問題は,有効な衛星観測の間隔のギャップを埋めて,日変化全体の傾向を求めることである.これは,ここ最近の研究の主要課題となっている.

■ 9.2.2 長波放射と表面温度の推定

航空機や衛星に搭載した放射計によって,上向きや下向きのどちらの長波放射フラックスも推定できるが（Norman et al., 1995a 参照）,衛星や航空機のセンサは地表面の放射フラックスを直接測定するわけではないので,モデルによってそれらの観測値と地表面の放射とを関係づける必要がある.上向き長波放射の測定は,地表面エネルギー収支の重要な一部であると同時に,表面温度を推定するための基礎となる.射出される長波放射と表面温度 T_s との関係は,ステファン–ボルツマンの式（式(2.3)）によって与えられるが,実際には,ほとんどのセンサは,大気の窓を通じて熱赤外放射バンドの一部だけを測定する.後述するが,衛星から地表面の長波放射量を推定する際には,かなり大きな誤差が生じる可能性がある.もっとも高い精度の値は,いくつかの熱バンドを測定する熱赤外センサを用いて,大気透過率が波長帯によって異なるという既知の情報を利用するスプリットウィンドウ法によって大気影響を補正した場合に得られる.この方法を含む地表面温度を推定

するためのさまざまな手法は6章で説明した．ここでは，フラックスや表面温度をリモートセンシングで推定する際に考慮すべき主要な事項を整理する．Jones et al., 2004 は以下のような問題を挙げている．

(i) **介在する大気の影響** 上向きと下向きのどちらのフラックスにおいても，介在する大気の影響を補正することは難しい．実際，Monteith & Unsworth, 2008 が指摘しているように，晴天日でも下向き長波放射の85％は，人工衛星のセンサがもっとも測定しにくい大気下端の数百メートルで決まる．これらの影響は海面よりも陸面で大きいが（Ellingson, 1995），複数の熱赤外チャンネルを用いることで，GOES衛星データでしばしば報告される約5℃の誤差よりもさらに小さくできる（Gu et al., 1997）．

(ii) **放射場の異方性** 長波・短波放射にかかわらず，大気から入射する放射も植生から出ていく放射も異方性で，観測する高さと方位に依存することが広く知られている（8章）．これらの影響は，角度による土壌表面，葉面積指数，群落構造の放射特性や，センサから見える土壌割合の変化に依存する（Norman et al., 1995b）．観測する角度による見かけの温度変化は4～6℃程度（Lagouarde et al., 1995, MacGuire et al., 1989）が典型的であるが，観測方位によっては9.3℃（Paw U et al., 1898）あるいは13℃（Kimes, 1980）程度の違いに達することもある．そのため，通常，離れた検出器によって測定された方向性放射輝度から半球全体のフラックスを得ることは難しいが，たとえば，Otterman et al., 1995 は，天頂角50°のときの測定値が誤差数％以内で半球全体の推定値になるという，かなり単純なモデルを開発している．

(iii) **射出率の推定** 衛星が受ける熱赤外放射から，射出率と温度を独立に推定することは厳密には不可能であるが，多くの有用な近似法が利用できる（たとえば，Norman et al., 1995a, Qin & Karnieli, 1999）．単純な方法の1つは，NDVIとの経験的な関係からεを推定するものである（Van de Griend & Owe, 1993）．表面温度を推定する際，射出率の1％程度の誤差が約0.6Kの誤差を引き起こすことは，とくに重要である．

(iv) **放射温度と空気力学的温度** リモートセンシングによる測定の検証をさらに困難にしているのは，エネルギー輸送の形態がソースとシンクで異なることである．このため，地上観測点で測定した温度は，必ずしも，ステファン-ボルツマンの式に代入するための地表面の有効放射温度，あるいは放射以外の形態のエネルギー交換で用いる空気力学的温度のいずれとも等しくならない．この不一致は，射出される熱赤外放射が，放射以外の形態のエネルギー交換を含むと考えられる群落全体からではなく，その上部（センサから見えている部分）から発せられることに起因している．さらに，標準的な地上観測においては，気温は地面からある高さで測定されているが，表面温度とは数℃程度は異なるだろう．なお，多方向観測によって放射温度の変動がわかると，土壌温度と群落温度の分離の精度が改善されるが，この

ことは群落内をエネルギー分割して解析する，より複雑なモデルへの組み込みにおいて重要かつ注目すべき点である．

(v) **表面温度の不均一性**　視野内の表面が異なる温度の集合体として構成される場合（たとえば，土壌と葉群），それらすべての射出率が1に近くても，測定される熱赤外放射の波長分布は黒体とは厳密には対応しないので，ある程度の誤差が生じる．土壌と植生の間で10 K以上の温度差があった場合，放射によって推定された表面温度には1 K程度の誤差が生じる可能性があり (Norman et al., 1995a)，ピクセルによってはさらに大きな変動が生じる可能性もある．

(vi) **空間スケール**　残念なことに，利用可能な熱赤外衛星データのほとんどは撮影頻度が低いか（たとえば，Landsatは16日間隔），空間分解能が粗いか (AVHRR, MODIS, GOES, Meteosat) のいずれかである．このうち高頻度低分解能衛星の場合，温度と植生指数にある単純な関係が成り立つと仮定し，独立に求めたより分解能の高い植生指数のデータに基づいて低分解能画像の大きなピクセルを分解し，より有用な時空間分解能で温度，すなわちエネルギーフラックスを求めることができる（たとえば，Kustas et al., 2003，また6章も参照）．

(vii) **時間的な統合**　衛星によるサンプリングは時間的に限られる．たとえば，雲の被覆が潜在的に偏っている可能性があるため，長期間の平均的な表面温度や，それに対応する長波放射量の推定は困難である．長期観測の統合や日変化を適切に推定するには，通常，データを平滑化するモデルが必要となる．

■ 9.2.3　純放射

表面における瞬間的な純放射 R_n は，次のように計算できる．

$$R_n = (1 - \rho_s) I_S + R_{Ld} - R_{Lu}$$
$$= (1 - \rho_s) I_S + R_{Ln} \tag{9.1}$$

ここで，ρ_s は表面の半球反射率，I_S は表面での短波放射照度，R_{Ld} と R_{Lu} はそれぞれ表面の下向きと上向きの長波放射量である．2.7.2項で概説したように，R_{Ld} は表面から見える天空の有効温度に依存し，R_{Lu} はステファン－ボルツマンの式によって表面温度から推定できる．しかし，前述したように，しばしば興味がもたれるのは日変化やより長い期間の積算値であり，それらは通常，モデルによって算出される．

表面の半球反射率は，式(9.1)の重要なパラメタで，その場で実測するか，利用可能な大気補正アルゴリズムの1つ（以下参照）を用いることで，群落型か，予想される典型的な反射率の情報（3章参照）から推定できる．

フラックス要素から純長波放射 R_{Ln} を推定するには，図9.2に示すように，R_{Ln} と，1日に受ける短波放射の理論的な最大値に対する実測値の比 I_{S-24h}/I_S^* との単純な関数を用いる，簡便な近似方法もある．

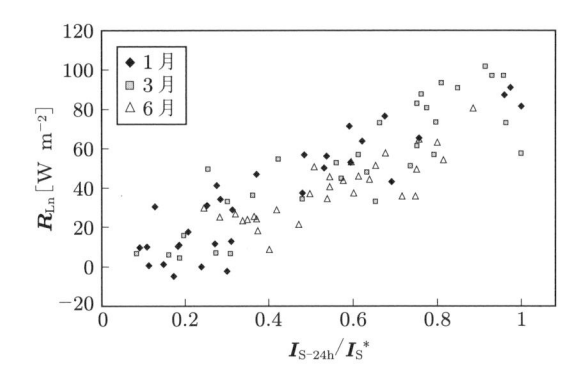

図 9.2 ベイマツ林における可能短波放射量 $I_\text{S-24h}$ の比率と純長波放射量 R_Ln との関係（オランダのカバウ (Cabauw) で 1987 年に測定）．横軸の日積算短波放射量はその場所，年での最大値 I_S^* に対する比率で示す．データは F. C. Bosveld 氏から提供を受け，E. Rotenberg 博士が解析した．測定値とサイトの詳細は Beljars & Bosveld, 1997．

■ 9.3 地中熱フラックス

入射する純放射量に対する土壌中への熱流量の割合（$G/R_\text{n} = \varGamma$）は，経験的に群落表面の特性，とくに LAI から高い精度で推定できることが示されている．4.4.6 項で概説したように，土壌中へのエネルギー分配は，土壌表面でのエネルギー分配 $\varGamma'$ と，群落上の R_n が地表面に到達する割合 $\varGamma''$ に依存する．裸地土壌面では $\varGamma = \varGamma' \cong 0.4$ となり，これは，日中の入射エネルギーの約 40% が土壌を暖めていることを示している．群落内での放射の減衰はおよそ指数関数的なので（3.1.3 項），次式のように表せる（Choudhury, 1994）．

$$\frac{G}{R_\text{n}} = \varGamma = \varGamma' \cdot \varGamma'' \cong 0.4 \exp(-kL) \tag{9.2}$$

ここで，k は R_n に対する消散係数，L は葉面積指数である．より正確な定式化については，たとえば Bastiaanssen et al., 1988b が参考になる．消散項はリモートセンシングによる植生指数（6.3.1 項）から推定でき，$SAVI$ を用いた場合，式(9.2)は次式のように近似できる（Baret & Guyot, 1991）．

$$\frac{G}{R_\text{n}} \approx 0.4 \times \frac{SAVI_\text{max} - SAVI}{SAVI_\text{max} - SAVI_\text{min}} \tag{9.3}$$

ここで，$SAVI_\text{max}$ と $SAVI_\text{min}$ は，それぞれ $SAVI$ の最大値（約 0.814）と最小値である．

■ 9.4 顕熱フラックス

遠隔からの顕熱フラックス C の推定は，通常，熱伝導方程式（式(4.8)）に基づいて次

式のように表される.

$$C = \hat{c}_p \hat{g}_H (T_s - T_a) = \hat{c}_p \frac{T_s - T_a}{\hat{r}_H} \tag{9.4}$$

上式は，気温 T_a と表面温度 T_s，群落と大気の熱輸送の速度を調節する輸送係数 $\hat{g}_H$ に関する情報を必要とする．この単純化された式を植生群落の熱交換の記述に適用する際には，実際には異なっている表面温度の集団（土壌と葉群）を，単一の平均温度 T_s で近似できるという仮定に基づいていることをよく認識しておく必要がある．厳密には，放射測定によって求められた表面温度よりは，空気力学的表面温度を用いるべきであるが，リモートセンシングによって直接得られるのは前者の放射温度だけである．輸送係数や境界層コンダクタンスは，風速，群落粗度（それ自身が植生の高さと構造の関数である），そして境界層の厚さを決定する均一な植生の広がり面積に依存する．これらの変数のうち，リモートセンシングによって容易に測定できるのは表面放射温度だけなので，さまざまな代替手法や近似が使われてきた.

■ 9.4.1　経験的な方法

Jackson et al., 1977 によって提案された，C を遠隔から推定するための単純で経験的な方法では，晴天日の C の日積算値 C_{24h} が，正午頃の表面温度と気温の差 $\delta T(= T_s - T_a)$ の瞬時値から次式によって推定できる.

$$C_{24h} = B(T_s - T_a)^n \tag{9.5}$$

ここで，指数 n は通常 1 に近い値となり，定数 B は実効交換係数（effective exchange coefficient）で群落と気象条件の両方に依存する．実際には，次式のように切片 A を加えることで適合性がより高まることが多い.

$$C_{24h} = A + B(T_s - T_a)^n \tag{9.6}$$

必要とされる T_a は，地上の観測値や，以下に示すようなフラックス条件が既知であるピクセルを使って間接的に推定できる．式(9.4)から類推すると，実効交換係数 B（$1/r_{aH}$ に比例）は，風速，大気安定度，群落粗度と関係がある (Seguin & Itier, 1983)．C_{24h} の単位を $[\mathrm{MJ\,m^{-2}\,d^{-1}}]$ とした場合，どのような植被に対しても，一般に B は植被の増加とともに 0.25 から 1.6 まで増加する (Carlson et al., 1995)．これらの式をリモートセンシングデータと共に用いる際の重要な問題としては，遠隔から検知された表面温度は群落上部の葉群の温度で重みづけられていることで，蒸発散や顕熱輸送を駆動する実効空気力学的温度の推定量としては質が低いことである．また，観測角や射出率の推定値についての問題が顕在化する場合も多い（8 章）.

■ 9.4.2 既知の端点におけるフラックス条件

残っている問題としては，T_a の遠隔推定において表面温度が気温から大きく異なる場合である．有用な近似の1つは，画像中のもっとも温度の低いピクセルが，水面または蒸散を制限なく行っている植生面を表す端点であると仮定することである．そのようなピクセルでは，通常，吸収された放射エネルギーのすべてが潜熱として失われ，$T_s \cong T_a$ になると想定される．この T_a は，近傍のピクセルにも適用される．一般に，灌漑して間もない圃場のほうが，湖を選択するよりも，植被に覆われた他のピクセルの空気力学的な特性をよりよく反映するので望ましい．このような湿潤なピクセルが得られない場合には，同じ論理を使って $NDVI$ と T_s の関係を外挿して，$NDVI$ が最大になる T_s から T_a を求めることもできる．極端な乾燥地では，オアシス植生への若干の熱の移流によって，局所的に負の $\boldsymbol{C}$ が生じる可能性があり，このような場合には何らかの補正が必要である．

もうひとつの有用な端点は，蒸散が行われていない植被や乾燥土壌のような乾燥したピクセルによって得られる．この場合は潜熱フラックスが存在しないので，$\boldsymbol{C}$ は $\boldsymbol{R}_n - \boldsymbol{G}$ に等しいと仮定できる．この場合，輸送抵抗を推定するために，この関係を式(9.4)に代入して次式のように表せる．

$$\hat{r}_H = \frac{\hat{c}_p(T_{dry} - T_a)}{\boldsymbol{R}_n - \boldsymbol{G}} \tag{9.7}$$

地表付近の風速と，群落の空気力学特性のデータがあれば，別の方法で $\hat{r}_H$ を推定できる (Monteith & Unsworth, 2008)．画像中の極端に湿潤あるいは乾燥したピクセルから求めた T_a と $\hat{r}_H$ の推定値を近傍のピクセルに外挿できるという仮定には，いくつかの重大な近似が含まれている．これらの近似には，局所的な移流，植被の有無で生じる吸収放射量の違い，表面温度によって変化する大気安定度の変化などに起因する誤差が含まれている．これらの問題を克服するために改良されたアルゴリズムについては 9.5 節で説明する．

■ 9.5 蒸　　発

蒸発は，リモートセンシングによる推定がもっとも難しい地表面エネルギー収支の構成要素である．4.5.2 項で指摘したように，農業目的では $\boldsymbol{E}$ は，基準あるいはポテンシャル蒸発散速度 $\boldsymbol{E}_o$ と，群落被覆によってほぼ決まる作物係数 K_c との積として推定されるのがもっとも一般的であった．K_c は，少なくとも群落に水分が十分に供給されていれば，植生指数によって推定される植被率と密接に関係しているだろうが，$\boldsymbol{E}_o$ は遠隔から推定することがいっそう難しい．たとえば，リモートセンシングによる群落温度は，$\boldsymbol{E}$ や $\boldsymbol{E}_o$ (4.4.4 項) を求めるためのペンマン-モンティース式に代入できるが，この式は同時に，遠隔からでは推定の難しい風速，大気飽差，表面抵抗，境界層抵抗のような情報を必要とする．

$\boldsymbol{E}$ の推定には多くの代替手法が利用されており，主なものを以下に概説する．これらの手法は，適用できる範囲（農地や林地の小さな面積範囲から，さまざまな土地被覆が関係

している地域レベルの適用まで），その種類，頻度，リモートセンシングデータの空間分解能，必要とする地上データが異なっている．また，近似の方法，計算に機構的モデルが組み入れられている度合い，大気 - 植生間の動的なフィードバック，たとえば，気孔の挙動やアルベドが含まれる度合いなども異なっている．

リモートセンシングによる E の推定方法の多くは，熱センサによる群落温度の遠隔推定に基づいており，E そのものは一般にエネルギー収支の他のすべての項が推定された後の残差として推定される（Courault et al., 1996, Kalma et al., 2008）．局所的な推定値をより長い時間スケールや地域に拡張していくことはとりわけ困難であるが，リモートセンシングは，対象となる地域全体を完全に覆うデータを提供し，点データは補間アルゴリズムと組み合わせることで補間できるので，このようなスケール拡張に用いる方法として有用である．リモートセンシングデータによってさらに長い時間間隔の E を推定する代替手段として，マイクロ波による土壌水分計測から水収支学的に算出する方法もある．

■ 9.5.1 エネルギー収支の残差からの推定

蒸散を推定するためのもっとも一般的な方針は，エネルギー収支の他のすべての項を推定してから，その残差を求めることである．9.2～9.4節で示した方法は，いずれも R_n, G, C を合計し，エネルギー収支（式(4.7)）の差分から λE を求める．

$$\lambda E = R_n - C - G \tag{9.8}$$

ここで，R_n は地表面に入る向きが正，他の項は地表面から出る向きが正であることに注意する．残差として E を推定する場合，とくに蒸発が小さいときに相対誤差が大きくなる．明らかに，誤差は各項の推定精度，とくに顕熱フラックス項の誤差による影響が大きいが，これは，遠隔から正確に推定することが難しい，群落と大気間の温度差の推定精度に依存しているためである．実際，表面温度の推定誤差が E の遠隔からの推定精度を頻繁に制限している．多くの簡便な推定アルゴリズムでとりわけ困難なのは，それらがスケーリングにおいて非線形性であるため，広域の複合地形へ外挿するには適さない傾向があることである．さらに，地上データが得られたとしても，それらは通常，点計測にすぎない．

□ SEBAL と METRIC

推定精度の主な改善は，SEBAL（surface energy balance algorithm for land：陸面エネルギー収支アルゴリズム）（Bastiaanssen et al., 1998a, 1998b）と，その後継となる METRIC（mapping evapotranspiration at high resolution with internalized calibration：内部較正型高分解能蒸発散マッピング）（Allen et al, 2007b）が開発されたことであった．この手法は重要で広範囲に使用されているため，派生型とともに少し詳しく説明する．これらは単源（one-source）モデルを用いており，植生と非植生部分を別々に扱うより複雑な並列源（two-source）モデル（Kustas et al., 1898）とは対照的である．一般的な方法は，アルベドや植生指数のような表面の生物物理学的パラメタを導出するために，可視，近赤外，熱赤外の衛星放射輝度を利用するというものである．それらは式(9.8)の

エネルギー収支の各項や，熱，物質の輸送係数の算出に利用される．この方法の重要な側面は，温度と $NDVI$ の空間変動を内部較正に利用することである．$NDVI$ との種々の経験的な関係が，表面射出率や土壌熱フラックスのような主要パラメタの推定に重要な役割を果たす（9.2節，9.3節参照）．SEBAL アルゴリズムの詳細は，原著論文を参照してほしい（Bastiaanssen et al., 1998a, 1998b, 2005）．

リモートセンシングでとりわけ難しいのは，大気境界層内の熱と物質の輸送の推定で，とくに式(9.4)や他のフラックス式に代入するための主要な輸送係数の推定である．ここで，SEBAL は群落上の大気境界層の顕熱，潜熱，運動量（または，ウインドシア）のフラックスと，図9.3に示すような瞬間的な表面温度 T_s と半球表面反射率 ρ_s との経験的な関係における類推を利用する．この例では，E が増加した結果，ρ_s がおよそ 0.23 以下では T_s は ρ_s とともに減少し，一方，ρ_s がおよそ 0.23 以上でも T_s が減少する．後者は表面が吸収する日射量が減少するためである．SEBAL のアルゴリズムは，本質的に放射によって調節される $T_s : \rho_s$ の関係の傾きが考慮されており，面で見た場合の実効運動量輸送特性，すなわち境界層輸送抵抗を推定し，それが植被によってどのように変化するかをピクセルごとに C の反復計算を行うことで λE を推定する．この方法は，リモートセンシングによる表面放射温度 T_s と地表面付近の気温 T_a との差の変動についても考慮しており，これらが線形関係をもつと仮定することで，どのピクセルでも，測定した T_s から $T_s - T_a$ が求められる．これらの改良によって，単純に式(9.4)から導出したパラメタを用いた場合に比べて，λE の推定精度を大幅に改善できる．この SEBAL による，実測した表面放射温度の関数とした表面付近の温度差のパラメタ化によって，空気力学的温度の絶対値や高

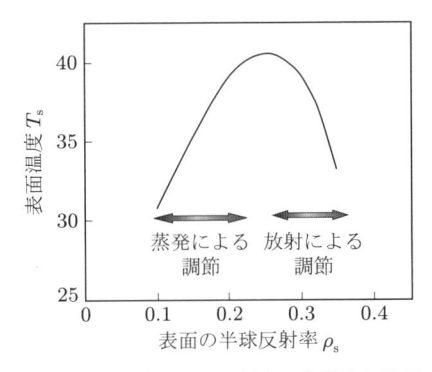

(a) 表面温度と表面反射率の典型的な関係　　(b) T_s と ρ_s の散布図

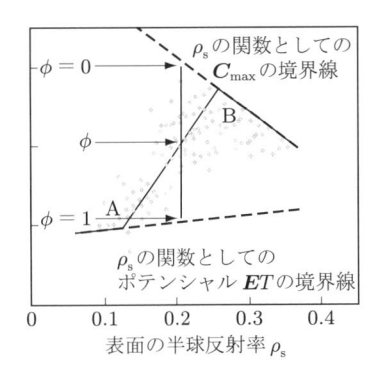

図9.3　(a) 反射率の低い範囲は湿地や湿潤面あるいは植生面に対応し，温度は蒸発によって制御される．一方，反射率の高い範囲は乾燥して蒸散が行われず，表面温度は吸収放射量によって決まる．データは1986年8月の東カッターラ（East Qattara）低地の Landsat TM 画像から得たもので Bastiaanssen, 1998a による．(b) T_s と ρ_s の散布図から境界線とそのなかのピクセルの蒸発比（ϕ：境界線間の相対位置）を求める方法（Roerink et al., 2000 による方法）．

精度の気温推定は不要となる．METRIC アルゴリズムは SEBAL と似ているが，2 地点の地上気象データによって内部較正を行う点が異なる（Allen et al., 2007a, 2007b）．METRIC の特徴の 1 つは，2 つの地上気象観測点の推定値で正規化された基準蒸発量（水分ストレスのないアルファルファの地表面を想定）に対する割合として，各ピクセルの E が表されることである．

SEBAL と METRIC は，フラックスとその駆動力との間のフィードバックをある程度考慮しているが，それでも輸送過程におけるフィードバック（たとえば，気孔コンダクタンスのフィードバック制御）をさらに適切に考慮する必要がある．同時に，このフィードバックは，それ自身にスケール依存性があり，理想的には地表面の局所的な不均一性も考慮すべきである（たとえば，Timmermans et al., 2008）．

■ 9.5.2 純放射量からの推定

λE の推定には上限・下限が利用でき，乾燥した非蒸発面におけるゼロから，ピクセル間で移流がない場合の最大値である有効エネルギー $R_n - G$ までの値をとる．この目的のためには，24 時間周期の土壌熱フラックスが無視できると仮定するのが普通である．この場合，平衡蒸発速度に従って以下の式のように有効エネルギー（$\approx R_n$）が蒸発速度を決定する（McNaughton & Jarvis, 1983, Monteith & Unsworth, 2008）．

$$\lambda E = \alpha \lambda E_{eq} = \alpha (R_n - G) \frac{s}{s + \gamma} \tag{9.9}$$

ここで，E_{eq} は平衡蒸発速度，s は飽和水蒸気圧曲線の傾き，γ は乾湿計定数，α はいわゆるプリーストリ-テイラー定数で，広い均質な植生面からの蒸発を表し，しばしば $\alpha \cong 1.26$ とされる（Brutsaert & Sugita, 1996, Priestley & Taylor, 1972）．この関係はかなりよく適合し，地表面が植生にほぼ完全に覆われている（$NDVI$ が高い）広い面積の λE を信頼に足る精度で推定する．

しかし，実際の画像中には，しばしば植生にあまり覆われていない範囲が大きく含まれており，裸地乾燥土壌のような蒸発ゼロから，有効なエネルギーによって決まる蒸発の最大値までを含む．したがって，平衡蒸発速度を仮定すると，蒸散速度は次式のように表される．

$$\lambda E = \phi (R_n - G) \frac{s}{s + \gamma} \tag{9.10}$$

ここで，ϕ は**蒸発比**（evaporative fraction）として知られている有界の乗数で，0（乾燥土壌面のような非蒸発面）から 1（湖面のような自由蒸発面）までをとり，隣接するピクセルから熱の移流がないことを仮定している．しかし，この ϕ をどのように決めるかという問題が残されている．1 つの方法は，S-SEBI モデル（Roerink et al., 2000, Sobrino et al., 2007）のように，図 9.3（a）と同様の仮定を用いることである（理論的根拠は図 9.3

(b) 参照).ここでは,湿潤ピクセルでは反射率の増加によって,観測される温度はほとんど変化しないと仮定している.反射率の高いピクセルは,主に利用可能な土壌水分の減少と,植被あるいは蒸散の減少によって生じるので,温度がAからBへ上昇し,蒸発量が減少してBでゼロになる $((R_n - G) = C)$ と,Bから先では,反射率がさらに増加し,吸収される純放射量が減少し,温度が低下する.そのため,図9.3(b)で示したように,外挿した端点に対する相対的な位置によって,どのピクセルにおいても蒸発比ϕが求められる.($\phi = 0$ と $\phi = 1$ の両端点を結ぶ)端線は,ρ に対して T_s をプロットすることで推定できる.次に,群落温度の情報を利用した他のいくつかの手法を概説する.

■ 9.5.3 表面温度と蒸発量の関係に基づく推定

好都合なことに,ある環境で複数の類似した表面では,表面温度が E と線形に関係することを簡単に示せる.乾燥した表面では次式のようになる.

$$(R_n - G)_{dry} = \hat{g}_H \hat{c}_p (T_{dry} - T_a) \tag{9.11}$$

一方,いくらかでも蒸発が生じている表面では次式のようになる.

$$(R_n - G)_s = \hat{g}_H \hat{c}_p (T_s - T_a) + \lambda E_s \tag{9.12}$$

上式から式(9.11)を引いて整理すると次式のようになる.

$$\lambda E_s = (R_n - G)_s - (R_n - G)_{dry} + \hat{g}_H \hat{c}_p (T_{dry} - T_s) \tag{9.13}$$

放射特性(と空気力学的特性)が類似している2つの表面では,最初の2項が打ち消し合い,表面温度の差は蒸発速度と線形な関係になる.あるいは,いくぶん推定が難しい $\hat{g}_H$ を次式のように式(9.11)と式(9.13)から取り除くこともできる.

$$\lambda E_s = (R_n - G)_s - (R_n - G)_{dry} \frac{T_s - T_a}{T_{dry} - T_a} \tag{9.14}$$

ここで,T_{dry} と T_a ($\approx T_{wet}$) は,上で説明したように近くの端点ピクセルから求められる.

この原理は,地表面が異質な範囲の衛星画像に対して広く採用されており,$T_s : VI$ の散布図の特性を利用するが,$T_s : f_{veg}$ の散布図(7章参照)であればなお良い.このようなプロットでは,一般に図9.4に示すように,点の集まりが三角形か台形になる.すでに説明したように,蒸発量の増加によって温度が線形的に低下するため(式(9.13)),低温部の境界線が,入射エネルギーによって定まる潜在的な最大速度(式(9.9)で与えられる)で蒸発している領域であり,一方,もっとも高い温度が観測されたピクセルでは,蒸発していないことが示唆される.9.5.1項でSEBALについて説明したように,原理的には表面放射温度を δT に置き換えることで,推定精度を高めることができる.よって,蒸発に使われる有効エネルギーの割合 ϕ は,温度と直線的な関係がある.また,植被率とも関係があり,完全に植生に覆われたピクセルでは温度がもっとも低く,蒸発が最大であり,図の

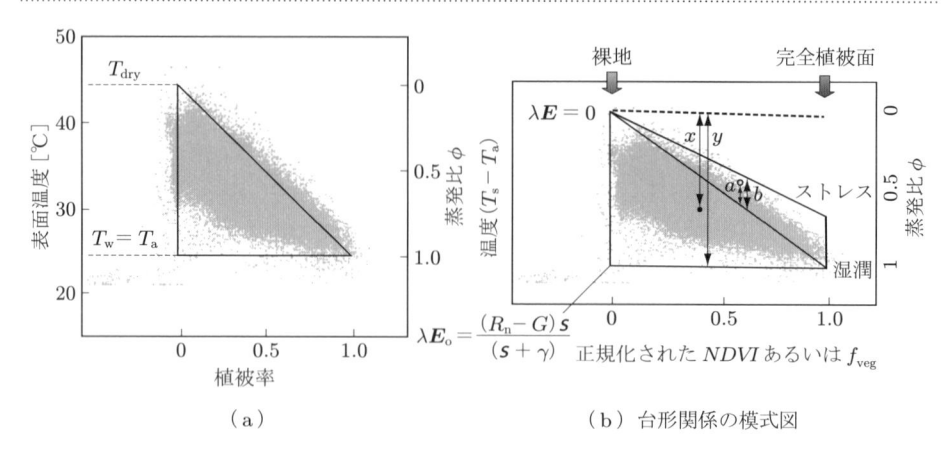

図9.4 (a) T_s と植被率（最大値で正規化した $NDVI$ による近似）の関係．植被率が正規化した $NDVI$ に比例し，下側の x 軸に平行な境界線が湿潤面からの最大蒸発を表すという仮定に基づく．図中のどの点も，蒸発量と温度は，植被率で重み付けした土壌と植生の寄与の線形和からなっている．$NDVI$ が低い点は，裸地土壌面や水面などを表し，土壌が乾燥していると温度が高くなる．データ点はアメリカの Walnut 渓谷，1990年8月9日，Gillies et al., 1997 による．(b) 台形関係の模式図は，気孔閉鎖が生じると，対角線の上側で温度が上昇することを示している（短期的な乾燥ストレスの典型）．● は土壌面蒸発がいくらか含まれたピクセル，○ はいくらか気孔が閉鎖しているピクセルを示す．このダイアグラムは単なる近似であり，上限と下限の境界線がともに水平線から離れることがある．その主要な原因は，アルベドと土壌熱フラックスの割合が f_{veg} によって変化するため，純エネルギー吸収量が変わるからである．さらに，台形の上側の境界線上で $E = 0$ にならないことにも注意する．これは，ほとんどの植生では，枯れない限り $E = 0$ に到達しないからである．○ は，植被率補正済みストレス指数を示す（9.6節末）．Moran et al., 1994 はこのダイアグラムの詳細な解析を行っている．

左上隅に集まる乾燥して植被に覆われていないピクセルでは，温度がもっとも高く，蒸発が最小となる．植被率がもっとも高い場所におけるばらつきは，主に，水分が制約された密生した植生において，気孔による短期的な制約によって生じる蒸発速度の違いとして解釈できる．図中の対角線に沿った変化は，乾燥土壌と制限なく蒸発している植生が線形に混合した結果を表していると考えられ，この条件では f_{veg} が 0.3 であれば，蒸発率も 0.3 になる．図9.4 (b) で，下側の大きな三角形に含まれる点は，土壌が乾燥しておらず，そこからの蒸発が全体にいくらか寄与している範囲を示している．たとえば，図中の黒丸では，蒸発比は $\phi = x/y$ である．

図9.4 (b) のダイアグラム中のどの点でも次式が成り立つ．

$$1 - \phi = 1 - \frac{E}{E_o} = \frac{T_s - T_{wet}}{T_{dry} - T_{wet}} \tag{9.15}$$

これは Idso と Jackson (Idso & Jackson, 1981, Jackson et al., 1981) が開発した**作物**

水分ストレス指数（crop water-stress index：$CWSI$）とまったく同一である．この水ストレス検知の応用については 9.6 節で説明する．

水分ストレスについては，台形ダイアグラムによってよりよく表現できる（図 9.4（b））．図中の比較的植被の少ない左部分は，いくぶんばらつきが大きいが，自由に蒸散している点が欠けており，画像中に自由水面がほとんど存在しないことを示している．どのピクセルでもエネルギーは植被率に比例して植生に吸収され，大部分が潜熱に変換され拡散し，残りは土壌に吸収され，乾燥していれば大部分が顕熱に変換され拡散すると仮定することは，合理的な近似である．植被率の高いピクセルの数が限られているところでは，$T_s : f_{veg}$ の上端の線によって f_{veg} の最大値を外挿することで植生の温度，すなわちポテンシャル蒸発を推定できる（Boegh et al., 1999）．この方法では，測定された表面温度 T_s は，植被率 f_{veg} を介した植生温度 T_{veg} と土壌温度 T_{soil} の線形和とみなされ，次式のように表せる．

$$T_s = f_{veg} T_{veg} + (1 - f_{veg}) T_{soil} \tag{9.16}$$

この汎用的な方法の問題点の 1 つは，白っぽい乾燥した砂漠土においては有効エネルギーがピクセルごとに大きく変化することである．たとえば，しばしば土壌面の反射率が植生よりも高くなるので，ピクセルの状態は吸収した放射と土壌熱フラックスについても補正したほうがよい．この補正の精度は，熱慣性のデータを取り込むことでより高められる（Anderson et al., 1997，Stisen et al., 2008）．あるピクセルの E の合計は $T - T_{dry}$ に比例すると仮定できるが，中央のピクセル群については，土壌や群落の相対的な寄与を土壌の乾燥度と気孔コンダクタンスに関連づけて決定するための特定の方法は存在しない．

さまざまな研究者（たとえば，Choudhury et al., 1994）が E を推定するために次式を用いてきた．

$$E = E_o \left(1 - \frac{VI_{max} - VI}{VI_{max} - VI_{min}} \right) \tag{9.17}$$

しかし，上式は図 9.3（a）の上部の境界線のみを表しており，土壌が湿潤であったり，ストレスによって気孔が閉鎖したために植生からの蒸発が抑制されたりしている場所では十分に機能しない．それにもかかわらず，このような関係性は温度の実測値と経験的に組み合わせることで，予測値として若干の価値をもつ（Nagler et al., 2005）．

この三角形あるいは台形による経験的な方法では，極端な湿潤点と乾燥点が 1 枚の画像中につねに得られるとは限らないため，これらの端点について代わりの推定方法を用意しておくことは有用である．たとえば，McVicar & Jupp, 2002 は，現地の気象データ，リモートセンシングによる温度，植被，R_n を用いて熱収支モデルを逆演算し，水蒸気に対する表面コンダクタンスが無限の場合（湿潤面）とゼロの場合（乾燥面）のそれぞれに応じた理論上の上限・下限温度を推定した．これらの極端な値は**正規化差温度指数**（normalized difference temperature index）$NDTI$ とよばれるものを得るために，式(9.15)の補数に取り込まれる．

$$NDTI = \frac{T_{g=0} - T_s}{T_{g=0} - T_{g=\infty}} = \frac{E}{E_o} \qquad (9.18)$$

ここで，$T_{g=0}$ は $g_s = 0$ のときの温度，$T_{g=\infty}$ は湿潤面に対して算出された温度である．この方法の重要な部分は，リモートセンシングデータによって広域にわたって補間することである．

■ 9.5.4　SVAT モデルを用いたデータ同化

地表面エネルギー収支の詳細なパラメタ化を含んだ，複合的な土壌 - 植生 - 大気輸送（SVAT）モデルは，水やエネルギーのフラックスを推定するために幅広く用いられている．これらのモデルは通常，植生 - 大気間の交換については短い時間間隔（1時間かそれ以下）で決定論的に記述され，単層モデルから，それぞれの層ごとのエネルギー収支を計算する多層型モデルまで用いられる（Olioso et al., 2002）．これらの数値モデルは，一般に詳細なパラメタ化と，作物と環境に関する一連のパラメタについての情報を必要とするが，すでにみてきたように，これらをリモートセンシングから取得することは難しい場合が多い．これらのモデルの大部分は気象データの入力によって動かされるが，とくに地上観測サイトがほとんどない地域ではデータの適用範囲が制約されるため，リモートセンシングによって得られた群落温度が入力データとして重要になる．これらのモデルは，多くの場合，リモートセンシングデータが得られるたびにモデルの主要な状態変数を設定する逐次同化的手法によって運用される．これらの方法や SEBAL で用いられた手法は，必要な空間補間の手段を提供する．温度の日周期を利用したモデル較正の方法もある（Coudert et al., 2008）．

CO_2 フラックスと水蒸気フラックスが，いずれも気孔コンダクタンスによって制御されていることは，景観スケールでも両者は相関することを意味している．この2つの別々の条件によって制約されたフラックスを結合してモデル化し，FLUXNET のようなタワーフラックス観測ネットワークで得られたデータのスケール拡張に利用することで，それぞれの推定精度を改善できる（Anderson et al., 2008）．Anderson et al., 2008 は，観測された表面温度を土壌と群落部分の温度に分離し，蒸発と土壌水分状態についての情報が得られるモデルに利用し，それと解析的な群落の光利用効率モデルを結合させ，広範囲のスケールで，炭素，水，エネルギーのフラックスを地図上に表現した．

□ 単層，2層，さらに複雑なモデル

もっとも単純な SVAT モデルは単層で（図 9.1），ペンマン - モンティース式を群落に適用して，その表面温度が葉と土壌の温度の適切な平均値を表すと仮定する．背の低い均一な草地などでは，ほぼすべての入射放射が薄い群落層で吸収され，ほとんどの蒸発がその層で生じるため，この仮定は非常によく成り立つ．一方，土壌がかなり露出しているような疎な群落ではほとんど成り立たない．このような状況では，土壌と群落の大きな温度差によって，C の推定誤差が大きくなる．この問題を克服するため，とくに不連続な群落

について，C と E を土壌と群落に分割し，それぞれの温度を利用してフラックスを算出するための2層モデルが開発されてきた（たとえば，Norman et al., 1995b, Shuttleworth & Wallance, 1985）．もし，観測角度別の見かけの温度変化についてのデータが利用できれば，そこから群落と土壌の温度を個別に逆推定できる．この方法は，大気境界層の日内変動を再現するモデルによって予測した気温変化速度についての情報と，2層モデルとを組み合わせることで，広域の植生面に対してさらに拡張された（Anderson et al., 1997）．この組み合わせ法には，気温の測定が不要で，温度測定の絶対精度の影響を受けにくいという利点がある．

□ 他のいくつかの方法

マイクロ波の波長域を利用して蒸発比が推定できることが示唆されているが（Li et al., 2009, Min & Lin, 2006），これは，マイクロ波波長の光学的厚さと植生の水分含量との間に半経験的な関係があるためで，相対的に短い波長の射出が群落上部の影響をより強く受ける．残念ながら，マイクロ波指数と地表面輸送過程との間の経験的な関係性はあまり強くない．他に考えられる方法には E の増加，すなわち大気境界層の湿度の高まりによって，それに応じたポテンシャル蒸発量が $E + E_0 = 2E_w$ に従って減少するという相補関係を利用したものがあり，ここで E_w は広大な水面からの蒸発速度である（たとえば，Venturini et al., 2008 など参照）．

■ 9.5.5 瞬時値から24時間そして季節的な値への変換

推定した E の瞬時値を24時間値に変換することは，リモートセンシングデータを活用するうえで重要な手順である．日合計の妥当な推定値の1つは，有効エネルギーに対する蒸発割合（$\lambda E/(R_n - G)$）の瞬時推定値を24時間全体に適用したものである．G は通常24時間ではゼロに近いので，有効エネルギーは $R_{n\text{-}24}$ で，表面で吸収された短波放射（$= I_{\text{toa-}24}\tau_a(1 - \rho_s)$）と地表面からの純長波放射との差で近似できる．長波放射フラックスは地表面エネルギー収支の他の項に比べると大きいが，純長波放射は，その地点の潜在的な入射短波放射の最大値に対する入射短波放射の比との直線的な関係を利用して近似できる．Allen et al., 2007b は，水分が十分に与えられた草高0.5 m のアルファルファの基準蒸発量 E_0 に対する比率で表された E が，1日を通じてほぼ一定であり，この関係が農作物全般についておよそ適用可能であることを示したが，これは，何らかのストレスによって午後に気孔閉鎖の影響を受ける植生については当てはまらないと考えられる．この関係を用いれば，補間された基準 E_0 によって，どのピクセルでも E の24時間値を推定できる．季節的な E は，必要に応じて観測値補間を行い，24時間の推定値を積算することで計算できる．

■ 9.5.6 蒸発量推定についての結論

リモートセンシングは，1個体の植物から地域に至るすべてのスケールの E の推定において，幅広く応用されている．興味深いことに，リモートセンシングによる E の推定につ

いて広範囲な 30 の検証例をメタ解析したところ，平均 RMSE（二乗平均平方根誤差）は およそ $50\,\mathrm{W\,m^{-2}}$ で，より複雑なモデルよりも，より単純な経験的モデルのほうが良い結果が得られる傾向があった（Kalma et al., 2001）．リモートセンシングの他の応用と同様に，雲の影響を受けないマイクロ波の場合を除いて，データは晴天日に偏ってとられる傾向があるので，湿潤な気候では有用性が低い．

■ 9.6 熱赤外センシングによる水分ストレスと気孔閉鎖の検知

1950 年代に，葉のエネルギー収支の調節過程の基礎となる原理が明らかにされて以来 (Raschke, 1956)，遠隔から検知できる植物の水ストレス（より正確には，水分欠乏に応じた気孔の閉鎖反応）の指標の 1 つとして，群落温度に関心がもたれてきた．植物と水の関係の研究における群落温度を用いた**ストレス指数**（stress index）の開発については 11 章で詳しく説明する．ここでは，群落温度の調節にかかわる諸原理と，それらが気孔コンダクタンスを温度測定から推定する際にどのように影響を与えるかを概説する．

すでにみたように（式(9.13)），群落温度は群落からの水損失速度と直線的に関係する．そして，水損失は気孔コンダクタンスと密接に関係しているが，正確には植物群落と大気の結合の程度に依存する（Jarvis & McNaughton, 1986）．境界層内の輸送過程が効率的，すなわち葉が小さい，風速が大きい，粗度が大きいなどの要因で，境界層コンダクタンスが大きくなる条件であれば，熱と物質の輸送が迅速に行われる．これを植物は大気とよく結合していると表現する．このような場合，蒸散は気孔あるいは葉のコンダクタンス g_s にほぼ比例する．しかし，均一で広大な植生面が続く場合には，群落は大気との結合が弱いと表現し，全蒸発速度は主に有効エネルギー（式(9.5)）によって決定され，気孔開度の変化はあまり影響しない．これらの違いは図 9.5 に示すように，背丈が低く表面が滑らかな草地のような群落よりも，境界層コンダクタンスが概して大きい森林のほうが，気孔コンダクタンスの変化にはるかに敏感である．気孔コンダクタンスの相対変化量 dg_s/g_s に対する蒸散 dE/E の相対的な感度は，群落コンダクタンスの境界層コンダクタンスに対する割合と共に大きくなり，次式で示される（Jarvis & McNaughton, 1986）．

$$\frac{dE/E}{dg_s/g_s} = \frac{g_a/g_s}{s/\gamma + 1 + g_a/g_s} = 1 - \Omega \tag{9.19}$$

ここで，Ω は乖離係数とよばれている．

環境要因と植物側の要因が相互作用して，葉面と群落の温度を決定するしくみは 4.4.4 項で導いた（式(4.14)参照）．上式は，等温純放射（isothermal net radiation）の概念を用いてより正確な形で表せる（Jones, 1992, Leinonen et al., 2006）．上式をモル単位からより身近な質量単位による抵抗表示に置き換えると，次式のように表せる（Jones, 1992, 付録 1）．

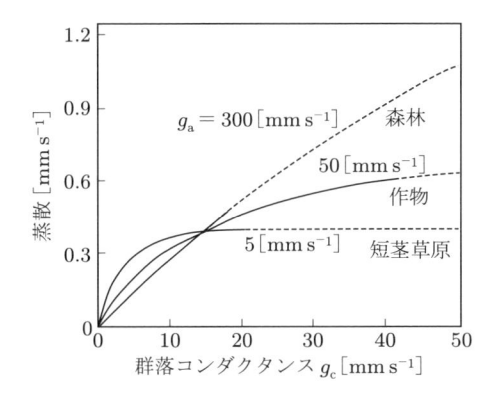

図9.5 異なる境界層コンダクタンスにおける蒸散速度と群落コンダクタンスとの関係についての計算値（有効エネルギー 400 W m^{-2}，飽差 1 kPa，温度 15℃）．実線は異なる作物の g_c についてのありそうな値の範囲（Jarvis, 1981 と Jones, 1992 による）．

$$T_l - T_a = \frac{r_{HR}(r_{aW} + r_s)\gamma R_{ni} - \rho c_p r_{HR} D}{\rho c_p(\gamma(r_{aW} + r_s) + s r_{HR})} \quad (9.20)$$

ここで，T_l は葉温，R_{ni} は等温純放射（表面温度が気温と一致した場合に受けるであろう純放射），D は大気飽差，r_{aW} は水蒸気輸送の境界層抵抗，r_{HR} は熱と放射輸送の並列抵抗である．上式は関係する変数の関数として気孔抵抗を表すために，次式のように書き換えられる（Guilioni et al., 2008）．

$$r_s = \frac{-\rho c_p r_{HR}(s(T_l - T_a) + D)}{\gamma((T_l - T_a)\rho c_p - r_{HR} R_{ni})} - r_{aW} \quad (9.21)$$

気孔の閉鎖は，乾燥に対して植物が恒常性を維持するための最初の応答の1つなので，その結果生じる群落温度への影響は，植物のストレス，より正確には，植物の水分欠乏ストレスに応答した気孔閉鎖を，遠隔から検知するためにもっとも広く使われてきた手段の1つである．しかし，図9.6から明らかなように，気孔コンダクタンス以外の多くの要因が葉温に影響を与えている．とくに図9.6（c）が示すように，強風に曝された群落，あるいは森林のような粗度の大きい群落では，滑らかな群落よりも気孔の閉鎖に伴う温度変化が小さいことは重要である．

□ **ストレス指数**

野外で群落温度を気孔コンダクタンス，あるいはストレスの指標とした場合の主な問題は，温度の瞬時値が環境要因にきわめて敏感であることである．そのため，有用で汎用性のあるストレス指数を得るためには，測定した群落温度を何らかの方法で正規化する必要がある．Jackson et al., 1977 は，ある特定の時間の群落温度と気温の差を使ってストレスデグリデー（stress degree day：SDD）を定義して，群落温度を気温に対して正規化した

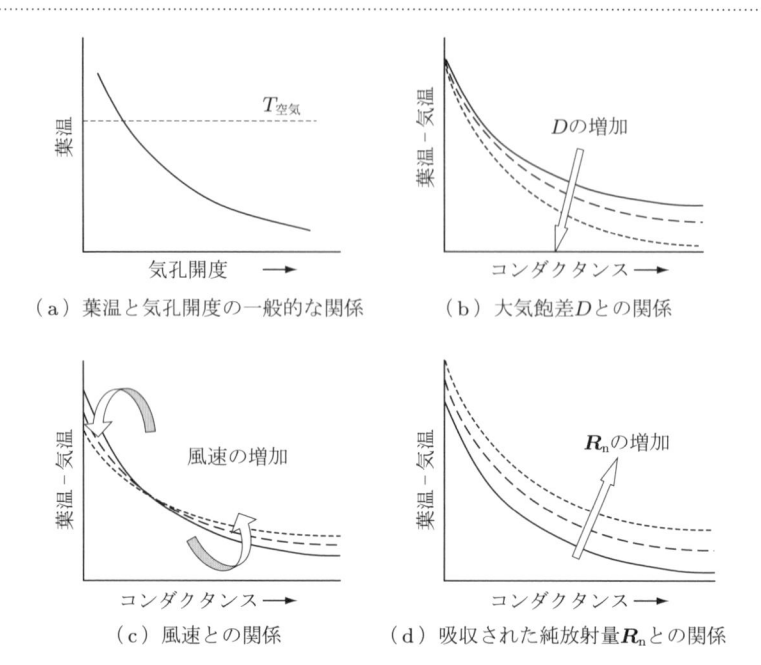

図 9.6 温度と気孔コンダクタンスの関係に環境要因が及ぼす影響について，式(9.20)を用いて計算した概略図．(b)〜(d)で示すように，葉温と気温の差で表すことで環境要因の変動の一部を打ち消すことができる．

が，これはストレス指標の開発において画期的であった．これは，連続した日ごとの正午頃の測定値をある期間積算し，作物ストレスの指標とした．続く進展はIdsoのグループによる作物水分ストレス指数 $CWSI$ の定義である (Idso et al., 1981, Jackson et al., 1981)．この指標には，大気湿度と十分に灌漑された作物の予想温度の両方の影響を考慮したさらなる正規化が含まれており，次式のような関係をもつ．

$$CWSI = \frac{T_{canopy} - T_{nwsb}}{T_{upper} - T_{nwsb}} \tag{9.22}$$

ここでは温度は気温からの差で表現され，T_{nwsb} はそのときの湿度において**非水ストレス基準線** (non-water-stressed baseline：nwsb) の温度，T_{upper} はそのときの気温と湿度における上限に相当する温度である．非水ストレス基準線は，同じ実験環境下で十分に灌漑された作物の葉 – 気温差から経験的に求められ，その環境で生じうるもっとも小さな温度差を示す．T_{upper} は温度の上限で，蒸散を行っていない作物に相当する温度である．これは，非水ストレス基準線を飽差がゼロになる点まで外挿し，縦軸の切片から葉面 – 大気飽差 D_l を求め，これをさらに飽差がマイナスになるところまで外挿し，温度差が打ち消される点から水平 (上限) に線を引くことで求められる．

9.6 熱赤外センシングによる水分ストレスと気孔閉鎖の検知

これは，図9.7 (b) から明らかなように，大気飽差が大きくなる暑くて乾燥した気候においてもっとも有用である．温度測定誤差と他の環境要因，とくに入射放射と風速の変動の両方に起因する実験誤差は，より多湿な気候においてS/N比を低下させる．この指標が導出された乾燥したアリゾナにおいてでさえ，晴天日の測定だけに制限することがきわめて重要であることがわかっている．

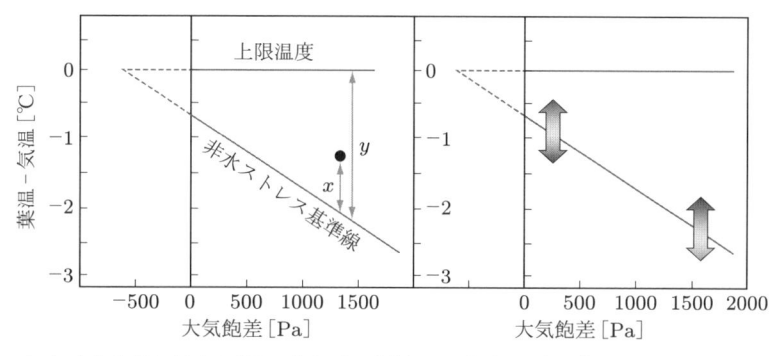

図9.7 Idso-Jacksonの作物水分ストレス指数$CWSI$の計算．(a) 非水ストレス基準線とは，潜在的な最大速度（気孔の制約なし）で蒸散している作物，上限温度は蒸散を行っていない作物を表す．図に示すように，$CWSI$はどの点でもx/yで定義される．(b) 温度測定の誤差が同じでも，大気飽差が小さい環境（たとえば，温帯の気候）では，$CWSI$の相対誤差は大きくなる傾向がある．（直線は式(9.20)から計算し，水分供給が十分な条件では$g_s = 10$ [mm s^{-1}]，$R_n = 500$ [W m^{-2}]，$T_a = 20$ [℃]，葉幅 = 0.1 [m]，風速 = 0.8 [m s^{-1}] とした）．

このような事情から，一般的な利用のために，より頑健なストレス指数を導出することに関心が寄せられてきた．原理的には，群落温度をエネルギー収支式（式(9.21)，Guilioni et al., 2008, Leinonen et al., 2006も参照）に代入して得られる気孔抵抗や気孔コンダクタンスを，ストレス指数に置き換えることは可能であるものの，その場合，すべての関係する変数（たとえば，R_{ni}，D，T_a，r_{aH}）についてのデータを揃える必要があり，それらを野外で測定することは必ずしも容易ではない．とくに，個葉群によって吸収される純放射の推定は困難である．そのため，環境変化の影響を補正するための代わりの方法として，水蒸気のコンダクタンス以外のあらゆる点で，実際の葉と同様にふるまう湿潤と乾燥の「模擬葉」を基準として使用する方法がある (Jones, 1999)．Jones, 1999は湿潤表面温度T_{wet}と乾燥表面温度T_{dry}を使って，Idso-Jacksonの$CWSI$と類似したストレス指数を次式のように定義した．

$$SI_{CWSI} = \frac{T_{leaf} - T_{wet}}{T_{dry} - T_{wet}} \tag{9.23}$$

$CWSI$との違いは，ここで利用する湿潤表面のコンダクタンスは無限であるのに対して，

よく灌漑された作物の表面コンダクタンスは有限であることである．この他さまざまな式が提案されており，そのうちの1つは次式のように気孔コンダクタンスに比例する．

$$SI_{gs} = \frac{T_{dry} - T_{leaf}}{T_{leaf} - T_{wet}} = \beta g_s \tag{9.24}$$

ここで，β ($= (c_p g_{HR} + g_{aH} \lambda s/p_a)/(g_{aH} c_p g_{HR})$．Jones, 1999 参照) は，風速と，より小さな影響で温度にのみ依存する．この形式の指数は，その逆数よりも安定する傾向がある．このような模擬葉を用いるときには，それらが本物の葉と同じ空気力学的，光学的特性をもつことが重要である．これを目指すために，本物の葉身にスプレーで水を吹きかけたり，水分損失を止めるためにワセリンを塗ったりした研究例（Jones et al., 2002）や，さまざまな人工表面を利用した例がある（たとえば，Möller et al., 2007）．後者の方法は，測定のスケールが航空機や人工衛星に拡大したときに不可欠の方法となる．好都合なことに，乾燥基準表面のみを利用した場合でも精度はそれほど低下しないことが示されており，より困難な湿潤表面の維持作業を省くことも可能である（Leinonen et al., 2006）．

□ 空間的な温度変動の利用

水分欠乏を検知する代わりの方法は，温度の空間的な変動を利用することである．Aston & Bavel, 1972 は，土壌の不均一性のために，乾燥とともに圃場の中の温度の変動性が増加する可能性を示唆し，そのような反応がトウモロコシ畑において確認されている（Gardner et al., 1981）．圃場において温度分散を測定する機会はかなり多い．個葉レベルでは，葉の向きがランダムに分布した群落では，気孔の閉鎖とともに温度分散が増大することが示されている（Fuchs, 1990）．この効果は，エネルギー収支における潜熱損失が小さな，気孔が閉鎖した葉では，気孔が開いている葉よりも，日向葉と日陰葉による遮断放射量の差が葉温に与える影響が大きくなるために生じる．気孔の閉鎖によって温度分散が増加する群落がある一方で，そうならない場合もある（Grant et al., 2007）．これはおそらく葉の向きがランダムではないためである．

□ ストレス指数の解釈

$CWSI$ やその他のストレス指数は，厳密には個葉や土壌全体を覆った群落における気孔コンダクタンスの指標にすぎない．ピクセルの中で背景土壌の割合が増加するにつれて，計算された指数には土壌温度の影響がますます増えていく．これは，土壌と植生が混在したピクセルでは，気孔の閉鎖よりもむしろ土壌面の見える割合によってストレス指数の計算値が決まることを意味する．もちろん，利用可能な水分が減少するにつれて葉面積（すなわち，f_{veg}）が減少するため，このような葉面積の変化もしばしば有用なストレス指標となる．そのため，リモートセンシングへの応用では，多くの場合，$CWSI$ と f_{veg} を組み合わせることが有用である．少なくとも乾燥気候では，乾燥土壌の影響が見られることが一般的であるため，図9.4（b）の中ほどの対角線をストレスのない自由な蒸散が行われている植生として解釈できる（たとえば，Moran et al., 1994）．そのため，気孔閉鎖度あるいは**植被補正済みストレス指数**（cover-weighted corrected stress index）が，この図の $a/$

b として得られる．精密農業や灌漑管理においてストレス指数を応用する際の実際的側面は 11 章で説明する．

9.7 CO_2 フラックスと一次生産量

　光合成や呼吸速度は，その過程で生成・放出される熱を測定することで推定できると思えるかもしれないが，代謝による熱フラックスは，通常，植生の熱収支における他の構成要素と比較して，少なくとも 2 桁は小さいため，それは非常に困難である．たとえば，植物の成長において固定される総エネルギーは，葉によって遮断したエネルギーあたりおよそ $24.5\,kJ\,MJ^{-1}$（約 2.5%．Jones, 1992）で，一方，葉の呼吸によって放出される熱は $1.5\,mW$（g 生重）$^{-1}$ 以下で（Briedenbach et al. 1997），典型的な葉（約 200 μm の葉厚）では $3\,W\,m^{-2}$ に満たない．よって，リモートセンシングは，植生 - 大気間の CO_2 交換に直接関係したエネルギーのフラックスを測るのには適していない．たいへんまれな事例においてのみ，呼吸代謝による熱発生が検知可能なことがある．たとえば，一部のザゼンソウの仲間の花は産熱呼吸を行い，肉穂花序は周囲の温度より 15℃も高くなる（Seymour, 1999）．

　遠隔からの光合成速度の推定は，ほとんどの場合，日射の吸収量をリモートセンシングで推定することによって行われる（Grace et al., 2007）．初期の研究では，光変換の効率は一定と仮定されていたが，現在は，基本的な計算に対して，乾燥のような環境ストレスを受けた光合成組織の**光利用効率**（light-use efficiency）LUE の変化を補正する必要性が広く理解されている．効率を表す一般的な記号は ε であり，これを用いることで異なる LUE を簡単に区別できる．ここでは，放射の遮断から光合成を推定するための基礎を概説し，これをキサントフィルサイクルとクロロフィル蛍光の今後の研究から得られる可能性と比較する．

9.7.1　放射の遮断による光合成の推定

　光合成代謝に直接関係した CO_2 フラックスとエネルギーフラックスは，どちらも遠隔からは測定できないが，群落によって吸収された日射量と光合成との間にはきわめて密接な関係がある．この事実は，ほとんどのリモートセンシングによる光合成生産の推定方法の基礎となっている．Monteith, 1977 が指摘したように（図 9.8 参照），吸収日射量の植物成長量への変換効率は，広範囲の植生システムにわたって驚くほど一定で，遮断された日射エネルギーに対する C3 植物の変換効率 ε_V は約 2.5% であった[37]．図 9.8 は，C3 植物に

---

[37] 光合成の潜在的な最大効率 ε はおよそ 8〜10 光子/CO_2 に近いが，系内のさまざまな損失を考慮すると，実際は 15〜22 光子/CO_2 程度が必要であり，これは吸収された PAR で計算した場合の効率 11〜16% に相当する（Jones, 1992）．光合成に利用されない日射エネルギー画分と，複雑な有機分子の合成，成長，維持，組織の損失や，再利用に伴った呼吸による損失によってさらに 2.45% まで低下し，この値は，Monteith, 1977 が示したいわゆる植生の光利用効率 ε_V に相当する．

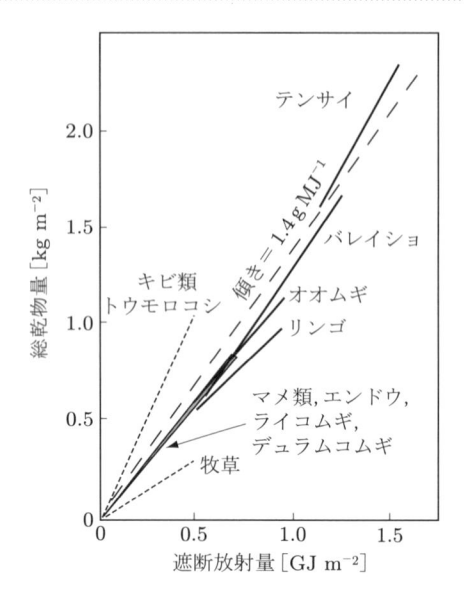

図 9.8 広範な作物おける純一次生産量（乾物重）と遮断日射量の典型的な関係．実線のデータは Monteith, 1977，破線は C4 植物の近似値（Kiniry et al., 1989, 1999），影領域は他の代表的な C3 植物（マメ類，エンドウ，ライコムギ，デュラムコムギ）を示す（Giunta et al., 2008）．遮断日射量を遮断 PAR に変換するには値を 2 で割る．

おいて 1 MJ の遮断日射量に対して平均約 1.4 g の乾物が固定されることを示している．乾物が 17.5 kJ g^{-1} のエネルギーを保持していると仮定すると，日射量から純一次生産量 NPP への変換効率はエネルギー基準で約 2.45 %，光合成有効放射に対して約 5 % になる（Jones, 1992）．実際には，表 9.1 に示すように，変換効率は作物や栽培条件によって異なり，C4 植物は C3 植物よりも潜在的には入射放射の変換効率が高い（しかし，実際にはそうでないこともある）．

リモートセンシングによる光合成や生態系生産の推定において，純光合成量，あるいは純一次生産量 NPP は，入射日射量といくつかの独立した効率の積として次式のように表せる．

$$\begin{aligned}
NPP &= \boldsymbol{I}_\mathrm{S} \times \varepsilon_\mathrm{c} \times \varepsilon_\mathrm{f} \times \varepsilon_\mathrm{A} \times \varepsilon_\mathrm{V}' \\
&= \boldsymbol{I}_\mathrm{PAR} \times fAPAR \times \varepsilon_\mathrm{V}' \\
&\cong \boldsymbol{I}_\mathrm{S} \times fAPAR \times \varepsilon_\mathrm{V}
\end{aligned} \tag{9.25}$$

ここで，$\boldsymbol{I}_\mathrm{S}$ は表面への入射日射照度，ε_c は入射放射の光合成有効波長（400～700 nm）の割合，ε_f は群落で遮断される PAR の割合，ε_A は遮断された PAR のうち葉に吸収される割合（しばしば 0.85 と仮定されるが，Campbell & van Evert, 1994 が示したように LAI > 3 では 1.0 のほうが良い），ε_V' は PAR 吸収量の乾物への変換効率である（$2 \times \varepsilon_\mathrm{V}$ と仮

表 9.1 最適な条件下で栽培した各作物の遮断日射に対する変換効率 ε_V [g MJ^{-1}] と，水分や養分が欠乏した実験条件での値 ε_V^* [g MJ^{-1}]（Azama-Ali et al., 1994）

作物	ε_V	ε_V^*
C4植物（トウモロコシ，ソルガム，キビ）	2.43〜2.69	0.57〜1.30
C3植物（コムギ，オオムギ，バレイショ，ラッカセイ，テンサイ）	1.20〜1.84	0.47〜1.10
C3植物（イネ）	2.05	1.00
C3植物（ダイズ）	1.30	0.23

定される場合が多い）．2行目の等価式は，群落が吸収した光合成有効放射量の割合を示す fAPAR（7.2.1項のように，一般に NDVI や他のスペクトル指標から得られる）を用いて表している．3行目の等価式は，I_{PAR} が地表面への入射短波日射量 I_S の約半分という有用な近似によって導かれる．

式(9.25)中の重要な変数である ε_V' は，すでに説明したように，一般に**放射利用効率**または**光利用効率** LUE[38] と称され，図9.9に示すように，植生タイプ，低温や乾燥のようなストレス要因によって変化する．しかし，乾燥などのストレスに伴う群落光合成の抑制の大部分は，ストレスに応じた葉面積の（図9.9の直線に沿った）変化に起因しており，傾きあるいは ε_V' の変化によるものはむしろ副次的であることは注目に値する．その一方で，多くの作物で栄養や水分が欠乏したとき，最適変換効率から大幅に低下することは世界中の研究から広く知られており，LUE は午後の気孔の閉鎖によって一時的に低下する．変換効率の瞬時値がかなり変動しているにもかかわらず，一般に生産量と遮断放射量は良い対応関係を示すが，これには累積和を計算するときに生じる人為的な影響がある程度含まれ

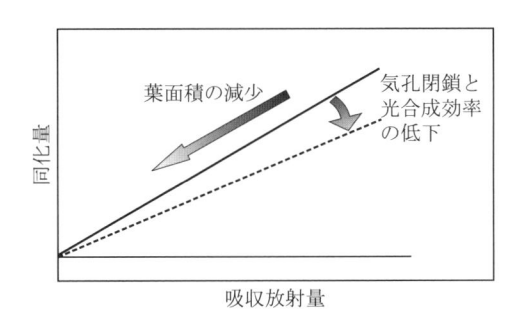

図9.9 実線は典型的な作物の栽培期間中の光合成量と総吸収放射量についての予想される関係を示す．矢印は旱魃や他の環境ストレスが，季節的な総同化量減少に及ぼす典型的な影響を示しており，同化量減少の大部分は，光合成効率の低下ではなく，葉面積の減少，したがって吸収放射量の減少による．

---

38 この用語は，著者によっては，計算の際，吸収や遮断される PAR や全エネルギーについて異なる基準を用いているので注意が必要である．

ている．

　以降で PRI とクロロフィル蛍光の利用を含めて LUE を推定する方法について説明する．ほとんどのリモートセンシングシステムは測定頻度が低いため，相対的にゆっくりと変化する $fAPAR$ の推定には役立つが，速やかに連続的に変化する I_{PAR} の変化を直接推定する目的にはほとんど役に立たない．そのため，光利用効率を利用してある植生タイプの NPP を推定する場合，対象とする環境に応じた放射あるいは気候モデルを用いて I_{PAR} とその日変化を推定することはより一般的で，いっそう有用である（たとえば，Singh et al., 2008）．

■ 9.7.2　キサントフィルのエポキシ化からの推定

　光合成，とくにその効率の遠隔推定のための代わりの方法の1つとして，光合成の光化学的効率の変化に伴う，キサントフィルのエポキシ化状態の変化を観測するものがあり，7章でみたように，適切なハイパースペクトルデータから算出した光化学的分光反射指数 ($PRI = (\rho_{531} - \rho_{731})/(\rho_{531} + \rho_{731})$) によって推定できる．この指数は，吸収放射量のうち，光合成の電子伝達に使われず熱となって散逸するものの割合を示している．そのため，放射の増加による光合成システムの飽和と，ストレスに起因した効率の低下を示す．PRI は LUE と直線的な関係をもつ有用な指標であることを示す研究が増えている（たとえば，Black & Guo, 2008, Guo & Trotter, 2004, Nichol et al., 2000）．この方法は 8.2.2 項で説明したように，日向葉と日陰葉の割合を求めるために多方向からの観測を組み合わせたとき（Hall et al., 2008），あるいは観測角と照射角が一定になるよう PRI を補正するために $BRDF$ モデルと組み合わせたときに，とくに強力となる．残念なことに PRI と LUE の関係は研究結果によって非常に大きくばらつくことが明らかになっており（図 7.10 参照），有効な較正基準がないため（Grace et al., 2007），さらなる研究開発が必要である[†]．

　そのため，植生タイプを分類してその領域を詳細に記述する技術と組み合わせた植被（あるいは $fAPAR$）の空間変動のリモートセンシングは，放射環境のモデル化と組み合わせた場合，異なる生態系の生産性を推定するための強力な手段を提供する．このような推定を検証するには，渦相関法によるタワーフラックス観測のデータと比較することが最善である．これらの検証済みモデルを水収支モデルと気候データを併せて用いて外挿することで，水分ストレスの季節変化が得られる．

■ 9.7.3　クロロフィル蛍光からの光合成の推定

　吸収された光エネルギーのほんの一部が，電子伝達と光合成による炭素同化を駆動するために使われる．大部分は熱として失われ，比較的少ない割合（約1〜2％）がクロロフィル蛍光としてより長い波長で再び放出される．4.2.1 項（式(4.1)）で指摘したように，

[†]（訳注）PRI の制約については，Rahimzadeh-Bajgiran et al. 2012. *Photosynth Res* doi: 10.1007/s11120-012-9747-4 も参照のこと．

BOX 9.1　クロロフィル蛍光のパラメタとその測定
(用語は，Maxwell & Johnson, 2000 による)

暗順化（約 30 分）させた葉に光を照射した後の典型的な個葉の変調クロロフィル蛍光の推移を図に示す．光合成の光化学作用を起こすような光が存在しない状態で，非常に弱い変調光を照射すると，最初の基底蛍光 F_o が得られる．そして，強光のフラッシュによって葉緑体のすべての反応中心を飽和させると最大蛍光 F_m が得られる．続いて，光合成電子伝達の誘導によって反応中心から電子が移動する（光化学消光：photochemical quenching），あるいは，非光化学消光（NPQ）による熱への変換が増加することの両方によって，蛍光が消光（quenching）する．ここで，光飽和させるフラッシュを繰り返し照射して，電子伝達速度 etr と光合成効率の変化を診断できる．定常状態の蛍光 F_t と，飽和パルス光によって得られた暗順応した葉の最大蛍光 F_m，あるいは定常状態になっている葉の最大蛍光 F_m' の組み合わせによって得られる主要な光合成パラメタを以下に列挙する．屋外では，まず暗順応させた F_m を得る必要があること，そして，高い放射照度の飽和フラッシュを与える必要があることから，適用に制約がある．とくに後者は，センサの葉や群落からの距離を制限するため，リモートセンシングへの応用を妨げている．通常，リモートセンシングによってクロロフィル蛍光の動態を追うことはできない．そのため，光合成と蛍光における電子の競合のために光合成速度と負の相関をもつ，日射に誘導された定常状態での蛍光 F_t の変化に基づいた解釈にならざるをえない（式(4.1)）．

$$\Phi_{PSII} = \frac{F_m' - F_t}{F_m'} \quad (\text{光化学系IIの量子収率})$$

$$\frac{F_v}{F_m} = \frac{F_m - F_o}{F_m} \quad (\text{光化学系IIの最大量子収率})$$

$$qP = \frac{F_m' - F_t}{F_m' - F_o'} \quad \left(\begin{array}{l}\text{光化学消光，またはその光強度における}\\ \text{反応中心がオープンである割合}\end{array}\right)$$

$$NPQ = \frac{F_m - F_m'}{F_m'} \quad (\text{非光化学消光})$$

$$etr \approx I_{PAR} \cdot \alpha \cdot \beta \cdot \Phi_{PSII} \quad \left(\begin{array}{l}\alpha \text{は葉のPAR吸収率で0.85とされる．}\beta\text{は光化学}\\ \text{系IIまで運ばれた吸収光の割合で0.5とされる}\end{array}\right)$$

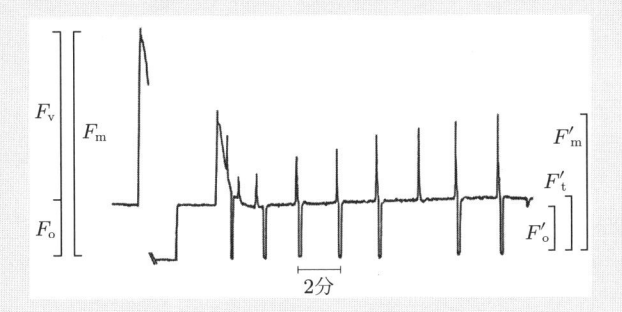

Φ_F が光化学系 II における水分解からの電子の流れとおよそ関係している状態で，蛍光量は電子伝達量，すなわち光合成速度の指標として利用できる．

クロロフィル蛍光はどのように遠隔から利用できるだろうか．制御された環境下では，たとえば，赤色の狭い波長帯だけを葉に照射し，近赤外 ($>$ 700 nm) のクロロフィル蛍光を測定できる．しかし，ほとんどの環境研究では，主に通常の日射環境下におけるクロロフィル蛍光を調べることに関心がある．このような場合，少量の蛍光と同じ波長に多量の反射日射がある．実験室や屋外でも数 m 以内で葉の研究を行う際には，フィルタを使って，測定する蛍光波長より短い波長（エネルギー損失が不可避であるため，蛍光は励起光よりつねに長い波長で射出される）に絞った光で葉を照射できる**能動型蛍光測定システム** (active fluorescence system) が共通の方法で，反射された外部環境の光から蛍光を区別するために，励起光をたとえば 60 Hz に変調させて，同じ位相で変動する信号のみを検知する．このようにすれば，およそ 2 桁大きい反射光からの定常状態の信号を排除し，無視することができる．

1 回の照射パルスに続く蛍光信号の動態を解析することで，光合成システムの特性についてきわめて有用な情報を引き出すことができるが，これには一般に暗黒下で事前に平衡状態にしておくための期間が必要（これは屋外では不便）で，また，解釈もいくぶん経験的になる傾向がある．それにもかかわらず，クロロフィル蛍光の誘導期現象（カウツキー (Kautsky) 効果）が追跡できる簡単な測器によって，植物のストレスの有無を区別するための有用な情報が得られる (Öquist & Wass, 1988)．このような研究では，1 秒程度の速い誘導期現象は主に光化学系の相違を反映し，蛍光消光が増加するより遅い誘導期現象は CO_2 固定過程（暗反応）により強く応答する．多くの研究が，誘導曲線から導出したパラメタとストレス応答との間の経験的な関係を提示している．

変調させたクロロフィル蛍光信号を使った蛍光測定器が，光合成機能を探るために導入されたことで，クロロフィル蛍光を使った手法が強固なものとなった (Schreiber et al., 1986)．蛍光消光分析の基礎は BOX 9.1 で説明する．幾何的なわずかな変化に対しても信号の絶対値が影響されるため，たとえば蛍光の最大値 F_m に対して信号を正規化することがつねに必要になることに注意する．もっともよく利用されるパラメタは F_v/F_m と Φ_{PSII} で，F_v/F_m は光化学系 II の最大量子収率で，光化学系の長期的な損傷を示し，Φ_{PSII} は光化学系 II の量子収率で，およそ**電子伝達速度** (electron transport rate) etr に比例する (etr については BOX 9.1 を参照．なお，α や β もかなり変化しうる)．電子伝達によって生じた還元力の大部分は光合成の炭素固定に利用されるため，ここで求めた etr は CO_2 固定速度の推定にも利用できる．残念なことに，光合成に利用される電子の割合は変化するので，さらなる近似が必要となる．現在，クロロフィル蛍光の測定に必要な機器は広く利用可能であるが，そのデータの収集と解釈は専門家の仕事であり，陥りやすい落とし穴が数多くある (Logan et al., 2007, Maxwell & Johnson, 2000)．

従来のクロロフィル蛍光測定は，視野内の平均的な信号の検知に基づいている．近年，クロロフィル蛍光の画像化に関心が集まっている．最新の画像化装置は，従来の変調蛍光

と類似の様式で作動し，連続した対画像を用いてBOX 9.1に示した主要な光合成パラメタの空間分布を導き出す（たとえば，Nedbal et al., 2000, Oxborough & Baker, 1997）．変調周波数の問題はあるが，変調機能を備えたシステムを用いれば，屋外で日射に曝された葉の光合成活動の平面分布図を得ることさえ可能である．

能動型の蛍光測定の方法を，航空機や衛星リモートセンシングにスケールアップする場合，励起に十分な高いエネルギーの信号を遠隔の発光器から送ることは困難であり，加えて，蛍光はセンサ方向だけでなく全方位に向かって発せられるため，信号強度が距離の二乗に反比例するという問題もある．それにもかかわらず，Kolber et al., 2005は，植物から50 m離れたところまで動作するレーザ誘起蛍光励起（laser-induced fluorescent transients : LIFT）の原理を実施した．この装置は1 Wの光学レーザから照射される高度に平行化された励起レーザビーム（直径は100 mm）を使い，250 mmの望遠レンズを通して検出する．高速の反復刺激によって，F_t，F_m'，NPQ，電子伝達速度を含む主要な光合成パラメタが，レーザ利用に関する標準的な安全ガイドラインの範囲内で得られることを実証した．

遠隔からクロロフィル蛍光を検知する別の方法として，受動的**日射誘起蛍光**（solar-induced fluorescence : SIF）の利用もある．Meroni et al., 2009は，SIFの利用可能な方法についてのたいへん有用な総説である．日射誘起蛍光は，光合成の光利用効率 LUE の指標の1つとして，光合成をしている葉から射出される定常状態の蛍光 F_t を推定できる．F_t を推定するための主な方法には，放射輝度に基づくものと反射率に基づくものがある．放射輝度に基づく方法は，**フラウンホーファー線深度**（Fraunhofer line depth : FLD）の原理を利用し，入射日射のうち酸素分子や水素分子が強力に吸収する狭い大気吸収波長帯を使う（フラウンホーファー線についてはBOX 9.2参照）．一方，反射率に基づく方法は，フラウンホーファー線は必要としないが，最大蛍光付近の波長帯と離れた波長帯とを比較して，蛍光に関係した反射率指標を得る．

それほど正確ではない推定が広帯域センサによって得られ，MERISのバンド11（760.6 nmのフラウンホーファー線を中心に3.75 nm幅をもつ）と，753.8 nmという非常に近くの参照基準となるバンド10を使ったいくつかの成功例があり（Guanter et al., 2007），衛星レベルでの適用も潜在的には可能である．この方法では定常状態の蛍光は推定できるが，消光解析に必要な情報は容易には得られないので（BOX 9.1），現時点では，その適用はごく単純な光合成との負の相関を見るにとどまっている．埋込法（in-filling method）を遠隔から用いると，大気干渉を補正する補助として，対象の植物領域と蛍光を発しない領域とを比較するのに有用である（Moya et al., 2004）．これまでのところ，蛍光センシングは将来に向けた開発段階にあり，ESAに提案されたミッション（FLEX）の基礎でもあったが，信頼に足る光合成信号の提供には数多くの課題が残されている．それにもかかわらず，定常状態の日射誘起蛍光を用いることで，光合成モデルとリモートセンシングによる $fAPAR$ の推定値を取り込むデータ同化によって，総光合成量の日変化の再現に成功した例もある（Damm et al., 2009）．

BOX 9.2　フラウンホーファー線深度法によるクロロフィル蛍光の測定

SIFを検知するために重要な波長帯は，非常に狭いHα帯（656.28 nm），O_2-B帯（687 nm），O_2-A帯（760.6 nm）で，ここでは入射日射の約90％が減衰する．O_2-A吸収帯を図（a）に示す．測定した分光計の半値幅は，細実線が0.13 nm，太実線が1 nmである（データはMeroni et al., 2009による）．このような波長帯では，「井戸（well）」を隣接した連続部分と比較することで蛍光を検出できる．これを検出するには，フラウンホーファー線の幅が0.5〜2 nmなので，非常に狭波長幅のセンサが必要になる．井戸波長 λ_{well} からの放射輝度と比較放射波長 λ_{ref} の放射輝度は，図（c）に示すように，反射放射と蛍光 F の和によって与えられ，次式のように表される．

$$L_{\lambda\text{-well}} = \frac{\rho_{\lambda\text{-well}} \cdot I_{\lambda\text{-well}}}{\pi} + F_{\lambda\text{-well}} \tag{B 9.2.1}$$

$$L_{\lambda\text{-ref}} = \frac{t_{\lambda\text{-ref}} \cdot I_{\lambda\text{-ref}}}{\pi} + F_{\lambda\text{-ref}} \tag{B 9.2.2}$$

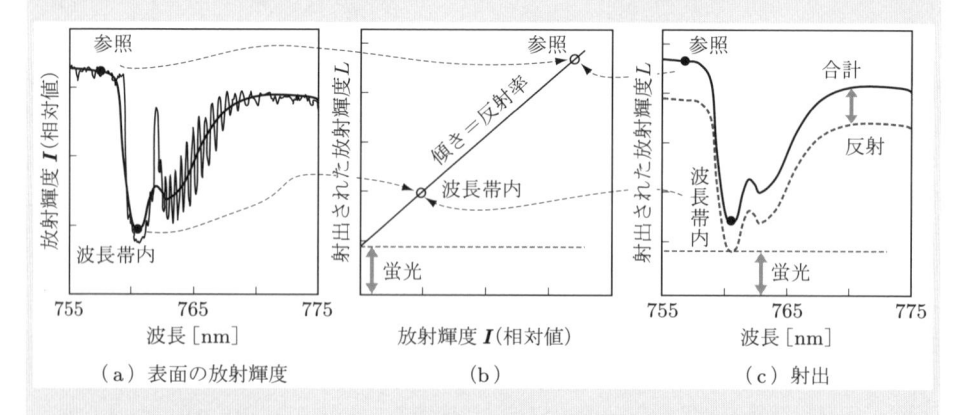

葉面反射率と蛍光が λ_{well} と λ_{ref} の波長帯の範囲で一定であると仮定すると，これらの式は次のように解ける．

$$\rho = \pi \frac{L_{\lambda\text{-ref}} - L_{\lambda\text{-well}}}{I_{\lambda\text{-ref}} - I_{\lambda\text{-well}}} \tag{B 9.2.3}$$

$$F = \frac{I_{\lambda\text{-ref}} \cdot L_{\lambda\text{-well}} - L_{\lambda\text{-ref}} \cdot L_{\lambda\text{-well}}}{I_{\lambda\text{-ref}} - I_{\lambda\text{-well}}} \tag{B 9.2.4}$$

ここで，π は放射輝度から放射照度へ変換する．

Carter et al., 1990 は，Hα 線（656.28 nm）を使ったカウツキー効果の近距離測定でいくらかの成功をおさめた．その原理を図9.10に示す．蛍光量 F は以下の式によって求められる．

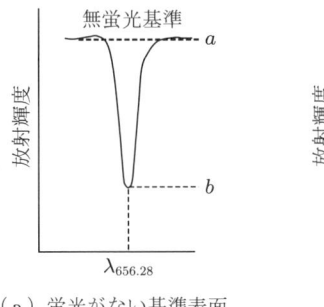

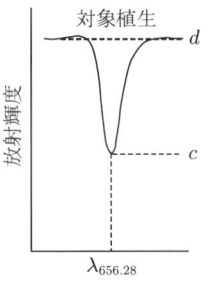

（a）蛍光がない基準表面　　　（b）植生面

図 9.10 フラウンホーファー線の深さを利用したクロロフィル蛍光の計測とHα線（Carter et al., 1990）．Fは式(9.26)に基づいて，蛍光がない基準表面（a）と植生面（b）の測定値の比較によって算出する．

$$F = d - a\frac{d-c}{a-b} \tag{9.26}$$

ここで，aは拡散反射面からのHα線を含む波長領域の放射輝度，bはその拡散反射面からのHα線の輝度，dはaと同一の波長領域における対象葉からの放射輝度，cは対象葉のHα線の輝度である．この方法は，光合成がストレスによって影響を受けている植物のストレス応答の診断に拡張できる可能性がある．

■ 9.8 結　論

　生態系モデルと連動した土壌-植生-大気輸送（SVAT）モデルは，気象タワーによる小スケールのフラックス測定とリモートセンシングデータを，地域，さらには気候変動研究でとくに関心のある全球規模にスケールアップするために不可欠である．CO_2を含むあらゆるフラックスについて，データ同化手法は重要である（たとえば，Dorigo et al., 2007, Quaife et al., 2008）．すでに説明したように，データ同化では，反射率（$fAPAR$の推定）と表面温度（蒸発の推定）のリモートセンシングデータを，気候データ（または，シミュレーション値）や生物圏エネルギー輸送・水収支モデル（biosphere-energy transfer-hydrology model：BETHY）のような生物圏-大気圏モデルと組み合わせて，CO_2を含む生態系フラックスを推定する（たとえば，Rayner et al., 2005）．注意すべき点は，MODISのLAIや$fAPAR$のような高次複合プロダクトを使う場合でさえ，衛星データから得られた群落パラメタの推定値には，しばしば大きな誤差が含まれていることである．これらの変動は，一般にゆっくり変化するLAIを反映するように平滑化し，データ同化過程の精度を高める必要がある．

❓ 例 題

9.1 （a）$LAI = 6$ の草原において，正午頃，短波放射が $650\,\mathrm{W\,m^{-2}}$，見かけの天空温度の平均が $-5\,℃$，表面温度が $20\,℃$ のとき，群落が受ける純放射量を推定せよ．また，この場合，土壌熱フラックスはいくらになるか．（b）ボーエン比 β を 0.1，気温を $19\,℃$ として，群落からの熱輸送の境界層コンダクタンスを推定せよ．

9.2 ある衛星画像で，もっとも温度の高いピクセルの平均が $32\,℃$，もっとも低いピクセルの平均が $22\,℃$ のとき，表面放射温度の平均が $26\,℃$ で有効エネルギー $(R_\mathrm{n} - G) = 400\,\mathrm{W\,m^{-2}}$ である耕地からの蒸発速度を推定せよ．また，推定に必要となるすべての仮定を示せ．

9.3 MODIS のあるピクセルの平均温度が $32\,℃$ で，$NDVI$ が 0.40 であった．そこに隣接したピクセルの平均温度は $37\,℃$ で，$NDVI$ はほぼ 0 であった．この群落の平均温度を求めよ．

9.4 通常の質量単位で，2つの対照的な群落の境界層コンダクタンスが（a）$300\,\mathrm{mm\,s^{-1}}$ と（b）$20\,\mathrm{mm\,s^{-1}}$ であった．それぞれの群落について，気孔コンダクタンスが $10\,\mathrm{mm\,s^{-1}}$ あるいは $40\,\mathrm{mm\,s^{-1}}$ であるときの，気孔コンダクタンスの変化に対する E の相対感度を推定せよ．

📖 推 薦 書

関連する植物生理過程と熱・物質輸送過程に関する詳細は Jones, 1992，Campbell & Norman, 1998，Monteith & Unswoth, 2008 などの教科書が参考になる．光合成に関する書籍は多数あるが Lawlor, 2001 の解説は役立つ．群落機能のリモートセンシングに関する話題の多くは，現在出版されているリモートセンシングの教科書で十分に扱われておらず，本章で紹介した論文や総説を参照するのが一番である．

➡ Web サイトの紹介

地表面エネルギー収支の参考文献
http://badc.nerc.ac.uk/data/srb/references.html

10 サンプリング・誤差・スケーリング

■ 10.1 はじめに

　2章では，放射源からセンサまでの電磁放射の経路を追跡し，センサで得られる放射量については，介在する大気の影響を補正する必要があることを指摘した．5章では，放射を検知して記録するためのいくつかのタイプのセンサや機器について検討し，記録データと物体表面からの放射輝度とを適切に関連づけ，地球物理学的・生物学的パラメタを得るために，それらの機器を較正する方法について考察した．定量的に計測する植生研究に関係した多くの応用例や，それらのデータを生物物理学的モデルにおいて利用する場合には，研究対象の変数と関連づけられるよう，正確で信頼度が高く，真の値に近い放射輝度データの取得が求められる．たとえば，温度測定や放射輝度の測定値の利用において，それらの値を異なる場所や時間において取得された値と関連づける場合や，異なる機器を使って取得された値と関連づける場合などがそれにあたる．

　リモートセンシングによって得られた情報の妥当性は，関連するパラメタの正確な測定と，適切な解析・統計手法の利用の両方に依存する．生物物理学的変数を決める際の精度は，測定機器そのものの正確さだけではなく，測定された値を，必要とする変数に関連づけるための後処理の妥当性にも依存する．もし，対象とする変数を実際に測定していなければ，データ処理に利用する分析法をどれだけ高度化しても，対象とする現象の正確な基準は得られない．解析の結果は処理しているデータとは関連しているが，実際の状況と関連しているかどうかはわからない．最終的な情報の信頼性を評価するためには，データ処理のすべての段階での誤差と，その誤差がどのように伝搬するかを正しく認識しておく必要がある．

　おそらく，実験室における計測がもっとも高い精度を達成できると思われるが，そのような個葉やサンプルに関する測定値は，大量サンプルの測定値や，現地におけるさまざまな測定値とは，必ずしも関連しないことがわかっている．また，多くの現地測定では，必然的にある特定の場所や局所的な観測点において記録をとることになるが，これらの観測点における測定を，どうすればリモートセンシング機器によって測定される空間的な拡張変数と関連づけられるだろうか．以下で，測定スケールに関する問題について説明する．地球ダイナミクス（geodynamics）という分野は，空間的な測定技術の応用（リモートセンシング）から，形態やパターンを解析するために空間統計学を必要とする地理プロセスの分析へと発展してきた．それはあらゆる種類の動態モデル化の基礎となり，「それは何か」という問いではなく，「なぜそうなるのか」という問いに答えるものである．おそらく，その答えに至る過程が，本章で説明するさまざまな項目を結び付け，**空間分布動態モデル**

(spatially distributed dynamics model：SDDM．Darby et al., 2005) のような動態モデル化を利用することで，地球規模の変動因子に対する，複雑かつ空間的に分布する環境システムの応答を予測するための手段となる．

本章では，フィールドや現場のデータ，そしてリモートセンシングのデータ解析と解釈を支援する補助的データを取得し，利用するための最適な実験計画，また正確で信頼性の高い情報を得るために考えるべき要因にかかわる多くの課題について説明する．これには，試験サイトの選定，サンプリング方法の選択，誤差やスケール効果が結果に与える影響などが含まれる．そして最後に，精度や精密さの評価方法を考える．

■ 10.2　サンプリング理論の基礎

統計学と実験計画についての基本的な理解は，どのような環境研究の計画を立てる場合にも，実施するモニタリングや実験計画によって必要とする情報が得られるかどうかを確かめるためには重要である．データの統計学的な扱いについてはこの本の対象外であるが，サンプリング，実験計画法そして結果の解釈にかかわる重要な点はここで取り上げる．より詳細な内容については，どのような入門的な統計学の教科書でも扱われており，とくに有用な教科書は章の終わりで紹介する．定量的な研究に利用される統計手法は，空間データや分類に適した手法とは異なる傾向があり，それらの手法は別に扱う．

設定した問いに対して，必要とされる精度で答えられない実験や調査を行うことは無駄であり，むしろやらないほうがよい．したがって，あらゆる研究において最初に検討しなければならない重要事項は，検出する必要のある違いを，その結果によって識別できるかどうかを判断することである．たとえば，ある農学の研究者が，リモートセンシングによって検知される穀草中の窒素量と最終的な収穫量に及ぼす施肥の効果について評価する方法を開発しているとする．そのとき，現地における数回の予備的調査では，もっとも多く施肥した場合には，葉内の窒素濃度は平均して約10％，そして収穫量には20％の違いが見られた．すると，新しく開発するリモートセンシングの方法は，どのようなものであれ，少なくとも10％の葉内窒素量の違いを判別できる必要があるが，その場合でも，極端な状態しか判別できないので，実際の施肥の状況ではほとんど価値がない．精度を高めることは難しいが，広く利用するためには，1桁以下の小さな違いを検出する感度が必要となる．そこで，このような違いの識別が達成可能かどうかを判定するための情報や，実験計画の選択や必要となる反復数の手引きとなる情報とはどのようなものであるかについて考える．

そのためには，植物葉の窒素濃度のような変数推定において，リモートセンシングや実験室で不確実性をもたらす変動の原因を考える必要がある．これらの不確実性の原因としては次のものが含まれる．

（ⅰ）　機器の誤差（検出器のノイズ，不十分な較正，温度・時間的ドリフト）
（ⅱ）　生物学的な変異性，植物内および生育地の異なる植物間の違い
（ⅲ）　観測値を対象とする量に関連づけるためのモデルの不十分さ

葉面積モニタリングの場合（7章），使用する分光指数（たとえば，$NDVI$）は，単純な数学的関数（しばしば1次式）によって葉面積指数 LAI と関連づけられる．しかし，実際には，その関連性は真の関連性の近似でしかなく，さらにその関連性そのものも，植物の下の土壌のような他の多くの因子の作用によって変化するため，関連性は変わらないという仮定そのものが，誤差を生むことになる．

全体的な不確実性や誤差は，機器のノイズや生物の変異によるような**ランダムな要素**と，較正誤差や不十分なモデルによるような**システム的要素**，あるいは偏りの両方を含む．ランダムな誤差は，主に推定値の**精度**（precision[†]）に影響を与えるが，ランダムな誤差とシステム的な誤差は，ともに**正確度**（accuracy[††]）に影響を与える．よって，これらは分けて扱う必要がある．適切なサンプリング方法や実験計画法を選ぶことは，ランダムな誤差の影響を最小化するために重要であり，それが本章の主題である．

■ 10.2.1　データの記述と変動

植物個体群を表す変数には，**連続変数**（たとえば，高さのようにある数値の範囲内であらゆる値を取りうる），**離散変数**（茎の本数のように整数値のみをとる），そして**カテゴリ変数**（種や分類結果のように，互いに順序関係をもたない）がある．最適な統計処理方法は，これらの変数の種類に依存する．どのような植物個体群でも，たとえ遺伝的に同じ植物を典型的な単一栽培で生育させたとしても，草丈，葉内窒素量，そして茎の本数のような植物の性質には，いくらかの自然変異が生じる．これは，土壌の影響や植物の位置的な違いの影響による．わずかな局所的な環境の違いでも，植物の成長に複合的な影響を与えるからである．入り交じった遺伝子型や種からなる，典型的な自然生態系では，さらに多くの変動が予想される．ただし，どのような変数でも，値の分布はしばしば**正規分布**（normal distribution）（図 10.1）として知られる理論的な確率分布によって近似される．

母集団（個体群全体）から個々の植物を無作為抽出することによって，どのような変数においても，母平均 μ と母集団のばらつきを推定できる．通常，どの変数においても，標本平均 $\bar{x}$ は，個々の観測値の合計を観測数で割ることによって求められる．重要なことは，標本数が少ない場合の平均値は，母集団の真の平均値の近似でしかないが，標本数が増えるにつれて，標本平均の値は μ に近づいていくことである．平均の推定精度は標本数が増えるにつれて向上し，そして，標本における値の分布の推定も，母集団の真の頻度分布に近づいていく．多くの場合，頻度分布は図 10.1 に示すような正規曲線に近いことが見いだされる．正規分布の形状は標準偏差 σ や分散 σ^2 によって定義され，その位置は平均値によって定義される．標準正規曲線は，平均を 0，標準偏差を 1 に基準化した正規曲線である．正規分布以外のさまざまな分布曲線がより適切な場合もあるが，正規分布はとくに有用である．母集団からの標本によって計算された標準偏差は通常 s で示され，それは母

[†]　（訳注）　計算値，測定値などの不定性の少なさ，再現性．
[††]　（訳注）　測定や計算値が真値に近い度合い，正確さのこと．ただし，精度とも訳される．

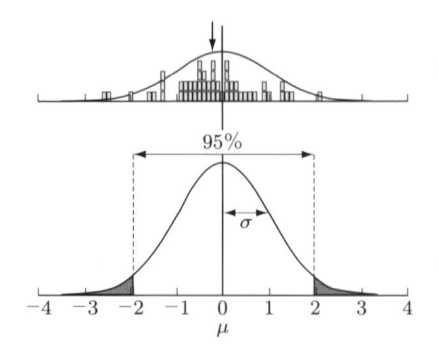

(a) 偶然のバラツキ（平均の期待値は0であるが，標本平均は−0.201（矢印））

(b) 観測点の95%が含まれる範囲（−1.96〜1.96）

図10.1 (a) 母平均 μ が 0，母標準偏差 σ が 1 である母集団から無作為抽出された 115 個の標本の分布．(b) 標準正規分布．

集団の真の標準偏差 σ の推定値である．

母平均の推定値は標本数を増やすほど，単純な収穫逓減の法則によって，その精度は高くなる．その精度は，平均の**標準誤差** (standard error of the mean) SE, $s/\sqrt{n}$ によって推定される．標準誤差は実験的研究において広く使われているが，とくに標本数が異なる研究結果を比較する際，**信頼区間** (confidence intervals) CI を求めるのに役立つ．これは，次式のように，ある与えられた確率［%］のもとで，（与えられた標本平均から）母平均が含まれる値の範囲を示す．

$$CI = |\bar{x} - \mu| = \frac{t \cdot s}{\sqrt{n}} \tag{10.1}$$

ここで，t は Student の t 分布で，確率分布表（数値表）から求められる値である．t 値は自由度（$n-1$，標本数 n よりも 1 小さい値）によって値が変わる．標本数が大きいと，5%の確率レベル（$P = 0.05$）で $t = 1.96$ となるが，標本数が小さくなると，同じ確率レベルのために必要となる t 値は大きくなる．信頼率 95%の CI とは，μ の値が $\bar{x} \pm t \cdot s/\sqrt{n}$ の範囲内に入る確率が 95%，もしくは，μ がその範囲外となる確率が 5%であることを意味する．ここで，使用した計測機器の較正が正しくなければ，高い精度の推定値はまったく不正確であるので，推定値の高い**精度**は必ずしも高い**正確さ**を示さないことに注意しなければならない．

■ 10.2.2　検定と検出力

通常，変数間の**有意差検定** (testing for differences) か，変数の**関連性の検定** (testing for relationships) のどちらかに関心がもたれる．相関分析や回帰分析のような関係性の検定は，どちらも変数の相関関係を決定するために使われ，加えて，回帰分析は，ある変数の値の予測を別のもうひとつの変数の観測値によって行うために使われる．

多くの科学的調査は**仮説検定** (hypothesis testing) に基づいており，これは 2 つの対照

的な仮説を検証する．たとえば，2つの母集団の平均値に差がない**帰無仮説**（null hypothesis）H_0 と，平均値に差がある対立仮説 H_1 である．統計的検定では通常，帰無仮説が正しいと仮定して，実際に観測された結果が非常にまれである場合の確率を決めることになる（帰無仮説が正しい確率は P 値とよばれる）．問題の1つは，たとえば20分の1の確率で分類を誤る結果として，2種類の過誤が生じることである（表10.1）．まず，偽陽性の可能性，すなわち，実際には差がないにもかかわらず，差があると誤って判定してしまう過誤である（第1種の過誤）．次に，偽陰性の可能性，すなわち，実際には差があるにもかかわらず，差がないと誤って判定してしまう過誤である（第2種の過誤）．厳密には，これは真の差が信頼区間よりも大きく，その差を検出できなかった場合にのみあてはまる．しかし実際には，信頼区間が実際の差よりも大きく，使用する検定の検出力が差を検出するには不十分な場合にもあてはまる．偽陽性は，本来不要な追加研究についての費用を生じさせるため，偽陰性よりも重大である．

表10.1 仮説検定における過誤の種類

統計的検定の結果	帰無仮説が	
	正しいとき	誤っているとき
H_0 を棄却（差あり）	偽陽性か第1種の過誤（実験者が決めた確率 α で）	正しい結論（差あり）検出力 $1-\beta$
H_0 を採択（差なし）	正しい結論（差なし）信頼水準 $1-\alpha$	偽陰性か第2種の過誤（実験者が決めた確率 β で）

標本間の差の有意水準を検定する際，3つの側面に留意する必要がある．それは，適切な有意水準 α の設定（しばしば $\alpha = 0.05$ が利用される），検定に必要とされる**検出力** $1-\beta$，そして最小の有意な効果量（effect size）の設定である（ただし，最後の1つは明示的に考慮されることは少ない）．α と β の値はそれぞれ，H_0 が正しいときに棄却してしまう確率と H_0 が正しくないにもかかわらず棄却しない確率である（すなわち，差は存在するが検出されない）．実験者は，これら2つのタイプの誤りから被る相対的なコストに応じて，α と β の値を設定できる．たとえば，外来植物種の調査を行う場合，大規模な発生を検知できないために被るコストは，いくつかの偽陽性に関連して発生するコストよりも，はるかに大きい．

α の値は，偽陽性の可能性を低くするために通常，小さな値（0.05 や 0.01）が選ばれる．対立仮説を採択するための検出力は $1-\beta$ に等しい．実際，広義の検出力の定義は，ある定めた効果量のもとで帰無仮説が誤っている場合に，帰無仮説を棄却する確率である．多くの利用者は，かなり恣意的であるが，検出力として 0.8 を選ぶ．

たいていの生物学者は，第1種の過誤と偽陰性の可能性を低く抑える必要性をよく知っている．その結果として，第1種の過誤の確率を低くすることに労力が費やされ，検定は慣例的にかなり保守的なものとなる．これは，偽陽性により被る「コスト」が大きいことが多いためである．しかし，α の値を小さくし過ぎることは，実際に存在している差を検

出できる見込みを小さくし過ぎることを意味する．したがって，偽陽性と偽陰性に関する確率のバランスをとるように努めるほうが良い場合もある．いずれにしても，実験者は第2種の過誤の確率の観点から，実験の検出力を定義することが重要となる．一般に，検出力は，検出したいと思う効果量や標本数と共に増加し，また，分散の減少と α の減少の両方によっても増加する．検出力解析（power analysis）は，設定した効果量の検出に必要となる標本数を決めるために，研究の初期段階において一般的に行われるべきであり，適当な統計学の教科書を参照するのが望ましい．

■ 10.2.3 誤差伝播

ほとんどすべてのリモートセンシングによる生物物理学的変数の推定には，独立に測定した2つ以上の変数からなるモデルや数式（たとえば，$NDVI = (N-R)/(N+R)$）が使われ，測定した各変数は誤差の影響を受ける．そのため，推定値の全体的な精度において，これらの誤差がどのように組み合わさり，影響を与えるかについて理解することが重要となる．もちろん，多くの場合，計算した指数と一連の繰り返し観測から得られた結果との関係における不確定度を利用して，予測値の誤差を単純に推定できる．これは誤差解析におけるトップダウン手法として知られている．それにもかかわらず，とくに新しい指数を考案する場合には，異なる測定値が誤差へ及ぼす影響を考えることが有用であり，それはその精度を改善することで結果に大きな影響を与えるような重要な項を，数式のなかから見つけだすことに役立つからである．その結果，指数を最適化できる．

誤差解析については，工学や統計学の教科書において広範に説明されているので，ここでは詳細を説明しない．変数 y が多くの変数（x_1, x_2 など）からなる関数によって表されるとき，y における誤差を評価するための一般式は次のようになる．

表10.2 ストレス指数の計算などによく利用される数式の誤差伝播（a と b は定数，x_1 と x_2 は変数，$s_{x_1}^2$, $s_{x_2}^2$, $s_{x_1 x_2}^2$ は，それぞれ，x_1, x_2 の分散，それらの共分散を示す．http://itl.nist.gov/div898/handbook/mpc/section5/mpc552.htm）

	関数 y の標準誤差
$y = ax_1 \pm bx_2$	$s_y = \sqrt{a^2 s_{x_1}^2 + b^2 s_{x_2}^2 \pm 2ab s_{x_1 x_2}^2}$
$y = x_1 \cdot x_2$	$s_y = x_1 x_2 \sqrt{\dfrac{s_{x_1}^2}{x_1^2} + \dfrac{s_{x_2}^2}{x_2^2} + 2\dfrac{s_{x_1 x_2}^2}{x_1 x_2}}$
$y = \dfrac{x_1}{x_2}$	$s_y = \dfrac{x_1}{x_2} \sqrt{\dfrac{s_{x_1}^2}{x_1^2} + \dfrac{s_{x_2}^2}{x_2^2} - 2\dfrac{s_{x_1 x_2}^2}{x_1 x_2}}$
$y = \dfrac{x_1 - x_2}{x_1 + x_2}$	$s_y = \dfrac{1}{(x_1 + x_2)^2} \sqrt{4x_2^2 s_{x_1}^2 + 4x_1^2 s_{x_2}^2 - 8x_1^2 x_2^2 s_{x_1 x_2}^2}$

$$s_y = \sqrt{\left(\frac{\partial y}{\partial x_1}\right)^2 s_{x_1}{}^2 + \left(\frac{\partial y}{\partial x_2}\right)^2 s_{x_2}{}^2 + \cdots + 2\left(\frac{\partial y}{\partial x_1}\right)\left(\frac{\partial y}{\partial x_2}\right) s_{x_1 x_2}{}^2 + \cdots} \quad (10.2)$$

ここで，s_y は y の標準誤差，$s_{x_1}{}^2$ と $s_{x_2}{}^2$ はそれぞれ，測定した変数 x_1 と x_2 の分散，$s_{x_1 x_2}{}^2$ は変数 x_1 と x_2 の共分散，$\partial y/\partial x$ の項は各 x の測定値に関する y の偏微分の値である．これらの偏微分の値は，変数 x の変化に関する y の感度を示す感度係数である．変数 x が互いに独立である場合，共分散の項は 0 となり，多くの場合，計算において除外される．式 (10.2) に関するいくつかの典型例を表 10.2 に示す．

■ 10.3 現地での測定と他の参照データの収集

　リモートセンシングにおける現地調査（field work）は，分類（7.4 節），精度評価（10.6 節），機器の較正（5.9 節），そしてパラメタの推定や検証のための訓練データの収集（10.5 節）など，どのような研究計画を進めるためにも不可欠であり，念入りな計画と準備が必要である．データの較正や検証のための自然条件下での測定は，実験室か現場において行われるが，それらは次節において取り上げる．ここでは，リモートセンシング画像の分析や理解のためのデータ収集について考える．「グランドトゥルース（ground truth）[†]」という用語がしばしばこの参照情報のために使われるが，この用語は絶対的に正しいことを意味するので，使用を避けたほうが良い．地上の参照データはほとんどつねに何らかの誤差影響を受けているので，グランドトゥルースは非常にまれである．これから紹介するように，参照データにおける誤差は相当大きくなることがある．

　研究計画には多くの重要な検討事項がある．試験地の位置や大きさは，研究計画に依存することはもちろんだが，金銭的・人的，両方の資源の利用可能性にも依存する．詳細さの程度は適切な水準に設定する必要があり，詳細すぎれば資源の無駄遣いとなり，粗すぎても駄目である．また，考慮すべきこととして，最終成果物（しばしば地図）の縮尺や，必要とする正確さ，作業の目的，成果物の利用者の要求，現場で利用する方法，必要となるデータの種類，そして利用可能な付随的なデータが挙げられる．検出力解析や資源配分の最適化は，提起されている課題に対して計画が対応できているかどうかを確かめるため，そして限られた資源を最適に配分するための目安を提示するために不可欠である．現地調査を行う時期は季節に依存し，画像の取得時期と一致させる必要があるかどうかにもかかわる．また，異なる機能の応答やそれらの動態を正しく評価することは重要なので，計画の目的に関連した生物物理学的な変数の測定に加えて，画像内の応答に影響を与える可能性のある風速，雲量，日射，降雨，湿度などのパラメタにも留意し，それらを同時に計測する必要性も考慮すべきである．現地調査には，土壌の状態や植生の水分量（火災見込み評価のため，11.5 節参照）のように，実験室で引き続き解析を行うための試料取得も伴う．

　現地データの主な利用としては，画像分類と関連して，訓練データの提供と，反対に分

[†] （訳注）現地踏査という意味で用いられることが多いが，ここでの意味は異なっている．

類結果の検証の両方が挙げられる．分類においては通常，データ点は研究対象地域全体にランダムに分布していると仮定しているので，土地被覆の分布を代表するように現地測定を行うことが不可欠である．以下に論じるように，サンプリング方法の選択には，それぞれの分類クラスで必要とする訓練データ点の最適数も考慮する必要がある．サンプルサイトの大きさはピクセルの大きさ，そして，ある程度，研究計画に求められる空間的な正確さの程度にも依存する．サイトあたりの観測数は，対象データの変動性に依存する．これはスケールアップとも関連する（後述）．推定結果を評価するサイトは，訓練サイトとは別にすべきである．

訓練データの正確さは多くの要因に依存する．まず測定点の位置の正確さである．サンプルは任意の点で，異なる時期に取得されるだろう．空間的な正確さは使用する地図やGPS の使用によって決定され，これらは固有の誤差を含んでいる．土地被覆タイプの分類においても，それらのタイプは主観的に決定されるため，調査者による偏りや，調査者間での不一致によるあいまいさが存在する．また，地上での調査記録とリモートセンシングデータの取得との間の時間的な経過も影響を与える．

■ 10.3.1 サンプリング

統計的検定は，一般に母集団からの無作為抽出を仮定している．しかし，それを実行することは容易ではないことが多く，また，サンプリングの実施において想定される多くの落とし穴を避けるよう注意を払う必要がある．方法の1つは，対象範囲からランダムに選んだ狭い面積，すなわちコドラートとして知られる調査枠（よく用いられるのは 1 m 四方）のなかだけを詳しく（2 次試料）調査することで，その際の調査枠は対象とする植生に応じて任意の大きさにしても良い．通常，調査枠やサンプル点の配置を厳密に乱数によって定める方法のほうが，その場で調査枠を適当に決めてしまう「疑似乱数」的方法よりもずっと良い．サンプリング時に生じる気がつきにくい問題の単純な例として，現場である点をランダムに選択して，もっとも近くにある植物を採取した場合を考える．これは無作為抽出と思うかもしれない．しかし，その植物の群落が非常に密集していたり，不均一に分布していたとすると，茂みの端で生育している植物を偏って選んでしまう可能性がある．最適なサンプリングを行うには，サンプリング方法の選択が重要な検討事項となる．これについては，利用可能な方法の概要をBOX 10.1 に示し，以下にさらに説明する．均一な環境においては，真の無作為標本の利用が最良であるが，多くの環境は不均一であり，また，それぞれのタイプの地域ごとに，個別に対象特性の変化量を評価したい場合もある．このような場合，「ランダム」にサンプルを選ぶことは，より主観的な選択となってしまう．たいていの統計的検定では厳密な無作為抽出を必要とするが，何らかの規則的な格子を使用した体系的な標本抽出を支持する研究もある．階層的無作為抽出にはさまざまな応用があり，たとえば，単位地表面積あたりの葉数の推定などがある．調査枠内のすべての葉数を数えるよりも（樹木のある場所では，小さな調査枠でも数千枚の葉があるだろう），ランダムに選んだ少数の枝の葉数を数えて，単位面積あたりの樹木数，樹木あたりの枝数，枝あ

BOX 10.1 サンプリング方法

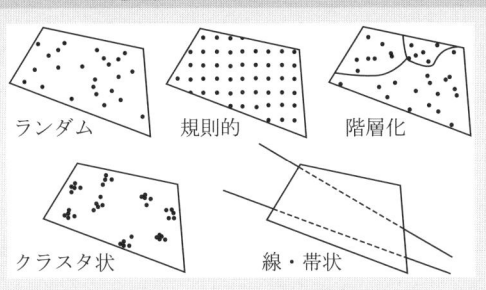

ランダム　　規則的　　階層化

クラスタ状　　線・帯状

	長所	短所
ランダム	統計的には最良である.	小さなカテゴリのサンプルが不足したり欠如することがある.
	サンプリングの偏りが避けられる.	サンプル地点の地形によっては取得できない可能性がある.
規則的	サンプリングが容易である.	真の統計的なランダムではない.
	範囲全体で満遍なく行える.	直線的な地物がある場合, 偏りが生じる可能性がある.
階層化	サンプリングから外れるカテゴリを減らせる.	サンプル地点に行けない可能性がある.
	サンプリングの偏りをほぼ避けられる.	
	たいてい, もっとも効率的である.	
クラスタ状	野外調査での移動時間が短くて済む.	個々のサイトがノードに近すぎると, 計測結果は自己相関の影響を受けやすい.
		ノード点の選択法によって偏る.
線・帯状 (トランセクト)	アクセスとサンプリングが容易である.	一般的にはランダムではない.
	ある条件に対する傾度（たとえば, 標高）がわかっている場合に適している.	トランセクトの選択法によって偏る.
		全体を網羅できない.

上記に加え，多くの調査者は，計測場所に関する経験に基づいて代表的なサイトを選ぶために，主観的もしくは自己判断によるサンプリング計画を用いることがある．しかし，それらの方法は必然的に重大な偏りをもつことになるので，避けるべきである．

たりの葉数を掛け合わすことによって，単位地表面積あたりの葉数を推定できる．階層的手法は，樹木を無作為に選び，選んだ樹木の枝を無作為に選ぶ際に利用できる．

■ 10.3.2　試料採取単位とサンプリング方法の選択

サンプリング方法の選択を一般化することは難しいが，それは，統計学的そして実際的

な側面の両方に配慮しながら，詳細については個々の状況に応じて慎重に考える必要があるためである．それぞれの場合で，サンプル点の配置や数を決めるための方法は，現地調査の必要性，使用する解析方法，他の方法を利用した場合との相対的な費用の差，そして必要とされる正確さと関係する．土地被覆分類の検証のためのサンプリング方法は次節で説明する．

実験室での測定は，土壌や植物の一部，もしくは小さな群落でも，自然状態での計測と置き換えることができないことに注意しなければならない．その理由には，生物群集ごと実験室内に持ち込むことが困難であること，試料採取範囲が制限され，その結果，変動範囲が制限されること，そして，とくに実験室で自然照射条件の再現が難しいことが挙げられる．

重要な問題は，試料採取単位の選択である．試料採取単位は植物1個体，葉1枚のように自然な状態を単位とする場合もあるが，たとえば，1つの調査枠のように，いくぶん独断的に決められることも多い．そのような場合，試料採取単位の数とそれらの大きさは，一般的にトレードオフの関係になり，必要とする精度と採取コストに依存する．試料採取範囲の最適な大きさも，対象植生のスケールに依存する．たとえば，草地の場合では $1\,\mathrm{m}^2$ 未満の調査枠が適していたり，一方，森林の場合ではさらに大きな調査枠が適しているかもしれないが，個々の樹木を無作為に選ぶなど，他の方法が適している場合もある．多数の植物や調査枠から，葉を数回採取する場合など，多くの場合で階層別抽出方法が使われる．これは，1次試料の中から，2次試料を得るという，典型的な2段階抽出法の1例であり，さらに3段階，4段階へと拡張できる．

しかし，実験計画の段階において，サンプリングの資源配分に関する課題に十分に取り組むことはめったにない．とくに，少数で大きな調査枠か，多数で小さな調査枠を設定するか，もしくは少数の1次試料単位から多く2次試料の測定を行うのか，多数の試料から少ない2次試料の測定を行うのかといった選択が，較正や検証において重要な課題となる．その答えは，単位内変動と単位間変動との間のバランス，そして試料採取単位を追加したときのコストと，個々の試料を繰り返し測定したときのコストの相対的比較の両方に依存する．例として，現地における葉の生重あたりのクロロフィル量の推定を行うとする．実行可能な方法としては，調査地域の全域から，多くの個葉を無作為採取する（真の意味でランダムに行うことは難しいが），少数の植物の個体を採取した後に各植物から多くの葉を無作為採取する，もしくは調査地域に無作為に設置した調査枠内で多くの葉を採取することが考えられる．調査枠の数や調査枠ごとで抽出する葉の枚数に関して，最適なサンプリング法を決定するためには，予備的なサンプルデータの**分散分析**（analysis of variance：ANOVA）から得られる**変動要因**（components of variation）を調べる必要がある．表10.3に仮想データとその分析を示す．

調査枠間での平均平方（QMS）には，調査対象地域内の場所に起因する変動要因と試料採取単位内の個葉の差に起因する変動要因（LMS）が含まれる．よって，調査枠間の分散 σ_q^2 は，$(\mathrm{QMS}-\mathrm{LMS})/n_2$ によって推定され，個葉間の違いによる分散 σ^2 は残差の項

表 10.3 一部省略された分散分析表（$n_1(=6)$ 個の異なる調査枠の $n_2(=4)$ 枚の個葉から抽出したクロロフィル量についての仮想データ）

変動要因	自由度 (d.f.)	平均平方	パラメタ推定値
全体	23		
調査枠間の変動	5	0.152（= QMS）	$\sigma^2 + n_2 \sigma_q^2$
葉ごとの変動 （= 調査区内の個葉間の変動 s^2）	18	0.005（= LMS）	σ^2

備考　$s^2(=\text{LMS})$ は σ^2 の推定値．$s_q^2(=(\text{QMS}-\text{LMS})/n_2 = 0.037)$ は σ_q^2 の推定値．

LMS によって推定される．平均の分散 σ_y は次式によって与えられる．

$$\sigma_y^2 = \frac{\sigma_q^2}{n_1} + \frac{\sigma^2}{n_1 n_2} \tag{10.3}$$

　σ^2 と σ_q^2 の推定値が得られたら，サンプリング計画の最適化を試み，とくに BOX 10.2 に示すように，試料採取単位の数を増やすことと，試料採取単位あたりの測定の繰り返し数を増やすことのどちらを重視するかを検討する．原則としては，可能な限り，高い水準で多くの試料を取得することが最良であるが，たとえば，5 個体の植物から 4 枚ずつの葉を取得するよりも，10 個体の植物から 2 枚ずつの葉を取得するほうが良く，20 個体の植物から 1 枚ずつのサンプルを得るほうがなお良い．このルールを変えたほうがよい場合は，より多くの植物個体の試料を得るためのコストが，統計的利点を上回るときだけである．

BOX 10.2　サンプリングにおける資源配分の最適化

　定量的研究において，分散式にサンプリングコストを組み込むことで，最良の資源配分を推定できる．原則として，サンプリングに伴う追加の総コスト C は次式によって与えられる．

$$C = c_1 n_1 + c_2 n_1 n_2 \tag{B10.2.1}$$

n_1 はサンプル単位の数で，n_2 はその繰り返し計測回数である．c_1 はサンプル単位 1 つにつきデータ取得にかかる「コスト」（たとえば，調査地点までの移動時間）であり，サブサンプルの数とは独立である．c_2 はサブサンプル単位ごとに発生するコストである（たとえば，サンプルあたりに要する解析時間）．最小コストで指定された信頼区間内に収める，もしくは，ある与えられた条件のもとで最良の結果を得るには，分散とコストを式(B10.2.1)とデータの分散にかかわる式(10.3)を，次式のように組み合わせて最小にする必要がある．

$$s_y^2 C = \left(\frac{s_1^2}{n_1} + \frac{s_2^2}{n_1 n_2}\right)(c_1 n_1 + c_2 n_1 n_2) \tag{B10.2.2}$$

　ある総コストのもとで，この積は以下の式を通じて最小化される（Snedecor & Cochran, 1999 参照）．

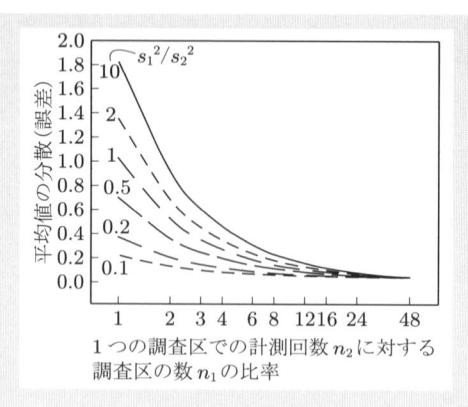

[図: 縦軸「平均値の分散（誤差）」0〜2.0、横軸「1つの調査区での計測回数 n_2 に対する調査区の数 n_1 の比率」1, 2, 3, 4, 6, 8, 12, 16, 24, 48。各曲線は s_1^2/s_2^2 = 10, 2, 1, 0.5, 0.2, 0.1]

$$n_2 = \sqrt{\frac{c_1 s_2^2}{c_2 s_1^2}} \qquad (B10.2.3)$$

上式を式(B10.2.1)に代入することで，n_1 を変数とする式となる．調査区間の分散と調査区内の分散の比を変化させた場合，そして調査区の数と調査区ごとの計測回数を変化させた場合の結果を図に示す．

図は，1つの調査区内での計測回数 n_2 に対する調査区の数 n_1 の比率が小さくなるにつれて（すなわち横軸を右から左に移動），分散（誤差）がどのように増加するかを示す（総計測回数は48）．それぞれの線は「調査区内での分散」に対する「調査区間の分散」の比が10，2，1，0.5，0.2，そして0.1の場合を示している（2つの分散の平均値は1に固定）．「調査区間の分散」が「調査区内での分散」よりも大きい場合（たとえば，s_1^2/s_2^2 比が10のときなど），縦軸に示される分散（誤差）の n_1/n_2 比に対する感度はもっとも高い．

■ 10.3.3 参照データや訓練データのためのサンプリング

広範囲のリモートセンシングを行うためには，地上でのデータ収集が必要となる．その目的には，(ⅰ) 分類研究のための訓練ピクセルの分類，および分類結果を精度評価するための参照ピクセルの植生タイプの識別，(ⅱ) リモートセンシングデータから群落の生物物理学的特性を抽出するためのモデル作成と，検証に必要な調査地点を代表する正確な地上データの取得，が含まれる．どのような研究においても，基準となるのは，現地の参照サイトで取得されたデータである．

サンプルは，画像全体を正しく代表する必要があり，とくに，大きな画像（たとえば，AVHRR）では，しばしば分類結果に影響を与える照度や観測角の勾配が画像内にわたって存在する．訓練サイトを真にランダムに選択する方法は，とくに十分なサンプルサイトを選択できるときに利点がある．しかし，それは，土壌タイプや標高のような，基盤の既知の特性勾配を利用した階層化サンプリングよりも若干効率が低い．たとえば，画像のある一部分が台地上の痩せた砂地にかかり，他の部分が泥炭に富んだ低地の土壌である場合

などである．地理的階層化は，各範囲において個別に分類を行う必要がある特殊な場合でも，参照ピクセルの選択において有効な方法である．もし，解析の目的が教師なし分類によって分類されたクラスに名称をつけるためなら，土地被覆の単純な目視識別で十分である．

分類に関する研究では，しばしば地上測量や GPS を利用して，訓練ピクセルとして使用する単一植生や耕地の範囲を識別し，それを基準に植生タイプの正確な地図を作成する．しかし，後述するように，精度評価のための地上参照データは，理想的には，ランダムに選択されたピクセルに対応する範囲において取得するべきである．これは，内部が均一なピクセルだけを参照データとして利用することは，何らかの偏りをもたらす可能性があるためである．大半の画像において，複数の植生タイプが混在している範囲に，特定の植生タイプのクラスを割り当てることはしばしば問題となる．したがって，ミクセルや未決定ピクセルの扱いについての明確なルールが必要となる．その点，ファジィ分類法は，有・無よりいっそう複雑な分類が可能であり，有用だろう．

通常，森林における樹高や土地被覆，耕地における葉面積指数やクロロフィル量などの補助データを可能な限り収集することは重要である．これらの詳細な測定データは較正や検証に不可欠であり，分類研究においてもよく利用される．他にも多くの情報源からの参照データが個々の研究では利用されている．そのような情報としては，空中写真，Google Earth の画像，土壌図，気象・気候データ，その他の記録資料が含まれる．場合によっては，現地データを地上設置センサによって自動的に取得し，取得したデータを，電話回線や無線，人工衛星システムなどによってデータセンターに送る．データ収集や衛星によるデータ転送の例としては，NOAA，Meteosat などのアルゴス（ARGOS）システムがある．この技術はとくに，遠隔地の観測所や浮標から連続してデータを収集する気象観測において利用されている．

■ 10.4　空間スケールの考え方

スケールの概念やスケール（縮尺）の違いにかかわるいくつかの問題については，すでに多くの箇所で何らかの形で言及してきた．たとえば，ディジタル画像の空間分解能（5章），点データと空間データの統合（6.5 節），個葉パラメタの群落レベルへの拡張（9 章），テクスチャ，空間動態やフラクタル（6 章），データ融合（6 章），ミクセル（7 章）などである．ここでは，さらに，観測時のスケールの変更が算出した変数に与える影響や，観測時の最適なスケール選択などを含んだ，リモートセンシングにおいて有益な情報を提供するスケールの概念について考える．

これまで説明してきた多くの解析法では，画像のスケールとはピクセルの大きさを意味するため，取り組むそれぞれの研究における，最適な空間分解能を選択することが重要となる．それは，物理学的，生物物理学的現象が，広範囲のスケールにわたって生じるためである．たとえば，対象とするもっとも小さなスケールは個葉レベルであり（ただし，そ

の基礎となる特性は，ずっと小さなスケールの過程によって制御されている），もっとも大きなスケールはおそらく地域レベルである（ただし，気候変化は地球の規模で起こるかもしれない）．ピクセルの大きさは，観測可能な空間的精度を制限するので，本質的に重要である．対象特性の空間的変化よりもピクセルが大きい場合，その範囲のすべての変化は平均化され，小さな変化は観測できない．たとえば，一般的な「森林」領域内の樹種は識別不能となる．一方，空間的変化よりもピクセルが小さい場合，土壌水分や土壌の種類の違いに起因する作物成長力のわずかな変化のように，小さくて，おそらく無関係な変化を検出する．利用可能なもっとも空間分解能の高い画像を選びたくなるが，それは不必要に高価であるかもしれないし，そして実際，対象とする現象を覆い隠してしまうかもしれない．適切な空間分解能の画像を選択することは基本であり，研究計画における最初の検討事項の1つである．リモートセンシングのスケールに関するさらなる考察については Curran & Atkinson, 1999 や Quattrochi & Goodchild, 1997 が参考になる．

　地上で収集した参照・較正データのスケールと，リモートセンシングデータや必要とされる結果のスケールとの間にはしばしば不整合（mismatch）がある．この不整合は，観測に関する空間的スケールと時間的スケールの両方にかかわる．たとえば，温度や気象データを観測するための測器は通常，ある点での計測値を提供するが，これらのデータは，地上センサの高さによって決まる地表面上のある面積での地表面－大気間の相互作用と関連している．高度が上がると，フットプリント（影響範囲）と吹送距離†は拡大する．これはセンサが示す値に反映され，風上側の吹送距離はセンサ高度のおよそ 100 倍と仮定されることが多い（Monteith & Unsworth, 2008）．また，同じ計測器を利用する場合でも，対象とする過程が複数の季節にわたる場合やさらに長い時間スケールの現象であっても，分や時間単位で高頻度に観測されたデータ記録を選びがちである．マルチスケールの地球物理学的リモートセンシングデータは，他の種類のデータ，たとえば，点で観測したデータなどと統合する必要がある．このような観測ネットワークのスケールを考えると，場合によっては，一連の点データとして表すよりも，数学的な表現を使って，そのような現象を表したほうが良いかもしれない．たとえば，気象観測ネットワークは単位面積あたりの観測点数を示す密度表現を使って，また，森林の土地被覆の場合は樹木密度を使って考察するのである．

　同様に，多くの植物生理学的な技術，たとえば，ポロメータやガス交換測定器，蛍光測定システムは，気孔コンダクタンスや光合成測定を，葉や枝のスケールで，短い時間スケール（分～時間）で計測するが，組織内の無機物分析では，その結果は数週間から数か月にわたる影響の平均を反映しているだろう．同様に，*LAI* データのための群落刈り取りや，放射伝達モデルの較正と *LAI* 推定のための群落下における放射透過の測定では，森林の場合を除けば，おそらく数 m^2 程度の小さな区画が適している．このような不整合な問題の解決方法は，その応用内容に依存するが，通常は，前述した2段階抽出や3段階抽出など

---

† （訳注）ほぼ一定の性質をもった風の吹く風域の長さ．フェッチ．

の階層的サンプリング法を選択することである．そのような入れ子式の方法を利用して，サンプルサイトの空間分布を画像スケールに関連づけなければならない．モデル化では，小さな空間・時間スケールでの現地観測結果を，1～5 km の空間分解能をもつ衛星データや，さらに広域の地域スケールの研究と効果的に関連づけるために，より広い範囲にスケールを拡大（統合）することがしばしば求められる．

■ 10.4.1 スケール拡張（統合）

スケール拡張または統合（aggregate）（もしくは，間引き（degradation））は，高分解能データを，より低い分解能のピクセルへと合わせ込む過程である．この過程は空間的・時間的分解能の低下を伴う．スケール拡張は，必然的に詳細情報の若干を捨てることを伴い，さもなければ，必要以上の情報を保持し続けるか，より大きな空間スケールでは明瞭であるはずの現象を不明瞭にすることになる．詳細情報の損失の結果は，通常，自由度の減少である．スケール拡張とは，不均一な範囲に適用される平均化の過程とみなせるが，その一方でスケール拡張は平均化とは別であり，より大きなスケールではどのように単純化が作用するかを表現するための，追加のスケーリングモデルの適用も含まれるという意見がある（Wood, 2009）．たとえば，気体の法則は，（多量の分子が存在する）巨視的なスケールにおいて非常に精密に当てはまり，自由度1（たとえば，気体の状態方程式における圧力 P）を利用して，気体 1 mol の特性を表現できるが，すべての個別分子の挙動（1 mol における 6.02×10^{23} の各分子の位置と動き）を表現するには非常に大きな自由度を必要とする．すなわち，通常の実際的な目的では，若干の潜在的に重要な情報が失われていたとしても，巨視的な表現で十分である．

実際には，スケール拡張は，入力スケール拡張か出力スケール拡張のどちらかによって行われ，前者では，小さなスケールの入力データ（たとえば，放射輝度）を統合した後，出力（たとえば，E）を算出し，後者では小さなスケールの入力データのまま結果を算出した後，その出力 E を平均化する．後述するように，原則として，出力データをスケール拡張できれば誤差は最小化される．

統合の一般的特徴とは，データ範囲と分散を減少させることである．また，関連して，空間分解能が粗くなるとミクセル状態のピクセル数が増えることになる．それにもかかわらず，過剰なサンプリングや，対象特性の不必要な変化の検出を避けるためには，粗い空間分解能のデータを利用したほうが良い場合もある（たとえば，樹木個体でなく，林分を対象とするとき）．通常，空間スケールが大きくなるにつれて，明瞭に検出できるクラス数はいっそう制限される．地域スケールにおいては，多くのクラス（たとえば，サブピクセルスケールで表される個々の作物）を，少数の大きなクラス（農地）に統合することは一般的である．

■ 10.4.2 スケール縮小（分解）

多くの場合，リモートセンシング画像は，特定の研究で必要とされる詳細な情報を得る

には空間スケールが大きすぎる．MODIS センサの 250 m のピクセルでさえも，精密農業に適したスケールでは十分な情報を提供できない．そのため，空間分解能を改善する試みとして画像の分解に多くの関心がもたれているが，もちろん，分解しても情報は追加されない．6.4.6 項で概略を示したとおり，もっとも効果的な手法はデータ融合に基づくもので，低分解能の画像データの質を，高空間分解能センサの情報を使って高めることである．この方法の例として，Kustas et al., 2003 は気象衛星からの 1～5 km 分解能の温度画像データを，10 倍程度の空間分解能の光学センサによる植生指数データを使用して分解することに成功している．これは，$NDVI^*$ や他の植生指数は温度と一般的に強い関係があることを利用して，高い $NDVI$ 値を，盛んに蒸散を行う作物（と低温）に対応づけている．同様に，分光ミクセル分解法（7.4.3 項）によって，サブピクセルの位置情報は得られないものの，若干のサブピクセルの情報が得られる．

■ 10.4.3 非線形性にかかわる問題

リモートセンシングデータを小さな空間スケールから大きな空間スケールに統合する場合の不確実性は，研究対象の応答関数の非線形性と，対象サイトの不均一性の両方に関連している．応答が非線形性である場合，独立した入力変数（たとえば，反射放射量）を単純に平均化してしまうと，出力結果（たとえば，光合成量，気温，LAI もしくは蒸散量）に偏った推定が生じる．

光合成は，スケーリングにかかわる 2 つの側面の問題を示すのに良い例である．第 1 の問題は，個葉と群落の挙動の違いに関係している．4 章で示したように，光合成は放射の増加に対して飽和応答する．図 10.2（b）のように，群落下層の葉は低照度環境に順化しているため，実際の曲線は上層の葉とはいくぶん異なっているが，個々の葉は光に対して急激な飽和応答を示す．しかし，群落全体では，放射照度に対する光合成応答はより高い

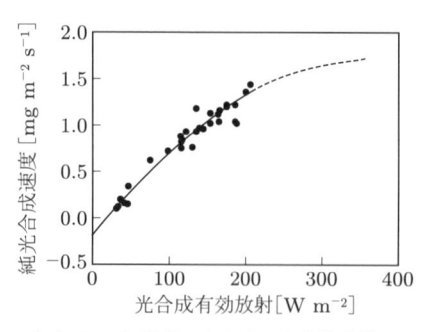

(a) トマト群落の光合成の光応答曲線

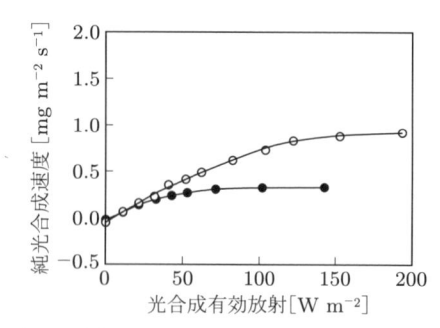

(b) 群落下層の葉（●）と群落上層の葉（○）の光合成の光応答曲線

図 10.2 光合成における非線形性の影響（Jones, 1992 を修正して引用，Acock et al., 1987 のデータを利用）．この実験は制御された環境で行われ，光飽和は野外で生じるよりもかなり低い．

照度で飽和するまでほぼ線形的であり（図（a）），単位（土地）面積あたりでより大きな同化量を示す．個葉と群落において異なる挙動を示すのは，次のような理由がある．
（ⅰ）　1枚の葉への入射放射のすべてが吸収されるわけではないので，群落下層の葉が散乱放射や透過放射を利用することができ，群落全体として効率的に入射放射を利用している．
（ⅱ）　群落内では入射放射に対して葉を傾けることで，多くの葉は光飽和を回避しており，これは入射放射がより効率的に利用されることを意味する．
（ⅲ）　群落内の位置によって，葉の生化学的応答が異なっている．

このようなスケーリング問題の効果的な扱いには，小さなスケールでの観測結果をより大きなスケールへと統合する機能モデルの利用が必要となる（たとえば，Asner & Wessman, 1997）．

スケーリングの第2の問題は，土地被覆率と $NDVI$，そしてとくに LAI（表10.4とそれを表現した図10.3）との関係における非線形性の影響において示される．ある仮想のリモートセンシングにおいて，パッチ状の群落分布で，群落密度の高い群落（それぞれ約 $10\,\mathrm{m}^2$ で90％被覆）と非常に疎な群落（それぞれ約 $10\,\mathrm{m}^2$ で10％被覆）が等しい面積で，

表10.4 異なるスケールの $NDVI$ の平均化の例（表7.1のデータを利用．表の上半分は，異なる植生被覆率（0〜100％）における ρ_R, ρ_{NIR}, $NDVI$, $NDVI^*$, LAI の計算値を示す．LAI と被覆率との間には強い非線形性がある．表の下半分は，被覆率が50％になるように2つの異なる被覆率をもつパッチを組み合わせて，それらのパッチがもつ値を平均化して算出した ρ_R と ρ_{NIR} の値（入力データの平均化）を示す．また $NDVI$, $NDVI^*$ そして LAI の推定値は，異なる被覆率のパッチごとにこれらの値を算出した後，平均化して得られた値（出力データの平均化）である．LAI と土地被覆の関係性は Asner & Wessman, 1997 の10％の散乱放射におけるデータから得たもの）

	植生被覆率 [％]						
	0	10	20	50	80	90	100
ρ_R	**0.27**	0.25	0.23	0.165	0.10	0.08	**0.06**
ρ_{NIR}	**0.31**	0.32	0.32	0.345	0.37	0.37	**0.38**
$NDVI$	0.07	0.12	0.17	0.35	0.56	0.64	0.73
$NDVI^*$	0	0.08	0.16	0.43	0.75	0.87	1.00
LAI	0	0.22	0.33	1.02	3.15	4.60	6.71
パッチの平均	$\frac{0+100}{2}$	$\frac{10+90}{2}$	$\frac{20+80}{2}$	50			
ρ_R	0.165	0.165	0.165	0.165			
ρ_{NIR}	0.345	0.345	0.345	0.345			
$NDVI$	0.4	0.38	0.37	0.35			
$NDVI^*$	0.5	0.47	0.46	0.43			
LAI	3.35	**2.41**	1.74	**1.02**			

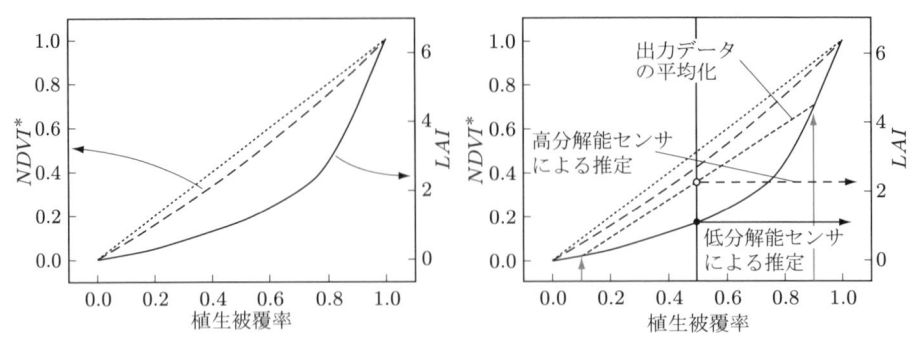

(a) 植生被覆率に対する $NDVI^*$ と LAI の非線形性

(b) 低空間分解能と高空間分解能のセンサの データを使って算出した LAI の値の違い

図10.3 リモートセンシングによる群落の生物物理学的パラメタの推定値の誤差に関するスケール拡張の影響（表10.4のデータを利用）．（a）LAI（実線）は，とくに植生被覆率に対して非線形である．（b）○は，LAI を全体的に平均して求めた真値を示し，高空間分解能のセンサのデータから算出した値（出力データの平均化）である．一方，●は，低空間分解能のセンサの放射特性（分光反射率など）の平均値をもとに算出した LAI の値，もしくは高空間分解能の入力データの平均値から算出した LAI 値である．

群落全体として 50% 被覆していたとする．これを均一な群落が同じだけ（50%）被覆した土地と比較する．表10.4や図10.3（b）のように，パッチが均一な場合には LAI の平均値は 1.02 であるが，パッチによって密度が異なる場合は，密度の高いパッチに比例して高い LAI を示すため，その値は 2.41 となる（表10.4の最下行）．

入力データの平均化　それぞれの事例で，可視赤色域（R）と近赤外域（NIR）の適切な反射率を，線形混合モデル（式(7.3)）を仮定することで計算できる．これらの値は表10.4に示すとおり，パッチ状に混ざって分布するときと，均一に分布するときで同じ値となる（$\rho_R = 0.165$ と $\rho_{NIR} = 0.345$）．このようなパッチ要素の反射率に基づいた「入力値」の統合は，群落による土地被覆率が同じであるなら，均一な群落でもパッチ状群落でも同じ反射率をもたらすことは明らかである．したがって，IKONOS のような高空間分解能（約 1 m ピクセル）のセンサからのデータや，MODIS のような中分解能（約 250 m ピクセル）のセンサからのデータのどちらからでも，反射率の入力データを平均化して，同じ LAI（= 1.02）を推定することになる．

出力データの平均化　一方，それぞれのパッチの入力データを用いて出力値（たとえば LAI や $NDVI$）を計算して平均化すると，まったく異なる結果が得られる．群落が均一な場合は，どちらのセンサも正しい LAI を推定するが，パッチ状の場合はまったく異なる値を得る．IKONOS の反射率データから計算した，たとえば LAI の平均値は，パッチ状の場合 2.41，均一分布の場合 1.02 という正しい値を示すが，MODIS の反射率データを使用した場合，どちらの場合でも 1.02 となる．これは，その範囲全体の平均反射率を計算

に使用しているためである．

　LAIのような生物物理学的な変数の推定精度は，低空間分解能センサのデータの利用によって悪化するだけでなく，高空間分解能データの不適切なスケーリングによっても問題となることは容易に理解できる．

　実際的な状況で，2種類の異なる空間スケールで得られたリモートセンシングデータがある場合，小さな空間スケールの画像の値を平均化して求めた値（その地域における平均値）と大きな空間スケールの画像から計算された値を比較できる．温度Tや反射率の推定値は，2つの空間スケールで非常に近い値であるが，エネルギーフラックス（CやλE）の推定値はかなり誤差の影響を受ける（Moran et al., 1997）．応答関数の非線形性はスケール拡張において問題となるが，この影響は，画像中の構成要素間で放射が散乱する場合には，さらに増大する可能性がある．通常の線形混合モデルでは，各構成要素が独立していることを前提としているが，植生範囲内の土壌パッチが天空光と散乱光の混合によって照射されるなどの場合は，大きな影響を与えるだろう．

　分類に関する研究では，しばしば統合に伴ってクラスが与えられず分類されないピクセルの割合が増えるため，空間スケールが分類の正確さに直接の影響を与えるが（Gupta et al., 2000），その影響は必ずしも一貫していない（Raptis et al., 2003）．

■ 10.5　較正と検証

　現在，50以上の地球観測衛星によってデータが取得されており，それぞれのデータの観測・処理方法が異なっているので，これらのデータセットの互換性を保証するためには世界全体で承認されたガイドラインが不可欠である．地球観測衛星委員会（Committee on Earth Observation Satellites：CEOS）は，較正，検証そしてデータの品質保証を調和的に衛星計画に組み込むための国際社会における合意を確立するよう努めている．現時点ではこれらの過程は大きく異なっているため，利用者自身が必要に応じてデータを適宜処理しなければならない．

　実際，リモートセンシングデータから有用な情報を取得するためには，いくつかの考慮しなければならない側面がある．まず，センサが受ける放射と出力データが，既知の整合した関連性を保っていることを確かめるために，計測機器そのものを較正する必要がある．また，この出力データを，対象とする生物物理学的パラメタの値と定量的に関連づけるために，さらにいくつかの較正が必要となる．遠隔から測定した値は，データに基づいた解釈が正確かどうかを確かめるために，既知の目的物に対して**検証**されなければならない．民間の機関によって観測とデータ配布が行われているなら，利用者は提供されたデータの品質と整合性に関する何らかの保証を必要とする．

　正確さや測定の検証のためによく利用される尺度には，観測値と参照値との比較，そして**二乗平均平方根誤差**（root mean square error）RMSEとして知られる平均の標準誤差に関連した尺度があり，次のように計算される．

$$\text{RMSE} = \sqrt{\frac{\sum_{i=1}^{n}(観測値_i - 参照値_i)^2}{n}} \tag{10.4}$$

ここで，観測値$_i$と参照値$_i$は，それぞれ，i番目の対となる測定値や計算値と比較対象となる参照値を示し，nはデータ点の対の数である．このような誤差尺度の利点は，誤差の正負の符号を無視でき，小さな差よりも大きな差をより強く重みづけできることである．

□ 測定機器の較正

携帯型あるいは飛行機に搭載した測定機器は，実験室や野外のどちらにおいても，既知の標準によってかなり容易に較正できる．衛星に搭載する機器は，通常，打ち上げ前と打ち上げ後（あるいは飛行中）に較正される．打ち上げ前の段階では，すべてのバンドの検知器間で相互の較正を行う．また，この較正では既知の入力値（放射輝度や温度）と出力データを関連づけ，機器のどのような非線形性についても考慮する必要がある．放射較正係数は通常，データセンターから入手したデータのヘッダファイルで提供される．しかし，電子部品の経年変化はセンサの劣化と較正係数の変化をもたらし，何らかの形で軌道上での較正が行われることがある．これは，熱センサではもっとも一般的である．たとえばAVHRRセンサは，搭載した黒体をある温度に保ち，熱電対によってその温度を測定することで較正を行う．この黒体は回転鏡によって走査され，1回走査されるごとに既知の温度情報が与えられる．この走査ラインのデータと共に熱電対の温度情報が地上局へ転送される．これによって，すべての走査ラインは個別に較正され，長期・短期両方のドリフト影響が除去できる．黒体と比較して，標準光源を維持することは難しいが，環境観測衛星の中には光学チャンネルを軌道上で較正できるものがある．LandsatのTMあるいはETM+センサは，日射の反射バンド（可視・反射赤外域）については日射や衛星搭載の3つの電球を基準にし，熱バンドについては黒体を使用して，各走査の始めと終わりで軌道上で較正を行う．SPOTのHRVIRスキャナのそれぞれのバンドにおける3000個の検出器の応答は，機器が正確に均一な地表面（以下参照）を捉えている間に調整される（**検知器応答標準化システム**（detector response normalization）とよばれる）．機器の動的特性を決定する絶対値較正は，完全に安定した外部光源（太陽）と機器の出力信号との間の精密な関係を保つことで行われている．この較正は定期的に行われ，必要に応じて機器の応答を調整するために使われる．

計測機器の応答における非線形性は，いくつかの問題をもたらす．通常の影響は，入力変化に対応する出力レベルの変化が小さくなる，つまり，高いレベルの照度におけるコントラストが小さくなることである．その結果，すべての明るい領域の値が同じ明るさを示すことになり，このような画像領域は白飛び（burnt out）の状態になる．この影響は，とくに熱測定において顕著で，ある温度以上ではその違いを区別できなくなる．この問題はとくにTMセンサの熱チャンネルで見られ，そのダイナミックレンジは，たとえば，AVHRRよりもはるかに小さい．このセンサは通常の地表面温度の測定用に設計されたも

のであり，たとえば，火山活動や自然火災の監視用には使えない．これは，高温のホットスポットを捉えたピクセルのみにとどまる影響ではない．もし，検知器が強度の飽和状態に曝されると，電子機器が回復するまでしばらく時間がかかり，問題の点に続く走査ラインに沿ったいくつかのピクセルではデータを損失することになる．

☐ 生物物理学的パラメタに対する較正

得られた正確な放射輝度のデータは，研究対象としている生物物理学的およびその他のパラメタと関連づける必要がある．統計学では，そのような較正を逆回帰とよぶ．回帰分析では，従属変数と独立変数の間の関連性を推定するが，較正においては従属変数の観測値から独立変数の新しい値を推定，または予測するために，その関連性と誤差情報を利用する（図10.4参照）．たとえば，農家が自分の作物中の窒素濃度の推定に興味をもち，植生指数のようなリモートセンシング測定の利用を望んでいるとする．そのためには，窒素の施肥量をできるだけ幅広く設定して作物を育て，異なる区域と年次における作物の植生指数 VI を測定するだろう．同時に，葉内窒素濃度 $[N]$ の化学分析のために作物試料を採取するだろう．原理上は，$[N]$ の VI への回帰は，どのような VI に対しても $[N]$ の分散の推定とともに，実験的な関係を与える．図10.4に示すように，農家は別の新しい農地で測定した VI 値から，$[N]$ を推定できる．

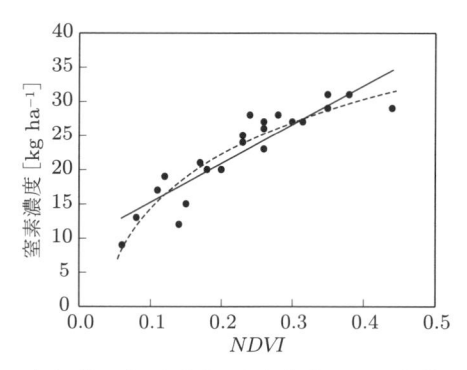

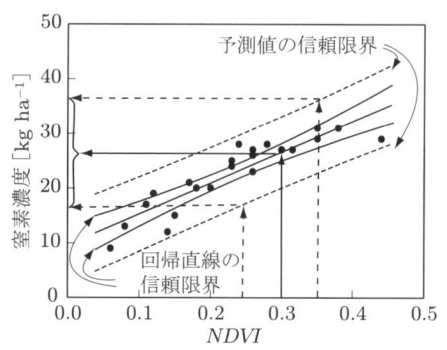

(a) 較正時に収集された実験データと近似線　(b) 図(a)と同じデータを用いた $NDVI$ の観測値に対する $[N]$ の推定を行う線形モデル

図10.4 (a) 窒素濃度 $[N]$ の $NDVI$ への回帰．線形回帰（$[N] = 55.62 \times NDVI + 9.64$, $R^2 = 0.785$），非線形回帰（$[N] = 11.50 \times \ln(NDVI) + 40.8$, $R^2 = 0.847$）．(b) $NDVI$ の計測における潜在的な誤差を考慮しなければならない．潜在的な予測誤差の大きさは縦軸の中括弧で示されている．この誤差はサンプルの取得数に依存する．

このデータセットで示されるように，本質的な非線形性のためか，もしくはセンサの飽和（$NDVI$ の測定ではよくある）のために，しばしば，較正は非線形となる．このような場合，予測値の誤差推定はより難しく，通常，データ変換や専門的な統計学者からの助言が必要となる．

現地調査データのスケールの拡大とそのデータを予測に使うことの両方についての問題

の実例を図 10.5 に示す．これは，CO_2 同化と分光指数の対応関係を求めることを目的としたデータに基づいており，分光指数の利用は，光合成速度や他の生物物理学的な定量データを推定するため，迅速かつ非破壊のリモートセンシング手法（たとえば，分光測定の利用）を得ることを目的として含んでいる．

統計的に有意な結果が得られているが（傾きはゼロと有意に異なり，$P = 0.012$），実際は，分光指数から光合成を推定するという目的には到達できていない．これは，この回帰式には PRI の観測値から光合成を推定するだけの十分な予測力がないためで，このことは，図 10.5 が示すように，光合成予測値の信頼区間がきわめて大きいことからも明らかである．実際，その範囲は，縦軸に示す観測データの範囲と同程度である．この例は，現地サンプリングの潜在的な難しさと，リモートセンシング研究におけるスケーリング不整合の影響についての以下の問題点を示している．

（ⅰ）1 次測定が多数行われたとしても，繰り返しサイト数が少ない．

（ⅱ）測定スケールと比較スケールの食い違い．光合成や PRI の値は，どちらも多数の個葉や小面積サブプロット（$39\,\mathrm{cm} \times 39\,\mathrm{cm}$）の分光データから推定され，そして，その場所，全体の平均値とされるので，潜在的なスケーリング誤差をもたらす．残念ながら，階層的サンプリングの方法は利用されていない．すなわち，個葉の光合成と PRI の推定値との間には関係がない．

（ⅲ）データのばらつきが大きく，1 つのサンプルの値（$PRI = -0.064$）が回帰分析に大きな影響力をもっている．

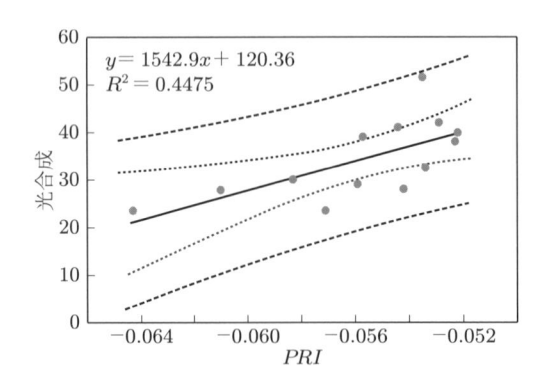

図 10.5 サスカチュワン（Saskatchewan，カナダ）の草原生態系における $100\,\mathrm{m} \times 100\,\mathrm{m}$ の 13 プロットのデータを利用した光合成と PRI の関係（Black & Guo, 2008 のデータ）．光合成と PRI 両方の推定値は，階層的サブサンプリングによる多数のデータの平均値から得た．内側の長破線は予測値の期待値の信頼限界を示し，外側の短破線は予測の信頼区間を示す．

☐ 検証

リモートセンシングによる地表面情報の推定値を検証することは，どのようなリモー

センシング研究においても重要な要素である．これまで，高品質の現地データを収集するためのサンプリング方法の選択の指針について考察してきた．ここで，大半の現地調査データにおけるスケールと衛星画像のスケールが異なっていることを考慮する必要性を繰り返し述べる．多くの場合，測定はスケールに依存し，異なるスケールをうまくつなげるように，適切なスケーリングモデルを適用することが成功の鍵となる．たとえば，検証に渦相関フラックスサイトを利用する場合などでは，センサの高さを調整して（すなわち，フットプリントの大きさを調整して），地上測定の結果を衛星画像のピクセルに合うようにスケール変更することが可能であるが，他の場合，たとえば衛星による km スケールの地表面温度の推定を検証する場合などではスケールの調節はかなり困難である．

■ 10.6 空間データの分類精度に関する不確実性

リモートセンシングデータから作成された主題図の利用者は，その結果の信頼度を知っておく必要があるので，その正確さを評価する方法について考える必要がある．

しかし，ある個別の事例ごとに，最適な正確さを測るための方法がいくつもあるため，「分類はどれくらい正確か」というもっとも単純な問いにおいても正確に答えることはかなり難しい．どのような分類にも，次に示すような各過程の不正確さによる誤差が含まれている．それらは，基本的なリモートセンシング測定時の誤差，もともとのピクセルの合成によって「新しい」ピクセルを作る場合の幾何補正や，とくに画像がスモッグなどの汚染物の強い影響を受けている場合の放射量補正のような画像補正における誤差，複数のクラスが混在するピクセルによって生じる表面の固有変動性，スケーリング誤差，訓練ピクセルの誤りと不確実性，そして分類アルゴリズムそのものの不備である．もっとも重大な問題は，分類時に使用しているクラスとして，必ずしも他のクラスと完全に分離独立していないものが選択されていることである．そのため，作成した主題図（分類結果の図）に対して信頼限界を設定できるような精度評価を行うことが必須となる．

これらのさまざまな空間データにおける不確実性の原因は，実用面から，位置についての不確実性（時間と場所の不確実性の両方を含む）と，属性についての不確実性（たとえば分類クラス）の2つに分けられる．たとえば，場所の不確実性により，対象とするサイトを代表する確かな情報を必要とするならば，ピクセルよりも広い面積を抽出する必要が生じる．その面積 A の大きさは $A = S_\mathrm{d}(1 + 2S_\mathrm{g})^2$ によって与えられ，S_d はピクセルの大きさ，S_g はピクセルを単位としたピクセル位置の幾何的精度を示す（Curran, 1985）．空間データの不確実性に対する対処法のさらなる詳細は，Foody & Atkinson, 2002 と Heuvelink, 1998 に説明されている．

■ 10.6.1 誤差行列

分類精度を評価するためには，分類結果を地上における参照情報と比較する必要がある．誤差分析では，表 10.5 に示すような**誤差行列**（error matrix）（しばしば**混同行列**（confu-

表10.5 分類精度を評価するための典型的な誤差行列（この場合，121個の試験ピクセルは地上参照データを構成するために，それぞれ4つの植生タイプのうちの1つに分類されている．これらのクラスの割り当ては，ピクセル単位で自動分類結果と比較される．誤差行列中の対角要素である網掛けセルは，参照データと同じクラスに正しく分類されたサンプル数を示す）

	クラス	地上参照データ					利用者精度	含包誤差
		常緑樹林	落葉樹林	草原	灌木	合計		
分類	常緑樹林	**25**	1	6	0	32	$\frac{25}{32}=0.69$	$\frac{7}{32}=0.22$
	落葉樹林	2	**33**	8	4	47	$\frac{33}{47}=0.70$	$\frac{14}{47}=0.30$
	草原	1	4	**17**	2	24	$\frac{17}{24}=0.71$	$\frac{7}{24}=0.51$
	灌木	2	0	1	**5**	8	$\frac{5}{8}=0.625$	$\frac{3}{8}=0.38$
		30	38	32	11	$n=121$	全体精度	
	作成者精度	$\frac{25}{30}=0.833$	$\frac{33}{38}=0.87$	$\frac{17}{32}=0.53$	$\frac{5}{11}=0.45$		$\frac{80}{121}=0.66$	
	排除誤差	$\frac{5}{30}=0.167$	$\frac{5}{38}=0.13$	$\frac{15}{32}=0.47$	$\frac{6}{11}=0.55$			

sion matrix）や**分類行列**（classification matrix）と表記される）を利用する．k 個のクラスに分類する場合，行列のセル数は k^2 となる．

　もっとも直接的な分類精度の尺度は**全体精度**（overall accuracy）で，これは正しく分類されたサンプル数（誤差行列の主対角要素の値）をサンプル総数で割ったものとして定義され，表10.5においては $80/121 = 0.66$ もしくは66％である．

　それぞれのクラスについて分類精度の評価を得ることもできる．これはたとえば，森林管理官が，広葉樹林のような土地分類クラスの1つだけに主な興味をもっている場合などに，とくに有用である．このような場合，ある1つのクラスについて正しく分類されたピクセル数を，そのクラスに含まれるピクセルの真の数，すなわち，誤差行列の列で示される，そのクラスの参照データ数に対する割合，あるいは，そのクラスに分類されたピクセルの総数（誤差行列の行で示される総数）に対する割合として表す．前者は**作成者精度**（producer's accuracy）[†]とよばれる尺度で，そのクラスの参照データ数に対する正しく分類されたピクセル数の割合を示す．誤分類は**排除誤差**（omission error）とよばれ，正しく識別されず他クラスに誤って分類（排除）されてしまったピクセル数を示す．たとえば，表10.5の常緑樹林の場合，作成者精度は83％であり，それに対応した排除誤差は17％となる．後者は**利用者精度**（user's accuracy）とよばれ，そのクラスに分類されたピクセル総数に対する正しく分類されたピクセル数の割合を示し，分類の信頼性の尺度である．そ

[†] （訳注） 分類地図の作成者の立場からの精度で，参照図に対して，どれだけのピクセルが正しく割り当てられているかを評価する．対して，利用者精度は分類地図の利用者の立場からの精度で，分類地図がどれだけ正確であるかを評価する．

の補数は**包含誤差**（commission error）という．信頼性とは，本来，測定を繰り返したときの一致の程度のことである．これは，必ずしも測定の妥当性の指標とはならない．たとえば，参照ピクセルが誤分類されていれば，その結果はすべて誤っているかもしれない．利用者精度は，あるクラスに分類された1つのピクセルが，実際にそのクラスを表す確率を示す（たとえば，0.7であれば，7割の確率でその分類が正しいと解釈する）．分類結果を評価する場合，一般的には，3種類すべての誤差を示すのが適切である．

これらの記述的な誤差評価に加えて，分類結果の評価に利用できる多くの方法があり，それらはしばしば，データの正規化を伴う．正確さの評価，もしくは異なる観測者間での一致度の評価を行う際にとくに広く使われる方法が**kappa分析**である．kappa統計量は，分類別データの一致程度を示す，さまざまな類似尺度に対する一般的な用語である．kappa分析は一致の状態を係数 κ として推定する．全体精度との重要な違いは，誤差行列の対角要素（正しく分類されたピクセル数）に加えて，排除誤差と包含誤差も考慮していることである．κ は次のように計算される．

$$\kappa = \frac{n\sum_{i=1}^{k} x_{ii} - \sum_{i=1}^{k}(x_{i+} \times x_{+i})}{n^2 - \sum_{i=1}^{k}(x_{i+} \times x_{+i})} \tag{10.5}$$

ここで，x_{ii} は誤差行列の対角要素，x_{i+} は i 行の横合計†，x_{+i} は i 列の縦合計，n は誤差行列の要素の総数を示す．kappaは偶然の一致が除かれた一致の尺度であり，偶然の一致よりも，よく分類ができているかどうかの判定に利用できる．値0は一致していないことを示し，値1は分類結果と参照データが完全に一致していることを示す．kappaが約0.75よりも大きい場合，良好〜非常によく分類できていることを示し，一方，値が0.4よりも小さい場合は，分類の結果はかなり悪いことを示すが，どのような実験の場合でも，その実際の判定の閾値はサンプル数やデータ型によって変わる（Mather 2004）．

あるデータセットに対して分類を行った場合，採用した分類手法が，他の手法と比較して統計的に良いかどうかを判定することは重要である．有用な比較は，誤差行列の対角要素と同様に，対角要素外のセルを考慮することである．その1つとして，多変量判別分析を，正規化した行列全体に適用する方法があり，これは，全体的な一致度の指標を得るために使用できる（Congalton et al., 1983）．さらに一般的な方法としては，kappa値を単純に比較することで，大サンプルから算出した分散を使って推定したkappaの分散 σ_κ^2 を使用して，kappaの信頼区間を求めることで行う（Congalton et al., 1983）．この場合，2つのkappa間の統計的有意差は次式によって決められる．

$$z = \frac{\kappa_1 - \kappa_2}{\sqrt{\sigma_{\kappa_1}^2 - \sigma_{\kappa_2}^2}} \tag{10.6}$$

---

† （訳注）縦合計，横合計のことを周辺度数（marginal totals）という．

ここで，kappa の値の差は $|z| > 1.96$ のとき（両側検定が適当な場合は，正規分布における上側 2.5% 点の値を使って），5 % の危険率（$\alpha = 0.05$）で統計的に有意であるとみなされる．kappa 統計量の利用はしばしば全体精度の指標とあまり変わらないため，他の方法も提案されている．たとえば，サンプルを二分して，正しく分類されたサンプルの割合を単純に比較する方法も有用である（Foody, 2009a）．

$$z = \frac{|p_1 - p_2|}{\sqrt{\bar{p}(1-\bar{p})\left(\frac{1}{n_1} + \frac{1}{n_2}\right)}} \tag{10.7}$$

ここで，p_1 と p_2 は，2 種類の方法それぞれで正しく分類された割合（全体精度）であり，n_1 と n_2 はそれぞれのサンプル数を示し，$\bar{p} = (x_1 + x_2)/(n_1 + n_2)$ で，x_1 と x_2 がそれぞれ正しく分類されたサンプル数を示す．

ここまでの内容のすべてが，参照分類データが正しいこと前提としているが，通常，実際にはそうではない．参照データセットにおける誤差は，見かけの精度と，得られた実際の分類結果の両方の観点において，結果に相当な影響を与える（Foody, 2009b 参照）．

■ 10.6.2　ファジィ理論による分類と評価

困ったことに，ミクセルや中間的なクラスのピクセルが存在するため，厳密な分類が理想的になされていることはまれである．これは，通常の誤差行列を使う方法が，実際には適切ではないことを意味する．このような場合，この不確実性を考慮するため，他に分類される可能性のあるクラスに何らかの重みを与えることで，誤差行列による手法を拡張できる．そのための 1 つの方法は，参照サイトのそれぞれに，「分類される可能性のある」クラスとともに，「もっとも可能性が高い」や「正しい」といった分類も与えることである．たとえば，高木と低木が混交した特定の範囲は，落葉樹のクラスとして分類されるかもしれないが，その範囲の 40% が低木によって覆われていたとすると，低木林クラスが別の受容できるクラスとして考慮できる．すなわち，誤差行列における非対角要素を，分類クラスとして容認できる代替的クラスとしてみなすことになる．これらは「ファジィ」な作成者精度と利用者精度を推定し，正しく分類されたサンプル数として加えられる（Congalton & Green, 2008）．このタイプのファジィ分類評価では，対応する決定論的な精度評価の方法よりも高い精度を示す．

ここでは，分類精度を評価する多くの方法のうちの，いくつかについて説明してきた．すべての状況に勧められるような唯一の最適な方法は存在しない．実際，利用者が結果を示す際，通常，広範囲の誤差基準を報告することが勧められる．さまざまな個別研究において，最適な方法を選択するための考察や示唆を得るためには，Mather, 2004 や Jensen, 2005 のような画像解析の教科書，Liu et al., 2007 や Foody, 2009a のような個別の総説を参照してほしい．

10.6.3 参照データにおける誤差の原因

分類の正確さは，参照値が存在するピクセル，すなわち全体の一部においてのみ評価できる．そして，これらのピクセルが画像内にランダムに分布していることと，画像中のすべてのピクセルに，ある一定の誤差率が適用されることを前提としている．したがって，厳密には，参照ピクセルはランダムに抽出されるべきである．しかし一般的には，参照データの選定においてランダムにピクセルを選ぶわけではなく，各植生タイプについて明瞭に識別される例を，参照ピクセルとして選定することが多い．この状況は，訓練ピクセルと参照ピクセルの収集が，両方とも同じような選択方法によって行われる場合にしばしば起こる．この場合，とくに画像内の明確にクラスを定義できないピクセル（たとえば，ミクセル）に参照クラスを指定すると誤差が増大するはずなので，ほとんど必然的に，画像全体の正確さを過大評価することになる．

さらに注意すべきは，精度評価には，最初の分類において使用した訓練ピクセルとは完全に独立した参照ピクセルを使用しなければならないことである．分類の訓練に使用したデータと，精度評価において使用したものが重複してしまう場合，真の分類精度を過度に甘く推定することになり，結果において統計的な偏りを導く．これはたとえば，訓練データセットにおいて，存在する植生タイプのうちの1種類を抜かしてサンプリングした場合が挙げられる．このような場合，訓練データセットを精度評価に利用することによって，真の画像全体の精度を過大評価することになる．そのため，これら2つの過程は完全に独立している必要がある．

他にも広範囲の考慮すべき重要なことがある．参照データや画像の座標情報登録時の位置に関する誤差もその1つであり，地図化における最小単位の大きさも重要である．これらを考慮しないと，真の精度を過小評価に導く可能性がある．リモートセンシング画像の撮影時とは異なる日時に参照データを取得した場合にも問題が起こりやすい．

❓ 例　題

10.1 衛星画像の土地被覆分類の解析結果から次のような誤差行列を作成した．この行列の情報から，以下の3つを計算して答えよ．
（a）分類の全体精度．
（b）包含誤差が最大の土地被覆のクラス．

		参照データ				
	クラス	クラス1	クラス2	クラス3	クラス4	クラス5
分類	クラス1	84	17	2	0	5
	クラス2	5	26	8	1	1
	クラス3	7	2	35	0	9
	クラス4	0	3	6	102	1
	クラス5	1	0	4	0	45

（c）もっとも正しく分類されたクラス（1つとは限らない）と，その理由．

10.2 地上検証データ取得の実習のため，野外の異なる調査区それぞれで，複数の1 m² 調査枠を設置して $NDVI$ の推定値を得た．調査区内の調査枠の分散は 0.06 で，調査区間での分散は 0.12 であった．8つの調査区での10個の調査枠における $NDVI$ の平均値の分散はいくらか．もし，他の調査区に移動するコストが，繰り返しのサンプル取得，すなわち調査枠の数を増やしたときのコストよりも10倍大きいとするならば，調査区ごとの調査枠数と調査区数の間の最適比はどのように変化するか．

10.3 植生指数の解析において，赤色光波長域の反射率 ρ_R の平均値と標準偏差がそれぞれ 0.3 と 0.2 で，近赤外域の反射率 ρ_N の平均値と標準偏差がそれぞれ 0.5 と 0.1 のサンプルを使った．ρ_R と ρ_N の分散が無相関であると想定して，（a）DVI と（b）$NDVI$ の標準誤差を推定せよ．

■ 推薦書

統計学に関する良い入門書は多いが，とくに簡潔な生物統計の入門書としてお薦めのものは Fowler & Cohen, 1990 と Clewer & Scarisbrick, 2001 である．一般に入手可能なソフトウェアを利用し，簡単な数式と明確な手法を説明するとくに良い入門書として Dytham, 2003 があり，リモートセンシングや GIS における不確実性に関する Foody & Atkinson, 2002 は，とくに空間データの不確実性の解析にかかわる研究論文の概要として有用である．より進んだ統計解析法や統計ソフトウェアについては，たとえば，Snedecor & Cochrane, 1999, Sokal & Rohlf, 1995, Zar, 1999 を参照するのが良い．

リモートセンシングにかかわる野外調査法についての入門書では McCoy, 2004 がある．リモートセンシングと土地被覆の空間分布モデルとの連携を進展させるための地理演算処理（Geocomputation）をトピックとした会議が2003年に開催された．当会議の招待講演者の研究内容については "GeoDynamics" という題の本にまとめられている（Atkinson et al., 2004）．

➔ Web サイトの紹介

NIST/SEMATECH 統計手法の電子ハンドブック
　http://itl.nist.gov/div898/handbook/mpc/section5/mpc552.htm

11 リモートセンシングの総合的な利用

■ 11.1 はじめに

　植物群落の研究において，リモートセンシングが有効に利用されている事例は数千にも及ぶ論文として発表されており，その膨大な範囲の応用事例や潜在的な応用のすべてを紹介することは不可能である．したがって，ここでは，複数の異なるリモートセンシング手法と補足的な情報を一緒に扱い，植生の構造と機能に関する疑問に答えている，少数の代表的な事例を紹介することで，そこで用いられる原理を例証することとする．扱う事例は，それらの方法を個葉，植物個体，群落について適用した，航空リモートセンシングから衛星リモートセンシングに適した地域スケールまでの野外研究である．トピックや事例を包括的に取り上げることはせず，個別事例の断面を効果的に紹介することで，それらの方法の適用可能な範囲を示す．話題の選択はいくぶん主観的であり，リモートセンシングが多数利用されているいくつかの重要な分野，たとえば，全球の CO_2 収支や気候変動にかかわる研究が除かれているが，大スケールの物質やエネルギーフラックスの推定におけるリモートセンシングの利用については9章で取り上げている．

　本章ではまず，紹介する応用事例の多くで適用される，植物のストレスを検知するための一般的な手法を概説する．次に，それぞれの個別分野の応用例について，その項目の概要とその重要性，計測すべき変数と利用できるリモートセンシング技術の順に解説する．それらを通してリモートセンシングを利用する強みと弱みを示す．

■ 11.2 植物のストレスの検出と診断

　もっともよく使われるリモートセンシングの利用法の1つは，環境ストレスに対する植物応答の診断とモニタリングであり，何百という最近の出版物がこの話題を扱っている．ここで，利用可能な技術の多くが，環境ストレスそのものではなく，環境ストレスに対する植物の**応答**を監視するためのものであることは重要である．たとえば，水分欠乏では，植生指数を利用した植被率や，何らかの熱ストレス指標を利用した気孔閉鎖の変化を推定して，ストレスの基準とすることが普通だが，どちらもストレスそのものではなく，より正確には植物応答を評価している．マイクロ波を利用したり，あるいは気象データとリモートセンシングデータを水収支モデルによって組み合わせて利用するなどの少数の事例では，土壌水分の推定を通して，植生が実際に受けているストレスを測定できる．

　植生のストレス応答の遠隔監視はとくに精密農業において重要であり（11.3節），農地の管理者は，施肥や灌漑の最適管理のために作物のストレスに対する応答を絶えず診断し

定量化する必要がある．トラクターに搭載した圃場内センサと，航空機や人工衛星に搭載したセンサはともに，このような農業に適用できる可能性がある．一方，自然生態系の研究者は，自然生態系の植生の健全度や活力度に対する自然要因（たとえば，気候変化）と人為的要因（森林伐採や汚染）の両方の影響を監視することにしばしば関心をもつ（11.4節）．

しかし，困ったことに，多くの異なる環境ストレスが類似した植物の反応を引き起こす．たとえば，水分欠乏，塩分，養分欠乏，生物的ストレスは，いずれも植物の葉面積を減少させる傾向があり，他方，多くのストレスが葉の気孔を閉鎖させる（図11.1）．そのため，特定のストレス影響を単独の反応から診断し監視することは，困難であることが多い．だが幸いなことに，これまでの章で紹介したように，植物の異なる特徴，たとえば，温度，構造，分光反射率，含水率などに応答する，いくつものリモートセンシング技術が存在し，それらを組み合わせて利用することで識別能力を改善することが理論的に可能である．なお，現在のところ実験室内でのみ利用可能な顕微鏡や熱ルミネッセンス，磁気共鳴断層撮影などの技術はここでは取りあげない．

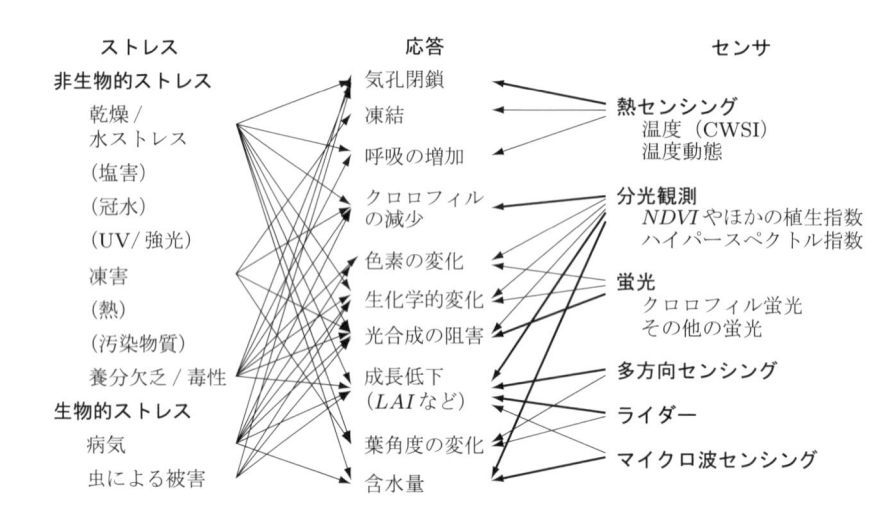

図11.1 主なストレス要因と植物の応答およびリモートセンシング技術による検出の関係．単純化のためにストレス影響の一部についてのみ示した（括弧内は省略された要因）．もっとも重要なセンシングの機会を太線で示す．

図11.1は，いくつかの重要な植物ストレス，主要な植物応答，その検出に利用可能なリモートセンシング技術の間の複雑な関係を示している．ストレスと植物応答間の複雑な関係とは対照的に，通常のセンサはある限定された範囲の植物応答を検出する．問題となるのは，いくつかのセンサからのデータは，重要な主要ストレスとの経験的な関連性がいくぶん弱いにもかかわらず，過大に解釈されてしまうことである．たとえば，特定の分光植生指数は主に$fAPAR$の変化と関係するが，旱魃，塩害，汚染被害，病気，害虫発生の

ようなさまざまな異なるストレスの定量化にも使われてきた．このような経験的な関係は，7章で示したように非常に限られた状況の範囲でのみ成立しているので，非常に注意深く利用しなくてはならない．

これまでのところ，ストレスを検出するための試みの圧倒的多数が，多くのストレス影響の特徴である，（ i ）LAI，（ ii ）クロロフィル含有量の変化，を簡易的に検出したものである．これらは主に7章で概説した広帯域，場合によってはハイパースペクトルを利用した植生指数によって推定されるが，9章で概説した温度を基礎としたストレス指標もLAIと気孔閉鎖の変化の両方の検出に広く用いられている．また，現地の植物と近接した観測研究では，蛍光測定のような他の手法の利用も増えている．図11.1は複雑な関係を示しているが，それぞれのストレスが特有の応答の組み合わせを誘発するという事実を利用することで，原因となるストレスをどのような状況でも区別できる強力な手法が開発される可能性も示唆している．そのため，特定のストレスの診断と影響の定量化には，複数のセンサを利用した方法が高い有効性を示すと予想される．以降では，それぞれの検知技術の能力を概説し，複数のセンサを用いた手法について紹介する．

11.2.1 分光反射率画像と分光植生指数の利用

植生の特性に関する情報を分光データから抽出する主な手法については7章で紹介した．分光データは，群落の色素組成だけではなく葉面積，さらには含水率についての情報をもたらす．これらの特性は，ストレス応答の検出と定量化において有効である．しかし，広帯域センサの診断力はいくぶん限られており，葉面積指数の変化の追跡にもっとも役立つ．一方，ハイパースペクトルセンサは，潜在的に非常に小さな特定の生化学的変化，すなわちストレスの初期影響の特徴となる微妙な変化を検出できる．ハイパースペクトルの反射率を利用した新しい指数の開発は最近の研究の中でとくに活発だが，ここでは提案されているすべての指数は扱わない．

実験室内で個葉について測定したハイパースペクトルデータは，植物種や生化学成分の特定に非常に強力な識別能力を発揮するが，野外で植物個体や群落にまで対象を広げた場合にはその能力は低下する傾向があり，より遠隔からの検出ではさらに劣化する．この劣化の理由には，観測視野内の他の構成要素（土壌，他種の植物，幹と枝，枯死葉と花）との干渉，群落内での多重散乱に伴う反射と吸収の影響，$BRDF$の影響，大気の透過や散乱の影響が挙げられる．さらに，とくに問題となるのは，これまでに提案されてきた分光指数の多くが，特定の実験環境において得られた経験的な回帰分析に基づいて得られていることである．このような指数が幅広い条件下で当てはまることはまれである．たとえば，ある植物種の研究で重要であると選択された波長（たとえば，Carter 1994）は，他の植物種や，たとえ同じ植物であっても少し異なる環境下では最良ではない場合がある．どのような指数でも，自分の実験での利用にあたっては，絶えず注意深く検証する必要がある．

このような問題はあるものの，分光植生指数は非生物的・生物的ストレスの研究に広く使われてきた．とくに有用な指数の一部はBOX 7.1に示した．葉面積指数の変化が主な

原因ではない個葉スケールで，もっとも成功した研究は，主なストレス応答が葉の黄化に伴うクロロフィル含有量の減少と関係したものである（Blackburn, 2007a, Carter & Knapp, 2001, Nilsson, 1995）．この変化は，従来の広帯域指数や赤色波長端（red edge）のようなハイパースペクトル指数によって検出できる．他のとくに有用な指標は生理学的な知見に基づいている．たとえば，PRI は光合成の制限機構の理解に基づいて開発された．興味深いことに，クロロフィルの遠赤色（680 nm 近辺）の吸収極大と一致しているスペクトル範囲（赤色波長端）での反射率の変化は，その信号が非常に速く飽和するため，クロロフィル含有量がとても少ない場合にのみ観察できる（Buschmann & Nagel, 1993）．多くの研究では，ストレスによるクロロフィル含有量の低下に伴う反射率の増加は 696 nm から 718 nm の間で顕著に起こっている．しかし，この波長帯の増大ピークはとても急激であり，非常に狭い波長幅のデータが必要となるため，600 nm 近辺のより広いピークが利用されることが多い．

カロテノイドやキサントフィルなどの特定の色素のストレス応答を扱った研究例は比較的少数である（光合成活性の指標として PRI を利用する場合を除く—9.7.2 項）．一方で，ハイパースペクトルデータを扱ったウェーブレット分解などの手法（Blackburn, 2007b）は，特定の色素を識別できる可能性がある．もし特定の色素の変化と特定のストレスが関係づけられるなら，これは有用な手法になるかもしれない．

葉群や群落全体の平均した分光反射率の応答は多くの有用な情報をもたらすが，葉の色分布を考慮すれば，ストレス反応の識別能力はより向上する．多くの病気や栄養塩欠乏あるいは有毒成分は，葉に特徴的な色彩パターンをもたらす．たとえば，窒素欠乏は一般にクロロフィル量の損失と，それによる葉の黄化をもたらし，他の無機栄養成分欠乏は，特徴的な色彩パターンをもたらす．亜鉛欠乏は葉脈間の茶褐色化，マグネシウム欠乏は葉脈間のみの黄化，硫黄欠乏では葉脈を紫色化する（図 11.2，口絵 11.1）．トマトの典型的な欠乏症状は Taiz & Zeiger, 2006 の Web ガイドでまとめて紹介されており，柑橘類の欠乏症状については Futch & Tucker, 2001 が詳細に示している．他にも多くの画像が Web 検索で見つけられる．

同様に，多くの植物の病気が慣習的にしばしば病変の特徴的なパターンから診断されており，葉脈の近くや離れた部位，あるいは葉縁といった明確な部位の葉色分布や葉色変化から，特定の病気が診断されている（図 11.3）．ただし，葉の障害を視覚的に診断するには観察者の熟練が必要である．そのため，画像解析あるいは意志決定支援システムを通した診断の自動化方法を開発することへの関心が高い．自動診断や診断の支援や訓練のためのエキスパートシステムの開発はまだ基礎的な段階にあるが，その第一歩として，障害がある植物組織の画像の自動区分法が開発されている（たとえば，Moshou et al., 2005．図 11.3，口絵 11.2）．これにくわえて，観測されたパターンから特定の病気の同定と定量化を自動化する方法を見いだす必要があるが，いまのところ航空，あるいは衛星リモートセンシングへのスケールアップは実現できていない．

このような難点はあるものの，航空リモートセンシングによる NDVI を用いた群落の生

図 11.2 トマトの異なる無機栄養欠乏による典型的な葉の変色パターン（植物生理学，第 5 版 Web 手引き Topic 5.1（Taiz & Zeiger, 2006）より引用. http://4e.plantphys. net/article.php?ch = t&id = 289）．口絵 11.1 参照．

育不良や黄化範囲の分布のモニタリングは，しばしば害虫や病気の流行指標として利用されている．とくに，被害の原因が現場での知見をもとに容易に特定できる場所（ラズベリー畑の疫病菌による根腐病（*Phytophthora* root rot）や森林における害虫の大発生）においては有効である．たとえば，$NDVI$ を使った落葉の遠隔検知は，初期の Landsat MSS データを利用した 1970 年代の北アメリカにおけるマイマイガの研究（Nelson, 1983 参照）から，スカンジナビアのカバノキにおける周期的なシャクガの大発生についての研究（Jepsen et al., 2009）など，最近の研究まで広く使われている．このような場合，広範囲にわたる被害の広がりを示した地図の作成は，被害拡大の監視や地上における管理の支援，さらには気候変動の影響調査などで有効に利用できる．しかし，実際のところ病虫害被害の検出例の多くは，衛星スケールの分光指数による葉内クロロフィル含有量や LAI の変化の検知に基づいてきた．多くの指数が試され，特定の状況では成功することもあったが，これらは特定の病気を検出しているわけではなく，あくまでクロロフィルや LAI の変化を検出しているにすぎない．一方，ハイパースペクトル指数は潜在的に優れた識別能力をもち，とくに放射伝達モデルと生化学的モデル（たとえば，PROSAIL．7 章参照）とを組み合わせることで，群落スケールにおける特定の病気に伴う生化学的な変化の検出可能性を高めることができる．

　多くの分光指数が水ストレスや関連した生理学的反応と関連づけられてきたが，一部の水分指数（BOX 7.1）を除けば，通常それらの関係は経験的で，かなり間接的である（主に LAI の変化を通して機能する）．とくに葉面積に反応する指数の個葉スケールでの利用は，群落や f_{veg} の変化がより明白な航空・衛星スケールでの利用ほどには適していない．

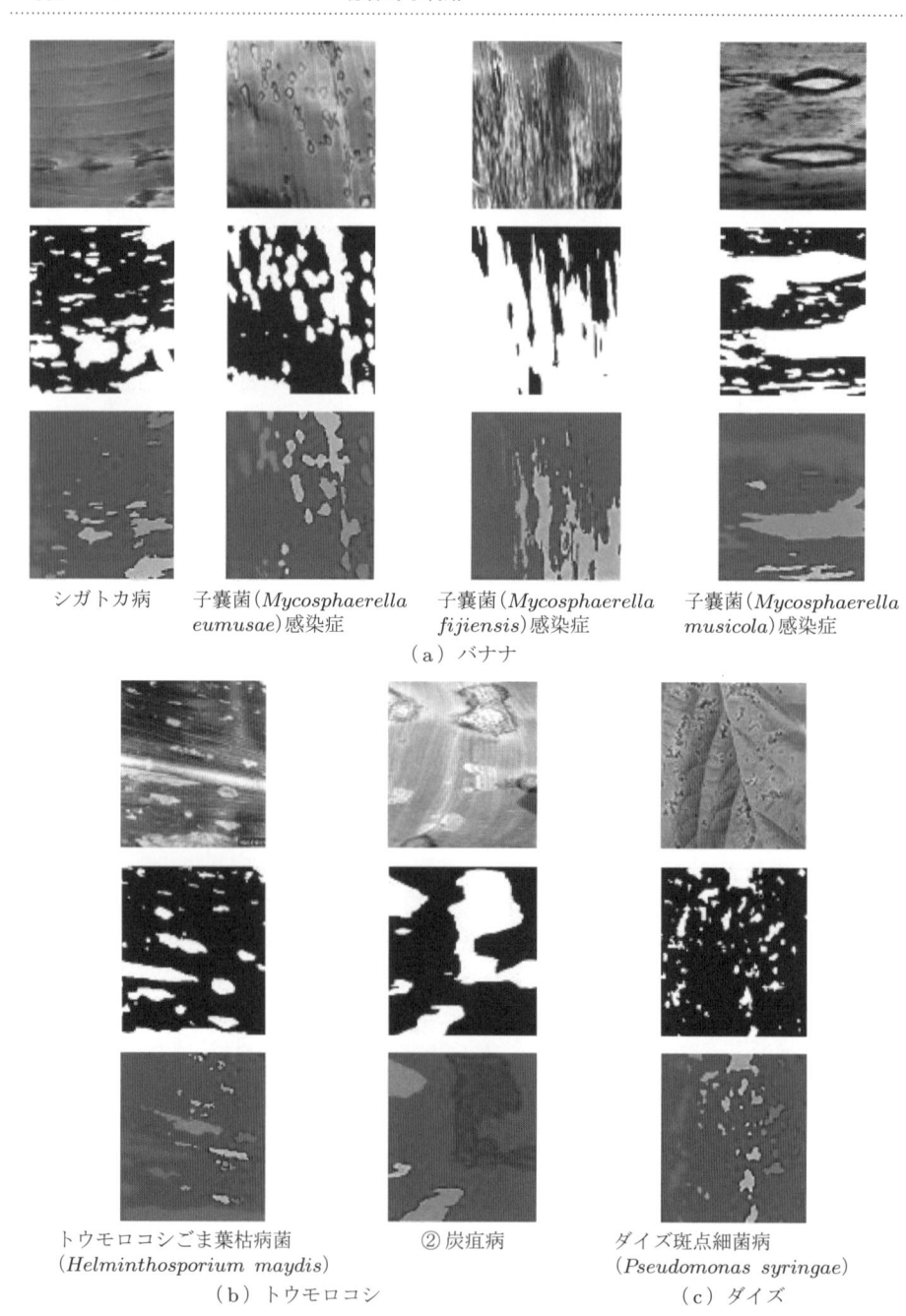

シガトカ病　　子嚢菌(*Mycosphaerella eumusae*)感染症　　子嚢菌(*Mycosphaerella fijiensis*)感染症　　子嚢菌(*Mycosphaerella musicola*)感染症

(a) バナナ

トウモロコシごま葉枯病菌　　②炭疽病　　ダイズ斑点細菌病
(*Helminthosporium maydis*)　　　　　　　(*Pseudomonas syringae*)
(b) トウモロコシ　　　　　　　　　　　　(c) ダイズ

図 11.3 さまざまな植物葉の病気（上段）と人（中段）および自動診断システムによる区分結果（下段）（画像は Camargo & Smith, 2009 による．許諾済）．口絵 11.2 参照．

群落構造と生化学的含量の定量には，経験的なストレス指数よりも，放射伝達モデルの逆推定に基づいた機械的な手法のほうがより頑強であることが期待されるが，実際に応用することはよりいっそう難しいだろう．

■ 11.2.2　水欠乏ストレスの熱による検知

9章で説明したように，気孔の開閉は葉温の調節に重要な役割を果たすため，熱センシングは植物と水の関係や乾燥ストレス応答の研究にとりわけ有用である．ただまれに，葉温が他の生理学的な過程によって影響を受けることがある．たとえば，葉内の水の凍結に伴う熱発生（凝固熱）は容易に画像化でき（たとえば，Wisniewski et al., 1997），さらに極端な場合は，きわめて高い呼吸活性による温度上昇（たとえば，ザゼンソウの肉穂花序）を，呼吸速度の指標として用いることもある（Seymour, 1999）．しかし，ほとんどの場合，呼吸による熱産生はとても小さく，葉温に検知可能な影響を与えない．

□ 熱ストレス指数の実際的な側面

熱ストレス指数の利用についての基礎理論は9.6節で概説したので，ここでは実際的な応用に関連した側面について考える．絶対温度は周囲環境の影響を受けやすいので，参照表面を用いるのがもっとも確実な方法である．参照表面を利用することの利点は，式(9.23)と式(9.24)のような関係式が，測定温度の絶対誤差ではなく，相対精度にのみ感度をもつことである．また，多くの熱赤外カメラの測定精度は，繰り返し精度は比較的高いものの，絶対値の精度はおよそ±2℃であり，航空や衛星データでは，大気補正や放射率の誤差に起因する大きな絶対誤差が生じやすいことからも参照表面の利用は重要である．参照表面を使用する場合には，例外なく，次のような植物との類似性が不可欠である．

（ⅰ）参照表面の放射特性が本物の葉と類似していること
（ⅱ）境界層の特性が類似していること
（ⅲ）参照表面の入射日射に関連した方向性が観測対象の群落と類似していること

葉群が高い割合で被陰されている群落では，参照表面は平均的な群落の照射を模倣したものである必要があり，さもなければ，計算された指数は非現実的な値となる．熱センシングによるストレス検出を適切に行うためのさらなる問題点と注意点については，他でも指摘されている（Jones, 2004a）．なお，灌水管理への応用については11.3.3項で取り上げる．

ストレス指数の利用でもっとも重要なことは，その指数の計算に用いた温度が，通常，より高温になる背景の土壌ではなく，植生要素によるものであることを確認することである．その確認方法は，利用した画像のスケールに依存する．非常に近接した圃場内画像のように，ピクセルの大きさが個々の葉と比較して小さい場合には，植生のみが含まれているピクセルを選択し，土壌が含まれているピクセルを除くだけで十分である．これは，植物を識別するためにRGB画像かR/NIR画像を重ね合わせるか，閾温度を設定して一般により高温な土壌ピクセルを取り除けば良い．通常の衛星画像のように，ピクセルの大きさが植生単位と比較して大きい場合には，土壌と植生の各要素の温度を推定するために，ピク

セル分解が必要となる．これにはピクセルの f_{veg} の推定値から T_v を推定するために式(9.16)を使う．この過程では，別途 T_{soil} を参照ピクセルあるいは最高温度を示す端ピクセルから推定するか，ある小さな範囲で T_v と T_{soil} が一定であり，f_{veg} だけが変化していると仮定して多数のピクセルから式(9.16)がもっともよく当てはまる値を（たとえば，マイクロソフト Excel のソルバーを利用して）計算することで，T_v と T_{soil} を推定する．多方向観測データから逆算することによっても，土壌と植生の温度をそれぞれ推定することができ（たとえば，Jia et al., 2003），さらに十分な視野角のデータがあれば，群落の日向と日陰の範囲の温度も求められる（Timmermans et al., 2009，BOX 11.1 参照）．

BOX 11.1　多方向熱観測データによる土壌と群落表面温度の推定

異なる天頂角 θ において推定された従来の R/NIR による植生指数から得られる植被率と背景温度 T_θ の両方を，群落の放射伝達モデルから得られる情報と組み合わせることで，すべての群落構成要素の温度を推定することは可能である（日向葉 T_{sl}，日陰葉 T_{shl}，日向の土壌 T_{ss}，日陰の土壌 T_{shs}）．これは次式の関係を利用する．

$$T_\theta = f_{veg(\theta)}[f_{sl(\theta)}T_{sl(\theta)} + (1 - f_{sl(\theta)})T_{shl(\theta)}] \\ + (1 - f_{veg(\theta)})[f_{ss(\theta)}T_{ss(\theta)} + (1 - f_{ss(\theta)})T_{shs(\theta)}]$$

ここで，$f_{veg(\theta)}$ は角度 θ で観察したときの視野内の植被率（植生指数で推定），$f_{sl(\theta)}$ は観察された日向葉の割合（放射伝達モデルで推定），$f_{ss(\theta)}$ は観察された日向の土壌の割合である（これも放射伝達モデルで算出）．ここで，多方向観測データがあれば，これらの式から構成物の温度を求めることができる．

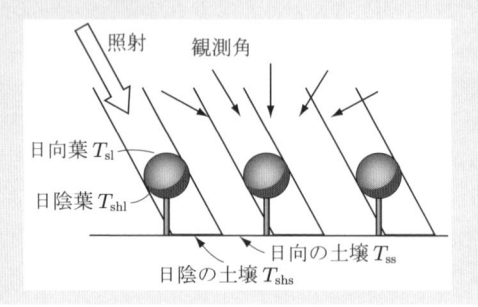

□ 作物の表現型評価

熱画像の重要な応用として，乾燥環境での成長に有利に働く遺伝子型の同定がある．これは，水不足に応答性の高い気孔をもっている系統の選抜が，急激かつ短期間の乾燥環境に対する耐性品種の開発につながるという考え方に基づいている．その一方で，恒常的に気孔コンダクタンスが低く，もたらされた旱魃に反応しないような遺伝子型は，地中海性気候のような，つねに乾燥した熱ストレス環境に適している．熱画像診断は，実験室内で気孔機能の変異体選抜のために長く利用されてきた（Raskin & Ladyman, 1988）．しかし，

(a) 可視画像

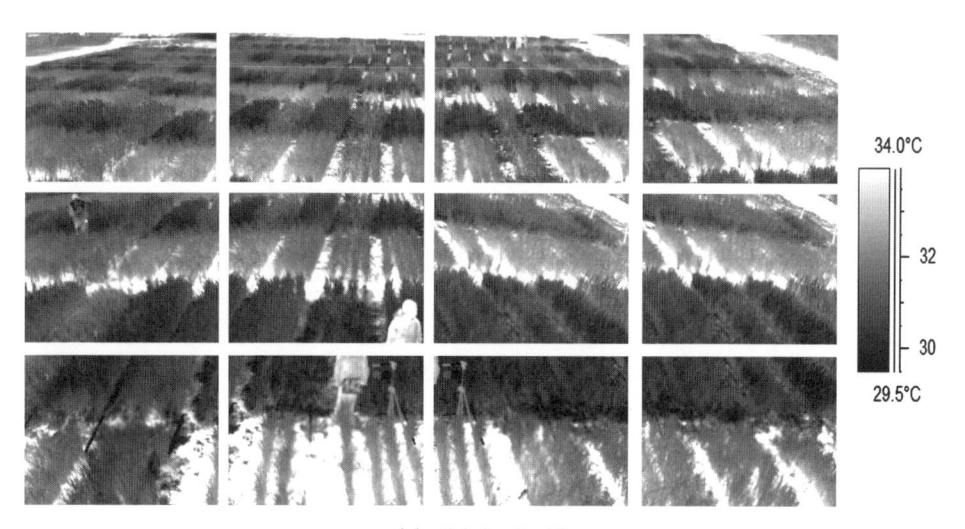

(b) 対応する熱画像

図 11.4 圃場における植物の表現型評価の例．画像は約 5 m の高さから背景土壌の影響がもっとも小さくなる角度で撮影している（Jones et al., 2009）．口絵 11.3 参照．

イネの生殖質内の量的形質遺伝子座位（quantitative trait locus：QTL）として知られている多くの遺伝子マーカーを識別できることがわかる（図 11.4．Jones et al., 2009）など，屋外の圃場スケールでこの技術が利用できるようになったのはごく最近のことである．

■ 11.2.3 蛍光と蛍光画像診断

蛍光測定は，ストレスに対する生理学的応答を研究するための有力な手段である（3.1.1項参照）．9.6.3項では，クロロフィルa蛍光（主に690 nm周辺の赤色と740 nm近辺の近赤外）の利用について概説した．これは光合成を評価するための効果的な情報をもたらすので，光合成に影響するストレスの指標にもなる．緑葉から発せられる他の波長域の蛍光には，UV-A放射によって励起される440 nmの青色と520 nmの緑色がある．これらの短い波長域の射出は，主に葉内の広範囲のフェノール化合物，とくに細胞壁と結び付いたフェルラ酸とクロロゲン酸からの蛍光と関係している（たとえば，Buschmann et al., 2000, Lichtenthaler & Miehé, 1997）．どんな波長の蛍光強度においても，照明や検出器の位置関係だけではなく，蛍光を発する物質の濃度や葉内部の光学的性質（蛍光の部分的な再吸収に影響する要因を含む）による影響を受け，とくに光合成に関係した蛍光は，葉緑体内部の光合成と消光過程の間のエネルギー分配によって影響を受ける．なお，蛍光の絶対強度はほとんど役に立たない信号なので，通常何らかのデータ正規化，たとえばBOX 9.1のような典型的なクロロフィル蛍光パラメタモデルの利用や，異なる波長の蛍光信号の比率の算出が必要となる．

現在，個葉や植物個体のための多くの蛍光画像化システムが利用でき，クロロフィル蛍光（Nedbal et al., 2000）だけではなく，多色蛍光（Buschmann et al., 2000, Lichtenthaler

表 11.1 葉の状態や環境ストレスに応じた蛍光強度比の変化（F_{440}，F_{690}，F_{740} はそれぞれ，青，赤，遠赤色の蛍光を示す．蛍光強度比が正に応答する場合は＋，応答しない場合は0，負の応答は－で示す（個数は強度））

	F_{440}/F_{690}	F_{440}/F_{740}	F_{690}/F_{740}	F_{440}/F_{520}
葉の状態				
斑入り vs. 緑葉	＋＋	＋＋	＋＋	0
裏面 vs. 表面	＋＋	＋＋	＋	0
黄葉 vs. 緑葉	＋	＋＋	＋＋	＋＋
2次展葉 vs. 1次展葉	－－	－－	＋＋	－
ストレスと負荷				
水欠乏	＋＋	＋＋	0	0
窒素欠乏	＋＋	＋＋	＋	0
直達日射	＋＋	＋＋	＋	－－
ダニの攻撃	＋＋	＋＋	0	＋
光合成阻害処理				
熱処理	－－	－－	0	0
紫外線（UV-A）処理	－－	－－	0	0
ジウロン[†]処理	－－	－－	＋	0
強光阻害	＋＋	＋＋	－－	0

訳注　ジウロン：除草剤（DCMU）

11.2 植物のストレスの検出と診断　359

& Miehé, 1997) も測定可能である．多くの画像化システムは実験室内の利用に限定されているが，PAM（ドイツ・Heinz Walz 社，http://www.walz.com/）や Multiplex® (フランス・Force-A 社，http://www.force-a.fr) のような蛍光測定器は，とくに野外での使用に適している．蛍光測定システムは生物的，非生物的ストレスの研究や，葉の養分状態の診断（たとえば，Langsdorf et al., 2000）において非常に有効な方法であり，多色蛍光やクロロフィル蛍光のデータは，標準的な反射率画像で症状が現れる前の，真菌やウィル

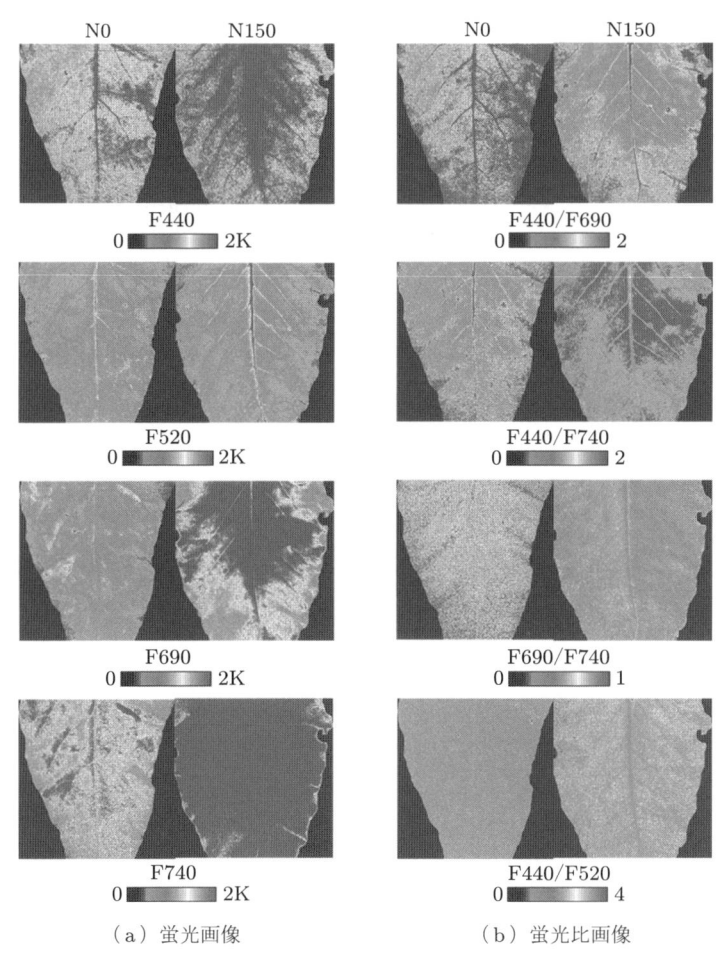

(a) 蛍光画像　　　　　　　　　　(b) 蛍光比画像

図 11.5　窒素施肥条件を変えて栽培したテンサイの個葉の蛍光画像．N0 は無施肥，N150 は多施肥．紫外線（UV-A）で 4 波長（440 nm，520 nm，690 nm，740 nm）を励起させ，それらの蛍光比を着色合成画像で示す．蛍光強度と共に青から赤に変化する（Langsdorf et al., 2000 の好意的な許諾による）．口絵 11.4 参照．

ス，細菌の初期感染の検出や判別に利用されている（Chaerle et al., 2007, Chaerle et al., 2006, Rodríguez-Moreno et al., 2008）．多色蛍光画像のもっとも簡便な正規化方法は，異なる波長において測定された蛍光の強度比画像を計算することである（たとえば，F_{440}/F_{690} や F_{440}/F_{520}）．実証研究は，異なるストレスはそれぞれの蛍光比に対して異なる形で影響することを示しており（表 11.1，図 11.5，口絵 11.4），したがって，蛍光は診断システムの有用な要素と考えられる（Campbell et al., 2007）．

BOX 11.2 に示すように，フラボノイドやアントシアニンのような，植物葉で特有のストレス指標となる多くの生化学物質の含有量の推定に蛍光を利用することもできる．UVと可視光の異なる照射波長を使うと，これらはフラボノイドやアントシアニンのような表皮性の構成要素によって異なる形で吸収されるので，射出されるクロロフィル蛍光（たとえば，740 nm）を測定することで，これらの防御的化合物の表皮における含有量を数量化できる（Bilger et al., 1997, Goulas et al., 2004）．したがって，BOX 11.2 に記載した蛍光射出比（fluorescence emission ratio）FER は，表皮細胞中のフラボノール濃度の良い指標となり，これはたとえば，強光ストレスに対する光防御機能の発達に関する良い指標である．

ただし，すでに見てきたように，実際的な蛍光測定技術は，現状では個葉から植物体スケールのストレス検出にしか利用できない．しかし，より遠距離からの測定についての研究は，とくに光合成のストレス応答の分析に関連した分野で盛んに行われている（9.7.3 項）．

BOX 11.2　表皮の光遮蔽物質を定量するためのクロロフィル蛍光の利用

フラボノイドのような紫外線を吸収するフェノール化合物が葉の表皮細胞に蓄積すると，紫外線を遮断し葉内への侵入を防ぐ．葉緑体に到達する可視光はクロロフィル蛍光を引き起こすが，その量は励起光の表皮透過に依存する．この効果によって，吸収波長（UV-A など）の変調照射によって生じる蛍光量と，他の表皮を透過する基準波長（青，赤，緑など）の照射によって生じる蛍光量を比較することで，表皮の遮断効果をもつ化合物の定量が可能になる．図（a）は，異なる UV 吸収特性をもつ 2 種の表皮内フェノール化合物（クェルセチンとクマリン）とクロロフィルの吸収スペクトルである（Bidel et al., 2007 と Goulas et al., 2004 のデータ）．図（b）は，葉のクロロフィル蛍光に対する UV と赤色の励起光による異なる影響の模式図で，蛍光比（$FER = F_R/F_{UV}$）が表皮における UV 吸収の指標となる．図（c）は，UV-A と UV-B で異なる吸収特性をもつクェルセチンとクマリンのような化合物を識別するための，典型的ないくつかの励起波長を示す．図では，健全葉の典型的なクロロフィル蛍光スペクトルも示している．FER の自然対数はベールの法則（2 章）から吸光度と線形な関係にあり，そのため，主要な吸光物質の濃度ともしばしばきわめて密接に正の関係にある（図（d））（Agati et al., 2008 のデータ）．

(a) 吸収スペクトル

(b) 励起光による影響の模式図

$$FER = \frac{F_R}{F_{UV}}$$

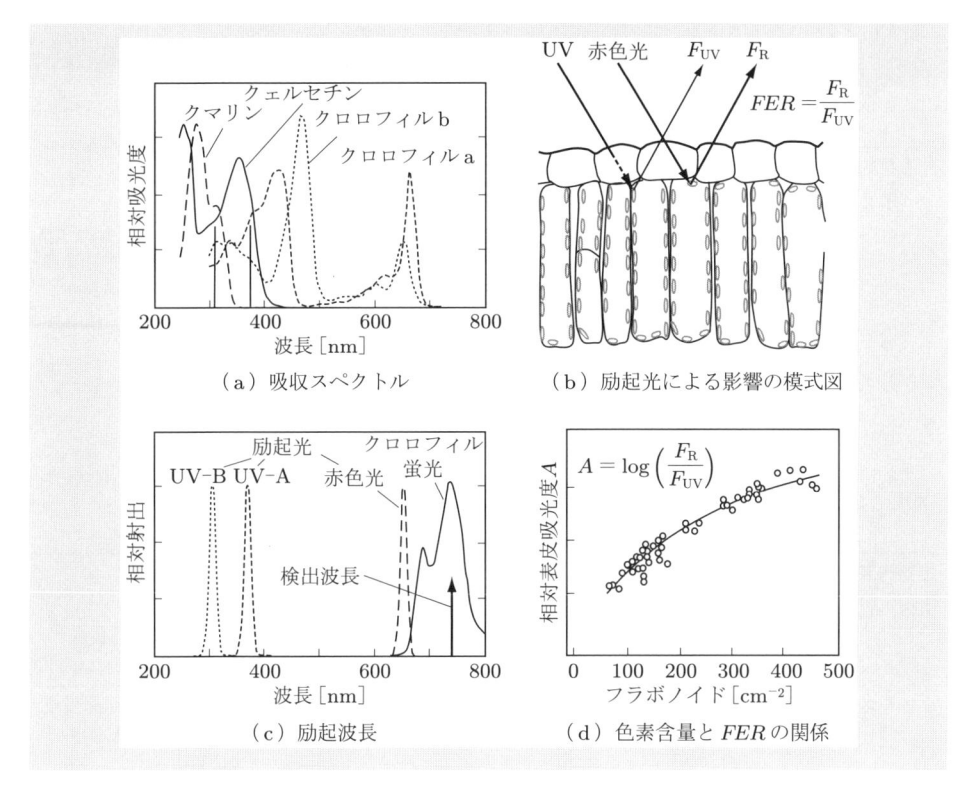

(c) 励起波長

(d) 色素含量と FER の関係

$$A = \log\left(\frac{F_R}{F_{UV}}\right)$$

■ 11.2.4　多方向センシング，3D 画像化，ライダー

群落の構造的な情報は，多方向画像化とデータの逆変換（8 章を参照），そしてライダー（地上と航空の両方）によって得ることができる．地上のステレオカメラ，そして飛行時間カメラ（time-of-flight：ToF）[†]を含めた比較的新しいディジタル距離センサを利用した方法によっても，群落の 3D 情報が得られる．このようなデータは，単に LAI とその高さ分布だけではなく，潜在的には水分欠乏ストレスによる萎れの指標となる葉面角度分布の情報も提供する．

■ 11.2.5　複数センサによる画像診断

どのような個別の画像センサでも，それによって示される応答の範囲は限定されているが，その応答は複数の原因によって生じているので（図 11.1），複数のセンサ技術を組み合わせることで，特定の初期ストレスを診断する能力は大幅に高められる．たとえば，熱画像は主に蒸散速度の変化に応答するが，これは一般に気孔開度の変化によって生じる．一方，気孔閉鎖はさまざまな異なるストレス，たとえば旱魃，湛水，塩分ストレス，菌類

[†] カメラの発光源から対象物へ変調光を射出し，センサへ帰還するまでの光の飛行時間を計測することによって距離を計算する．距離画像カメラ．

表11.2 異なるストレス要因の診断に利用可能な多方向センシングの概要と，多くのストレスに対する主要な反応（Chaerle, L., Leinonen, I., Lenk, S., Van Der Straeten, D., Jones, H. G. & Buschmann, C. による（未公表））

ストレスのタイプ	熱画像	反射率	蛍光
非生物的ストレス			
水ストレス	温度上昇（とくに気孔制御を積極的に行う「等水性植物†」で主要な反応）[1]	葉面斜角度分布の変化：多方向センシングで検出[2]，反射率の増大[3]	青緑色蛍光の増大，クロロフィル蛍光(Chl-F)の減少[4]，Chl-F 変動あるいは光化学収率の減少[5]
窒素欠乏	温度上昇傾向（ただし，葉面積の減少影響にも関係しているだろう）[6]	葉の黄色の増加によって検出可[6]，可視域とくに緑と赤の反射率増大[7]，特異的な色変化のパターン	より強い青緑色蛍光と690 nm の Chl-F[8]
ガス状汚染物 (NO_2, SO_2, O_3)	温度上昇（しばしば気孔開度の不均一化を伴う気孔閉鎖の結果）[9]	緑および赤色域の反射率増大	PSII の最大量子収率 F_v/F_m の減少[10]
生物的ストレス			
菌類の感染	温度低下[12] あるいは上昇[13]	赤および SWIR 域の反射率増大，特異的な色変化のパターン	Chl-F の増加[11,12]，可変的な Chl-F の減少[13]，PSII 効率の低下
ウィルスの感染	TMV††：初期は温度上昇，次いで細胞死に伴って低下[14]	特異的な色変化のパターン	Chl-F および青-緑蛍光の増加[14]，Chl-F 変動の増加[15]
細菌の感染	ペクトバクテリウム属エリシター：前兆として温度低下[16]	特異的な色変化のパターン	定常状態の Chl-F 減少を伴う高い量子収率[17]

文献 [1]：Jones, 2004. [2]：Casa & Jones, 2005. [3]：Carter, 1994. [4]：Lichtenthaler & Miehe, 1997. [5]：Meyer & Genty, 1999. [6]：Nilsson, 1995. [7]：Carter & Knapp, 2001. [8]：Langsdorf et al., 2000. [9]：Omasa, 1981. [10]：Gielen et al., 2006. [11]：Chaerle et al., 2006. [12]：Chaerle et al., 2007. [13]：Meyer et al., 2001. [14]：Buschmann et al., 2000. [15]：Osmond et al., 1998. [16]：Boccara et al., 2001. [17]：Berger et al., 2004..

感染，汚染の結果でありうる．これらの考えられる特定の原因を区別するためには，さらなる情報が必要となる．複数センサによる方法は，簡単な組み合わせによるもの，たとえば，熱赤外センサと反射率センサ，あるいは可視反射率センサと蛍光センサ，さらには蛍光センサ，反射率センサ，熱画像センサの組み合わせにまで及ぶ（Chaerle et al., 2007, Omasa et a., 2007）．個葉レベルで実施可能な計測とストレスの関係を表 11.2 に要約する．

このような広範囲のセンサを含んだ診断手段の開発に関する関心は高まっており，たとえば先に紹介した Mutiplex® システムでは，ストレスに関連した多くの蛍光パラメタのデ

---

† （訳注）等水性植物 (isohydric plant)：気孔開閉によって植物体内の水分量を調節し，イオン濃度を一定に保とうとする植物．

†† （訳注）タバコモザイクウィルス．

ータを定期的に計測する．複数センサ法は個葉や圃場スケールだけではなく，より粗いスケールのリモートセンシングでも同様に適している．植生ストレス検出のための熱赤外データと分光植生指数の広範囲にわたる組み合わせ（後述）は，2つの検知システムの組み合わせが利点を発揮する例である．さらにこの方法では，放射伝達モデルと多方向センシングを併用できる．

■ 11.3　精密農業と作物管理への応用

　農業管理における決定は，慣習的に圃場内を歩き回って得た限られたサンプルをもとに行われてきた（たとえば，数本のセンサによる土壌窒素や土壌含水量，あるいは葉窒素や葉含水率のサンプル測定など，無作為抽出サンプルによることが多い）．最近の農業のとくに重要な変化は，作物管理の精度向上や農地の場所に応じた局所圃場管理（site-specific management：SSM）への移行である（Pinter et al., 2003）．これは，土壌や作物生育状況の空間的な変動性に対して，その変動状況を把握して適切な方法によって畑地の特定箇所の最適管理（たとえば，病気の兆候のある場所だけに農薬を散布するなど）を行うこと目指すものである．高精度な全地球測位システム（global positioning systems：GPS）と地理情報システム（geographical information systems：GIS）を使用することで，農家は収量や土壌タイプ，土壌保水力などの特性の変動を正確に地図化できる．この情報は，たとえば，可変作業応用技術（variable-rate application technology）[†]によって，精密作物管理に利用できる．遠隔からの測定と作物モデルの同化は，おそらく意志決定支援システムと組み合わせることで，行うべき管理を示すもっとも強力な方法となる．

　情報源としては，チェリーピッカー（cherry picker）とよばれる高所作業車（Möller et al., 2007）やトラクターに搭載した機器などからの地上でのサンプリングと，航空機や人工衛星，ヘリコプターからのリモートセンシング（Lee et al., 2007）があり，対象圃場のすべてのデータは，1つのGISベースの情報図に融合される．通常，圃場全体にわたって処理される灌水を局所的に調整するよりも，圃場内のトラクター移動に伴う肥料や殺虫剤散布の同時調整のほうが活用しやすいことは明らかである．それにもかかわらず，少なくとも高付加価値の作物では，局所的な灌漑範囲の設定は有用であり，一方，直線移動型や旋回散布型の灌水器では，可動範囲が潜在的に限られているため，灌水範囲が制約される．トラクターに搭載する作物窒素（N）センサは一般的になっており，これによりN施肥の正確な範囲を設定できる．

　圃場内測定は，目録型（inventory-type）測定において衛星リモートセンシングと有効に組み合わせることができる．目録型測定とは，作付面積やその空間分布，あるいは土壌分布図などの静的な変数の地図作成のことで，これらの変数は通常，測定時間にあまり影

[†]　（訳注）圃場の地図と作物の同時計測によって，適切な場所に適切な量の薬剤や水散布，施肥を行う技術のこと．

響を受けず，そのため栽培期間中であれば（雲のない適当な画像が得られるときは）いつでも容易に得られる．しかし，個々の圃場やそのなかの区画スケールの情報を得るには，高空間分解能の画像が必要である．多くの場合，SSM のために必要とされる高分解能データは，ピクセルサイズ 1 m 未満の画像の取得が容易な航空機によって得られ，LAI や病気の広がりのような多くの有用な情報を単純なマルチバンド画像や RGB カメラによって得ることができ，それらよりはるかに高価なハイパースペクトルデータを用いる必要がない．

近年，栽培期間を通した作物管理に利用するためのリアルタイム情報を得る手段として，リモートセンシングの可能性に関心が高まっているが，これには，より高頻度の画像取得が必要となる．これまでに多くの研究が非常に複雑なシステム，たとえば，灌水や窒素の必要性の予測の開発などについて行われてきたが，おそらく今後は，農家に対して素早く適時にデータを供給できるような単純なシステムが実質的に進展するだろう．灌水計画へのこのようなやり方を適用したプロジェクトの例として，DEMETER や PLEIADeS[†] があり，これらは遠隔から推定した $NDVI$ から単純に得た局地的な作物係数を，地上で推定した基準蒸散量 E と組み合わせて，個別の農家の畑地ごとに調整し続けるというものである．

精密農業におけるリモートセンシングの重大な制約は，分光植生指数と重要な変数（たとえば，LAI，群落窒素量，あるいはバイオマス．図 11.6 参照）が全般的に経験的な関係に依存していることである．LAI やクロロフィル濃度と植生指数が良い関係をもつことは普通であるが，その下流にあるバイオマスや収量などとの関係は，ある限られた条件を除けば，一般に低くなる傾向があるため，局所的，季節的な補正が必要となる．

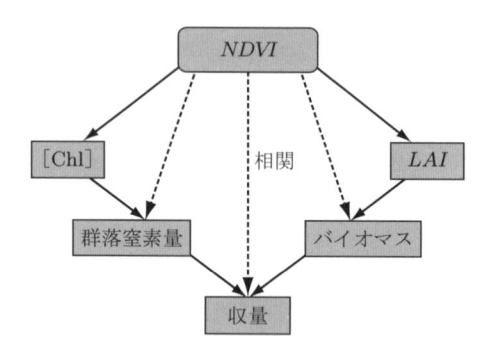

図 11.6 立地特異的なモニタリングにおける $NDVI$ のような分光指数の利用．実線はより直接的で機能的な関係（たとえば，$NDVI$ と LAI あるいはクロロフィル量）を示し，点線は推定を含むより間接的な関係（たとえば，$NDVI$ による群落窒素量，バイオマス，収量の推定）を示す．

---

† （訳注）DEMETER は，スペイン，イタリア，ポルトガルで 2002 年から行われた EU による灌漑効率化における衛星利用技術開発プロジェクトのこと．PLEIADeS はその発展・拡張プロジェクトに位置づけられ，2006 年から行われた．詳細は章末の Web サイト参照．

☐ 地上あるいは近接センシング

　精密農業においては衛星リモートセンシングも使用するが，SSMでもっとも利用されるリモートセンシング技術は地上における近接センシングで，トラクター搭載のセンサを利用したリアルタイムモニタリングはとくに重要である．作物変数の地上近接リモートセンシングと，衛星などの遠隔リモートセンシングの主な方法には次のようなものがある．

　（a）　分光情報（7章）単独あるいは複合的な植生指数の利用によるLAIと作物の状態（たとえば，クロロフィルや窒素含量）検出

　（b）　多方向センシング（8章）による葉面積，葉面積分布，葉面角度（作物が萎れたときの水分状態との関係）の情報提供（ただし，まだほとんど実用的な応用事例がない）

　（c）　蛍光観測による光合成機能と生化学的成分の検知

　（d）　熱センシングによる蒸発速度の変化の検知，すなわち作物の水分ストレスについての情報提供

　（e）　マイクロ波センシング（これはとくに利用可能な水分利用性の検出に有効）

　（f）　ライダーおよび超音波センシング（群落構造についてより詳しい情報を提供できる可能性がある）

しかし，圃場内と遠隔からの方法の主な違いはその対象範囲にあり，圃場内における画像診断では，大きなピクセルでは平均化されてしまう個体内の変化を分析できる．それにもかかわらず，現在，能動型$NDVI$センサなどの多くのトラクター搭載型センサや，蛍光センサなどの多くの携帯型センサには，画像取得機能がない．それぞれの読み取り値は，しばしば数m^2の範囲にわたるセンサ視野内の平均データであり，耕地全体地図や合成画像を提供する際は，個々の値が耕地全体で統合される．

■ 11.3.1　作付け目録

　リモートセンシングの利用は，異なる作物やその他の要素による土地利用や被覆の面積，分布を推定することにとくに適している．これまで，全球地図化（Thenkabail et al., 2009）と同様に，より小さなスケールの土地被覆図を改善することに多くの関心がもたれてきた（11.4節も参照）．標準的な植生指数によって得られる土地被覆の情報もあるが，分光情報とテクスチャ情報による分類技術（6，7章）はともに，それぞれの作物の作付け範囲を識別するために利用できる．一般に，ある範囲の作付けの有無を区別することは容易であるが，単純な植生指数だけの利用では，通常，大まかな植生タイプ（たとえば，裸地，1年生作物，樹木）までしか分けられない．作付けされている可能性の高い，広範囲な作物種について，多くの複製サンプルのハイパースペクトル反射率のデータを収集してスペクトルライブラリを作成し，適当な分類手法によって観測したデータをスペクトルライブラリのもっとも近い要素に割り当てることもできるが，分光特性は時間によって変化するため，これは一般的に信頼性の高い方法ではない．このようなハイパースペクトルデータを利用したとしても，たとえばコムギとオオムギ，あるいはイネとサトウキビの間のわずか

なスペクトルの違いを区別することはしばしば困難である（Rao, 2008）．しかし，マイクロ波センシングを利用すれば，スペクトル情報を補完できる．たとえば，より波長の長いマイクロ波は群落を透過するため，稲作において浸水範囲を検出するのにとりわけ有用である．作物表面をわずかに透過する波長の短いマイクロ波センサ（たとえば，Kuバンドの散乱計）は花穂の出現（出穂）のような表面特徴の変化も検出できる．しかし，あらたな問題として，より複雑な識別方法を選ぶと，その識別が得られた特定条件以外ではうまく適用できない可能性が高くなることも明らかになってきている．

☐ 生物季節

作物種やさらには自然植生タイプを識別するためのとくに強力な方法の1つに，それらの季節的な成長段階や生物季節（フェノロジー：phenology）の特有な違いの利用がある．時系列的な衛星画像の解析は，作物種や自然生態系の生物季節的な発達を追跡するための強力な手段である．これは通常，植生指数によって測定される LAI の季節的な変化パターンのモニタリングが基礎となる．春の発芽や初期成長，あるいは多年生落葉作物では出葉と，秋の老化や落葉の時期に関係した変化を観測する．MODISのように毎日データを記録する衛星でも，雲による被陰の結果，データ間隔が開くことが多いので，通常，8日間か16日間の合成画像，たとえば，MODISの天底 $BRDF$ 調整済反射率（Nadir BRDF-adjusted reflectance：NBARS）によって得た EVI が用いられる．16日間の合成画像を利用した場合でも，観測したデータに平滑化曲線を当てはめることで，生物季節の重要な段階を数日以内の精度で推定できる（Zang et al., 2009）．入り交じった場面でさえ，変化する $NDVI$ の時系列画像は，フーリエ解析（Geerken, 2009），あるいはウェーブレット解析（Martínez & Gilabert, 2009）によって，生物季節の成分に分解できる可能性があり，後者の方法には，規則的な正弦波の倍数成分に制限されないという利点がある．生物季節的な発達速度が作物種ごとに異なっていること，たとえば，播種や収穫の日が異なることは，作付地図の作成において，分光情報の多時期データの組み合わせに基づいた作物タイプ識別の強力な手段となり，LandsatやMODISによる多時期 $NDVI$ または EVI を利用した多数の成功事例がある（図11.7. Simmoneaux et al., 2008, Wardlow et al., 2007）．$NDVI$ データを異なる植生タイプの対照的な生物季節循環の識別のために使う簡単な方法は，1年間でそれらの違いをもっとも強調する時期の $NDVI$ を単純に抽出して利用することで，そのような3つの $NDVI$ をRGBチャンネルで表示すると，生物季節の異なる作物を明確に識別できる．より洗練された分類は，高次のフーリエ成分の振幅と位相によって行われる（Geerken, 2009）．個別のピクセルにおいて得られたフーリエ成分の位相と振幅は，ある範囲を分類するために利用できる（図11.7（b））．

播種や成長に関係した植生指数の生物季節的な特有のパターンを，作物種を識別するためだけではなく，ある作物が地表全体を覆った後の，特定の生育段階の識別に利用できることがある．たとえばPimstein et al., 2009 は，コムギの出穂が1200 nmの水吸収領域付近の反射率 ρ_{1200} の変化と相関していることを示し，隣接した無反応な1100 nmの反射率 ρ_{1100} を基準として，比率に基づいた正規化出穂指数（normalized heading index）$NHI =$

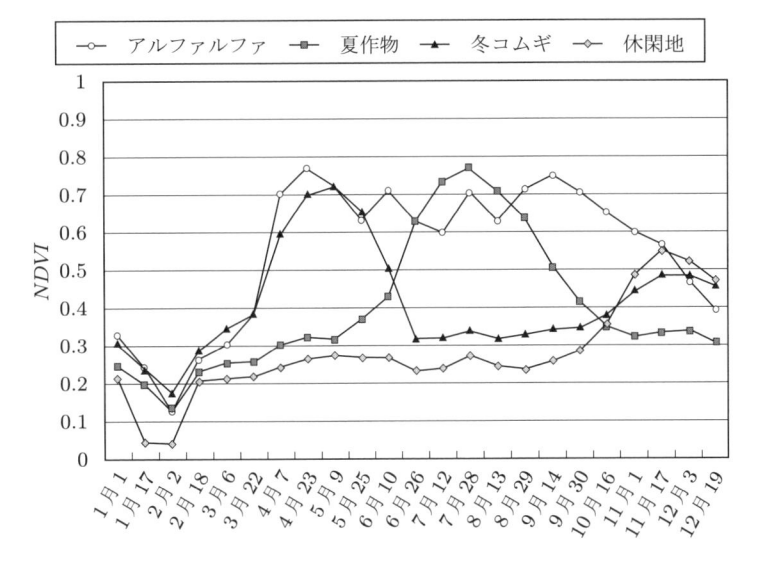

(a) 作物ごとのNDVIの特有な時間変動

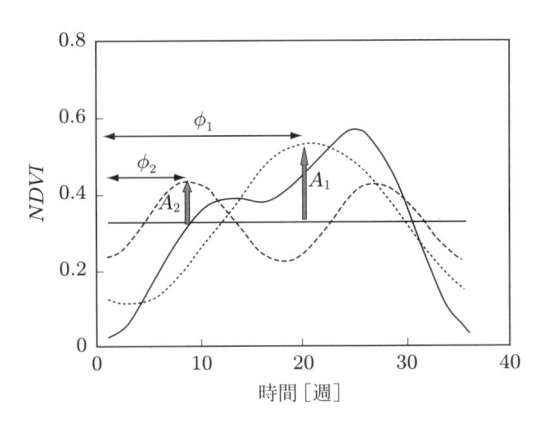

(b) NDVI季節変動の平滑化解析の例

図11.7 (a) 異なる作物は，それぞれのNDVIの特有な時間変動によって，より詳細な分光の違いを利用することなく識別できる（Wardlow et al., 2007）．(b) NDVIの変動を期間平均と1次，2次フーリエ調和関数に分解すると，振幅Aと位相ϕが得られる（Geerken, 2009を改変）．

$(\rho_{1100} - \rho_{1200})/(\rho_{1100} + \rho_{1200}))$ を開発した．NHIがおよそ0.18を超えると，一般に出穂と判断する．しかし，作物が老化してくると信頼性が低下するため，指数をNDVIで除算する補正法も提案されている．この指数は地上の観測データによって開発されたが，ρ_{1100}が得られない衛星の広帯域データで，代わりに$\rho_{845-890}$に置き換えた場合でも，同様の識別結果が報告されている．他の例では，開花が分光反射率の変化として検出されている．

最近では，作物や植生分布の評価にサブピクセル分類，テクスチャ解析，オブジェクト検出，時系列観測のような技法を用いた研究が急速に増えている（Berberoglu & Akin, 2009, Vancutsem et al., 2009, Verbeiren et al., 2008）．

■ 11.3.2 収穫量の推定と予測

衛星リモートセンシングを使った遠隔からの収穫量の推定，とくにその予測には高い関心が寄せられてきた．地域ごとの作物生産の推定には2段階の作業が必要となる．それは，（ⅰ）土地被覆の推定による作物の作付面積の適切な見積もりと，（ⅱ）その作物の単位面積あたりの収穫量の予測である．もっとも単純な事例では土地面積情報だけが使われるが，その面積の正確な生産予測には，面積あたりの収穫量予測による調整が必要となる．このような調整は，葉面積のような特徴やその季節的な発達特性をもとにパラメタ化した作物成長モデルを，栽培期間中の気象変動やストレス情報と結び付けることで達成できる．衛星によって得たデータをもとに LAI や水分条件などの主要パラメタを更新することで，リアルタイムでの予測の改善を行える．

もっとも良い結果は詳細な作物モデルによって得られるかもしれないが，単位面積あたりの収穫量を推定するためのもっとも一般的で単純な方法は，分光植生指数の瞬時値との経験的な関係を利用するものである（7章参照）．一般に，植生指数は植被を LAI の指標として推定する傾向があり，それ自体が生産性，したがって，収穫量の違いを示すことができる．とくに植生指数の値の大きな違いは，しばしば作物の窒素の指標であるクロロフィル含有量の違いを示すとも考えられる．ただし，植生指数と LAI の関係は，気象条件や観測位置などによって大きく変化する可能性がある（7.2.1項参照）．同様に，LAI とバイオマス生物量との関係，そしてバイオマス生産量と最終収穫量との関係にも，作物種，立地，年変動などによって，相当な誤差が生じるだろう（図11.6）．したがって，このような方法では，限られた場合においては有用な予測が得られる可能性もあるが，どちらかというと当てにならない傾向がある．作物の老化と $NDVI$ の減少に伴って，植生指数と最終収穫量との関係が弱まる傾向があることはとくに注意しなければならない．栽培期間中の一連の測定による積算 LAI や緑色部 LAI を利用した推定の改善が試みられており，これはバイオマス生産性，すなわち作物収穫量とかなり密接に関係していることがわかっている．

9.7.1項で指摘したように，作物の総バイオマス生産 NPP は，作物が生育期間中に吸収した光合成有効放射量（PAR）の総量と密接に関係している．したがって，式(9.25)は次式のように表せる．

$$NPP = \int \boldsymbol{I}_S \varepsilon_c \varepsilon_f \varepsilon_a \varepsilon_V' \, dt \tag{11.1}$$

ここで，$\boldsymbol{I}_S$ は地表面における全天日射の日積算値，ε_c は日射の PAR 波長領域の割合（≈ 0.48），ε_f は群落の PAR 平均遮断率，ε_a は遮断された PAR の葉による吸収率，ε_V' は吸

収された PAR の乾物量（DM）への変換効率である．ε_V' の値は，健全な作物ではおよそ $2.0\,\mathrm{MJ}^{-1}$ とされることが多い．この値は水分欠乏や他のストレスによって若干低下する可能性があるが，ストレスに対する主な作物の反応は葉面積の減少であり，すなわち ε_f の低下である．したがって，DM 蓄積の遠隔推定は，太陽の位置関係，リモートセンシングによる雲量と大気透過率の情報で補正された入射日射量の推定と，その群落による遮断割合 ε_f に依存する．ε_f は植生指数から求められるが，7 章で示したように日中の太陽角度の変化についての補正が必要となる．通常，ε_V' の基準値はほとんど誤差がないと想定できるが，熱データから水ストレス，PRI から光合成効率が直接推定できる場合には，推定精度を高められる．

作物成長モデルなどによって得られる理論的な知識を使って，推定範囲を制限することで，推定精度を改善できる．このデータ同化を含む方法の 1 つとして，リモートセンシングデータを利用した STICS† のような作物成長モデルによって，推定範囲を狭めて精度を改善する試みがなされている（Launay & Guérif, 2005．9.5.4 項も参照）．

■ 11.3.3　水管理

灌水管理は，（ⅰ）土壌水分の実測あるいは推定と，（ⅱ）水分欠乏に対する植物応答のモニタリング（たとえば，Jones, 2004b），の 2 つの基準によって行われる．一般に，土壌モニタリングによる方法が使われているが，植物を基準とした方法に対する関心が高まっている．リモートセンシングはどちらの手法においても利用できる．水文学におけるリモートセンシングの利用手法はよくまとめられており（Schmugge et al., 2002），ここでは，主要な点のみを概説する．植物と土壌の水分状況と植物応答（4 章参照）についての直接的・間接的測定方法を表 11.3 に列挙し，リモートセンシング技術によるそれらの定量化や，異なるタイプの利用方法との関係やその効用も示す．

□ 土壌水分に基づく手法

水収支　灌水の必要性は作物が利用できる土壌水の変化によって判断できる．これは，土壌水収支の計算によって間接的に推定でき，土壌水分量 $W\,[\mathrm{mm}]$ がその場所や作物の適切な範囲の閾値よりも下回ると灌水が必要と判断される．

$$W = W_0 + Ppt - E \tag{11.2}$$

W_0 は土壌水分量の初期値 [mm]，Ppt は降水量から地表流去水量を差し引いたもの，E は蒸発散量である．E の直接的な推定あるいは群落被覆の推定にリモートセンシングが利用でき，地域的な変動に対応するために GIS システムと統合できる（9 章）．また，降水量を知る必要もあり，これはリモートセンシングによって定量的に推定することは依然として難しいが，降雨レーダが利用できるようになりつつある．

---

† （訳注）1996 年から INRA（フランス国立農学研究所）で開発されている日単位の作物成長モデル．http://www.avignon.inra.fr/agroclim_stics_eng

表11.3 植物の水分状態の計測項目とその検出のためのリモートセンシング手法,および異なる目的のための主観的な評価(Jones, 2007を拡張・改変.それぞれの値は,非常に有用(+++)から,ほとんど利用できない(−)までの段階を示す.詳しい説明は本文を参照)

	リモートセンシング	水輸送	乾燥適応	植物育種	灌水
土壌計測					
土壌水分	**マイクロ波：**MIR	(−)	+	+	+++
水ポテンシャル ψ	[熱]	+++	++	++	++
植物計測					
夜明け前の ψ	[熱]	+++	++	+	++
葉の ψ	[熱]	+++	+	(−)	(−)
圧 ψ	多方向[熱：*NDVI*]	+++	+++	(−)	+
相対含水率 *RWC*	MIR	(−)	++	++	++
気孔コンダクタンス	**熱**(*CWSI* など)	(−)	++	+++	++
葉面積 *LAI*	**NDVI**他の *VI*	(−)	++	++	++
備考	括弧内は間接的,太字は一般にもっとも効果的な手法である.	ψと関連要素は植物内の水移動に重要である.	*RWC* はしばしば ψ_P の良い代用となる.	g_s などの気孔応答の測定がもっとも良い.	土壌ベースの測定がもっとも良いが,植物応答も良い.

土壌水分 受動型あるいは能動型のマイクロ波リモートセンシングによって,土壌水分量を直接推定することもできる.すでにみてきたように,マイクロ波リモートセンシングは,観測する時間帯や雲にほとんど影響を受けないという点でとくに有用であり,光学波長帯では透過できない群落も,より長い波長では部分的に透過できる.受動型センシングは,低分解能の地域スケールでの土壌水分地図の作成にとくに適している.C-バンドのデータからは,地表からほんの2〜3 cmの土壌水分量だけが得られるが,L-バンドのような他の波長域は土壌のより深くまで広がり,作物や植生研究により適した土壌水分の情報が得られる.能動型マイクロ波センシングの主な問題は,土壌水分に関連した後方散乱信号が群落の体積散乱によって部分的に不明瞭になったり,群落によって減衰したりすることである.このような干渉は,群落高,葉と枝の密度,そして植生の含水量に依存している.これらの効果は,光学的あるいは地上データによってパラメタ化された群落散乱モデルを利用することで補正でき,または,同じ光学的データを利用した単純な統計的手法や機械学習による手法も補正に利用できる.土壌水分の他の推定法としては,いくぶん精度が低く,間接的な推定となるが,土壌水分に対する植物応答の指標のいずれか(7章)を

利用できる.

□ 植物応答に基づく手法

しばしば，植物応答のモニタリングに基づいた水管理法は，土壌のセンシングに基づく方法よりも感度がより高いと考えられているが，実際には，植物応答は水分供給量がどれだけ必要であるかを直接的には示さないので，頻繁に灌水できる場所にしか適さない（Jones, 2004b）．また，一般に水ポテンシャル ψ の重要な変数と細胞膨圧 ψ_P は遠隔から検知できないため，植物の水分状態あるいは水分欠乏を遠隔から直接的に推定することは困難である．MIR のいくつかの分光水指数は，群落の水分含有量についての情報を提供でき，水分状態の有用な指標となる．しかし，より有用な，とくに圃場内での測定（トラクター搭載型センサなど）に適しているのは，水欠乏に対する植物応答を検知するための技術で，とくに気孔閉鎖あるいは葉の成長や LAI の減少に関するものである．これらどちらの測定も水欠乏に敏感に反応するため，ストレスの初期指標になる可能性がある．9 章で解説したように，気孔閉鎖は，これまで提案されてきたさまざまな作物水欠乏指標のいずれかを利用した熱センシングによって，圃場内，航空，衛星のどのプラットフォームからでも検知できる．

同様に，葉面積は，植生指数を利用する方法で容易に評価できる（7 章）．対象となる作物と環境の組み合わせにおける葉面積増加の予想スケジュールを示す作物成長モデルと，測定した植生指数を比較することで，期待される LAI あるいは作物被覆増加量からの下回り具合を水不足の指標，そして灌水実施の目安として利用できる．もちろん，作物の生育不良が，土壌構造や養分供給など他の要因によるものではないことを裏付けておく必要がある．一方，作物によっては，葉の萎れに伴う群落構造の変化を，とくに多方向センシング（8 章）やライダーによって検出することができ，テンサイなどでは反射スペクトルの変化によって葉の萎れを検出できる．

灌水自動化への応用の観点から，熱画像を可視域あるいは赤色と近赤外の反射率の比と組み合わせた自動化への関心はかなり高い．とくに適切な対象作物は，育苗工場の種苗である．そこではすべてのポットへ確実に灌水されていることが重要であり，その一方で過剰な灌水による過剰排水や不足している水資源の浪費を防ぐ必要がある．このようなシステムでは，水分要求の指標である気孔閉鎖を検出するための適当な熱ストレス検出アルゴリズムと，植物・非植物の自動識別（たとえば，Leinonen & Jones, 2004）を組み合わせることができる．

■ 11.3.4　養分管理，害虫と病気

養分管理　現在は野外でも比色分析が行えるが，歴史的に，作物の窒素管理のための野外調査は，現場での土壌と葉のサンプリングおよび研究室での分析によって行われてきた．この分析アプローチはいまだに，多少なりとも間接的手法である分光観測法の較正には不可欠である．近年，農作物の日常の窒素状態は携帯型の機器によって推定されるようになり，コニカミノルタの SPAD クロロフィル計（米国 Spectrum Technologies 社）で

は（クロロフィルが強く吸収する）650 nm と（クロロフィルが吸収しない）940 nm の葉の透過率の差を測定し，Dualex®（フランス Force-A 社）では他の波長の組み合わせを測定している．反射率，クロロフィル蛍光比（Gitelson et al., 1999），あるいはカラー写真からクロロフィル含有量を推定する類似した携帯型機器も数多くある．このような携帯型機器は，主に葉のクロロフィル量の変化を検出する．クロロフィル量は通常，葉の窒素量と密接に関係するが，光合成タンパクであるルビスコが葉内窒素のもっとも大きな割合を占めるため，窒素状態や必要窒素量をうまく推定するためには，SPAD の値を較正する必要がある（Wood et al., 1993）．

窒素の正確な施肥には，作物の窒素状況をリアルタイムに監視できるトラクター搭載型反射率センサがたいへん役立っている．最近の商用システムは「能動型」センサを利用しており，米国の Greenseeker™（NTech Industries 社）と CropCircle™（Holland Scientific 社）などが該当する．これらの能動型システムでは，発光ダイオードによって可視域と NIR 域の変調光を照射し，対応する群落反射率を検出する．これら 2 つの反射率によって植生指数やクロロフィル指数（BOX 7.1 参照）を求め，リアルタイムで窒素施肥量の推奨値を得る．変調光源を利用することで，照射されたパルスに対応した信号のみを記録し，センサへの放射をすべての外部からの放射と区別できるので，これらの装置は夜間や日射量がさまざまに変化する昼間にも利用できる．システムによって利用する可視域と NIR 域の正確な波長は異なり，たとえば CropCircle では，590 nm と 880 nm の利用が作物のクロロフィル量に対してもっとも感度が高いとして使用を推奨している．群落窒素の評価のためには，計算したクロロフィル指数（$CI_{590} = (\rho_{880} - \rho_{590})/\rho_{590}$）のほうが，従来の NDVI よりも，ある場合にはより感度が高いことが判明している．農業灌水画像システム（Agricultural Irrigation Imaging System, AgIIS）などのより精緻なシステムは，直下を向いたおよそ 1 m × 1 m の範囲をカバーするセンサ（El-Shikha et al., 2007）をもち，5 種類の波長を測定する（緑色（550 nm），赤色（670 nm），遠赤色（720 nm），近赤外（790 nm）の反射率，および熱赤外（8〜14 μm）の射出）．熱赤外のデータは，作物の水分状態の情報を提供する（9.6 節参照）．

幅広い栄養塩類の欠乏や毒性（N，P，K を含む主栄養塩類），そして鉄，マグネシウム，マンガン，亜鉛，銅を含んだ微量元素欠乏の診断やモニタリングのハイパースペクトルによる観測手法の開発（Ferwerda & Skidmore, 2007）は，クロロフィル蛍光の利用（たとえば，Adams et al., 2000）と同様に高い関心がもたれている．若干の有望な結果が，たとえば微分分光分析法（平滑化後）と連続体除去データ（Kokaly & Clark, 1999）の両方を使って得られている（Ferwerda & Skidmore, 2007）．人工ニューラルネットワークや同様の手法の利用が増えるにつれて，遠隔，少なくとも航空画像による群落組成，さらには葉質についての有用な推定事例が報告されているが（Skidmore et al., 2009），このような方法は，個葉レベルではそれなりに良い結果が得られるものの，種間の変動や群落へのスケールアップに対しては，一般にその結果は安定せず，良いとはいえない．

害虫と病気　すでにみてきたように，リモートセンシングは個葉さらには，植物個体

スケールでも，害虫や病気，さらには養分欠乏をも診断するための強力な手段となる可能性がある．これは，多くの病気と欠乏症が，光合成活性と気孔コンダクタンスの全般的な低下と同様に，特徴的な葉の色彩パターンを生じさせるためである．11.2節で指摘したように，検出される症状による診断はしばしば当てにならないこともあるが，特定の害虫や病気の蔓延をうまく検出した多くの事例もある．黄化や成長量減少のような作物の生育不良の原因は，通常，解明が難しいが，ハイパースペクトルデータを利用することで有用な相関関係が得られた例も多数報告されている．たとえば，PLS 回帰によって 1 組の波長を選択し，正規化差指数を求めて計算した分光指数は，モモ果樹園のハダニ害の検出に使用されている (Luedeling et al., 2009)．しかしこの手法はとくに航空機画像による場合の予測能力は高くない．分光データと害虫や病気の存在量との相関に基づいたこのような研究における重要な問題は，葉面積を減少させたり老化させたりする他の要因（たとえば，乾燥）も類似した結果を示すため，得られた違いが，対象としている害虫や病気に特異的であることを示すのが難しいことである．

雑草管理　裸地土壌を背景とした雑草の検出は，*NDVI* あるいは普通の RGB 画像に基づいた単純な撮影装置によって非常に簡単に行うことができ，この目的のための商用システムがすでに利用可能であり，雑草の場所だけに自動的に薬剤噴霧できる（たとえば，米国 NTech Industries 製 Weedseeker®）．しかし，より有用なのは，作物の中に混ざって成長している雑草を識別して処理する技術であり，精度の高い応用技術は除草剤散布量の削減に大きく貢献するだろう．分光特徴によって雑草を検出できることもあるが，機械的視覚[†] (machine-vision) による方法はもっとも有望である (Thorp & Tian, 2004)．たとえば，イネ科作物の画像解析において，ギシギシなどのスイバ属 *Rumex* のような広葉雑草に関心がある場合，広葉雑草とイネ科草本との間の形態的な違いに基づいたオブジェクト検出には大きな可能性があるように思われる (van Evert et al., 2009)．

■ 11.3.5　実用面での考慮

リモートセンシングや精密農業を農業管理に利用する際の重要事項は，（ⅰ）データの適時性や入手可能性とサンプリング間隔，（ⅱ）利用可能な管理方法における適切な空間分解能，（ⅲ）関連するパラメタの推定精度，（ⅳ）コスト，である．センシング頻度と，それに続くデータの準備に必要な時間は，農場の管理運営に反映できる時間スケールと適合していなければならない．灌水調整やとくに農薬散布のためには，測定はほぼ毎日行われることが理想的であり，一方，施肥管理の場合には毎週さらには毎月のデータでも十分だろう．適時性に関連して，トラクター搭載型センサの利用では，たとえば作物窒素センサや水状態センサによって，センサ入力に対してリアルタイムに応答できる．このような即時性は衛星センサでは不可能であり，通常，データ取得してから準備するまでに若干の遅れが生じる．ただし，現在では効率的なデータ供給系列によって 1 日以内の供給が可能にな

[†]　（訳注）　たとえば，製造業などで目視検査を置き換える製品検査システムに用いられる技術である．

っている．衛星センシングの頻度はセンサの空間分解能に依存しており，高分解能（すなわち，一般に狭い走査幅）のデータは，衛星の回帰周期とトレードオフの関係にある（5章）．たとえば，Landsat 画像（可視域で 15 m あるいは 30 m 分解能）は 16 日周期で得られるが，より高頻度の画像はその代償としてより低い分解能となり（たとえば，MODIS はおよそ毎日観測するが 250 m の空間分解能しかない），あるいは毎日かそれよりも高頻度の気象衛星では空間分解能は 1 km 以上となる．別の方法である，指向可能センサ（pointable sensor）では，より高頻度・高分解能の観測範囲が得られるが，より高コストとなる．光学衛星センサのさらなる問題は，雲による妨害であり，これはマイクロ波センサによって部分的に克服されるものの，とくに湿潤な地域では，生育期間中に得られる画像数が大幅に制限される可能性がある．航空センシングは，必要に応じて雲の下を飛行することができるので，このような衛星センサの限界をいくらか克服できる可能性がある．

断続的な観測データの扱いにおける重要な進歩は，不定期な観測間の補完であり，たとえば成長モデル化による方法を併用することで，測定値間の値を補完できる．さらなる改良として，たとえば灌水管理において，衛星観測によるスケーリングと成長モデルとを組み合わせることにより，局所的な気象データ（たとえば，降雨）と作物成長観測から連続的な水収支を求めることができる．

おそらく考察すべきもっとも重要なことは，作物の水分状態や窒素状態のような，作物管理の意志決定に必要とされる変数をいかに安定的かつ高い信頼度で推定するかである．ほとんどのリモートセンシング技術による LAI やクロロフィル量などの変数の推定にはかなり大きな誤差が含まれており，そのうえ，それらの変数から作物窒素量やバイオマスなどの農業的に有用な変数へ変換することは，さらに誤差を大きくする．そのため，何らかの行動をとる判断のための閾値を設定し，それによって幅広い条件下で，ストレス影響を他の環境ノイズからはっきりと区別できるようにする必要がある．これは必然的に調整精度をいくぶん粗くする．画像の中に既知の最適灌水範囲や最適窒素範囲があれば，これらの参照範囲に対する相対的な測定値が役に立つかもしれないが，これは一般的ではないので，頑強なストレス検知アルゴリズムが必要となる．

精密農業の特定の応用事例や最近のセンシング技術の発達の詳細については，精密農業の専門誌（*Precision Agriculture*）の最近の号で知ることができるだろう．

■ 11.4 生態系管理

リモートセンシングがもっとも成長している分野は，おそらく，生態系管理とモニタリングにおける利用である．いまや誰でも，自分の研究サイトを，GoogleEarth などの手段によってきわめて高空間分解能の画像として眺めることができる．増加し続けている利用可能な衛星の画像センサの種類（たとえば，ハイパースペクトル，マイクロ波，ライダー，そして熱画像）と，しばしば 1 km よりも分解能の高い地域的，全球的な土地被覆や純一次生産などにおける季節変化などを示す既製の高レベルプロダクトは，近年，生態学の枠

組みを一変させた．これにより多くの生態学的研究を特徴付けてきた小区画の研究から，保護区全体，地域あるいは世界規模の研究への移行が，ますます容易になっている．しかし，この拡張された空間能力はあらたな問題をひきおこしている．なかでも，とくに，研究スケールの増大につれて，衛星データの出力結果を検証するための地上データの取得がよりいっそう困難になっている．

　生態学へのリモートセンシング技術の応用には，2つの重要な利点がある．第1に，野外研究では得ることができない，あるいは難しい広域データを取得できること，第2に，一貫して集められた時系列画像の長期利用ができることが挙げられる．後者はとくに生態学関係者にとってもっとも重要なメリットであり，これにより，環境や生態学的な変化のモニタリングや，観察された変化の原因特定が可能になる．また，ハイパー時系列画像（hypertemporal）とよばれる画像の出現は，分類や植生，生態系動態の研究における新しい手段を広範囲に提供し始めている．衛星データは現在，とくに湿潤熱帯林における，生息地消失の信頼できる推定値を得るために利用されている（Achard et al., 2002）．Landsat TM ETM＋の画像アーカイブに，空間分解能15〜80 m，16日周期で運用された1972年からのMSS，1982〜2003年のTM（それ以降はより断続的なデータ）が残されているのは，長期間の時系列データが非常に貴重であることを示す好例である．1999年からはMODISが，250 m分解能で非常に貴重な全球データの提供を開始している．衛星EO-1が搭載する高性能地上画像化装置（advanced land imager：ALI）は，いくらかLandsatを継続するセンサを（10〜30 m空間分解能で）2000年から提供しているが，熱赤外バンドは含まれていない．ただし，この手のデータセットの長期利用可能性については考慮すべき不確実性が存在し，また，より高分解能の衛星がますます多くなってきているものの，これらの衛星は，地表の限られた範囲を記録するために全球は記録せず，データのコストが高く，重要な熱バンドを省いていることが多い（Loarie et al., 2007）．たとえ一貫したデータセットがあったとしても，長期間の環境指標の導出は，煙霧や雲影などの大気影響を厳密に補正する必要があるために難しくなり，複数の衛星が混在している場合には，異なる撮影装置間の較正が必要となるため，さらに難しくなる．しかし，一貫した時系列データの必要性は，世界の多くの地域において高まっている．

　生態系研究におけるハイパースペクトル画像の可能性についてはとくに興味がもたれているが，これまでの主な進歩は，水，窒素，セルロース，リグニンを含む植生の非色素系の生化学的成分の推定と関連している．

　システムの性質上，リモートセンシングは一般に動物相やその移動よりも，生態系の構造と，とくに生態系の植物構成に関する研究でより直接的に利用されている．これは主に，多くの衛星リモートセンシング画像の限定された空間的・時間的分解能が原因である．ただし，それにもかかわらず，衛星で観測可能な特徴と，特定の動物種の分布や生息数との間に，しばしば有用な間接的な関係が得られている（Ngene et al., 2009, Wang, 2009）．生態学の応用においては，空間的・時間的分解能による明白な制限に加えて，とくに最近利用されている過剰な数の小型衛星も，運用の継続性の欠如において重大な問題となるだ

ろう（Xue et al., 2008）．NDVI の生態学への応用については，Pettorelli et al., 2005 によって良い総説が書かれている．

■ 11.4.1 土地被覆分類と地図作成

土地被覆分類は，リモートセンシング技術のとくに重要な利用例である．リモートセンシング技術は土地利用を正確に投影し，Landsat で得られたデータのような長期間の時系列画像と組み合わせることで，時間的な変化を把握できる．本質的に，リモートセンシング画像による植生図の作成には，分光，テクスチャ，時系列情報による画像分類手順と，補助的な情報，そしてそれぞれの植生範囲の輪郭を描くために GIS の利用を伴う．土地被覆分類と地図作成手法の開発は非常に活発な研究分野で，とくに決定木や他の混合技術を含んだ機械学習アルゴリズムの利用を伴う複雑な分類技術に大きく依存している（7.4 節，11.3.1 項参照）．実質的な進歩はピクセルベースでなされているが，土地被覆地図の応用においては，オブジェクトベースでの作業が実際には有利な可能性がある．1970 年代から開発されてきた何百という方法があり，多くのソフトウェアパッケージが土地被覆地図の作成に使われている．ここではすべての応用の詳細については説明しないので，利用可能な方法の詳細についてはリモートセンシングの教科書（たとえば，Jensen, 2005）や総説（Xie et al., 2008a），そして多くの論文（Pignatti et al., 2009, Price, 2003）を参照してほしい．

土地被覆分類には，光学画像がもっともよく使われるが，SAR にも相対的に気象条件の影響を受けないことや，夜間のデータ収集が可能であることなどの利点がある．単バンドの SAR データでは，一般に土地被覆タイプの識別能力に限界があるため，多周波数や多時期データの融合に実際の利点がある．一方，異なる表面は異なる偏波特性を示すので，多偏波 SAR は有効な観測法であり，InSAR は表面構造と複雑度の情報を提供することができる．そのため，異なる SAR 周波数（L-バンドと P-バンド）と異なるモード（多偏波と多偏波干渉（polarimetric interferometric））のデータの融合は，多様なデータ間の相補性のために，土地被覆分類精度をかなり改善できる（Shimoni et al., 2009）．それ以上の改善は，原理的には，さらにハイパースペクトルデータを組み合わせることで達成できる．

土地被覆分類と地図作成は，保全と土地管理のさまざまな様相においてきわめて重要であり，自然植生と耕作地の地理的分布の情報や，環境の質についての情報などを提供する．土地被覆データは，現地調査が困難な，広範囲にわたる個別の種および種群の分布予測にも非常に役立つ．これはさまざまなスケールにおいて実施可能であり，たとえば EU CORINE 土地被覆図計画では，1：100,000 の縮尺で，最小 25 ha の単位で植生被覆を約 28 クラスに分類し，ヨーロッパ全域の土地被覆図の作成を目指している．このような分類はいくぶん粗いので，多くの研究にとっては利用範囲が限定されるが，この一貫した枠組みは，たとえば個別の国がより詳細な土地被覆図を作成する際に有用である．土地被覆データの生成には，衛星（最初は，Landsat MSS）によって補完された地形図と，さまざまなタイプのデータが使用され，写真解析のために相当数の操作者が必要である．より詳細

な土地被覆図，たとえば英国の Land Cover Map 2007（LCM2007）などでは一般に，リモートセンシング衛星画像の分類において，より大幅な自動化がなされている．LCM2007 は 19 の植生クラスを使っているが，これらは 25 m × 25 m ピクセルの空間分解能で提供される．数多くの他の全球土地被覆図が利用可能になってきており，MERIS の最大分解能（300 m）の合成画像から計算された GLOBCOVER や，SPOT 植生画像から得られた GLC2000 データセットなどがある．MODIS Collection 5 系列の土地被覆図（MOD12）は，500 m の空間分解能で作成されている（Friedl et al., 2010）．粗いスケールでは，「全球目録モデルと地図化プロダクト」(Global Inventory Modeling and Mapping Studies：GIMMS）がある（Tucker et al., 2004）．これは，多くの類似したプロダクトと同様に，8 km 空間分解能の全球 NDVI プロダクトであり，異なる植生タイプを直接的には分類していない．

■ 11.4.2　景観生態学への応用

　土地被覆図は生態学者に基本情報を提供するが，生態学的過程と生物と環境の相互作用に環境パターンが影響を及ぼすという考えに基づいた景観生態学の幅広い分野においても，リモートセンシングは多くの情報を提供する．景観とは，異なるハビタット†（habitat）のモザイクから成り立っているある土地の範囲と見なされ，スケールは対象生物と明確に関係している．リモートセンシングは，景観の識別可能なパッチを同定し，分布パターンを記述するための強力な手段である．

　6 章で紹介したテクスチャ測度は，ある画像内，あるいは範囲内のスケールと空間分布のタイプ（たとえば，ランダムあるいは群生），の変動についていくらかの情報を提供するが，多くの場合，景観機能の空間配置についてより詳細な記述も必要となる．**断片化測度**（fragmentation metrics）は，景観機能の空間配置についての情報を提供する．たとえば，それらは生物種の分布の研究（たとえば，Dufour et al., 2006, Wang, 2009）や保護区管理に使われている（Townsend et al., 2008）．必要な統計量を得るための便利なソフトウェアパッケージである FRAGSTATS（McGarigal & Marks, 1995）は，カテゴリー図作成のための空間パターン解析プログラムである．このパッケージは，どのような生態学的過程についても，明示的な参照情報なしで，パッチモザイクの配置を記述するためにさまざまな起こりうる**構造的な測度**（structural metrics）を計算する．それぞれの測度の，表面における連続的な計算結果を得るために，移動ウィンドウによって計算を行う．利用可能な景観測度（表 11.4 に例を示す）には，景観図の**構成**（composition）をそれらの空間関係を参照することなく数量化するもの，たとえば，景観におけるそれぞれのクラスの割合，クラス数，クラス多様性などが含まれる．**空間配置**（Spatial configuration）の数量化はより難しく，クラスや景観内のパッチの空間的特徴，組み合わせ，位置，方向が含まれる．パッチの孤立や集中のような空間配置のいくつかの様相は，他のパッチ，他のパッ

---

†　（訳注）　生息地あるいは景観要素のこと．

表11.4 生態学研究で用いられる景観測度の例（FRAGSTAT マニュアル（http://www.umass.edu/landeco/research/fragstats/documents/fragstats_documents.html）を参照．重要な断片化パラメタの選択についての情報は Townsend et al., 2009 を参照）

構成		
各分類の出現比	**景観の割合**（$PLAND$：Landscape の％）．全面積 [m^2] に対する対象パッチタイプの合計面積 [m^2] の割合．	
豊富さ	パッチタイプの種類数．	
多様度	**シャノン‐ウィーバー指数** $SHDI$．全体に対する各パッチの相対的な出現度とその自然対数の積を全パッチで合計し，負で表した指数．	
空間配置		
パッチサイズの分布と密度	**パッチ数** NP：景観中のパッチ総数． **平均パッチ面積** $AREA$：対象パッチタイプ合計面積 [m^2] を，そのタイプのパッチ数で割ったもの． **パッチ密度** PD：対象パッチ数を全面積 [m^2] で割ったもの． **景観形状指数**（landscape shape index）LSI：対象クラスの境界長（あるいは周囲長）の総和をクラスの合計面積で割り，円を基準として正規化した指数．	
パッチの形状複雑度	**周囲長対面積比**（perimeter area ratio）$PARA$：パッチの周囲長 [m] と面積 [m^2] の比． **形状指数** $SHAPE$：パッチの周囲長を対象パッチ面積を円とした場合の周囲長（最小周囲長）で割った値． **フラクタル次元指数**（fractal dimension index）$FRAC$：それぞれのパッチの周囲長 [m] の対数をパッチ面積 [m^2] の対数で割って，それを2倍した値を，対象パッチ数で割った値．	
分離/近接	**近接指数**（proximity Index）$PROX$：対象パッチタイプにおいて，焦点パッチから一定距離 [m] に周縁が位置するすべてのパッチについて，そのそれぞれのパッチ面積を焦点パッチからの距離の二乗 [m^2] で割って，合計した値． **ユークリッド最近傍指数**（Euclidean nearest-neighbour index）ENN：周縁間のもっとも近い距離を基準に計算した，同じタイプでもっとも近いパッチとの距離 [m]．	
コントラスト	**全周縁コントラスト指数**（total edge contrast index）$TECI$：対象パッチタイプのそれぞれの周縁長 [m] の合計に，対応したコントラスト重み指数を掛けて，同じパッチタイプを含んだすべての周縁長の合計で割った値．	
結合性	**パッチ凝集指数**（patch cohesion index）$COHESION$：対象となる各パッチの周縁長の合計を，それらのパッチの周縁長とパッチの面積の平方根の積の合計で割ったものを1から引き，それを1から1を全面積の平方根で割ったものを引いた値で割った値． **結合度指数**（connectance index）$CONNECT$：すべての対象パッチ間の機能的な結合数を，すべての可能な結合数で割った値．	

チタイプ，あるいは重要な他の特徴と比較したパッチタイプの空間配置における測度である．形状や中心域，隔離とコントラストのようなその他の配置の様相も，パッチの空間的特徴の測度である．

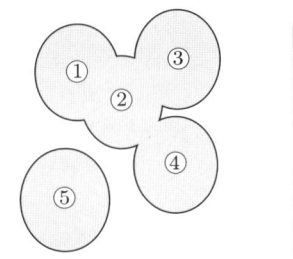

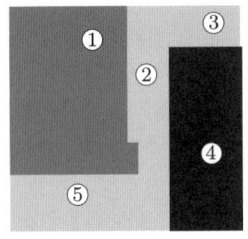

(a) ハビタットの中心域と　　(b) 景観分類と浸透性　　(c) 得られたハビタット
　　潜在的範囲　　　　　　　　　　　　　　　　　　　　　　ネットワーク

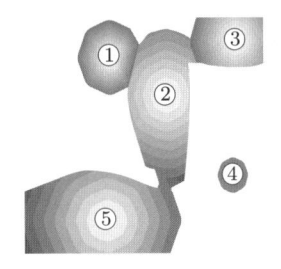

図 11.8 ハビタットネットワークの原理（Watts et al., 2005. Kevin Watts 氏と Forestry Commission による親切な許諾）．口絵 11.5 参照．（a）ある種のハビタットの中心域と推測された分布範囲を示す．（b）景観の分割と関連した浸透性（色が薄くなるにつれ増加）を示す．（c）計算されたサイト間の結合性を示す．

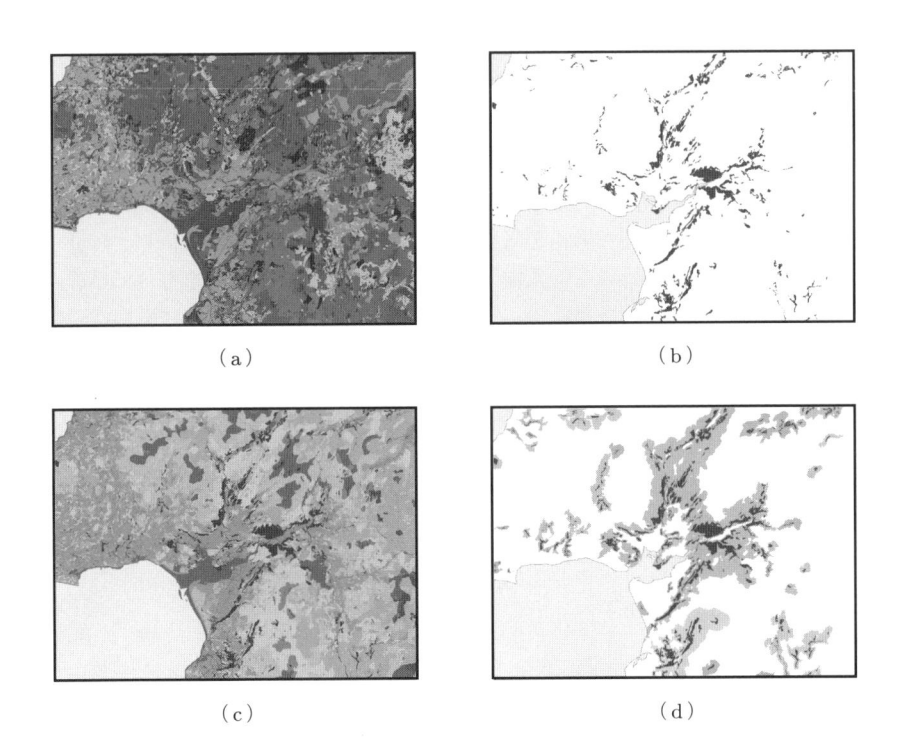

(a)　　　　　　　　　　　　　　　　(b)

(c)　　　　　　　　　　　　　　　　(d)

図 11.9 ハビタットネットワークの土地被覆図への応用例（北ウェールズ地方の一部（Watts et al., 2005. Kevin Watts 氏と Forestry Commission による親切な許諾）．口絵 11.6 参照．（a）異なる土地分類を異なる色で示す．（b）樹林帯に固有な種のハビタットの範囲を示す．（c）浸透性の推定図を示す（明るい色は高浸透性を意味する）．（d）結果として生じているハビタットネットワークを示す．

しかし，どのような実験的研究においても，多くの選択可能性の中から対象となる生物学的な問題に適した測度を選択することは難しい（Townsend et al., 2009）．1つの方法は，相関の非常に高い測度を排除することである．地上検証データに対して何らかの相関解析を行うことで，識別力のある（相関の低い）測度の組み合わせを得ることができる．しかし，多くの場合，機能的に重要であるように見える測度，たとえば，大型動物種の分布ではパッチの大きさなどから始めるほうが良さそうである．

ハビタットの分断化や連結性そして野生生物に与える影響についてのさらなる解析は，考慮している生物や過程にとって機能的に適切で明示的な景観パターンの，**関数的な測度** (functional metrics) の計算によってなされる．例として「ハビタットネットワーク解析」や「連結性解析」の使用が挙げられ，種特異的な機能的な浸透性（相互移動性）を含むことでさらに深い解析が行える可能性があり（Adriaensen et al., 2003），対象種が地図上の中心域間を移動する能力を推定できる．図11.8の例では，ハビタット中心からの分散についての単純な推定は，サイト4が他のサイトと連結している可能性を示唆するが，周辺植生の低い浸透性を考慮すると，このサイトは効果的に隔離されていることがわかる．図11.9に実際の景観への適用例を示す．

▌ 11.4.3　生物多様性の推定

生物多様性の保護と増大は，持続可能な生態系管理における重大な目的であると広く認識されている．土地被覆の変化，とくに重要な生息域の消失と断片化をもたらす変化は，環境劣化をもたらす他の広範囲な過程と同様に，生物多様性の減少と結び付く．衛星リモートセンシングは，景観レベルの生物多様性の情報源として高い可能性をもっている．一般に，生態系管理における生物多様性の推定はほとんど間接的であり，生物多様性の何らかの側面（通常は種数だけ，あるいは**種の豊富さ** (species richness)）と，土地被覆の容易に識別される何らかの特徴との間の，既知の経験的あるいは機能的な関係にもとづいている．生物多様性は一般に種の豊富さについて測られるが，異なる種の比存在度，あるいは**均等度** (evenness) として知られている要素を考慮した数多くのより有用な測度がある (Magurran, 1988)．とくによく知られている例はシャノン，あるいはシャノン－ウィーバー指数 H であり，次式で定義される．

$$H = -\sum p_i \log_e p_i \tag{11.3}$$

ここで，p_i は i 番目の種の個体数が群集全個体数に占める割合である．シンプソンの多様度指数 D は次式で定義される．

$$D = 1 - \frac{\sum n_i(n_i - 1)}{N(N-1)} \tag{11.4}$$

ここでは全種について合計され，n_i は i 番目の種の個体数，N は総個体数である．シンプ

ソンとシャノンのどちらの指数も種間の均等度を考慮しており，稀少種の重みを減らしている．しかし，保全状況によっては，その場所の全体的な種の豊富さではなく，しばしば象徴的な特定の種のみを対象としており，そのような場合には種多様度指数はほとんど役に立たない．

□ 生物多様性の遠隔推定

通常，多様性は画像からは直接的に推定できないため，多様性の推定は一般に代理測度あるいはリモートセンシングによってより簡単に得られる環境測度（environmental descriptor）の利用に依存している．これらの代理測度には，一次生産，地上バイオマス，土地被覆タイプなどが含まれ，多くの例外もある（Townsend et al., 2008）ものの，ある特定の状況では生物多様性と関連していることが知られている．とくに，小さな，あるいはより限られた範囲のスケールでは，土地被覆タイプと多様性の間には明確な関係があり，たとえば背の低い草地と低木で覆われた土地あるいは農地との間の相違は，一般にきわめて明確である．実際は，どのような要因が生物多様性を促進するのかは，生態学者の間で長年，議論されてきた問題であるが，分類群や環境が異なれば要因も異なり，まだ一致した見解は得られてはいない（Townsend el al., 2008）．生物多様性には，熱帯や低標高地に向かうと増加するという一般的な傾向はあるものの，地域的，局所的なスケールにおける種々の要因，たとえばハビタットの大きさ，不均一性，地形，生産性そして水の入手可能性などの組み合わせのすべてが，植生タイプのような要因と同様に，生物多様性に影響する可能性がある．

生物多様性を産み出す要因を理解することは，生物多様性の変化を示す効果的な代理測度を導くために重要であるが，しばしばその知識が不足しているため，経験的あるいは半経験的な方法によって予測変数を選択しなければならない．経験的な手法では，リモートセンシングによって得られるすべての変量（たとえば，ハイパースペクトルデータから得られるすべての可能な反射率比の指標）のなかから，訓練データを使って，（それが植物，鳥，昆虫にかかわらず）地上で測定された対象となる生物種群の生物多様性と入手可能なリモートセンシング変数との間の相関解析を行うことより，もっとも良い予測指標を選択する．たとえば Foody & Cutler, 2003 は，地域のテクスチャ指標（3 × 3 ピクセルの移動ウィンドウ内の標準偏差）と先行予測型ニューラルネットの両方の利用によって，Landsat TM の 6 つの光学バンドの反射率データの情報を拡張できることを示した．種の豊富さをさまざまな生産性，植被，表面の水分指標と関連づけようとした試み（John et al., 2008）や，ハイパースペクトル観測によって広範囲のハビタットタイプの豊富さを予想しようとした研究もある（たとえば，ミシシッピで．Lucas & Carter, 2008）．後者の研究では，分光指数は，ハビタット内では種の多様性との密接な関係を示すこともあったが，ハビタット全体ではまったく関係を見いだせなかった．これは，経験的な相関関係を利用しようとした場合に，一般に生じる問題を示している．最適な予測指標の選択は，決定木（Coops et al., 2009a）やニューラルネット（Foody & Cutler, 2003）などのさまざまな機械学習手法の利用によって質を高めることができる．これは強力な技術であり，幅広く利用され

てきたが，残念ながら本質的に相関関係に基づくものであり，通常，普遍的に幅広く利用することはできないため，そのような研究では局所的な最適化が必要となる．

　生物多様性理論（Whittaker et al., 2001）は，植生の違いによって生物多様性がどのように影響されるかを推定するための有用な指針を示している．ライダーは，群落高さや垂直分布などの機能的に重要な変数についての直接的な情報を提供するため，生物多様性の研究にとってとくに強力な手法である．多様性はしばしば（おそらくバイオマスと関係して）群落高と共に増大し，群落の垂直分布パターンや不均質性は，鳥類多様性の良い予測指標になることが指摘されている（Goetz et al., 2007）．ハビタットの不均質性は，種の豊富さの良い代理指標でもあり，適当なスケールの画像とテクスチャ解析によって，リモートセンシングから容易に評価できる（St. Louis et al., 2006）．種の豊富さと群落構造の測度との関係は，スケール（分解能）と対象とする生物分類群に依存することは重要である（Hawkins et al., 2003）．しかし，赤道に近づくにつれて生物多様性が増加する地理的傾向のような，生物多様性とハビタットの間の明確な一般的関係はなかなか得られない（たとえば，Cox & Moore, 2000，Townsend et al., 2008）．

■ 11.4.4　その他の生態学的な応用
□ 外来種

　多くの外来種の反射スペクトルは在来種のそれと大きく異なるわけではないので，分光的な方法だけでは識別に限界があるが，顕著な分光特徴をもったいくつかの種では，分光的な方法が分布図作成にうまく使われている（たとえば，南アフリカ産のツルナ科多肉植物 *Carpobrotus edulis* における水吸収バンド．Underwood et al., 2003）．いくつかの外来種と在来種のスペクトルは少ないながらも差がある可能性があるので，ニューラルネットワークなどの人工知能技術やより複雑な手法，回帰木（CART）を利用した方法は反射スペクトルの差を用いたもっとも強力な分類手法となりうる（Andrew & Ustin, 2008）．分光情報は，もし時系列データがあれば，生物季節情報によって補完でき，画像のテクスチャや空間的状況も利用できる．地理的画像検索（geographic image retrieval：GIR）において，従来の分類手法にオブジェクトベース検索プログラムを組み合わせたもの（Xie et al., 2008b）は，従来の分類をかなり強化できる．Definiens[†]を利用したGIRや，他のオブジェクト指向の画像分割ツールは，対象範囲に侵入した小さな範囲が広範囲にわたって広がっていくような，特定タイプの対象の調査，たとえば，特定の外来種の侵入面積などでとくに有用だろう．

　リモートセンシングは，とくに群落表面の植物種の検出に適しているが，多くの場合，もっとも有害な外来種はその下に隠れている（Joshi et al., 2006）．このような場合，リモートセンシングにできることは間接的な方法だけであり，検出と分布図作成は，侵入の環境的決定要素の理解にかかっている．Joshi et al., 2006は，低木状草本の侵略的な外来

[†]（訳注）商用の画像分析ソフトウェア．http://www.definiens.com/product-services.html

種である *Chromolaena odorata*（キク科ヒマワリヒヨドリ）の侵入が攪乱に依存しており，密生した森林には侵入できないという事実に基づいて，分布図をうまく作成している．彼らは Landsat データから，林床に光が到達する森林範囲を認識するように ANN を訓練し，*Chromolaena* 侵入との良い相関を実証した．他の事例では，林冠植生の落葉期間中に得られた画像を利用して，林床植生を研究したものがある（Wang et al., 2009）．

□ **公園と保護地域のモニタリング**

公園や保護地域（parks and protected areas：PPA）の管理者は，意思決定の方向付けにおいてさまざまな方法でリモートセンシングを利用できる．適用事例には，火事発生の監視（11.6 節参照），土地被覆や土地利用変化の研究，一次生産や水利用，ハビタット連結性地図などのような生態系プロセスとサービスの特徴付け，そして攪乱や周期的事象の識別などが含まれる．これらの活動において重要なことは，長期にわたって繰り返し観測することで，これは衛星画像によって可能となる．従来のモニタリングはサンプルプロットを利用しているが，この作業は労働集約的であり，多くの地点をモニタリングできなければ，保護区全体を代表することにはならない．一方，航空データと衛星データは，保護区全体に関係した情報を容易に提供できる．空間パターン解析（11.4.2 項）はとくに強力な手法で，対象種個体の生存や移動に重要な，ハビタット環境間の重要な空間的関係を抽出できる．リモートセンシングの保護区管理への広範囲な適用は，適当なスケールや頻度のデータが得にくかったため，長い間制限されてきた．Landsat は，とくに雲の影響で，データ頻度が少なすぎ，AVHRR や MODIS，MERIS では，応用するにはピクセルが大きすぎる傾向がある．航空データは高い分光分解能と空間分解能をもつが，一般に画像の取得頻度は低く，また，追加の画像解析をかなり行う必要がある．保護区管理におけるリモートセンシングデータの効果的な利用は，しばしば，特別なアルゴリズムやモデルによる，広範囲のセンサからの情報の統合を必要とする．このようなデータは，地上観測や地元の気象記録などのすべて補助的なデータと共に適当な GIS によって統合される．地上観察よりも大きなスケールの情報提供に加えて，リモートセンシングは，気候変動や旱魃，都市化といった，特定の保護区に強い影響を与える可能性のある大スケールの外部イベントについても情報を提供する．さらなる問題はコストであり，これはリモートセンシングデータだけではなく，必要不可欠な地上検証や確認においてより重大な問題である．リモートセンシングは野外観測では得にくい空間的，時間的領域を扱う．

保護地域へのリモートセンシング技術の応用は，とくに興味がもたれている課題であり，*Remote Sensing of Environment* の特集号（2009，113（7））でもいくつか報告されている．

11.5 森林管理

森林は陸域の約 1/3 を占め，炭素隔離（carbon sequestration）と全球の気候調節に非常に重要な役割を果たしている．そのため，森林でどのような変化が生じているのかを監視して地図化することは，それらが自然要因によるものか，あるいは違法伐採のような人

為的な介入によるものかにかかわらず重要であり，リモートセンシングはそこで非常に重要な役割を果たせる．また，林業はとくに材木の管理と関係しており，ここでもリモートセンシングは目録作成や材積量の推定において，非常に貴重な手段となっている．元来，森林調査（forest inventory）は，丸太，立木および林分の材積量の評価や，その増加見込みと材生産量の算定を目的としていた．現在では，森林調査は，多くの森林機能を含むように拡張され，たとえば，野生生物，レクリエーション，流域管理，その他の森林の多面的利用性（Hyyppä et al., 2008）などを含み，リモートセンシング研究のもっとも活発な研究分野となっている．

ここ数十年，森林管理に利用されてきた主な方法は，地上測量と航空写真の視覚的評価であった．木の大きさと密度情報が判読できる空中写真の立体視によって樹高と樹冠形状も得られるため，個別の林分レベルでその範囲と樹種についての地図が作成できる．McLean, 1982 は，空中写真判読による樹冠の断面積（あるいは林分輪郭）は，素材生産量と関連することを示唆した．中分解能光学衛星画像データ，たとえば Landsat の自動解析は，広域の 2 次元情報を提供するが，空間分解能が低く，粗い森林分類に限定される．レーダのデータも，とくに光学センサの利用が雲によって制限される熱帯地域で，森林の識別や地図化に利用できる．樹木と森林の 3 次元情報は最近までは実地調査や地上走査によって得られてきたが，現在では以下のように，レーダや航空機ライダーによっても取得できる．

■ 11.5.1　地図化，モニタリングと管理

森林においても，農業システム（11.3.1 項）や，より一般的な土地被覆（11.4.1 項）と同じような技術が，より広域のスケールと種構成や質の評価の地図化に使われている．空中写真と航空機スキャナ画像の利用によって，高品質かつ高空間分解能の地図が作成されるが，狭い範囲に限定される．Landsat や SPOT からの衛星データは，植林されたより大きな範囲を地図化するために，長年，広範囲に利用されてきたが，空間分解能ははるかに低い．それに対して，Quickbird，IKONOS，WorldView のような高空間分解能衛星は，高分解能データを提供している．

TM データは広く利用されているが，空間分解能だけでなく波長分解能も粗いため，異なる森林樹種の詳細な分析はできない．ハイパースペクトルシステムは，より詳細な分光特徴の取得によって，はるかに優れた識別力をもつ．しかし，農業システムの事例ように，樹木の健全度や病気の研究においても，それだけではほとんど診断能力のない単純な植生指数に過度に依存してきている．ハイパースペクトルと多方向観測手法のどちらも，とくにモデルの逆推定によって適切な生物物理学的な情報を引き出すために使われた場合に，樹木の生育状態の変化の原因の違いを識別する優れた能力を発揮する．複雑な地域の分類における，ハイパースペクトルデータとライダーデータの画像融合の有用な利用が数多く報告されており（Verrelst et al., 2009），これらの情報は森林目録の作成に役立つだろう．2 つの画像を同時に記録して，この分類システムに入力することができ，ライダーは，同じような分光特徴の樹種であっても，異なる樹高特性や，標高による成長傾向の違いがあ

れば識別できる．そのため，分光情報との同時利用によって分離能力が向上する．Buddenbaum et al., 2005 は，航空機搭載センサ HyMap によるハイパースペクトルデータを，スペクトル角マッパー解析（spectral angle mapper：SAM）や最尤法分類と利用することで，樹種と樹齢クラスについて 66〜74％の精度で分類できたことを報告している．

景観特徴の検出や分類で，スペクトルが似ていて分光情報が十分ではない場合，高空間分解能画像のテクスチャ解析による森林の特徴抽出は補足的な情報源となる．Ouma et al., 2008 は，Quichbird 画像で森林と非森林地域の区分を行うために，グレイレベル共起行列（grey level co-occurrence matrix：GLCM）とウェーブレット変換テクスチャ解析を行った結果を説明している．彼らは，最適なウィンドの大きさを見つけるためにセミバリオグラムフィッティングを行い，それを使用して 8 つの GLCM テクスチャ測度を作成した（平均，分散，均質性，非類似性，コントラスト，エントロピー，角度別 2 次モーメント，相関）．そして，ウェーブレット変換によって最高 5 段階までのマクロテクスチャを計算し，分類過程で試験した．通常のマルチスペクトル分類では 59％の精度であったが，得られたもっとも良い精度はほぼ 78％に達した．同様の手法はレーダ画像においても利用可能で，テクスチャ情報は，とくに光学的データと組み合わせたときに，林齢と撹乱の研究において有効な追加の評価情報を提供する（Miles et al., 2003）．

地域地図と全球地図の両方がより広く利用可能になるなかで，中空間分解能および高空間分解能の衛星画像では，広域の森林目録の作成と森林モニタリングのための利用が増加している（たとえば，Coops et al., 2009b）．

■ 11.5.2 群落高，バイオマスと 3 次元計測

1 枚の光学画像から得られる地表面の放射情報から土地被覆が地図化できるのに対して（11.4.1 節参照），このような画像から表面の 3 次元構造に関する情報を得るには，間接的な手法を用いなければならない．樹高の推定は，高空間分解能画像を利用して，その影の計測，画像のステレオ対の視差，高さの違いによる画像の歪み，あるいは樹冠直径と樹高の関係の参照表を利用して行うことができる．影面積からの樹高と材積の推定は，適当な高空間分解能データが利用可能な半乾燥地域の疎な森林においてとくに適している．実際，疎な乾燥地のビャクシン（*Juniperus excelsa*）林において，Quickbird のパンシャープン処理された高分解能画像から，手作業あるいは自動分類アルゴリズムによって抽出された影面積と樹冠面積は，ともに材積量と相関し，影面積のほうが良い推定量であることが示されている（Ozdemir, 2008）．初期の航空写真の利用目的は**森林踏査**（timber cruising）であり，材積目録を作成するための個々の樹木あるいは林分からの材積量推定であった．ディジタルカメラあるいはラインスキャナによる多方向光学画像は，自動化された**数値表面モデル**（digital surface model：DSM）[39] や樹冠上部の**林冠高モデル**（canopy height

---

[39] DSM と数値標高モデル（digital terrain model：DTM）を区別することは不可欠である．意味のある植生高を得るには，良い DTM が必要である．航空レーザスキャナでは，地域レベルの森林において精度 10 cm の高品質 DTM の自動作成が可能である．

model：CHM）の生成に利用できる放射情報を提供するが，現在はライダーが森林の特徴や樹高の測定のために森林管理分野で広く利用されている．St-Onge et al., 2008 は，ライダーを DTM の生成に利用し，DSM を航空写真の自動的なステレオ写真の組み合わせ（stereomatching）によって得ることで，写真‐ライダー混合 CHM を作成した．この手法は，過去の写真の利用可能性を広げた．他にも多くの研究で，森林の高さやバイオマスの推定における InSAR の利用可能性が示されている（たとえば，Askne et al., 1997 参照）．

林業における 3 次元リモートセンシングを扱った International Journal of Remote Sensing の特集号（2008, 29 (5)）には，多くの計測技術と進行中の研究事例についての総説が掲載されている．

□ ライダー

植生とレーザおよびマイクロ波との相互作用については，5 章で概説した．レーザととくにマイクロ波は，植生をある程度透過し，3 次元構造の測定，とくに樹高の推定に利用できる．レーザによるシステムでは，ある高度計からのレーザ光線が最初に接触する点はその直下の表面であり，群落表面の輪郭の作成に利用できる．もし，その地点の地上標高がわかっているなら，樹高を求めることができる．地上標高は，InSAR あるいは植生が密生しすぎていなければ，レーザパルスの最後の反射などの別の情報源による正確な DEM によって得られる．小さなフットプリントの ALS データによる北方林の森林目録データの抽出については，Hyppä et al., 2008 による良い総説がある．彼らは，単木や林分レベルの材積（すなわちバイオマス）と平均樹高の ALS による復元は，写真測量による方法よりも良いと主張している．落葉広葉樹林では，林冠木の着葉期（夏）と無葉期（春）に林床の芽吹きが始まっている時期に，最初に戻ってくるパルスの輪郭を比較することによって，ALS データを林床植生の存在やその高さの推定にも利用できる（Hill & Broughton, 2009）．

全波形レーザスキャナは，植生の散乱特性と地形表面を量的に測定するために較正できる．結果として，遮断されたエネルギーと物体から再放出されたエネルギーの測度であるエコーパルスの幅や後方散乱断面積など数多くの物理的な観測項目が得られる（図 5.8 参照）．Wagner et al., 2008 は，植生は典型的に後方散乱パルスを広げるが，地表面のエコーよりも群落のエコーのほうが後方散乱の断面積がより小さいことを発見した．このような散乱特性は，3 次元の計測点の広がりを，全体でおよそ 90％の精度で植生と非植生のエコーに分類することを可能にする．航空機搭載の全波形ライダー（5.6 節参照）を使うと，従来のファーストエコーとラストエコーを利用した技術とより多くのデータ点が得られ，測定点の詳細な空間分布が求められるので（図 11.10），個々の樹木個体の位置や樹種判別すらも可能になる（Reitberger et al. 2008）．樹木位置を識別するためのとくに有用な方法は，ライダーデータから得られる平滑化された空間群落高モデルを分割することである．この分割処理はしばしば**分水界**（watershed）**アルゴリズム**に基づいて行われ，これは，水分学で集水域を区分する境界線として定義される分水界と類似している．この方法は，一般に，裏返した群落高モデルに水を満たしていくと仮定し，最初に水がたまり始める点を

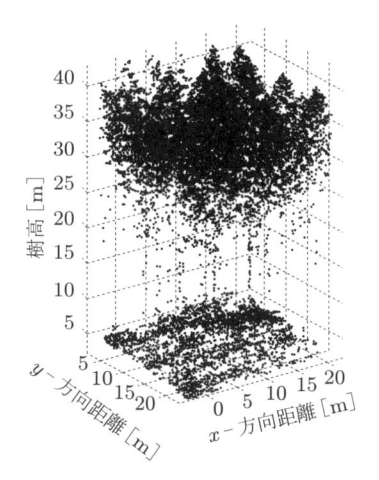

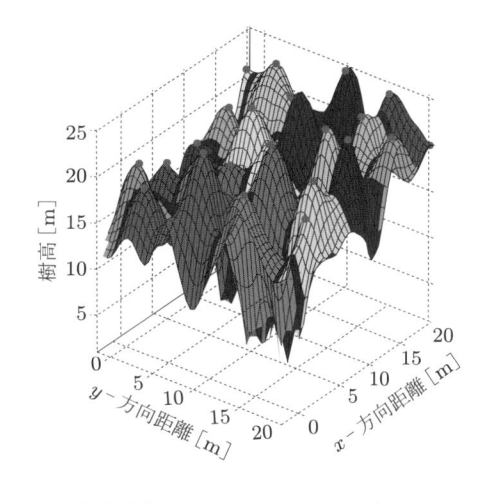

(a) 林分における全波形ライダーの点群データ　　(b) 類似したデータから平滑化された樹高モデルの一例

図 11.10　（a）点群データと（b）平滑化された樹高モデルの一例．樹高モデルでは，局所的な最高値が個々の樹木の樹高と一致している（Reitberger et al., 2008, 2009 のデータを許可受けて再描画）．

個々の樹木の頂点，分水界を樹冠境界として識別する．

同様に，ICESat の GLAS，SLICER，そして SLA（スペースシャトルのレーザ高度計）のような，大きなフットプリントのライダーによって行われた仕事もある．Duong et al., 2008 は，夏と冬に測定した GLAS からの全波形データを，ヨーロッパの広葉樹林，針葉樹林，混交林を区別するために利用した．実際の樹高は観測した 6 か月の間でほとんど変化しなかったが，ライダーで得た**エネルギー中央値の高さ**（height of median energy：HOME．散乱中心の有効高さの指標）は，広葉樹林でもっとも大きく変化し（148%），針葉樹林での変化がもっとも小さかった（36%）．正規化した波形における群落のエネルギーに対する地表のエネルギーの比率も広葉樹林で 67%，針葉樹で 47% と目立って変化した．この情報に基づいた森林の分類結果についての κ 係数（10 章参照）は 0.57 であった．より小さな地域や個々の林分における樹木の大きさや材積量，成長量のようなより詳細な推定値は，小さなフットプリントの全波形 ALS システムによって得ることができ，このシステムはいっそう柔軟で適用性が高いので，商業的にも魅力的である．

ライダーは断片的な森林被覆の解析にも役に立つ．標準的な光学的植生指数が断片的な森林被覆を判別するために広く用いられてきたが，とくに半乾燥地域で，背景が裸地土壌となる傾向がある場所や林床植生の *NDVI* も高いような場所では，分光法では識別できない．このような場合，小さなフットプリントの ALS が有用である．たとえファーストエコーとラストエコーしか記録できないシステムでも，ファースト，ラスト，シングルの 3 種類のエコーが得られる．植生においては，ほとんどのシングルエコーは地表面からのも

のである.植生からのエコーと総エコーをそれぞれ E_{veg}, E_{total} として,森林の E_{veg} を地表からある閾値の高さ以上(たとえば,1.25 m)と定義すると,$\Sigma E_{veg}/\Sigma E_{total}$ を森林被覆度 f_{veg} として推定できる.この方法で得られる f_{veg} は,セカンドエコーやシングルエコーを使用した場合よりもファーストエコーを使用した場合のほうがかなり高い値を示すことがわかっており,真値との間の近似式を求める必要がある (Morsdorf et al., 2006).

□ **マイクロ波**

これまで多くの研究者が,レーダ後方散乱とバイオマスやその他の森林の変量の測定値との間の経験的な関係を示してきた.バイオマスと測定された後方散乱との間には確かに相関があるが,群落のバイオマスが増大すると急激に飽和し(図 11.11),マイクロ波がそれ以上群落内に浸透できなくなると体積散乱は一定値を示すようになる.この状態では,すべての散乱は群落最上層で生じる.長い波長のマイクロ波は短い波長よりも群落内へよく浸透するので,バイオマスと後方散乱の関係性は,通常,長波長バンド(LやPバンド)や,表面要素よりも群落全体の影響によって決まる交差偏波測定においてより良好である.

(a) HH 偏波データ
(b) 葉の影響を補正した結果

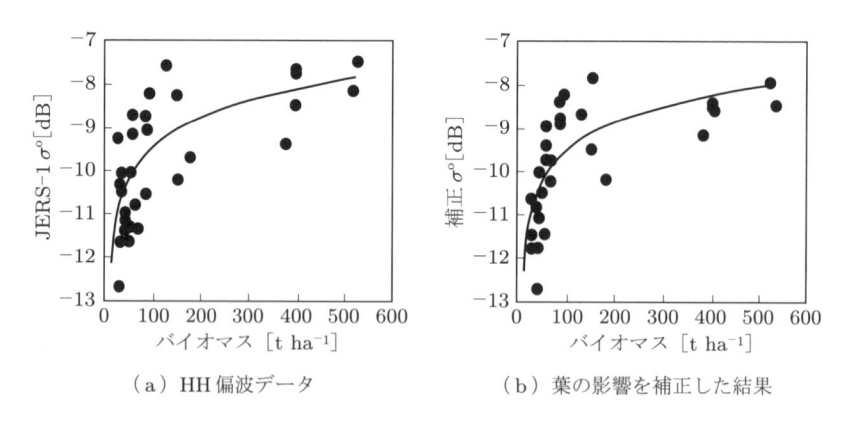

図 11.11 熱帯林のバイオマスに対する後方散乱の散布図.(a) JERS-1 L バンド SAR データにおける HH 偏波データ.(b) 葉の影響を補正した結果.バイオマスは単純アロメトリー式を用いて樹高と立木密度から推定した(Wang & Qi, 2008 のデータ).

散乱の強さは,樹木の種類,地表の状態,水の存在などの影響を受けるので,異なる地域や時刻の観測結果は,通常,相互に参照することはできない.散乱特性は,入射角と同様に,送信し測定された信号の偏波によっても変化する.レーダビームは航空機や衛星の側面から斜め方向に向けられるので,入射角は場面全体にわたって変化する.入射角が増加するにつれて群落に浸透するパス長は増加するので,マイクロ波は群落へ浸透しにくくなる.この場合,群落からの後方散乱は増加し,地面からは減少する.植生自身に,植生の増加によって H-V コントラストが減少するという脱偏波効果がある.

レーダも,群落内への信号の浸透を利用して 3 次元計測に利用できる.その方法の原理はライダーの利用といくぶん類似している.群落深さとマイクロ波の波長が群落内での減

衰を決定する．XバンドとCバンド（短波長）は，葉群や枝によってほとんど散乱され，長波長のようには密集した群落に浸透しない傾向がある．そのため，より短い波長によって群落表面の位置が推定できる．

InSARは主にDEMを得るために利用される．しかし，InSARで計測されたDEMには，植生による偏りが含まれていることは重要であり，本当の地表高さではなく，これらのDEMは地盤高と群落高を足した値を示している．位相差ジオメトリーの計測で得られる散乱の位相中心，すなわちDEMのために得られる高さの値は，何らかの形で実際の地表よりも上に位置しており，その程度は植生密度と使用したマイクロ波の波長に依存し，長波長ほど地表に近くなる．そして，この植生による偏りは，植生高についての情報を得るために利用できる．

Xバンドのような短い波長のレーダ放射は植生の奥深くまでは浸透しないので，SAR表面モデルは群落表面モデルに近くなる．正確な測定には，浸透量が小さいために生じる過小評価を考慮した適切な後方散乱モデルが利用できる．群落高を得るためには実際の地表高を知る必要がある．これは，別のDEM情報を利用したり，あるいは小面積であれば，周囲の無植生地域と大きく違わないとみなすことで得られる．また，より波長が長く，植生に浸透するPバンドを使うことで，地表面を同時に測定できる．XバンドとPバンドによる2つの値の単純な差分によって植生高が得られる．地面と群落の異なる偏波特性によって生じる異なる散乱挙動を利用する偏波干渉法も利用できる．これは，群落は偏波を解消する傾向があるのに対して，地表面は特定の偏波応答をする傾向があることを利用するもので，この違いによって2つの表面からの戻ってくる信号を区別する．レーダ波の浸透と樹木の部位ごとの応答は，見る方向によって変化する．すなわち，斜めからの視野は群落の下側を見る傾向があり，より多くの幹を捉える．そのため，最高4つまでの異なる経路で異なる角度から植生を測定したデータによるコヒーレント測定を利用する，**マルチベースライン**（multibaseline）法が利用できる．

■ 11.5.3 実用面での考慮

森林目録の研究では，しばしば連続変数（材積，胸高断面積，立木密度など）と分類変数（森林タイプ，土壌分類など）の両方についての情報を扱う．地図作成におけるこのような情報の利用には，一般に森林特性値とリモートセンシングからの補足的な情報との関係，そして他に利用可能な情報との関係についての多変量モデルの構築と，それらを利用した特定ピクセルの特性値の予測が伴う．多くの変数が正規分布に従わないので，7.4.2項で説明したk-NN法などを含む，ノンパラメトリックな統計手法の使用がしばしば必要となる．

樹木や森林についての2次元や3次元の情報を提供できる多くのセンサや解析手法があるが，それらの測定値と，樹種や樹高，材積のような実際の森林パラメタとの関係は，同じ対象地域のおそらく単木レベルまで下がる野外データとの統計的関係に依存している．また，飛行高度や植生の季節的な違いなど，それぞれのデータ取得に固有な要因がある．検

証のための地上データの収集は，得られる精度が制限されることが多いが，地上におけるレーザスキャナの利用は，とくに広域観測において，野外データの手動観測を改善する可能性がある (Hosoi & Omasa, 2007, Omasa et al., 2007).

レーザ高度測定の精度は，DTM と群落高度モデル（CHM）の両方の品質に強く依存する．Hyyppä et al., 2008 はこれらに影響を与える要因について考察している．レーザ観測点の高さ精度は，複数の異なる機器（レーザ測器だけではなく，GPS や内部慣性航法装置）からのデータを統合する過程における，複数の誤差成分の組み合わせの結果である．DTM の品質は対象の複雑さによる誤差，たとえば地形のタイプと平坦さ，植生と下層植生の密度と高さによるもの，そしてそれを生成した特定のアルゴリズム，同様に観測データの特徴，たとえば観測点密度，ファースト・ラストパルス，飛行高度，フットプリントの大きさ，走査角度による影響を受ける．異なる地形でさまざまなレーザシステムによって得られたデータによる誤差はおよそ 10〜50 cm の範囲であることが報告されているが，通常これらの値は InSAR によって得られた DTM よりも小さい．

これらの測定誤差には CHM の精度について考慮する場合にも該当するものがあるが，加えて群落内へのレーザの浸透についても考慮する必要があり，これは樹形や樹種に依存する．レーザビームは樹木の先端部よりも主に側面で散乱されるので，樹高が最大 1.5 m 程度まで過小評価される原因となる．これは樹冠直径に対するレーザフットプリントの相対的な大きさと同様に，植生密度や樹冠そのものにも依存する．それにもかかわらず，浸透と DTM による誤差を考慮すれば，およそ 0.5 m の樹高精度を得ることは可能である．

Balzter et al., 2007 は，L バンドと X バンドの InSAR とライダーによる森林の樹高の測定精度を比較した．X バンドの測定では，森林の構造的パラメタ（群落密度，林床植生，そしてギャップ）とセンサのパラメタ（観測角そして時間的，体積的な相関除去によるコヒーレンスの減少）の両方の要因によって，散乱位相中心が影響を受ける．L バンドは群落内部までより透過し，近い部分 (near range) の RMSE は 3.1 m，遠い部分 (far range) では 6.4 m，X バンドではそれぞれ 2.9 m と 4.1 m の誤差，ライダーではわずか 2.0 m の誤差であった．InSAR とライダーのデータセットにおける重要な相違は，ライダーのフットプリント ($0.3\,m^2$) が，（航空）SAR のフットプリント ($2.9\,m^2$) よりもかなり小さいことである．また，この試験地は，平坦な地形で同一種，同樹齢の均一な人工林であった．これほど理想的な条件ではなければ，地形の歪曲やレイオーバ，レーダ影などが干渉位相誤差を引き起こし，SAR データの質を低下させただろう．

■ 11.6　野火とバイオマスの燃焼

野火は世界の多くの場所で発生しているが，それらが重要な社会経済的あるいは気候的影響を与えない限り，気づかれることは少ない．野火は，とくに管理されて人口が多く，生命や財産を脅かし深刻な経済的損失を生じさせる場所では，通常ハザード（Hazard，被害をもたらす原因となる現象）として認識される．しかし，これらは実際には，気候システ

ムと重要な関係をもつ，自然生態系の重要なプロセスである．現在では，野火の抑制は，より大きな火災のハザードを生じさせ，多くの地域で自然植生遷移と野生生物の生息地を混乱させると認められている．すなわち，森林や低木林の生態系では，その特徴的な構造や安定性を維持するために，頻繁に自然な，弱い（表面部分の）火事がある程度必要なのである．たとえば，オーストラリアの森林は，硬葉樹や硬い葉をもった樹林であり，季節ごとに葉，枝，樹皮が脱落し，大量に堆積するが，これらが取り除かれない限り，新しい樹木の成長が抑制されてしまう．また，ほとんどのユーカリを含む，多くのオーストラリアの植物種は，種子が木質の殻に包まれており，発芽のために外に出るには，火事によって割られる必要があるため，生殖サイクルの面からも火事が必要である．数千年の間，先住民たちは先を見越して火事を管理してきたが，最近になって，とくに開発された地域では，このような管理作業を行わなくなり，また場所によっては，法律によって原植生を燃やすことを禁止してきた．その結果，たとえばビクトリア州で 2009 年はじめの大火事の発生要因となった．

火事の規模は世界の火事の中心であるアフリカにおいてとくに大規模だが，多くの熱帯・温帯地域において，毎年，数百万平方 km の森林や草原が破壊されている．地中海沿岸，南米および東南アジアとオーストラリアやアメリカ（たとえば，カリフォルニア周辺）では，地域特異的に火事が発生している．偶然，故意を含めて，およそ 50％以上の火事は人為的な原因によるものとされているが，世界の無人地域でも火事は発生しており，たとえば北極では落雷によって，燃えやすい乾いた植生の多くを損傷している．シベリアで広大な焼失区域が発見されたのは人工衛星画像が利用されるようになってからで，いまでは，この地域だけで毎年，ベルギーの国土に匹敵する面積（約 3 万平方 km）が焼失していると推定されている．

火事はとくに人が住めない地域で局所的から地域的までのスケールで発生し，全球レベルでの監視や地図化が必要とされる．そこで，リモートセンシングは次の 4 つの異なるレベルで重要な役割を果たす．

　（ⅰ）予測：大規模火災につながる状態の検出．
　（ⅱ）監視：発生した火事の規模や進行状況の確認と抑制活動のための観測．
　（ⅲ）焼失面積の地図化：改善活動を計画するための破壊の程度の査定．
　（ⅳ）再生：数か月から数年にわたる植生再生のモニタリング．

以下で，これらそれぞれのレベルの活動において，測定される必要のあるパラメタ，利用可能な最適なシステム，目的達成に最適な観測波長とスケール，データの分析と解釈について考察する．Emilio Chuvieco, 2003 の著書には，野火についての多くの参考文献を含んだ良い総説がある．

■ 11.6.1　予　測

火事が発生しやすい地域を識別し，監視できれば，多くの被害を防ぐことができるだろう．識別の段階では，火事が発生しやすい地域の燃える物（可燃物）のタイプ（種組成）

分布とその状態（生死）の地図化が必要であり，監視の段階では可燃物の水分状態と気象条件（気温，風速，相対湿度，降雨など）など，火事につながる状況の把握が必要となる．これらの危険変数は，危険指数あるいはリスク指数を得るために組み合わされる．リスク指数の値は，日ごと，週ごと，月ごとに得ることができ，発火や延焼を引き起こす物理的な条件と組み合わせて，危険度の推定（低〜非常に高い）に利用し，GISで広域図を作成してインターネットで公開することもできる．

可燃物は，草，低木，下層植生，落葉落枝，藪，樹木を含んでいる．植生の生死は燃えやすさの程度に影響し，体積（可燃物量）と分布は火事の激しさと規模に影響する．可燃物の種類や量，含水率の分布図は，現場でのサンプリングと航空機や衛星からのデータによって作成できる．閉じた群落では，光学センサによって林床が容易に検出できないという別の困難がある．火事に対する植物の感受性は，群落の有効水利用度によって強く影響を受けるので，$NDWI$のような水指数（BOX7.1参照）が旱魃指標として広く使われており，また$NDMI$のようなそれ以外の多くの指数も提案されている（Wang et al., 2008）．しかし，原理的には，気孔閉鎖を示す群落温度によるストレス指数（$CWSI$など）も，同様に有用だろう．これらは台形あるいは3角分布指標（9.5節参照）として，植被のマルチスペクトル推定（$NDVI$など）と組み合わせることでさらに強化できる．

植被率の地図化には，標準的な分類技術が利用でき，リモートセンシングのデータによって提供される多くのパラメタから含水率の指標が得られる．**可燃物の含水率**（fuel moisture content）FMCは$[(FW - DW)/DW] \times 100\%$と定義され，$FW$は野外で測定した生重量，$DW$はそれを乾燥機で乾燥した重量で，野外サンプリングによって得られる．**相対緑色指数**（relative greenness index）RGIともよばれる尺度化した$NDVI^*$（式(7.2)）と$NDVI$は，ともに植生の評価に利用されるが，これらの指数は含水率とわずかしか関係しない．TMやETM＋のバンド7のような衛星データと分光放射観測の両方を利用した中間赤外MIRの反射率とFMCの間には，良い一致が見出されている（Chuvieco et al. 2002; Cibula et al. 1992）．これは，おそらくMIR反射率が他の波長よりも**等価水層厚**（equivalent water thickness）EWTと関係しているためである．NIRとMIRの反射率から得られる全球水分指数（global vegetation moisture index）$GVMI$は，単位面積あたりの群落水分量（LAIとEWTの積）に対してよく応答することが判明している（Ceccato et al., 2002）．

植物の枯死部は，火事の広がりの非常に重要な要素であるが，その含水率をリモートセンシングによって推定することは難しい．しかし，基本的に，これらの含水率は大気条件によってほぼ決まるため，地域の詳しい気象情報が，潜在的なリスク推定のための代替え情報として利用できる．σ^oと降水量などの気象変数との間には相関関係があるので，マイクロ波も火災予測に利用されてきた．これらは，群落バイオマスの時間的・空間的な変動に敏感で，可燃物の地図化にも補足的な情報を提供する．衛星SARデータと航空機レーダプロファイラは，葉量や材積量，樹高，群落閉鎖率などの計測にも利用されてきたが，その性能的限界のために（数mレベルの高さ精度，急斜面での利用の難しさ，高いバイオマ

スでの飽和傾向など，図 11.11 参照），これらはライダーのフットプリント間の補完挿入や，ライダーを広域化する際の外挿のために利用される傾向にある．

火災発生リスクの高い地域を**火災予測指数**（fire prediction index）*FPI* や**火災危険度指数**（fire danger rating index）*FDRI* によって推定するためのアルゴリズムの開発研究が多数なされてきた（たとえば，Luke & McArthur, 1978 参照）．これらのアルゴリズムは通常，さまざまな植生指数と地表面温度 T_s のいくつかの組み合わせを含んでおり，*NDVI* と T_s の閾値を考慮した単純な手法（Slater & Vaughan, 1999）から，より複雑な分類と回帰木（CART）分析によって，得られた多くのパラメタのさまざまな閾値を連続的に利用して決定する手法まである（Silva & Pereira, 2006）．関連したパラメタをつねにモニタリングすることで，火事の潜在的な可能性を見出し，関係する地方自治体に警戒を促すことができる．

■ 11.6.2 監視

ウィーンの変位則（式(2.6)）によれば，炎からのエネルギーは MIR 波長域の 2〜4 μm にピークをもつ．このホットスポットを観測するために適したチャンネルをもつセンサは TM や ETM＋ のバンド 7，MERIS，MODIS など数多くある．熱赤外バンド（10.5〜12.5 μm）でも炎は検出できるが，これらのバンドは，放射の強さのためにしばしば感度が飽和してしまう[40]．炎自体は，可視バンドでは煙によって不明瞭になってしまうが，より長い波長では，灰や燃焼で発生した微粒子からなる煙流を透過できる（実際には微粒子によって吸収され再放出される）．

AVHRR や地球同期軌道衛星（たとえば，GOES）などの低空間分解能の衛星データは，火災リスクが高い地域を広域かつ連続的に監視するために利用でき，このような場所をホットスポットとして注目させ，ほぼリアルタイムで関連当局者に電子メールで伝えることができる．カナダ，オーストラリア，フィンランドで実際に利用されている火災発見システムは AVHRR データを使用している．2000 年から，静止衛星データを用いて自動的に野火やバイオマス燃焼を検出するアルゴリズム（geostationary wildfire automated biomass burning algorithm）によって，西半球の GOES データを用いた 30 分間隔のリアルタイム火災検知画像が生成されている．ヨーロッパでは，Calle et al., 2008 が SEVIRI MSG（スピン走査式可視熱赤外イメージャ）の 3.9 μm バンドと 10.8 μm バンドのデータに基づき，誤警報を取り除くために 9×9 ピクセル窓の平均値と標準偏差を利用し，すべてのピクセルについて $T_{3.9}$ と $T_{3.9} - T_{10.8}$ を比較するアルゴリズムを利用している．これらのアルゴリズムは，より高い空間分解能の MODIS データによって検証されるが，このデータも検出と監視に役立つ．検出アルゴリズムの多くはピクセルベースだが，コンテクスト情報の利用も増えている．とくに MODIS による火災の動的検知（Csiszar et al., 2005）

---

[40] 炎の 800〜1000 K における放射エネルギーは，ほとんどの熱カメラの測定対象である 300 K の表面からのエネルギーより 100 倍以上大きい（図 2.3）．

はコンテキスト情報を用いたアルゴリズムを利用しており，4 μm における燃えている炎特有の信号と，4 μm と 11 μm の輝度温度の差を利用して，背景と十分に異なるピクセルを探索している．この閾値はシーンの変動性に依存している．アラスカでは，地上ドップラーレーダが，衛星データと共に火災強度の監視に利用されており，アメリカ合衆国とカナダの雷検出ネットワークはリアルタイムで落雷を検出できるので，火災発生の現地確認のための航空機を迅速に手配し，消火部隊を配置することを可能にしている．

煙流は雲と区別することが難しいが，時間と共にその乱れや拡散によって雲とは異なる動態を示す．Yahia et al., 2008 は，煙流をそれ以外のピクセルと区別するために多重フラクタル解析を用いている．

■ 11.6.3 焼失面積の地図化

火災は長期的な土地被覆の変化の原因となり，土壌流出，生物多様性，CO_2 収支などに影響を与えるので，これらの変化を地図化することは環境的にも経済的な理由からも重要である．焼失範囲は通常，可視画像においても識別でき，それらの大きさは適当な空間分解能データを利用して容易に地図として表せる．中-高空間分解能の極軌道衛星が頻繁にデータを提供しているので，いまでは時間はそれほど制約にならない．焼失範囲は，しばしば根気強い画像分類と植生指数の利用，あるいは火災前後の画像の変化を記録することによって識別できるが，識別の成功は火災の強度と反射特徴の変化に依存している．すべての植生が火災によって同じように焼失するわけではないので，異なる焼失程度が混合したピクセルが生成されるだろう．分離能力は，立地と火災前の植生特性にも依存している．ピクセルの可視と NIR の値の閾値が利用され，$NDVI$, $NDWI$, $GNDVI$, $GEMI$, $SAVI$ を含む多くの植生指数が利用されており，同様に相対緑色度，地表面温度，単バンド反射率が単独あるいは回帰木において利用されている (Escuin et al., 2008)．焼失前後の $NDVI$ の差は非常に有用である．多くの指数が利用されており，たとえば，**正規化焼失比** (normalized burn ratio) NBR は，ETM+ のバンド 4 (0.76〜0.9 μm) とバンド 7 (2.08〜2.35 μm) の和に対する差の比率によって得られ，焼失被害と良い相関を示すが，樹木による植被がまばらな開けた森林や灌木林，牧草地ではそれほど良くない．他にもさまざまな焼失面積指数 (burned-area index) BAI が開発されている．Miettinen, 2007 は，MODIS の 250 m あるいは 500 m 空間分解能画像における 4 つの適当なバンドの利用について報告している．彼は，バンド 1，2，7 が，単独の指数あるいは指数の組み合わせとして，緑色植生が地表を優占している場合にもっとも感度が高いが，乾燥植生や裸地が優占している場合には，バンド 5 の単独利用が，他のマルチバンド指数よりも焼失地の分離に有効であることを見いだした．González-Alonso et al., 2007 は，SPOT5 の HRG 画像と地表データを端成分の定義に使用し，火災後の 300 m 空間分解能の MERIS の狭帯域データに対して直線混合アルゴリズムを適用した．Roy et al., 2002 は，MODIS データを利用して，対象範囲からの方向性反射 $BRDF$ を考慮した，焼失面積の自動地図化手法を報告している．この研究は，IGBP が推進している全球森林観測 (global observation of forest cover：GOFC）の一部である．そのなかで，BRDFモデルは多時点の地表面反射率観測に対して逆推定され，次の観測における期待値と不確定度を提供する．これによって，統計的指標を利用して，過去の観測状態からの変化が検出できる．

■ 11.6.4 再生のモニタリング

焼失範囲の再生状況のモニタリングは，単純にその範囲を識別することよりも若干難しいが，これは，主に焼失地全体に対して再成長の程度が小さいことと，とくに初期段階においては変化の兆候も非常に小さいためである．とくに部分的に焼失した地域では，その再生の検出は非常に困難だろう．少なくとも初期段階では，高空間分解能の航空機データか野外観測が再生状況を確認するためのもっとも良い方法であり，その後，高分解能衛星データ，より後の段階で中空間分解能衛星データを利用すべきである．この場合も，単バンド画像による閾値解析（thresholding），植生指数，教師付き分類，原バンドデータの多変量解析，スペクトル分解，時系列解析がモニタリングに利用される．

■ 11.6.5 実用面での考慮

野火はマルチスケールの事象であり，単一の情報源のみによって研究を行うことはできない．火事が発生しやすい気候条件では，危険区域における小さな発火を見つけることは，タワーや偵察ヘリコプターあるいは航空機から目視によって行われる．より大規模な発生は，低空間分解能の画像によって確認できる．ここでは高い時間分解能が主要な要求事項であるのに対して，他の3項目，可燃物地図，焼失面積地図，再生モニタリングの時間分解能はそれほど必要とされない．現地調査は可燃物地図作成と含水率調査，そして植生再生モニタリングにおいて重要な役割を果たす．分光画像診断は，生物物理学的な詳細情報を提供できる．ライダーは最大5～15 cm の誤差で樹木や植生層の3次元幾何構造を決定し，全波形ライダーは，群落密度が高すぎなければ，林床の情報も取得できる．マイクロ波からはバイオマス情報が得られるが，高密度な群落での感度は低下する．

Xue et al., 2008 は，ホットスポットと火事の検出における小型衛星の利用可能性について論じている．ドイツが打ち上げた実験衛星（biospectral infrared detection：BIRD）（2001～2004年）は，能動的な火事検出を目的とした最初のミッションであった．多くのシステムは，高温域の測定ができるように設計されておらず，簡単に飽和してしまうが，BIRDに搭載されているホットスポット認識センサ（HSRS）は，火事検知と，火事の温度，大きさ，サブピクセルにおけるエネルギー放出を推定するために特別に設計されていた．**災害監視衛星群**（disaster monitoring constellation：DMC）は，5機の小型衛星ネットワークからなり，30～40 m の中間空間分解能の3または4バンドの画像を毎日提供する能力を備えている．これらは自然または人為的災害時における宇宙設備の調和された利用を達成するための協力に関する憲章（国際災害チャータ）のもと，災害援助のために，緊急環境画像を迅速に提供する．

精度検証　低空間分解能データを使用すると，可燃物地図と焼失面積地図の作成にお

いて精度が低下するが，高空間分解の衛星データや現地調査によって確認できる．可燃物の種別とその状態も現地データによって確認できる．火災発生の検出精度は100%か0%である．すなわち，火事が発生したか，しなかったかであり，それは現地調査で明らかになる．再生状況についての精度を確認するもっともよい方法は現地調査と観測を行うことである．

Webサイトの紹介

FRAGSTATS　景観パターン分析プログラム
　http://www.umass.edu/landeco/research/fragstats/documents/fragstats_documents.html

DEMETER　灌漑効率化における衛星利用技術開発プロジェクト
　http://ec.europa.eu/research/dossier/do220307/pdf/demeter_sci_results_en.pdf

PLEIADeS　DEMETERの後継プロジェクト
　http://www.pleiades.es/

グーグルアース
　http://Earth.google.com/

EU CORINE　土地被覆図計画
　http://www.eea.europa.eu/publications/COR0-landcover

英国のLand Cover Map 2007
　http://www.countrysidesurvey.org.uk/land_cover_map.html

全球目録モデルと地図化プロダクト
　http://gimms.gsfc.nasa.gov

植物生理学，第5版ウェブ手引き（必須無機栄養塩類の欠乏症状）
　http://4e.plantphys.net/article.php?ch = t&id = 289

GLOBCOVER　全球土地被覆分類データ
　http://ionia1.esrin.esa.int/index.asp

GLC 2000　全球土地被覆図
　http://bioval.jrc.ec.europa.eu/products/glc2000/glc2000.php

MODIS collection 5 土地被覆図
　http://www-modis.bu.edu/landcover/page1/page8/page8.html

参考文献

Abdou W. A., Helmlinger M. C., Conel J. E., Bruegge C. J., Pilorz S. H., Martonchik J. V. & Gaitley B. J. (2000) Ground measurements of surface BRF and HDRF using PARABOLA III. *Journal of Geophysical Research-Atmospheres*, **106**, 11967-11976.

Achard F., Eva H. D., Stibig H.-J., Mayaux P., Gallego J., Richards T. & Malingreau J. P. (2002) Determination of deforestation rates of the world's humid tropical forests. *Science*, **297**, 999-1002.

Acock B., Charles-Edwards D. A., Fitter D. J., Hand D. W., Ludwig L. J., Warren Wilson J. & Withers A. C. (1978) The contribution of leaves from different levels within a tomato crop to canopy net photosynthesis: an experimental examination of two canopy models. *Journal of Experimental Botany*, **29**, 815-827.

Adams J. B. & Gillespie A. R. (2006) *Remote sensing of landscapes with spectral images: A physical modelling approach*. Cambridge University Press, Cambridge. pp. 362, ISBN 978-0-521-66221-5.

Adams M. L., Norvell W. A., Philpot W. D. & Peverly J. H. (2000) Spectral detection of micronutrient deficiency in 'Bragg' soybean. *Agronomy Journal*, **92**, 261-268.

Adriaensen F., Chardon J. P., De Blust G., Swinnen E., Villalba S., Gulinck H. & Matthysen E. (2003) The application of 'least-cost' modelling as a functional landscape model. *Landscape and Urban Planning*, **64**, 233-247.

Agati G., Cerovic Z. G., Marta A. D., Di Stefano V., Pinelli P., Traversi M. L. & Orlandi S. (2008) Optically-assessed preformed flavonoids and susceptibility of grapevine to *Plasmopara viticola* under different light regimes. *Functional Plant Biology*, **35**, 77-84.

Allen R. G., Pereira L. S., Raes D. & Smith M. (1999) *Crop evapotranspiration - guidelines for computing crop water requirements*. FAO Irrigation and Drainage Papers 56. FAO Land and Water Division, Rome, Italy pp. 144.

Allen R. G., Tasumi M., Morse A., Trezza R., Wright J. L., Bastiaanssen W., Kramber W., Lorite I. & Robison C. W. (2007a) Satellite-Based Energy Balance for Mapping Evapotranspiration with Internalized Calibration (METRIC) - Applications. *Journal of Irrigation and Drainage Engineering*, **133**, 395-406.

Allen R. G., Tasumi M. & Trezza R. (2007b) Satellite-Based Energy Balance for Mapping Evapotranspiration with Internalized Calibration (METRIC) - Model. *Journal of Irrigation and Drainage Engineering*, **133**, 380-394.

Allen W. A., Gausman H. W., Richardson A. J. & Thomas J. R. (1969) Interaction of isotropic light with a compact plant leaf. *Journal of the Optical Society of America*, **59**, 1376-1379.

Amolins K., Zhang Y. & Dare P. (2007) Wavelet based image fusion techniques - An introduction, review and comparison. *ISPRS Journal of Photogrammetry and Remote Sensing*, **62**, 249-263.

Anandakumar K. (2009) Sensible heat flux over a wheat canopy: optical scintillometer measurements and surface renewal analysis estimations. *Agricultural and Forest Meteorology*, **96**, 145-156.

Anderson M. C. (1981) The geometry of leaf distributions in some South-eastern Australian forests. *Agricultural Meteorology*, **25**, 195-206.

Anderson M. C., Norman J. M., Diak G. R., Kustas W. P. & Mecikalski J. R. (1997) A two-source time-integrated model for estimating surface fluxes using thermal infrared remote sensing. *Remote Sensing of Environment*, **60**, 195-216.

Anderson M. C., Norman J. M., Kustas W. P., Houborg R., Starks P. J. & Agam N. (2008) A thermal-based remote sensing technique for routine mapping of land-surface carbon, water and energy fluxes from field to regional scales. *Remote Sensing of Envi-*

ronment, **112**, 4227-4241.

Andrew M. E. & Ustin S. L. (2008) The role of environmental context in mapping invasive plants with hyperspectral image data. *Remote Sensing of Environment*, **112**, 4301-4317.

Askne J. I. H., Dammert P. B. G., Ulander L. M. H. & Smith G. (1997) C-band repeat pass interferometric SAR observations of the forest. *IEEE Transactions on Geoscience and Remote Sensing*, **35**, 25-35.

Asner G. P. & Wessman C. A. (1997) Scaling PAR absorption from the leaf to landscape level in spatially heterogeneous ecosystems. *Ecological Modelling*, **103**, 81-97.

ASTM (2000) American Society for Testing and Materials Standard Extraterrestrial Spectrum Reference E-490-00. [ASTM E490-00a(2006) ASTM E490-00a(2006) Standard Solar Constant and Zero Air Mass Solar Spectral Irradiance Tables. DOI: 10.1520/E0490-00AR06]

Aston A. R. & van Bavel C. H. M. (1972) Soil surface water depletion and leaf temperature. *Agronomy Journal*, **64**, 368-373.

Atkinson P. M., Foody G. M., Darby S. E. & Wu F., eds (2004) *GeoDynamics*. CRC Press, Boca Raton, FL., pp. 413, ISBN 0849 328373.

Atzberger C. (2004) Object-based retrieval of biophysical canopy variables using artificial neural nets and radiative transfer models. *Remote Sensing of Environment*, **93**, 53-67.

Azam-Ali S. N., Crout N. M. J. & Bradley R. G. (1994) Perspectives in modelling resource capture by crops. In: *Resource Capture by Crops* (eds Monteith, J. L., Scott, R. K. & Unsworth, M. H.), pp. 125-148. Nottingham University Press, Nottingham. ISBN 1-897 676-21-2.

Baldridge A. M., Hook S. J., Grove C. I. & Rivera G. (2009) The ASTER spectral library version 2.0. *Remote Sensing of Environment*, **113**, 711-715.

Baltsavias E., Gruen A., Eisenbeiss H., Zhang L. & Waser L. T. (2008) High-quality image matching and automated generation of 3D tree models. *International Journal of Remote Sensing*, **29**, 1243-1259.

Balzter H., Luckman A., Skinner L., Rowland C. & Dawson T. P. (2007) Observations of forest stand top height and mean height from interferometric SAR and LiDAR over a conifer plantation at Thetford Forest, UK. *International Journal of Remote Sensing*, **28**, 1173-1197.

Baret F. (1995) Use of spectral reflectance variation to retrieve canopy biophysical characteristics. In: *Advances in environmental remote sensing* (eds Danson, F. M. & Plummer, S. E.), pp. 33-51. John Wiley & Sons, Chichester.

Baret F. & Buis S. (2008) Estimating canopy characteristics from remote sensing observations: Review of methods and associated problems. In: *Advances in land remote sensing: system, modeling inversion and application*, pp. 173-201. Chinese Academy of Science, Beijing, People's Republic of China, 9th International Symposium on Physical Measurements and Signatures in Remote Sensing, Oct. 2005.

Baret F., Clevers J. G. P. W. & Steven M. (1995) The robustness of canopy gap fraction estimates from red and near-infrared reflectances: A comparison of approaches. *Remote Sensing of Environment*, **54**, 141-151.

Baret F. & Guyot G. (1991) Potentials and limits of vegetation indices for LAI and APAR assessment. *Remote Sensing of Environment*, **35**, 161-173.

Baret F., Guyot G. & Major D. (1989) *TSAVI: a vegetation index which minimises soil brightness effects on LAI and APAR estimation*. Paper presented at the 12th Canadian conference on Remote Sensing and IGARSS '90, Vancouver, BC.

Baret F., Jacquemoud S. & Hanocq J. F. (1993) The soil line concept in remote sensing. *Remote Sensing Reviews*, **7**, 65-82.

Barrett E. C. & Curtis L. F. (1999) *Introduction to Environmental Remote Sensing*. (4th ed.). Stanley Thornes (Publishers) Ltd, Cheltenham, UK. pp. 457, ISBN 04123 71707.

Bartholic J., Namken L. N. & Wiegand C. L. (1972) Aerial thermal scanner to determine temperatures of soils and crop canopies differing in water stress. *Agronomy Journal*, **64**, 603-608.

Bastiaanssen W. G. M., Noordman E. J. M., Pelgrum H., Davids G., Thoreson B. P. & Allen R. G. (2005) SEBAL Model with Remotely Sensed Data to Improve Water-Resources Management under Actual Field Conditions. *Journal of Irrigation and Drainage Engineering*, **131**, 85-93.

Bastiaanssen W. G. M., Menenti M., Feddes R. A. & Holtslag A. A. M. (1998a) A remote sensing surface energy balance algorithm for land (SEBAL)-1. Formulation. *Journal of Hydrology*, **212-213**, 198-212.

Bastiaanssen W. G. M., Pelgrum H., Wang J., Ma Y., Moreno J. F., Roerink G. J. & van der Wal T. (1998b) A remote sensing surface energy balance algorithm for land (SEBAL) - 2. Validation. *Journal of Hydrology*, **212-213**, 213-229.

Baumgardner M. F., Silva L. F., Biehl L. L. & Stoner E. R. (1985) Reflectance properties of soils. *Advances in Agronomy*, **38**, 1-44.

Becker F., Seguin B., Phulpin T. & Durpaire J. P. (1996) IRSUTE, a small satellite for water budget estimate with high resolution infrared imagery. *Acta Astronautica*, **39**, 883-897.

Beljaars A. C. M. & Bosveld F. C. (1997) Cabauw data for the validation of land surface parameterization schemes. *Journal of Climate*, **10**, 1172-1193.

Ben-Dor E. (2002) Quantitative remote sensing of soil properties. *Advances in Agronomy*, **75**, 173-243.

Berberoglu S. & Akin A. (2009) Assessing different remote sensing techniques to detect land use/cover changes in the eastern Mediterranean. *International Journal of Applied Earth Observation and Geoinformation*, **11**, 46-53.

Berk A., Bernstein L. S., Anderson G. P., Acharya P. K., Robertson D. C., Chetwynd J. H. & Adler-Golden S. M. (1998) MODTRAN cloud and multiple scattering upgrades with application to AVIRIS. *Remote Sensing of Environment*, **65**, 367-375.

Betts A. K. & Ball J. H. (1997) Albedo over the boreal forest. *Journal of Geophysical Research*, **102**, 28901-28909.

Bidel L. P. R., Meyer S., Goulas Y., Cadot Y. & Cerovic Z. G. (2007) Responses of epidermal phenolic compounds to light acclimation: In vivo qualitative and quantitative assessment using chlorophyll fluorescence excitation spectra in leaves of three woody species. *Journal of Photochemistry and Photobiology, B: Biology*, **88**, 163-179.

Bilger W., Björkman O. & Thayer S. (1989) Light-induced Spectral Absorbance Changes in Relation to Photosynthesis and the Epoxidation State of Xanthophyll Cycle Components in Cotton Leaves. *Plant Physiology*, **91**, 542-551.

Bilger W., Veit M., Schreiber L. & Schreiber U. (1997) Measurement of leaf epidermal transmittance of UV radiation by chlorophyll fluorescence. *Physiologia Plantarum*, **101**, 754-763.

Bird R. & Riordan C. (1984) *Simple spectral model for direct and diffuse irradiance on horizontal and tilted planes at the earth's surface for cloudless atmospheres* (TR-215-2436). Solar Energy Research Institute, Golden, CO.

Birth G. S. & McVey G. R. (1968) Measuring the color of growing turf with a reflectance spectrophotometer. *Agronomy Journal*, **60**, 640-643.

Bisht G., Venturini V., Islam S. & Jiang L. (2005) Estimation of the net radiation using MODIS (Moderate Resolution Imaging Spectroradiometer) data for clear sky days. *Remote Sensing of Environment*, **97**, 52-67.

Black S. C. & Guo X. (2008) Estimation of grassland CO_2 exchange rates using hyperspectral remote sensing techniques. *International Journal of Remote Sensing*, **29**, 145-155.

Blackburn G. A. (1998a) Quantifying chlorophylls and carotenoids at leaf and canopy scales. An evaluation of some hyperspectral approaches. *Remote Sensing of Environment*, **66**, 273-285.

Blackburn G. A. (1998b) Spectral indices for estimating photosynthetic pigment concentrations: a test using senescent tree leaves. *International Journal of Remote Sensing*,

19, 657-675.

Blackburn G. A. (2007a) Hyperspectral remote sensing of plant pigments. *Journal of Experimental Botany*, **58**, 855-867.

Blackburn G. A. (2007b) Wavelet decomposition of hyperspectral data: a novel approach to quantifying pigment concentrations in vegetation. *International Journal of Remote Sensing*, **28**, 2831-2855.

Blackburn G. A. & Ferwerda J. G. (2008) Retrieval of chlorophyll concentration from leaf reflectance spectra using wavelet analysis. *Remote Sensing of Environment*, **112**, 1614-1632.

Blaschke T. (2010) Object based image analysis for remote sensing. *ISPRS Journal of Photogrammetry and Remote Sensing*, **65**, 2-16.

Boegh E., Soegaard H., Hanan N., Kabat P. & Lesch L. (1999) A remote sensing study of the NDVT-T_s relationship and the transpiration from sparse vegetation in the Sahel based on high-resolution satellite data. *Remote Sensing of Environment*, **69**, 224-240.

Borel C. C. (1996) Non-linear spectral mixing theory to model multi-spectral signatures. In: *Applied Geologic Remote Sensing Conference: Practical solutions for real world problems, February 1996*, Las Vegas, NV.

Borel C., Gerstl S. & Powers B. J. (1991) The radiosity method in optical remote sensing of structured 3-D surfaces. *Remote Sensing of Environment*, **36**, 13-44.

Bouttier F. & Courtier P. (2002) *Data assimilation concepts and methods March 1999*. European Centre for Medium-Range Weather Forecasts (ECMWF), Reading.

Bramson M. A. (1968) *Infrared Radiation - a handbook of applications*. (2nd ed.). Plenum Press, New York. pp. 623.

Bréda N. J. J. (2003) Ground-based measurements of leaf area index: a review of methods, instruments and current controversies. *Journal of Experimental Botany*, **54**, 2403-2417.

Briedenbach R. W., Saxton M. J., Hansen L. D. & Criddle R. S. (1997) Heat generation and dissipation in plants: can the alternative oxidative phosphorylation pathway serve a thermoregulatory role in plant tissues other than specialised organs? *Plant Physiology*, **114**, 1137-1140.

Broge N. H. & Leblanc E. (2001) Comparing prediction power and stability of broadband and hyperspectral vegetation indices for estimation of green leaf area index and canopy chlorophyll density. *Remote Sensing of Environment*, **76**, 156-172.

Brutsaert W. H. (1982) *Evaporation into the atmosphere: Theory, history and applications*. D. Reidel Publishing Co., Dordrecht, Netherlands. pp. 316, ISBN 9789027712479.

Brutsaert W. & Sugita M. (1996) Sensible heat transfer parameterization for surfaces with anisothermal dense vegetation. *Journal of The Atmospheric Sciences*, **53**, 209-216.

Buck A. L. (1981) New equations for computing vapor pressure and enhancement factor. *Journal of Applied Meteorology*, **20**, 1527-1532.

Buddenbaum H., Schlerf M. & Hill J. (2005) Classification of coniferous tree species and age classes using hyperspectral data and geostatistical methods. *International Journal of Remote Sensing*, **26**, 5453-5465.

Buschmann C., Langsdorf G. & Lichtenthaler H. K. (2000) Imaging of the blue, green, and red fluorescence emission of plants: An overview. *Photosynthetica*, **38**, 483-491.

Buschmann C. & Nagel E. (1993) In vivo spectroscopy and internal optics of leaves as basis for remote sensing of vegetation. *International Journal of Remote Sensing*, **14**, 711-722.

Calle A., González-Alonso F. & Merino de Miguel S. (2008) Validation of active forest fires detected by MSG-SEVIRI by means of MODIS hot spots and AWiFS images. *International Journal of Remote Sensing*, **29**, 3407-3415.

Camargo A. & Smith J. S. (2009) An image-processing based algorithm to automatically identify plant disease visual symptoms. *Biosystems Engineering*, **102**, 9-21.

Campbell G. S. (1986) Extinction coefficients for radiation in plant canopies calculated using an ellipsoidal inclination angle distribution. *Agricultural and Forest Meteorology*, **36**,

317-321.

Campbell G. S. (1990) Derivation of an angle-density function for canopies with ellipsoidal leaf angle distributions. *Agricultural and Forest Meteorology*, **49**, 173-176.

Campbell G. S. & Norman J. M. (1998) *An introduction to environmental biophysics*. (2nd ed.). Springer, New York. pp. 286, ISBN 0387949372.

Campbell G. S. & van Evert F. K. (1994) Light interception by plant canopies: efficiency and architecture. In: *Resource capture by crops* (eds Monteith, J. L., Scott, R. K. & Unsworth, M. H.), pp. 35-52. Nottingham University Press, Nottingham. ISBN 1897676212.

Campbell J. B. (2007) *Introduction to remote sensing*. (4th ed.). Taylor and Francis, London. pp. 546, ISBN 9780415416887.

Campbell P. K. E., Middleton E. M., McMurtrey J. E., Corp L. A. & Chappelle E. W. (2007) Assessment of vegetation stress using reflectance or fluorescence measurements. *Journal of Environmental Quality*, **36**, 832-845.

Carlson T. N., Capehart W. J. & Gillies R. R. (1995) A new look at the simplified method for remote-sensing of daily evapotranspiration. *Remote Sensing of Environment*, **54**, 161-167.

Carlson T. N. & Ripley D. A. (1997) On the relation between NDVI, fractional vegetation cover and leaf area index. *Remote Sensing of Environment*, **62**, 241-252.

Carter G. A. (1991) Primary and secondary effects of water content on the spectral reflectance of leaves. *American Journal of Botany*, **78**, 916-924.

Carter G. A. (1994) Ratios of leaf reflectances in narrow wavebands as indicators of plant stress. *International Journal of Remote Sensing*, **15**, 697-703.

Carter G. A. & Knapp A. K. (2001) Leaf optical properties in higher plants: linking spectral characteristics to stress and chlorophyll concentration. *American Journal of Botany*, **88**, 677-684.

Carter G. A., Theisen A. F. & Mitchell R. J. (1990) Chlorophyll fluorescence measured using the Fraunhofer line-depth principle and relationship to photosynthetic rate in the field. *Plant, Cell and Environment*, **13**, 79-83.

Casa R. (2003) Multiangular remote sensing of crop canopy structure for plant stress monitoring. Ph. D., University of Dundee, Dundee.

Casa R. & Jones H. G. (2005) LAI retrieval from multiangular image classification and inversion of a ray tracing model. *Remote Sensing of Environment*, **98**, 414-428.

Ceccato P., Flasse S. & Gregoire J. M. (2002) Designing a spectral index to estimate vegetation water content from remote sensing data – Part 2. Validation and applications. *Remote Sensing of Environment*, **82**, 198-207.

Čermák J., Gašpárek J., De Lorenzi F. & Jones H. G. (2007) Stand biometry and leaf area distribution in an old olive grove at Andria, southern Italy. *Annals of Forest Science*, **64**, 491-501.

Chaerle L., Hagenbeek D., Vanrobaeys X. & Van Der Straeten D. (2007) Early detection of nutrient and biotic stress in *Phaseolus vulgaris*. *International Journal of Remote Sensing*, **28**, 3479-3492.

Chaerle L., Pineda M., Romero-Aranda R., Van Der Straeten D. & Barón M. (2006) Robotized thermal and chlorophyll fluorescence imaging of Pepper Mild Mottle Virus infection in *Nicotiana benthamiana*. *Plant & Cell Physiology*, **47**, 1323-1336.

Chavez Jr P. S. (1996) Image-based atmospheric corrections – Revisited and improved. *Photogrammetric Engineering and Remote Sensing*, **62**, 1025-1036.

Chelle M., Andrieu B. & Bouatouch K. (1998) Nested radiosity for plant canopies. *The Visual Computer*, **14**, 109-125.

Chen J. M. (1996) Optically-based methods for measuring seasonal variation of leaf area index in boreal conifer stands. *Agricultural and Forest Meteorology*, **80**, 135-163.

Chen D. Y., Huang J. F. & Jackson T. J. (2005) Vegetation water content estimation for corn and soybeans using spectral indices derived from MODIS near-and short-wave infrared bands. *Remote Sensing of Environment*, **98**, 225-236.

Chen J. M. & Leblanc S. G. (1997) A four-scale

bidirectional reflectance model based on canopy architecture. *IEEE Transactions on Geoscience and Remote Sensing*, **35**, 1316-1337.

Cho M. A. & Skidmore A. K. (2006) A new technique for extracting the red edge position from hyperspectral data: The linear extrapolation method. *Remote Sensing of Environment*, **101**, 181-193.

Cho M. A., Skidmore A. K. & Atzberger C. (2008) Towards red-edge positions less sensitive to canopy biophysical parameters for leaf chlorophyll estimation using properties optique spectrales des feuilles (PROSPECT) and scattering by arbitrarily inclined leaves (SAILH) simulated data. *International Journal of Remote Sensing*, **29**, 2241-2255.

Choudhury B. J. (1994) Synergism of multispectral satellite observations for estimating regional land surface evaporation. *Remote Sensing of Environment*, **49**, 264-274.

Choudhury B. J., Ahmed N. U., Idso S. B., Reginato R. J. & Daughtry C. S. T. (1994) Relations between evaporation coefficients and vegetation indexes studied by model simulations. *Remote Sensing of Environment*, **50**, 1-17.

Chuvieco E., ed. (2003) *Wildland fire danger estimation and mapping, the rôle of remote sensing data*. World Scientific, Singapore. pp. 280, ISBN 978-9812385697.

Chuvieco E., Riaño D., Aguado I. & Cocero D. (2002) Estimation of fuel moisture content from multitemporal analysis of Landsat Thematic Mapper reflectance data: applications in fire danger assessment. *International Journal of Remote Sensing*, **23**, 2145-2162.

Cibula W. G., Zetca E. F. & Rickman D. L. (1992) Response of Thematic Mapper bands to plant water stress. *International Journal of Remote Sensing*, **13**, 1869-1880.

Clark J. A. & Wigley G. (1975) Heat and mass transfer from real and model leaves. In: *Heat and mass transfer in the biosphere* (eds De Vries, D. A. & Afgan, N. H.), pp. 413-422. Scripta Book Co., New York.

Clark R. N. (1999) Spectroscopy of rocks and minerals, and principles of spectroscopy. In: *Manual of remote sensing, vol. 3: Remote sensing for the earth sciences* (ed. Rencz, A. N.), pp. 3-58. John Wiley and Sons, New York. ISBN 9780471294054.

Clark R. N., Swayze G. A., Wise R., Livo E., Hoefen T., Kokaly R. & Sutley S. J. (2007) *USGS digital spectral library splib06a* (Digital data series 231). USGS Spectroscopy Laboratory, Denver, CO, USA.

Clewer A. G. & Scarisbrick D. H. (2001) *Practical statistics and experimental design for plant and crop science*. John Wiley & Sons, Ltd., Chichester. pp. 332, ISBN 0 471 89909 7.

Cohen S. & Fuchs M. (1987) The distribution of leaf area, radiation, photosynthesis and transpiration in a Shamouti orange hedgerow orchard. I. Leaf area and radiation. *Agricultural and Forest Meteorology*, **40**, 123-144.

Colwell R. N. (1956) Determining the prevalence of certain cereal crop diseases by means of aerial photography. *Hilgardia*, **26**, 223-286.

Combal B., Baret F., Weiss M., Trubuil A., Macé D., Pragnère A., Myneni R., Knyazikhin Y. & Wang L. (2003) Retrieval of canopy biophysical variables from bidirectional reflectance – Using prior information to solve the ill-posed inverse problem. *Remote Sensing of Environment*, **84**, 1-15.

Congalton R. G. & Green K. (2008) *Assessing the accuracy of remotely sensed data: principles and practices*. (2nd ed.). CRC Press, Taylor & Francis Group, Boca Raton, FL. pp. 183, ISBN 978-1420055122.

Congalton R. G., Oderwald R. & Mead R. A. (1983) Landsat classification accuracy using discrete multivariate statistical techniques. *Photogrammetric Engineering and Remote Sensing*, **49**, 1671-1678.

Coops N. C., Wulder M. A. & Iwanicka D. (2009a) Exploring the relative importance of satellite-derived descriptors of production, topography and land cover for predicting breeding bird species richness over Ontario, Canada. *Remote Sensing of Environment*, **113**, 668-679.

Coops N. C., Wulder M. A. & Iwanicka D. (2009b) Large area monitoring with a MODIS-based disturbance index (DI) sensitive to annual and seasonal variations.

Remote Sensing of Environment, **113**, 1250–1261.

Coudert B., Ottlé C. & Briottet X. (2008) Monitoring land surface processes with thermal infrared data: Calibration of SVAT parameters based on the optimisation of diurnal surface temperature cycling features. *Remote Sensing of Environment*, **112**, 872–887.

Courault D., Aloui B., Lagouarde J.-P., Clastre P., Nicolas H. & Walter C. (1996) Airborne thermal data for evaluating the spatial distribution of actual evapotranspiration over a watershed in oceanic climatic conditions – application of semi-empirical models. *International Journal of Remote Sensing*, **17**, 2281–2302.

Cox C. B. & Moore P. D. (2000) *Biogeography: An ecological and evolutionary approach*. (6th ed.). Blackwell Science, Oxford. pp. 298, ISBN 086542778X.

Cracknell A. P. (1997) *The advanced very high resolution radiometer (AVHRR)*. Taylor and Francis, London. pp. 534, ISBN 074840 2098.

Cracknell A. P. (2008) Synergy in remote sensing – what's in a pixel? *International Journal of Remote Sensing*, **19**, 2025–2047.

Cracknell A. P. & Hayes L. W. B. (2007) *Introduction to remote sensing*. (2nd ed.). CRC Press, Boca Raton, FL. pp. 293, ISBN 0850663350.

Crist E. P. & Cicone R. C. (1984) A physically-based transformation of Thematic Mapper data – the TM Tasseled Cap. *IEEE Transactions on Geoscience and Remote Sensing*, **GE-22**, 256–263.

Csiszar I., Denis L., Giglio L., Justice C. O. & Hewson J. (2005) Global fire activity from two years of MODIS data. *International Journal of Wildland Fire*, **14**, 117–130.

Curcio J. A. & Petty C. C. (1951) Extinction coefficients for pure liquid water. *Journal of Optical Society of America*, **41**, 302–304.

Curran P. J. (1985) *Principles of remote sensing*. Longman, London and New York.

Curran P. J. (1989) Remote sensing of foliar chemistry. *Remote Sensing of Environment*, **30**, 271–278.

Curran P. J. & Atkinson P. M. (1999) Issues of scale and optimal pixel size. In: *Spatial statistics for remote sensing* (eds Stein, A., van der Meer, F. & Gorte, B.), pp. 115–134. Kluwer Academic Publishers, Dordrecht.

Curran P. J. & Dash J. (2005) *Algorithm theoretical basis document ATBD 2.22: chlorophyll index*. MERIS ESL, Southampton.

Damm A., Elbers J., Erler A., Gioli B., Hamdi K., Hutjes R., Kosvancova M., Meroni M., Miglietta F., Moersch A., Moreno J., Schickling A., Sonnenschein R., Udelhoven T., van der Linden S., Hostert P. & Rascher U. (2010) Remote sensing of sun-induced fluorescence to improve modelling of diurnal courses of gross primary production (GPP). *Global Change Biology*, **16**, 171–186.

Darby S. E., Wu F., Atkinson P. M. & Foody G. M. (2005) Spatially distributed dynamic modelling. In: *GeoDynamics* (eds Atkinson, P. M., Foody, G. M., Darby, S. E. & Wu, F.), pp. 121–124. CRC Press, Boca Raton, FL.

Darvishzadeh R., Skidmore A., Atzberger C. & van Wieren S. (2008) Estimation of vegetation LAI from hyperspectral reflectance data: Effects of soil type and plant architecture. *International Journal of Applied Earth Observation and Geoinformation*, **10**, 358–373.

Dash P., Göttsche F.-M., Olesen F.-S. & Fischer H. (2002) Land surface temperature and emissivity estimation from passive sensor data: theory and practice – current trends. *International Journal of Remote Sensing*, **23**, 2563–2594.

Daughtry C. S. T., Walthall C. L., Kim M. S., Brown de Colstoun E. & McMurtrey III J. E. (2000) Estimating corn leaf chlorophyll concentration from leaf and canopy reflectance. *Remote Sensing of Environment*, **74**, 229–239.

Dawson T. P. & Curran P. J. (1998) A new technique for interpolating the reflectance red edge position. *International Journal of Remote Sensing*, **19**, 2133–2139.

de Smith M. J., Goodchild M. F. & Longley P. A. (2009) *Geospatial analysis: a comprehensive guide to principles, techniques and software tools*. (3rd ed.). Matador, 9 de Montfort

Mews, Leicester, ISBN 9781848761582.

de Wit A. J. W. & van Diepen C. A. (2007) Crop model data assimilation with the Ensemble Kalman filter for improving regional crop yield forecasts. *Agricultural and Forest Meteorology*, **146**, 38-56.

Deering D. W., Rouse J. W., Haas R. H. & Schell J. A. (1975) Measuring "forage production" of grazing units from Landsat MSS data. In: *10th International Symposium on Remote Sensing of Environment, II*, pp. 1169-1178. University of Michigan, Ann Arbor.

Deneke H. M., Feijt A. J. & Roebeling R. A. (2008) Estimating surface solar irradiance from METEOSAT SEVIRI-derived cloud properties. *Remote Sensing of Environment*, **112**, 3131-3141.

Doan H. T. X. & Foody G. M. (2007) Increasing soft classification accuracy through the use of an ensemble of classifiers. *International Journal of Remote Sensing*, **28**, 4609-4623.

Dorigo W. A., Zurita-Milla R., de Wit A. J. W., Brazile J., Singh R. & Schaepman M. E. (2007) A review on reflective remote sensing and data assimilation techniques for enhanced agroecosystem modeling. *International Journal of Applied Earth Observation and Geoinformation*, **9**, 165-193.

Dufour A., Gadallah F., Wagner H. H., Guisan A. & Buttler A. (2006) Plant species richness and environmental heterogeneity in a mountain landscape: effects of variability and spatial configuration. *Ecography*, **29**, 573-584.

Duong V. H., Lindenbergh R., Pfeifer N. & Vosselman G. (2008) Single and two epoch analysis of ICESat full waveform data over forested areas. *International Journal of Remote Sensing*, **29**, 1453-1473.

Durbha S. S., King R. L. & Younan N. H. (2007) Support vector machines regression for retrieval of leaf area index from multiangle imaging spectroradiometer. *Remote Sensing of Environment*, **107**, 348-361.

Dytham C. (2003) *Choosing and using statistics*. (2nd ed.). Blackwell Scientific Publications, Oxford. pp. 264, ISBN 9781405102438.

Ehleringer J. R. & Forseth I. (1980) Solar tracking by plants. *Science*, **210**, 1094-1098.

Ehleringer J. R., Björkman O. & Mooney H. A. (1976) Leaf pubescence: Effects on absorptance and photosynthesis in a desert shrub. *Science*, **192**, 376-377.

Eller B. M. (1977) Leaf pubescence: the significance of lower surface hairs for the spectral properties of the upper surface. *Journal of Experimental Botany*, **28**, 1054-1059.

Ellingson R. G. (1995) Surface longwave fluxes from satellite observations - a critical review. *Remote Sensing of Environment*, **51**, 89-97.

El-Shikha D. M., Waller P., Hunsaker D., Clarke T. & Barnes E. (2007) Ground-based remote sensing for assessing water and nitrogen status of broccoli. *Agricultural Water Management*, **92**, 183-193.

Escuin S., Navarro R. & Fernández P. (2008) Fire severity assessment by using NBR (Normalized Burn Ratio) and NDVI (Normalized Difference Vegetation Index) derived from LANDSAT TM/ETM images. *International Journal of Remote Sensing*, **29**, 1053-1073.

Eshel G., Levy G. J. & Singer M. J. (2004) Spectral reflectance properties of crusted soils under solar illumination. *Soil Science Society of America Journal*, **68**, 1982-1991.

España M. L., Baret F. & Weiss M. (2008) Slope correction for LAI estimation from gap fraction measurements. *Agricultural and Forest Meteorology*, **148**, 1553-1562.

Evans G. C. & Coombe D. E. (1959) Hemispherical and woodland canopy photography and the light climate. *Journal of Ecology*, **47**, 103-113.

Evensen G. (2002) Sequential Data Assimilation for Nonlinear Dynamics: The Ensemble Kalman Filter. In: *Ocean Forecasting: Conceptual basis and applications* (eds Pinardi, N. & Woods, J.), pp. 101-120. Springer-Verlag, Berlin.

Fava F., Colombo R., Bocchi S., Meroni M., Sitzia M., Fois N. & Zucca C. (2009) Identification of hyperspectral vegetation indices for Mediterranean pasture characterization. *International Journal of Applied Earth Observation and Geoinformation*, **11**, 233-

243.

Feret J.-B., François C., Asner G. P., Gitelson A. A., Martin R. E., Bidel L. P. R., Ustin S. L., le Maire G. & Jacquemoud S. (2008) PROSPECT-4 and 5: Advances in the leaf optical properties model separating photosynthetic pigments. *Remote Sensing of Environment*, **112**, 3030-3043.

Ferwerda J. G. & Skidmore A. K. (2007) Can nutrient status of four woody plant species be predicted using field spectrometry? *ISPRS Journal of Photogrammetry and Remote Sensing*, **62**, 406-414.

Fitter A. H. & Hay R. K. M. (2001) *Environmental physiology of plants*. (3rd ed.). Academic Press, London. pp. 1-367, ISBN 0122577663.

Foody G. M. (2008) RVM-based multi-class classification of remotely sensed data. *International Journal of Remote Sensing*, **29**, 1817-1823.

Foody G. M. (2009a) Classification accuracy comparison: Hypothesis tests and the use of confidence intervals in evaluations of difference, equivalence and non-inferiority. *Remote Sensing of Environment*, **113**, 1658-1663.

Foody G. M. (2009b) The impact of imperfect ground reference data on the accuracy of land cover change estimation. *International Journal of Remote Sensing*, **30**, 3275-3281.

Foody G. M. & Atkinson P. M., eds (2002) *Uncertainty in remote sensing and GIS*. John Wiley and Sons, London.

Foody G. M. & Cutler M. E. J. (2003) Tree biodiversity in protected and logged Bornean tropical rain forests and its measurement by satellite remote sensing. *Journal of Biogeography*, **30**, 1053-1066.

Foody G. M., Darby S. & Wu F. (2004) *GeoDynamics*. Taylor and Francis, Boca Raton. pp. 440, ISBN 9780849328374.

Fowler J. & Cohen L. (1990) *Practical statistics for field biology*. John Wiley & Sons, Chichester, ISBN 0471932191.

Friedl M. A., Sulla-Menashe D., Tan B., Schneider A., Ramankutty N., Sibley A. & Huang X. (2010) MODIS Collection 5 global land cover: Algorithm refinements and characterization of new datasets. *Remote Sensing of Environment*, **114**, 168-182.

Fuchs M. (1990) Infrared measurement of canopy temperature and detection of plant water stress. *Theoretical and Applied Climatology*, **42**, 253-261.

Futch S. H. & Tucker D. P. H. (2001) *A Guide to Citrus Nutritional Deficiency and Toxicity Identification HS-797* (HS-797). Florida Cooperative Extension Service, Gainesville, FL.

Gamon J. A., Field C. B., Bilger W., Björkman O., Fredeen A. L. & Peñuelas J. (1990) Remote sensing of the xanthophyll cycle and chlorophyll fluorescence in sunflower leaves and canopies. *Oecologia*, **85**, 1-7.

Gamon J. A., Peñuelas J. & Field C. B. (1992) A narrow-waveband spectral index that tracks diurnal changes in photosynthetic efficiency. *Remote Sensing of Environment*, **41**, 35-44.

Ganguly S., Schull M. A., Samanta A., Shabanov N. V., Milesi C., Nemani R. R., Knyazikhin Y. & Myneni R. B. (2008) Generating vegetation leaf area index earth system data record from multiple sensors. Part 1: Theory. *Remote Sensing of Environment*, **112**, 4333-4343.

Gao B.-C. (1996) NDWI – A normalized difference water index for remote sensing of vegetation liquid water from space. *Remote Sensing of Environment*, **58**, 257-266.

Gardner B. R., Blad B. L. & Watts D. G. (1981) Plant and air temperatures in differentially irrigated corn. *Agricultural Meteorology*, **25**, 207-217.

Garrigues S., Shabanov N. V., Swanson K., Morisette J. T., Baret F. & Myneni R. B. (2008) Intercomparison and sensitivity analysis of Leaf Area Index retrievals from LAI-2000, AccuPAR, and digital hemispherical photography over croplands. *Agricultural and Forest Meteorology*, **148**, 1193-1209.

Gash J. H. C., Nobre C. A., Roberts J. M. & Victoria R. L., eds (1996) *Amazonian deforestation and climate*. John Wiley & Sons, Chichester, pp. 638, ISBN 978-0471967347.

Gastellu-Etchegorry J. P., Martin E. & Gascon F. (2004) DART: a 3D model for simulating satellite images and studying surface radiation budget. *International Journal of Re-*

mote Sensing, 25, 73-96.
Gates D. M. (1980) Biophysical Ecology. Springer Verlag, New York. pp. 1-611, ISBN 038790414X. [Dover Publications Inc. Reprint edition 2003]
Gausman H. W., Allen W. A. & Escobar D. C. (1974) Refractive index of plant cell walls. Applied Optics, 13, 109-111.
Geerken R. A. (2009) An algorithm to classify and monitor seasonal variations in vegetation phenologies and their inter-annual change. ISPRS Journal of Photogrammetry and Remote Sensing, 64, 422-431.
Ghulam A., Li Z.-L., Qin Q., Yimit H. & Wang J. (2008) Estimating crop water stress with ETM+ NIR and SWIR data. Agricultural and Forest Meteorology, 148, 1679-1695.
Gillespie A., Rokugawa S., Matsunaga T., Cothern J. S., Hook S. & Kahle A. B. (1998) A temperature emissivity separation algorithm for advanced spaceborne thermal emission and reflection radiometer (ASTER) images. IEEE Transactions on Geoscience and Remote Sensing, 36, 1113-1126.
Gillies R. R., Kustas W. P. & Humes K. S. (1997) A verification of the 'triangle' method for obtaining surface soil water content and energy fluxes from remote measurements of the Normalized Difference Vegetation Index (NDVI) and surface radiant temperature. International Journal of Remote Sensing, 18, 3145-3166.
Gitelson A. A. (2004) Wide dynamic range vegetation index for remote quantification of biophysical characteristics of vegetation. Journal of Plant Physiology, 161, 165-173.
Gitelson A. A., Buschmann C. & Lichtenthaler H. K. (1999) The Chlorophyll Fluorescence Ratio F_{735}/F_{700} as an Accurate Measure of the Chlorophyll Content in Plants. Remote Sensing of Environment, 69, 296-302.
Gitelson A. A., Kaufman Y. J. & Merzlyak M. N. (1996) Use of a green channel in remote sensing of global vegetation from EOS-MODIS. Remote Sensing of Environment, 58, 289-298.
Gitelson A. A. & Merzlyak M. N. (1997) Remote estimation of chlorophyll content in higher plant leaves. International Journal of

Remote Sensing, 18, 2691-2697.
Giunta F., Motzo R. & Pruneddu G. (2008) Has long-term selection for yield in durum wheat also induced changes in leaf and canopy traits? Field Crops Research, 106, 68-76.
Gobron N., Pinty B., Verstraete M. M. & Widlowski J.-L. (2000) Advanced vegetation indices optimized for up-coming sensors: design, performance and applications. IEEE Transactions on Geoscience and Remote Sensing, 38, 2489-2504.
Gobron N., Pinty B., Verstraete M. M. & Govaerts Y. (1997) A semidiscrete model for the scattering of light by vegetation. Journal of Geophysical Research, 102, 9431-9446.
Goel N. S. (1989) Inversion of canopy reflectance models for estimation of biophysical parameters from reflectance data. In: Theory and application of optical remote sensing (ed. Asrar, G.), pp. 205-251. John Wiley and Sons, Chichester.
Goel N. S., Rozehnal I. & Thompson R. L. (1991) A computer graphics based model for scattering from objects of arbitrary shapes in the optical region. Remote Sensing of Environment, 36, 73-104.
Goel N. S. & Strebel D. E. (1984) Simple beta distribution representation of leaf orientation in vegetation canopies. Agronomy Journal, 76, 800-802.
Goel N. S. & Thompson R. L. (1984) Inversion of vegetation canopy reflectance models for estimating agronomic variables. V. Estimation of leaf area index and average leaf angle using measured canopy reflectances. Remote Sensing of Environment, 16, 69-85.
Goetz S., Steinberg D., Dubayah R. & Blair B. (2007) Laser remote sensing of canopy habitat heterogeneity as a predictor of bird species richness in an eastern temperate forest, USA. Remote Sensing of Environment, 108, 254-263.
González-Alonso F., Merino de Miguel S., Roldán-Zamarrón A., García-Gigorro S. & Cuevas J. M. (2007) MERIS Full Resolution data for mapping level-of-damage caused by forest fires: the Valencia de Alcántara event in

August 2003. *International Journal of Remote Sensing*, **28**, 797-809.

Goudriaan J. (1977) *Crop micrometeorology: a simulation study*. PUDOC, Wageningen. pp. 249.

Goulas Y., Cerovic Z. G., Cartelat A. & Moya I. (2004) Dualex: a new instrument for field measurements of epidermal ultraviolet absorbance by chlorophyll fluorescence. *Applied Optics*, **43**, 4488-4496.

Govaerts Y. M., Jacquemoud S., Verstraete M. M. & Ustin S. L. (1996) Three-dimensional radiation transfer modeling in a dicotyledon leaf. *Applied Optics*, **35**, 6585-6598.

Govaerts Y. M. & Verstraete M. M. (1998) Raytran: A Monte Carlo ray-tracing model to compute light scattering in three-dimensional heterogeneous media. *IEEE Transactions on Geoscience and Remote Sensing*, **36**, 493-505.

Grace J., Nichol C., Disney M., Lewis P., Quaife T. & Bowyer P. (2007) Can we measure terrestrial photosynthesis from space directly, using spectral reflectance and fluorescence? *Global Change Biology*, **13**, 1484-1497.

Grant O. M., Tronina Ł., Jones H. G. & Chaves M. M. (2007) Exploring thermal imaging variables for the detection of stress responses in grapevine under different irrigation regimes. *Journal of Experimental Botany*, **58**, 815-825.

Gu J., Smith E. A., Hodges G. & Cooper H. J. (1997) Retrieval of daytime surface net longwave flux over BOREAS from GOES estimates of surface solar flux and surface temperature. *Canadian Journal of Remote Sensing*, **23**, 176-187.

Guanter L., Alonso L., Gómez-Chova L., Amorós J., Vila J. & Moreno J. (2007) A method for detection of solar-induced vegetation fluorescence from *MERIS* FR data. Paper presented at the Envisat Symposium 2007, Montreux, Switzerland.

Gueymard C. A. (1995) *SMARTS, a simple model of the atmospheric radiative transfer of sunshine: algorithms and performance assessment*. Technical Report FSEC-PF-270-95. Florida Solar Energy Centre, Cocoa, FL.

Gueymard C. A. (2001) Parameterized transmittance model for direct beam and circumsolar spectral irra-diance. *Solar Energy*, **71**, 325-346.

Guilioni L., Jones H. G., Leinonen I. & Lhomme J. P. (2008) On the relationships between stomatal resistance and leaf temperatures in thermography. *Agricultural and Forest Meteorology*, **148**, 1908-1912.

Guo J. & Trotter C. M. (2004) Estimating photosynthetic light-use efficiency using the photochemical reflectance index: variations among species. *Functional Plant Biology*, **31**, 255-265.

Gupta R. K., Prasad T. S., Krishna Rao P. V. & Bala Manikavelu P. M. (2000) Problems in upscaling of high resolution remote sensing data to coarse spatial resolution over land surface. *Advances in Space Research*, **26**, 1111-1121.

Gupta S. K., Ritchey N. A., Wilber A. C., Whitlock C. H., Gibson G. G. & Stackhouse Jr P. W. (1999) A climatology of surface radiation budget derived from satellite data. *Journal of Climate*, **12**, 2691-2710.

Hadjimitsis D. G., Clayton C. R. I. & Retalis A. (2009) The use of selected pseudo-invariant targets for the application of atmospheric correction in multi-temporal studies using satellite remotely sensed imagery. *International Journal of Applied Earth Observation and Geoinformation*, **11**, 192-200.

Hall F. G., Hilker T., Coops N. C., Lyapustin A., Huemmrich K. F., Middleton E., Margolis H., Drolet G. & Black T. A. (2008) Multi-angle remote sensing of forest light use efficiency by observing PRI variation with canopy shadow fraction. *Remote Sensing of Environment*, **112**, 3201-3211.

Hall F. G., Shimabukuro Y. E. & Huemmrich K. F. (1995) Remote sensing of forest biophysical structure using mixture decomposition and geometric reflectance models. *Ecological Applications*, **5**, 993-1013.

Hansen M., Dubayah R. & Defries R. (1996) Classification trees: an alternative to traditional land cover classifiers. *International Journal of Remote Sensing*, **17**, 1075-1081.

Hapke B. (1993) *Theory of reflectance and emittance spectroscopy*. Cambridge University

Press, Cambridge. pp. 455, ISBN 05 21307899.
Haralick R. M., Shanmugam K. & Dinstein I. (1973) Texture features for image classification. *IEEE Transactions on Systems, Man and Cybernetics*, **3**, 610-621.
Hawkins B. A., Field R., Cornell H. V., Currie D. J., Guégan J.-F., Kaufman D. M., Kerr J. T., Mittelbach G. G., Oberdorff T., O'Brien E. M., Porter E. E. & Turner J. R. G. (2003) Energy, water, and broad-scale geographic patterns of species richness. *Ecology*, **84**, 3105-3117.
Hemakumara H. M., Chandrapala L. & Moene A. F. (2003) Evapotranspiration fluxes over mixed vegetation areas measured from large aperture scintillometer. *Agricultural Water Management*, **58**, 109-122.
Heuvelink G. B. M. (1998) *Error propagation in environmental modelling with GIS*. Taylor and Francis, London.
Hilker T., Coops N. C., Hall F. G., Black T. A., Wulder M. A., Nesic Z. & Krishnan P. (2008) Separating physiologically and directionally induced changes in PRI using BRDF models. *Remote Sensing of Environment*, **112**, 2777-2788.
Hill R. A. & Broughton R. K. (2009) Mapping the understorey of deciduous woodland from leaf-on and leaf-off airborne LiDAR data: A case study in lowland Britain. *ISPRS Journal of Photogrammetry and Remote Sensing*, **64**, 223-233.
Hillel D. (1998) *Environmental soil physics*. Academic Press, London. pp. 771, ISBN 012 3485258.
Hosgood B., Jacquemoud S., Andreoli G., Verdebout J., Pedrini A. & Schmuck G. (2005) *Leaf Optical Properties EXperiment 93 (LOPEX93)*, Ispra, Italy.
Hosoi F. & Omasa K. (2007) Factors contributing to accuracy in the estimation of the woody canopy leaf area density profile using 3D portable lidar imaging. *Journal of Experimental Botany*, **58**, 3463-3473.
Houborg R., Soegaard H. & Boegh E. (2007) Combining vegetation index and model inversion methods for the extraction of key vegetation biophysical parameters using Terra and Aqua MODIS reflectance data. *Remote Sensing of Environment*, **106**, 39-58.
Huang C., Wylie B., Homer C. & Zylstra G. (2002) Derivation of a tasselled cap transformation based on Landsat 7 at-satellite reflectance. *International Journal of Remote Sensing*, **23**, 1741-1748.
Huete A. R. (1988) A soil-adjusted vegetation index (SAVI). *Remote Sensing of Environment*, **25**, 295-309.
Huete A. R., Didan K., Miura T., Rodriguez E. P., Gao X. & Ferreira L. G. (2002) Overview of the radiometric and biophysical performance of the MODIS vegetation indices. *Remote Sensing of Environment*, **83**, 195-213.
Huete A. R., Liu H. Q., Batchily K. & van Leeuwen W. (1997) A Comparison of Vegetation Indices over a Global Set of TM Images for EOS-MODIS. *Remote Sensing of Environment*, **59**, 440-451.
Hyer E. J. & Goetz S. J. (2004) Comparison and sensitivity analysis of instruments and radiometric methods for LAI estimation: assessments from a boreal forest site. *Agricultural and Forest Meteorology*, **122**, 157-174.
Hyyppä J., Hyyppä H., Leckie D., Gougeon F., Yu X. & Maltamo M. (2008) Review of methods of small-footprint airborne laser scanning for extracting forest inventory data in boreal forests. *International Journal of Remote Sensing*, **29**, 1339-1366.
Idso S. B., Jackson R. D., Ehrler W. L. & Mitchell S. T. (1969) A method for determination of infrared emittance of leaves. *Ecology*, **50**, 899-902.
Idso S. B., Jackson R. D., Pinter Jr P. J., Reginato R. J. & Hatfield J. L. (1981) Normalizing the stress-degree-day parameter for environmental variability. *Agricultural Meteorology*, **24**, 45-55.
Irons J. R., Campbell G. S., Norman J. M., Graham D. W. & Kovalick W. M. (1992) Prediction and measurement of soil bidirectional reflectance. *IEEE Transactions on Geoscience and Remote Sensing*, **30**, 249-260.
Jackson R. D., Idso S. B., Reginato R. J. & Pinter Jr P. J. (1981) Canopy temperature as a crop water stress indicator. *Water Resources Research*, **17**, 1133-1138.
Jackson R. D., Reginato R. J. & Idso S. B. (1977)

Wheat canopy temperature: a practical tool for evaluating water requirements. *Water Resources Research*, **13**, 651-656.

Jacquemoud S. (1993) Inversion of PROSPECT + SAIL canopy reflectance model from AVIRIS equivalent spectra: Theoretical study. *Remote Sensing of Environment*, **44**, 281-292.

Jacquemoud S. & Baret F. (1990) PROSPECT: A model of leaf optical properties spectra. *Remote Sensing of Environment*, **34**, 75-91.

Jacquemoud S., Ustin S. L., Verdebout J., Schmuck G., Andreoli G. & Hosgood B. (1996) Estimating leaf biochemistry using the PROSPECT leaf optical properties model. *Remote Sensing of Environment*, **56**, 194-202.

Jacquemoud S., Verdebout J., Schmuck G., Andreoli G. & Hosgood B. (1995) Investigation of leaf biochemistry by statistics. *Remote Sensing of Environment*, **54**, 180-188.

Jacquemoud S., Verhoef W., Baret F., Bacour C., Zarco-Tejada P. J., Asner G. P., François C. & Ustin S. L. (2009) PROSPECT + SAIL models: A review of use for vegetation characterization. *Remote Sensing of Environment*, **113**, S56-S66.

Jago R. A., Cutler M. E. J. & Curran P. J. (1999) Estimating Canopy Chlorophyll Concentration from Field and Airborne Spectra. *Remote Sensing of Environment*, **68**, 217-224.

Jarvis P. G. (1981) Stomatal conductance, gaseous exchange and transpiration. In: *Plants and their atmospheric environment* (eds Grace, J., Ford, E. D. & Jarvis, P. G.), pp. 175-204. Blackwell, Oxford. ISBN 063 20005254.

Jarvis P. G. & McNaughton K. G. (1986) Stomatal control of transpiration: scaling up from leaf to region. *Advances in Ecological Research*, **15**, 1-49.

Jensen J. L. R., Humes K. S., Vierling L. A. & Hudak A. T. (2008) Discrete return lidar-based prediction of leaf area index in two conifer forests. *Remote Sensing of Environment*, **112**, 3947-3957.

Jensen J. R. (2005) *Introductory digital image processing: a remote sensing perspective.* (3rd ed.). Pearson Education Inc., Upper Saddle River, NJ 07458. pp. 526, ISBN 013 1453610.

Jensen J. R. (2007) *Remote sensing of the environment: an Earth resource perspective* (2nd ed.). Pearson Prentice Hall, Upper Saddle River, NJ. pp. 592, ISBN 978013188 9507.

Jepsen J. U., Hagen S. B., Høgda K. A., Ims R. A., Karlsen S. R., Tømmervik H. & Yoccoz N. G. (2009) Monitoring the spatio-temporal dynamics of geometrid moth outbreaks in birch forest using MODIS-NDVI data. *Remote Sensing of Environment*, **113**, 1939-1947.

Jia L., Li Z.-l., Menenti M., Su Z., Verhoef W. & Wan Z. (2003) A practical algorithm to infer soil and foliage component temperatures from bi-angular ATSR-2 data. *International Journal of Remote Sensing*, **24**, 4739-4760.

Jiang Z., Huete A. R., Chen J., Chen Y., Li J., Yan G. & Zhang X. (2006) Analysis of NDVI and scaled difference vegetation index retrievals of vegetation fraction. *Remote Sensing of Environment*, **101**, 366-378.

John R., Chen J., Lu N., Guo K., Liang, C., Wei Y., Noormets A., Ma K. & Han X. (2008) Predicting plant diversity based on remote sensing products in the semi-arid region of Inner Mongolia. *Remote Sensing of Environment*, **112**, 2018-2032.

Jonckheere I., Fleck S., Nackaerts K., Muys B., Coppin P., Weiss M. & Baret F. (2004) Review of methods for in situ leaf area index determination - Part I. Theories, sensors and hemispherical photography. *Agricultural and Forest Meteorology*, **121**, 19-35.

Jones H. G. (1973) Estimation of plant water status with the beta-gauge. *Agricultural Meteorology*, **11**, 345-355.

Jones H. G. (1992) *Plants and microclimate.* (2nd ed.). Cambridge University Press, Cambridge. pp. 428, ISBN 0521425247.

Jones H. G. (1999) Use of infrared thermometry for estimation of stomatal conductance as a possible aid to irrigation scheduling. *Agricultural and Forest Meteorology*, **95**, 139-149.

Jones H. G. (2004a) Application of thermal imaging and infrared sensing in plant physiology and ecophysiology. *Advances in Botanical Research*, **41**, 107-163.

Jones H. G. (2004b) Irrigation scheduling: advantages and pitfalls of plant-based methods. *Journal of Experimental Botany*, **55**, 2427-2436.

Jones H. G. (2007) Monitoring plant and soil water status: established and novel methods revisited and their relevance to studies of drought tolerance. *Journal of Experimental Botany*, **58**, 119-130.

Jones H. G., Archer N. A. L. & Rotenberg E. (2004) Thermal radiation, canopy temperature and evaporation from forest canopies. In: *Forests at the Land-Atmosphere Interface* (eds Mencuccini, M., Grace, J., Moncrieff, J. & McNaughton, K. G.), pp. 123-144. CAB International, Wallingford.

Jones H. G., Serraj R., Loveys B. R., Xiong L., Wheaton A. & Price A. H. (2009) Thermal infrared imaging of crop canopies for the remote diagnosis and quantification of plant responses to water stress in the field. *Functional Plant Biology*, **36**, 978-989.

Jones H. G., Stoll M., Santos T., de Sousa C., Chaves M. M. & Grant O. M. (2002) Use of infrared thermography for monitoring stomatal closure in the field: application to grapevine. *Journal of Experimental Botany*, **53**, 2249-2260.

Jördens C., Scheller M., Breitenstein B., Selmar D. & Koch M. (2009) Evaluation of leaf water status by means of permittivity at terahertz frequencies. *Journal of Biological Physics*, **35**, 255-264.

Joshi C., De Leeuw J., van Andel J., Skidmore A. K., Lekhak H. D., van Duren I. C. & Norbu N. (2006) Indirect remote sensing of a cryptic forest understorey invasive species. *Forest Ecology and Mangement*, **225**, 245-256.

Kalma J. D., Franks S. W. & van den Hurk B. (2001) On the representation of land surface fluxes for atmospheric modelling. *Meteorology and Atmospheric Physics*, **76**, 53-67.

Kalma J. D., McVicar T. R. & McCabe M. F. (2008) Estimating land surface evaporation: A review of methods using remotely sensed surface temperature data. *Surveys in Geophysics*, **29**, 421-469.

Karnieli A., Kaufman Y. J., Remer L. & Wald A. (2001) AFRI - aerosol free vegetation index. *Remote Sensing of Environment*, **77**, 10-21.

Kauth R. J. & Thomas G. S. (1976) *The tasseled cap - A graphic description of the spectral-temporal development of agricultural crops as seen by Landsat*. Paper presented at the LARS: Proceedings of the symposium on machine processing of remotely sensed data, West Lafayette, IN.

Khanna S., Palacios-Orueta A., Whiting, M. L., Ustin S. L., Riaño D. & Litago J. (2007) Development of angle indexes for soil moisture estimation, dry matter detection and land-cover discrimination. *Remote Sensing of Environment*, **109**, 154-165.

Kimes D. S. (1980) Effects of vegetation canopy structure on remotely sensed canopy temperatures. *Remote Sensing of Environment*, **10**, 165-174.

Kimes D. S., Idso S. B., Pinter Jr P. J., Reginato R. J. & Jackson R. D. (1980) View angle effects in the radiometric measurement of plant canopy temperatures. *Remote Sensing of Environment*, **10**, 273-284.

Kiniry J. R., Jones C. A., O'Toole J. C., Blanchet R., Cabelguenne M. & Spanel D. A. (1989) Radiation-use efficiency in biomass accumulation prior to grain-filling for five grain-crop species. *Field Crops Research*, **20**, 51-64.

Kiniry J. R., Tischler C. R. & Van Esbroeck G. A. (1999) Radiation use efficiency and leaf CO_2 exchange for diverse C_4 grasses. *Biomass & Bioenergy*, **17**, 95-112.

Kleinebecker T., Schmidt S. R., Fritz C., Smolders A. J. P. & Hölzel N. (2009) Prediction of $\delta^{13}C$ and $\delta^{15}N$ in plant tissues with near-infrared reflectance spectroscopy. *New Phytologist*, **184**, 732-739.

Knyazikhin Y., Martonchik J. V., Myneni R. B., Diner D. J. & Running S. W. (1998) Synergistic algorithm for estimating vegetation canopy leaf area index and fraction of absorbed photosynthetically active radiation from MODIS and MISR data. *Journal of Geophysical Research-Atmospheres*, **103**,

32257-32276.

Kokaly R. F. & Clark R. N. (1999) Spectroscopic Determination of Leaf Biochemistry Using Band-Depth Analysis of Absorption Features and Stepwise Multiple Linear Regression. *Remote Sensing of Environment*, **67**, 267-287.

Kolber Z., Klimov D., Ananyev G., Rascher U., Berry J. & Osmond B. (2005) Measuring photosynthetic parameters at a distance: laser induced fluorescence transient (LIFT) method for remote measurements of photosynthesis in terrestrial vegetation. *Photosynthesis Research*, **84**, 121-129.

Kramer H. J. (2002) *Observation of the Earth and Its Environment: Survey of Missions and Sensors.* Springer, Berlin. pp. 1510, ISBN 9783540423881.

Kramer H. J. & Cracknell A. P. (2008) An overview of small satellites in remote sensing. *International Journal of Remote Sensing*, **29**, 4285-4337.

Kubelka P. & Munk F. (1931) Ein Beitrag zur Optik der Farbanstriche. *Zeitschrift für Technische Physik*, **12**, 593-601.

Kucharik C. J., Norman J. M. & Gower S. T. (1998) Measurements of branch area and adjusting leaf area index indirect measurements. *Agricultural and Forest Meteorology*, **91**, 69-88.

Kucharik C. J., Norman J. M., Murdock L. M. & Gower S. T. (1997) Characterizing canopy nonrandomness with a multiband vegetation imager (MVI). *Journal of Geophysical Research-Atmospheres*, **102**, 29455-29473.

Kustas W. P., Choudhury B. J., Moran M. S., Reginato R. J., Jackson R. D., Gay L. W. & Weaver H. L. (1989) Determination of sensible heat-flux over sparse canopy using thermal infrared data. *Agricultural and Forest Meteorology*, **44**, 197-216.

Kustas W. P., Norman J. M., Anderson M. C. & French A. N. (2003) Estimating subpixel surface temperatures and energy fluxes from the vegetation index-radiometric temperature relationship. *Remote Sensing of Environment*, **85**, 429-440.

Kuusk A. (1995) A fast, invertible canopy reflectance model. *Remote Sensing of Environment*, **51**, 342-350.

Lagouarde J. P., Kerr Y. H. & Brunet Y. (1995) An experimental study of angular effects on surface-temperature for various plant canopies and bare soils. *Agricultural and Forest Meteorology*, **77**, 167-190.

Lang A. R. G. (1973) Leaf orientation of a cotton plant. *Agricultural Meteorology*, **11**, 37-51.

Langsdorf G., Buschmann C., Sowinska M., Banbani F., Mokry F., Timmermann F. & Lichtenthaler H. K. (2000) Multicolour Fluorescence Imaging of Sugar Beet Leaves with Different Nitrogen Status by Flash Lamp UV-Excitation. *Photosynthetica*, **38**, 539-551.

Launay M. & Guerif M. (2005) Assimilating remote sensing data into a crop model to improve predictive performance for spatial applications. *Agriculture, Ecosystems and Environment*, **111**, 321-339.

Lavergne T., Kaminski T., Pinty B., Taberner M., Gobron N., Verstraete M. M., Vossbeck M., Widlowski J.-L. & Giering R. (2007) Application to MISR land products of an RPV model inversion package using adjoint and Hessian codes. *Remote Sensing of Environment*, **107**, 362-375.

Lawlor D. W. (2001) *Photosynthesis.* (3rd ed.). Bios, Oxford. pp. 398, ISBN 978-0387916071.

Laymon C. A., Belise W., Cioleman T., Crosson W. L., Fahsi A., Jackson T., Manu A., O'Neill P., Senwo Z. & Tsegaye T. (1999) Huntsville '96: An experiment in ground-based microwave remote sensing of soil moisture. *International Journal of Remote Sensing*, **20**, 823-828.

Le Treut H., Somerville R., Cubasch U., Ding Y., Mauritzen C., Mokssit A., Peterson T. & Prather M. (2007) Historical overview of climate change. In: *Climate Change 2007: The Physical Science Basis. Contribution of Working Group I to the Fourth Assessment Report of the Intergovernmental Panel on Climate Change* (eds Solomon, S., Qin, D., Manning, M., Chen, Z., Marquis, M., Averyt, K. B., Tignor, M. & Miller, H. L.), pp. 93-127. Cambridge University Press, Cambridge.

Leblanc S. G., Chen J. M., Fernandes R., Deering D. W. & Conley A. (2005) Methodology comparison for canopy structure parameters extraction from digital hemispherical photography in boreal forests. *Agricultural and Forest Meteorology*, **129**, 187-207.

Leblon B. (1990) *Mise au point d'un modèle semi-empirique d'estimation de la biomasse et du rendement de cultures de riz irriguées (Oryza sativa L.) a partir du profil spectral dans le visible et le proche infra-rouge. Validation a partir de donnees SPOT*. Thesis, l'Ecole National Superieure Agronomique de Montpellier en Sciences Agronomiques, Montpellier.

Lee Y. J., Chang K. W., Shen Y., Huang T. M. & Tsay H. L. (2007) A handy imaging system for precision agriculture studies. *International Journal of Remote Sensing*, **28**, 4867-4876.

Lefsky M. A., Cohen W. B., Acker S. A., Parker G. G., Spies T. A. & Harding D. (1999) Lidar remote sensing of the canopy structure and biophysical properties of Douglas-fir Western hemlock forests. *Remote Sensing of Environment*, **70**, 339-361.

Leinonen I. & Jones H. G. (2004) Combining thermal and visible imagery for estimating canopy temperature and identifying plant stress. *Journal of Experimental Botany*, **55**, 1423-1431.

Leinonen I., Grant O. M., Tagliavia C. P. P., Chaves M. M. & Jones H. G. (2006) Estimating stomatal conductance with thermal imagery. *Plant, Cell and Environment*, **29**, 1508-1518.

Leroy M. (2001) Deviation from reciprocity in bidirectional reflectance. *Journal of Geophysical Research*, **106**, 11917-11923.

Lewis P. (1999) Three-dimensional plant modelling for remote sensing simulation studies using the Botanical Plant Modelling System. *Agronomie*, **19**, 185-210.

Lewis P. & Disney M. (2007) Spectral invariants and scattering across multiple scales from within-leaf to canopy. *Remote Sensing of Environment*, **109**, 196-206.

Li R., Min Q. & Lin B. (2009) Estimation of evapotranspiration in a mid-latitude forest using the Microwave Emissivity Difference Vegetation Index (EDVI). *Remote Sensing of Environment*, **113**, 2011-2018.

Li X. W., Gao F., Wang J. D. & Strahler A. (2001) A priori knowledge accumulation and its application to linear BRDF model inversion. *Journal of Geophysical Research-Atmospheres*, **106**, 11925-11935.

Li X. W. & Strahler A. H. (1985) Geometric-Optical Modeling of a Conifer Forest Canopy. *IEEE Transactions on Geoscience and Remote Sensing*, **23**, 705-721.

Li X. W. & Strahler A. H. (1992) Geometric-optical bidirectional reflectance modeling of the discrete crown vegetation canopy: effect of crown shape and mutual shadowing. *IEEE Transactions on Geoscience and Remote Sensing*, **30**, 276-292.

Liang S. (2004) *Quantitative remote sensing of land surfaces*. John Wiley and Sons, Inc., Hoboken, NJ. pp. 534, ISBN 0471281662.

Lichtenthaler H. K. & Miehé J. (1997) Fluorescence imaging as a diagnostic tool for plant stress. *Trends in Plant Science*, **2**, 316-320.

Lichtenthaler H. K. & Rinderle U. (1988) The role of chlorophyll fluorescence in the detection of stress conditions in plants. *CRC Critical Reviews in Analytical Chemistry*, **19**, **Supplement 1**, S29-S85.

Lillesand T. M., Kiefer R. W. & Chipman J. C. (2008) *Remote sensing and image interpretation*. (6th ed.). John Wiley & Sons, New York. pp. 768, ISBN 9780470052457.

Lindenmayer A. (1968) Mathematical models for cellular interaction in development. Parts I and II. *Journal of Theoretical Biology*, **18**, 280-315.

Liu C., Frazier P. & Kumar L. (2007) Comparative assessment of the measures of thematic classification accuracy. *Remote Sensing of Environment*, **107**, 606-616.

Loarie S. R., Joppa L. N. & Pimm S. L. (2007) Satellites miss environmental priorities. *Trends in Ecology and Evolution*, **22**, 630-632.

Logan B. A., Adams W. W. I. & Demmig-Adams B. (2007) Avoiding common pitfalls of chlorophyll fluorescence analysis under field conditions. *Functional Plant Biology*, **34**, 853-859.

Long M. W. (1983) *Radar reflectivity of land and sea*. (2nd ed.). Artech House, Inc., Dedham, Massachusetts. pp. 385, ISBN 098 0061300.

Lu D. & Weng Q. (2007) A survey of image classification methods and techniques for improving classification performance. *International Journal of Remote Sensing*, **28**, 823-870.

Lucas K. L. & Carter G. A. (2008) The use of hyperspectral remote sensing to assess vascular plant species richness on Horn Island, Mississippi. *Remote Sensing of Environment*, **112**, 3908-3915.

Lucas R., Mitchell A. & Bunting P. (2008) Hyperspectral data for assessing carbon dynamics and biodiversity of forests. In: *Hyperspectral remote sensing of tropical and subtropical forests* (eds Kalacska, M. & Sanchez-Azofeifa, G. A.), pp. 47-86. CRC Press, Boca Raton, FL.

Luedeling E., Hale A., Zhang M., Bentley W. J. & Dharmasri L. C. (2009) Remote sensing of spider mite damage in California peach orchards. *International Journal of Applied Earth Observation and Geoinformation*, **11**, 244-255.

Luke R. H. & McArthur A. G. (1978) *Bushfires in Australia*. CSIRO, Canberra, Australia, pp. 359, ISBN 0642023417.

Magurran A. E. (1988) *Ecological diversity and its measurement*. Croom Helm, London. pp. 179, ISBN 0709935404.

Makkink G. F. (1957) Testing the Penman formula by means of lysimeters. *Journal of the Institute of Water Engineers*, **11**, 277-288.

Martínez B. & Gilabert M. A. (2009) Vegetation dynamics from NDVI time series analysis using the wavelet transform. *Remote Sensing of Environment*, **113**, 1823-1842.

Mather P. M. (2004) *Computer processing of remotely-sensed images: an introduction*. (3rd ed.). Wiley, Chichester, UK. pp. 324, ISBN 0470849193.

Mather P. M. (2008) Editorial. *The Remote Sensing and Photogrammetry Society Newsletter*, October 2008, pp. 2.

Mätzler C. (1994) Passive microwave signatures of landscapes in winter. *Meteorology and Atmospheric Physics*, **54**, 241-260.

Maxwell K. & Johnson G. N. (2000) Chlorophyll fluorescence – a practical guide. *Journal of Experimental Botany*, **51**, 659-668.

McCoy R. M. (2004) *Field methods in remote sensing*. The Guilford Press, New York. pp. 159, ISBN 9781593850791.

McGarigal K. & Marks B. J. (1995) *FRAGSTATS: spatial pattern analysis program for quantifying landscape structure*. General Technical Report PNW-GTR-351. USDA Forest Service, Pacific Northwest Research Station, Portland, OR.

McGuire M. J., Balick L. K., Smith J. A. & Hutchison B. A. (1989) Modeling directional thermal radiance from a forest canopy. *Remote Sensing of Environment*, **27**, 169-186.

McLean G. (1982) *Timber volume estimation using cross-sectional photogrammetric and densitometric methods*. Masters thesis, University of Wisconsin, Madison, WI.

McNaughton K. G. & Jarvis P. G. (1983) Predicting effects of vegetation changes on transpiration and evaporation. In: *Water deficits and plant growth* 7 (ed. Kozlowski, T. T.), pp. 1-47. Academic Press, New York.

McVicar T. R. & Jupp D. L. B. (2002) Using covariates to spatially interpolate moisture availability in the Murray-Darling Basin. A novel use of remotely sensed data. *Remote Sensing of Environment*, **79**, 199-212.

Meister G., Rothkirch A., Hosgood B., Spitzer H. & Bienlein J. (2000) Error analysis for BRDF measurements at the European Goniometric Facility. *Remote Sensing Reviews*, **19**, 111-131.

Meroni M., Rossini M., Guanter L., Alonso L., Rascher U., Colombo R. & Moreno J. (2009) Remote sensing of solar-induced chlorophyll fluorescence: Review of methods and applications. *Remote Sensing of Environment*, **113**, 2037-2051.

Meyer S. & Genty B. (1999) Heterogeneous inhibition of photosynthesis over the leaf surface of *Rosa rubiginosa* L. during water stress and abscisic acid treatment: induction of a metabolic component by limitation of CO_2 diffusion. *Planta*, **210**, 126-131.

Meyer S., Saccardy-Adji K., Rizza F. & Genty B. (2001) Inhibition of photosynthesis by *Colletotrichum lindemuthianum* in bean leaves determined by chlorophyll fluorescence imaging. *Plant, Cell and Environment*, **24**,

947-955.

Miettinen J. (2007) Variability of fire-induced changes in MODIS surface reflectance by land-cover type in Borneo. *International Journal of Remote Sensing*, **28**, 4967-4984.

Miles V. V., Bobylev L. P., Maximov S. V., Johannessen O. M. & Pitulko V. M. (2003) An approach for assessing boreal forest conditions based on combined use of satellite SAR and multispectral data. *International Journal of Remote Sensing*, **24**, 4447-4466.

Miller J. R., Hare E. W. & Wu J. (1990) Quantitative characterisation of the vegetation red edge reflectance. 1. An inverted Gaussian reflectance model. *International Journal of Remote Sensing*, **11**, 1755-1773.

Min Q. & Lin B. (2006) Remote sensing of evapotranspiration and carbon uptake at Harvard Forest. *Remote Sensing of Environment*, **100**, 379-387.

Moffiet T., Armston J. D. & Mengersoen K. (2010) Motivation, development and validation of a new spectral greenness index: A spectral dimension related to foliage projective cover. *ISPRS Journal of Photogrammetry and Remote Sensing*, **65**, 26-41.

Möller M., Alchanatis V., Cohen Y., Meron M., Tsipris J., Naor A., Ostrovsky V., Sprintsin M. & Cohen S. (2007) Use of thermal and visible imagery for estimating crop water status of irrigated grapevine. *Journal of Experimental Botany*, **58**, 827-838.

Monteith J. L. (1977) Climate and the efficiency of crop production in Britain. *Proceedings of the Royal Society of London, Series B*, **281**, 277-294.

Monteith J. L. & Unsworth M. H. (2008) *Principles of Environmental Physics*. (3rd ed.). Academic Press, Burlington, MA. pp. xxi + 418, ISBN 9780125051033.

Moran M. S., Clarke T. R., Inoue Y. & Vidal A. (1994) Estimating crop water deficit using the relation between surface-air temperature and spectral vegetation index. *Remote Sensing of Environment*, **49**, 246-263.

Moran M. S., Humes K. S. & Pinter Jr P. J. (1997) The scaling characteristics of remotely-sensed variables for sparsely-vegetated heterogeneous landscapes. *Journal of Hydrology*, **190**, 337-362.

Moran M. S., Jackson R. D., Slater P. N. & Teillet P. M. (1992) Evaluation of simplified procedures for retrieval of land surface reflectance factors from satellite sensor output. *Remote Sensing of Environment*, **41**, 169-184.

Morsdorf F., Kötz B., Meier E., Itten K. I. & Allgöwer B. (2006) Estimation of LAI and fractional cover from small footprint airborne laser scanning data based on gap fraction. *Remote Sensing of Environment*, **104**, 50-61.

Moshou D., Bravo C., Oberti R., West J., Bodria L., McCartney A. & Ramon H. (2005) Plant disease detection based on data fusion of hyper-spectral and multi-spectral fluorescence imaging using Kohonen maps. *Real-Time Imaging*, **11**, 75-83.

Moulia B. & Sinoquet H. (1993) Three-dimensional digitizing systems for plant canopy geometrical structure: a review. In: *Crop Structure and Light Microclimate: Characterization and Applications* (eds Varlet-Grancher, C., Bonhomme, R., & Sinoquet, H.), pp. 183-193. INRA, Paris.

Moya I., Camenen L., Evain S., Goulas Y., Cerovic Z. G., Latouche G., Flexas J. & Ounis A. (2004) A new instrument for passive remote sensing 1. Measurements of sunlight-induced chlorophyll fluorescence. *Remote Sensing of Environment*, **91**, 186-197.

Myneni R. B., Hall F. G., Sellers P. J. & Marshak A. L. (1995) The interpretation of spectral vegetation indexes. *IEEE Transactions on Geoscience and Remote Sensing*, **33**, 481-486.

Myneni R. B., Maggion S., Iaquinta J., Privette J. L., Gobron N., Pinty B., Kimes D. S., Verstraete M. M. & Williams D. L. (1995) Optical remote-sensing of vegetation – modeling, caveats, and algorithms. *Remote Sensing of Environment*, **51**, 169-188.

Myneni R. & Ross J., eds (1991) *Photon-vegetation interactions: applications in optical remote sensing and plant physiology*. Springer-Verlag, Berlin. pp. 560, ISBN 978 3540521082.

Myneni R. B., Ross J. & Asrar G. (1989) A Review on the Theory of Photon Transport in Leaf Canopies. *Agricultural and Forest Meteorology*, **45**, 1-153.

Nagler P. L., Cleverly J., Glenn E., Lampkin D., Huete A. & Wan Z. (2005) Predicting riparian evapotranspiration from MODIS vegetation indices and meteorological data. *Remote Sensing of Environment*, **94**, 17-30.

Nedbal L., Soukupová J., Kaftan D., Whitmarsh J. & Trtilek M. (2000) Kinetic imaging of chlorophyll fluorescence using modulated light. *Photosynthesis Research*, **66**, 3-12.

Nelson R. F. (1983) Detecting forest canopy change due to insect activity using Landsat MSS. *Photogrammetric Engineering and Remote Sensing*, **49**, 1303-1314.

Ngene S. M., Skidmore A. K., van Gils H., Douglas-Hamilton I. & Omondi P. (2009) Elephant distribution around a volcanic shield dominated by a mosaic of forest and savanna (Marsabit, Kenya). *African Journal of Ecology*, **47**, 234-245.

Nichol C. J., Huemmrich K. F., Black T. A., Jarvis P. G., Walthall C. L., Grace J. & Hall F. G. (2000) Remote sensing of photosynthetic-light-use efficiency of boreal forest. *Agricultural and Forest Meteorology*, **101**, 131-142.

Nicodemus F. E., Richmond J. C., Hsia J. J., Ginsberg I. W. & Limperis T. (1977) *Geometrical considerations and nomenclature for reflectance*. NBS Monograph 160. National Bureau of Standards, Washington DC.

Nilson T. (1971) A theoretical analysis of the frequency of gaps in plant stands. *Agricultural Meteorology*, **8**, 25-38.

Nilson T. & Kuusk A. (1989) A reflectance model for the homogeneous plant canopy and its inversion. *Remote Sensing of Environment*, **27**, 157-167.

Nilsson H.-E. (1995) Remote sensing and image analysis in plant pathology. *Annual Review of Phytopathology*, **33**, 489-527.

Nobel P. S. (2009) *Physicochemical and Environmental Plant Physiology*. (4th ed.). Academic Press, Oxford. pp. 582, ISBN 97801 23741431.

Norman J. M., Divakarla M. & Goel N. S. (1995a) Algorithms for extracting information from remote thermal-IR observations of the earth's surface. *Remote Sensing of Environment*, **51**, 157-168.

Norman J. M., Kustas W. P. & Humes K. S. (1995b) Source approach for estimating soil and vegetation energy fluxes in observations of directional radiometric surface temperature. *Agricultural and Forest Meteorology*, **77**, 263-293.

Ochsner T. E., Horton R. & Ren T. (2001) A new perspective on soil thermal properties. *Soil Science Society of America Journal*, **65**, 1641-1647.

Olioso A., Braud I., Chanzy A., Courault D., Demarty J., Kergoat L., Lewan E., Ottlé C., Prévot L., Zhao W. G. G., Calvet J. C., Cayrol P., Jongschaap R., Moulin S., Noilhan J. & Wigneron J. P. (2002) SVAT modeling over the Alpilles-ReSeDA experiment: comparing SVAT models over wheat fields. *Agronomie*, **22**, 651-668.

Omasa K., Hashimoto Y. & Aiga I. (1981) A quantitative analysis of the relationships between SO_2 or NO_2 sorption and their acute effects on plant leaves using image instrumentation. *Environmental Control in Biology*, **19**, 59-67.

Omasa K., Hosoi F. & Konishi A. (2007) 3D lidar imaging for detecting and understanding plant responses and canopy structure. *Journal of Experimental Botany*, **58**, 881-898.

Oosterhuis D. M., Walker S. & Eastham J. (1985) Soybean leaflet movements as an indicator of crop water stress. *Crop Science*, **25**, 1101-1106.

Öquist G. & Wass R. (1988) A portable, microprocessor operated instrument for measuring chlorophyll fluorescence kinetics in stress physiology. *Physiologia Plantarum*, **73**, 211-217.

Osmond C. B., Daley P. F., Badger M. R. & Lüttge U. (1998) Chlorophyll fluorescence quenching during photosynthetic induction in leaves of *Abutilon striatum* Dicks. infected with Abutilon Mosaic Virus, observed with a field-portable imaging system. *Botanica Acta*, **111**, 390-397.

Otterman J., Susskind J., Brakke T., Kimes D., Pielke R. & Lee T. J. (1995) Inferring the thermal-infrared hemispheric emission from a sparsely-vegetated surface by directional measurements. *Boundary-Layer Meteorology*, **74**, 163-180.

Otterman J. & Weiss G. H. (1984) Reflection from a field of randomly located vertical protrusions. *Applied Optics*, **23**, 1931-1936.

Ouma Y. O., Tetuko J. & Tateishi R. (2008) Analysis of co-occurrence and discrete wavelet transform textures for differentiation of forest and non-forest vegetation in very-high-resolution optical-sensor imagery. *International Journal of Remote Sensing*, **29**, 3417-3456.

Oxborough K. & Baker N. R. (1997) An instrument capable of imaging chlorophyll-*a* fluorescence from intact leaves at very low irradiance at cellular and subcellular levels of organisation. *Plant, Cell and Environment*, **20**, 1473-1483.

Ozdemir I. (2008) Estimating stem volume by tree crown area and tree shadow area extracted from pan-sharpened Quickbird imagery in open Crimean juniper forests. *International Journal of Remote Sensing*, **29**, 5643-5655.

Paloscia S. & Pampaloni P. (1992) Microwave vegetation indexes for detecting biomass and water conditions of agricultural crops. *Remote Sensing of Environment*, **40**, 15-26.

Parrinello T. & Vaughan R. A. (2002) Multifractal analysis and feature extraction in satellite imagery. *International Journal of Remote Sensing*, **23**, 1799-1825.

Parrinello T. & Vaughan R. A. (2006) On comparing multifractal and classical features in minimum distance classification of AVHRR imagery. *International Journal of Remote Sensing*, **27**, 3943-3959.

Paw U K. T. & Meyers T. P. (1989) Investigations with a higher-order canopy turbulence model into mean source-sink levels and bulk canopy resistances. *Agricultural and Forest Meteorology*, **47**, 259-271.

Paw U K. T., Ustin S. L. & Zhang C. A. (1989) Anisotropy of thermal infrared exitance in sunflower canopies. *Agricultural and Forest Meteorology*, **48**, 45-58.

Pearcy R. W. & Yang W. (1996) A three-dimensional crown architecture model for assessment of light capture by understory plants. *Oecologia*, **108**, 1-12.

Peddle D. R., Hall F. G. & LeDrew E. F. (1999) Spectral mixture analysis and geometric-optical reflectance modeling of boreal forest biophysical structure. *Remote Sensing of Environment*, **67**, 288-297.

Penman H. L. (1948) Natural evaporation from open water, bare soil and grass. *Proceedings of the Royal Society of London, Series A*, **193**, 120-145.

Peñuelas J., Filella I., Gamon J. A. (1995) Assessment of photosynthetic radiation-use efficiency with spectral reflectance. *New Phytologist*, **131**, 291-296.

Pettorelli N., Vik J. O., Mysterud A., Gaillard J.-M., Tucker C. J. & Stenseth N. C. (2005) Using satellite-derived NDVI to assess ecological responses to environmental change. *Trends in Ecology and Evolution*, **20**, 503-510.

Pignatti S., Cavalli R. M., Cuomo V., Fusilli L., Pascucci S., Poscolieri M. & Santini F. (2009) Evaluating Hyperion capability for land cover mapping in a fragmented ecosystem: Pollino National Park, Italy. *Remote Sensing of Environment*, **113**, 622-634.

Pimstein A., Eitel J. U. H., Long D. S., Mufradi I., Karnieli A. & Bonfil D. J. (2009) A spectral index to monitor the head-emergence of wheat in semi-arid conditions. *Field Crops Research*, **111**, 218-225.

Pinter Jr P. J., Hatfield J. L., Schepers J. S., Barnes E. M., Moran M. S., Daughtry C. S. T. & Upchurch D. R. (2003) Remote sensing for crop management. *Photogrammetric Engineering and Remote Sensing*, **69**, 647-664.

Pinty B., Gobron N., Widlowski J.-L., Gerstl S. A. W., Verstraete M. M., Antunes M., Bacour C., Gascon F., Gastellu J.-P., Goel N., Jacquemoud S., North P., Qin W. H. & Thompson R. (2001) Radiation transfer model intercomparison (RAMI) exercise. *Journal of Geophysical Research-Atmospheres*, **106**, 11937-11956.

Pinty B., Widlowski J.-L., Taberner M., Gobron N., Verstraete M. M., Disney M., Gascon F., Gastellu J.-P., Jiang L., Kuusk A., Lewis P., Li

X., Ni-Meister W., Nilson T., North P., Qin W., Su L., Tang S., Thompson R., Verhoef W., Wang H., Wang J., Yan G. & Zang H. (2004) Radiation Transfer Model Intercomparison (RAMI) exercise: Results from the second phase. *Journal of Geophysical Research-Atmospheres*, **109(D6)**, D06210.

Pontius J., Martin M., Plourde L. & Hallett R. (2008) Ash decline assessment in emerald ash borer-infested regions: A test of tree-level, hyperspectral technologies. *Remote Sensing of Environment*, **112**, 2665-2676.

Price J. C. (2003) Comparing MODIS and ETM^+ for regional and global land classification. *Remote Sensing of Environment*, **86**, 491-499.

Priestley C. H. B. & Taylor R. J. (1972) On the assessment of surface heat flux and evaporation using large-scale parameters. *Monthly Weather Review*, **100**, 81-92.

Prusinkiewicz P. (1998) Modeling of spatial structure and development of plants: a review. *Scientia Horticulturae*, **74**, 113-149.

Prusinkiewicz P. (2004) Modeling plant growth and development. *Current Opinion in Plant Biology*, **7**, 79-83.

Purves R. & Jones C. (2006) Geographic information retrieval. *Computers, Environment and Urban Systems*, **30**, 375-377.

Qin Z. & Karnieli A. (1999) Progress in remote sensing of land surface temperature and ground emissivity using NOAA-AVHRR data. *International Journal of Remote Sensing*, **20**, 2367-2393.

Quaife T., Lewis P., De Kauwe M., Williams M., Law B. E., Disney M. & Bowyer P. (2008) Assimilating canopy reflectance data into an ecosystem model with an Ensemble Kalman Filter. *Remote Sensing of Environment*, **112**, 1347-1364.

Quattrochi D. A. & Goodchild M. F., eds (1997) *Scale in remote sensing*. CRC Press Inc., Boca Raton, FL., pp. 432, ISBN 978-1566701044.

Rahman H., Verstraete M. M. & Pinty B. (1993) Coupled surface-atmosphere reflectance (CSAR) model 1. Model description and inversion on synthetic data. *Journal of Geophysical Research-Atmospheres*, **98**, 20779-20789.

Rao N. R. (2008) Development of a crop-specific spectral library and discrimination of various agricultural crop varieties using hyperspectral imagery. *International Journal of Remote Sensing*, **29**, 131-144.

Raptis V. S., Vaughan R. A. & Wright G. G. (2003) The effect of scaling on land cover classification from satellite data. *Computers and Geosciences*, **29**, 705-714.

Raschke K. (1956) Über die physikalischen Beziehungen zwischen Wärmeübergangszahl, Strahlungsaustausch, Temperatur und Transpiration eines Blattes. [The physical relationships between heat-transfer coefficients, radiation exchange, temperature and transpiration of a leaf.] *Planta*, **48**, 200-238.

Raskin I. & Ladyman J. A. R. (1988) Isolation and characterisation of a barley mutant with abscisic-acid-insensitive stomata. *Planta*, **173**, 73-78.

Rauner J. L. (1976) Deciduous forest. In: *Vegetation and the atmosphere, Vol. 2: Case studies* (ed. Monteith, J. L.), pp. 241-264. Academic Press, London. ISBN 0125051026.

Raven P. H., Evert R. F. & Eichhorn S. E. (2005) *Biology of plants*. (7th ed.). W. H. Freeman & Company Ltd, San Francisco, CA. pp. 900, ISBN 9780716762843.

Rayner P. J., Scholze M., Knorr W., Kaminski T., Giering R. & Widmann H. (2005) Two decades of terrestrial carbon fluxes from a carbon cycle data assimmilation system (CCDAS). *Global Biogeochemical Cycles*, **19**, GB2026.

Rees W. G. (1999) *The remote sensing data book*. CUP, Cambridge. pp. 262, ISBN 052148040X.

Rees W. G. (2001) *Physical principles of remote sensing*. (2nd ed.). CUP, Cambridge. pp. 343, ISBN 0521669480.

Reichle R. H. (2008) Data assimilation methods in the earth sciences. *Advances in Water Resources*, **31**, 1411-1418.

Reitberger J., Krzystek P. & Stilla U. (2008) Analysis of full waveform lidar data for the classification of deciduous and coniferous trees. *International Journal of Remote Sensing*, **29**, 1407-1431.

Reitberger J., Schnörr C., Krzystek P. & Stilla U. (2009) 3D segmentation of single trees exploiting full waveform LIDAR data. *ISPRS Journal of Photogrammetry and Remote Sensing*, **64**, 561-574.

Reusch S. (2009) Use of ultrasonic transducers for on-line biomass estimation in winter wheat. In: *Precision agriculture '09* (eds Lokhorst, C., Huijsmans, J. F. M., & de Louw, R. P. M.), pp. 169-175. Wageningen Academic Publishers, Wageningen.

Riaño D., Valladares F., Condés S. & Chuvieco E. (2004) Estimation of leaf area index and covered ground from airborne laser scanner (Lidar) in two contrasting forests. *Agricultural and Forest Meteorology*, **124**, 269-275.

Ribeiro da Luz B. (2006) Attenuated total reflectance spectroscopy of plant leaves: a tool for ecological and botanical studies. *New Phytologist*, **172**, 305-318.

Ribeiro da Luz B. & Crowley J. K. (2007) Spectral reflectance and emissivity features of broad leaf plants: Prospects for remote sensing in the thermal infrared (8.0-14.0 μm). *Remote Sensing of Environment*, **109**, 393-405.

Richards J. A. & Xia X. (2005) *Remote sensing digital image analysis*. (4th ed.). Springer Verlag, Berlin. pp. 439, ISBN 978 3540251286.

Richardson A. J. & Wiegand C. L. (1977) Distinguishing vegetation from soil background. *Photogrammetric Engineering and Remote Sensing*, **43**, 1541-1552.

Richardson J. J., Moskal L. M. & Kim S.-H. (2009) Modeling approaches to estimate effective leaf area index from aerial discrete-return LIDAR. *Agricultural and Forest Meteorology*, **149**, 1152-1160.

Richter K., Atzberger C., Vuolo F., Weihs P. & D'Urso G. (2009) Experimental assessment of the Sentinel-2 band setting for RTM-based LAI retrieval of sugar beet and maize. *Canadian Journal of Remote Sensing*, **35**, 230-247.

Ripley E. A. & Redman R. E. (1976) Grassland. In: *Vegetation and the atmosphere, Vol. 2: Case studies* (ed. Monteith, J. L.), pp. 350-398. Academic Press, London. ISBN 0125051026.

Robinson I. S. (2003) *Measuring the oceans from space*. Springer Verlag, Berlin. pp. 714, ISBN 9783540426479.

Rodríguez-Moreno L., Pineda M., Soukupová S., Macho A. P., Beuzón C. R., Barón M. & Ramos C. (2008) Early detection of bean infection by *Pseudomonas syringae* in asymptomatic leaf areas using chlorophyll fluorescence imaging. *Photosynthesis Research*, **96**, 27-35.

Roerink G. J., Su Z. & Menenti M. (2000) S-SEBI: A simple remote sensing algorithm to estimate the surface energy balance. *Physics and Chemistry of the Earth. Part B: Hydrology, oceans and atmosphere*, **25**, 147-157.

Ross J. (1981) *The radiation regime and architecture of plant stands*. Dr W Junk, The Hague. pp. 391, ISBN 9061936071.

Rotenberg E., Mamane Y. & Joseph J. H. (1998) Long wave radiation regime in vegetation - parameterisations for climate research. *Environmental Modelling and Software*, **13**, 361-371.

Roujean J.-L., Leroy M. & Deschamps P.-Y. (1992) A bidirectional reflectance model of the earth's surface for the correction of remote sensing data. *Journal of Geophysical Research*, **97**, 20455-20468.

Rouse J. W., Haas R. H., Schell J. A., Deering D. W. & Harlan J. C. (1974) *Monitoring the vernal advancement and retrogradation (greenwave effect) of natural vegetation*. NASA/GSFC Final report, Greenbelt, MD, USA.

Roy D. P., Lewis P. E. & Justice C. O. (2002) Burned area mapping using multi-temporal moderate spatial resolution data - a bi-directional reflectance model-based expectation approach. *Remote Sensing of Environment*, **88**, 263-286.

Rubio E., Caselles V., Coll C., Valour E. & Sospedra F. (2003) Thermal-infrared emissivities of natural surfaces: improvements on the experimental set-up and new measurements. *International Journal of Remote Sensing*, **24**, 5379-5390.

Russ J. C. (2006) *The image processing handbook. (5th ed.). Taylor and Francis Ltd., Boca Raton, Fl. pp. 832, ISBN 9780849370731

Rydberg A., Söderström M., Hagner O. & Börjesson T. (2007) Field specific overview of crops using UAV (Unmanned Aerial Vehicle). In: *Proceedings of the 6th European Conference on Precision Agriculture, Skiathos, Greece. Precision agriculture '07*. (ed. Stafford, J. V.), pp. 357–364. Wageningen Academic Publishers, Wageningen.

Sabins F. F. (1997) *Remote sensing - principles and interpretation*. W. H. Freeman and Company, New York. pp. 494, ISBN 0716724421.

Salisbury F. B. & Ross C. W. (1995) *Plant Physiology*. (5th ed.). Wadsworth, Belmont. pp. 682, ISBN 0534983901.

Salisbury J. W. & Milton N. M. (1988) Thermal infrared (2.5 to 13.5 μm) directional hemispherical reflectance of leaves. *Photogrammetric Engineering and Remote Sensing*, **54**, 1301–1304.

Schaepman-Strub G., Schaepman M. E., Painter T. H., Dangel S. & Martonchik J. V. (2006) Reflectance quantities in optical remote sensing—definitions and case studies. *Remote Sensing of Environment*, **103**, 27–42.

Schmugge T. J., Kustas W. P., Ritchie J. C., Jackson T. J. & Rango A. (2002) Remote sensing in hydrology. *Advances in Water Resources*, **25**, 1367–1385.

Schopfer J. T., Dangel S., Kneubühler M. & Itten K. I. (2008) The improved dual-view field goniometer system FIGOS. *Sensors*, **8**, 5120–5140.

Schreiber U., Schliwa U. & Bilger W. (1986) Continuous recording of photochemical and non-photochemical chlorophyll fluorescence quenching with a new type of modulation fluorometer. *Photosynthesis Research*, **10**, 51–62.

Sedano F., Lavergne T., Ibañez L. M. & Gong P. (2008) A neural network-based scheme coupled with the RPV model inversion package. *Remote Sensing of Environment*, **112**, 3271–3283.

Seelig H.-D., Hoehn A., Stodieck L. S., Klaus D. M., Adams III W. W. & Emery W. J. (2008a) Relations of remote sensing leaf water indices to leaf water thickness in cowpea, bean, and sugarbeet plants. *Remote Sensing of Environment*, **112**, 445–455.

Seelig H.-D., Hoehn A., Stodieck L. S., Klaus D. M., Adams III W. W. & Emery W. J. (2008b) The assessment of leaf water content using leaf reflectance ratios in the visible, near-, and short-wave-infrared. *International Journal of Remote Sensing*, **29**, 3701–3713.

Seguin B. & Itier B. (1983) Using midday surface temperature to estimate daily evaporation from satellite thermal infrared data. *International Journal of Remote Sensing*, **4**, 371–383.

Sellers P. J., Rasool S. I. & Bolle H.-J. (1990) A review of satellite data algorithms for studies of the land surface. *Bulletin of the American Meteorological Society*, **71**, 1429–1447.

Seymour R. S. (1999) Pattern of respiration by intact inflorescences of the thermogenic arum lily *Philodendron selloum*. *Journal of Experimental Botany*, **50**, 845–852.

Shi J., Jackson T., Tao J., Du J., Bindlish R., Lu L. & Chen K. S. (2008) Microwave vegetation indices for short vegetation covers from satellite passive microwave sensor AMSR-E. *Remote Sensing of Environment*, **112**, 4285–4300.

Shimoni M., Borghys D., Heremans R., Perneel C. & Acheroy M. (2009) Fusion of PolSAR and PolInSAR data for land cover classification. *International Journal of Applied Earth Observation and Geoinformation*, **11**, 169–180.

Shuttleworth W. J. & Wallace J. S. (1985) Evaporation from sparse crops - an energy combination theory. *Quarterly Journal of The Royal Meteorological Society*, **111**, 839–855.

Silva J. M. N. & Pereira M. C. (2006) Burned area mapping in Africa with Spot-Vegetation imagery: accuracy assessment with Landsat ETM+ data, influence on spatial pattern and vegetation type. In: *25th Annual EARSel Symposium*, pp. 367–376. Millpress, Rotterdam, Rotterdam.

Simmoneaux V., Duchemin B., Helson D., Er-

Raki S., Olioso A. & Chehbouni A. G. (2008) The use of high-resolution image time series for crop classification and evapotranspiration estimate over an irrigated area in central Morocco. *International Journal of Remote Sensing*, **29**, 95-116.

Singh S. K., Raman M., Dwivedi R. M. & Nayak S. R. (2008) An approach to compute Photosynthetically Active Radiation using IRS P4 OCM. *International Journal of Remote Sensing*, **29**, 211-220.

Sinoquet H., Thanisawanyangkura S., Mabrouk H. & Kasemsap P. (1998) Characterization of the Light Environment in Canopies Using 3D Digitising and Image Processing. *Annals of Botany*, **82**, 203-212.

Skidmore A. K., Ferwerda J. G., Mutanga O., Van Wieren S. E., Peel M., Grant R. C., Prins H. H. T., Balcik F. B. & Venus V. (2010) Forage quality of savannas — Simultaneously mapping foliar protein and polyphenols for trees and grass using hyperspectral imagery. *Remote Sensing of Environment*, **114**, 64-72.

Slater M. T. & Vaughan R. A. (1999) Mediterranean fire risk monitoring using AVHRR. In: *18th EARSel Annual Symposium*, pp. 463-469. EARSel, The Netherlands.

Smith K. L., Steven M. D. & Colls J. J. (2004) Use of hyperspectral derivative ratios in the red-edge region to identify plant stress responses to gas leaks. *Remote Sensing of Environment*, **92**, 207-217.

Smolander S. & Stenberg P. (2005) Simple parameterizations of the radiation budget of uniform broadleaved and coniferous canopies. *Remote Sensing of Environment*, **94**, 355-363.

Snedecor G. W. & Cochran W. G. (1999) *Statistical Methods*. (8th ed.). Iowa State University Press, Ames, Iowa. pp. 1-524, ISBN ISBN: 0813815614.

Snyder R. L., Spano D. & Paw U K. T. (1996) Surface renewal analysis for sensible and latent heat flux density. *Boundary-Layer Meteorology*, **77**, 249-266.

Snyder W. C., Wan Z., Zhang Y. & Feng Y.-Z. (1998) Classification-based emissivity for land surface temperature measurement from space. *International Journal of Remote Sensing*, **19**, 2753-2774.

Sobrino J. A., El Kharraz M. H., Cuenca J. & Raissouni N. (1998) Thermal inertia mapping from NOAA-AVHRR data. *Advances in Space Research*, **22**, 655-667.

Sobrino J. A., Gómez M., Jiménez-Muñoz J. C. & Olioso A. (2007) Application of a simple algorithm to estimate daily evapotranspiration from NOAA-AVHRR images for the Iberian Peninsula. *Remote Sensing of Environment*, **110**, 139-148.

Soille P. (2002) *Morphological image analysis: principles and applications*. (2nd ed.). Springer-Verlag, Berlin and Heidelberg. pp. 407, ISBN 9783540429883.

Sokal R. R. & Rohlf F. J. (1995) *Biometry*. (3rd ed.). W. H. Freeman & Co., New York, ISBN 0716724111.

Solomon S., Qin D., Manning M., Chen Z., Marquis M., Averyt K. B., Tignor M. & Miller H. L., eds (2007) *Climate Change 2007: The Physical Science Basis*. Cambridge University Press, Cambridge, pp. 996.

Song J. (1998) Diurnal asymmetry in surface albedo. *Agricultural and Forest Meteorology*, **92**, 181-189.

St. Louis V., Pidgeon A. M., Radeloff V. C., Hawbaker T. J. & Clayton M. K. (2006) High-resolution image texture as a predictor of bird species richness. *Remote Sensing of Environment*, **105**, 299-312.

St.-Onge B., Hu Y. & Vega C. (2008) Mapping the height and above-ground biomass of a mixed forest using lidar and stereo IKONOS images. *International Journal of Remote Sensing*, **2**, 1277-1294.

Stanhill G. (1981) The size and significance of differences in the radiation balance of plants and plant communities. In: *Plants and their atmospheric environment* (eds Grace, J., Ford, E. D., & Jarvis, P. G.), pp. 57-73. Blackwell Scientific Publishers, Oxford. ISBN 0632005254.

Sternberg P. (2007) Simple analytical formula for calculating average photon recollision probability in vegetation canopies. *Remote Sensing of Environment*, **109**, 221-224.

Steven M. D. (1998) The sensitivity of the OSAVI vegetation index to observational parameters. *Remote Sensing of Environment*, **63**, 49-60.

Stisen S., Sandholt I., Nørgaard A., Fensholt R. & Jensen K. H. (2008) Combining the triangle method with thermal inertia to estimate regional evapotranspiration — Applied to MSG-SEVIRI data in the Senegal River basin. *Remote Sensing of Environment*, **112**, 1242-1255.

Strebel D. E., Landis D. R., Huemmrich K. F., Newcomer J. A. & Meeson B. W. (1998) The FIFE data publication experiment. *Journal of the Atmospheric Sciences*, **55**, 1277-1283.

Suits G. H. (1972) The calculation of the directional reflectance of vegetative canopy. *Remote Sensing of Environment*, **2**, 117-125.

Sun X. & Anderson J. M. (1993) A Spatially Variable Light-Frequency-Selective Component-Based, Airborne Pushbroom Imaging Spectrometer for the Water Environment. *Photogrammetric Engineering and Remote Sensing*, **59**, 399-406.

Sutherland R. A. (1986) Broadband and spectral emissivities (2-18 μm) of some natural soils and vegetation. *Journal of Atmospheric and Oceanic Technology*, **3**, 199-202.

Taiz L. & Zeiger E. (2006) *Plant Physiology*. (4th ed.). Sinauer Associates, Sunderland, MA 01375, USA. pp. 650, ISBN 9780878938568.

ter Steeg H. (1993) *HEMIPHOT: a programme to analyze vegetation indices, light and light quality from hemispherical photographs*. Tropenbos Foundation, Wageningen.

Thenkabail P., Lyon J. G., Turral H. & Biradar C., eds (2009) *Remote sensing of global croplands for food security*. Taylor and Francis, Boca Raton, FL, pp. 556, ISBN 978 1420090093.

Thom A. S. (1975) Momentum, mass and heat exchange of plant communities. In: *Vegetation and the atmosphere. 1. Principles* (ed. Monteith, J. L.), pp. 57-109. Academic Press, London, New York and San Francisco. ISBN 0125051018.

Thornthwaite C. W. (1948) An approach toward a rational classification of climate. *Geographical Review*, **38**, 55-94.

Thorp K. R. & Tian L. F. (2004) A review of remote sensing of weeds in agriculture. *Precision Agriculture*, **5**, 477-508.

Timmermans J., Van der Tol C., Verhoef W. & Su Z. (2008) Contact and directional radiative temperature measurements of sunlit and shaded land surface components during the SEN2FLEX 2005 campaign. *International Journal of Remote Sensing*, **29**, 5183-5192.

Timmermans J., Verhoef W., Van der Tol C. & Su Z. (2009) Retrieval of canopy temperature component temperatures through Bayesian inversion of directional thermal measurements. *Hydrology and Earth System Sciences Discussions*, **6**, 3007-3040.

Tomppo E. O., Gagliano C., De Natale F., Katila M. & McRoberts R. E. (2009) Predicting categorical forest variables using an improved k-Nearest Neighbour estimator and Landsat imagery. *Remote Sensing of Environment*, **113**, 500-517.

Townsend C. R., Begon M. & Harper J. L. (2008) *Essentials of ecology*. (3rd ed.). John Wiley and Sons Ltd, Chichester. pp. 532, ISBN 9781405156585.

Townsend P. A., Lookingbill T. R., Kingdon C. C. & Gardner R. H. (2009) Spatial pattern analysis for monitoring protected areas. *Remote Sensing of Environment*, **113**, 1410-1420.

Tso B. & Mather P. M. (2001) *Classification methods for remotely sensed data*. Taylor and Francis Inc., New York. pp. 332, ISBN 9780415259095

Tucker C. J. (1979) Red and photographic infrared linear combinations for monitoring vegetation. *Remote Sensing of Environment*, **8**, 127-150.

Tucker C. J., Pinzon J. E. & Brown M. E. (2004) *Global Inventory Modeling and Mapping Studies* (Report). Global Landcover Facility, University of Maryland, College Park, MD.

Uchijima Z. (1976) Maize and rice. In: *Vegetation and the atmosphere, Vol. 2: Case studies* (ed. Monteith, J. L.), pp. 33-64. Academic Press, London. ISBN 0125051026.

Ulaby F. T., Moore R. K. & Fung A. K. (1982) *Microwave remote sensing. Active and passive. Vol II. Radar remote sensing and surface scattering and emission theory.* Addison-Wesley, Reading, Massachusetts, ISBN 0201107600.

Underwood E. C., Ustin S. L. & DiPietro D. (2003) Mapping nonnative plants using hyperspectral imagery. *Remote Sensing of Environment*, **86**, 150-161.

Valladares F. & Pearcy R. W. (1999) The geometry of light interception by shoots of *Heteromeles arbutifolia*: morphological and physiological consequences for individual leaves. *Oecologia*, **121**, 171-182.

Valladares F. & Pugnaire F. I. (1999) Tradeoffs between irradiance capture and avoidance in semi-arid environments assessed with a crown architecture model. *Annals of Botany*, **83**, 459-469.

Valor E. & Caselles V. (1996) Mapping land surface emissivity from NDVI: application to European, African and South American areas. *Remote Sensing of Environment*, **57**, 167-184.

Van de Griend A. A. & Owe M. (1993) On the relationship between thermal emissivity and the normalized difference vegetation index for natural surfaces. *International Journal of Remote Sensing*, **14**, 1119-1131.

van Evert F. K., Smason J., Polder G., Vijn M., van Dooren H.-J., Lamaker E. J. J., van der Heijden G. W. A. M., Kempenaar C., van der Zalm A. J. A. & Lotz L. A. P. (2009) Robotic control of broad-leaved dock. In: *Precision agriculture '09* (eds van Henten, E. J., Goense, D., & Lokhorst, C.), pp. 725-732. Wageningen Academic Publishers, Wageningen.

Van Gaalen K. E., Flanagan L. B. & Peddle D. R. (2007) Photosynthesis, chlorophyll fluorescence and spectral reflectance in Sphagnum moss at varying water contents. *Oecologia*, **153**, 19-28.

van Gardingen P. R., Jackson G. E., Hernandez-Daumas S., Russell G. & Sharp L. (1999) Leaf area index estimates obtained for clumped canopies using hemispherical photography. *Agricultural and Forest Meteorology*, **94**, 243-257.

Vancutsem C., Pekel J. F., Evrard C., Malaisse F. & Defourny P. (2009) Mapping and characterizing the vegetation types of the Democratic Republic of Congo using SPOT VEGETATION time series. *International Journal of Applied Earth Observation and Geoinformation*, **11**, 62-76.

Vapnik V. (1995) *The nature of statistical learning theory*. Springer-Verlag, New York, ISBN 0471030031.

Venturini V., Islam S. & Rodriguez L. (2008) Estimation of evaporative fraction and evapotranspiration from MODIS products using a complementary based model. *Remote Sensing of Environment*, **112**, 132-141.

Verbeiren S., Eerens H., Piccard I., Bauwens I. & Van Orshoven J. (2008) Sub-pixel classification of SPOT-VEGETATION time series for the assessment of regional crop areas in Belgium. *International Journal of Applied Earth Observation and Geoinformation*, **10**, 486-497.

Verger F., Sourbès-Verger I., Ghirardi R. & Pasco X. (2003) *The Cambridge encyclopedia of space*. Cambridge University Press, Cambridge. pp. 423, ISBN 9780521773003.

Verhoef W. (1984) Light scattering by leaf layers with application to canopy reflectance modeling: the SAIL model. *Remote Sensing of Environment*, **16**, 125-141.

Verhoef W. & Bach H. (2007) Coupled soil-leaf-canopy and atmosphere radiative transfer modeling to simulate hyperspectral multi-angular surface reflectance and TOA radiance data. *Remote Sensing of Environment*, **109**, 166-182.

Vermote E. F., Tanre D., Deuze J. L., Herman M. & Morcette J.-J. (1997) Second simulation of the satellite signal in the solar spectrum, 6S: an overview. *IEEE Transactions on Geoscience and Remote Sensing*, **35**, 675-686.

Verrelst J., Geerling G. W., Sykora K. V. & Clevers J. G. P. W. (2009) Mapping of aggregated floodplain plant communities using image fusion of CASI and LiDAR data. *International Journal of Applied Earth Observation and Geoinformation*, **11**, 83-94.

Verstraete M. M. & Pinty B. (2001) Introduction to special section: Modeling, measurement, and exploitation of anisotropy in the radiation field. *Journal of Geophysical Research*, **106**, 11903-11907.

Verstraete M. M., Pinty B. & Dickinson R. E. (1990) A physical model of the bidirectional reflectance of vegetation canopies 1. Theory. *Journal of Geophysical Research-Atmospheres*, **95**, 11755-11765.

Wagner W., Hollaus M., Briese C. & Ducic V. (2008) 3D vegetation mapping using small-footprint full-waveform airborne laser scanners. *International Journal of Remote Sensing*, **29**, 1433-1452.

Wald L. (2002) *Data fusion, definitions and architectures - Fusion of images of different spatial resolutions*. Les Presses de l'École des Mines, Paris. pp. 200, ISBN 2911 76238X.

Walthall C. L., Norman J. M., Welles J. M., Campbell G. & Blad B. L. (1985) Simple equation to approximate the bidirectional reflectance from vegetative canopies and bare soil surfaces. *Applied Optics*, **24**, 383-387.

Wan Z. (1999) *MODIS Land-surface temperature algorithm theoretical basis document (LST ATBD) Version 3.3*. Institute for Computational Earth System Science, Santa Barbara, CA.

Wan Z. (2008) New refinements and validation of the MODIS Land-Surface Temperature/Emissivity products. *Remote Sensing of Environment*, **112**, 59-74.

Wang C. & Qi J. (2008) Biophysical estimation in tropical forests using JERS-1 SAR and VNIR imagery. II. Above ground woody biomass. *International Journal of Remote Sensing*, **29**, 6827-6849.

Wang L., Qu J. J. & Hao X. (2008) Forest fire detection using the normalized multi-band drought index (NMDI) with satellite measurements. *Agricultural and Forest Meteorology*, **148**, 1767-1776.

Wang S. & Davidson A. (2007) Impact of climate variations on surface albedo of a temperate grassland. *Agricultural and Forest Meteorology*, **142**, 133-142.

Wang T. (2009) *Observing giant panda habitat and forage abundance from space*. Dissertation, Wageningen University, ITC.

Wang T., Skidmore A. K., Toxopeus A. G. & Liu X. (2009) Understorey bamboo discrimination using a winter image. *Photogrammetric Engineering and Remote Sensing*, **75**, 37-47.

Wang Y. P. & Jarvis P. G. (1988) Mean leaf angles for the ellipsoidal inclination angle distribution. *Agricultural and Forest Meteorology*, **43**, 319-321.

Wanner W., Li X. & Strahler A. H. (1995) On the Derivation of Kernels for Kernel-Driven Models of Bidirectional Reflectance. *Journal of Geophysical Research-Atmospheres*, **100**, 21077-21089.

Wardlow B. D., Egbert S. L. & Kastens J. H. (2007) Analysis of time-series MODIS 250 m vegetation index data for crop classification in the U. S. Central Great Plains. *Remote Sensing of Environment*, **108**, 290-310.

Watts K., Humphrey J. W., Griffiths M., Quine C. & Ray D. (2005) *Evaluating Biodiversity in Fragmented Landscapes: Principles*. (Forestry Commission Information Note No. 073). Forestry Commission, Edinburgh.

Weiss M., Baret F., Myneni R. B., Pragnere A. & Knyazikhin Y. (2000) Investigation of a model inversion technique to estimate canopy biophysical variables from spectral and directional reflectance data. *Agronomie*, **20**, 3-22.

Weiss M., Baret F., Smith G. J., Jonckheere I. & Coppin P. (2004) Review of methods for in situ leaf area index (LAI) determination Part II. Estimation of LAI, errors and sampling. *Agricultural and Forest Meteorology*, **121**, 37-53.

Weng F., Yan B. & Grody N. C. (2001) A microwave land emissivity model. *Journal of Geophysical Research*, **106**, 20115-20123.

Whitlock C. H., Charlock T. P., Staylor W. F., Pinker R. T., Laszlo I., DiPasquale R. C. & Ritchie N. A. (1993) *WCRP surface radiation budget shortwave data product description - Version 1.1* (NASA Technical Memorandum 107747). NASA, Hampton, Virginia.

Whittaker R. J., Willis K. J. & Field R. (2001) Scale and species richness: towards a general, hierarchical theory of species diversity. *Journal of Biogeography*, **28**, 453-470.

Widlowski J.-L., Robustelli M., Disney M., Gastello-Etchegorry J.-P., Lavergne T., Lewis P., North P. R. J., Pinty B., Thompson R. & Verstraete M. M. (2008) The RAMI On-line

Model Checker (ROMC): A web-based benchmarking facility for canopy reflectance models. *Remote Sensing of Environment* **112**, 1144–1150.

Wigneron J.-P., Calvet J.-C., Pellarin T., Van de Griend A. A., Berger M. & Ferrazzoli P. (2003) Retrieving near-surface soil moisture from microwave radiometric observations: current status and future plans. *Remote Sensing of Environment*, **85**, 489–506.

Wisniewski M., Lindow S. E. & Ashworth E. N. (1997) Observations of ice nucleation and propagation in plants using infrared video thermography. *Plant Physiology*, **113**, 327–334.

Wood B. D. (2009) The role of scaling laws in upscaling. *Advances in Water Resources*, **32**, 723–736.

Wood C. W., Reeves D. W. & Himelrick D. G. (1993) Relationships between chlorophyll meter readings and leaf chlorophyll concentration, N status, and crop yield: A review. *Proceedings Agronomy Society of New Zealand*, **23**, 1–9.

Woodhouse I. H. (2006) *Introduction to microwave remote sensing*. Taylor and Francis, London. pp. 370, ISBN 978041527 1233.

Workman Jr J. J. (2008) NIR spectroscopy calibration basics. In: *Handbook of near-infrared analysis* (eds Burns, D. A. & Ciurczak, E. W.), pp. 123–150. CRC Press, Boca Raton, FL., USA.

Wu J., Wang D. & Bauer M. E. (2005) Image-based atmospheric correction of QuickBird imagery of Minnesota cropland. *Remote Sensing of Environment*, **99**, 315–325.

Xie Y., Sha Z. & Yu M. (2008a) Remote sensing imagery in vegetation mapping: a review. *Journal of Plant Ecology*, **1**, 9–23.

Xie Z., Roberts C. & Johnson B. (2008b) Object-based target search using remotely sensed data: A case study in detecting invasive exotic Australian Pine in south Florida. *ISPRS Journal of Photogrammetry and Remote Sensing*, **63**, 647–660.

Xue Y. & Cracknell A. P. (1999) Advanced thermal inertia modelling. *International Journal of Remote Sensing*, **16**, 431–446.

Xue Y., Li Y., Guang J., Zhang X. & Guo J. (2008) Small satellite remote sensing and applications – history, current and future. *International Journal of Remote Sensing*, **29**, 4339–4372.

Yahia H., Turiel A., Chrysoulakis N., Grazzini J., Prastacos P. & Herlin I. (2008) Application of the multifractal microcanonical formalism to the detection of fire plumes in NOAA-AVHRR data. *International Journal of Remote Sensing*, **29**, 4189–4205.

Yi Y., Yang D., Huang J. & Chen D. (2008) Evaluation of MODIS surface reflectance products for wheat leaf area index (LAI) retrieval. *ISPRS Journal of Photogrammetry and Remote Sensing*, **63**, 661–677.

Zar J. H. (1999) *Biostatistical analysis*. (4th ed.). Prentice-Hall, Upper Saddle River, New Jersey, ISBN 013081542X.

Zhang X., Friedl M. A. & Schaaf C. B. (2009) Sensitivity of vegetation phenology detection to the temporal resolution of satellite data. *International Journal of Remote Sensing*, **30**, 2061–2074.

Zhang Y., Chen J. M., Miller J. R. & Noland T. L. (2008) Leaf chlorophyll content retrieval from airborne hyperspectral remote sensing imagery. *Remote Sensing of Environment*, **112**, 3234–3247.

Zhou X., Guan H., Xie H. & Wilson J. L. (2009) Analysis and optimization of NDVI definitions and areal fraction models in remote sensing of vegetation. *International Journal of Remote Sensing*, **30**, 721–751.

付録1　さまざまな変換係数，物理定数とその特性

単位と変換係数
原則として国際単位（SI）を使用する．

	記号	SI 基本単位	SI 誘導単位	等価値
質量		キログラム [kg]		= 2.2046 [lb]（ポンド）
長さ	l	メートル [m]		= 3.2808 [ft]（フィート）
時間	t	秒 [s]		
温度	T	ケルビン [K]		= 1 [℃]
物質量		モル [mol]		6.022×10^{23} 個の基本素量（光子，分子など）
エネルギー	E	[kg m^2 s^{-2}]	ジュール [J] = [N m]	= 10^7 [erg] = 0.2388 [cal] = $6.24150974 \times 10^{18}$ [eV]
力		[kg m s^{-2}]	ニュートン [N]	= 10^5 [dyne]
圧力	P	[kg m^{-1} s^{-2}]	パスカル [Pa] = [N m^{-2}]	= 10^{-5} [bar] = 0.9869×10^{-5} [atm] = 7.5×10^{-3} [mm Hg]
電流		アンペア [A]		
電荷		[sA]	クーロン [C]	= 6.242×10^{18} [電気素量]
仕事率		[kg m^2 s^{-3}]	ワット [w] = [J s^{-1}]	= 10^7 [erg s^{-1}]
角度		ラジアン [rad]		2π ラジアン = 360°
立体角	Ω	ステラジアン [sr]		
周波数	f	周期 [s^{-1}]	ヘルツ [Hz]	

単位間の変換

蒸発　20℃における変換.
$$1 \text{ [mm]} = 1000 \text{ [cm}^3\text{ m}^{-2}\text{]} = 0.01 \text{ [ML ha}^{-1}\text{]} = 1 \text{ [kg m}^{-2}\text{]}$$
$$= 55.55 \text{ [mol m}^{-2}\text{]} \cong 2.454 \text{ [MJ m}^{-2}\text{]}$$

エネルギー/波数からエネルギー/波長　波数は $1/\lambda$ で表されるが，(SI系の [m^{-1}] ではなく) 慣習的に [cm^{-1}] が用いられている．よって，波長 λ [μm] から波数 v [cm^{-1}] への変換．
$$v = \frac{10000}{\lambda}$$

放射の単位　光子フラックスを光子のモル量（アボガドロ数）として表すためにアインシュタイン（Einstein）という単位を用いている文献があるが誤りである．1アインシュタインは，1モルの光子がもつエネルギーを意味する．

モルと従来の単位間の変換

ペンマン - モンティース式は，Campbell & Norman, 1998 で推奨されているモル単位（式(4.13)），あるいはより一般に使われている通常の質量単位のどちらの形式でも表せる．式(4.13)と式(4.14)の変換は次のようになる．

モル単位		従来からの単位
$\lambda \boldsymbol{E} = \dfrac{\hat{c}_p \hat{g}_H D_x + \hat{s} \boldsymbol{R}_n}{\left(\dfrac{\hat{\gamma}\hat{g}_H}{\hat{g}_W}\right) + \hat{s}}$	(4.13)	$\lambda \boldsymbol{E} = \dfrac{\rho c_p g_H D_a + s \boldsymbol{R}_n}{\left(\dfrac{\gamma g_H}{g_W}\right) + s}$
$T_l = T_a + \dfrac{\hat{\gamma}\boldsymbol{R}_n - \hat{g}_W \hat{c}_p \hat{D}_x}{\hat{\gamma}\hat{c}_p \hat{g}_H + \hat{c}_p \hat{s} \hat{g}_W}$	(4.14)	$T_l = T_a + \dfrac{\gamma \boldsymbol{R}_n - \rho c_p g_W D_a}{\rho c_p (\gamma g_H + s g_W)}$
$\boldsymbol{E}$ [mol m^{-2} s^{-1}]		$\boldsymbol{E}$ [kg m^{-2} s^{-1}]
λ [J mol^{-1}]		λ [J kg^{-1}]
$\hat{c}_p$ [J mol^{-1} K^{-1}]		c_p [J kg^{-1} K^{-1}]
$\hat{s}$ [K^{-1}]		s [Pa K^{-1}]
$\hat{g}_H$ [mol m^{-2} s^{-1}]		g_H [m s^{-1}]
$\hat{g}_W$ [mol m^{-2} s^{-1}]		g_W [m s^{-1}]
$\boldsymbol{R}_n$ [J m^{-2} s^{-1}]		$\boldsymbol{R}_n$ [J m^{-2} s^{-1}]
$\hat{\gamma}$ $(= \hat{c}_p/\lambda)$ [K^{-1}]		γ $(= P c_p/0.622 \lambda)$ [Pa K^{-1}]
D_x [mol mol^{-1}]（大気飽差）		D_a [Pa]
		ρ [kg m^{-3}]
		P [Pa]

物理定数

h	プランク定数	6.6261×10^{-34} [J s]
c	真空中の光速度	2.99792458×10^8 [m s^{-1}]
k	ボルツマン定数	1.3807×10^{-23} [J K^{-1}]
σ	ステファン - ボルツマン定数	5.6703×10^{-8} [W m^{-2} K^{-4}]
$\mathfrak{R}$	気体定数	8.3143 [J mol^{-1} K^{-1}]

飽和水蒸気圧

すべての温度 T の水面上における飽和水蒸気圧 $e_{s(T)}$ を推定する簡単な方法は，マグナス（Magnus）の式を利用することである（Buck, 1981 による修正）．

$$e_{s(T)} = f\left(a \exp \frac{bT}{c+T}\right)$$

ここで，$a = 611.21$, $b = 18.678 - (T/234.5)$, $c = 257.14$, $f = 1.0007 + 3.46 \times 10^{-8} P$ (e_s と P の単位は [Pa]，T は [°C])．(http://en.wikipedia.org/wiki/Arden_Buck_equation)

空気の特性
乾燥空気（20℃，101.3 kPa）の比熱　$c_p = 1010\ [\mathrm{J\ kg^{-1}\ K^{-1}}]$
乾燥空気（20℃，101.3 kPa）のモル比熱　$\hat{c}_p = 29.3\ [\mathrm{J\ mol^{-1}\ K^{-1}}]$
水の蒸発潜熱　$\lambda = 2.454\ [\mathrm{MJ\ kg^{-1}}] = 44172\ [\mathrm{J\ mol^{-1}}]$
乾燥空気の密度（20℃，101.325 kPa）　$\rho = 1.205\ [\mathrm{kg\ m^{-3}}]$
乾湿計定数　$\gamma = Pc_p/0.622\,\lambda = 66.2\ [\mathrm{Pa\ K^{-1}}]$，（20℃で100 kPaの条件），または
$\hat{\gamma} = \hat{c}_p/\lambda = 6.59 \times 10^{-4}\ [\mathrm{K^{-1}}]$
20℃における温度に対する飽和水蒸気圧の曲線の傾き　$s = 145\ [\mathrm{Pa\ K^{-1}}]$
温度に対する飽和水蒸気モル分率の傾き　$\hat{s} = 0.001431\ [\mathrm{K^{-1}}]$

分子量
$M_{水} = 0.018\ [\mathrm{kg\ mol^{-1}}]$
$M_{空気} = 0.029\ [\mathrm{kg\ mol^{-1}}]$
$M_{CO_2} = 0.044\ [\mathrm{kg\ mol^{-1}}]$

気体の分子拡散係数（20℃）
$D_{水} = 24.2\ [\mathrm{mm^2\ s^{-1}}]$
$D_{CO_2} = 14.7\ [\mathrm{mm^2\ s^{-1}}]$
$D_{熱} = 21.5\ [\mathrm{mm^2\ s^{-1}}]$
層流内では，実効拡散係数の比率はおよそ $(D_1/D_2)^{0.67}$ に比例して変化するが，乱流ではほぼ1となる（Monteith & Unsworth, 2008 参照）．

その他の有用なデータ
地球と太陽の距離　$D_{sun} = 1.50 \times 10^{11}\ [\mathrm{m}]$
太陽の半径　$r_{sun} = 6.96 \times 10^8\ [\mathrm{m}]$
地球の平均半径　$r_{earth} = 6.371 \times 10^6\ [\mathrm{m}]$
地球から見た太陽の視角　$\pi\,r_{sun}^2\,D_{sun}^2 = 6.76 \times 10^{-5}\ [\mathrm{sr}]$
太陽定数　$\bar{I}_S = 1366\ [\mathrm{W\ m^{-2}}]$

付録2　地球観測の年表

1839　写真が発明される
1858　ナダール（Tournachon）によって気球から最初の空中写真が撮影される
1868　電磁気理論が発表される
1914-18　第一次世界大戦中に飛行機が有用なプラットフォームであることが示される
1930-40　レーダが開発される
1939-45　赤外線フィルムが偽装探知のために開発される
1940年代　真空管コンピュータが開発される
1947　ドイツから米国軍に獲得されたV2ロケットによって雲が観察される
1948　トランジスタが発明される
1950年代　カラー航空写真とカラー赤外写真が植生分類に応用される
1955　トランジスタを利用したコンピュータが開発される
1957　スプートニク（Sputnik）がソビエト連邦によって打ち上げられる
1958　エクスプローラー1号（Explorer-1）が米国陸軍によって打ち上げられる
1959　地球の低分解能写真が，エクスプローラー6号によって軌道から撮影され転送される
1960　リモートセンシングという用語が創り出される
1960年代　ICがコンピュータで利用される
1960-72　米国のコロナ（CORONA）プログラムで，多数の偵察衛星による高分解能の衛星写真が回収される
1960　テレビカメラを積んだタイロス1号（TIROS-1）から毎日の雲の画像を受信した
1960年代　ジェミニ（Gemini）ミッションがもたらした1100枚に上る地表の写真は，地球観測の興味を呼び起こした
1960年代　半導体によるマルチスペクトル画像化技術が発展する
1966　地球観測システムの計画，地球資源観測衛星（EROS）が開始される
1966　静止衛星（ATS）が，気象データを提供し始める
1967　地球のカラー画像がソビエト連邦のモルニヤ1号（Molniya-1）によって撮影される
1967　亜同期軌道から米国のダッジ（DODGE）衛星のビジコンによってカラー画像が撮影される
1972　地球資源技術衛星アーツ1号（ERTS-1）が打ち上げられる（後にランドサット1号（Landsat-1）と名称変更）
1970年代　ディジタル画像処理が利用可能になる
1978　宇宙からの画像レーダーシステム（SAR）がシーサット（SeaSat）衛星に搭載された
1978　AVHRRセンサを搭載したタイロス-N（TIROS-N）が打ち上げられる
1982　NASAのジェット推進研究所（JPL）によって航空ハイパースペクトル放射計が開発される
1980年代　パソコンによるディジタル画像解析が普及する
1999　高分解能人工衛星（IKONOS-2）が打ち上げられる
1999　最初のMODIS（中分解能撮像分光放射計）を搭載した地球観測衛星テラ（Terra EOS AM-1）が打ち上げられる
2000　衛星搭載型ハイパースペクトル放射計「Hyperion」を積んだ衛星EO-1が打ち上げられる
2005　Google Earthが始まる
2008　NASAがデータを無料化する

付録3　植生モニタリングに適した最新のデータ

　長年にわたって，多くのリモートセンシング機器が人工衛星に搭載されて飛行している．それらのなかにはもともとはある特定の目的，たとえば，気象学や海洋学のために設計されていたにもかかわらず，得られたデータが植生の研究に利用できることがわかったものがかなりある（とくに AVHRR）．人工衛星の寿命は短い．それらは何年もの間，運用されるかもしれないが，明日データ提供を止めてしまうかもしれない．そして，別の衛星が日夜，打ち上げられている．そのため，ここではよく利用される機器のみを列挙する．選択の基準は植生研究に適したデータを提供し，現在（執筆時点で）運用されており，データが容易に利用できることである．現在，非常に多くの機器が飛行機に載せられているが，ほとんどがこの範疇に入らない．なぜなら，これら多くの観測は個々の研究所や特定の研究目的のために運用されており，それらのデータは一般には利用できないためである．しかし，商用の機器や NASA のような公共団体によって運用されてされている少数のより適切な事例については取り上げる．

　個別の項目は空間分解能の順に（いくつかの機器は複数の分解能データを提供するので可能な限り），周波数帯別（光学，熱，マイクロ波）に列挙した．機器が搭載されているプラットフォームについても示しており，走査システムのタイプや観測方向変更可能性，プログラム可能性などの他の関連情報も示した．これらのシステムのいくつかは 5 章で言及している．詳細な仕様については，文献（たとえば，Kramer, 2002, Campbell, 2007, Lillesand et al., 2007），あるいは Web サイトから得られる．

光学と熱領域

センサ	衛星	ピクセル分解能(天底)	走査幅	スペクトルバンド帯(中心バンド波長，[μm])	バンド幅 [μm]	回帰時間(赤道面)	備考
VISSR	Meteosat	2.5 km 5.0 km	地球全景	0.7（Vis） 6.4（WV） 11.5（TIR）	0.2 1.4 2.0	30 分	静止軌道 気象 回転走査
SEVIRI	Meteosat Second Generation (MSG)	1 km 3 km	地球全景	HRV 広帯域 0.635, 0.81, 1.64 3.90, 6.25, 7.35 8.7, 9.66 0.8, 12.0, 13.4	0.14〜0.28 1.0〜1.8 0.6〜0.8 2.0	15 分	静止軌道 気象 回転走査
MIR	GOES East/West	1 km 4 km 8 km	地球全景	0.65 3.9 10.7 12.0 6.75	0.2 0.2 0.5 0.5 0.25	30 分	静止軌道 気象 2 軸走査鏡
AVHRR	NOAA/Metop	1.1 km	2400 km	0.61 0.9 3.7	0.13 0.28 0.38	12 時間	軌道上に 2 台の衛星があり 6 時間の軌道

センサー	衛星	空間分解能	走査幅	バンド (μm)	NEΔρ	周期	備考
				11.0, 12.0	1.0		周期対物面走査
AATSR	Envisat	1 km	500 km	0.55, 0.66, 0.86	0.02	5日	円錐走査
				1.61, 3.70	0.30		
				10.85, 12.00	1.00		
MERIS	Envisat	2つの分解能から選択 1.04×1.20 m 260×300 m	1150 km	0.41, 0.44, 0.49, 0.51, 0.56, 0.62, 0.66, 0.70, 0.89, 0.90	0.01	3日	5台の重複したカメラ像面走査 バンドの位置と幅をプログラム可能
				0.68, 0.75	0.075		
				0.76	0.025		
				0.78	0.015		
				0.86	0.02		
LISS-3	IRS-1D	24 m / 70 m	142 km / 148 km	0.55, 0.65	0.07	24日(天底視)(観測方向変更で5日)	像面走査
				0.82	0.11		
				1.65	0.20		
PAN	IRS-1D	6 m	70 km	0.5〜0.75		24日	像面走査
WiFS	IRS-1D	188 m	810 km	0.65, 0.82	0.07	5日	像面走査
MODIS	Terra/Aqua	250 m (バンド1-2) 500 m (バンド3-7) 1 km (バンド8-36)	2330 km	36バンドの範囲 0.41〜14.34	0.05 から 0.30	1〜2日	対物面走査
ASTER	Terra/Aqua	15 m / 30 m / 90 m	60 km / 60 km / 60 km	0.56, 0.66	0.07	16日(観測方向変更で4日)	軌道走査立体視(0.81 μmで天底視と後方視)
				0.81 (NとB)	0.10		
				1.65, 2.16	0.01		
				2.21, 2.25	0.05		
				2.33, 2.39	0.07		
				8.32, 8.60, 9.15	0.35		
				10.6, 11.3	0.7		
ETM+	Landsat 7	15 m / 30 m / 60 m	185 km	Pan	0.40	16日	1999年打ち上げ 対物面走査
				0.48, 0.57, 0.66	0.70		
				0.74	0.12		
				1.65, 2.22	0.20		
				11.5	2.00		
HRG	SPOT 5	5 m / 10 m / 20 m	120 km	2つのPan		27日	像面走査(スーパーモードでは2つのパン画像から3 mの空間分解能)
				0.55, 0.65, 0.83	0.07〜0.11		
				1.66	0.17		
HRS	SPOT 5	10 m×5 m	120 km	Pan (0.51〜0.73)		27日	軌道走査立体視

付録3 植生モニタリングに適した最新のデータ

Vegetation	SPOT 5	1 km	2250 km	0.45, 0.65, 0.83 1.66	0.04〜0.07 0.17	毎日	HRGと完全に対応
CHRIS	PROBA	25 m 50 m	19 km	19バンド 62バンド		16日(観測方向変更で2日)	像面走査 BRDFデータを得るために，波長を再構成できる
OSA	IKONOS2	1 m 4 m	13 km	Pan (0.45〜0.90) 0.49, 0.56, 0.68 0.82	0.06〜0.08 0.17	11日(観測方向変更可能)	像面走査 軌道および直交方向に傾斜可能 立体画像
BGIS 2000	Quickbird2	0.61 m 2.44 m	16.5 km	Pan (0.45〜0.90) 0.48, 0.56, 0.66 0.72	0.06〜0.08 0.14	1〜3.5日	像面走査 軌道および直交方向に傾斜可能 立体画像
OHRIS	Orbview 3	1 m 4 m	8 km	Pan (0.45〜0.90) 0.48, 0.56, 0.66, 0.83	0.07〜0.14	最大3日	像面走査 軌道は正確には反復しない
ALI	EO-1	10 m 30 m	37 km	Pan 9のマルチバンド 0.43〜2.35 (内6はETM+と同一)	0.48〜0.68 0.02〜0.27	16日	像面走査 ETM+の実験的な改良．ただし，熱バンドはない
Hyperion	EO-1	30 m	7.5 km	242バンド 0.40〜2.50			ハイパースペクトル

合成開口レーダ（SAR）

機器	衛星	波長帯	観測モード	偏波	空間分解能	観測幅	備考
ASAR	Envisat	Cバンド	Image	VV, HH	28 m	最大100 km	ScanSARモード
			Wide swath	VV, HH	150 m	400 km	
			Alternating polarisation	VV/HH, HV/HH, VH/VV	30 m	最大100 km 5 km四方	
			Wave	VV, HH	30 m	400 km	
			Global	VV, HH	950 m		
SAR	Radarsat 2	Cバンド	Ultrafine	HまたはV	3 m	10または20 km	24日の軌道周期
			Fine	HH, HV, VV	11 × 9 m	25 km	
			Standard		25 × 28 m	25 km	
XSAR	TerraSAR -X	Xバンド	Spotlight 1	全モードでHとV	1 × 1.2 m	10 km	
			Spotlight 2		2 × 1.2 m	10 km	
			StripMap		3 × 3.2 m	40 km	
			ScanSAR		15 × 15 m	100 km	

PALSAR	ALOS	Lバンド	High resolution	HH または VV	7〜44 m	40〜70 km	
				HH/HV または VV/VH	14〜88 m		
			ScanSAR	HH または VV	< 100 m	250〜350 km	
			Polarimetry	HH/HV+VV/VH	24〜88 m	30 km	

航空機センサ

IFOVと走査幅は，通常，機器の視角に関して定義される．GIFOVと物理的な走査幅は飛行高度（H）に依存し，Hに適当な値を掛けることで計算される．航空機が低空飛行すると飛行方向に直角方向のピクセルの大きさは，走査幅に渡って大きく変化する．いくつかのハイパースペクトル機器では，複数の空間あるいはスペクトルモードで利用できるので，しばしばプログラム可能である．

機器	スペクトル範囲 [nm]	スペクトルバンド	分光分解能 [nm]	IFOV [mrad]	FOV [°]	備考
Airborne Thematic Mapper (ATM) (AADS1268)	420〜13 000	8 (420〜1050 nm) 1550〜1750 nm 2080〜1350 nm 8500〜13000 nm	30〜140 200 700 4500	1.25	+/−43.11	11の固定バンド 対物面走査 バンド 2, 3, 5, 6, 9, 10, 11 は Landsat TM とほぼ同一． 716 空間ピクセル
Airborne Visible/Infra-Red Imaging Spectrometer (AVIRIS)	400〜2500	224	10	0.85	31.5	高度 20 km から 17 m ピクセルと 11 km の走査幅
HyMap	450〜1200	100〜200	10〜20 (VIS/SWIR) 100〜200 (TIR)	1〜10	60〜70	ハイパースペクトル測定器の類
Eagle	400〜970	488 244 122 60	1.25 2.3 4.6 9.2	0.5〜1.04	29.9〜62.1	最大 1024 空間ピクセル
Hawk	970〜2450	254	8.5	0.95〜1.9	17.8〜35.5	320 空間ピクセル
CASI-2*	405〜950	288	1.8	1.2	54.5	18のプログラム可能バンドで 512 空間ピクセル（空間モード）．288 の全スペクトルで最大 39 の観測角（スペクトルモード）．288 の全スペクトルで 101 の隣接したピクセルブロック（拡張

						フレームモードではすべての空間とスペクトルピクセルを利用するが1〜2秒の積算時間（較正か現場測定）
DAIS	360〜12000	32（ハイパースペクトル）5（TIR）	20 1000〜2000	5	+/−45	回転鏡 走査ラインごとの較正用黒体
ROSIS	430〜830	115	4	0.56	8	512の空間ピクセルは日光を避けるために+/−20°傾けられる
TIMS	820〜12600	6	400〜1000	2.5	86	714の空間ピクセル

*Casi-2はさまざまな異なる既定のバンドセットが利用できる（VEGETATION（12バンド）やSeaWiFS/Ocean Colour（13バンド）など）.

例題解答

2章

2.1 ウィーンの変位則を利用する（式(2.6)）．（a）山火事：800〜1000 K，$\lambda_{\max}$：3〜4 [μm]，中間赤外．（b）植生：〜293 K，$\lambda_{\max} = 9.9$ [μm]，熱赤外．

2.2 （a）ウィーンの変位則を利用して，鈍い赤色の放射温度を求める（$\lambda_{\max} \cong 0.65$ [μm]）$\cong$ 4500 K．（b）電球の $\lambda_{\max} \cong 410$ [nm]．

2.3 （a）UV, 8.5×10^{14} Hz, 5.6×10^{-19} J, 3.5 eV．（b）中間赤外，8.5×10^{13} Hz, 5.6×10^{-20} J, 0.35 eV．（c）マイクロ波，8.5×10^{9} Hz, 5.6×10^{-24} J, 3.5×10^{-5} eV．

2.4 地表の平均温度は23°C，射出率を一定とすると，$\sigma\varepsilon$ が相殺されるので式(2.4)からの差は $100 \times (300^4 - 296^4)/(100 \times 296^4) = 5.5\%$．射出されるエネルギーは ε に比例するので，2%の ε の変化は2%の E の変化を生じさせる．

2.5 式(2.15)を利用し，$m \cong (\exp(-1000/8000))/\cos(30°) = 0.8825/0.866 = 1.019$．式(2.13)より，光学的厚さ $= \ln(-0.7) = 0.35668$，よって，$I = I_0 \exp(-0.35668 \times 1.019)$ および $I/I_0 = 0.6953$．

3章

3.1 （a）出ていく放射が射出放射の合計（$\varepsilon \times \sigma \times 293^4 = 397$ [W m^{-2}]）で，反射された環境中の放射は，$((1-\varepsilon) \times \sigma \times T_{\text{back}}^4 = 0.05 \times 5.67 \times 10^{-8} \times 283^4 = 18.19$ [W m^{-2}]）$= 415.19$ [W m^{-2}]．反射された放射を無視し，葉温のために解く $T_{\text{leaf}} = (425.3/(\sigma \times 0.95))^{0.25} = 296$ [K]（3 [K] の誤差）．T_{leaf} を計算する前に実際の反射放射を引くと正しい値が得られる．（b）$\varepsilon = 0.94$ とすると，射出放射の推定値は $415.19 - 21.82 = 393.37$ [W m^{-2}]．これは $T = 293.1$ [K] と同等である（0.1 [K] の誤差）．

3.2 式(2.4)より，$E_{\text{forest}} = 0.98 \times \sigma \times 273^4 = 0.98 \times 5.67 \times 10^{-8} \times 273^4$，$E_{\text{snow}} = 0.8 \times 5.67 \times 10^{-8} \times 268^4$．よって，パーセント変化 $= -100 \times (234.01 - 308.66)/308.66 = -24.2\%$．
$T_{\text{est}} = \sqrt[4]{0.95/0.98} \times 268 = 265.9$ [K] または 2.1 [K] の誤差．たとえ森林が完全に雪で覆われていたとしても，ε の値は滑らかな積雪表面よりも粗い表面のような大きな値となる（しばしば0.95に近づく）．

3.3 （a）BOX 3.1 より，$k = 1$ であり，遮断率 $= (1 - e^{-kL}) = 0.699$，そして日向葉の面積 $= (1 - e^{-kL})/k = 0.699$．（b）表3.4より，$k = 2/(\pi\tan\beta) = 0.232$ なので，遮断率 $= 0.453$，そして日向葉の面積 $= 1.593$．（c）$k = 1/(2\sin\beta) = 0.532$ なので，遮断率 $= 0.749$，そして日向葉の面積 $= 1.408$．

3.4 BOX 3.1 より，透過放射率 $= e^{-kL}$，そして表3.4より，$k = (0.5^2 + \cot^2\beta)^{1/2}/(0.5 + 1.774 \times 0.5 + 1.182)^{-0.733}/0.5$．$\beta$ に代入すると，透過率は 0.073, 0.330, 0.484．

4章

4.1 $\psi_P = \psi - \psi_\pi = 0.9$ [MPa]．膨圧は $\psi = \psi_\pi$ のときにゼロになるので，ψ は細胞壁が非弾性であれば -1.2 MPa となる．細胞壁が弾性体であれば，溶質の濃度が上昇して ψ が低下すると体積は収縮し，それに応じて膨圧が減少するので，萎れ点の ψ はより低下する．

4.2 （a）片面の総コンダクタンスは，$G1 = g_{1s} \times g_{1a}/(g_{1s} + g_{1a}) = 45.5$ [mmol m^{-2} s^{-1}]（直列したコンダクタンス），一方，葉コンダクタンスは，$G = G1 + G2$（両面の並列コンダクタンス）．代入すると，$G = 45.5 + 142.9 = 188.4$ [mmol m^{-2} s^{-1}]．（b）総葉抵抗 $R = 1/G = 5.31$ [m^2 s mol^{-1}]．（c）4.3.5項より，G [mm s^{-1}] $\cong 188.4/44.1 = 4.27$ [mm s^{-1}]．（d）水蒸気の葉の境界層コンダクタンス $= g_{1a} + g_{1a} = 1000$ [mmol m^{-2} s^{-1}]．層流境界相では $G_H/G_W \cong (D_H/D_W)^{0.67} = 0.92 \times 1000 = 920$ [mmol m^{-2} s^{-1}]．

4.3 （a）$\delta x = x_{s(18)}(= 0.02024) - x_{s(24)}/2(= 0.02945/2) = 0.005512$．（b）$\delta x$ は13°Cでゼロとなる．（c）マグナスの式によって，水蒸気圧は 7.413×0.6 で 4.448 kPa（$= 4.448/101.3 = 0.044$ [mol]，101.3 kPa において）．

4.4 （a）式(4.15)，そして $\varepsilon = 1$ とすると，放射抵抗，$\hat{g}_R = (4 \times 1 \times 5.6703 \times 10^{-8} \times 293^3)/29.2 = 0.129$．よって，等温純放射 $= 400 + 0.129\,\hat{c}_p(24-20) = 400 + 5.71 \times 4 = 423\,[\mathrm{W\,m^{-2}}]$．（b）蒸散がない場合は $\boldsymbol{C} = \boldsymbol{R}_n = 400 = \hat{g}_H\,\hat{c}_p(24-20)$，よって，$\hat{g}_H = 400/(4 \times 29.2) = 3.43\,[\mathrm{mol\,m^{-2}\,s^{-1}}]$．

4.5 （a）$\tau = c_{\mathrm{area}}/(\rho c_p\,[(1/r_{HR}) + \boldsymbol{s}/\gamma(r_{aW} + r_{lW})]) = (800 \times 3500 \times 0.0002)/(1210 \times 0.141) = 3.3$ [秒]．（b）$r_{lW} = \infty$ を代入すると 4.4 秒となるが，$r_{lW} = 0$ とすると 1.4 秒となる．

5章

5.1 $t^2 \propto r^3$ なので，$r_{\mathrm{shuttle}} = 315 + 6371 = 6686$ [km] で $r_{\mathrm{sat}} = 360 + 6371 = 6731$ [km]，$t_{\mathrm{sat}}/t_{\mathrm{shuttle}} = \sqrt{r_{\mathrm{sat}}^3/r_{\mathrm{shuttle}}^3} = 1.010113$．衛星は $n \times t_2 = (n+0.5) \times t_1$ のとき最初に頭上に位置するので，$n = 0.5/0.010113 = 49.4$ 軌道．

5.2 BOX 5.1 より，軌道速度 $= \sqrt{(GM_e/r)} = \sqrt{(398603/(6371+700))} = 7.5\,[\mathrm{km\,s^{-1}}]$．地上速度 $= 7.5 \times 6371/7071 = 6.77\,[\mathrm{km\,s^{-1}}]$．高度 1700 km での軌道周期 $= 2 \times \pi \times (1700+6370)/7.03 = 120.2$ [分]．

5.3 $720\,[\mathrm{km\,h^{-1}}] = 720000/(60 \times 60) = 200\,[\mathrm{m\,s^{-1}}]$ なので，衛星は 10 m を $10/200 = 0.05$ [秒]で通過する．よって，ミラーは 20 Hz で次の走査ラインのために同じ場所まで回転する必要がある．10 m ピクセルは 10 km からみて 1 mrad．よって，滞留時間 $= 0.05 \times 0.001/2\pi = 7.96 \times 10^{-6}$ [秒]．

5.4 走査幅 $= \tan$（角度）$\times$ 高度（700 km とする）．小さな角度域では，角度 $\times$ 高度 $= 185$ [km]．地球の円周 $= 2\pi \times 6371 = 40030$ [km]．よって，軌道数 $= 215$ となり，$215 \times 100/(60 \times 24) = 14.93$ 日かかる．

5.5 $50000/10 = 5000$ ピクセルあるので，これが 1 走査幅の検出器数となる．アレイの大きさ $= 5000 \times 10^{-5} = 0.05$ [m]．

5.6 ERS の高度を 900 km と仮定すると，信号の総移動時間は $= 2 \times 900 \times 1000/(2.8998 \times 10^8) = 0.06$ [秒]．速度 $= \sqrt{(GM_e/r)} = \sqrt{(398603/(6371+900))} = 7.4\,[\mathrm{km\,s^{-1}}]$，それで移動距離は $7.4 \times 0.06 = 0.44$ [km]．式(2.22)を参照して，フットプリント $=$ 高度 $\times \lambda/d = 900 \times 6 \times 10^{-5}/10^{-3} = 48$ [km]．

6章

6.1 6 つのバンドから 15 対のバンドができる．3 つのバンドを 3 つの出力色に割り当てるには 6 通りある．一般式は $n\mathrm{Pr} = n!/(n-r)!$ で，7 バンドで 3 色の場合 $7!/4! = 210$．

6.2 試行錯誤によって，バンド 2 と 3 を用いることで，照明条件によらず 2 つの樹木タイプを区別できることがわかる．

6.3 異常値を取り除くためにとくに有用なのは中央値フィルタである．その結果，右のようになる．

157	**156**	148	148
155	156	148	**148**
152	153	148	90
152	152	93	**92**

7章

7.1 $\rho_R = 0.18 \times 0.4 + 0.08 \times 0.2 + 0.36 \times 0.4 = 0.232$，$\rho_N = 0.28 \times 0.4 + 0.49 \times 0.2 + 0.56 \times 0.4 = 0.454$．BOX 7.1 の式に代入すると，指数はそれぞれ 0.303，0.260，0.202，1.871，0.172，0.248 となる．緑に戻ると，これらは 0.506，0.374，0.246，3.050，0.576，0.532 となる．

7.2 反射された放射輝度は $\rho \times$ 入射放射．よって，R $= 23.2$ と $81.2\,[\mathrm{W\,m^{-2}}]$，また N $= 43.4$ と $151.9\,[\mathrm{W\,m^{-2}}]$．どちらの放射照度でも $NDVI = 0.303$ であるが，DVI は放射照度によって 20.2 から 70.7 に増加する．反射率ではなく放射輝度を利用した場合，DVI は放射照度に対する感度をもつことを示す．

7.3 あるクラスからのユークリッド距離は $\sqrt{\text{チャンネル1の差}^2 + \text{チャンネル2の差}^2}$ なので，あるピクセルの A，B，C からの距離はそれぞれ 24.3，34.1，22.4 となり，C クラスにもっとも近い．

7.4 f_{veg} は式(7.5)によって LAI と関係づけられる．均質な水平葉分布の群落では $k=1$．$(\rho_{\mathrm{NIR-植物}} - \rho_{\mathrm{NIR-土壌}}) > (\rho_{R-\text{土壌}} - \rho_{R-\text{植物}})$ なので，凸型の応答になると予想される．

7.5 通常の $NDVI$ を計算すると，左側上部では負の値をとり，右下では小さな正の値をとる．これ

は，それぞれ水域と裸地土壌を示唆する．

7.6 （a）バンド1と3の比は被陰に対してもっとも頑強である（0.4％の違いであり，バンド3と2では16％，バンド2と1では19％の違いとなる）．（b）このバンド1と3の組み合わせによって，日射条件にもっとも依存しない $NDVI$ が得られる．

8章

8.1 単純な幾何から，視野内の線の長さは $h\,[\tan(\theta + \text{fov}/2) - \tan(\theta)] + h\,[\tan(\theta) - \tan(\theta - \text{fov}/2)]$ によって得られ，h は高さ，θ は天底視の角度，fov は視野角．代入すると地上の長さは 0.28 [m]，0.374 [m]，1.134 [m] となる．ゴニオメータではセンサの高さは角度によって半径 × $\cos(\theta)$ と変化するので，0°，30°，60° ではそれぞれ 2 [m]，1.732 [m]，1 [m] の高さとなり，観測範囲は 0.28 [m]，0.323 [m]，0.57 [m] となる．

8.2 式 (8.11) より，空が見える確率 = $\exp(-\,k(\theta)\,L_{\text{eff}})$．（a）ではすべての角度で $\exp(-3.2) = 0.04$．（b）では $k = 1/(2\sin\beta)$ で，それぞれの k の値は 1，0.707，0.577，0.517 となり，P はそれぞれ 0.11，0.21，0.28，0.32 となる．（c）では $k = 2/(\pi\tan\beta)$，k は 1.10，0.637，0.378，0.171，P は 0.19，0.38，0.58，0.77．葉の集中指数が増加するとギャップの割合が増加し，λ_0 が 0.5 では，実効葉面積指数はそれぞれの場合で50％に減少する．

8.3 太陽高度は SunAngle（http://susdesign.com/sunangle/）などによって計算でき，それぞれの時刻で 35.6°，61.5°，83° となる．なお，群落（b）の結果はすべての角度で同じような値となったが，これは水平葉分布の群落であることを示唆している．そのため，式 (8.11) によって $L = -(\ln(1 - \text{被陰割合}))/k \cong -\ln(0.59) = 0.9$．式 (8.11) を変形して $k = -(\ln(1 - \text{被陰割合}))/L$ が得られ，L を一定と仮定すると k はほぼランダムな葉群の群落として変化する（図 3.22 参照）．したがって，$k = 1/(2\sin\beta)$ を代入して $L = 1.8$．

9章

9.1 （a）$\varepsilon_{\text{sky}} = 1$，$\varepsilon_{\text{can}} = 0.98$，$\rho_{\text{can}} = 0.15$ と仮定する．$\boldsymbol{R}_n = (1 - \rho_{\text{can}}) \times \boldsymbol{I}_S - \varepsilon_{\text{can}}\sigma T_{\text{can}}^4 + \varepsilon_{\text{sky}}\sigma T_{\text{sky}}^4 = 435$ [W m^{-2}]．式 (9.2) より，土壌熱フラックス $\boldsymbol{G} \cong \boldsymbol{R}_n \times 0.4 \times \exp(-kL)$．ランダムな葉群分布を仮定すると，$k = 1/(2\sin\beta) = 0.5$（太陽が頭上にある場合），$\boldsymbol{G} = 8.7$ [W m^{-2}]．（b）4.5.2 項より，$\beta = \boldsymbol{C}/\lambda\boldsymbol{E} = 0.1$，$\boldsymbol{R}_n = \boldsymbol{C} + \lambda\boldsymbol{E} + \boldsymbol{G}$ なので，$\boldsymbol{C} = (\boldsymbol{R}_n - \boldsymbol{G})/(1 + 1/\beta) = 426.8/11 = 38.8$ [W m^{-2}]．よって，式 (9.4) より，$\hat{g}_H = \boldsymbol{C}/(\hat{c}_p(T_s - T_a)) = 38.8/(29.3 \times 1) = 1.32$ [mol m^{-2} s^{-1}]．

9.2 もっとも高温のピクセルは蒸散をしておらず，もっとも低温のピクセルは表面からの潜在的な最大蒸散を行っていると仮定できる．異なる表面間で有効エネルギーが等しいと仮定すると，式 (9.14) は次のように単純化できる．$\boldsymbol{E} = (\boldsymbol{R}_n - \boldsymbol{G})(T_d - T_{\text{can}})/(\lambda(T_d - T_a)) = 400 \times (6/10)/2.454 \times 10^6$ [kg m^{-2} s^{-1}] $= 0.35$ [kg m^{-2} h^{-1}] $= 0.35$ [mm h^{-1}]．放射温度と空気力学的温度が等しいと仮定する必要もある．

9.3 $NDVI$ が f_{veg} に比例すると仮定すると，群落温度が計算できる．$T_{\text{群落}} = (T_{\text{平均}} - (1 - f_{\text{veg}}) \times T_{\text{土壌}})/f_{\text{veg}} = (32 - 0.4 \times 37)/0.6 = 28.7$ [℃]．

9.4 式 (9.19) を置換する．（a）それぞれのコンダクタンスについて，$(\mathrm{d}\boldsymbol{E}/\boldsymbol{E})/(\mathrm{d}g_s/g_s) = 0.9$ および 0.7．（b）比較的滑らかな群落における対応する結果は，0.39 および 0.14（これは気孔コンダクタンスに対するはるかに低い感度を示している）．

10章

10.1 表 10.5 とは混同行列の表し方が違うことに注意．（a）全体精度は対角要素を総数で割ったもので 292/364 = 80.2％．（b）包含誤差の最大はクラス 1 (24) で生じている（横列の正しくない値の合計）．しかし，クラス 2 での誤差割合がもっとも大きい（36.6％）．（c）利用者精度はクラス 4 でもっとも高い (102/112 = 91.1％)．また，作成者精度もクラス 4 でもっとも高い (= 102/103 = 99％)．クラス 4 では誤ったピクセル数ももっとも少ない（1個）．

10.2 $\sigma_{\text{mean}}^2 = \sigma_q^2/n_1 + \sigma^2/n_1 n_2 = 0.12/8 + 0.06/80 = 0.01575$．もし $c_1 = 10\,c_2$ ならば，式 (B10.2.3) より $n_2 = \sqrt{10 \times 0.06/0.12} = 2.24$．$n_1$ の値については，式 (B10.2.1) より得られる．

10.3 表 10.2 の適当な式に代入すると，（a）0.224，（b）0.326．

索　引

■英　数

2次元相関図　227
2層モデル　102, 305
2方向性反射係数（BRF）　254-256, 258, 259
2方向性反射係数（測定）　259-262
2方向性反射分布関数（$BRDF$）　254, 255, 260, 270, 278, 314
2方向性反射率（定義）　254
3次元極座標プロット　255
3次元計測　385-390
3次元表示　207
3次元モデル　267-274
6S　177
AATSR　159, 259
ALOS　159
Aqua　153
ARGOS　333
ASAR　143, 144, 159
ATCOR　292
ATI　106-108
ATM　161, 170, 186
ATOVSサウンダ　292
ATR分光法　51
ATSR　159, 180
AVHRR　114, 130, 132, 149-154, 169, 176, 181, 203, 212, 221, 340, 393
AVIRIS　161
C3植物の変換効率　311
Campbellの葉の分布パラメタ　67, 69, 272
CORINE土地被覆図計画　376
Cryosat　140
DAIS　161
Definiens　247, 382
Eagle　160
Envisat　151, 156, 159
EOS　153
ERS　143, 158, 207
ETM＋　154, 167, 184, 213, 340
EVI　214, 219, 366
FLEX　317
FLUXNET　304

GIS　202, 204, 383
GLAS　145, 150, 160, 387
GOES　122, 150, 152, 393
GOMS　122
Hawk　160
HRDF　261
Hyperion　155
Hα線　318, 319
ICESat　145, 150, 151
IHS変換　191-193
IKONOS　33, 150, 156, 157, 338
IRS　155
IRSUTE　157
ISODATA　238, 248
Kappa分析　345
Kauth-Thomas　230
Landsat　123, 149, 154, 374-376
L-システム　273
MERIS　154, 159, 215, 317
Meteosat　122, 152, 162
Metop　153
METRIC　298, 300
MODIS　73, 150, 153, 154, 168, 169, 181, 214, 219, 223, 226, 244, 338, 366, 375, 393
MODTRAN　178, 180, 292
MSG-SEVIRI　292
MSS　128, 149, 154, 169, 230
NBAR　223, 366
$NDVI$　153, 216-227, 256, 257, 337
　　応用　181, 293, 299, 341, 353, 364, 366
NOAA　152
OrbView　157
PARABOLA3　260
PLEIADeS　364
Pleiades（CNES）　158
POLDER　255, 259
POV-Ray　268, 272, 286, 288
PROBA-CHRIS　129, 157, 259
PROSAIL　225, 265
Quickbird　156, 157, 385
RapidEye　158
ROSIS　161

SeaSat　　158
SeaWiFS　　37, 154
SEBAL　　298, 299
S/N 比　　116
SPOT-HRV　　123, 128, 133, 150, 155, 169, 176, 192, 340
SPOT-VEGETATION　　154, 155
S-SEBI　　300
Student の t-分布　　324
SuomiNPP　　153
Surrey 大学　　157
Terra　　153, 155, 259
TerraSAR-X　　159
TIMS　　161
TM　　114, 130, 149, 154, 155, 167, 173, 228, 230, 244, 299, 340, 384
ToF カメラ　　147, 361
VIFIS　　130
Worldview　　156
Y-plant　　274

■あ 行

圧力容器　　91
アボガドロ数　　12
粗　さ　　31, 35, 77, 80, 140
アルファルファ　　81, 300, 305
アルベド　　26, 60-63, 255
暗反応　　86
閾値処理　　183
位相配列　　139
一次生産　　86, 311
遺伝的アルゴリズム　　277
移動ウィンドウアルゴリズム　　196, 199
イネ（イネ科草本含む）　　54, 69, 109, 112, 213, 220, 357, 373
異方性
　　拡散　　26
　　射出　　72, 293
　　反射　　58, 251, 279, 293
イメージキューブ　　129, 210
色空間　　192
色合成画像　　183, 190, 203, 208
ウィスクブルーム（対物面走査）　　127
ウィーンの変位則　　13, 393
ウェーブフォーム　　145

ウェーブレット　　193, 200, 233, 352, 366, 385
渦相関法　　110
運動量輸送　　93, 97
栄養塩欠乏　　352, 353
エイリアシング　　174
エコー分離検知システム　　145-147
X 線　　11
エネルギー収支　　41, 98, 291, 298
エネルギー保存則　　9, 98
エポキシ化　　228, 229, 314
エーロゾル　　20, 23, 30, 178, 214, 219
円錐走査　　127
エンドメンバー（端成分）　　220
汚　染　　350, 362
オゾン　　20-22
帯スペクトル　　16
オブジェクト検索　　201, 382
オブジェクトベース画像解析法（OBIA）　　246
オームの法則　　97
折り返し雑音　　174
温　度
　　背景　　72
　　運動　　28
　　輝度　　28, 137, 180
　　空間変動　　310
　　空気力学的　　293, 296
　　群落　　99, 301, 304, 306
　　地表　　105, 106
　　葉　　104, 308
　　表面　　180, 292, 294, 298, 299, 301
　　放射　　72, 73, 290, 293, 296, 299
　　マイクロ波輝度　　30, 43
温度差　　72, 76, 91, 99, 107, 294, 299, 308
温度射出率分離法　　181

■か 行

回帰時間　　122, 135
灰色体　　13
回　折　　17, 32, 138
回折格子　　34
解像度（空間分解能も参照）　　116
害　虫　　353, 372
外来種　　382
乖離係数　　306
ガウシアン分解　　146, 147

索引

カウツキー効果　316, 318
拡散　93, 94
拡散係数　94
角振動数　105
角度依存性　67, 254, 256, 262, 280
角度指数（AI）　231
火災　391
重ね合わせの原理　33
風　61, 95, 110, 140, 290
仮説検定　324, 325
画像強調　185
画像処理　165
画像診断　356-362
画像分割　182
画像分光計　128, 161, 262
画像補正　166
画像レーダ　141
カーネル　186, 269
可変干渉回折格子画像分光計（VIFIS）　130
カメラ　125
カラー合成画像　143
カルマンゲイン　195
簡易一覧　163
環境ストレス　350, 362
乾湿計定数　101
干渉　17, 32, 33
干渉格子　34
干渉合成開口レーダ（InSAR）　17, 144, 203, 208, 376, 386, 389, 390
干渉測定法　143, 144, 206-208
慣性安定化装置（ISS）　145
完全拡散反射面　26
完全曇天　38
乾燥質量　91
観測角　35, 176, 219, 222, 252, 293, 305
γ線　11, 12, 82
ガンマフィルタ　188
幾何学的手法　231
規格化レーダ断面積（$NRCS$）　78, 81
幾何光学モデル　265
幾何補正　170, 204
幾何歪み　166, 167
気孔　47, 86-89, 92, 96, 99-104
気孔コンダクタンス　104, 303, 306, 308-310, 356, 370
気孔閉鎖　89, 112, 302, 306, 350, 361, 371

キサントフィル　49, 89, 228, 229, 314, 352
疑似色画像　185
疑似不変目標（PIT）　178
気象衛星　152
気体の状態方程式　97
気体の法則（スケーリング）　335
軌道　36, 120-123
軌道周期　120
帰無仮説　325
ギャップ比率　271, 283, 284
ギャップ比率法　282
吸光係数　19
吸収　16, 17, 21, 24, 55
吸収日射の変換効率　311-313, 368
境界層コンダクタンス　99, 104, 296, 306, 307
仰角　15
局所圃場管理（SSM）　363-365
巨大葉モデル　102, 103
距離分解能　141
キルヒホッフの法則　12, 28, 72, 77
近接センシング　72, 82, 118, 236, 365
空間的状況（context）　196
空間統計　198
空間分解能　116
空間分布動態モデル（SDDM）　321
屈折　18
屈折率　52, 111
クベルカ-ムンク　64, 263
雲　26, 31, 39, 203, 292, 374
クラーク軌道　122
クラスタ（点群）　239
グランドトゥルース　327
グレアムの法則　94
グレイレベル　115, 116
グレイレベル共起行列（GLCM）　197, 198, 385
クロップマーク　119
クロロフィル　49-51, 56, 86
　含有量　147, 214, 215, 226, 228, 231, 232, 330, 352
　計　371
　指数　372
群落　68, 251, 336
群落高　145, 382, 385
群落構造　258, 264, 275

群落生成プログラム　272
群落モデル　102
訓練データ　328, 332, 347
訓練ピクセル　242, 332
景観　377
景観測度　378
経験的ライン法　179
蛍光　27, 55, 89
　　クロロフィル　55, 88, 147, 314-319, 358
　　多色　358
　　電子伝達速度（etr）　315, 316
　　量子収率　89, 315, 316
蛍光強度比　358-360
蛍光（射出）比（FER）　360
蛍光測定器　316, 359
形状係数　65, 67
形態係数　268
傾度法　109
決定木　246
ケプラーの法則　121
検出器　124
検出力　325, 326
懸濁粒子モデル　263
現地測定　176, 178
現地調査　327, 343
顕熱フラックス　99, 295, 298
　　日積算値　296
降雨　31
降雨レーダ　144
公園と保護地域（PPA）　383
光化学系　55, 87, 229, 315
光化学的分光反射指数（PRI）　90, 228, 229, 314, 342, 352
光学的　11, 31, 46, 114, 126
光学的厚さ（深さ）　19
航空機　119, 160
　　不安定性　169
航空機搭載型可視赤外画像分光計（AIS）　161
航空機搭載型ハイパースペクトルセンサ（CASI）　129, 161
航空機搭載型レーザ（ALS）　145, 236, 386
航空写真　125, 205
光合成　85, 334, 336
光合成経路　87-88
光合成有効放射　10, 86
光合成有効放射吸収率（fAPAR）　220, 223, 350
光子　12
向日性　68
較正　126, 128, 130, 133, 134, 154, 176, 259, 339-341, 375
合成開口高度計　17
合成開口レーダ（SAR）　17, 139, 142, 143, 158, 207, 376
構成要素の比率（逆推定）　285
航跡　135
光線追跡法　53, 267, 286
光速　10
後方散乱　26, 78, 144
後方散乱係数　64, 78-80
後方散乱断面積　78, 139, 386
光路輝度　45, 177
小型衛星　156, 157, 395
呼吸　85, 311
黒体　12
誤差
　　大きさ　72, 76, 180, 277, 288, 293, 338, 341
　　定義・方法　167, 194, 355
　　要因　68, 170, 172, 278, 309, 323, 374
誤差行列　343, 344
誤算伝播　326
コドラート　328
コーナーリフレクタ　79
ゴニオメータ　260, 261
コヒーレント　17, 33
コムギ　61, 62, 81, 215, 226, 312, 366
個葉　48, 55, 74, 75, 109, 197, 229, 263, 315, 330, 336, 358, 362
混合ピクセル（ミクセル）　218, 221, 238, 247, 346
コンダクタンス　94, 96
混同行列　343
コントラスト拡張　185, 186, 190

■さ 行
災害監視衛星群（DMC）　157, 395
最近傍法　171, 172
サイクロメータ　91
歳差運動　122, 123
再サンプリング　133, 170, 171, 172, 182

索引　441

最小ノイズ成分変換（MNF）　174
材　積　147, 384-387
最大値合成画像（MVC）　177, 203
彩　度　191, 192
再投影　170, 171
作付け目録　365
作物係数　112, 297
作物水分ストレス指数（CWSI）　302, 308-310
ザゼンソウ　311
雑草管理　373
サブピクセル分類法　248
差分植生指数（DVI）　216
サポートベクター　243, 245
サポートベクター回帰　277
三角形ダイアグラム　301
参照データ（ピクセル）　327, 332, 347
参照表面　46, 255, 262, 355
散布図　237, 301
サンプリング　281, 322, 328
　　　コスト　331
　　　方　法　329
サンフレック　65
散　乱　18, 23, 26, 136, 269
散乱計　138, 140, 290
散乱性不干渉（DIFN）　271
散乱放射　38
紫外線（UV）　21, 37, 360
色彩論　24
色　相　191, 192
時系列データ　203, 279, 366, 375
二乗平均平方根誤差（RMSE）　339
自然色合成画像　183
実開口レーダ（RAR）　141
時定数　104
縞模様　173
視野（FOV）　134
視野角　132
射出率　13, 27, 71-78, 180
　　　群落　73-76
　　　推定　72, 78, 153, 181, 293
射出率法　153
写　真　165
写真測量　116
写真判読　117, 195
遮断放射　223, 312, 368, 369

シャノン-ウィーバー指数　380
収穫量推定　368
周波数　10
重力定数　121
縮尺と拡大　201
樹　形　265
主成分　190, 191, 240
主題図（TM も参照）　237, 240, 343
受動型リモートセンシング　114, 137, 236, 370
純一次生産　88, 89, 312
純光合成　89, 312
瞬時視野（IFOV）　33, 127, 131, 132, 134, 148, 167
純生態系生産　88, 89
純放射　294, 300
蒸　散　92, 99
消散係数　19, 63, 65, 68, 70, 282
焼失面積　394
蒸　発　92, 100, 112, 297
　　　基準　112, 297, 305
　　　推定　298, 301-306
　　　日積算値　305
　　　メタ解析　306
蒸発計　112
蒸発散　92
蒸発潜熱　92
蒸発比　299-302, 305
情報の信頼性　321
植　生　80, 141, 183, 186, 194, 199, 203, 239
　　　光利用効率　311, 368, 369
植生指数（VI）　165, 187, 212-217, 224-227
　　　尺度化　216, 222
植被補正済みストレス指数　302, 310
植被率（f_{veg}）　220-224, 236, 301, 310
植物の構造　84
白飛び　340
信号対雑音比（SNR）　139
人工ニューラルネットワーク（ANN）　195, 245, 277-279
シンチロメータ（地表層乱流測定装置）　111
浸透性　90
シンプソンの多様度指数　380
信頼区間　324
森　林　29, 32, 60, 62, 80, 95, 108, 143-145, 226, 236, 265, 307, 333, 353

森林インベントリ（森林目録）　147
森林管理　383-390
森林目録　147, 384, 389
水蒸気　20-22, 98
垂直植生指数（PVI）　219, 226
水平葉型群落　66, 67, 223, 276
数値解析　276
数値地形モデル（DTM）　147, 185, 390
数値標高モデル（DEM）　143, 144, 202, 206, 208, 389
数値表面モデル（DSM）　385
スケール　201, 202, 262, 294, 333
スケールアップ　109, 202, 317, 319
スケール拡張　202, 298, 335
スケール高度　21
スケール縮小　335
ステファン-ボルツマン　12, 71, 292-294
ステレオ画像　272, 386
ストレス指数　306, 307, 310, 392
ストレスデグリデー（SDD）　307
スネルの法則　25
スーパーモード　155
スプリットウィンドウ　76, 153, 180
スペクトラロン　45, 262
スペクトル角マッパー　243
スペクトル不変量　226, 271
スペクトルライブラリ　233
スペースシャトル　158, 208
スペックル（小斑点）　17, 188, 205
寸法効果　75
正確度　323
正規化差温度指数（NDTI）　303
正規化差植生指数（NDVIも参照）　153, 216
正規化出穂指数（NHI）　215, 366
正規分布　323, 324
生態系管理　374
成長モデル　194, 195, 278, 290, 371
精　度　323, 324
制動深さ　105
精度画像（PRI）　206
生物季節　203, 366
生物圏エネルギー輸送・水収支モデル（BETHY）　319
生物多様性　379-382
精密農業　118, 192, 363-374
赤色波長端（REP）　51, 213, 231, 352

積分球　48
摂　動　120, 169
セミバリオグラム（バリオグラム）　198, 202, 385
線形混合モデル　220, 221, 249, 338
センシングシステム　114
センシングの実施条件　148
線スペクトル　12, 16
選択射出体　13
全地球測位システム（GPS）　145
全天空写真　282, 285
全天日射　37
ソイルライン　58, 213
総光合成　89
総合的合意　243, 244
走査幅　128
走査範囲　135
走査歪み　167
相対含水率（RWC）　90, 212, 235, 370
相反性　257
像面走査　127
層流境界層　95
側方監視機上レーダ（SLAR）　141, 142, 205
粗　度　95, 138, 296
ソルガム　69, 313

■た　行
大気安定度　95, 110
大気汚染　93
大気効果抑制植生指数（ARVI）　176, 219
大気湿度　91, 98, 290
大気組成　20
大気探測　42, 138
大気透過　18-24, 38, 42, 184, 290
大気との結合　306
大気の窓　20, 23, 41
大気飽差　101, 307-309
大気補正　18, 138, 176
大気路程　19
台形ダイアグラム　301-303
ダイズ　67, 69, 313, 354
体積散乱　52, 60, 78-81, 269, 388
対物面走査　127, 155
太陽高度　135, 175
太陽定数　36
太陽天頂角　36

索引　443

太陽同期軌道　122
太陽方位角　36, 135
対　流　93-95
滞留時間　128, 135, 148
多時点　203
多重散乱　60, 65, 74
タソッドキャップ（タッセルドキャップ）　230
畳み込み　188
多配列センサ　282
多バンド植生画像撮影装置（MVI）　284
多方向画像分光放射計（MISR）　155, 259
多方向測定　251, 260, 293, 356, 361, 362, 384
タワーフラックス観測　304, 314
単　位　93, 97, 425-427
単源モデル　298
探索表（LUT）　277
短縮化（レーダ）　142, 204
端成分　220, 247-249
短波放射　13, 36, 291
断片化測度（統計）　201, 377
地球温暖化　40
地球観測衛星委員会（CEOS）　339
地球ダイナミクス　321
地形効果　169, 175
地上基準点（GCP）　171
地上サンプリング距離（GSD）　116, 134
地上施設　124
地上瞬時視野（GIFOV）　131, 134
地上分解能セル（GRC）　134, 141, 204
窒素施肥・管理　322, 341, 352, 359, 372, 374
地表－植生－大気輸送（SVAT）モデル
　　　103, 290, 304
地　物　116, 170, 189
着色合成画像（FCC）　183
超音波センサ　147, 236
長期利用地表画像化装置（OLI）　154
蝶ネクタイ効果　168, 169
長波放射　13, 39, 268, 292
直距離　136, 142, 205
直立葉型群落　66, 67, 276
地理的画像検索（GIR）　201, 382
抵　抗　96, 291, 307
ディジタル画像　115
ディジタル値　26
テクスチャ　138, 141, 196-200, 237, 385

デシベル　79
データ受信　162
データ同化　166, 194, 194, 304, 319
データ保管　150
データ融合　191-194, 247, 336
テラヘルツ波　11, 29, 82
電気回路　96
点群データ　145, 146, 387
テンサイ　62, 81, 313, 359, 371
電磁スペクトル　10
電磁波　8, 9
電子ボルト　12
天　頂　78, 135
天頂角　15
天　底　78, 132, 135
天底視　251, 266, 285
点拡がり関数　131, 132, 135
等温純放射　102, 306
透　過　16, 24, 55
等価水層厚（EWT）　235, 392
透過率計　282
凍　結　355
トウモロコシ　62, 69, 71, 256, 310, 312, 354
特徴空間　239, 277
土　壌
　　射出率　73-75
　　熱拡散率　28, 104, 107
　　熱伝導率　28, 104, 107
　　熱特性　104-108
　　熱フラックス　103, 106, 295
　　反射　56-58
　　分光特性　56-58
土壌水分　137, 194, 212, 369-371
土壌調整植生指数（$SAVI$）　217, 219, 295
土地被覆分類　376
ドップラー効果　17
ドップラー偏移　136, 143
トマト　353
トラクター搭載型センサ　363, 365, 371-373

■な 行

なげなわツール　281
二酸化炭素　20-22
日射スペクトル　21
日射の相対強度　42
日射誘起蛍光（SIF）　317, 318

ニュートンの粘性法則　97
熱アドミッタンス　105, 106
熱慣性　28, 104, 105, 107, 303
熱ストレス指数　355
熱赤外　11, 16, 42, 71, 74, 126, 130, 148, 235, 306
熱伝導方程式　99, 295
熱放射　13, 27, 41
熱輸送　94, 95, 97
熱容量（比熱容量）　28, 92
熱容量観測衛星（HCMM）　108, 130
ノイズ　173, 205
濃度　93, 97
能動型リモートセンシング　78, 114, 135, 138
濃度分割　182
野火　390

■は　行

葉
　　吸収特性　48-51
　　毛　52, 212
　　光学特性　52-55
　　構造　46, 52
　　射出率　73-74
　　生化学組成　49-51, 233
　　分光特性　47, 48, 212
　　ワックス　74
バイオマス　89, 226, 236, 368, 385, 388, 390
ハイパスフィルタ　189, 193
ハイパースペクトル　128, 130, 161, 166, 210, 240, 314, 351, 384
白色体　13
波　数　10
パターン認識　195, 237, 238
波　長　10
葉の集中度　225, 271, 284
ハビタット　377
ハビタットネットワーク　379
バレイショ　81, 286-288, 312
半球性-方向性反射係数　255
パンクロ　154, 155, 193
反　射　16, 25, 55, 71, 175
　　拡　散　26, 253
　　鏡　面　18, 25, 253
反射スペクトル　26, 54, 57, 232, 234

反射能（アルベド）　60
パンシャープン　193, 385
反射率
　　短波放射　26, 62, 65, 175, 217
　　定　義　45, 177, 254
　　半　球　294, 299
　　分　光　17, 57, 58, 117, 161, 212, 217, 249, 257, 351
半値全幅（FWHM）　133, 134
半表面積指数　59
光利用効率（LUE）　229, 311, 313, 314, 317
ピクセル　115, 131, 169, 195, 333
ピクチャー　115
非光化学消光（NPQ）　89, 315
比消散係数　49, 50
比植生指数（RVI）　216, 217
ヒストグラム　172, 186, 193
非線形性　221-224, 298, 336, 341
非選択散乱　23
ビッグリーフモデル　102
非適切問題　275, 277
微分分光分析法　232, 372
非水ストレス基準線　308
病　気　352-354, 372
表現型評価　356
標準誤差　324
標準曇天　38
表皮効果　72, 180
表面更新　111
表面散乱　78, 79
フィックの法則　94, 97
フィルタ　186-189
フェノール化合物　358, 360
フェノロジー（生物季節も参照）　203
フォアショートニング（短縮化）　142
付加価値製品　165
俯　角　142
不確実性の原因　322
不整合（スケーリング）　334, 342
物質（質量）輸送　28, 93, 97
プッシュブルーム（像面走査）　127
フットプリント　32, 134, 138, 140, 334, 390
フラウンホーファー線　21, 317-319
フラクタル　200, 202
ブラッグ散乱　35
フラックス

CO_2 311
　エネルギー　148, 268, 311
　質量・モル　93
　測定・推定　108, 157, 195, 290, 297
プラットフォーム　118
プラットフォームの不安定性　167, 169
フラボノイド　360
プランク定数　11
プランクの分布則　13
フーリエの法則　97, 99
フーリエ変換　193, 200
プリーストリ-テイラー　300
フリーラジカル　89
プレッシャーチャンバー　91
フレネル係数　77
ブローピー変換　193
分光指数　186, 211
分光射出率　13, 16, 75
分光特徴　26, 196, 237
分光ミクセル分解　248, 336
分散（光線）　17
分散分析　330
分水界アルゴリズム　386
分　類　195, 237-247
　　オブジェクトに基づいた　246, 247, 278, 382
　　教師付き　238, 242
　　教師なし　238, 240
　　最短距離　242, 243
　　最尤法　242, 243, 248
　　精度評価　343-346
　　ノンパラメトリック　238, 243
　　ハード　247, 248
　　パラメトリック　238
　　ファジィ　238, 240, 247, 248, 333, 346
　　不確実性　343
平均葉面角度（ALA）　68
ベイズ推定　277
ベイマツ　295
並列源モデル　298
ベクトル　9
ベールの法則　19, 63, 224, 263, 360
偏　光　10, 17, 27
偏　波　17, 27, 31, 143
偏波解消性　32
ペンマン変換　100

ペンマン-モンティース　101, 112, 304
膨　圧　90
放射計　126
放射源　12
放射測定の用語　14
放射伝達（RT）　18
放射伝達コード　177
放射伝達方程式　177, 263
放射伝達モデル　63, 137, 176, 356
　　LIBERTY　53
　　PROSPECT　53, 264
　　SAIL　54, 217, 221, 264
　　逆推定　258, 259, 275-280, 384
放射伝達モデル相互比較（RAMI）　279, 280
放射発散度　12
放射量補正　172, 204
放射量歪み　166
ボーエン比　110
ボックス分類法　240
ホットスポット　26, 252-257, 264, 270
ぼやけ　23, 187
ボロメータ　73, 126

■ま　行

マイクロ波
　　拡散反射面　31
　　高度計　290
　　射出率　77-78, 137
　　植生指数　236, 237
　　浸透深さ　16, 80
　　大気透過　22
　　能動型　31, 78, 138, 370
　　放射　29, 42
　　利点　81
　　リモートセンシング　126, 135, 388
前処理　166
マスク処理　183
マルチスペキュラ（複数の反射）　136
マルチスペクトル　128, 161, 193, 202
マルチスペクトルスキャナ（MSS）　128
マルチデータ　203
マルチルック　203, 206
見かけの熱慣性（ATI）　107
ミクセル　133, 247
ミー散乱　23
水　49-51, 59, 80, 90, 178, 211-212, 234

水管理　369
水-雲モデル　81
水欠乏ストレス　234, 355
水指数　215, 235, 392
水収支　369
水ポテンシャル　91, 370, 371
水利用効率（WUE）　88
ミトコンドリア　88
明　度　191, 192
明反応　86
メリット関数　276
模擬葉　309, 310
モル単位　426
モルニヤ軌道　123

■や　行

ヤングのスリット　34
有効エネルギー　300, 301, 306
誘電率　16, 77, 80
ユークリッド距離　240
輸送係数　93
輸送方程式　93, 97
葉水分指数（LWI）　235
陽　斑　65
養分管理　371
葉面角度分布　59, 66, 68-71, 223, 264, 272, 281, 283
葉面積　281, 310, 313, 350, 371
葉面積計　281
葉面積指数（LAI）　59, 68, 147, 219, 223-226, 279, 281, 337
　　　　日向葉の　65, 285
葉緑体　86, 229

■ら　行

ライダー　145, 146
　　　植被率　236

全波形モード　146, 147, 386, 387
　　小さなフットプリント　145-147, 236, 386, 387
ラジオシティ　268, 279
ランバート拡散　26, 253
ランバートの余弦則　15
ランバート-ベールの法則（ベールの法則も参照）　19
乱流輸送　94, 95
離散的異方性放射伝達モデル（DART）　270, 271
量　子　11
量的形質遺伝子座位（QTL）　357
緑色正規化差植生指数（$GNDVI$）　219
ルビスコ　87, 372
ルミネセンス　55
レイオーバ　205
レイトレーシング（光線追跡法も参照）　53, 267, 279
レイリー散乱　22, 23
レイリー-ジーンズ　29
レイリーの基準　25, 31
レーザ蛍光　147
レーザ高度計　145, 147, 390
レーザシステム　159
レーザ誘起蛍光励起　317
レーダ　135, 204
レーダ影　204
レーダ高度計　138-140
レーダサット　159
レーダ測量法　208
レーダ方程式　139
レッドエッジ（赤色波長端も参照）　51, 231
レベルスライス法　240
ローパスフィルタ（平滑化フィルタ）　187, 188

監訳者略歴

久米　篤（くめ・あつし）　担当：第1章，第2章
　1966年生まれ，九州大学大学院農学研究院教授，博士（理学）（早稲田大学）

大政　謙次（おおまさ・けんじ）
　1950年生まれ，東京大学名誉教授，高崎健康福祉大学農学部教授，工学博士（東京大学）

訳者略歴

本岡　毅（もとおか・たけし）　担当：第3章
　1983年生まれ，宇宙航空研究開発機構研究員，博士（環境学）（筑波大学）

斎藤　琢（さいとう・たく）　担当：第4章
　1976年生まれ，岐阜大学高等研究院環境社会共生体研究センター准教授，博士（農学）（九州大学）

細井　文樹（ほそい・ふみき）　担当：第5章
　1969年生まれ，東京大学大学院農学生命科学研究科教授，博士（農学）（東京大学）

加治佐　剛（かじさ・つよし）　担当：第6章
　1980年生まれ，鹿児島大学農水産獣医学域農学系農学部准教授，博士（農学）（九州大学）

村上　拓彦（むらかみ・たくひこ）　担当：第7章
　1972年生まれ，新潟大学自然科学系教授，博士（農学）（九州大学）

太田　徹志（おおた・てつじ）　担当：第8章
　1983年生まれ，九州大学大学院農学研究院准教授，博士（農学）（九州大学）

小野　圭介（おの・けいすけ）　担当：第9章
　1975年生まれ，農業・食品産業技術総合研究機構上級研究員，博士（農学）（筑波大学）

清水　庸（しみず・よう）　担当：第10章
　1973年生まれ，高崎健康福祉大学農学部教授，博士（農学）（東京大学）

中路　達郎（なかじ・たつろう）　担当：第11章
　1973年生まれ，北海道大学北方生物圏フィールド科学センター教授，博士（農学）（東京農工大学）

著者略歴

ハムリン・ゴードン・ジョーンズ（Hamlyn Gordon Jones）

1972 年　Ph.D（環境生物学），オーストラリア国立大学
1972 年　ケンブリッジ作物育種場，植物生理学部門研究員
1977 年　グラスゴー大学植物学講師（生態学）
1978 年　イーストモーリング園芸研究所，ストレス生理学グループリーダー
1988 年　国際園芸研究所（HRI）所長
1997 年　ダンディー大学植物科学部門植物生態学教授
2009 年　ダンディー大学名誉教授，ジェイムズ・ハットン研究所特別研究員
著書　「Plants and microclimate」（Cambridge University Press, 1992）
など

ロビン・アントニー・ヴォーン（Robin Anthony Vaughan）

1964 年　Ph.D（電子スピン共鳴），ノッティンガム大学
1965 年　ダンディー大学物理学講師
1991 年　ダンディー大学物理学上級講師
2002 年　ダンディー大学リモートセンシング部門長，リモートセンシングと環境モニタリングセンター（CRSEM）センター長
2005 年　ダンディー大学名誉特別研究員
著書　「Remote Sensing Applications in Meteorology and Climatology（編）」（Springer, 1987），「Microwave Remote Sensing for Oceanographic and Marine Weatherforecast Models（編）」（Springer, 1989）など

編集担当　加藤義之(森北出版)
編集責任　石田昇司(森北出版)
組　　版　創栄図書印刷
印　　刷　同
製　　本　同

植生のリモートセンシング　　　　　　版権取得　2011

2013 年 9 月 26 日　第 1 版第 1 刷発行　　【本書の無断転載を禁ず】
2025 年 4 月 10 日　第 1 版第 2 刷発行

監訳者　久米　篤・大政謙次
発行者　森北博巳
発行所　森北出版株式会社
　　　　東京都千代田区富士見 1-4-11（〒102-0071）
　　　　電話 03-3265-8341／FAX 03-3264-8709
　　　　http://www.morikita.co.jp／
　　　　日本書籍出版協会・自然科学書協会　会員
　　　　JCOPY ＜(社)出版者著作権管理機構　委託出版物＞

落丁・乱丁本はお取替えいたします．

Printed in Japan／ISBN978-4-627-26101-3